普通高等教育“十二五”规划教材

江苏省高等学校重点教材（编号：2013-1-131）

交直流调速系统与MATLAB仿真

（第二版）

主编　周渊深

编写　朱希荣　宋永英　周玉琴

主审　张万忠　张春光

中国电力出版社
CHINA ELECTRIC POWER PRESS

内 容 提 要

本书以作者编写的"2009年普通高等教育国家级精品教材"《交直流调速系统与MATLAB仿真》为基础，精简传统调速系统技术内容，加强了调速系统的实验内容，更新了仿真软件版本，丰富了仿真实验和实物实验研究内容，将交直流调速技术和MATLAB仿真技术有机结合在一起。本书遵循理论和实践相结合的原则，具有如下特点：典型的调速系统都配有相关的仿真实验和实物实验内容，做到学以致用；书中安排了课程设计大纲、任务书、指导书和相关的设计资料，将实践内容与理论教学内容紧密结合；本书采用的基于调速系统电气原理结构图的仿真技术方法与实物实验方法相似，仿真效果好，部分调速系统的仿真实验是以系统的工程计算为基础的。

本书可作为普通高等院校本科电气工程及其自动化、自动化、机械设计制造及其自动化等专业的教材，也可作为电气爱好者和工程技术人员的参考用书。

图书在版编目（CIP）数据

交直流调速系统与MATLAB仿真/周渊深主编. —2版.
—北京：中国电力出版社，2015.6（2019.3重印）

普通高等教育"十二五"规划教材　江苏省高等学校重点教材

ISBN 978-7-5123-7250-4

Ⅰ.①交…　Ⅱ.①周…　Ⅲ.①交流调速—系统仿真—Matlab软件—高等学校—教材②直流调速—系统仿真—Matlab软件—高等学校—教材　Ⅳ.①TM921.5-39

中国版本图书馆CIP数据核字（2015）第035831号

中国电力出版社出版、发行
（北京市东城区北京站西街19号　100005　http://www.cepp.sgcc.com.cn）
三河市百盛印装有限公司印刷
各地新华书店经售
*
2007年12月第一版
2015年6月第二版　2019年3月北京第八次印刷
787毫米×1092毫米　16开本　22.75印张　561千字
定价 **55.00** 元

前　言

本书根据应用型本科院校的教学要求而编写，主要介绍典型的直流和交流调速系统，以及调速系统的仿真技术。本书针对应用型本科学生的特点，在内容上做到理论联系实际，强调工程应用，主要具有如下特点：①典型的调速系统都配有相关的仿真实验和实物实验内容，可做到学以致用；②书中安排了课程设计大纲、任务书、指导书和相关的设计资料，将实践内容与理论教学内容紧密结合；③每章都设有导语和习题。

"交直流调速系统"是一门实践性很强的专业课程。为了加强实践教学内容，作者利用自身科研成果，采用基于调速系统电气原理结构图的图形化仿真技术，完成了交直流调速系统中典型系统的仿真实验。该仿真方法与实物实验方法相似，仿真效果好，简单易学好理解。本次修订还增加了部分调速系统的工程计算，并以此为基础进行仿真实验。

全书除绪论外，分为 8 章。第 1 章介绍了典型的直流调速系统。以研究直流可控电源为线索讨论调速系统的主回路；在熟悉常用反馈检测装置的基础上，按照系统由简单到复杂的发展过程，系统地介绍了直流开环调速系统、单闭环调速系统、转速电流双闭环调速系统、直流可逆调速系统和 PWM - M 直流调速系统；着重介绍各种闭环控制系统的建立、系统的工程实现，以及分析调速系统的基本方法。本章内容按照调速系统不断改进和完善的过程进行内容编排。

第 2 章为直流调速系统的动态设计内容，首先介绍了传统的频率域 Bode 图设计方法，然后重点介绍了简洁的直流调速系统的工程设计方法，同时适当介绍了内模控制等智能控制方法。

第 3 章采用较新版本的 MATLAB7.6 仿真软件，针对前述介绍的各种典型直流调速系统，在进行工程计算的基础上，运用面向调速系统电气原理结构图的图形化仿真技术进行了仿真实验。

第 4 章介绍了交流调压调速系统、串级调速系统和传统的变频调速系统，注重与直流调速系统进行对比分析；分别讨论了三种系统所涉及的晶闸管交流调压电源、串级调速系统的转子整流器和晶闸管有源逆变电源、变频调速系统使用的变频电源。

第 5 章重点介绍了异步电动机高性能的矢量控制技术、矢量控制变频调速系统及其调节器的设计方法。

第 6 章简要介绍了同步电动机变频调速系统。

第 7 章分别进行了交流调压和串级调速系统的工程计算，采用面向电气原理结构图的图形化仿真技术，对各种典型的交流调速系统进行了仿真实验。

第 8 章根据交直流调速系统实践性强的特点，基于与课程相关的教学实验设备，介绍了交直流调速系统的实验研究内容；安排了专业课程设计，给出了课程设计大纲和课程设计任务书模板，提供了基本的课程设计指导书和相关的设计资料，将实践内容与理论教学内容紧密结合。

全书按 64 学时理论教学内容编写。仿真实验可由学生在课后时间借助计算机自行完成；

实物实验可结合课程教学安排10～12实验学时进行，建议完成5个实验项目；设计性、综合性实验可安排在专业实习中进行；课程设计时间以2～3周为宜。

本书是一本将交直流调速技术与MATLAB仿真技术以及实验技术有机结合在一起的教材，它选择了典型的交直流调速系统为基本内容，配套相应的MATLAB仿真实验和实物实验内容，以体现其针对性。同时，第3、7、8章的仿真实验、实物实验和课程设计内容也可自成体系。

本书由淮海工学院周渊深教授主编，并编写了绪论、第1、2、3、7章；淮海工学院朱希荣副教授编写了第4～6章；淮海工学院宋永英高级实验师、江苏省溧阳市电子电器设备厂的许开其高级工程师编写了实验和课程设计指导书，并对全部实物实验进行了试做；周渊深、宋永英完成了仿真实验的调试和相关内容的编写；周玉琴老师绘制了本书插图。全书由周渊深统稿。

在编写本书的过程中参考了部分相关教材及国内外文献，在此向原作者致谢!

此外，本书配备了多媒体课件，请登录中国电力出版社教材服务网（http：//jc. cepp. sgcc. com. cn）下载；习题答案、与教材配套的仿真实验模型请与编者联系，电子邮箱 zys62@126. com。

限于编者水平和编写时间仓促，书中疏漏和错误之处在所难免，特别是以工程计算为基础进行仿真实验的内容属于初次尝试，请读者批评指正，以便改进。

编　者

2015年5月

目　录

前言

0　绪论 ……………………………………………………………… 1
　习题……………………………………………………………………… 5
1　直流调速系统及其控制技术 ……………………………………… 7
　1.1　直流调速系统的基本概念 ……………………………………… 7
　1.2　单闭环直流调速系统…………………………………………… 22
　1.3　转速电流双闭环调速系统……………………………………… 39
　1.4　三环调速系统…………………………………………………… 44
　1.5　直流脉宽调速系统……………………………………………… 45
　1.6　可逆直流调速系统……………………………………………… 47
　习题 …………………………………………………………………… 62
2　直流调速系统的动态分析与设计…………………………………… 67
　2.1　单闭环直流调速系统的动态分析……………………………… 67
　2.2　双闭环直流调速系统的动态分析……………………………… 73
　2.3　工程设计方法及其在双闭环调速系统中的应用……………… 75
　2.4　多环调速系统的内模控制设计方法…………………………… 97
　习题…………………………………………………………………… 104
3　直流调速系统的工程计算与 MATLAB 仿真实验 ………………… 107
　3.1　开环直流调速系统的工程计算和仿真实验 ………………… 107
　3.2　单闭环直流调速系统的工程计算和仿真实验 ……………… 119
　3.3　多环直流调速系统的仿真实验 ……………………………… 133
　3.4　直流脉宽调速系统的仿真实验 ……………………………… 150
　习题与思考题………………………………………………………… 160
4　交流调速系统及其控制技术 ……………………………………… 161
　4.1　概述…………………………………………………………… 161
　4.2　交流异步电动机调压调速系统 ……………………………… 162
　4.3　绕线式异步电动机串级调速系统 …………………………… 167
　4.4　交流异步电动机变频调速系统 ……………………………… 178
　4.5　交流调速系统的实例分析 …………………………………… 203
　习题…………………………………………………………………… 205
5　矢量控制的高性能异步电动机变频调速系统 …………………… 209
　5.1　矢量控制的基本原理 ………………………………………… 209
　5.2　矢量坐标变换及变换矩阵 …………………………………… 211

5.3 异步电动机在不同坐标系上的数学模型 …… 216
5.4 异步电动机转子磁链观测器 …… 223
5.5 异步电动机的无转速传感器技术 …… 226
5.6 异步电动机交叉耦合电压的解耦控制 …… 228
5.7 矢量控制的变频调速系统 …… 235
5.8 异步电动机的交—交变频矢量控制调速技术 …… 239
习题与思考题 …… 247
6 同步电动机调速系统及其控制技术 …… 249
6.1 同步电动机的种类及其调速原理 …… 249
6.2 正弦波永磁同步电动机调速系统 …… 251
6.3 方波永磁同步电动机调速系统 …… 254
6.4 大功率同步电动机交—交变频调速技术 …… 258
习题与思考题 …… 261
7 交流调速系统的工程计算与 MATLAB 仿真实验 …… 262
7.1 交流调压调速系统的工程计算和仿真实验 …… 262
7.2 绕线式异步电动机串级调速系统的工程计算和仿真实验 …… 272
7.3 交流异步电动机变频调速系统的建模与仿真 …… 282
7.4 同步电动机变频调速系统的建模与仿真 …… 298
习题与思考题 …… 304
8 交直流调速系统实验与课程设计 …… 305
8.1 交直流调速系统实验概述 …… 305
8.2 交直流调速系统课程设计 …… 335
参考文献 …… 358

0 绪　　论

一、自动控制系统的分类

自动控制系统主要分为生产过程自动控制系统和电力拖动自动控制系统两大类。

（一）生产过程自动控制系统

生产过程自动控制系统的特征是以温度 T、压力 P、流量 Q 等变量为被控量，通过自动化仪表对生产过程参数进行控制。

（二）电力拖动自动控制系统

电力拖动自动控制系统的特征是以生产机构的转速 v、位置 θ 等运动参数变量为被控量，以电动机为执行机构，实现对生产机构运动参数的控制。

本课程主要讨论电力拖动自动控制系统。

二、电力拖动自动控制系统的分类

随着科学技术的发展，电力拖动自动控制系统的应用越来越广泛。按生产机械要求控制的物理量来分类，电力拖动自动控制系统可分为如下几类。

（一）转速控制系统

转速控制系统即调速控制系统。例如，发动机的转速控制、磁带的转速控制等。

（二）位置控制系统

位置控制系统即位置随动（伺服）系统。例如，液面位置的控制、雷达方位角的控制、火炮角位置的控制、机械加工中的轨迹控制和数控机床的伺服控制等。

（三）张力控制系统

在加工各种带材和线材的过程中，必须保持一定的卷进、卷出张力，才能使带材卷得紧而齐，线材拉得粗细均匀而不断，这通常需要通过张力控制系统来实现。

（四）多电机同步控制系统

整个系统中有多个传动点，每个传动点由一个电机拖动单元拖动，从而组成多电机同步控制系统。系统中各电机应能同时按规定的速比稳速运行，并有良好的统调和单调性。

上述各类系统中，转速控制系统的实质是调速系统；位置控制系统是在调速系统基础上加上位置外环；张力控制系统是在调速系统基础上增加了张力外环；多电机同步控制系统则是在多个调速系统单元上外加同步控制装置。

总之，上述各种系统的基础都是调速控制系统。根据调速控制系统中的电动机是交流电动机还是直流电动机，又分为交流调速系统和直流调速系统。

三、交直流调速控制技术的发展概况

（一）直流调速控制技术发展概况

直流调速系统的主要优点在于调速范围广、静差率小、稳定性好以及具有良好的动态性能。在高性能的拖动技术领域中，相当长时期内几乎都采用直流电力拖动系统。其按供电方式不同，可分为直流发电机机组供电、水银整流器供电、晶闸管整流器供电和脉宽调制电源（PWM）供电系统等类型。

目前，我国直流调速控制技术的发展趋势主要有以下几个方面：

（1）提高调速系统的单机容量；

（2）提高电力电子器件的生产水平，使供电电源变流器结构变得简单、紧凑；

（3）提高控制单元水平，使其具有控制、监视、保护、诊断及自修复等多种功能。

（二）交流调速控制技术发展概况

交流电动机自 1885 年问世后，由于一直没有理想的调速方案，因而只被应用于恒速拖动领域。20 世纪 70 年代后，矢量控制、直接转矩控制、无转速传感器等技术的发展方兴未艾，各种智能控制策略不断涌现，交流调速控制技术展现出更为广阔的应用前景。

四、控制系统的计算机仿真

控制系统的计算机仿真是一门涉及控制理论、计算数学与计算机技术的综合性新型技术，它是以控制系统的数学模型为基础，以计算机为工具，对控制系统进行仿真实验研究的一种方法。随着计算机技术的发展，计算机仿真越来越多地取代纯物理仿真。它为控制系统的分析、计算、研究、综合设计以及自动控制系统的计算机辅助教学提供了快速、经济、科学及有效的手段。

MATLAB 是一种目前流行的控制系统仿真软件，传统的仿真方法是以控制系统的传递函数为基础，应用 MATLAB 的 Simulink 工具箱对其进行计算机仿真研究。本书将采用一种面向控制系统电气原理结构图，使用 SimPower System 工具箱进行调速系统仿真的新方法。

五、调速控制系统的技术指标

（一）调速控制要求

（1）调速要求。在一定的范围内，实现有级或无级调速。

（2）稳速要求。以一定的准确度在要求的转速上稳定运行，基本不受各种扰动的影响。

（3）加、减速要求。对频繁起动、制动的设备要求尽可能快地加、减速，缩短起动、制动时间，以提高生产效率；对不宜经受剧烈转速变化的机械，则要求起动、制动尽可能平稳。

上述三方面要求，可具体用调速控制系统的稳态和动态两方面的性能指标来衡量。

（二）调速控制系统的性能指标

1. 稳态性能指标

衡量调速控制系统稳态性能的指标称为稳态性能指标。调速系统的稳态性能指标有调速范围和静差率。

（1）调速范围。调速范围是指电动机在额定负载下运行的最高转速与最低转速之比，用 D 表示，即

$$D=\frac{n_{\max}}{n_{\min}} \tag{0-1}$$

在调压调速系统中，电动机的最高转速 $n_{\max}$ 可用其额定转速 n_{n} 来表达。

D 越大，说明系统的调速范围越宽。根据这个指标的大小，交直流调速系统可分为：①$D<3$，为调速范围小的系统；②$3\leqslant D<50$，为调速范围中等的系统；③$D\geqslant 50$，为宽调速范围的系统。现代交直流调速系统的调速范围可以做到 $D\geqslant 10000$。

（2）静差率。当系统在某一转速下运行时，负载由理想空载增加到额定负载所引起的转速降落 Δn_n 与理想空载转速 n_0 之比，称作静差率，用 s 表示，即

$$s=\frac{\Delta n_n}{n_0}=\frac{n_0-n_n}{n_0} \tag{0-2}$$

或用百分数表示，即

$$s=\frac{\Delta n_n}{n_0}\times 100\%$$

静差率是用来表示负载转矩变化时电动机转速变化的程度。静差率与下列性能指标相关：

1）静差率与机械特性硬度有关。机械特性越硬，静差率越小，转速稳定度越高。

2）静差率和机械特性硬度有区别。图 0-1 中曲线 a 和 b 为调压调速系统的机械特性，两者的硬度相同，即额定速降 $\Delta n_{na}=\Delta n_{nb}$；但它们的静差率却不同，其原因是理想空载转速不同。根据式（0-2），由于 $n_{0a}>n_{0b}$，所以 $s_a<s_b$。这就是说，对于同样硬度的机械特性，理想空载转速越低，静差率越大，转速的相对稳定度也越差。在一个调速系统中，如果能满足最低速时的静差率 s 要求，则大于最低速的静差率一般都能满足要求。所以，一般所提的静差率要求指的是系统在最低速时的静差率指标。

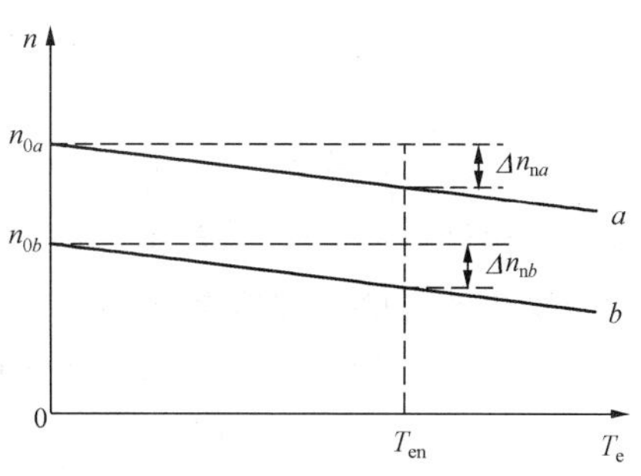

图 0-1 不同转速下的静差率

3）调速范围和静差率两项指标是相互联系的。例如，额定负载时的转速降落 $\Delta n_n=$ 50r/min，当理想空载转速 $n_0=1000$r/min 时，转速降落占 5%；当 $n_0=500$r/min 时，转速降落占 10%；当 $n_0=50$r/min 时，转速降落占到 100%，电动机就停止不动了。由此可见，离开了对静差率的要求，调速范围便失去了意义。也就是说，一个调速系统的调速范围，是指在最低速时满足静差率要求下系统所能达到的最大调节范围。脱离了对静差率的要求，任何调压调速系统都可以得到极高的调速范围；脱离了调速范围，静差率要满足要求也就容易得多了。

（3）D、s 和 Δn_n 之间的关系。因为调速系统的静差率是指系统工作在最低速时的静差率，即 $s=\frac{\Delta n_n}{n_{0\min}}$，于是有

$$n_{\min}=n_{0\min}-\Delta n_n=\frac{\Delta n_n}{s}-\Delta n_n=\frac{1-s}{s}\Delta n_n$$

将上式代入调速范围的表达式 $D=\frac{n_{\max}}{n_{\min}}$，得

$$D=\frac{sn_n}{\Delta n_n(1-s)} \tag{0-3}$$

式（0-3）表示调速范围、静差率和额定转速降之间应当满足的关系。对于同一个调速系统，它的特性硬度或 Δn_n 值是一定的，因此由式（0-3）可见，如果要求的静差率 s 越小，则系统能够达到的调速范围越小。

例如，某调速系统的额定转速 $n_n=1450$r/min，额定速降 $\Delta n_n=80$r/min，当要求静率差 $s\leqslant 25\%$时，系统能达到的调速范围是

$$D=\frac{sn_{\mathrm{n}}}{\Delta n_{\mathrm{n}}(1-s)}=\frac{0.25\times1450}{80\times(1-0.25)}=6.04$$

如果要求 $s\leqslant15\%$，则调速范围只有

$$D=\frac{sn_{\mathrm{n}}}{\Delta n_{\mathrm{n}}(1-s)}=\frac{0.15\times1450}{80\times(1-0.15)}=3.20$$

当对 D、s 都提出一定要求时，为了满足要求，就必须使 Δn_{n} 小于某一个值。可见，调速要解决的问题就是如何减少转速降落。

2. 动态性能指标

衡量系统动态过程性能的指标称为动态性能指标。

（1）跟随性能指标。通常用零初始条件下，系统对单位阶跃给定信号的输出过程来表示跟随性能指标，如图 0-2 所示。

主要跟随性能指标如下：

1）上升时间 t_{r}，是指输出量从零开始，第一次上升到稳态值 C_{∞} 所经历的时间。

2）超调量 σ，是指输出量超出稳态值的最大偏差与稳态值之比的百分值，即

$$\sigma\%=\frac{C_{\max}-C_{\infty}}{C_{\infty}}\times100\% \tag{0-4}$$

超调量反映了系统的相对稳定性。

3）过渡过程时间 t_{s}，是指输出衰减到与稳态值之差进入 ±5% 或 ±2% 的允许误差范围之内所需的最小时间。它是用来衡量系统调节过程快慢的。

（2）抗扰性能指标。典型的扰动过渡过程如图 0-3 所示。

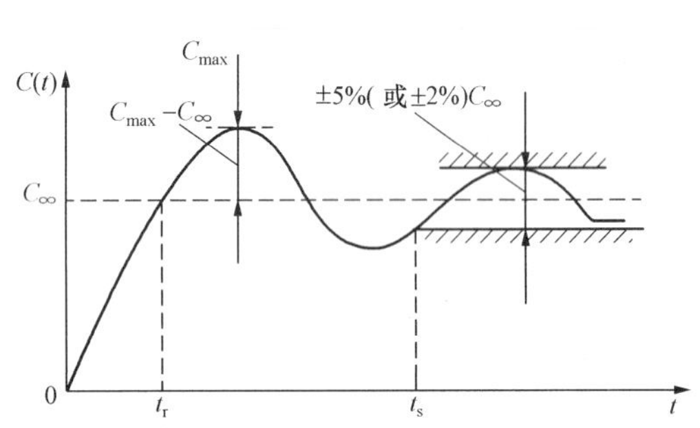

图 0-2　单位阶跃响应曲线和跟随性能指标

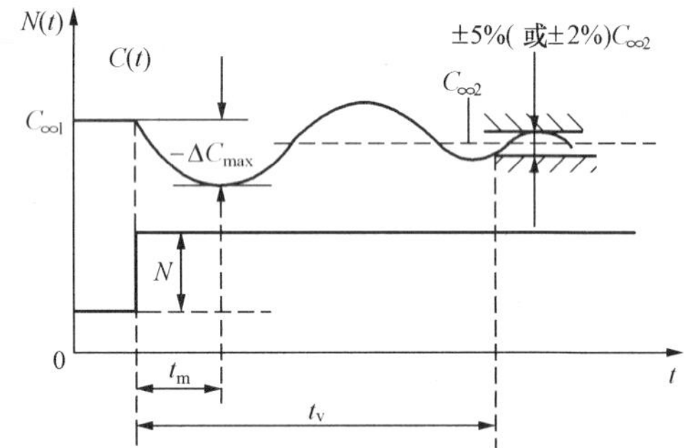

图 0-3　典型扰动过渡过程

图 0-3 中，抗扰性能指标如下：

1）最大动态降落 $\Delta C_{\max}\%$。系统稳定运行时，突加扰动量 N，在过渡过程中引起输出量的最大降落值 $\Delta C_{\max}$ 称为最大动态降落。它一般用输出量原稳态值 $C_{\infty1}$ 的百分数表示，即

$$\Delta C_{\max}\%=\frac{\Delta C_{\max}}{C_{\infty1}}\times100\% \tag{0-5}$$

当输出量在动态降落后又恢复到新的稳态值 $C_{\infty2}$ 时，偏差 $C_{\infty1}-C_{\infty2}$ 表示系统在该扰动作用下的稳态降落。动态降落一般都大于稳态降落。

2）恢复时间 t_{v}。从阶跃扰动作用开始，到输出量恢复到与新稳态值 $C_{\infty2}$ 之差进入 ±5% 或 ±2% 允许误差范围之内所需的时间，称为恢复时间 t_{v}。

六、本课程的性质及其与前导课程的关系

“交直流调速系统”课程是电气工程及其自动化专业的主干课程，它是本专业许多前导课程的综合应用。

图 0-4 所示为本书第一章将要介绍的一个典型的单闭环晶闸管电动机调速系统。本课程和前导课程的关系可以用这一框图进行说明。

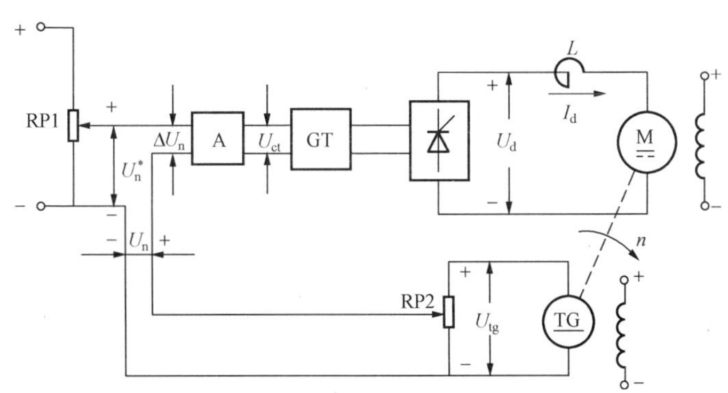

图 0-4 V-M 闭环系统原理图

（1）电路、电子技术课程主要解决转速控制器 A、触发器 GT 的线路设计、参数计算、元件选择、调试等问题。

（2）电力电子技术课程主要解决触发电路 GT、晶闸管整流器等单元的分析、计算和调试等。

（3）电机与拖动基础课程解决负载与电动机之间的电力拖动问题。

（4）自动控制原理课程主要解决控制系统的理论分析与设计问题。

“交直流调速系统”课程则是综合应用上述课程的相关知识去解决电动机的转速控制问题。

一、判断题和单项选择题（判断题正确标“T”，错误标“F”）

1. 当系统机械特性硬度相同时，理想空载转速越低，静差率越小。 （ ）

2. 如果系统低速时的静差率能满足要求，则高速时肯定满足要求。 （ ）

3. 衡量交直流调速系统动态性能的指标分为跟随性能指标和抗扰性能指标，下列指标中属于抗扰性能指标的有（ ）。

A. 上升时间　　B. 调节时间

C. 恢复时间　　D. 超调量

4. 当系统的机械特性硬度一定时，要求的静差率 s 越小，调速范围 D（ ）。

A. 越小　　B. 越大　　C. 不变　　D. 可大可小

5. 某调速系统的调速范围是 100～900r/min，要求 $s=10\%$，系统允许的稳态速降是多少？（ ）。

A. 11.1r/min　　B. 10r/min　　C. 90r/min　　D. 800r/min

6. 当系统的机械特性硬度一定时，如果理想空载转速 n_0 越小，则静差率 s（　　）。

A. 越小　　B. 可大可小

C. 不变　　D. 越大

二、简答题

1. 控制系统的跟随性能指标和抗扰性能指标分别包含哪些具体指标？
2. 简述调速范围 D、静差率 s 和额定速降间的关系。

1　直流调速系统及其控制技术

本章简述了直流调速系统的基本概念、基本组成，并在此基础上从最简单的开环系统入手，系统地介绍了转速负反馈有静差、无静差调速系统、电压负反馈调速系统、转速电流双闭环调速系统、可逆调速系统和直流脉宽调速系统的组成、工作原理、稳态分析和稳态参数计算；叙述了限流保护—电流截止负反馈环节的工作原理；简述了转速微分负反馈对转速超调的抑制作用。

1.1　直流调速系统的基本概念

直流调速系统具有良好的运行和控制特性，长期以来在调速领域占据着垄断地位。近年来交流调速系统发展很快，有望取代直流调速系统。但就目前而言，直流调速仍然是自动调速系统的主要形式。直流调速系统技术在理论和实践应用上都比较成熟，从控制技术的角度来看，它又是交流调速系统的基础。因此，着重讨论直流调速系统十分必要。

1.1.1　直流电动机的调速方法

一、直流他励电动机供电原理图

直流调速系统通常采用他励直流电动机，其供电原理图如图 1-1 所示。

二、直流他励电动机电气方程

由图 1-1 可得直流他励电动机的有关电气方程，即

$$U_{d0}=E+I_d(R_n+R_a+R_l)=E+I_dR$$

$$E=C_en=K_e\Phi n$$

$$n=\frac{E}{K_e\Phi}=\frac{U_{d0}-I_dR}{K_e\Phi}=\frac{U_d-I_dR_a}{K_e\Phi} \tag{1-1}$$

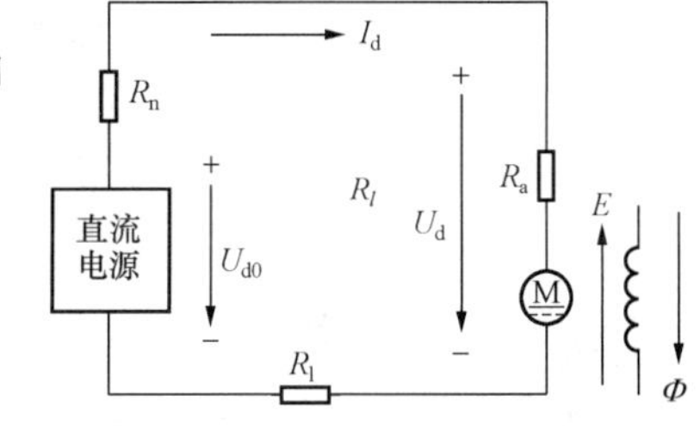

图 1-1　直流他励电动机供电原理图

式中：U_{d0}为电枢供电电源的空载电压；U_d 为电动机电枢两端的电压；E 为电枢反电动势；R 为电枢回路总电阻，$R=R_n+R_a+R_l$；R_n 为供电电源内阻；R_a 为电枢电阻；R_l 为线路及其外接电阻；n 为转速，r/min；Φ 为励磁磁通；C_e 为电动机在额定磁通下的电动势转速比，$C_e=K_e\Phi$，K_e 为由电动机结构决定的电动势系数。

三、直流他励电动机的调速方法

由式（1-1）直流他励电动机转速方程可见，其有三种调节转速方法，即调节电枢供电电压 U_{d0}、减弱励磁磁通 Φ、改变电枢回路电阻 R。

1. 调节电枢供电电压的调速

由式（1-1）可知，当磁通 Φ 和电阻 R_a 一定时，改变电枢供电电压 U_d，可以平滑地调节转速 n，机械特性将上下平移，见图 1-2。由于受电动机绝缘性能的影响，电枢电压只能向小于额定电压的方向变化，所以这种调速方式只能在电动机额定转速以下调速。调压调速是调速系统的主要调速方法。

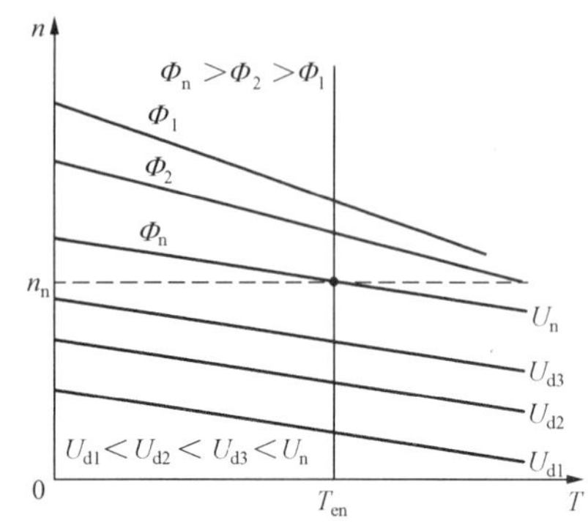

图 1 - 2　直流他励电动机调压调速和弱磁调速时的机械特性

2. 减弱励磁磁通的调速

由式（1 - 1）可知，当 U_d 和 R_a 不变时，减小励磁磁通 Φ（考虑到直流电动机额定运行时，磁路已接近磁饱和，因此励磁磁通只能向小于额定磁通的方向变化），电动机转速将高于额定转速，其机械特性向上移动，见图 1 - 2 中虚线以上部分的机械特性曲线 ϕ_2，ϕ_1。

由于弱磁调速是在额定转速以上调速，电动机最高转速受换向器和机械强度的限制，其调速范围不可能太大，在实际生产中，往往只是配合调压调速，在额定转速以上作小范围的升速。调压与调励磁相结合，可以扩大调速范围。

3. 改变电枢回路电阻调速

改变电枢回路电阻调速一般是在电枢回路中串接附加电阻，该调速方法损耗较大，只能进行有级调速；电动机的人为机械特性比固有特性软，通常只用于少数小功率场合。

1.1.2　直流调速系统的基本结构

直流调速系统的基本结构如图 1 - 3 所示，一般由电源、变流器、电动机、控制器、传感器和生产机械（负载）组成。

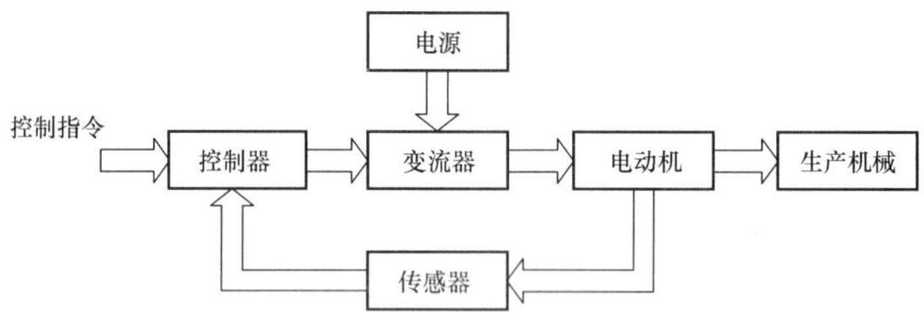

图 1 - 3　直流调速系统的基本结构

直流调速系统的基本工作原理是，将控制指令信号（如转速给定信号）和传感器采集的反馈检测信号（转速、电流和电压等）经过一定的处理，作为控制器的输入信号；控制器按一定的控制算法进行运算并输出相应的控制信号，控制变流器改变输入到电动机的电源参数，使电动机改变转速；再由电动机驱动生产机械按照相应的控制要求运动。

由图 1 - 3 所示的基本结构，可以看出直流调速系统由下列两部分组成。

1. 主回路

直流调速系统的主回路由电源、变流器、直流电动机等部件组成。直流电动机的控制是通过改变其供电电源参数来实现的。例如，改变直流电动机电枢电压或励磁电压的方向，可以控制电动机的正反转；而改变电枢电压或励磁电流的大小，可以实现电动机的调速。

当电源是交流电源时，为了给直流电动机供电，变流器应该采用整流器；当电源是直流电源时，变流器通常采用直流斩波器或脉宽调制变换器。

2. 控制回路

直流调速系统的控制回路由控制指令装置、控制器、反馈信号检测装置等部件组成。

（1）控制指令装置。它是产生控制系统给定信号的部件。对直流调速系统而言，它发出转速给定信号。

（2）反馈信号检测装置。它是构成反馈系统的重要部件，实时检测调速系统的各种状态，如电压、电流、转矩或转速等参数。

（3）控制器。研发或选择适当的控制方法或策略，通过控制器加以实现，是自动调速系统的主要任务。有关内容将在后面介绍。

1.1.3　直流调速系统主回路中的可控直流电源

实现直流调压调速，首先要有一个平滑可调的直流电源，常用的可调直流电源有以下三种。

（1）旋转变流机组。采用交流电动机和直流发电机组成机组，以获得可调的直流电压。

（2）静止相控整流器。采用静止的相控整流器（如晶闸管可控整流器），以获得可调的直流电压。

（3）直流斩波器或脉宽调制变换器。采用恒定直流电源或不可控整流电源供电，利用直流斩波器或脉宽调制变换器产生可变的直流平均电压。

一、旋转式变流机组供电的直流调速系统

旋转式变流机组供电的直流调速系统（简称 G - M 系统）如图 1 - 4 所示。

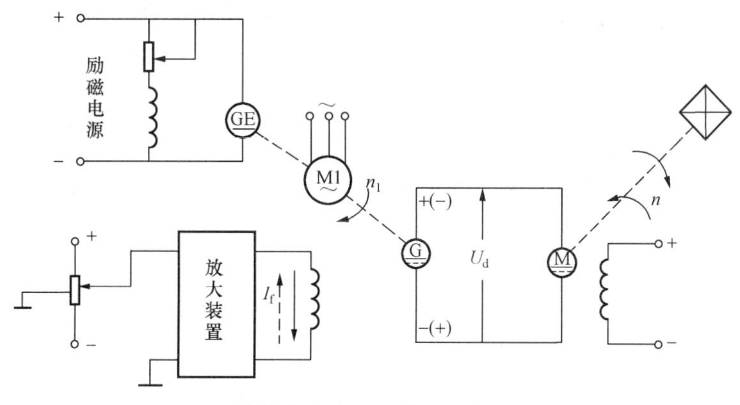

图 1 - 4　旋转式变流机组供电的直流调速系统

1. 系统组成

由交流电动机 M1 拖动直流发电机 G 发电，发电机给需要调速的直流电动机 M 供电。调节发电机的励磁电流 I_f 可改变其输出电压 U_d，从而调节直流电动机的转速 n。

2. 调速原理

调节 $I_f \rightarrow \Phi$ 变化 $\rightarrow U_d$ 改变 $\rightarrow$ 转速 n 变化。改变 I_f 方向，n 方向跟着改变。

3. 特点

为了供给直流发电机和电动机励磁电流，还需设置一台直流励磁发电机 GE。因此，G - M系统设备多、体积大、费用高、效率低、安装维护不便、运行有噪声，目前正在被逐步淘汰。

二、相控整流电源供电的直流调速系统

随着晶闸管的问世，由晶闸管组成的相控整流电源开始取代旋转变流机组，使直流调速系统技术产生了重大变革。相控整流电源供电的直流调速系统（简称 V - M 系统）如图

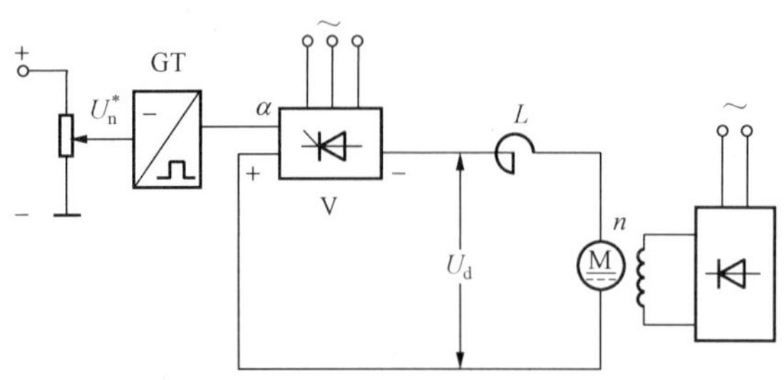

图1-5　相控整流电源供电的直流调速系统

1-5所示。

1. 系统组成

相控整流电源由工频交流电源供电，通过改变触发控制角α的大小来控制输出直流电压。相控整流器可以是单相、三相或更多相数；电路形式可以是半波、全波、半控、全控等类型。相控变流器由于没有运动部件，故称为静止变流器。

2. 调速原理

通过调节触发电路的移相控制角α，便可改变整流电压U_d，实现平滑调速。

3. 特点

相控变流器响应快，为毫秒级，比旋转变流机组快了2～3个数量级；体积更小、寿命更长；与旋转变流机组相比，具有效率高、噪声小等诸多优点。其主要缺点是功率因数低，电源谐波电流大，特别是当容量较大时，已成为不可忽视的“电力公害”，需要进行无功补偿和谐波治理。

三、直流斩波器供电的直流调速系统

直流斩波器亦称直流脉宽调制（PWM）变换电源，是可控直流电源的另一种主要形式。直流斩波器电源供电的直流调速系统如图1-6所示。

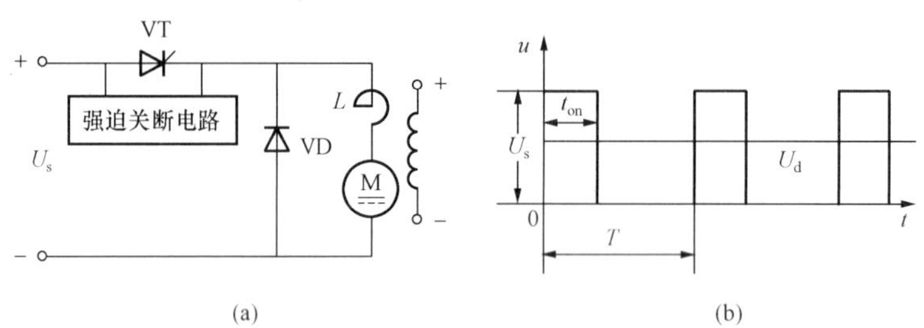

图1-6　直流斩波器供电的直流调速系统

（a）电气原理图；（b）电压波形

1. 系统组成

用恒定直流电源或不可控整流电源U_s供电，利用直流斩波器或脉宽调制变换电源产生可变的平均电压U_d。

2. 调速原理

VT工作于开关状态，VT导通时，U_s加到M上；VT关断时，U_s与M断开，M经VD续流，两端电压接近于零。平均电压U_d可以通过改变VT的导通和关断时间来调节，从而调节M的转速。

3. 特点

转速响应更快，达到十几微秒级，比相控整流电源又高出2～3个数量级；在工频交流电源供电场合，可以先采用不可控整流得到固定的直流电压，再由PWM变换器调节直流电压，使得在提高转速响应的同时，也提高了电源功率因数；运行稳定、效率高、静动态性能好。其缺点是容量不大，在大功率及超大功率（兆瓦以上）直流调速范围内，相控整流电源仍然是不可替代的。

相控整流电源和直流斩波器的结构和工作原理已在电力电子技术课程中学习过，下面从直流调速系统分析和设计的要求出发，简单分析这两种电源的控制特性。

四、相控整流电源

1. 电路结构

相控整流电源主电路接线及运行象限有多种形式，图 1-7 所示为三种典型形式。

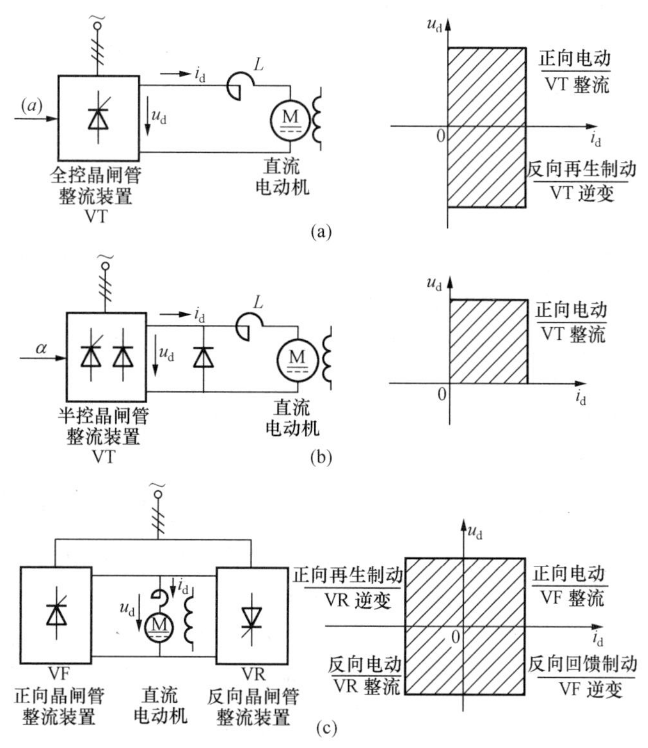

图 1-7 相控整流装置主电路接线及运行象限

(a) 全控型；(b) 半控（或有续流二极管）型；(c) 可逆型

图 1-7 (a) 所示为全控型相控整流电路，最常用的是单相桥式或三相桥式电路。由于晶闸管的单向导电性，输出电流 i_d 只能取正值。当整流器工作于整流状态时输出平均电压 U_d 为正，工作于第Ⅰ象限，对应于直流电动机正向电动运行，此时能量由交流电网流向直流电动机。当整流器工作于逆变状态时，输出平均电压 U_d 为负，工作于第Ⅳ象限，对应于直流电动机反向回馈制动（如起重机下放重物），此时能量由直流电动机回馈交流电网。

图 1-7 (b) 所示为半控（或有续流二极管）型相控整流电路，此时由于续流作用，输出平均电压 U_d 不可能为负，因此只能工作于第Ⅰ象限，对应于直流电动机正向电动运行状态。

图 1-7 (c) 所示为可逆型相控整流电路，它由一个正向晶闸管全控整流电路 VF 和一个反向晶闸管全控整流电路 VR 反并联组成。VF 工作时输出直流电流 i_d 为正，直流电动机可分别工作于第Ⅰ和第Ⅳ象限。与图 1-7 (a) 中相同。VR 工作时输出直流电流 i_d 为负，对应于第Ⅱ和第Ⅲ象限；当 VR 工作于整流状态时，输出直流电压 U_d 为负，工作于第Ⅲ象限，对应于直流电动机反向电动状态；当 VR 工作于逆变状态时，输出直流电压 U_d 为正，

工作于第II象限，对应于直流电动机正向回馈制动，此时能量由电动机回馈交流电网。

2. 控制特性

对于相控整流电源而言，直流电动机是一个反电动势负载。晶闸管整流装置的输出电压平均值 U_d 与移相控制角之间的关系可分三种情况考虑。

第一种情况，全控型整流电路工作于电流连续状态时，有稳态关系式

$$U_d = KU_2\cos\alpha \tag{1-2}$$

式中：α 为移相控制角；U_2 为交流电源相电压有效值；K 为由电路结构决定的常数，如三相全控桥式电路时，$K=2.34$。

第二种情况，半控型整流电路工作于电流连续状态时，对于结构上对称的半控电路有稳态关系式

$$U_d = KU_2\frac{1+\cos\alpha}{2} \tag{1-3}$$

式中：K 为由电路结构决定且与全控或半控无关，与第一种情况数值相同。

"结构上对称"是指半控整流电路中晶闸管和整流二极管在拓扑上是对称的。

第三种情况，电流断续工作状态。当电枢电流断续时，由于电枢电压是一个反电动势负载，使得输出电压平均值偏离式（1-2）和式（1-3）而明显上升，且随着电流断续加重，电压上升更加明显。其特性在稍后的机械特性分析中再详细给出。

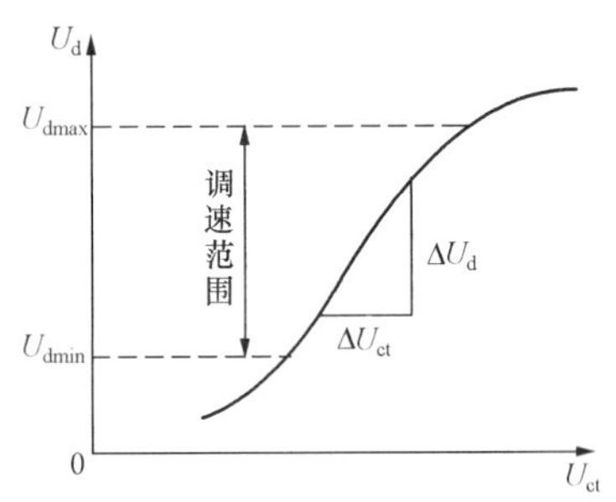

图1-8 触发—整流环节输入—输出特性 $U_d(t)=f(U_{ct})$

如图1-8所示，可控直流电源的控制特性是指输入控制电压 U_{ct} 对输出电压平均值 U_d 的关系。输出量与输入量之间的放大系数 K_s 可以通过实测特性或根据装置的参数估算而得到。

实测特性法是指，用试验方法测出该环节的输入—输出特性，即 $U_d(t)=f(U_{ct})$，如图1-8所示。

由图1-8可知，该特性是非线性的，只能在一定的工作范围内近似看成线性特性。应用中可按调速范围截取线性段，因而放大系数 K_s 可由线性段内的斜率决定，即

$$K_s = \frac{\Delta U_d}{\Delta U_{ct}} \tag{1-4}$$

参数估算法是工程设计中常用的方法。例如，当触发器控制电压的调节范围为0～10V时，如果对应整流器输出电压 U_d 的变化范围是0～220V，可估算得到 $K_s=220/10=22$。

五、PWM直流斩波电源

PWM直流斩波电源也有多种电路形式，下面讨论几种典型电路的结构、工作原理和控制特性。

1. 电路结构与工作原理

（1）单象限PWM直流斩波变换器电路图和波形图如图1-9所示。

当VT导通（t_{on}期间）时，输出电压 $u_d=U_s$；当VD导通时，$u_d=0$。一个周期 T_c 内输出电压平均值为

$$U_d = \frac{t_{on}}{T_c}U_s = DU_s \tag{1-5}$$

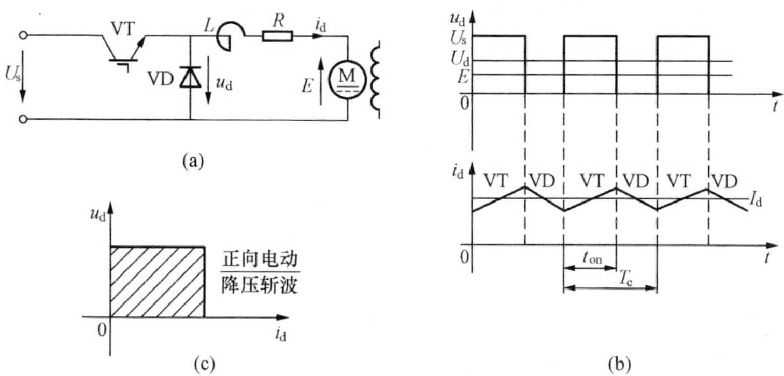

图 1-9　单象限 PWM 直流斩波变换器电路图和波形图

(a) 电路图；(b) 电压、电流波形图；(c) 工作象限示意图

式中：D 为占空比，$D=\dfrac{t_{on}}{T_c}$，由于 $0\leqslant D\leqslant 1$，因此 $0\leqslant u_d\leqslant U_s$。

输出电压 u_d 和电流 i_d 都是单方向的，因此该电路只能工作于第Ⅰ象限，如图 1-9 (c) 所示。

(2) Ⅰ、Ⅱ象限 PWM 直流斩波变换器电路图和波形图如图 1-10 所示。

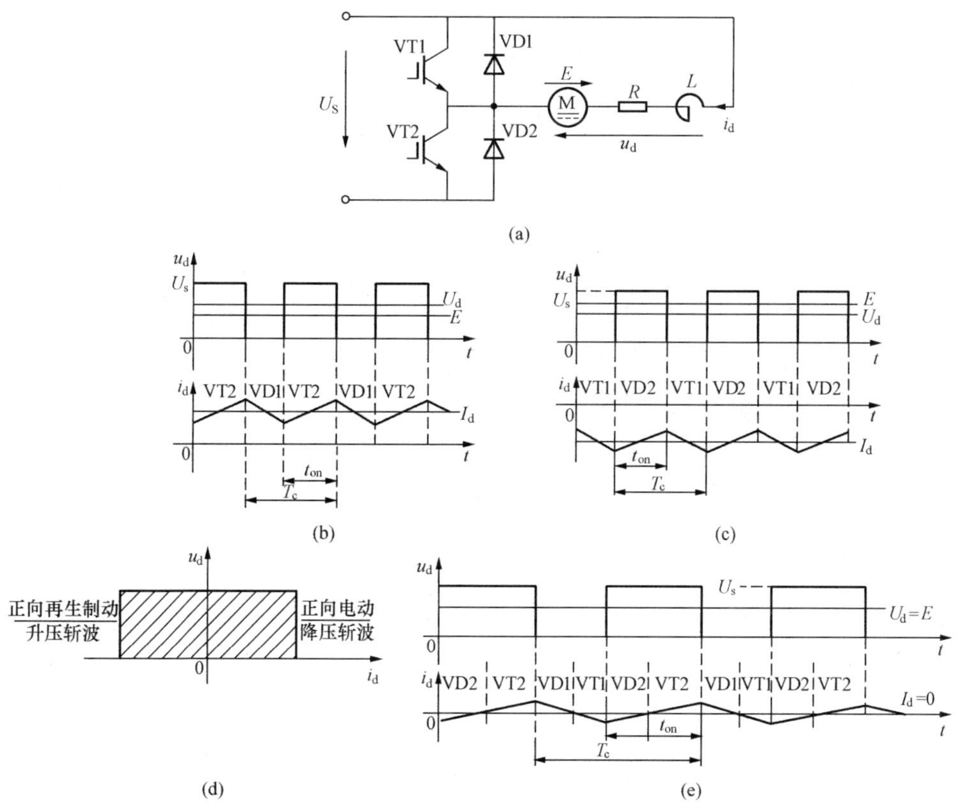

图 1-10　Ⅰ、Ⅱ象限 PWM 直流斩波变换器电路图和波形图

(a) 电路图；(b) 第Ⅰ象限电压、电流波形图；(c) 第Ⅱ象限电压、电流波形图

(d) 工作象限示意图；(e) 轻载时电流不会断续

当 VT2 或 VD2 导通（t_{on}期间）时，$u_d=U_s$；当 VT1 或 VD1 导通时，$u_d=0$。在一个周期内输出电压平均值为 $0\leqslant U_d\leqslant U_s$。

在图 1-10（b）中，$U_d>E$，使得电路工作于第Ⅰ象限，PWM 变换器工作于降压斩波（Buck）方式，直流电动机工作于正向电动状态。此时，直流电源 U_s 输出能量，直流电动机吸收能量，如图 1-10（d）所示。

在图 1-10（c）中，$U_d<E$，使得电路工作于第Ⅱ象限，PWM 变换器工作于升压斩波（Boost）方式，直流电动机工作于正向回馈制动状态。此时，直流电动机（电枢电势 E）输出能量，直流电源 U_s 吸收能量，亦如图 1-10（d）所示。

显然，Ⅰ、Ⅱ象限 PWM 斩波变换器只能输出正向电压 ($U_d>0$)，使直流电动机正向运转，属于不可逆 PWM 变换器。但是由于电流 i_d 可以正反两个方向流动，使得在轻载，甚至空载 ($I_d=0$) 时也不会发生电流断续，因此不会出现输出特性非线性问题，这使得Ⅰ、Ⅱ象限 PWM 斩波变换器的控制特性和数学模型比相控整流电路更为理想。图 1-10（e）所示为 $I_d=0$ 时的 u_d 和 i_d 波形图。

由图 1-10 可知，电源电压 U_s、输出电压平均值 U_d 和导通占空比 $D=t_{on}/T_c$ 之间的关系与式（1-5）相同。

（3）Ⅲ、Ⅳ象限 PWM 直流斩波变换器电路图和波形图如图 1-11 所示。

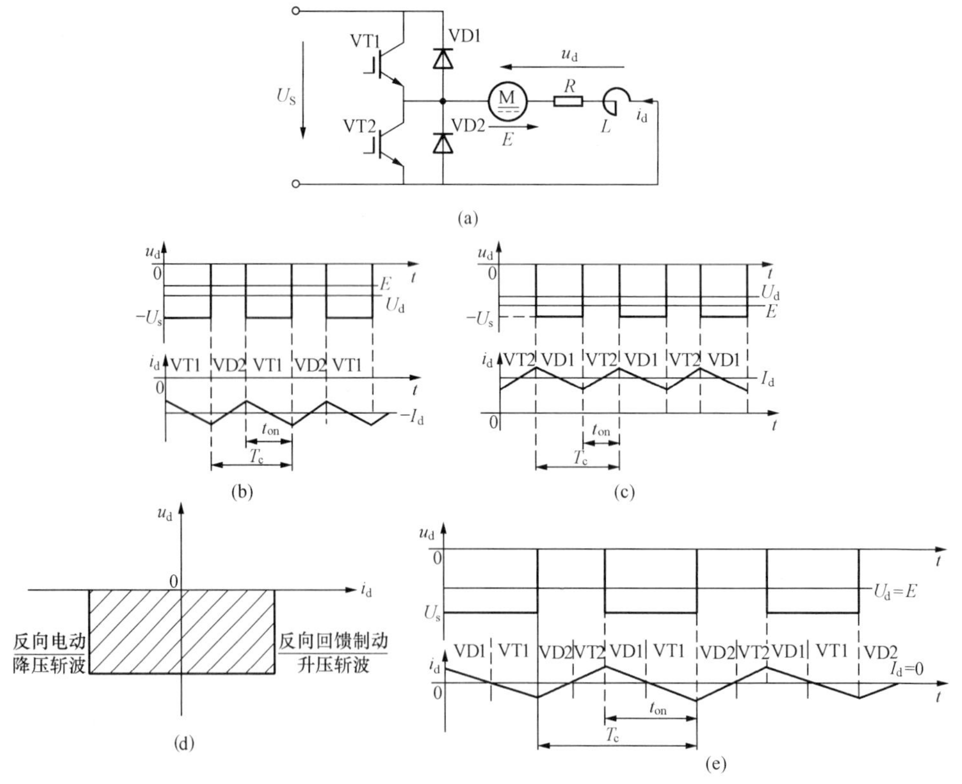

图 1-11 Ⅲ、Ⅳ象限 PWM 直流斩波变换器电路图和波形图

（a）电路图；（b）第Ⅲ象限电压、电流波形图；（c）第Ⅳ象限电压、电流波形图

（d）工作象限示意图；（e）轻载时电流不会断续

图 1-11（a）所示为一个典型的Ⅲ、Ⅳ象限 PWM 斩波变换器电路图；图 1-11（b）、（c）所示其分别工作于第Ⅲ、Ⅳ象限时的电压和电流波形图，这时输出电压平均值$-U_s \leqslant U_d \leqslant 0$。

当电枢反电势E的幅值小于U_d时，输出平均值电流$I_d<0$，PWM 变换器工作于第Ⅲ象限，为反向降压斩波（Buck），直流电动机工作于反向电动状态；当$|E|>|U_d|$时，$I_d>0$，PWM 变换器工作于第Ⅳ象限，为反向升压斩波（Boost），直流电动机工作于反向回馈制动状态。同理，图 1-11（e）是轻（空）载时电流i_d连续的情况。图 1-11（d）是其工作象限示意图。由图可知，电源电压U_s、输出平均电压U_d和导通占空比$D(=t_{on}/T_c)$之间的关系为

$$U_d = -DU_s \leqslant 0 \tag{1-6}$$

（4）将图 1-10（a）和图 1-11（a）结合起来，就得到一个 H 形桥式四象限 PWM 变换器，如图 1-12 所示。

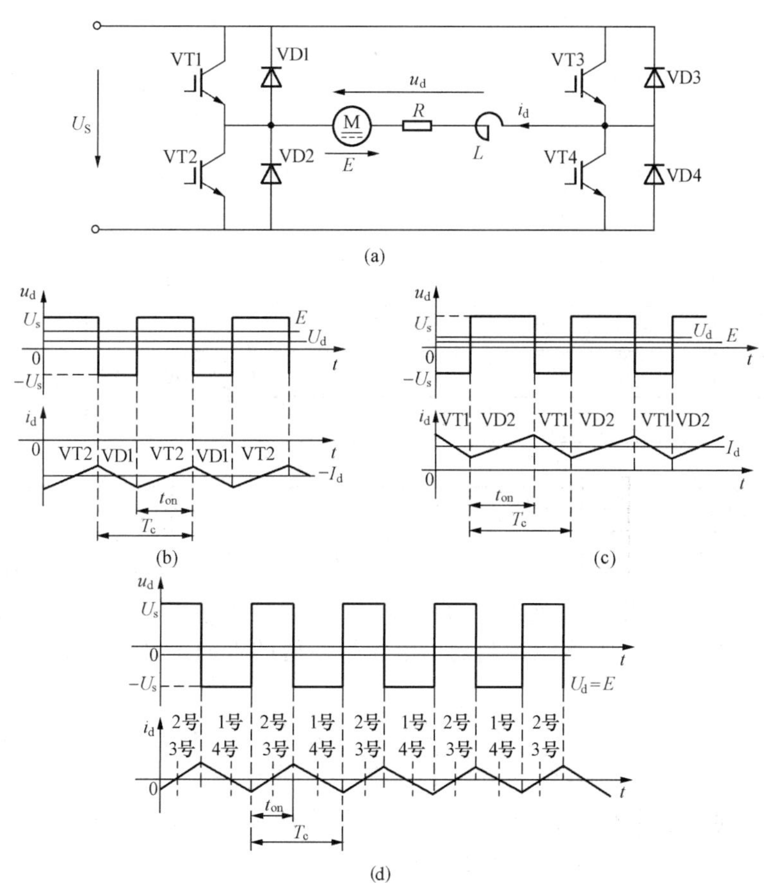

图 1-12 H 形桥式四象限 PWM 斩波变换器电路图和波形图

（a）电路图；（b）第Ⅰ象限电压、电流波形图；（c）第Ⅱ象限电压、电流波形图；（d）第Ⅲ、Ⅳ象限电动机空载时电压、电流波形图

当 VT3 导通、VT4 关断时，对 VT1 和 VT2 进行 PWM 控制，如图 1-10（a）所示，电路可工作于第Ⅰ、Ⅱ象限；当 VT3 关断、VT4 导通时，对 VT1 和 VT2 进行 PWM 控制，

如图 1-11（a），电路可工作于Ⅲ、Ⅳ象限。由图 1-12（a）所示电路的对称性可知，当 VT1 导通、VT2 关断时，控制 VT3 和 VT4 也可使电路工作于第Ⅲ、Ⅳ象限；当 VT1 关断、VT2 导通时，同样控制 VT3 和 VT4 也可使其工作于第Ⅰ、Ⅱ象限。

表 1-1 给出了图 1-12 所示 H 形桥式四象限 PWM 变换器的工作状态表。一个全控开关 VT 和一个二极管 VD 反并联，称为一个拓扑开关，在表 1-1 中一个拓扑开关的“导通”、“关断”或“PWM 控制”指的是这个开关中的 VT 或 VD 导通。在某一时刻具体是哪个管子导通，由这个时刻的电流 i_d 的方向决定。

表 1-1　　H 形桥式四象限 PWM 变换器工作状态表

<table>
<tr><th colspan="2">工作象限</th><th>VT1</th><th>VD1</th><th>VT2</th><th>VD2</th><th>VT3</th><th>VD3</th><th>VT4</th><th>VD4</th><th>电枢电流</th><th>调制方式</th></tr>
<tr><td rowspan="8">单象限方式</td><td rowspan="2">Ⅰ</td><td>×</td><td>P</td><td>P</td><td>×</td><td>√</td><td>×</td><td>×</td><td>×</td><td rowspan="8">电流可能断续</td><td rowspan="12">单极型 PWM 控制</td></tr>
<tr><td>×</td><td>×</td><td>√</td><td>×</td><td>P</td><td>×</td><td>×</td><td>P</td></tr>
<tr><td rowspan="2">Ⅱ</td><td>P</td><td>×</td><td>×</td><td>P</td><td>×</td><td>√</td><td>×</td><td>×</td></tr>
<tr><td>×</td><td>×</td><td>×</td><td>√</td><td>×</td><td>P</td><td>P</td><td>×</td></tr>
<tr><td rowspan="2">Ⅲ</td><td>√</td><td>×</td><td>×</td><td>×</td><td>×</td><td>P</td><td>P</td><td>×</td></tr>
<tr><td>P</td><td>×</td><td>×</td><td>P</td><td>×</td><td>×</td><td>√</td><td>×</td></tr>
<tr><td rowspan="2">Ⅳ</td><td>×</td><td>√</td><td>×</td><td>×</td><td>P</td><td>×</td><td>×</td><td>P</td></tr>
<tr><td>×</td><td>P</td><td>P</td><td>×</td><td>×</td><td>×</td><td>×</td><td>√</td></tr>
<tr><td rowspan="4">二象限方式</td><td rowspan="2">Ⅰ
Ⅱ</td><td colspan="2">P</td><td colspan="2">P</td><td colspan="2">√</td><td colspan="2">×</td><td rowspan="5">电流连续</td></tr>
<tr><td colspan="2">×</td><td colspan="2">√</td><td colspan="2">P</td><td colspan="2">P</td></tr>
<tr><td rowspan="2">Ⅲ
Ⅳ</td><td colspan="2">√</td><td colspan="2">×</td><td colspan="2">P</td><td colspan="2">P</td></tr>
<tr><td colspan="2">P</td><td colspan="2">P</td><td colspan="2">×</td><td colspan="2">√</td></tr>
<tr><td colspan="2">四象限方式</td><td colspan="2">P</td><td colspan="2">P</td><td colspan="2">P</td><td colspan="2">P</td><td>双极型 PWM 控制</td></tr>
</table>

注　“√”表示导通；“×”表示关断；“P”表示 PWM 控制。

由图 1-10（b）、（c）和图 1-11（b）、（c）可见，图 1-12 所示变换器工作于单象限方式或二象限方式时，输出电压 u_d 都是单方向的。通过调节导通占空比 $0 \leqslant D \leqslant 1$，只可以调节输出电压平均值的幅值，但不能控制输出电压平均值的方向。这种控制方式称为单极型 PWM 控制方式。

在图 1-12（b）、（c）中，当 1 号和 4 号拓扑开关导通时，$u_d = -U_s$；当 2 号和 3 号拓扑开关导通时，$u_d = U_s$。其中左侧是 $U_d < E$，使 $i_d < 0$ 的情况；右侧是 $U_d > E$，使 $i_d > 0$ 的情况。这种 u_d 双向取值的控制方式称为双极型 PWM 控制方式。表 1-1 中的四象限方式属于双极型 PWM 控制方式，其他都属于单极型控制方式。

图 1-12（b）、（c）是双极型 PWM 控制方式时的典型波形图，由图可得输出电压平均值为

$$U_d = (2D - 1)U_s \tag{1-7}$$

占空比 $D = t_{on}/T_c$。

图 1-12（d）是直流电动机空载时的波形，显然在任何情况下，电枢电流 i_d 都不会断续。

由图 1-12 及以上分析可知，H 形桥式四象限斩波 PWM 变换器是一个可逆四象限变换器，具有如下工作特性：当占空比 $D=0.5$ 时，$U_d=0$；当 $D<0.5$ 时，$U_d<0$；当 $D>0.5$ 时，$U_d>0$；输出电流平均值 I_d 的方向由 U_d 和 E 的幅值大小决定；输出电流不会断续，因此不会出现输出特性非线性。

2. 控制特性

PWM 变换器的控制一般采用锯齿波同步的自然采样调制法，或者采用基于自然采样调制原理的规则采样法。PWM 调制原理如图 1-13 所示。

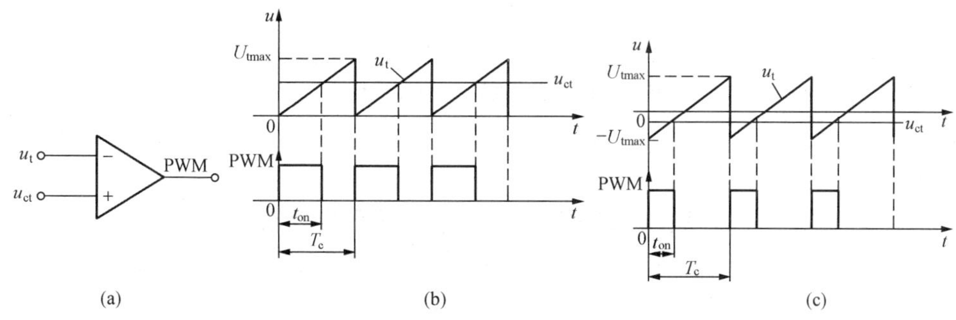

图 1-13　PWM 调制原理

(a) 原理电路；(b) 单极型调制原理图；(c) 双极型调制原理图

图 1-13 (a) 所示为锯齿波信号 u_t 与控制信号 u_{ct} 相比较得到 PWM 信号的原理电路。图 1-13 (b) 所示为单极型 PWM 调制原理图，由图可得单极型调制时占空比和控制电压 U_{ct} 的关系为

$$D=\frac{t_{on}}{T_c}=\frac{U_{ct}}{U_{tmax}} \tag{1-8}$$

图 1-13 (c) 所示为双极型 PWM 调制原理波形，由图可得双极型调制时占空比和控 D 制电压的关系为

$$D=\frac{1+\dfrac{U_{ct}}{U_{tmax}}}{2} \tag{1-9}$$

式中：U_{tmax} 为锯齿波的峰值；$0\leqslant D\leqslant 1$。

将式 (1-9) 代入式 (1-7) 得四象限双极型 PWM 变换器的控制特性为

$$U_d=\frac{U_s}{U_{tmax}}U_{ct}=K_sU_{ct} \tag{1-10}$$

式中：K_s 为 PWM 变换器的放大倍数，$K_s=U_s/U_{tmax}$。

3. PWM-M 系统的机械特性

对于图 1-9 所示的单象限 PWM 变换器，选择适当的载波频率和平波电感 L 时，电流断续区非常小，一般可以忽略不计；Ⅱ象限或Ⅳ象限 PWM 变换电源是电流可逆的电源，不会出现电流断续情况。因此，由 PWM 直流斩波电源供电的直流电动机调速系统（简称为 PWM-M 系统）的机械特性，一般不考虑电流断续的情况。PWM-M 系统的四象限机械特性如图 1-14 所示。

综上所述，变流机组电源由于体积大、效率低、快速性差等缺点，处于淘汰阶段。晶闸

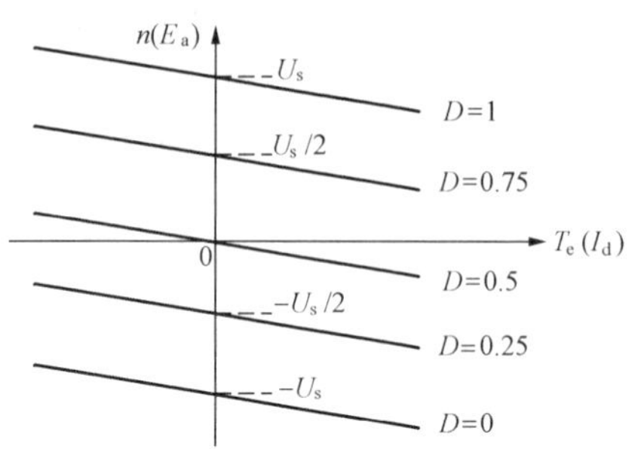

图1-14　PWM-M系统的四象限机械特性

管可控整流电源具有效率高、体积小、成本低、无噪声、快速性好等优点，处于应用推广阶段。但是晶闸管整流电源也有缺点，例如由于晶闸管的单向导电性，可逆运行困难；晶闸管元件的过电压、过电流能力差，其整流电路需设置许多保护环节；系统的功率因数低，有较大的谐波电流等。为了弥补晶闸管整流电源的不足，可采用PWM直流斩波电源。与晶闸管可控电源相比，PWM电源具有开关频率高、动稳态性能好、效率高等一系列优点；但受到器件容量的限制，PWM电源目前只应用于中、小容量系统。

为此，本书以介绍晶闸管—电动机（V-M）系统为主，适当介绍脉宽调制—电动机PWM-M系统。

1.1.4　直流调速系统控制回路中的转速、电流、电压测量方法

系统的闭环控制离不开反馈信号检测，调速系统通常需要检测的物理量有转速、电压、电流等。

信号检测的方法有直接检测和间接检测两种。直接检测是采用各种传感器直接获取检测信号；间接检测是用其他可测信号通过数学模型和函数关系，推算出难以直接检测的所需信号。本节主要介绍常用的直接检测方法。

一、转速检测

常用的转速检测传感器有测速发电机、旋转编码器等。测速发电机输出的是电压模拟信号，旋转编码器则是数字测速装置。

1. 测速发电机

测速发电机的作用是将输入的转速信号转换成输出的电压信号。采用测速发电机的基本要求是：

（1）输出电压与转速间有严格的正比关系；

（2）在一定的转速时所产生的电动势及电压应尽可能的大，以达到高灵敏度的要求。

测速发电机可分为直流测速发电机和交流测速发电机两类，这里仅介绍直流测速发电机。

直流测速发电机的基本结构和工作原理与普通直流发电机相同，检测电路如图1-15所示。

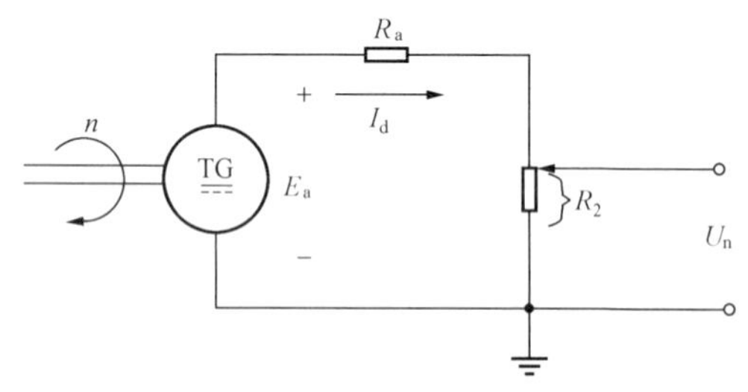

图1-15　直流测速发电机转速检测电路

当主磁通 Φ 一定时，直流发电机TG的电枢绕组感应电动势为 $E_a=k_e\Phi n$，若取样电阻为 R_2，则其输出电压为

$$U_n=I_dR_2=\frac{E_a}{R}R_2=\frac{k_e\Phi nR_2}{R} \tag{1-11}$$

$$R=R_a+R_2$$

式中：R 为线路总电阻。

令 $\alpha=\frac{k_e\Phi R_2}{R}$，则式（1-11）可写为 $U_o=\alpha n$，α 称为转速反馈系数。可见，直流测速发电机的输出电压 U_n 与转速 n 成正比。

2. 旋转编码器

测速发电机常用于模拟控制系统中，且测速准确度有限。在数字测速中，常用旋转式光电编码器作为转速或转角的检测元件。旋转式光电编码器码盘和透光细缝以及其输出波形如图 1-16 所示。

旋转式光电编码器由与电动机同轴相连的码盘、码盘一侧的发光元件和另一侧的光敏元件构成。码盘上有 3 圈透光细缝，如图 1-16（a）所示。第 1 圈与第 2 圈的细缝数相等，细缝位置（阴影处）相差 90°电度角。输出 A、B、Z 三路方波脉冲，A 脉冲相位与 B 脉冲相位相差 90°，如图 1-16（b）所示。第 3 圈只有一条细缝，码盘转一圈生成一个 Z 脉冲，可以用作为定位脉冲或复位脉冲。为简化起见，图 1-16 中仅绘出了部分细缝，实际的码盘一周有数百条到数千条细缝，可以达到很高的分辨率。

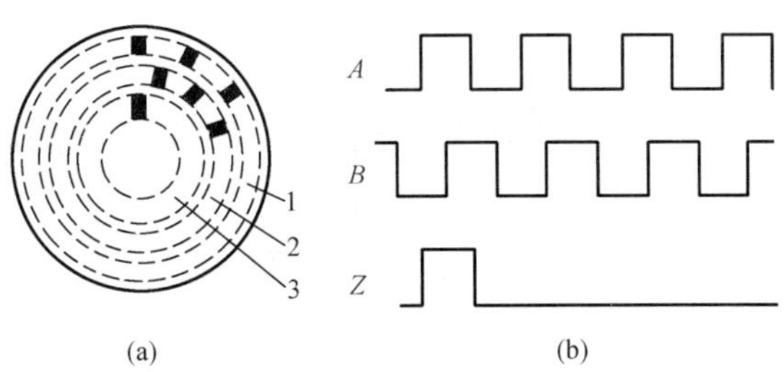

图 1-16　旋转式光电编码器及其输出波形
（a）码盘及透光细缝；（b）输出脉冲波形

利用旋转式光电编码器输出的脉冲可以计算转速，具体方法有 M 法、T 法、和 M/T 法。

（1）M 法。如图 1-17（a）所示，在一定的采样间隔时间 T_s 内，对来自编码器的脉冲信号计数，然后根据计数值 m 推算转速 n(r/min)，其计算式为

$$n=60000\frac{m}{MT_s} \tag{1-12}$$

式中：T_s 为采样周期，ms；m 为在 T_s 时间间隔内所计的脉冲数；M 为码盘每转的脉冲数，由铭牌参数得到。

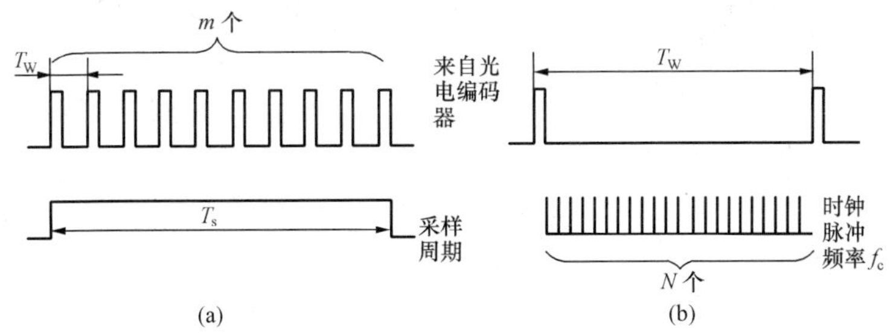

图 1-17　光电编码器测速
（a）M 法；（b）T 法

例如，当 $M=1000$、$T_s=1$ms、$m=20$ 时，利用式（1-12）可计算出实测转速 $n=1200$r/min。

M 法的缺点是低速测量受限制。由于低速时脉冲的频率低，若在 T_s 内只能采集到一个脉冲，即 $m=1$ 时，由上面给出的参数计算实际转速为 $n_{min}=60$r/min，也就是说低于

60r/min的转速无法测到。考虑到一定的测量误差，实际能达到的最低测量转速还进一步受限制。如要测低于60r/min的转速，一种改进方法是增大采样周期。通过计算可知，要使能测量的最低速达到$n_{min}=1r/min$，则T_s应增大到60ms，这样系统快速性大为下降。另一种改进方法是增大M，但这要受机械制造技术的限制。如何能在不增加M不改变T_s的情况下测量低速呢？可以考虑采用另外一种方法，即T法。

(2) T法。如图1-17 (b) 所示，在两个码盘脉冲的间隔T_W内，计算已知频率f_c的高频脉冲的个数，从而计算出T_W及转速。转速n(r/min)的计算式为

$$n=60000\frac{f_c}{MN} \tag{1-13}$$

式中：f_c为高频时钟脉冲频率，kHz；M为码盘每转脉冲个数；N为T_W时间内所计高频时钟脉冲的个数。

例如，已知$M=1000$，$f_c=5kHz$，$N=250$，按照式（1-13）可计算得出转速$n=1.2r/min$。

但是，与M法相反，T法的缺点是高速测量受限制。例如，当$N=1$时，可测得最高转速$n_{max}=300r/min$。改进T法的方法之一是提高时钟脉冲的频率f_c。

(3) M/T法。以上两种方法各有优缺点，若要在大范围内测量转速时，可以在同一系统中分段采用这两种方法，即在高速段采用M法，在低速段采用T法，称为M/T法。详细内容读者可以参阅相关的论述或专著。

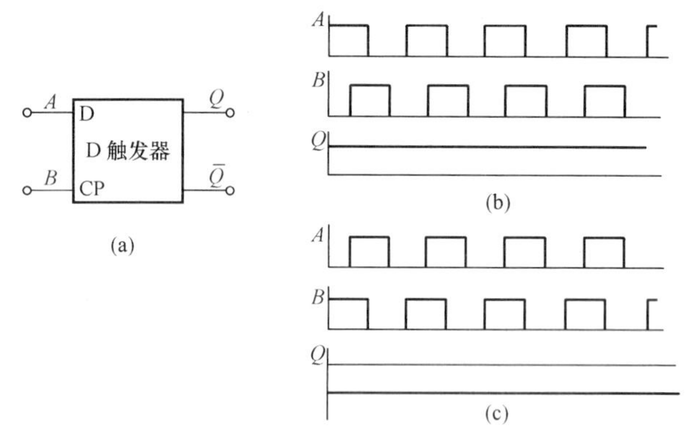

图1-18 转速方向辨别电路和波形
(a) 转速方向辨别电路；(b)、(c) 转向信号波形

在可逆调速系统中，不仅要测转速，还要测转向。可以利用A、B脉冲串之间的相位差，进行转速方向的辨别。采用一个D触发器，接线如图1-18 (a) 所示，输出Q端信号为转向信号，波形如图1-18 (b) 和1-18 (c) 所示。逆时针旋转时，A脉冲超前B脉冲，Q为高电平；顺时针旋转时，B脉冲超前A脉冲，Q为低电平。Q电平的高低指示旋转的方向。

二、电流检测

1. 电流互感器测电流

电流互感器类似于一个升压变压器，它的一次绕组匝数N_1很少，一般只有几匝；二次绕组匝数N_2很多。电流互感器工作时，一次绕组串联在被测线路中，流过被测电流；二次绕组与电流表等阻抗很小的仪表接成闭路。采用电流互感器可在不切断电路的情况下，测得电路中的电流。电流互感器原理结构如图1-19所示。

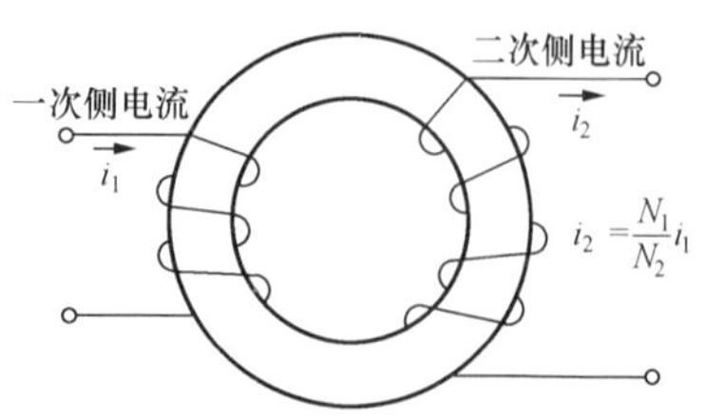

图1-19 电流互感器原理结构

假设一次侧电流为i_1，匝数为N_1；二次侧电流为i_2，匝数为N_2。根据变压器原理，可得二次侧电流为

$$i_2=\frac{N_1}{N_2}i_1 \tag{1-14}$$

可见，只要测得二次侧电流 i_2，就可得知一次侧电流 i_1 的大小。

电流互感器感应的是电流，测量时互感器二次侧接一电阻 R，将电流信号转变成电压信号，然后接到放大器或交直流变换器上进一步处理。

图 1-20 所示为电流互感器在直流调速系统中的一个具体应用。图中，电流互感器测得的交流电流经二极管桥式整流后输出直流电压反馈信号。

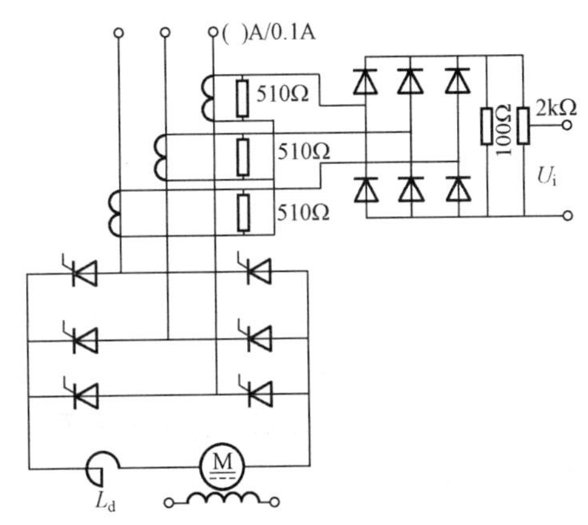

图 1-20　电流互感器在直流调速系统中检测电流的原理图

2. 取样电阻测电流

取样电阻测电流的方法是采用阻值很小的标准电阻 R（取样电阻）串接在被测电路中，将被测电流 I_x 转换成被测电压 U_x。如果得到的被测电压很小，还需要进行放大处理。

这种方法的优点是简单可靠、没有时间延迟。其缺点是大功率下不宜采用；测得的信号没有电隔离，给处理电路带来不便。

3. 霍尔电流传感器

当载流体或半导体处于与通过其的电流流向相垂直的磁场中时，在其两端将产生电位差，这一现象称为霍尔效应。利用霍尔效应制成的霍尔元件可作为检测磁场、电流、位移等的传感器。

图 1-21 所示为采用霍尔传感器检测电流的电路。图中，对霍尔元件 HL 施加直流电压后产生原电流 I_c，由被测电流产生磁场，按霍尔效应输出相应的电位差 U_H，即有

$$U_H=K_HBI_c \tag{1-15}$$

式中：K_H 为霍尔常数；B 为与被测电流成正比的磁感应强度；I_c 为控制电流。

由霍尔器件输出的电压 U_H 再经过放大器 A 放大后，输出电流检测信号 U_i。

三、电压检测

可采用电压互感器检测电压。电压互感器实质上就是一个降压变压器，其工作原理和结构与双绕组变压器基本相同。图 1-22 所示为电压互感器的检测原理图，它的一次绕组匝数

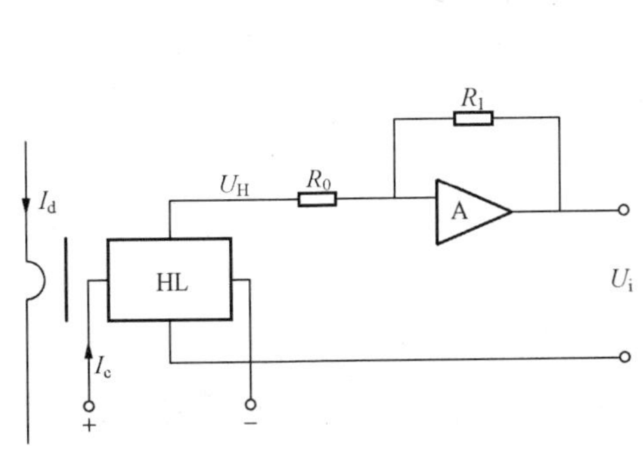

图 1-21　霍尔传感器检测电流的原理电路

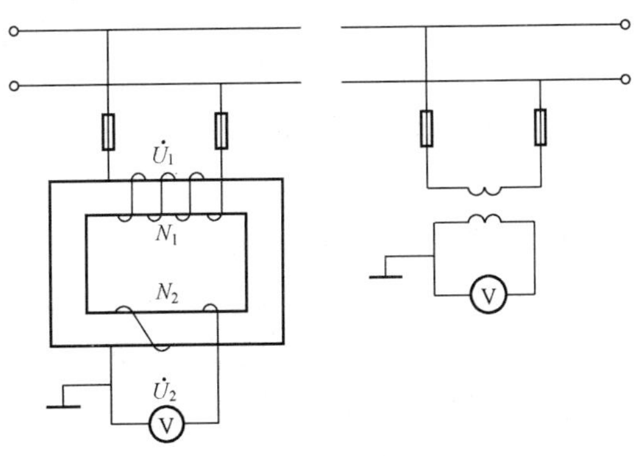

图 1-22　电压互感器的检测原理图

N_1 很多，直接并联到被测的高压线路上；二次绕组匝数 N_2 较少，接高阻抗的测量仪表（如电压表或其他仪表的电压线圈）。

由于电压互感器的二次绕组所接仪表的阻抗很高，二次侧电流很小，近似等于零，所以电压互感器正常运行时相当于降压变压器的空载运行状态。根据变压器的变压原理，可得

$$\frac{U_1}{U_2}=\frac{N_1}{N_2}=k \text{ 或 } U_2=\frac{U_1}{k} \tag{1-16}$$

式（1-16）表明，利用一、二次绕组匝数不同，电压互感器可将高电压转换成低电压供测量等。电压互感器常用来检测交流电压，直流电压可采用电阻分压器法等检测方法。

1.2 单闭环直流调速系统

1.2.1 开环直流调速系统及其存在的问题

由晶闸管整流装置给直流电动机供电的调速系统，简称为V-M系统。开环V-M系统的组成、工作原理和特点见**1.1.3**有关内容，此处主要讨论开环V-M系统的机械特性和近似处理方法。

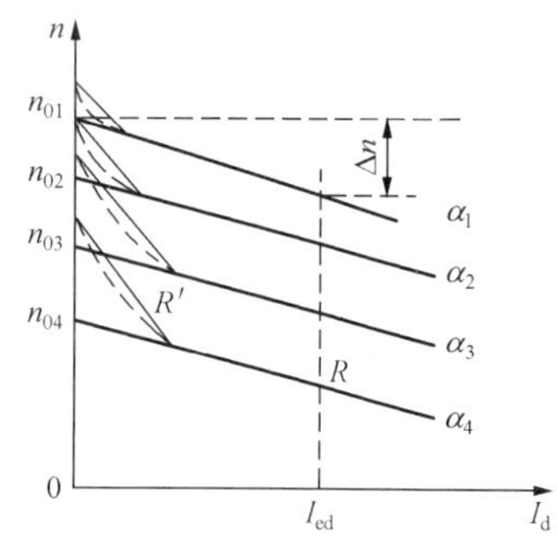

图1-23 开环系统机械特性

1. 电流连续时V-M系统开环机械特性

电流连续时V-M系统开环机械特性如图1-23的实线部分所示，表达式为

$$n=\frac{1}{C_e}(U_{d0}-I_dR)=n_0-\Delta n \tag{1-17}$$

式中：C_e 为电机在额定磁通下的电动势转速比，$C_e=K_e\Phi$；n_0 为开环调速系统的理想空载转速；Δn 为开环调速系统的稳态速降。

当电动机加负载时，产生 $\Delta n=I_dR/C_e$ 的转速降。Δn 越小，机械特性的硬度越大。系统开环运行时，Δn 完全取决于电枢回路电阻 R 及所加负载电流 I_d 的大小。

2. 电流断续时的V-M系统开环机械特性

由于晶闸管整流装置的输出电压是脉动的，相应的负载电流也是脉动的。当电动机负载较轻或主回路电感量不足时，会造成电流断续。这时，随着负载电流的减小，反电势反而急剧升高，使理想空载转速比图1-23中的 n_0 高得多，如图中虚线所示。

由图1-23可见，V-M系统的机械特性由两段组成，即电流连续段和断续段。当电流连续时，特性较硬而且呈线性；电流断续时，特性较软且呈显著的非线性。

3. 机械特性的近似处理方法

当主回路电感量足够大，电动机又有一定的空载电流时，可近似认为电动机工作电流连续，可把特性直线段的延长线与纵轴的交点 n_0 作为理想空载转速。对于特性断续比较显著的情况，可以改用另一段较陡的直线来逼近断续段特性。这相当于把总电阻 R 换成一个更大的等效电阻 R'，其数值可以从实测特性上计算出来。断续情况严重时，R' 可达实际电阻 R 的几十倍。

从总体来看，开环V-M系统的机械特性是很软的，一般满足不了工业生产对调速系统

的要求，通常需要设置反馈环节，以改善系统的机械特性性能。

1.2.2　单闭环转速负反馈直流调速系统

一、问题的提出

【问题】　某一车床拖动电动机的额定转速 $n_n=900\text{r/min}$，要求 $n_{min}=100\text{r/min}$，由开环系统决定的 $\Delta n_n=80\text{r/min}$，$s\leqslant 0.1$。问开环 V - M 系统能否满足要求？如不满足怎么办？

【分析】　若要系统同时满足 $D=9$ 和 $s\leqslant 0.1$ 的指标要求，则允许的 Δn_n 是

$$\Delta n_n=\frac{n_n s}{D(1-s)}=\frac{900\times 0.1}{9\times 0.9}=11.1(\text{r/min})$$

而开环系统实际的 $\Delta n=80\text{r/min}$，远大于允许的 $\Delta n=11.1\text{r/min}$，为此必须降低 Δn_n。因为 $\Delta n_n=n_0-n_n$，要降低 Δn_n，实际是要使机械特性变硬。也就是负载从空载变到满载时，要求转速基本不变，即要求转速 n_n 基本不受负载变化的影响。根据反馈控制原理，要维持某一物理量基本不变，就应该引入该物理量的负反馈。因此可以引入被控量转速的负反馈，构成转速闭环控制系统。由于系统只有一个转速反馈环，故称为单闭环调速系统。

二、系统的组成

单闭环转速负反馈直流调速系统原理图参见图 1 - 24。该系统的控制对象为直流电动机 M，被调量为转速 n，测速发电机 TG 与电位器 RP2 组成转速检测环节，从而引出与转速成正比的负反馈电压 U_n，U_n 与转速给定电压 U_n^* 比较后，得到偏差电压 ΔU_n，经放大器 A 放大后产生移相控制电压 U_{ct}送给晶闸管触发器 GT，以调节晶闸管整流输出电压 U_d，从而控制电动机的转速。这就构成了转速负反馈控制的调速系统。

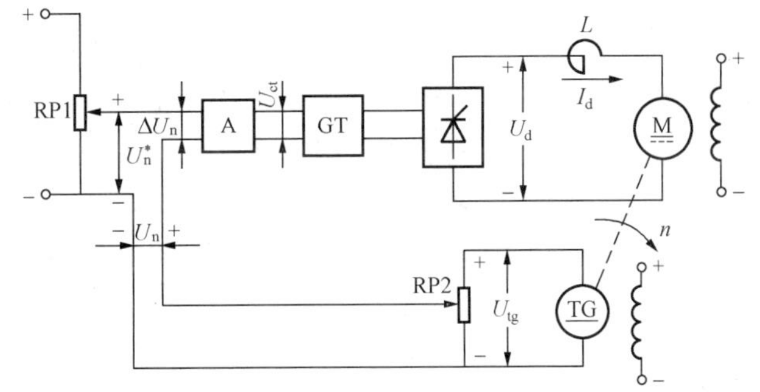

图 1 - 24　单闭环转速负反馈调速系统原理图

单闭环转速负反馈调速系统的主要环节如下：

（1）给定环节。其作用是产生控制信号，一般由高准确度的直流稳压电源和用于改变给定信号大小的精密电位器组成。

（2）比较与放大环节。它的作用是将给定信号和反馈信号进行比较与放大，一般由 P、I、PI 等类型的运算放大器组成。

（3）触发器和整流装置环节（组合体）。该环节的作用是进行功率放大，将直流移相控制信号 U_{ct}放大成直流平均电压 U_{d0}。一般触发器的输出移相角 α 与输入移相控制电压 U_{ct}呈非线性关系，整流器的输出平均电压 U_{d0}与输入 α 呈非线性。而当将触发器和整流装置作为一个整体来分析时，其 U_{d0}与 U_{ct}却基本呈线性关系，即 U_{d0}正比于 U_{ct}。

通常触发器的类型有单结晶体管触发器、锯齿波触发器、正弦波触发器和集成触发器。整流装置从线路结构上可分为单相、三相；从整流波形上可分为半波、全波；从电路拓扑中使用元件的情况可分为半控、全控整流电路。

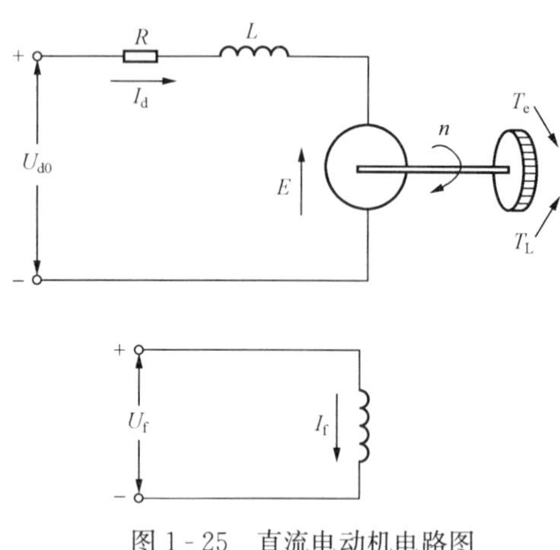

图 1-25　直流电动机电路图

（4）转速检测环节。该环节是通过一台小型直流发电机（直流测速发电机），将电机的转速转换成转速反馈电压，电压的大小与转速成正比。

（5）直流电动机环节。为分析方便起见，该环节中的电压、电动势、电流均使用大写字母。在动态分析时，就认为是瞬时值；在稳态分析时，就认为是平均值。由图 1-25 可见，直流电动机有两个独立的回路，即电枢回路和励磁回路。

直流电动机各物理量间的关系式为：

$$U_{d0} = I_d R + L\frac{dI_d}{dt} + E \tag{1-18}$$

$$T_e = K_m \Phi I_d = C_m I_d \tag{1-19}$$

$$T_e - T_L = \frac{GD^2}{375}\frac{dn}{dt} \text{ 或 } I_d - I_{dL} = \frac{GD^2}{375C_m}\frac{dn}{dt} \tag{1-20}$$

$$E = K_e \Phi n = C_e n \tag{1-21}$$

式中：U_{d0}、I_d 分别为电动机电枢瞬时电压、电流；I_{dL}为负载电流；T_e 为电磁转矩；T_L 为负载转矩；R 为电枢回路总电阻；L 为电枢回路总电感；K_m 为转矩常量；C_m 为电动机的转矩电流比，N·m/A，$C_m=\frac{30}{\pi}C_e$；C_e 为电动机的电动势转速比，V·min/r;GD^2 为电力拖动系统运动部分折算到电动机轴上的飞轮惯量，N·m^2。

根据上述约定，稳态分析时，式（1-18）～式（1-21）中电压、电动势、电流代表瞬时值。

当电动机进入动态运行时，各物理量间的关系式为

$$U_{d0} = I_d R + E$$

$$T_e = K_m \Phi I_d = C_m I_d$$

$$T_e = T_L,\quad I_d = I_{dL}$$

$$E = K_e \Phi n = C_e n$$

稳态分析时，上式中电压、电动势、电流代表平均值。

三、调速系统的自动调节过程

1. 对给定信号的调节——调速过程：改变 U_n^* 则 n 改变

例如，调节前，$U_n^* = U_{n1}^*$，则 $U_{ct} = U_{ct1}$，$U_d = U_{d1}$，$n = n_1$；当 U_n^* 上升到 U_{n2}^*时，则 $U_{ct}=U_{ct2}$，$U_d=U_{d2}$，$n=n_2$。也就是，n 随着 U_n^* 改变而改变，输出紧紧跟随输入。

2. 对扰动信号的调节——稳速过程：n 基本不受负载波动等扰动输入的影响

例如，$T_L\uparrow \to n\downarrow \to U_n\downarrow \to \Delta U_n = (U_n^* - U_n)\uparrow \to U_{ct}\uparrow \to U_{d0}\uparrow \to I_d\uparrow \to n\uparrow$，即负载波动时，$n$ 基本不受扰动输入的影响，速降很小。

四、闭环系统的静特性

1. 闭环系统静特性的定性分析

由图 1-26 可见：

（1）未设置转速负反馈环节时。当负载电流由 I_{d1}增加到 I_{d2}时，转速将由 n_A 下降到 $n_{B'}$

（此时输出的整流电压平均值为 U_{d01}）。

（2）设置转速负反馈环节后。当负载电流由 I_{d1} 增加到 I_{d2} 时，整流输出电压由 U_{d01} 增加到 U_{d02}，转速将由 n_A 下降到 n_B（此时输出的整流电压平均值为 U_{d02}），由于 U_{d0} 平滑变化，所以连接 n_A 和 n_B，就可得到闭环系统的静特性，它比开环机械特性硬。

2. 闭环系统的静特性的定量分析

（1）系统结构图。根据图 1-24 可得到闭环系统的结构图，如图 1-27 所示。

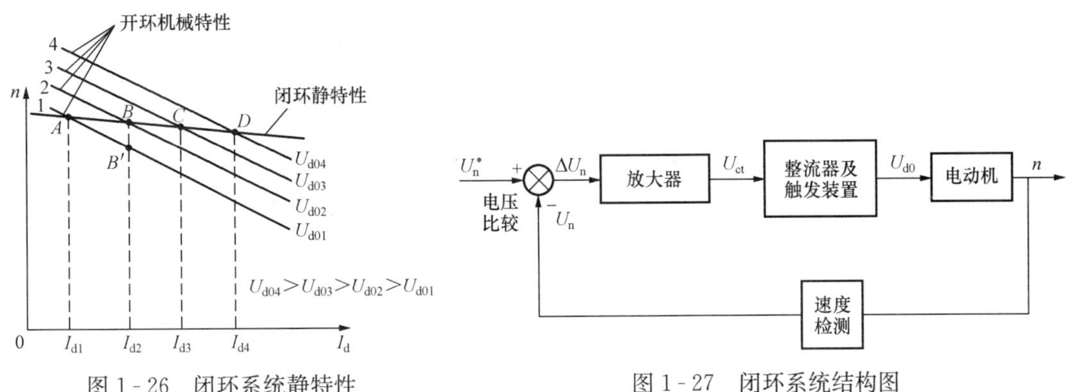

图 1-26 闭环系统静特性　　图 1-27 闭环系统结构图

（2）分析方法。首先列出各环节的输入、输出方程，并将其填进上述结构图中各环节的方框内；然后根据系统结构，用代数法或结构图法求闭环系统的静特性方程。

（3）系统中各环节的稳态输入、输出方程如下：

电压比较环节 $\Delta U_n = U_n^* - U_n$

放大器 $U_{ct} = K_{p\Delta} U_n$

晶闸管整流器及触发装置 $U_{d0} = K_s U_{ct}$

电动机 $n = \dfrac{E}{C_e} = \dfrac{U_{d0} - I_d R}{C_e}$

转速检测环节 $U_n = \alpha_2 U_{tg} = \alpha_2 C_{etg} n = \alpha n$

式中：K_p 为放大器的电压放大系数；K_s 为晶闸管整流器及触发装置的电压放大系数；α_2 为反馈电位器分压比；C_{etg} 为测速发电机额定磁通下的电动势转速比；$\alpha = \alpha_2 C_{etg}$ 为转速反馈系数，V·min/r。

单闭环转速负反馈调速系统的稳态结构图参见图 1-28。图中各方块内的符号代表该环节的放大系数。

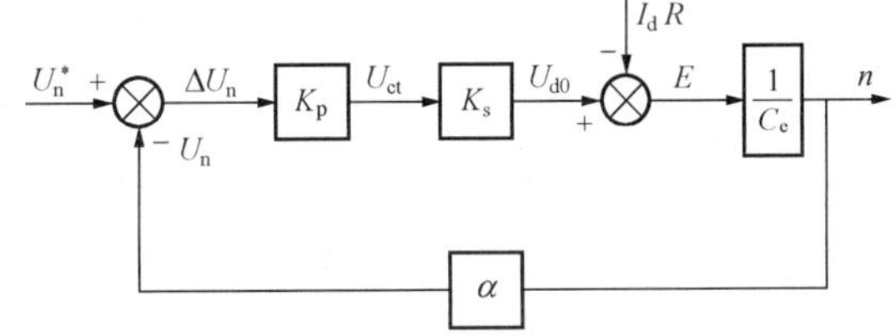

图 1-28 单闭环转速负反馈调速系统稳态结构图

消去上述各关系式中的中间变量，或通过系统稳态结构图的运算，均可得到系统的静特性方程式，即

$$n = \frac{K_p K_s U_n^* - I_d R}{C_e(1 + K_p K_s \alpha / C_e)} = \frac{K_p K_s U_n^*}{C_e(1+K)} - \frac{R I_d}{C_e(1+K)} = n_{0cl} - \Delta n_{cl} \tag{1-22}$$

式中：K 为闭环系统的开环放大系数，它是系统中各环节单独放大系数的乘积，$K = K_p K_s \alpha / C_e$；n_{0cl} 为闭环系统的理想空载转速；Δn_{cl} 为闭环系统的稳态速降。

闭环调速系统的静特性表示闭环系统电动机转速与负载电流（或转矩）的稳态关系，它在形式上与开环机械特性相似，但在本质上二者有很大不同，故定名为闭环系统的“静特性”，以示区别。

五、闭环系统静特性与开环系统机械特性的比较

将闭环系统的静特性方程与开环系统的机械特性进行比较，就能清楚地看出闭环控制的优越性。如果断开转速反馈回路（令 $\alpha=0$，则 $K=0$），则上述系统的开环机械特性为

$$n=\frac{U_{d0}-I_dR}{C_e}=\frac{K_pK_sU_n^*}{C_e}-\frac{I_dR}{C_e}=n_{0op}-\Delta n_{op} \tag{1-23}$$

式中：n_{0op}和Δn_{op}分别为开环系统的理想空载转速和稳态速降。

比较式（1-22）和式（1-23）可以得出如下结论：

（1）闭环系统静特性比开环系统机械特性硬得多。在同样的负载下，两者的稳态速降分别为

$$\Delta n_{op}=\frac{RI_d}{C_e} \text{ 和 } \Delta n_{cl}=\frac{RI_d}{C_e(1+K)}$$

它们的关系是

$$\Delta n_{cl}=\frac{\Delta n_{op}}{1+K} \tag{1-24}$$

显然，当K值较大时，Δn_{cl}比Δn_{op}要小得多，也就是说闭环系统的静特性比开环系统的机械特性硬得多。

（2）闭环系统的静差率比开环系统的静差率小得多。闭环系统和开环系统的静差率分别为

$$s_{cl}=\frac{\Delta n_{cl}}{n_{0cl}} \text{ 和 } s_{op}=\frac{\Delta n_{op}}{n_{0op}}$$

当$n_{0cl}=n_{0op}$时，则有

$$s_{cl}=s_{op}/(1+K) \tag{1-25}$$

（3）当要求的静差率一定时，闭环系统的调速范围可以大大提高。如果电动机的最高转速都是n_n，且对最低转速的静差率要求相同，则开环时，$D_{op}=\frac{n_ns}{\Delta n_{op}(1-s)}$；闭环时，$D_{cl}=\frac{n_ns}{\Delta n_{cl}(1-s)}$。所以有

$$D_{cl}=(1+K)D_{op} \tag{1-26}$$

（4）闭环系统必须设置放大器。上述三条优越性是建立在K值足够大的基础上的。由系统的开环放大系数$K(=K_pK_s\alpha/C_e)$表达式可看出，若要增大K值，只能增大K_p和α值，因此必须设置放大器。在开环系统中，U_n^*直接作为U_{ct}来控制，因而不用设置放大器。而在闭环系统中，引入转速负反馈电压U_n后，$U_{ct}=K_p\Delta U_n$，而$\Delta U_n=U_n^*-U_n$很低，所以必须设置放大器，才能获得足够的控制电压U_{ct}（参见图1-24）。

综上所述，可得出这样的结论：闭环系统可以获得比开环系统硬得多的静特性，且闭环系统的开环放大系数越大，静特性就越硬，在保证一定静差率要求下其调速范围越大，但必须增设转速检测环节和放大器。

在开环V-M系统中，Δn的大小完全取决于电枢回路电阻R及所加的负载大小。闭环系统能减少稳态速降，但不能减小电阻。那么降低稳态速降的实质是什么呢？

从静特性上看（参见图1-26），当负载电流由I_{d1}增大到I_{d2}时，若为开环系统，仅依靠电动机内部的调节作用，转速将由n_A降落到$n_{B'}$（此时输出的整流电压平均值为U_{d01}）。设置了转速负反馈环节，它将使整流输出电压由U_{d01}上升到U_{d02}，电动机由机械特性曲线1的A点过渡到曲线2的B点上稳定运行。这样，每增加（或减少）一点负载，整流电压就相应的提高（或降低）一点，因而就过渡到另一条机械特性曲线上。闭环系统的静特性就是由许多这样的位于各条开环机械特性上的工作点（见图1-26中的A、B、C、D点）集合而成的。由图1-26可见，闭环系统的静特性比开环系统硬。闭环系统能随负载的变化而自动调节整流电压，从而调节电动机的转速。

【例1-1】　龙门刨床工作台采用Z2-93型直流电动机，$P_n=60\text{kW}$、$U_n=220\text{V}$、$I_n=305\text{A}$、$n_n=1000\text{r/min}$、$R_a=0.05\Omega$、$K_s=30$，晶闸管整流器的内阻$R_n=0.13\Omega$，要求$D=20$，$s\leqslant5\%$，若采用开环V-M系统能否满足要求？若采用$\alpha=0.015\text{V}\cdot\text{min/r}$转速负反馈闭环系统，问放大器的放大系数为多大时才能满足要求？

解：开环系统在额定负载下的转速降落为$\Delta n_n=\dfrac{I_nR}{C_e}$，$C_e$可由电动机铭牌额定数据求出，即

$$C_e=\frac{U_n-I_nR_a}{n_n}=\frac{220-305\times0.05}{1000}=0.2(\text{V}\cdot\text{min/r})$$

所以

$$\Delta n_n=\frac{I_nR}{C_e}=\frac{305\times(0.05+0.13)}{0.2}=275(\text{r/min})$$

高速时静差率

$$s_1=\frac{\Delta n_n}{n_n+\Delta n_n}=\frac{275}{1000+275}=0.216=21.6\%$$

最低速为

$$n_{min}=\frac{n_n}{D}=\frac{1000}{20}=50(\text{r/min})$$

此时的静差率

$$s_2=\frac{\Delta n_n}{n_{min}+\Delta n_n}=\frac{275}{50+275}=0.85$$

由以上计算可以看出，低速时的s_2远大于高速时的s_1，并且二者均不能满足小于5%的要求，而开环系统本身的稳态速降$\Delta n_n=I_nR/C_e$又不能变化，所以开环系统不能满足要求。

如果要满足$D=20$，$s\leqslant5\%$的要求，则Δn_n应为

$$\Delta n_n=\frac{n_ns}{D(1-s)}=\frac{1000\times0.05}{20\times(1-0.05)}=2.63(\text{r/min})$$

很明显，只有把额定稳态速降从开环系统的$\Delta n_{op}=275\text{r/min}$降低到$\Delta n_{cl}=2.63\text{r/min}$以下，才能满足要求。若采用$\alpha=0.015\text{V}\cdot\text{min/r}$转速负反馈闭环系统，放大器的放大系数可由式（1-24）得，即

$$K=\frac{\Delta n_{op}}{\Delta n_{cl}}-1=\frac{275}{2.63}-1=103.6$$

$$K_p=\frac{K}{K_s\alpha/C_e}=\frac{103.6}{30\times0.015/0.2}=46$$

可见，只要放大器的放大系数大于或等于46，转速负反馈闭环系统就能满足要求。

六、反馈控制规律

转速闭环调速系统是一种基本的反馈控制系统，它具有以下四个基本特征，也就是反馈控制的基本规律。

1. 比例控制有静差

采用比例放大器的反馈控制系统是有静差的。从前面对静特性的分析中可以看出，闭环系统的稳态速降为

$$\Delta n_{cl}=\frac{RI_d}{C_e(1+K)} \tag{1-27}$$

只有当$K=\infty$时，才能使$\Delta n_{cl}=0$，即无静差。实际上不可能获得无穷大的K值，况且过大的K值将导致系统不稳定。

从控制作用上看，放大器输出的控制电压U_{ct}与转速偏差电压ΔU_n成正比，如果实现了无静差，则$\Delta n_{cl}=0$，转速偏差电压$\Delta U_n=0$，$U_{ct}=0$，控制系统就不能产生控制作用，系统将停止工作。所以，这种系统是以偏差存在为前提的，反馈环节只是检测偏差，通过控制减小偏差，而不能消除偏差，因此它是有静差系统。

2. 被调量紧紧跟随给定量变化

在转速负反馈调速系统中，改变给定电压U_n^*，转速就随之跟着变化。因此，对于反馈控制系统，被调量总是紧紧跟随给定信号变化的。

3. 闭环系统对包围在反馈环内的主通道上的扰动作用都能有效抑制

当给定电压U_n^*不变时，把引起被调量转速发生变化的所有因素称为扰动。上面讨论了负载变化引起的稳态速降。实际上，引起转速变化的因素还有很多，如交流电源电压的波动，电动机励磁电流的变化，放大器放大系数的变化，由温度变化引起的主回路电阻的变化，等等。图1-29给出了各种扰动作用，图中代表电流I_d的箭头表示负载扰动，其他指向各方框的箭头分别表示会引起该环节放大系数变化的扰动作用。图1-29清楚地表明：反馈环内且作用在控制系统主通道上的各种扰动，最终都要影响被调量转速的变化，而且都会被检测环节检测出来，通过反馈控制作用减小它们对转速的影响。例如：

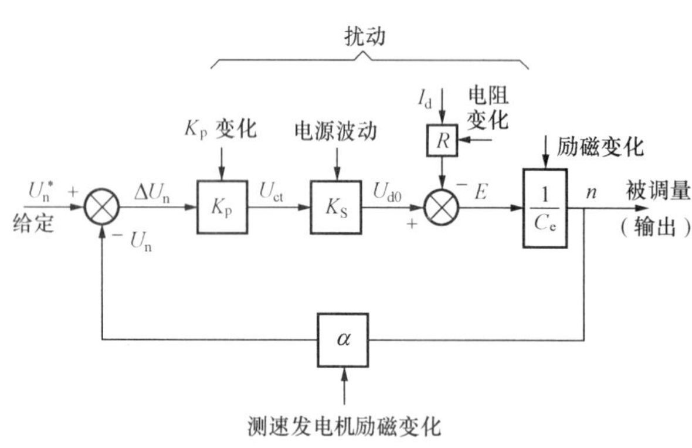

图1-29　反馈控制系统给定作用和扰动作用

（1）当放大器的放大系数漂移，使$K_p\uparrow$，则

$$K_p\uparrow\rightarrow U_{ct}\uparrow\rightarrow U_{d0}\uparrow\rightarrow I_d\uparrow\rightarrow n\uparrow\rightarrow U_n\uparrow\rightarrow \Delta U_n=(U_n^*-U_n)\downarrow\rightarrow U_{ct}\downarrow\rightarrow U_{d0}\downarrow\rightarrow n\downarrow$$

即放大器放大系数漂移引起的转速变化，最终可通过反馈控制作用减小它们对转速的影响。

（2）当电网电压扰动，使$U_{d0}\uparrow$，则

$$U_{d0}\uparrow\rightarrow I_d\uparrow\rightarrow n\uparrow\rightarrow U_n\uparrow\rightarrow \Delta U_n=(U_n^*-U_n)\downarrow\rightarrow U_{ct}\downarrow\rightarrow U_{d0}\downarrow\rightarrow n\downarrow$$

最终也可通过负反馈得到调节。

抗扰性能是闭环负反馈控制系统最突出的特征。根据这一特征，在设计系统时，一般只考虑其中最主要的扰动，如在调速系统中只考虑负载扰动，按照抑制负载扰动的要求进行设计，其他扰动的影响必然会受到闭环负反馈的抑制。

4. 反馈控制系统对于给定电源和检测装置中的扰动是无法抑制的

由于被调量转速紧紧跟随给定电压的变化，当给定电源发生波动时，转速也随之变化，此时反馈控制系统无法鉴别是正常的调节还是不应有的波动，因此高准确度的调速系统需要高准确度的给定电源。

另外，反馈控制系统也无法抑制反馈检测环节本身的误差所引起的被调量的偏差。如图1-29中测速发电机的励磁发生变化，则转速反馈电压 U_n 必然改变，通过系统的反馈调节，反而使转速离开了原应保持的数值。此外，测速发电机输出电压中的纹波，由于制造和安装不良造成的转子和定子间的偏心等等，都会给系统带来周期性的干扰。为此，高准确度的系统还必须有高准确度的反馈检测元件作保障。

七、系统的稳态参数计算

设计有静差调速系统，首先必须进行系统静特性参数计算。下面以一个具体的直流调速系统说明系统稳态参数计算。

【例 1-2】　直流调速系统如图 1-30 所示，根据下面给定的技术数据，对系统进行稳态参数计算。已知数据如下：

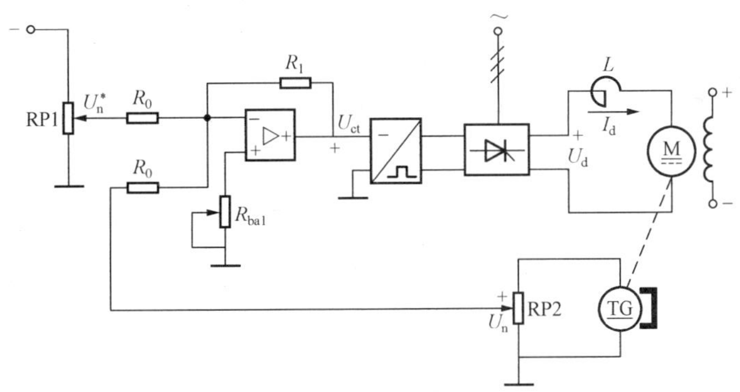

图 1-30　反馈控制有静差直流调速系统原理图

(1) 电动机：额定数据为 $P_n=10\text{kW}$、$U_n=220\text{V}$、$I_n=55\text{A}$、$n_n=1000\text{r/min}$，电枢电阻 $R_a=0.5\Omega$。

(2) 晶闸管整流装置：三相全控桥式整流电路，整流变压器 Y/Y 接法，二次侧线电压 $U_{2l}=230\text{V}$，触发整流环节的放大系数 $K_s=44$。

(3) V-M 系统：主回路总电阻 $R=1.0\Omega$。

(4) 测速发电机：ZYS231/110 型永磁式直流测速发电机，额定数据为 $P_{n1}=23.1\text{W}$、$U_{n1}=110\text{V}$、$I_{n1}=0.21\text{A}$、$n_{n1}=1900\text{r/min}$。

(5) 生产机械：要求调速范围 $D=10$，静差率 $s\leqslant5\%$。

解：(1) 为了满足 $D=10$，$s\leqslant5\%$，额定负载时调速系统的稳态速降应为

$$\Delta n_{cl} \leqslant \frac{n_n s}{D(1-s)} = \frac{1000 \times 0.05}{10 \times (1-0.05)} = 5.26(\text{r/min})$$

（2）根据 Δn_{cl}，确定系统的开环放大系数 K。

$$C_e = \frac{U_n - I_n R_a}{n_n} = \frac{220 - 55 \times 0.5}{1000} = 0.1925(\text{V} \cdot \text{min/r})$$

$$K \geqslant \frac{I_n R}{C_e \Delta n_{cl}} - 1 = \frac{55 \times 1.0}{0.1925 \times 5.26} - 1 = 53.3$$

（3）计算测速反馈环节的参数。测速反馈系数 α 可由测速发电机的电动势转速比 C_{etg} 和电位器 RP2 的分压系数 α_2 求得，即 $\alpha = \alpha_2 C_{etg}$。

根据测速发电机的数据，有

$$C_{etg} = \frac{U_{n1} - I_{n1} R_{a1}}{n_{n1}} \approx \frac{U_{n1}}{n_{n1}} = \frac{110}{1900} \approx 0.0579(\text{V} \cdot \text{min/r})$$

本系统直流稳压电源为 15V，最大转速给定电压为 12V 时，对应电动机的额定转速（即 $U_n^* = 12\text{V}$ 时）$n_n = 1000\text{r/min}$。测速发电机与电动机直接硬轴连接。

当系统处于稳态时，近似认为 $U_n^* \approx U_n$，则

$$\alpha \approx \frac{U_n^*}{n_n} = \frac{12}{1000} = 0.012(\text{V} \cdot \text{min/r})$$

$$\alpha_2 = \frac{\alpha}{C_{etg}} = \frac{0.012}{0.0579} \approx 0.2$$

当测速发电机输出最高电压时，其电流约为额定值的 20%，这样，测速发电机电枢压降对检测信号的线性度影响较小，则

$$R_{RP2} \approx \frac{C_{etg} n_n}{0.2 I_{n1}} = \frac{0.0579 \times 1000}{0.2 \times 0.21} \approx 1379(\Omega)$$

此时 RP2 所消耗的功率为

$$P_{RP2} = C_{etg} n_n \times 0.2 I_{n1} = 0.0579 \times 1000 \times 0.2 \times 0.21 \approx 2.43(\text{W})$$

为使电位器不过热，实选功率应为消耗功率的 1 倍以上，故选 RP2 为 10W、1.5kΩ 的可调电位器。

（4）计算放大器的电压放大系数。

$$K_P = \frac{K C_e}{\alpha K_s} = \frac{53.3 \times 0.1925}{0.012 \times 44} \approx 19.43(\text{实取 } K_P = 20)$$

如果取放大器输入电阻 $R_0 = 20\text{k}\Omega$，则 $R_1 = K_P R_0 = 20 \times 20 = 400$（kΩ）。

1.2.3 单闭环转速负反馈直流调速系统的限流保护

一、问题的提出

直流电动机全压起动时会产生很大的冲击电流；另外，电动机堵转时，电流也很大。由于闭环系统的静特性很硬，若无限流环节，起动电流将远远超过允许值。这对电动机换向不利，对过载能力低的晶闸管来说也是不允许的。

二、解决措施其实现

（一）解决措施

电动机起动或堵转时，通过限流环节，使 $I_d \leqslant I_{d允许}$；正常运行时，限流环节自动取消。

（二）措施的实现

1. 采用电流负反馈使 $I_d \leqslant I_{d许可}$

（1）系统原理图。带电流负反馈限流环节的转速闭环调速系统原理图如图 1-31 所示。

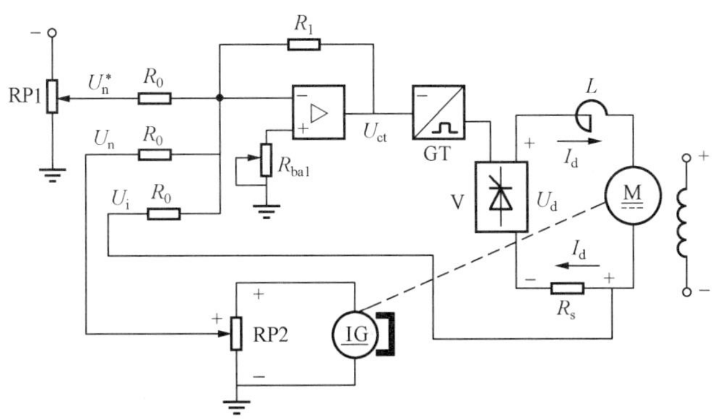

图 1-31　带电流负反馈限流环节的转速闭环调速系统原理图

该系统是在转速负反馈调速系统的基础上增加了一个电流负反馈限流控制环节，用取样电阻 R_s 获取电流反馈信号。

（2）限流原理。运算放大器的输入偏差电压 $\Delta U = U_n^* - U_n - U_i$，其中电流反馈信号 $U_i = I_d R_s$。起动时，电流增加很大，通过电流负反馈调节，$I_d \uparrow \to U_i \uparrow \to \Delta U \downarrow \to U_{ct} \downarrow \to U_d \downarrow \to I_d \downarrow$，使电流下降，从而限制了起动电流。堵转时，也有类似的调节过程。

（3）系统的稳态结构图。带电流负反馈限流环节的转速闭环调速系统稳态结构图如图 1-32 所示。

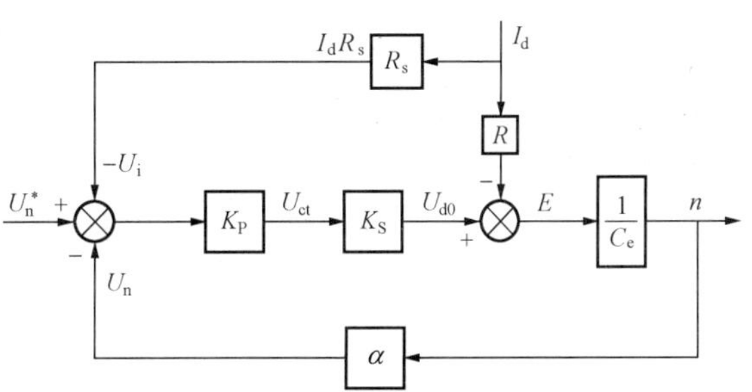

图 1-32　带电流负反馈限流环节的转速闭环调速系统稳态结构图

该系统是在转速负反馈调速系统稳态结构图的基础上增加了一个电流负反馈限流环节，电流负反馈信号被引入到比较环节。

（4）系统的静特性方程。电流负反馈输入信号的作用相当于增加了输入给定信号 $-I_d R_s$，产生的转速为 $-\dfrac{K_p K_s (I_d R_s)}{C_e(1+K)}$。所以系统的静特性方程可表示为

$$n = \frac{K_p K_s U_n^*}{C_e(1+K)} - \frac{R}{C_e(1+K)} I_d - \frac{K_p K_s R_s}{C_e(1+K)} I_d = \frac{K_p K_s U_n^*}{C_e(1+K)} - \frac{R + K_p K_s R_s}{C_e(1+K)} I_d$$

（5）存在的问题。从静特性方程可知，正常运行时，电流负反馈的存在将使系统的静差大大增加。

2. 采用电流截止负反馈，在起动结束正常运行时自动取消电流负反馈限流环节

（1）带电流截止负反馈的转速闭环调速系统。电动机起动时电流大，电流负反馈限流环节工作；起动结束正常运行时，电流减小，电流负反馈限流环节自动取消。这种当电流达到一定程度时才出现的电流负反馈，称为电流截止负反馈。在转速闭环调速系统的基础上，增

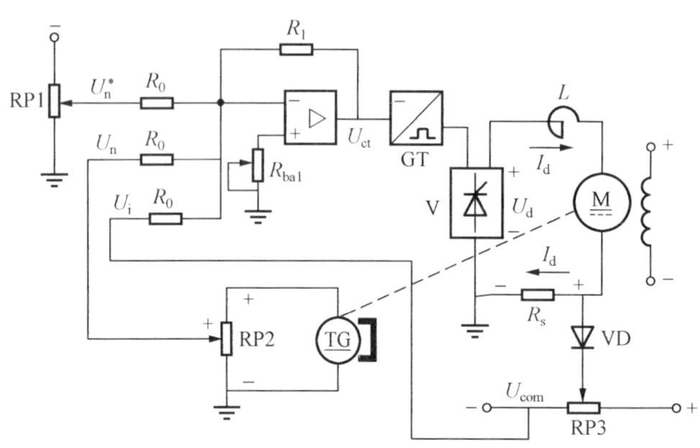

图1-33 带电流截止负反馈的转速闭环调速系统原理图

加电流截止负反馈环节，就可构成带电流截止负反馈环节的转速闭环调速系统，参见原理图1-33。

电流反馈信号从串联于电枢回路的小电阻 R_s 上取出，其值为 I_dR_s，正比于电枢电流。电流截止环节由提供电流截止比较电压 U_{com} 的调节电位器RP3及其直流电源和二极管VD组成。二极管的作用是保证电流反馈控制电路中电流单方向流动，相当于电流截止的控制开关。设 I_{dcr} 为临界截止电流，引入电流截止比较电压 U_{com} 并等于 $I_{dcr}R_s$，将其与 I_dR_s 反向串联，参见图1-34（a）。

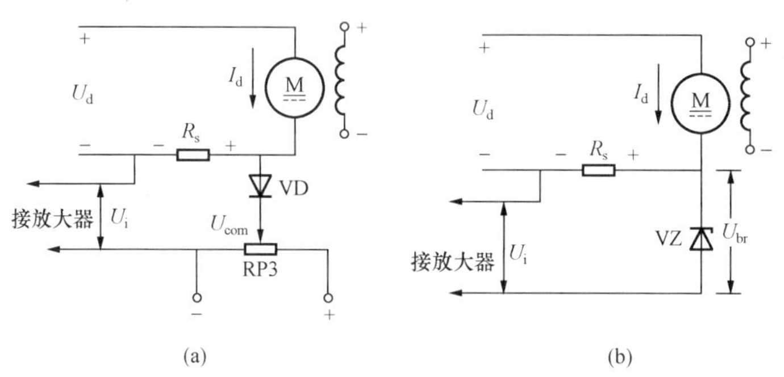

图1-34 电流截止负反馈环节

（a）利用独立直流电源作比较电压；（b）利用稳压管产生比较电压

（2）电流截止负反馈原理。系统正常工作时，$I_dR_s \leqslant U_{com}$，即 $I_d \leqslant I_{dcr}$，二极管VD截止，电流反馈被切断，此时系统就是一般的转速负反馈闭环调速系统，其静特性很硬。

电动机起动或堵转时，系统过流 $I_dR_s > U_{com}$，即 $I_d > I_{dcr}$，二极管VD导通，电流反馈信号 $U_i = I_dR_s - U_{com}$ 加至放大器的输入端，此时偏差电压 $\Delta U = U_n^* - U_n - U_i$。$U_i$ 随 I_d 的增大而增大，使 ΔU 下降，从而 U_{d0} 下降，抑制 I_d 上升。此时系统静特性较软。限流过程为 $I_d \uparrow \rightarrow U_i \uparrow \rightarrow \Delta U \downarrow \rightarrow U_{ct} \downarrow \rightarrow U_{d0} \downarrow \rightarrow I_d \downarrow$。

调节 U_{com} 的大小，即可改变临界截止电流 I_{dcr} 的大小，从而实现系统限制电枢电流的控制要求。图1-34（b）是利用稳压管VZ的击穿电压 U_{br} 作为比较电压的电路，其线路简单，但不能平滑调节临界截止电流值，调节不便。

（3）系统的稳态结构图。由系统中各环节的输入输出关系，可以画出系统的稳态结构图，如图1-35所示，由此来分析系统的静特性。根据电流截止负反馈的特

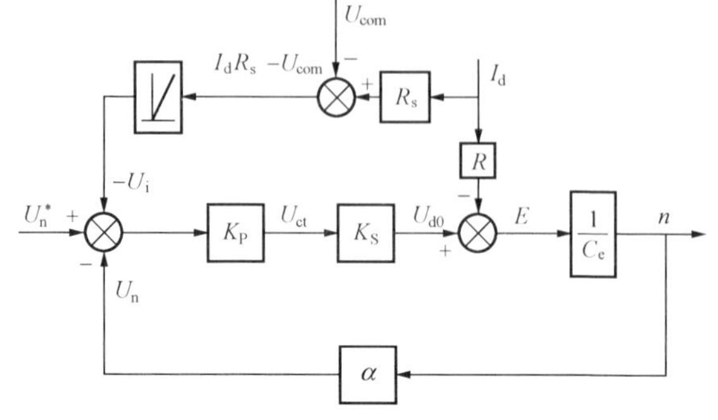

图1-35 带电流截止负反馈的转速闭环调速系统稳态结构图

性和结构图可推出系统的静特性方程式。

当 $I_d R_s \leqslant U_{com}$ 时，电流截止负反馈不起作用，系统的闭环静特性方程式为

$$n=\frac{K_p K_s U_n^*}{C_e(1+K)}-\frac{R}{C_e(1+K)}I_d=n_0-\Delta n \tag{1-28}$$

当 $I_d R_s > U_{com}$ 时，电流截止负反馈起作用，其静特性方程为

$$\begin{aligned} n&=\frac{K_p K_s U_n^*}{C_e(1+K)}-\frac{K_p K_s}{C_e(1+K)}(R_s I_d-U_{com})-\frac{RI_d}{C_e(1+K)} \\ &=\frac{K_p K_s(U_n^*+U_{com})}{C_e(1+K)}-\frac{(R+K_p K_s R_s)I_d}{C_e(1+K)}=n_0'-\Delta n' \end{aligned} \tag{1-29}$$

【思考】 式（1-28）中的 R 与转速闭环负反馈调速系统中的 R 一样吗?

由上述两式画成静特性曲线如图 1-36 所示，式（1-28）对应于图中的 n_0—A 段，它就是静特性较硬的转速负反馈闭环调速系统。式（1-29）对应于图中的 A—B 段，此时电流负反馈起作用，特性急剧下垂。n_0—A 段与 A—B 段相比有如下特点：

(1) $n_0' \gg n_0$，这是由于比较电压 U_{com} 与给定电压 U_n^* 的作用一致，因而提高了虚拟的理想空载转速 n_0'。实际上，图 1-36 中虚线 n_0'—A 段因电流负反馈环节被截止而不存在。

(2) $\Delta n' \gg \Delta n$，这说明电流负反馈起作用时，相当于在主电路中串入一个大电阻 $K_p K_s R_s$。因此随负载电流的增大，转速急剧下降，稳态速降极大，特性急剧下垂。

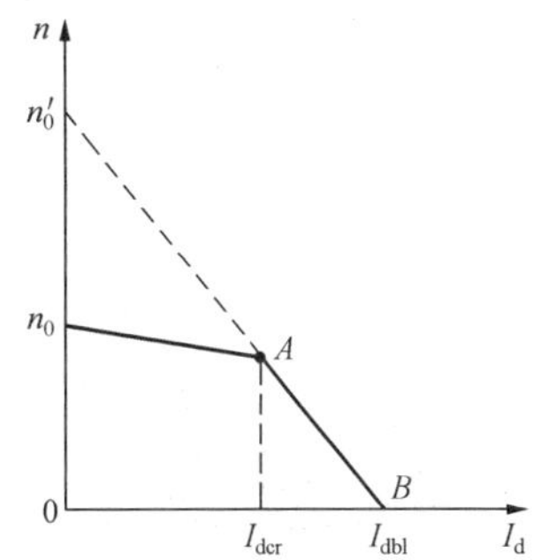

图 1-36 带电流截止负反馈的转速闭环调速系统稳态特性

这样的两段式静特性通常称为“挖土机特性”。当挖土机遇到坚硬的石块而过载时，电动机停下（如图 1-36 中 B 点），此时的电流等于堵转电流 I_{dbl}，A 点为临界截止电流 I_{dcr}。

在实际系统中，也可用电流互感器来检测主回路的电流，从而将主回路与控制回路实行电气隔离，保证人身和设备的安全。

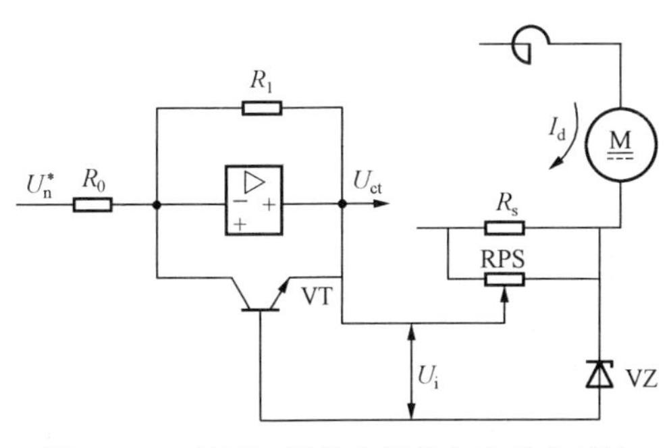

图 1-37 封锁运算放大器的电流截止环节

还可采用如图 1-37 所示的电路实现电流截止，用电压反馈信号 U_i 去封锁运算放大器。在运算放大器的输入输出端跨接开关管 VT，一旦产生 U_i，则 VT 导通，使运算放大器的反馈电阻短接，放大系数接近于零，则控制电压 U_{ct} 近似为零。当负载电流减小时，从电位器上引出的正比于负载电流的电压不足以击穿稳压管 VZ，U_i 消失，VT 截止，运算放大器恢复工作。RPS 是用来调节截止电流的。

1.2.4 电压负反馈调速系统

要实现转速负反馈必须有测速发电机，这不仅成本高而且给系统的安装与维护带来不便。电压负反馈控制可以解决此问题，它适用于对调速指标要求不高的系统。

从 $n=\dfrac{U_d-I_n R_a}{C_e}\approx\dfrac{U_d}{C_e}$ 可知，如果忽略电枢压降，则直流电动机的转速 n 近似正比于电

枢两端电压 U_d。因此可采用电压负反馈代替转速负反馈，维持转速 n 基本不变，如图 1-38 所示。

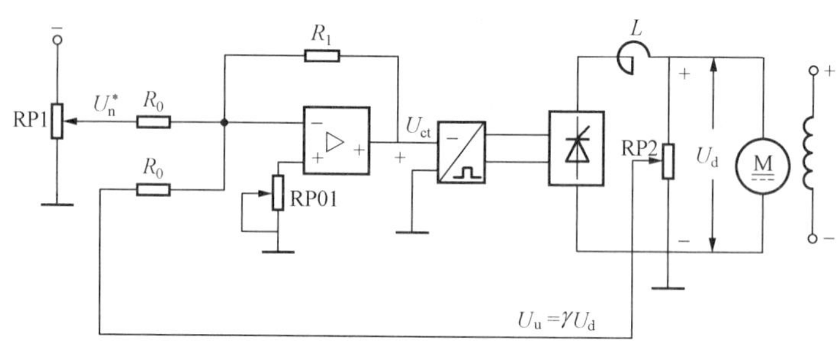

图 1-38　电压负反馈调速系统原理图

由图 1-38 可见，电压反馈检测元件是起分压作用的电位器 RP2。RP2 并联于直流电动机电枢两端，将它的一部分电压 $U_u=\gamma U_d$ 反馈到输入端，其中 γ 为电压反馈系数。与转速给定电压 U_n^* 比较后，得到偏差电压 ΔU_n，经放大器放大后产生控制电压 U_{ct} 送给晶闸管触发器 GT，用以调节晶闸管整流输出电压 U_{d0}，从而控制电动机的转速。

为了获得电压反馈信号，需要把电枢回路总电阻分成两部分，即 $R=R_n+R_a$，由此可得

$$
\begin{aligned}
U_{d0}-I_dR_n&=U_d\\
U_d-I_dR_a&=E
\end{aligned}
\tag{1-30}
$$

式中：R_n 为晶闸管整流装置的内阻（含平波电抗器电阻）；R_a 为电枢电阻。

其稳态结构图如图 1-39 所示。利用结构图运算规则，可将图 1-39（a）分解为图 1-39（b）～（d）三个部分，先分别求出每部分的输入、输出关系，再叠加起来，即得电压负反馈调速系统的静特性方程式

$$
n=\frac{K_pK_sU_n^*}{C_e(1+K)}-\frac{R_nI_d}{C_e(1+K)}-\frac{R_aI_d}{C_e}\tag{1-31}
$$

$$
K=\gamma K_pK_s
$$

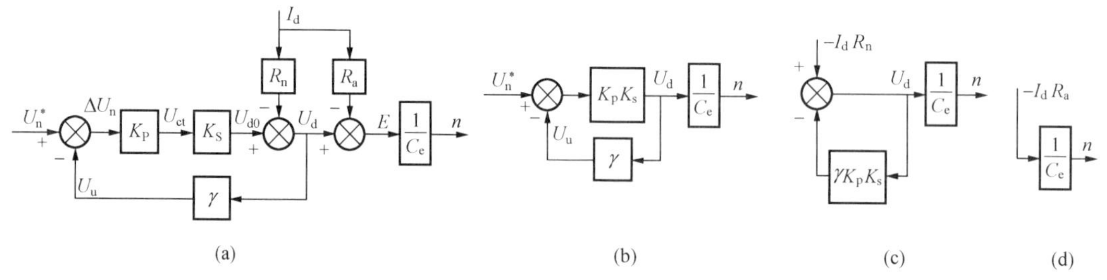

图 1-39　电压负反馈调速系统稳态结构图

（a）系统稳态结构图；（b）U_n^* 单独作用；（c）$-I_dR_n$ 单独作用；（d）$-I_dR_n$ 单独作用

由式（1-31）可知，电压负反馈把反馈环包围的整流装置内阻引起的稳态速降减小到 $1/(1+K)$。当负载电流增加时，I_dR_n 增大，电枢电压 U_d 降低，电压负反馈信号 U_u 随之降低。输入运算放大器的偏差电压 $\Delta U_n=U_n^*-U_u$ 增大，使整流装置输出的电压增加，从而补偿了转速降落。由此可知，电压负反馈系统实际上是一个自动调压系统。而

扰动量 I_dR_a 不被负反馈环所包围，由它引起的稳态速降得不到抑制，系统的稳态准确度较差。解决此问题的办法是：在此基础上再引入电流正反馈，以补偿电枢电阻引起的稳态压降。

1.2.5 转速负反馈无静差直流调速系统

一、问题的提出

从前面反馈控制规律的学习中了解到，采用比例放大器的反馈控制系统是有静差的，这是因为闭环系统的稳态速降为

$$\Delta n_{cl}=\frac{RI_d}{C_e(1+K)}$$

只有当 $K=\infty$ 时，才能使 $\Delta n_{cl}=0$，即实现无静差。由于比例放大器的放大倍数 K_p 为有限值，所以 K 值也不可能为无穷大。因此，采用比例放大器的反馈控制系统是有静差的。

要实现无静差，必须使 $K=\infty$ 才能使 $\Delta n_{cl}=0$。根据 $K=K_pK_s\alpha/C_e$ 可知，只有通过 $K_p=\infty$ 来实现。要使 $K_p=\infty$，可以使用积分调节器。

二、积分调节器（I）和积分控制规律

图 1-40（a）所示为由线性集成运算放大器构成的积分调节器（简称 I 调节器）；图 1-40（b）所示为积分调节器的输出特性。

当 U_{out} 初始值为零，U_{in} 为阶跃输入时，有

$$U_{out}=\frac{U_{in}}{\tau}t \qquad (1-32)$$

式中：τ 为积分时间常数，$\tau=R_0C$。

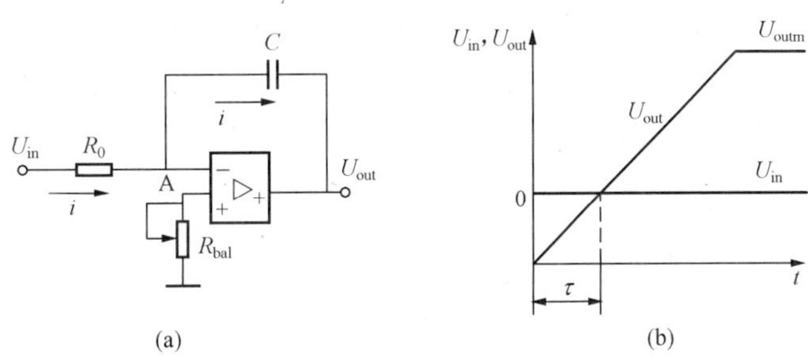

图 1-40 积分调节器原理图及其输出特性

（a）电路原理图；（b）输出特性

当输入量 U_{in} 为恒值时，输出量 U_{out} 随时间线性增长。只要 U_{in} 不为零，积分调节器的输出量就不断积累，如图 1-40（b）所示。输出信号的响应具有滞后性，U_{outm} 为饱和值。当输入量变为零时，输出量并不变为零，而是保持输入信号为零前的输出值。在电路中，这个电压就是充电后的电容器电压。若要实现积分调节器的输出量下降，只有使输入量改变极性。

在转速负反馈调速系统中若采用积分环节，则可以实现转速无静差调节。这是因为若以稳态速降 Δn 作为输入量，当稳态速降不为零时，其积分积累过程不停止，系统输出量 n 不断增长，使稳态速降减小，直至为零，停止积分。但积分控制有滞后性，满足不了系统的快速性要求，工程上常采用比例积分调节器。

三、比例积分调节器（PI）

比例积分调节器（简称 PI 调节器），如图 1-41（a）所示，其输出

$$U_{out}=\frac{R_1}{R_0}U_{in}+\frac{1}{R_0C_1}\int U_{in}\mathrm{d}t=K_{pi}U_{in}+\frac{1}{\tau}\int U_{in}\mathrm{d}t \qquad (1-33)$$

式中：K_{pi} 为 PI 调节器的比例放大系数，$K_{pi}=R_1/R_0$；τ 为 PI 调节器的积分时间常数，$\tau=R_0C_1$。

由上述可见，PI调节器的输出电压是由比例和积分两个部分组成。比例部分 $K_{pi}U_{in}$ 能迅速反映输入，加快响应过程；积分部分 $\frac{1}{\tau}\int U_{in}dt$ 是输入量对时间的积累过程，最终消除误差。在零初始状态和阶跃输入下，PI调节器的输出特性如图1-41（b）所示。比例积分调节器兼有比例与积分调节器二者的优点，在自动控制系统中获得了广泛应用。

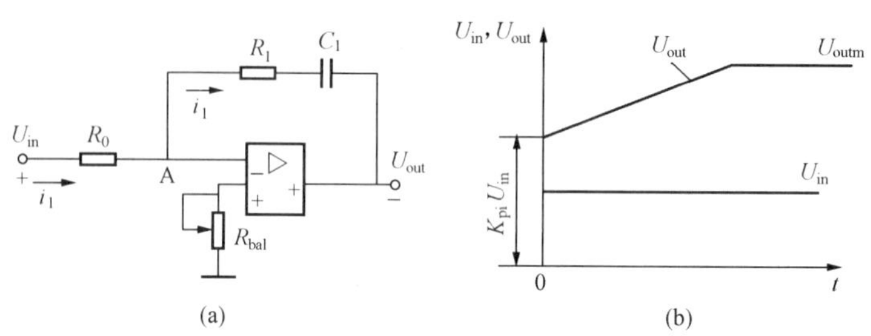

图1-41 比例积分调节器原理图及其输出特性

（a）比例积分调节器电路原理图；（b）比例积分调节器输出特性

PI调节器控制的物理过程实质是，当突加输入信号时（动态时），由于电容两端电压不能突变，电容相当于短路，调节器相当于一个放大系数为 $K_{pi}=R_1/R_0$ 的比例调节器，其输出信号为输入信号的 K_{pi} 倍，实现快速控制；此时，放大系数数值不大，有利于系统的稳定。随着电容充电，输出电压开始积分的积累过程，其数值不断增长，直到实现转速的无静差控制。实际上，输出量不会无限制地增长，因为调节器通常都设有输出限幅电路，当输出电压达到运算放大器的限幅值 U_{outm} 时，就不再增长。稳态时，电容相当于开路，与积分调节器相同，其放大系数为运算放大器的开环放大倍数，数值很大（在 10^4 数量级以上），这使系统的稳态误差大大减小。这样不仅很好地实现了快速性与无静差控制，同时又解决了系统的动、稳态对放大系数要求不同的矛盾。

四、采用比例积分调节器的无静差直流调速系统

图1-42所示为采用比例积分调节器的无静差直流调速系统原理图。

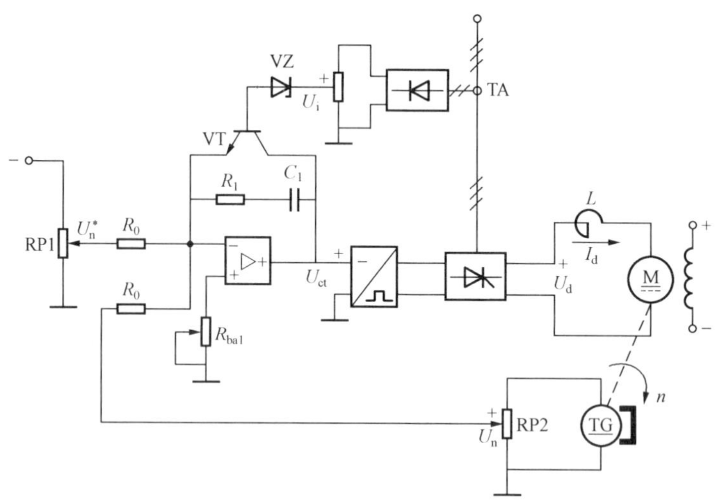

图1-42 采用比例积分调节器的无静差直流调速系统原理图

由图 1-42 可以看出，此系统采用转速负反馈和电流截止负反馈环节，转速调节器（ASR）采用 PI 调节器。当系统负载突增时的动态过程曲线如图 1-43 所示。

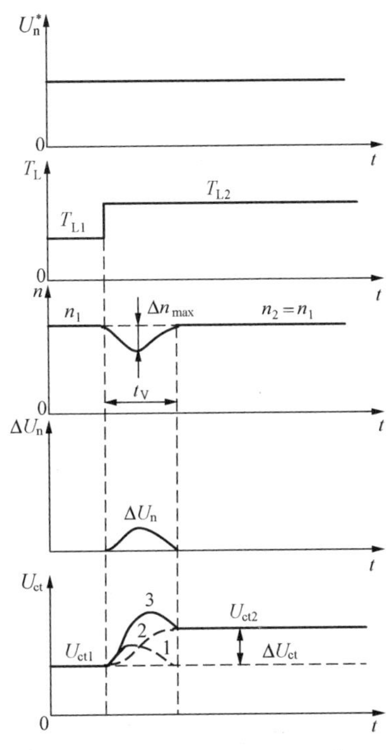

图 1-43　图 1-42 所示系统负载突增时的动态过程曲线

稳态时，PI 调节器的输入偏差电压 $\Delta U_n=0$。当负载转矩由 T_{L1} 增至 T_{L2} 时，转速 n 下降，U_n 也下降，使偏差电压 $\Delta U_n=U_n^*-U_n$ 不为零，PI 调节器进入调节过程。

由图 1-43 可知，PI 调节器的输出电压的增量 ΔU_{ct} 分为两部分。在调节过程的初始阶段，比例部分立即输出

$$\Delta U_{ct1}=K_p\Delta U_n \tag{1-34}$$

其波形与 ΔU_n 相似，见虚线 1；积分部分 ΔU_{ct2} 波形为 ΔU_n 对时间的积分，见虚线 2；比例积分为曲线 1 和曲线 2 相加，如曲线 3。

在初始阶段，由于 $\Delta n(\Delta U_n)$ 较小，积分曲线上升较慢，比例部分正比于 ΔU_n，虚曲线 1 上升较快。当 $\Delta n(\Delta U_n)$ 达到最大值时，比例部分输出 ΔU_{ct1} 达到最大值，积分部分的输出电压 ΔU_{ct2} 增长转速最大。此后，转速开始回升，ΔU_n 开始减小，比例部分 ΔU_{ct1} 曲线转为下降，积分部分 ΔU_{ct2} 继续上升，直至 ΔU_n 为零，此时积分部分起主要作用。可以看出，在调节过程的初、中期，比例部分起主要作用，保证了系统的快速响应；在调节过程的后期，积分部分起主要作用，最后消除偏差。

1.2.6　单闭环负反馈直流调速系统的控制回路、控制策略和控制器

前面介绍的如下系统：①转速负反馈调速系统；②带电流截止负反馈限流环节的转速负反馈调速系统；③电压负反馈调速系统；④转速负反馈无差调速系统。这些调速系统都是单闭环控制系统。判断一个调速系统是单闭环控制还是多环控制，首先要看它有几个控制器，以及几个以控制器为核心的闭环。由于上述系统只有一个控制器，所以它们都属于单闭环控制。尽管②、④系统除了转速负反馈闭环外还包含电流负反馈闭环，但由于电流负反馈闭环没有自己独立的控制器，所以系统仍属于单闭环控制。

一、单闭环负反馈直流调速系统控制回路的组成

直流调速系统的主回路包括交流电网电源、将交流电整流成直流电的晶闸管整流器、电动机等。由于晶闸管触发器与晶闸管整流器密不可分，有时也将触发器归在主回路一起讨论。直流调速系统的控制回路由于系统的不同，其组成有所不同。

（1）转速负反馈调速系统的控制回路，包括转速给定电源、转速反馈检测环节、给定与反馈信号比较环节，以及转速控制器。转速检测采用直流测速发电机。

（2）带电流截止负反馈限流环节的转速负反馈调速系统控制回路，除了转速负反馈调速系统的控制电路外，还包括电流负反馈限流环节，它由电流反馈检测环节、电流截止电路组成。电流检测既可用电枢回路串“取样电阻测电流”方法，也可采用图 1-20 的“电流检测电路”方法。

（3）电压负反馈调速系统的控制回路，包括转速给定电源、电压反馈检测环节、给定与反馈信号比较环节，以及电压控制器。电压检测采用在直流电动机两端并联“取样电阻测电压”方法，工程上为了安全起见，实际采用电压隔离器。

（4）转速负反馈无差调速系统的控制回路组成与带电流截止负反馈限流环节的转速负反馈调速系统基本相同，其区别在控制器的控制策略上。

二、单闭环负反馈直流调速系统的控制策略

上述负反馈调速系统中所采用的控制策略比较简单，有差调速系统采用比例控制（P），无差调速系统则采用积分控制（I）或比例积分控制（PI），此外还可采用比例—积分—微分控制（PID）。随着控制理论的发展，各种现代控制方法、智能控制方法不断涌现，控制策略越来越先进，控制算法也越来越复杂。

三、单闭环负反馈直流调速系统的控制器

1. 控制器的实现

简单的 P、I、PI、PID 控制可以采用运算放大器实现，智能控制等复杂的控制算法则需要运用微机和数字信号处理器（DSP）等硬件来实现。

2. 比例积分调节器的实用电路举例

由 FC54 运算放大器构成的 PI 调节器如图 1 - 44 所示。现对各环节的作用介绍如下：

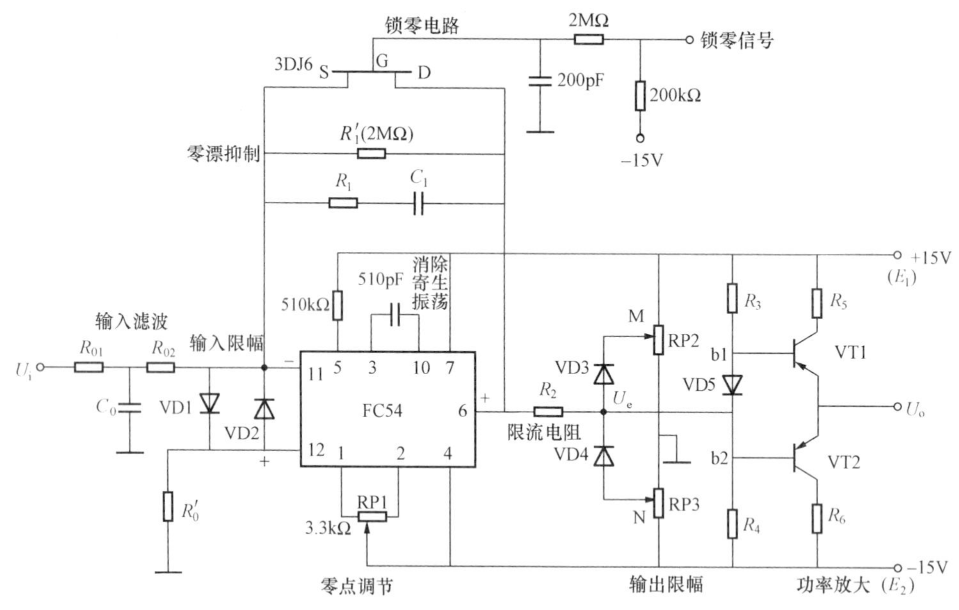

图 1 - 44　比例积分调节器的实用电路

（1）零点调节、零点漂移抑制和锁零电路。由运算放大器构成的调节器的基本要求之一是“零输入时，零输出”。若由于某些因素造成输入为零时，输出不为零，则可调节调零电位器 RP1 使输出为零。PI 调节器在稳态时，电容 C_1 相当于开路，放大系数很大，运算放大器零点漂移的影响便很大，在由 R_1、C_1 串联构成的反馈电路两端并联一个反馈电阻 R'_1，可抑制零漂引起的输出电压的波动。R'_1 一般取 2～4MΩ。

运算放大器零漂的存在，还可能使系统在“停车”时爬行，为此，通常采用锁零电路。

图 1-44 中采用 N 沟道耗尽型场效应晶体管（如 3DJ6）。当“停车”时，系统发出锁零信号，使场效应晶体管的栅极电压为零，则源、漏极间有较大电流通过（D、S 之间相当于短路），运算放大器的反馈电路被短接，起锁零作用。当系统运行时，锁零信号消失，栅极在 −15V 电源作用下呈负压，源、漏极间相当于开路，保证系统正常运行。栅极电路中的阻容滤波环节，主要起抗干扰作用，以防误动作。

（2）消除寄生振荡电路。由于运算放大器的开环放大倍数很高，晶体管的结间电容，引线的电感和分布电容，使输出、输入间存在寄生耦合，产生高频寄生振荡。在 FC54 的 3、10 两端子间外接一补偿电容可消除寄生振荡。

（3）调节器的输入、输出限幅电路和输入滤波电路。为防止过大的信号输入使运算放大器发生“堵塞现象”。在运算放大器的正、反相输入端间，外接两个反并联的二极管 VD1 和 VD2，它们构成输入限幅电路。

为滤去输入信号中的谐波，在运算放大器的反向输入端外接 T 形滤波电路。稳态时，电容 C_0 相当于开路，其输入回路电阻 $R_0=R_{01}+R_{02}$（一般 $R_{01}=R_{02}=10\sim20\text{k}\Omega$）。动态时，T 形滤波器相当于一个“惯性环节”。

为了保证运算放大器的线性特性并保护调速系统的各个部件，设置输出电压限幅是十分必要的。输出限幅电路有很多种，图 1-44 中是采用二极管箝位的输出限幅电路（也称外限幅）。图中 E_1、E_2 为 ±15V 电源，调节电位器 RP2、RP3 可以调节正、反向电压的限幅值，R_2 为限幅时的限流电阻。

当输出电压 $U_c>(U_M+\Delta U_D)$ 时，二极管 VD3 导通，此时输出电压

$$U_c=U_{cm}^{+}=U_M+\Delta U_D$$

式中：U_M 为 M 点对地的电压；ΔU_D 为二极管压降；U_{cm}^{+} 为正向输出电压限幅值。

当输出电压 $U_c<(|U_N|+\Delta U_D)$ 时，二极管 VD4 导通，输出电压 $U_c=U_{cm}^{-}=(|U_N|+\Delta U_D)$（$U_{cm}^{-}$ 为反向电压限幅值，此处 U_N 为负值）。

（4）调节器的输出功率放大电路。运算放大器的最大输出功率是有限的，如 FC54 最大输出电流为 10mA，一般不能直接驱动负载，因此需要外加功率放大电路。图 1-44 中，由 VT1、VT2 构成推挽功率放大器，R_5、R_6 是集电极限流电阻，二极管 VD5 是用来补偿 VT1 和 VT2 基极死区电压的。

1.3 转速电流双闭环调速系统

1.3.1 理想起动及其实现

1. 理想起动

电流截止负反馈只能限制最大起动电流，而不能保证在整个起动过程中维持最大电流，随着转速的上升，电动机反电动势增加，使起动电流 i_d 到达最大值后又迅速降下来，电磁转矩也随之减小，必然影响起动的快速性（即起动时间 t_s 较长），参见图 1-45（a）。

为了提高生产效率，充分利用晶闸管元件及电动机的过载能力，可采用理想起动。理想起动过程的波形如图 1-45（b）所示，即在整个起动过程中，使起动电流一直保持最大允许值，此时电动机以最大转矩起动，转速迅速以直线规律上升，以缩短起动时间；起动结束后，电流从最大值迅速下降为负载电流值且保持不变，转速维持给定转速不变。

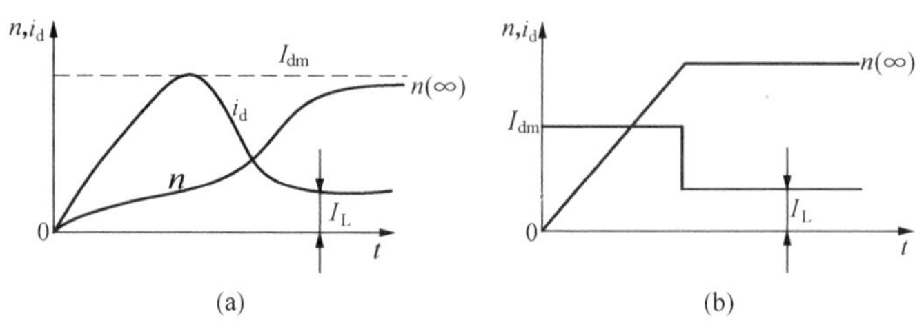

图 1-45　调速系统起动过程的电流和转速波形

（a）带电流截止负反馈的单闭环系统起动过程；（b）理想快速起动过程

2. 理想起动的实现

为了实现理想起动过程，工程上常采用转速电流双闭环负反馈调速系统。起动时，让转速外环饱和不起作用，电流内环起主要作用，调节起动电流保持最大值，使转速线性变化，迅速达到给定值；稳态运行时，转速负反馈外环起主要作用，使转速随转速给定电压的变化而变化，电流内环跟随转速外环调节电机的电枢电流以平衡负载电流。

1.3.2　系统的组成及工作原理

1. 系统的组成

图 1-46 所示为转速、电流双闭环调速系统原理图。为了使转速负反馈和电流负反馈分别起作用，系统中设置了转速调节器 ASR 和电流调节器 ACR。由图可见，电流调节器 ACR 和电流检测—反馈回路构成了电流环，转速调节器 ASR 和转速检测—反馈环节构成了转速环，故称为双闭环调速系统。因转速环包围电流环，故称电流环为内环（副环），转速环为外环（又称主环）。在电路中，ASR 和 ACR 串联，即把 ASR 的输出当作 ACR 的输入，再由 ACR 的输出去控制晶闸管整流器的触发装置。ASR 和 ACR 均为比例积分调节器，其输入输出设有限幅电路。ACR 输出限幅值为 U_{ctm}，它限制了晶闸管整流器输出电压 U_d 的最大值。ASR 输出限幅值为 U_{im}^*，它决定了主回路中的最大允许电流 I_{dm}。

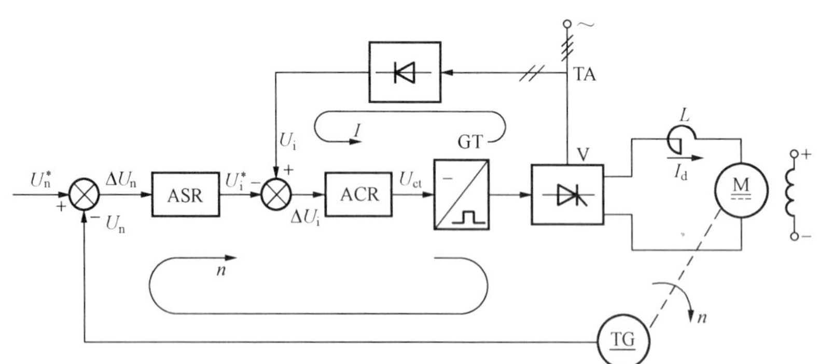

图 1-46　转速电流双闭环调速系统原理图

ASR—转速调节器；ACR—电流调节器；TG—测速发电机；TA—电流互感器；

GT—触发装置；U_n^*—转速给定电压；U_n—转速反馈电压；

U_i^*—电流给定电压；U_i—电流反馈电压

2. 系统的工作原理

（1）电动机起动时，突加阶跃给定信号 U_n^*，由于机械惯性，转速很小，转速偏差电压

ΔU_n 很大，转速调节器 ASR 饱和，输出为限幅值 U_{im}^* 且不变，转速环相当于开环。在此情况下，电流负反馈环起恒流调节作用，使 $i_d = I_{dm}$，转速线性上升。

（2）当转速达到给定值且略有超调时，转速调节器的输入信号变极性，转速调节器退饱和，转速负反馈环起调节作用，使转速保持恒定，即 $n = U_n^* / \alpha$ 保持不变。

（3）此时，转速环要求电流迅速响应转速 n 的变化，而电流环则要求维持电流不变，不利于电流对转速变化的响应，有使静特性变软的趋势。但由于转速环是外环，起主导作用，而电流环的作用只相当转速环内部的一种扰动作用而已，只要转速环的开环放大倍数足够大，最终靠 ASR 的积分作用，可消除转速偏差。

1.3.3　双闭环调速系统的稳态结构图、静特性及稳态参数计算

一、双闭环调速系统的稳态结构图

为了更清楚地了解转速、电流双闭环直流调速系统的特性，必须对双闭环调速系统的稳态结构图进行分析，图 1 - 47 所示为双闭环调速系统的稳态结构图。图中 ACR 和 ASR 的输入、输出信号的极性，主要视触发电路对控制电压的要求而定。若触发器要求 ACR 的输出 U_{ct} 为正极性，由于调节器一般为反向输入，则要求 ACR 的输入 U_i^* 为负极性；所以，要求 ASR 输入的给定电压 U_n^* 为正极性。

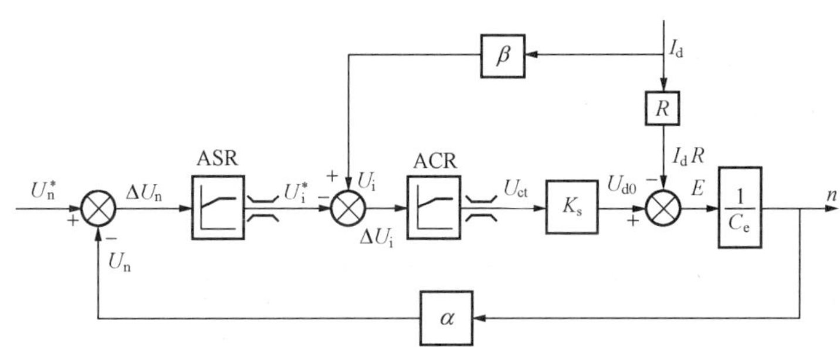

图 1 - 47　双闭环调速系统的稳态结构图

由图 1 - 47 可见，系统存在：

（1）以电流调节器 ACR 为核心的电流环。它由电流调节器 ACR 和电流负反馈环组成，通过电流负反馈的自动调节作用去稳定电流。

（2）以转速调节器 ASR 为核心的转速环。它由转速调节器 ASR 和转速负反馈环组成，通过转速负反馈的作用维持转速稳定，最终消除转速偏差。

二、双闭环调速系统的静特性

分析双闭环调速系统静特性的关键是掌握转速 PI 调节器的稳态特征。其有两种状态：饱和—输出达到限幅值，输入量的变化不再影响输出（除非输入信号变极性使调节器退饱和），这时转速环相当于开环；不饱和—输出未达到限幅值，通过转速调节器的调节，使输入偏差电压 ΔU_n 在稳态时为零。

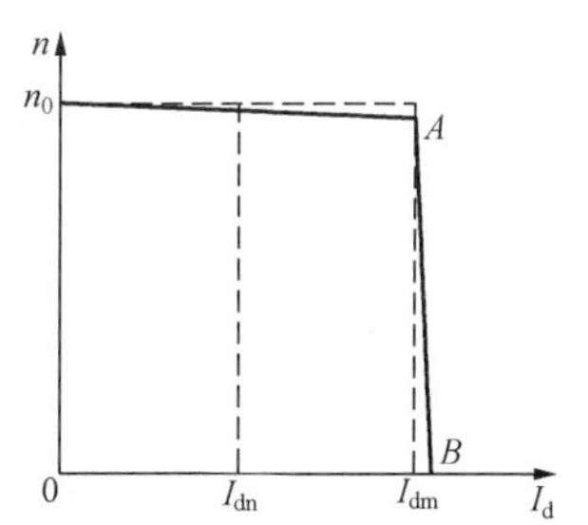

图 1 - 48　双闭环调速系统的静特性

（1）电动机起动时，转速调节器 ASR 饱和，转速环相当于开环。此时电流负反馈环起恒流调节作用，转速线性上升，从而获得极好的下垂特性，如图 1 - 48 中的 AB 段虚线。

（2）当转速达到给定值且略有超调时，转速调节器退饱和

进行调节。由于转速环是外环，起主导作用，最终靠ASR的调节，可消除转速偏差，使转速保持恒定。见图1-48中n_0—A段虚线。图中实线为考虑工程实际情况后的特性，而虚线为理想工作条件下的特性。

三、双闭环调速系统各变量的稳态工作点和稳态参数计算

当系统的ASR和ACR两个PI调节器都不饱和且系统处于稳态时，各变量间的关系为：

转速调节器的输入

$$\Delta U_n = U_n^* - U_n = U_n^* = \alpha n = 0 \tag{1-35}$$

转速调节器的输出

$$U_i^* = U_i = \beta I_{dL} \tag{1-36}$$

电流调节器的输入

$$\Delta U_i = U_i^* - U_i = U_i^* - \beta I_{dL} = 0 \tag{1-37}$$

电流调节器的输出

$$U_{ct} = \frac{U_{d0}}{K_s} = \frac{C_e n + I_d R}{K_s} = \frac{C_e U_n^* / \alpha + I_{dL} R}{K_s} \tag{1-38}$$

从上述公式可知，在稳态工作点上，转速n由给定电压U_n^*决定，而转速调节器的输出量U_i^*由负载电流I_{dL}决定，控制电压U_{ct}由转速n和I_d的大小决定。很明显，比例调节器的输出量总是由输入量决定；而比例积分调节器与比例调节器不同，它的输出与输入无关，而是由它后面所接的环节决定。

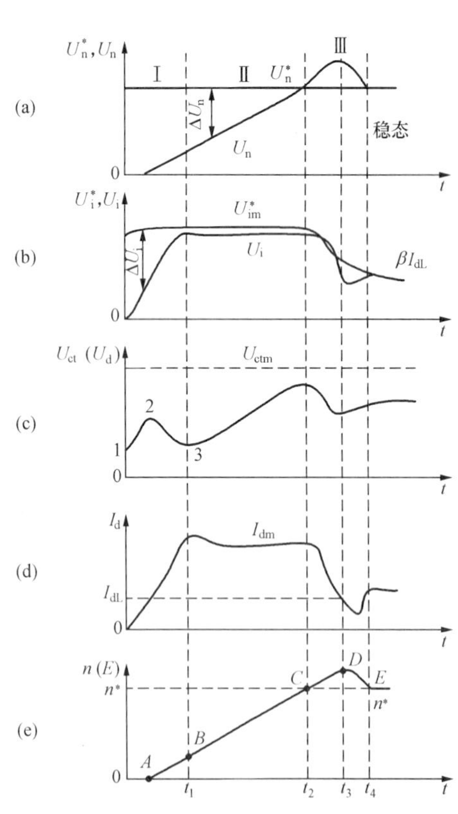

图1-49 双闭环调速系统的起动特性

另外，转速反馈系数和电流反馈系数还可通过下面两式计算

转速反馈系数
$$\alpha = \frac{U_{nm}^*}{n_{max}} \tag{1-39}$$

电流反馈系数
$$\beta = \frac{U_{im}^*}{I_{dm}} \tag{1-40}$$

式中：U_{nm}^*和U_{im}^*是最大转速给定电压和转速调节器的输出限幅电压。

1.3.4 双闭环调速系统的起动特性

双闭环调速系统的起动特性如图1-49所示。

在突加阶跃转速给定信号U_n^*情况下，由于起动瞬间电动机转速为零，ASR的输入偏差电压$\Delta U_n = U_n^*$，ASR饱和，输出限幅值U_{im}^*，ACR的输出U_{ct}及电动机电枢电流I_d和转速n的动态响应过程可分为三个阶段。在分析起动过程的阶段时，要抓住这样几个关键：①$I_d > I_{dL}$，$\frac{dn}{dt} > 0$，n升速；②$I_d < I_{dL}$，$\frac{dn}{dt} < 0$，n降速；③$I_d = I_{dL}$，$\frac{dn}{dt} = 0$，n=常数。

双闭环调速系统的起动过程见表1-2。

表 1-2　双闭环调速系统起动过程

阶段 项目	起动过程的第Ⅰ阶段（$0\sim t_1$）（电流上升）	起动过程的第Ⅱ阶段（$t_1\sim t_2$）（恒流升速）	起动过程的第Ⅲ阶段（t_2 以后）（转速趋于稳定）
原因	刚起动时，转速 n 为零，$\Delta U_n=U_n^*-\alpha n$ 最大，它使 ASR 的输出电压 $\|-U_i^*\|$ 迅速增大，很快上升到限幅值 U_{im}^*，如图 1-49（a）、（b）所示。此时 U_{im}^* 作为电流环的给定电压，其输出电流迅速上升，当 $I_d=I_{dL}$ 时，n 开始上升，由于 ACR 的调节作用，使 $I_d=I_{dm}$。标志着电流上升过程结束，如图 1-49（c）、（d）所示	随着转速上升，电机反电动势 E 上升（$E\propto n$），电流从 I_{dm} 有所回落。但由于电流调节器的无差调节作用，使 $I_d=I_{dm}$，电流保持最大值 I_{dm}，即 $I_{dm}=U_{im}^*/\beta$。转速直线上升，接近理想的起动过程	随着转速 n 上升，当 $n=n^*$ 时，$\Delta U_n=U_n^*-\alpha n=0$。但此时电枢电流仍保持最大值，电动机转速继续上升，从而出现了转速超调现象。当转速 $n>n^*$ 时，$\Delta U_n=U_n^*-\alpha n<0$，转速调节器的输入信号反向，输出下降，ASR 退出饱和。经 ASR 的调节，最终使 n 保持在 n^* 的数值上，而 ACR 调节使 $I_d=I_{dL}$，如图 1-49（e）所示
状态	ASR 迅速达到饱和状态，不再起调节作用。因电磁时间常数 T_L 小于机电时间常数 T_m，U_i 比 U_n 增长快，这使 ACR 的输出不饱和，起主要调节作用	ASR 保持饱和，ACR 保持线性调节状态，U_{ct} 有调整裕量	ASR 退出饱和，转速环开始调节，n 跟随 U_n^* 变化；ACR 保持在不饱和状态，I_d 紧密跟随 U_i^* 变化
特征关系	$\beta=U_i^*/I_d$，$U_{im}^*\approx\beta I_{dm}$，为电流闭环的整定依据	$\|U_{im}^*\|>U_i$， $\Delta U_i=-U_{im}^*+\beta I_d<0$ U_{ct} 线性上升	稳态时，ASR、ACR 调节器输入/输出电压： $\Delta U_n=U_n^*-U_n=U_n^*-\alpha n=0$ $\Delta U_i=-U_i^*+U_i=-U_i^*+\beta I_d=0$ $U_{ct}=(C_e n^*+RI_{dL})/K_s$
关键位置	A：$I_d=I_{dL}$ 时，n 开始升速 B：$I_d=I_{dm}$ 时，快速起动开始	C：$n=n^*$，$U_n^*=U_n=\alpha n$	D：$dn/dt=0$，n 为峰值； E：$n=n^*$，$I_d=I_{dL}$ 为稳态值

可以看出，转速调节器在电动机起动过程的第一阶段由不饱和状态到饱和状态，第二阶段处于饱和状态，第三阶段从退饱和到线性调节状态；而电流调节器始终处于线性调节状态。

1.3.5　双闭环调速系统动态性能的改进——转速微分负反馈

双闭环调速系统动态性能的不足就是有转速超调，而且抗扰性能的提高也受到一定的限制。实践证明，在转速调节器上引入转速微分负反馈，可以抑制转速超调、显著降低动态速降，提高抗扰性能。

带转速微分负反馈的转速调节器如图 1-50（a）所示。与普通转速调节器相比，其增加了电容 C_{dn} 和电阻 R_{dn}，即在转速负反馈的基础上叠加上一个转速微分负反馈信号。在转速变化过程中，只要有转速超调和动态速降的趋势，微分负反馈就开始进行调节，它能比普通双闭环系统更快达到平衡，如图 1-50（b）曲线 2 所示。

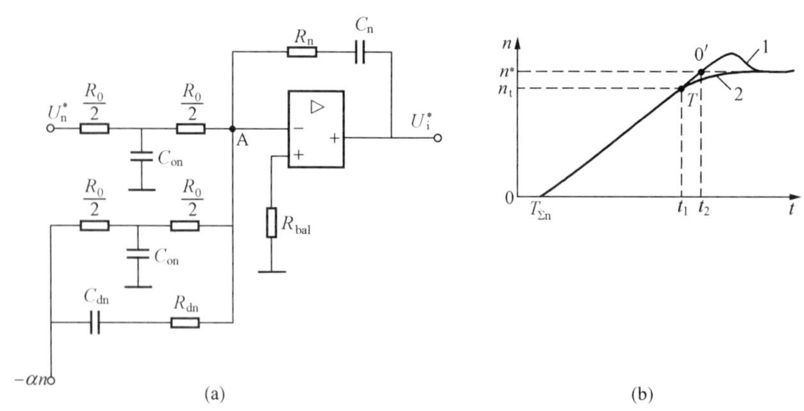

图 1-50　带转速微分负反馈的转速调节器和转速微分负反馈对系统起动性能的影响

（a）带微分负反馈的转速调节器；（b）转速微分负反馈对系统起动性能的影响

1.4　三 环 调 速 系 统

多环调速系统种类繁多，本节以带电流变化率内环和带电压内环的三环调速系统为例，来说明多环调速系统的控制规律。

一、带电流变化率调节器的三环调速系统

在双闭环调速系统中，为了提高系统的快速性，在电动机起动的初期和后期，希望电流能快速地上升或下降。为此在电流环内再设置一个电流变化率环，通过电流变化率环的调节，使电流变化率不致过高同时又能保持允许的最大变化率，使整个电流波形更接近理想的动态波形。这样就构成了转速、电流、电流变化率三环调速系统，如图 1-51 所示。

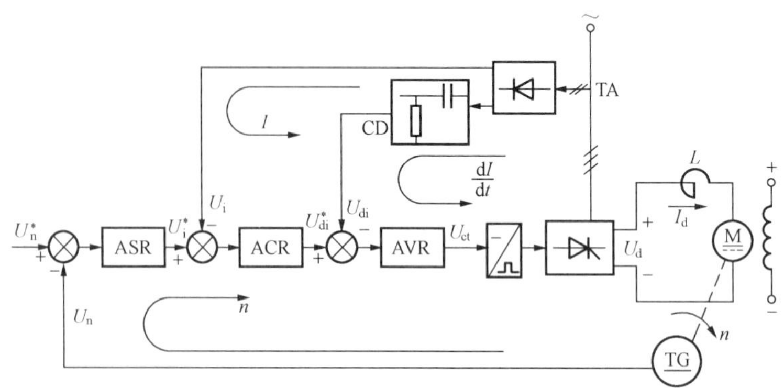

图 1-51　带电流变化率内环的三环调速系统

ADR—电流变化率调节器

图 1-51 所示系统中，ASR 的输出仍是 ACR 的给定电流信号，其限幅值控制最大电流；但 ACR 的输出不直接控制触发电路，而是作为电流变化率调节器 ADR 的电流变化率给定信号。由 ADR 的输出去控制触发电路，其最大输出限幅值决定触发脉冲的最小控制角 α_{min}。ADR 的负反馈信号也是来自电流检测器，并通过微分环节 CD 得到。同理，ACR 的输出限幅值控制最大的电流变化率。

二、带电压内环的三环调速系统

在实际调速系统中，转速、电流、带电压内环的三环调速系统适用于大容量且对动态性能要求较高的调速系统。图 1-52 所示为带电压内环的三环调速系统原理图。

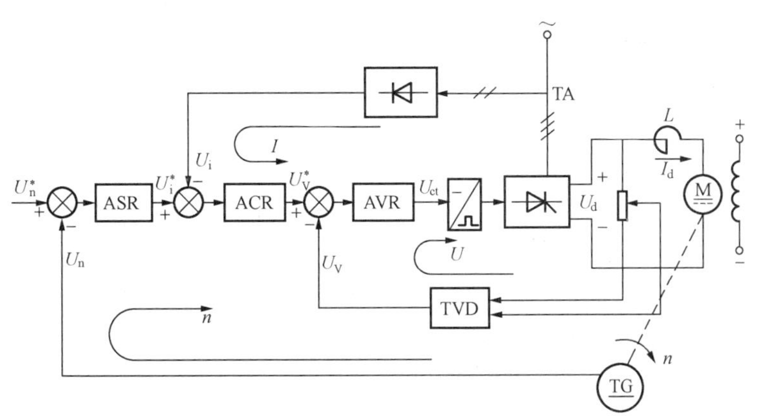

图 1-52　带电压内环的三环调速系统原理图

AVR—电压调节器

转速、电流环原理与前面所述相同，下面介绍电压环的作用。与转速电流双闭环调速系统相比，在抗电网电压扰动作用方面，电压环有其优越性，只要电网电压有扰动存在，则电压环首先进行调节。电压环的调节比电流环更为及时。

1.5　直流脉宽调速系统

1.5.1　PWM-M 直流脉宽调速系统概述

调节电枢电压的直流调压调速除了利用晶闸管整流器将交流电压整流成可调直流电压外，还可采用脉宽调制技术，将恒定的直流电压调制成大小可调的直流电压，用以实现直流电动机电枢端电压的平滑调节，构成直流脉宽调速系统。采用门极可关断晶闸管 GTO、电力晶体管 GTR、P-MOSFET、IGBT 等全控型电力电子器件组成的直流脉冲宽度调制（Pulse Width Modulation，PWM）型调速系统近年来已日趋成熟，用途越来越广，与 V-M 系统相比，在许多方面具有较大的优越性。具体包括：

(1) 主电路线路简单，需用的功率元件少；

(2) 开关频率高，电流容易连续，谐波少，电机损耗和发热都较小；

(3) 低速性能好，稳速准确度高，因而调速范围宽；

(4) 系统快速响应性能好，动态抗扰能力强；

(5) 主电路元件工作在开关状态，导通损耗小，装置效率较高；

(6) 直流电源采用不可控三相整流时，功率因数高。

各种全控型器件构成的直流脉宽调速系统的原理是一样的，只是不同器件具有各自不同的驱动、保护及器件的使用问题。而且 PWM-M 系统和 V-M 系统的主要区别在主电路和 PWM 控制电路，至于闭环控制系统以及静、动态分析和设计基本相同。

1.5.2 PWM 变换器和 PWM - M 系统开环机械特性

一、脉宽调制原理

部分由公共直流电源或蓄电池供电的工业传动设备，要求把固定的直流电压变换为不同的电压等级。例如有调速要求的地铁列车、无轨电车或由蓄电池供电的机动车辆等，需要把固定电压的直流电源变换为直流电动机电枢用的可变电压的直流电源。PWM 是通过功率管的开关作用，将恒定直流电压转换成频率一定，宽度可调的方波脉冲电压，通过调节脉冲电压的宽度而改变输出电压平均值的一种功率变换技术。由脉冲宽度调制变换器向电动机供电的系统称为脉冲宽度调制调速系统，简称 PWM - M 调速系统。

二、脉宽调制变换器

PWM 变换器有不可逆和可逆两类，可逆变换器又有双极式、单极式等多种电路。变换器电路和工作原理详见 **1.1.3**。

三、脉宽调速系统的开环机械特性

不管是具有制动功能的不可逆 PWM 电路，还是双极式和单极式的可逆 PWM 电路，其稳态的电压、电流波形都是相似的。由于电路中具有反向电流通路，在同一转向下电流可正可负，无论是重载还是轻载，电流波形都是连续的，这就使得机械特性的关系式简单得多。

对于有制动功能的不可逆电路和单极式可逆电路，其电压方程式为

$$\begin{cases} U_s = Ri_d + L\dfrac{di_d}{dt} + E & (0 \leqslant t < t_{on}) \\ 0 = Ri_d + L\dfrac{di_d}{dt} + E & (t_{on} \leqslant t < T_c) \end{cases} \tag{1-41}$$

对于双极式可逆电路，只将式（1 - 41）中第二个方程中的电源电压改为$-U_s$，其余不变，即

$$\begin{cases} U_s = Ri_d + L\dfrac{di_d}{dt} + E & (0 \leqslant t < t_{on}) \\ -U_s = Ri_d + L\dfrac{di_d}{dt} + E & (t_{on} \leqslant t < T_c) \end{cases} \tag{1-42}$$

一个周期内电枢两端的平均电压为U_d，其平均电流用I_d表示，平均电磁转矩为$T_e = C_m I_d$，而电枢回路电感两端电压$\dfrac{L di_d}{dt}$的平均值为零。式（1 - 41）或式（1 - 42）的平均值方程都可以写成

$$DU_s = RI_d + E = RI_d + C_e n$$

则机械特性方程式为

$$n = \frac{DU_s}{C_e} - \frac{R}{C_e}I_d = n_0 - \frac{R}{C_e}I_d \tag{1-43}$$

或用转矩表示

$$n = \frac{DU_s}{C_e} - \frac{R}{C_e C_m}T_e = n_0 - \frac{R}{C_e C_m}T_e \tag{1-44}$$

其中，理想空载转速$n_0 = DU_s / C_e$，与占空比D成正比。其机械特性见图 1 - 13 所示。

1.5.3 PWM - M 直流调速系统

图 1 - 53 所示为单闭环脉宽调速控制系统的原理框图，其中属于脉宽调速系统特有的环

节有脉宽调制器 UPW、调制波发生器 GM、逻辑延时环节 DLD 和全控型电力电子器件驱动器 GD。

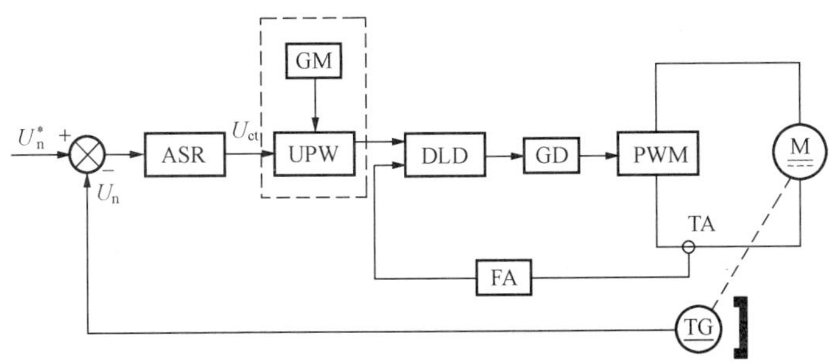

图 1 - 53 单闭环控制的脉宽调速系统原理图

UPW - GM—脉宽调制器；GM—调制波发生器；DLD—逻辑延时环节；GD—全控型电力电子器件驱动器；FA—瞬时动作的限流保护

(1) 脉宽调制器 (UPW - GM)。脉宽调制器是一个电压—脉冲变换装置，由转速调节器 ASR 输出的控制电压 U_{ct}进行控制。它将输入的直流控制信号转换成与之成比例的方波脉冲电压信号，以便对电力电子器件进行控制，从而得到希望的方波输出电压。

(2) 逻辑延时环节 (DLD)。在可逆 PWM 变换器中，跨接在直流电源两端的上、下两个开关管经常交替工作，由于开关器件存在关断时间，在切换过程中如果一个开关管还未完全关断，此时另一管子已经导通，则将造成上下两管直通，从而使电源短路。为了避免发生这种情况，应设置一个逻辑延时环节。

(3) 限流保护环节 (FA)。在逻辑延时环节中还可以引入保护信号，如瞬时动作的限流保护信号（见图 1 - 53 中的 FA），一旦桥臂电流超过允许最大电流时，使 VT1、VT4（或 VT2、VT3）两管同时封锁，以保护开关管。

(4) 驱动电路。驱动电路的作用是对提供的脉冲信号进行功率放大，以驱动主电路的电力开关管，每个开关管应有独立的驱动电路。为了确保开关管在开通时能迅速达到饱和导通，关断时能迅速截止，正确设计驱动电路是非常重要的。

1.6 可逆直流调速系统

1.6.1 可逆运行及可逆线路

电动机可逆运行的本质是电磁转矩可逆。要实现可逆运行，关键是使电动机的电磁转矩改变方向。由直流电机的电磁转矩 $T_e = K_m \Phi I_d$ 可知，转矩方向由磁场方向和电枢电压的极性共同决定。磁场方向不变，通过改变电枢电压极性实现可逆运行的系统，称为电枢可逆系统；电枢电压极性不变，通过改变励磁磁场方向，实现可逆运行的系统，称为磁场可逆系统。与此对应，晶闸管—电动机系统的可逆电路就有两种方式，即电枢反接可逆电路和励磁反接可逆电路。

一、电枢反接可逆电路

两组晶闸管装置反并联供电的可逆电路如图 1 - 54 所示。H 型 PWM 可逆电源供电的可逆电路如图 1 - 55 所示。

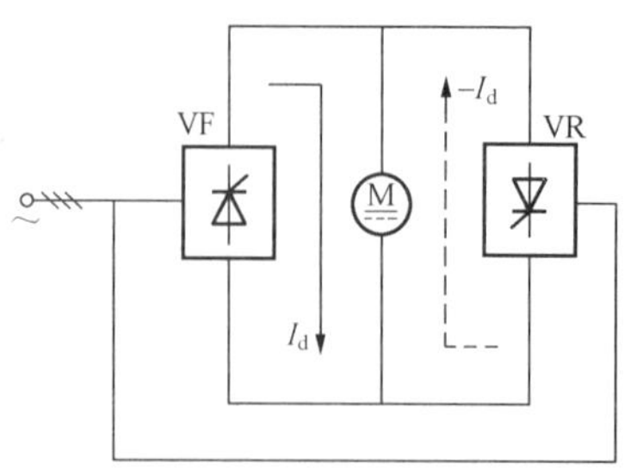

图 1-54　两组晶闸管反并联供电的可逆电路

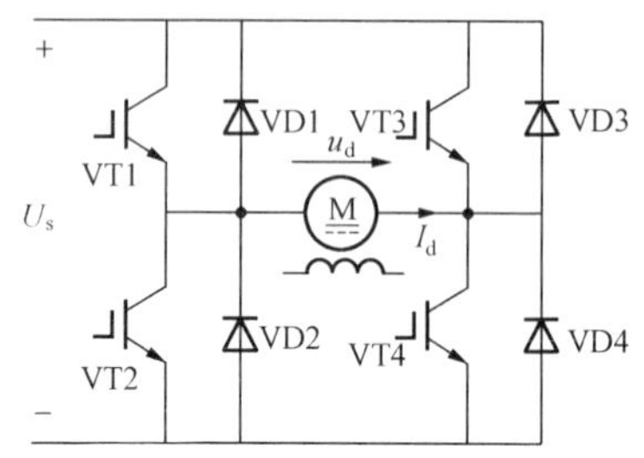

图 1-55　H 型 PWM 电源供电的可逆电路

在图 1-54 中，两组晶闸管分别由两套触发器控制，当正组晶闸管装置 VF 向电动机供电时，提供正向电枢电流 I_d，电动机正转；当反组晶闸管装置 VR 向电动机供电时，提供反向电枢电流 $-I_d$，电动机反转。H 型 PWM 可逆电源供电的可逆电路如图 1-55 所示。

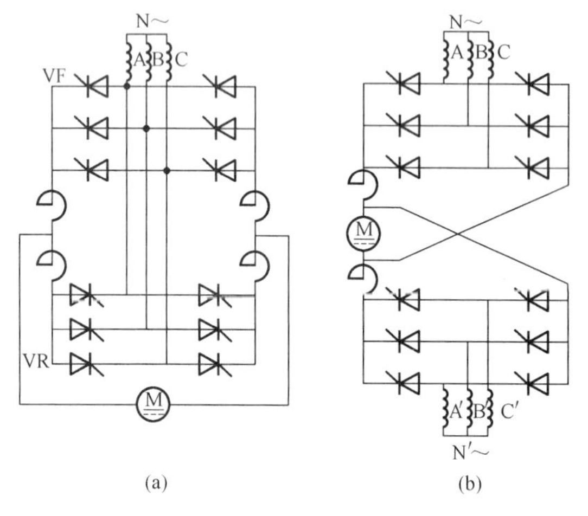

图 1-56　两组三相桥式变流器可逆电路

（a）反并联可逆电路；（b）交叉连接可逆电路

两组晶闸管装置供电的可逆电路在连接上又有两种形式，即反并联和交叉连接，如图 1-56 所示。两者的差别在于反并联电路中的两组晶闸管由同一个交流电源供电，且要有四个限制环流的电抗器；而交叉连接电路由两个独立的交流电源供电，只要两个限制环流的电抗器。这里所说的两个独立的交流电源可以是两台整流变压器，也可以是一台整流变压器的两个二次绕组。

由两组晶闸管组成的电枢可逆电路，具有切换转速快、控制灵活等优点，在要求频繁、快速正反转的可逆系统中得到广泛应用，是可逆系统的主要型式。

二、励磁反接可逆电路

要使直流电动机反转，除了改变电枢电压极性外，改变励磁电流的方向也能使直流电动机反转。因此又有励磁反接可逆电路，如图 1-57 所示。这时电动机电枢只要用一组晶闸管装置供电并调速，如图 1-57（a）所示，而励磁绕组则由另外的两组晶闸管装置反并联供电，像电枢反接可逆线路一样，可以采用反并联或交叉连接中的任意一种方案来改变其励磁电流的方向。图 1-57（b）中只画了两组晶闸管装置反并联提供励磁电流的方案，其工作原理读者可以自行分析。

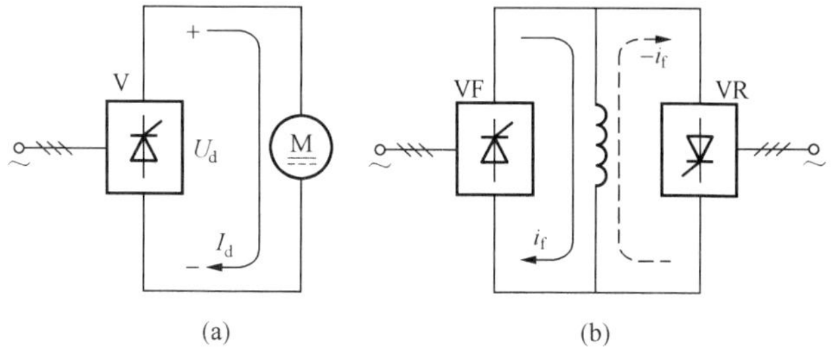

图 1-57　两组晶闸管供电的励磁反接可逆电路

（a）电枢电路；（b）励磁反接可逆电路

由于励磁功率只占电动机额定功率的 1%～5%，显然励磁反接所需的晶闸管装置容量要比电枢反接可逆装置小得多，只要在电枢回路中用一组大容量的装置就够了。这对于大容量的调速系统，励磁反接的方案投资较少。但由于励磁绕组的电感较大，励磁电流的反向过程要比电枢电流的反向过程慢得多。此外，在反向过程中，当励磁电流由额定值下降到零这段时间里，如果电枢电流依然存在，电动机将会出现弱磁升速的现象，这在生产工艺上是不允许的。因此，励磁反接的方案只适用于对快速性要求不高，正、反转不太频繁的大容量可逆系统，如卷扬机、电力机车等。

三、回馈制动

要使电动机快速减速或停车，最经济有效的方法就是采用回馈制动，将制动期间释放的能量通过晶闸管装置回送到电网。电动机回馈制动时，晶闸管装置必须工作在逆变状态。

实现回馈制动，从电动机方面看，要么改变转速的方向，要么改变电磁转矩（即电枢电流）的方向。而电机在减速制动过程中，转速方向不变，要实现回馈制动，必须设法改变电动机电磁转矩的方向，即改变电枢电流的方向。

对于单组 V-M 系统，要想改变电枢电流方向是不可能的，也就是说利用一组晶闸管不能实现带非位能负载系统的回馈制动。但是，可以利用两组晶闸管装置组成的可逆电路实现直流电动机的快速回馈制动。也就是电动机制动时，原工作于整流状态的一组晶闸管装置待整流，利用另外一组反并联的晶闸管装置逆变，实现电动机的回馈制动，如图 1-58 所示。

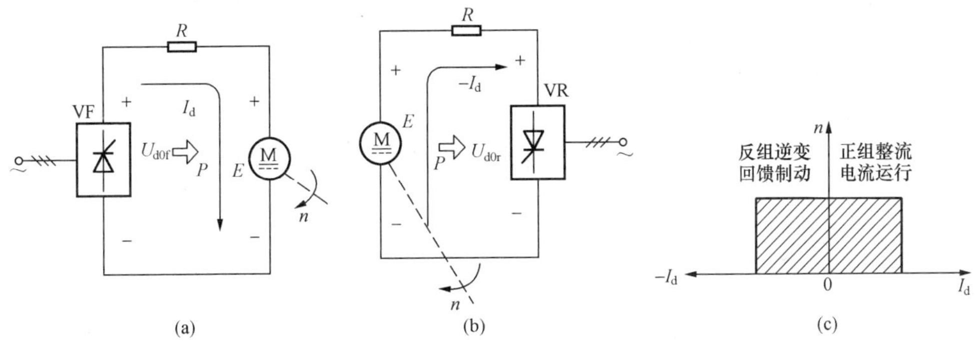

图 1-58 V-M 系统正组整流电动运行和反组逆变回馈制动

（a）正组整流电动运行；（b）反组逆变回馈制动；（c）运行范围

图 1-58（a）表示正组 VF 给电动机供电，晶闸管装置处于整流状态，输出整流电压 U_{d0f}（极性见图中所示），电动机吸收能量作电动运行。当需要回馈制动时，通过控制电路切换到反组晶闸管装置 VR，见图 1-58（b），并使其工作于逆变状态，输出逆变电压 U_{d0r}（极性见图中所示），由于这时电动机的反电动势极性未改变，当 E 略大于 $|U_{d0r}|$ 时，产生反向电流 $-I_d$ 而实现回馈制动，这时电动机释放能量经晶闸管装置 VR 回馈到电网。图 1-58（c）绘出了电动运行和回馈制动运行的运行范围。

由此可见，即使是不可逆系统，如果要求快速回馈制动，也应有两组反并联（或交叉联）的晶闸管装置，正组作为整流供电，反组提供逆变制动。这时反组晶闸管只在短时间内给电动机提供反向制动电流，并不提供稳态运行电流，因而其容量可以小一些。对于两组晶闸管供电的可逆系统，在正转时可以利用反组晶闸管实现回馈制动，反转时可以利用正组晶闸管实现回馈制动，正反转和制动的装置合二为一，两组晶闸管的容量自然就没有区别了。把可逆线路正反转及回馈制动时的晶闸管和电动机的工作状态归纳起来，可列成表 1-3。

表 1-3　**V-M 系统可逆线路的工作状态**

V-M 系统的工作状态	正向运行	正向制动	反向运行	反向制动
电枢端电压极性	+	+	−	−
电枢电流极性	+	−	−	+
电动机旋转方向	+	+	−	−
电动机运行状态	电动	回馈制动	电动	回馈制动
晶闸管工作组别和状态	正组整流	反组逆变	反组整流	正组逆变
机械特性所在象限	Ⅰ	Ⅱ	Ⅲ	Ⅳ

注　表中各量的极性均以正向电动运行时为“+”。

1.6.2　可逆调速系统中的环流分析

一、环流的利弊及其种类

1. 环流的定义

所谓环流，是指不流过电动机或其他负载，而直接在两组晶闸管之间流通的短路电流。图 1-59 中所示为反并联线路中的环流电流 I_c。图中 I_d 为负载电流，R_n 为整流装置内阻。

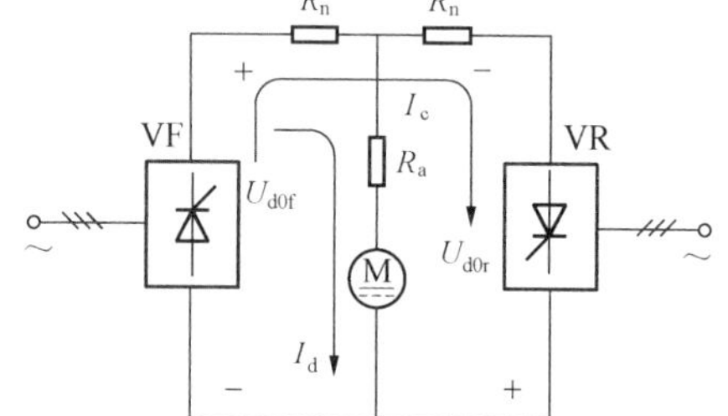

图 1-59　反并联可逆线路中的环流电流

2. 环流的优缺点

优点：在保证晶闸管安全工作的前提下，适度的环流能使晶闸管—电动机系统在空载或轻载时保持电流连续，避免电流断续对系统静、动态性能的影响；可逆系统中的少量环流，可以保证电流无换向死区，加快过渡过程。

缺点：环流的存在会显著地加重晶闸管和变压器的负担，消耗无功功率，环流太大时甚至会损坏晶闸管，为此必须予以抑制。

在实际系统中，要充分利用环流的有利面而避免其不利面。

3. 环流的种类

环流可以分为两大类：

（1）稳态环流。当晶闸管装置在一定的控制角下稳定工作时，可逆线路中出现的环流称为稳态环流。稳态环流又可分为直流平均环流和瞬时脉动环流。由于两组晶闸管装置之间存在正向直流电压差而产生的环流，称为直流平均环流；由于整流电压和逆变电压瞬时值不相等而产生的环流，称为瞬时脉动环流。

（2）动态环流。系统稳态运行时并不存在，只在系统处于过渡过程中出现的环流，称为动态环流。这里仅对系统影响较大的稳态环流作定性分析。下面以晶闸管反并联线路为例来分析稳态环流。

二、直流平均环流与配合控制

1. 直流平均环流

（1）直流平均环流产生的原因。在图 1-59 所示反并联可逆线路中，如果正组晶闸管 VF 和反组晶闸管 VR 都处于整流状态，且正组整流电压 U_{dof} 和反组整流电压 U_{dor} 正负相连，将造成直流电源短路，此短路电流即为直流平均环流。

(2) 消除直流平均环流的措施。为防止产生直流平均环流，最好的解决办法是：当正组晶闸管 VF 处于整流状态输出电压 U_{d0f}时，让反组晶闸管 VR 处于逆变状态，输出一个逆变电压 U_{d0r}把 U_{d0f}顶住。

设 VF 组处于整流状态，即 $\alpha_f<90°$，则 $U_{d0f}=U_{d0max}\cos\alpha_f$；对应的 VR 组处于逆变状态，即 $\beta_r<90°$，则 $U_{d0r}=U_{d0max}\cos\beta_r$。此时，$U_{d0f}$和 U_{d0r}极性相反，但其数值又有如下三种情况。

第一种情况：若两组触发脉冲相位之间满足 $\alpha_f<\beta_r$，则 $U_{d0f}>U_{d0r}$。由于两组晶闸管装置的内阻很小，即使不大的直流电压差也会导致很大的直流环流。

第二种情况，若两组触发脉冲相位之间满足 $\alpha_f=\beta_r$，则 $U_{d0f}=U_{d0r}$。由于主回路无直流电压差，所以无直流环流。

第三种情况，若两组触发脉冲相位之间满足 $\alpha_f>\beta_r$，则 $U_{d0f}<U_{d0r}$。两组晶闸管之间存在反向直流电压差，由于正组晶闸管的单向导电性，不产生直流环流。

同理，若 VF 处于逆变状态，VR 处于整流状态，可以分析出 $\alpha_f<\beta_r$ 时有直流环流，当 $\alpha_f\geqslant\beta_r$ 时无直流环流。

综上所述，可以得出：当 $\alpha<\beta$ 时，有直流环流；当 $\alpha\geqslant\beta$ 时，无直流环流。所以，在两组晶闸管组成的可逆线路中，消除直流环流的方法是使 $\alpha\geqslant\beta$，即整流组的触发角大于或等于逆变组的逆变角。

2. $\alpha=\beta$ 工作制的配合控制实现消除直流环流的原理

(1) 实现方法。实现 $\alpha=\beta$ 工作制的配合控制比较容易，只要将两组触发脉冲的零位都整定在 90°，并且使两组触发装置的移相控制电压大小相等、极性相反即可。所谓触发脉冲的零位，就是指控制电压 $U_{ct}=0$ 时，调节偏置电压使触发脉冲的初始相位确定在 $\alpha_{f0}=\alpha_{r0}=90°$，此时两组晶闸管的整流和逆变电压均为零。这样的触发控制电路示于图 1-60，它用同一个控制电压 U_{ct}去控制两组触发装置，即正组触发装置 GTF 由 U_{ct}直接控制，而反组触发装置 GTR 由 $\overline{U}_{ct}$控制，$\overline{U}_{ct}=-U_{ct}$，是经过反号器 AR 后得到的。

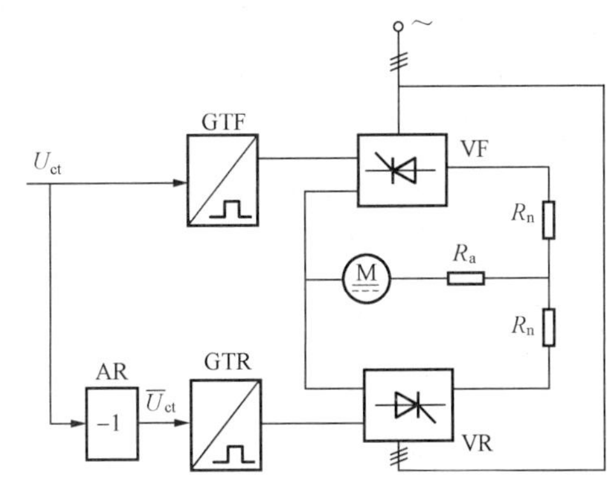

图 1-60 $\alpha=\beta$ 工作制配合控制的可逆线路

GTF—正组触发装置；GTR—反组触发装置；AR—反相器

(2) 移相控制特性。同步信号为锯齿波的两组触发装置的移相控制特性如图 1-61 所示。

1) 当 $U_{ct}=0$ 时，$\alpha_f=\beta_r=90°$，触发脉冲在 90°的零位；

2) 当 $U_{ct}>0$ 时，正组控制角 $\alpha_f<90°$，正组晶闸管处于整流状态，而反组控制角 $\alpha_r>90°$或 $\beta_r<90°$，反组晶闸管处于逆变状态。

因为 $\overline{U}_{ct}=-U_{ct}$，所以在 U_{ct}移相过程中，始终保持了 $\alpha_f=\beta_r$，$U_{d0f}=-U_{d0r}$。

3) 为了防止晶闸管有源逆变器因逆变角 β 太小而发生逆变颠覆事故，必须在控制电路中设置限制最小逆变角 β_{min}的保护环节。为保持 $\alpha=\beta$ 的配合控制，对 α_{min}也要加以限制，使 $\alpha_{min}=\beta_{min}$。通常取 $\alpha_{min}=\beta_{min}=30°$。

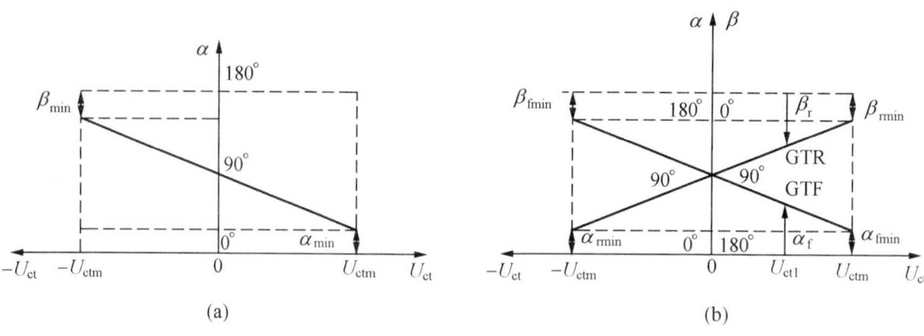

图 1 - 61 触发装置的移相控制特性

（a）每组特性；（b）两组特性

三、脉动环流及其抑制

1. 脉动环流产生的原因

当采用 $\alpha=\beta$ 配合控制时，整流器和逆变器输出的直流平均电压是相等的，因而没有直流平均环流。然而，此时晶闸管装置输出的瞬时电压是不相等的，当正组整流电压瞬时值 $u_{\rm dof}$大于反组逆变电压瞬时值 $u_{\rm dor}$时，便产生瞬时电压差 $\Delta u_{\rm do}$，从而产生瞬时环流。控制角不同时，瞬时电压差和瞬时环流也不同。图 1 - 62（a）为三相零式反并联可逆线路在 $\alpha_{\rm f}=\beta_{\rm r}=60°$时的情况。图 1 - 62（b）为正组瞬时整流电压 $u_{\rm dof}$的波形。图 1 - 62（c）是反组瞬时逆变电压 $u_{\rm dor}$的波形。图 1 - 62（b）、（c）中打阴影线的部分是 a 相整流和 b 相逆变时的电压，显然其瞬时值并不相等，而其平均值却相等。瞬时电压差 $\Delta u_{\rm do}=u_{\rm dof}-u_{\rm dor}$，其波形绘于图 1 - 62（d）。由于这个瞬时电压差的存在，便在两组晶闸管之间产生了瞬时脉动环流 $i_{\rm cp}$。图 1 - 62（a）绘出 a 相整流和 b 相逆变时的瞬时环流回路，由于晶闸管装置的内阻 $R_{\rm n}$

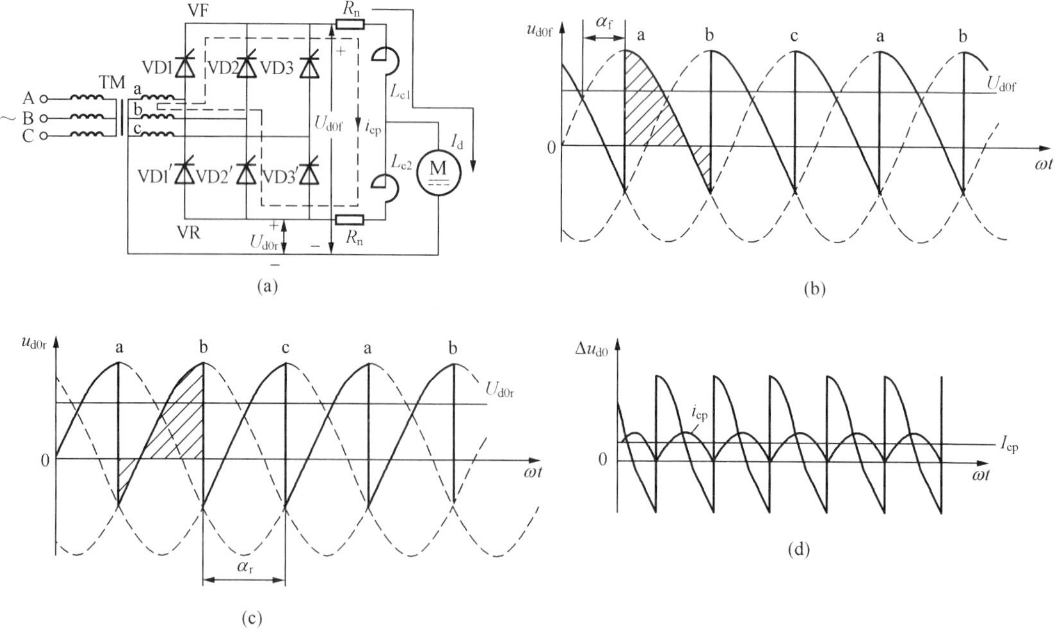

图 1 - 62 配合控制的三相零式反并联可逆线路中的脉动环流

（a）三相零式可逆线路中的脉动环流回路；（b）$\alpha_{\rm f}=60°$时整流电压 $U_{\rm dof}$的波形；

（c）$\alpha_{\rm r}=120°$时逆变电压 $U_{\rm dor}$的波形；（d）$\Delta u_{\rm do}$和 $i_{\rm cp}$波形

很小，环流回路的阻抗主要是电感，所以 i_{cp} 不能突变，并且落后于 Δu_{do}；又由于晶闸管的单向导电性，i_{cp} 只能在一个方向脉动，所以称作瞬时脉动环流。但这个瞬时脉动环流存在直流分量 I_{cp}，显然 I_{cp} 和平均电压差所产生的直流环流是有根本区别的。

2. 脉动环流的抑制

直流平均环流可以用 $\alpha \geqslant \beta$ 的配合控制来消除，而抑制瞬时脉动环流的办法是在环流回路中串入电抗器，称为环流电抗器或称均衡电抗器，如图 1 - 60（a）中的 L_{c1} 和 L_{c2}，一般要求把瞬时脉动环流中的直流分量 I_{cp} 限制在负载额定电流的 5%～10%。环流电抗器的电感量及其接法因整流电路而异，可参看有关晶闸管电路的书籍或手册。

在图 1 - 62（a）所示的三相零式可逆电路中，有一条环流通路，设有两个环流电抗器。在环流回路中它们是串联的，当正组整流时，L_{c1} 因流过较大的负载电流 I_d 而饱和，失去了限制环流的作用；而反组逆变回路中的电抗器 L_{c2} 由于没有负载电流通过，才真正起限制瞬时脉动环流的作用。而三相桥式反并联可逆电路由于有两条并联的两条环流通路，应设置四个环流电抗器，如图 1 - 56（a）所示。若采用交叉连接的可逆电路，环流电抗器的数量可以减少一半，如图 1 - 56（b）所示。

1.6.3　有环流可逆调速系统

下面介绍 $\alpha=\beta$ 配合控制的有环流可逆调速系统。

$\alpha=\beta$ 工作制虽然可以消除直流平均环流，但不能消除瞬时脉动环流，这样的系统称为有（脉动）环流可逆调速系统。如果在这种系统中不施加其他控制，则这个瞬时脉动环流是自然存在的，因此又称作自然环流系统。

（一）系统的组成特点

$\alpha=\beta$ 配合控制的有环流可逆调速系统原理框图如图 1 - 63 所示。

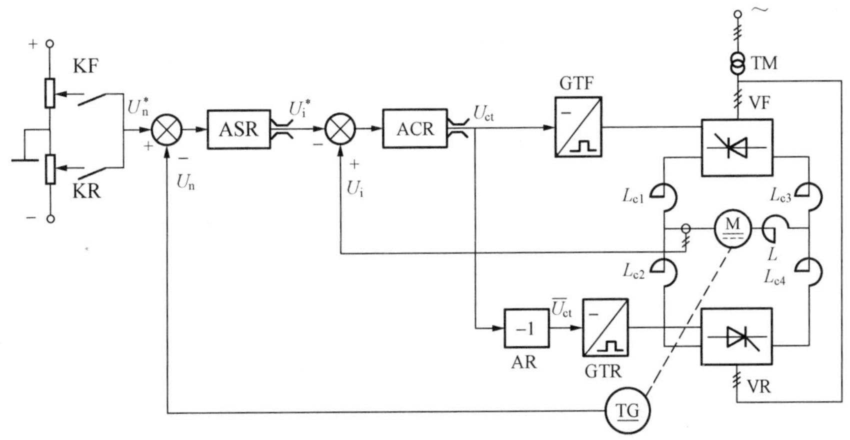

图 1 - 63　$\alpha=\beta$ 配合控制工作制的有环流可逆调速系统原理框图

（1）主电路采用了两组晶闸管反并联的三相桥式线路，设置了四个均衡电抗器 L_{c1}、L_{c2}、L_{c3}、L_{c4} 和一个体积较大的平波电抗器 L。

（2）控制线路采用典型的转速电流双闭环系统，转速调节器和电流调节器都设置了双向输出限幅，以限制最大动态电流和最小控制角与最小逆变角。

（3）为了始终保持 $\overline{U}_{ct}=-U_{ct}$，在 GTR 之前加放大倍数为 1 的反相器 AR。

（4）根据可逆系统正反向运行的需要，给定电压 U_n^* 应有正负极性，可由继电器KF和KR来切换，调节器的输出电压对此能作出相应的极性变化。

（5）为了保证转速和电流的负反馈，必须使反馈信号也能反映出相应的极性。测速发电机产生的反馈电压极性随电动机转向改变而改变。值得注意的是电流反馈，简单地采用一套交流互感器或直流互感器都不能反映出极性，要得到反映电流反馈极性的方案有多种。本系统采用的是图1-21中绘出的利用霍尔电流变换器直接检测直流电流的方法。

（二）系统的工作原理

1. 系统的停车状态

此时转速给定电压 $U_n^*=0$，ASR的输出 $U_i^*=0$，ACR的输出 $U_{ct}=0$，反向器的输出 $\overline{U}_{ct}=0$，则 $\alpha_{f0}=\alpha_{r0}=90°$，两组晶闸管的整流和逆变电压均为零，电动机不动，$n=0$。

2. 电动机的正向起动和运行

正向继电器KF接通，转速给定值 U_n^* 为正值，经转速调节器、电流调节器输出的移相控制信号 U_{ct} 为正，正组触发器GTF输出的触发脉冲控制角 $\alpha_f<90°$，正组变流装置VF处于整流状态，电动机正向运行。U_{ct} 经反相器AR后，使反组触发器GTR的移相控制信号 $\overline{U}_{ct}$ 为负，反组触发器输出的脉冲控制角 $\alpha_r>90°$ 或 $\beta_r<90°$，且 $\alpha_f=\beta_r$，反组变流装置VR处于待逆变状态。所谓待逆变，就是逆变组除环流外并不流过负载电流，也没有电能回馈电网，这种工作状态称为待逆变状态。

同理，反相继电器KR接通，转速给定值 U_n^* 为负值，反组变流装置VR处于整流状态，正组变流装置VF处于待逆变状态，电动机反向运行。

在这种 $\alpha=\beta$ 配合控制下，负载电流可以很方便地按正反两个方向平滑过渡，在任何时候，实际上只有一组晶闸管装置在工作，另一组则处于等待工作状态。

3. 正向制动过程的分析

可逆调速系统的起动过程与不可逆系统相同，制动过程有它的特点，反转过程则是正向制动过程与反向起动过程的衔接。所以只要重点分析正向制动过程就可以了。

整个正向制动过程可按电流方向的不同分成两个主要阶段：

第一阶段——本组逆变阶段。电流 I_d 由正向负载电流 $+I_{dL}$ 下降到零，其方向未变，仍通过正组晶闸管装置VF流通，这时VF处于逆变状态。

第二阶段——它组制动阶段。电流 I_d 的方向变负，由零变到负向最大电流 $-I_{dm}$，维持一段时间后再衰减到负向负载电流 $-I_{dL}$，这时电流流过反组晶闸管装置VR。

电流 I_d 从正向负载电流 $+I_{dL}$ 下降到零再由零变到负向最大电流 $-I_{dm}$，以及从负向最大电流 $-I_{dm}$ 衰减到负向负载电流 $-I_{dL}$ 所占时间比较短，相对而言，维持 $-I_{dm}$ 的时间较长一些，在这一阶段中主要是转速降落。下面对每个阶段作进一步的分析。

（1）第一阶段——本组逆变阶段。

1）系统正向运行时各主要部位的电位极性如图1-64（a）所示。其中转速给定电压 U_n^* 为正，转速反馈电压 U_n 为负，ASR的输入偏差电压 $\Delta U_n=U_n^*-U_n$ 为正。由于ASR的反相作用，其输出 U_i^* 为负，电流反馈 U_i 为正，ACR输入偏差电压 $\Delta U_i=U_i^*-U_i$ 为负；再经ACR反相，得控制电压 U_{ct} 为正，$\overline{U}_{ct}$ 为负。根据图1-61的触发移相特性可知，此时 $\alpha_f<90°$，正组整流，而 $\alpha_r>90°$，所以反组待逆变。主电路在忽略环流电抗器对负载电流变化的影响下，用粗箭头表示能量的流向，其中双线箭头表示电能主要由正组晶闸管VF输送给电动机。相关测试点的输出值及电位极性如下：

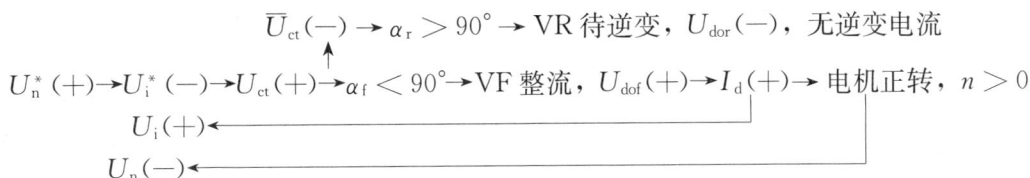

$\overline{U}_{ct}(-) \rightarrow \alpha_r > 90^\circ \rightarrow$ VR 待逆变，$U_{dor}(-)$，无逆变电流

↑

$U_n^*(+) \rightarrow U_i^*(-) \rightarrow U_{ct}(+) \rightarrow \alpha_f < 90^\circ \rightarrow$ VF 整流，$U_{dof}(+) \rightarrow I_d(+) \rightarrow$ 电机正转，$n > 0$

$U_i(+) \leftarrow$ （来自 I_d）

$U_n(-) \leftarrow$ （来自电机转速）

2）发出停车（或反向）指令后，转速给定电压 U_n^* 突变为零（或负）。由于转速反馈电压 U_n 极性仍为负，所以 ΔU_n 为负且很大，则 ASR 饱和，输出 U_i^* 跃变到正限幅值 U_{im}^*。这时电枢电流方向还没有来得及改变，电流反馈电压 U_i 的极性仍为正，ACR 在（$U_{im}^*+U_i$）合成信号作用下，输出电压 U_{ct} 跃变成负的限幅值 $-U_{ctm}$，使正组 VF 由整流状态很快变成 $\beta_f=\beta_{min}$ 的逆变状态，同时反组 VR 由待逆变状态变成待整流状态。图 1-64（b）表示了这时调速系统各处电位的极性和主电路中能量的流向。在负载电流回路中，由于正组晶闸管由整流变成逆变，U_{dof} 的极性反过来了，而电动机反电动势 E 的极性未变，迫使 I_d 迅速下降，在主电路总电感 L 两端感应出很大的电压 $\frac{L\mathrm{d}I_d}{\mathrm{d}t}$，其极性如图 1-64（b）所示。这时有

$$L\frac{\mathrm{d}I_d}{\mathrm{d}t}-E > U_{dof}=U_{dor}$$

由电感 L 释放的磁场能量维持正向电流，大部分能量通过 VF 回馈电网，而反组 VR 并不能真正输出整流电流。由于这一阶段中投入逆变工作的仍是原来处于整流状态工作的 VF 装置，所以称作本组逆变阶段。

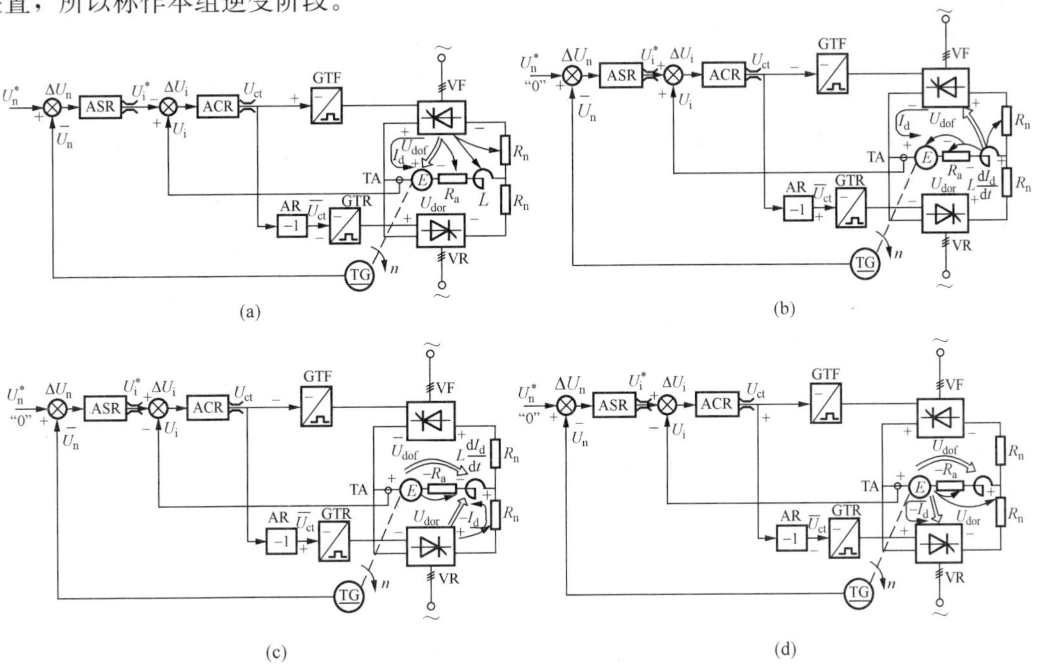

图 1-64 $\alpha=\beta$ 工作制配合控制有环流可逆系统正向制动各阶段中各处电位的极性和能量流向

（a）正向运行，正组整流；（b）本组逆变阶段Ⅰ：正组逆变，反组待整流；

（c）它组建流子阶段Ⅱ₁：反组整流，正组待逆变，电机反接制动；

（d）它组逆变子阶段Ⅱ₂：反组逆变，正组待整流，电机回馈制动

发出停车指令后，相关测试点的输出值及电位极性：

$U_n^*(=0) \rightarrow U_i^*(=+U_{im}^*) \rightarrow U_{ct}(=-U_{ctm}) \rightarrow \beta_{fmin} \rightarrow U_{dof}(-)$，VF 逆变，且逆变电流急剧减小

$\downarrow$

$\overline{U}_{ct}(=+U_{ctm}) \rightarrow \alpha_{rmin} \rightarrow U_{dof}(+)$，VR 待整流，无整流电流

逆变电流急剧减小的原因是：正向运行时 U_{dof} 为正；而正向制动时 U_{dof} 为负，它与 E 共同作用，使电流急剧减小；当电流急剧减小时，$L\dfrac{dI_d}{dt}$ 很大，使得 $L\dfrac{dI_d}{dt}-E>U_{dof}=U_{dor}$，所以 VR 无整流电流。

由于电流的迅速下降，这一阶段时间很短，转速来不及产生明显的变化，其波形图绘于图 1-65 中。图中本组逆变阶段标作Ⅰ。

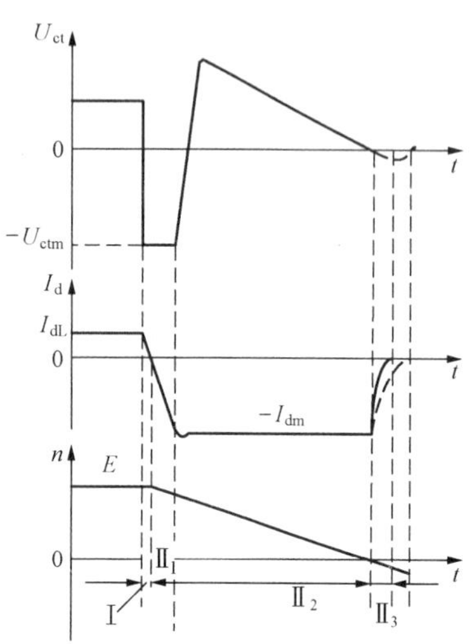

图 1-65　$\alpha=\beta$ 工作制配合控制的有环流可逆调速系统正向制动波形

（2）第二阶段——它组制动阶段。当主回路电流 I_d 下降过零时，本组逆变终止，转到反组 VR 工作。从这时起，直到制动结束，称为它组制动阶段。它组制动过程中能量流向的变化可分成三个子阶段，在图1-65 波形图中分别标以Ⅱ1、Ⅱ2 和Ⅱ3。

1）它组建流子阶段（Ⅱ1）。在 I_d 过零并反向，直到达到 $-I_{dm}$ 以前，U_i 一直为负且数值小于 U_{im}^*，所以 $\Delta U_i>0$，ACR 仍处于饱和状态，其输出电压 U_{ct} 仍为 $-U_{ctm}$，U_{dof} 和 U_{dor} 都和本组逆变阶段一样。但由于 $L\dfrac{dI_d}{dt}$ 的数值略有减小，使

$$L\frac{dI_d}{dt}-E<U_{dof}=U_{dor}$$

反组 VR 由待整流进入整流，在整流电压 U_{dor} 和电动机反电动势 E 的共同的作用下，反向电流很快增长，电动机处于反接制动状态，开始减速，而正组 VF 则处于待逆变状态。在这个子阶段中，VR 将交流电能转换变为直流电能，同时电动机也将机械能转变为电能，除去电阻上消耗的电能以外，大部分转变为磁能储存在电感 L 中。图 1-64（c）绘出了这一阶段各处电位极性和能量流向。

在这一阶段，当 I_d 下降到零附近时，$L\dfrac{dI_d}{dt}-E<U_{dof}=U_{dor}$，电流 I_d 反向，但 ASR 和 ACR 仍然饱和：

$U_i^*(=U_{im}^*) \rightarrow U_{ct}=-U_{ctm} \rightarrow$ 因 $\dfrac{LdI_d}{dt}-E<U_{dof}$，VF 待逆变

$\downarrow$

$\overline{U}_{ct}=+U_{ctm} \rightarrow$ VR 整流，I_d 很快达到 $-I_{dm} \rightarrow$ 电机反接制动

这一过程直至 $I_d=-I_{dm}$ 时结束。

2）它组逆变子阶段（Ⅱ2）。当反向电流达到 $-I_{dm}$ 并略有超调时，ACR 输入偏差信号 ΔU_i 变负，输出电压 U_{ct} 从饱和限幅值 $-U_{ctm}$ 退出，其数值很快减小，又由负变正，然后再增大，使 VR 回到逆变状态，而 VF 同时变成待整流状态。此后，在电流调节器的作用下，力图维持最大反向电流 $-I_{dm}$，使电动机在恒减速条件下回馈制动，通过 VR 逆变回馈电网。

由于电流恒定，电感中磁能基本不变。这一阶段各处电位极性和能量流向绘于图 1-64（d）中。从图 1-65 不难看出，它组逆变阶段的回馈制动是制动过程的主要阶段，所占时间最长。

在这一阶段，当 $|I_d|>|I_{dm}|$ 后，ASR 仍饱和，ACR 退饱和：

$U_i(=U_{im}^*) \rightarrow U_{ct}=+U_{ct1} \rightarrow$ VF 待整流

$\downarrow$

$\overline{U}_{ct}=-U_{ct1} \rightarrow$ VR 逆变，ACR 调节使 $I_d=-I_{dm} \rightarrow$ 电机回馈制动 $\rightarrow n$ 线性下降

这一过程直到 n 下降到零为止。

3）反向减流子阶段（II_3）。当转速 n 下降到零时，电机电枢电流仍维持 $-I_{dm}$，数值上大于负载电流，为此电动机反向起动，转速 n 变负，使 ASR 退出饱和，发挥调节作用。由于 $U_n^*=0$，经过 ASR 调节使 $n=0$，电流环输出电流 I_d 经 ACR 调节，最终下降为零。图 1-65 图中用虚线表示了这些变化。

（三）有环流可逆系统的优缺点

优点：制动和起动过程可完全衔接，没有任何间断或死区，适用于快速正反转的系统。

缺点：①需要添置环流电抗器；②晶闸管等元件负担加重（负载电流加上环流）。

因此，有环流可逆系统只适用于中、小容量的系统。

由以上分析可知，有环流系统充分利用了环流的有利一面，避开了电流断续区，使系统在正反向过渡过程中没有死区，提高了快速性；同时又克服了环流不利的一面，减小了环流的损耗。所以在各种对快速性要求较高的可逆调速系统中得到了日益广泛的应用。

1.6.4　无环流可逆调速系统

有环流可逆调速系统虽然具有反向快、过渡过程平滑等优点，但需要设置几个环流电抗器，增加了系统的体积、成本和损耗。因此，当生产工艺过程对系统过渡特性的平滑性要求不很高时，特别是对于大容量的系统，常采用既没有直流环流又没有脉动环流的无环流可逆调速系统。按实现无环流的原理不同，可将无环流系统分为逻辑无环流系统和错位无环流系统两类。

一、逻辑无环流可逆调速系统

当一组晶闸管工作时，用逻辑控制电路封锁另一组晶闸管的触发脉冲，使其完全处于阻断状态，确保两组晶闸管不同时工作，从根本上切断环流的通路，这就是逻辑控制的无环流可逆系统。逻辑无环流可逆调速系统的原理框图如图 1-66 所示。

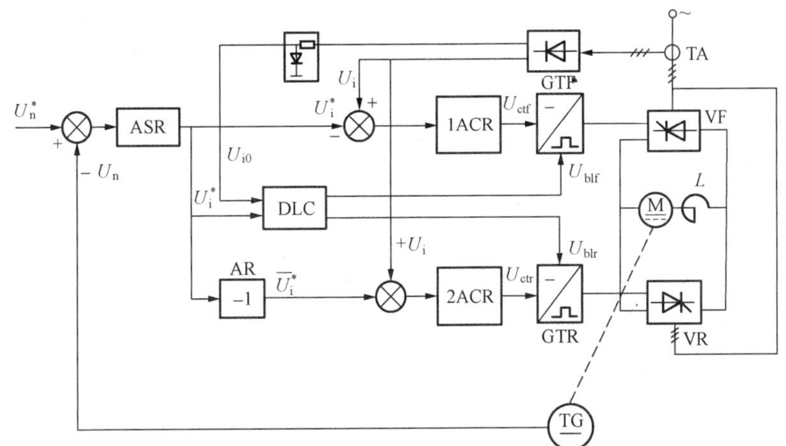

图 1-66　逻辑无环流可逆调速系统原理图

（一）系统的组成和工作原理

（1）主电路采用两组晶闸管反并联线路。

（2）没有环流，不设置环流电抗器；仍保留平波电抗器，以保证电流连续。

（3）控制回路仍采用典型的转速、电流双闭环系统。

（4）电流环中分设了两个电流调节器，1ACR用来控制正组触发装置GTF，2ACR用来控制反组触发装置GTR。

（5）1ACR的给定信号 U_i^* 经反相器后作为2ACR的给定信号 $\overline{U}_i^*$，于是电流反馈信号 U_i 的极性在正、反转时都不必改变，从而可以采用不反映极性的电流检测器，如图1-66中所画的交流互感器和整流器。

（6）系统的关键部分是设置了无环流逻辑控制器DLC，它按照系统的工作状态，指挥系统进行自动切换，或者允许正组发出触发脉冲而封锁反组，或者允许反组发出触发脉冲而封锁正组，确保一组开放，另一组封锁，以保证系统可靠工作。

正、反组触发脉冲的零位仍整定在90°，工作时移相方法和自然环流系统一样，只是用DLC来控制两组触发脉冲的封锁和开放。除此之外，系统其他的工作原理和自然环流系统没有多大区别。下面着重分析无环流逻辑控制器DLC。

（二）可逆系统对无环流逻辑控制器DLC的要求

1. DLC的任务

根据可逆系统的运行状态，正确地控制两组触发脉冲的封锁与开放，使得在正组晶闸管VF工作时封锁反组脉冲，反组晶闸管VR工作时封锁正组脉冲。两组触发脉冲绝不允许同时开放。

2. DLC的输入信号（模拟量）

（1）DLC的输入信号之一。可逆系统共有四种运行状态，即四象限运行。当电动机正转和反向制动时，系统运行在第Ⅰ和第Ⅳ象限，它们的共同点是电磁转矩方向为正；当电动机正向制动和反转时，系统运行在第Ⅱ和第Ⅲ象限，其共同点是电磁转矩为负。由此可见，根据电磁转矩的方向可决定DLC应当封锁某一组，开放另一组。但由于电磁转矩难以检测，不适宜作为DLC的输入信号。进一步分析发现，转速调节器ASR的输出 U_i^*，也就是电流给定信号，它的极性正好反映了电磁转矩的极性。所以，电流给定信号 U_i^* 可以作为逻辑控制器DLC的输入信号之一。DLC先鉴别 U_i^* 的极性，当 U_i^* 由正变负时，封锁反组，开放正组；反之，当 U_i^* 由负变正时，封锁正组，开放反组。

（2）DLC的输入信号之二。U_i^* 的极性变化只是逻辑切换的必要条件，而不是充分条件。在自然环流系统的制动过程分析中已经说明了这一点。例如，当系统正向制动时，U_i^* 极性已由负变正，标志着制动过程的开始，但是在电枢电流尚未反向以前，仍要保持正组开放，以实现本组逆变。若本组逆变尚未结束，就根据 U_i^* 极性的改变而去封锁正组触发脉冲，结果将使逆变状态下的晶闸管失去触发脉冲，发生逆变颠覆事故。因此，U_i^* 极性的变化只表明系统有了使电流（转矩）反向的意图，电流（转矩）极性的真正改变要等到电流下降到零之后进行。这样，DLC还必须有一个“零电流检测”信号 U_{i0}，作为发出正、反组切换指令的充分条件。DLC只有在切换的必要和充分条件都满足后，经过必要的逻辑判断，才能发出切换指令。所以，零电流检测信号应作为DLC的输入信号之二。

3. 对 DLC 的延时要求

逻辑切换指令发出后，并不能立刻执行，还须经过两段延时时间，以确保系统的可靠工作，这就是：封锁延时 t_{d1} 和开放延时 t_{d2}。

封锁延时 t_{d1}——从发出切换指令到真正封锁原来工作组的触发脉冲之前所等待的时间。设置封锁延时后，检测到零电流信号并再等待一段时间 t_{d1}，等到电流确实下降为零，这才可以发出封锁本组脉冲的信号。

开放延时 t_{d2}——从封锁原工作组脉冲到开放另一组脉冲之间的等待时间。因为在封锁原工作组脉冲时，原导通的晶闸管要到电流过零时才能真正关断，而且在关断之后还要有一段恢复阻断的时间，如果在这之前就开放另一组晶闸管，仍可能造成两组晶闸管同时导通，形成环流短路事故。为防止这种事故发生，在发出封锁本组信号之后，必须再等待一段时间 t_{d2}，才允许开放另一组脉冲。

由上分析可见，过小的 t_{d1} 和 t_{d2} 会因延时不够而造成两组晶闸管换流失败，造成事故；过大的延时将使切换时间拖长，增加切换死区，影响系统过渡过程的快速性。对于三相桥式电路，一般取 $t_{d1}=2\sim3\text{ms}$，$t_{d2}=5\sim7\text{ms}$。

4. DLC 的联锁保护

确保两组晶闸管的触发脉冲电路不能同时开放。

5. DLC 的输出信号（数字量）

DLC 的输出信号包括封锁正组的脉冲信号 U_{blf} 和封锁反组的脉冲信号 U_{blr}，它们均是数字量。综上所述，对无环流逻辑控制器 DLC 的要求可归纳如下：

(1) 两组晶闸管进行切换的充分必要条件是，电流给定信号 U_i^* 改变极性和零电流检测器发出零电流信号 U_{i0}，这时才能发出逻辑切换指令。

(2) 发出切换指令后，必须先经过封锁延时 t_{d1} 才能封锁原导通组脉冲；再经过开放延时 t_{d2} 后，才能开放另一组脉冲。

(3) 在任何情况下，两组晶闸管的触发脉冲决不允许同时开放，当一组工作时，另一组的脉冲必须被封锁住。

（三）无环流逻辑控制器 DLC 的组成原理

根据以上的要求，DLC 的组成及输入、输出信号如图 1-67 所示。

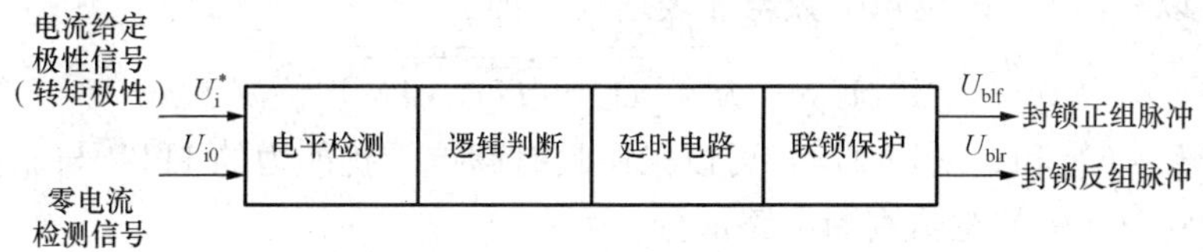

图 1-67 DLC 的组成及输入、输出信号

DLC 的输入为反映转矩极性变化的电流给定信号 U_i^* 和零电流检测信号 U_{i0}，输出是封锁正组和封锁反组脉冲的信号 U_{blf} 和 U_{blr}。这两个输出信号通常以数字信号形式表示："0"表示封锁，"1"表示开放。逻辑控制器 DLC 由电平检测、逻辑判断、延时电路和联锁保护四部分组成。

1. 电平检测器

电平检测器的功能是将控制系统中的模拟量信号转换成"1"或"0"两种状态的数字

量。它实际上是一个模数转换器，一般用带正反馈的运算放大器组成，它具有一定宽度的回环继电特性。

电平检测器根据转换对象的不同，又分为转矩极性鉴别器DPT和零电流检测器DPZ。

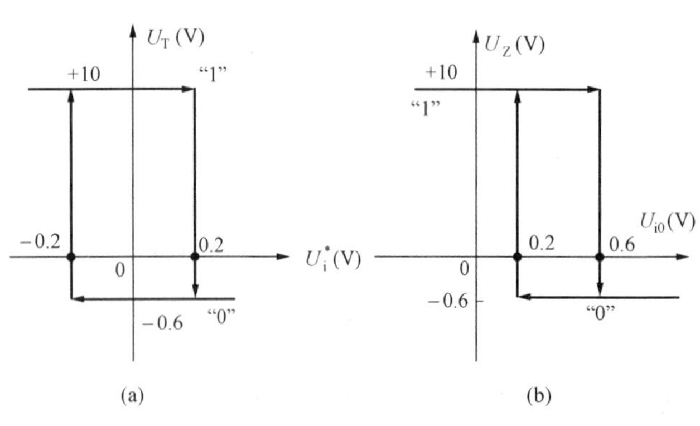

图1-68 转矩极性鉴别器DPT和零电流检测器DPZ的输入、输出特性

(a) DPT的输入、输出特性；(b) DPZ的输入、输出特性

图1-68（a）所示为转矩极性鉴别器DPT的输入、输出特性，DPT的输入信号为电流给定U_i^*，它是左右对称的。其输出是转矩极性信号U_T，为数字量"1"和"0"，输出上下不对称，将运算放大器的正向饱和值+10V定义为"1"，运算放大器的负限幅输出−0.6V定义为"0"。图1-68（b）为零电流检测器DPZ的输入、输出特性。其输入是经电流互感器及整流器输出的零电流信号U_{io}，主电路有电流时U_{io}约为+0.6V，DPZ输出$U_Z=0$；主电路电流接近零时，U_{io}下降到+0.2V左右，DPZ输出$U_Z=1$。所以DPZ的输入应是左右不对称的。为此，转矩极性鉴别器的特性向右偏移。为了突出电流是"零"这种状态，用DPZ的输出U_Z为"1"表示主电路电流接近零，而当主电路有电流时，U_Z则为"0"。

2. 逻辑判断电路

逻辑判断电路的功能是根据转矩极性鉴别器和零电流检测器输出信号U_T和U_Z的状态，正确地发出切换信号U_F和U_R，封锁原来工作组的脉冲，开放另一组脉冲。根据系统的运行状态对DLC的要求，可列出逻辑判断电路的输出U_F和U_R与输入U_T和U_Z各量之间的逻辑表达式如下：

$$\overline{U}_F=U_R(\overline{U}_T+\overline{U}_Z) \tag{1-45}$$

若用与非门实现，可变换成

$$U_F=\overline{U_R\cdot(\overline{U_T}+\overline{U_Z})}=\overline{U_R\cdot(\overline{U_T\cdot U_Z})} \tag{1-46}$$

同理，可以写出U_R的逻辑代数与非表达式，即

$$U_R=\overline{U_F\cdot[\overline{(\overline{U_T\cdot U_Z})\cdot U_Z}]} \tag{1-47}$$

根据式（1-46）和式（1-47），可以采用具有高抗干扰能力的HTL与非门组成逻辑判断电路，如图1-69中的逻辑判断电路部分。

3. 延时电路

在逻辑判断电路发出切换指令U_F、U_R后，必须经过封锁延时t_{d1}和开放延时t_{d2}，才能执行切换指令。因此，逻辑控制器中还须设置延时电路。延时电路的种类很多，最简单的是阻容延时电路，它由接在与非门输入端的电容C和二极管VD组成。利用二极管的隔离作用，先使电容C充电，待电容端电压充到开门电平时，使与非门动作，从而得到延时，如图1-69中所示的延时电路部分。

4. 联锁保护电路

系统正常工作时，逻辑电路的两个输出U'_F和U'_R总是一个为"1"态，另一个为"0"

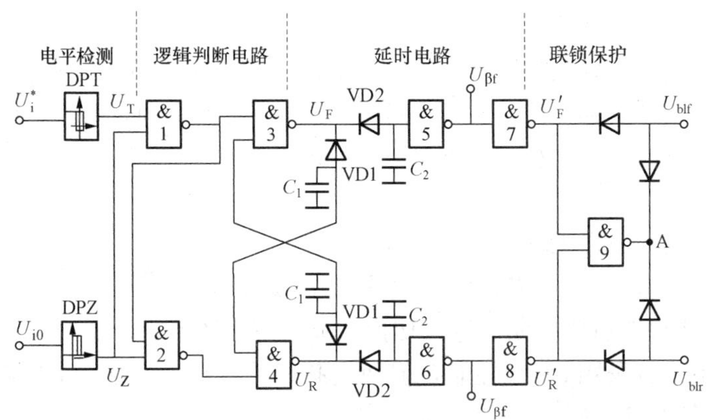

图 1-69 无环流逻辑控制器 DLC 原理图

态。但是一旦电路发生故障，两个输出 U'_F 和 U'_R 同时为“1”态，将造成两组晶闸管同时开放而导致电源短路。为了避免这种事故，在无环流逻辑控制器的最后部分设置了多“1”联锁保护电路，如图 1-69 所示。其工作原理如下：正常工作时，U'_F 和 U'_R 一个是“1”，另一个是“0”，这时保护电路的与非门输出 A 点电位始终为“1”态，则实际的脉冲封锁信号 U_{blf} 和 U_{blr} 与 U'_F 和 U'_R 的状态完全相同，使一组开放，另一组封锁；当发生 U'_F 和 U'_R 同时为“1”故障时，A 点电位立即变为“0”态，将 U_{blf} 和 U_{blr} 都拉到“0”，使两组脉冲同时封锁。

至此，无环流逻辑控制器中各环节的工作原理都已分析过了，读者可结合逻辑无环流系统的原理框图自行分析系统的各种运行状态。

逻辑无环流可逆调速系统的优点是：可省去环流电抗器，没有附加的环流损耗，从而可以节省变压器和晶闸管装置的设备容量；与有环流系统相比，因换流失败而造成的事故率大为降低。其缺点是由于 DLC 中的延时造成了电流换向死区，影响了系统过渡过程的快速性。

以上所介绍的逻辑无环流系统中采用了两个电流调节器和两套触发装置分别控制正、反组晶闸管。实际上，任何时刻系统中只有一组晶闸管在工作，另一组由于脉冲被封锁而处于阻断状态，它的电流调节器和触发装置是闲置着的。如果采用电子模拟开关进行选择，就可以将这一套电流调节器和触发装置节省下来。利用电子模拟开关进行“选触”的逻辑无环流系统原理框图如图 1-70 所示，图中 SAF、SAR 分别是正、反组电子模拟开关。除此之外，系统的工作原理都和前述系统相同。

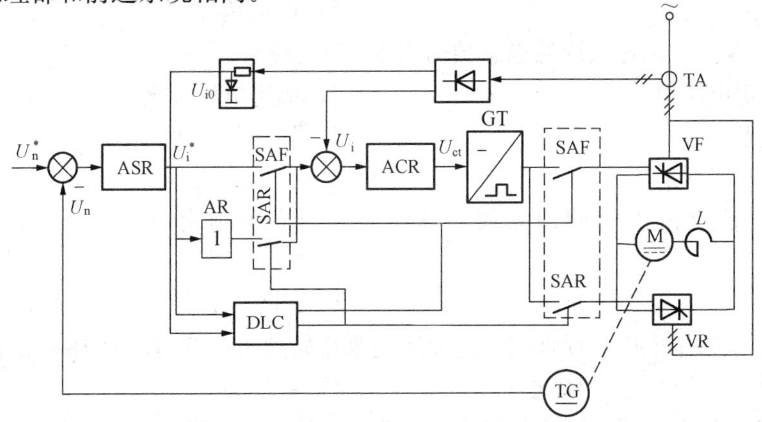

图 1-70 利用电子模拟开关进行“选触”的逻辑无环流可逆系统原理图

二、错位无环流可逆调速系统

系统中设置两组晶闸管变流装置，当一组晶闸管整流时，另一组处于待逆变状态，但两组触发脉冲的相位错开较远（$>150°$），使待逆变组触发脉冲到来时，它的晶闸管元件却处于反向阻断状态，不能导通，从而也不可能产生环流。这就是错位控制的无环流可逆系统的原理。

错位无环流系统与逻辑无环流系统的区别是：

逻辑无环流系统采用 $\alpha=\beta$ 控制，两组脉冲的关系是 $\alpha_f+\alpha_r=180°$，初始相位整定在 $\alpha_{f0}=\alpha_{r0}=90°$，并要设置逻辑控制器进行切换才能实现无环流。

错位无环流系统也采用 $\alpha=\beta$ 控制，但两组脉冲关系是 $\alpha_f+\alpha_r=300°$或 $360°$，初始相位整定在 $\alpha_{f0}=\alpha_{r0}=150°$或 $180°$。

习　题

一、判断题（正确标“T”，错误标“F”）

1. 电流截止负反馈是一种用来限制主电路过电流的方法。（　）
2. 电压负反馈调速系统的调速准确度要比转速负反馈的准确度高。（　）
3. 电压负反馈调速系统不能补偿电动机电枢电阻引起的转速降。（　）
4. 在转速电流双闭环调速系统中，转速调节器的输出电压是电流环的给定电压。（　）
5. 要改变直流电动机的转向，可同时改变电枢电压和励磁电压的极性。（　）
6. 电动机可逆运行的本质是电磁转矩可逆。（　）
7. $\alpha=\beta$ 工作制可以消除直流平均环流，但不能消除瞬时脉动环流，故称作有环流可逆调速系统。（　）

二、单项选择题

1. 直流调速系统的主要调速方案是（　）。

   A. 调节电枢电压　　B. 减弱励磁磁通

   C. 改变电枢回路电阻 R

2. 转速闭环控制系统建立在（　）基础上，按偏差进行控制。

   A. 转速负反馈　　B. 转速正反馈

   C. 电压负反馈　　D. 电流负反馈

3. 在直流 V-M 调速系统的稳态结构图中，U_n^* 是（　）。

   A. 额定电压值　　B. 额定电压标幺值

   C. 转速反馈值　　D. 转速给定值

   E. 以上都不是

4. 在转速负反馈直流调速系统中，闭环系统的调速范围为开环系统调速范围的（　）倍。

   A. $1+K$　　B. $1+2K$　　C. $1/(2+K)$　　D. $1/(1+K)$

5. 调速系统采用电压负反馈时的静差率与采用转速负反馈时的静差率相比（　）。

   A. 大　　B. 小　　C. 一样大

6. 电压负反馈调速系统对主回路中的电阻 R_n 和电枢电阻 R_a 产生的电阻压降所引起的

转速降，（ ）补偿能力。

A. 没有　B. 有
C. 对前者有，后者无　D. 对前者无，后者有

7. 转速负反馈自动调速系统在运行中如果突然失去转速负反馈，电动机将（ ）。

A. 堵转　B. 保持原速　C. 停止　D. 转速高且不可调

8. 直流 V-M 调速系统主电路输入端的电源是（ ）。

A. 交流电源　B. 直流电源　C. 两者都可以

9. 为了解决系统对动、稳态性能的要求，转速调节器常采用（ ）。

A. 比例　B. 比例积分　C. 比例微分

10. 在电压负反馈单闭环有静差直流调速系统中，当（ ）变化时系统没有调节作用。

A. 放大器的放大系数 K_p　B. 供电电网电压
C. 电枢电阻 R_a　D. 整流装置内阻 R_n

11. 为了实现理想起动过程，工程上常采用（ ）调速系统。

A. 转速负反馈　B. 电流正反馈
C. 转速电流双闭环　D. 电压负反馈

12. 转速电流双闭环调速系统，在突加给定电压的起动过程中，电流调节器处于（ ）状态。

A. 调节　B. 截止　C. 饱和

13. 在转速电流双闭环调速系统中，如果要使主回路最大电流值减小，应使（ ）。

A. 转速调节器输出电压限幅值增加　B. 电流调节器输出电压限幅值增加
C. 转速调节器输出电压限幅值减小　D. 电流调节器输出电压限幅值减小

14. 双闭环调速系统中，两个调节器（ACR 和 ASR）分别起到不同的作用，下列哪种不属于电流调节器 ACR 的作用。（ ）

A. 加快过渡过程，实现快速起动　B. 在电动机堵转时限制过大电流
C. 消除转速偏差，保持转速恒定　D. 抑制电网电压的波动

15. 双闭环直流调速系统中，ASR 输出限幅值 U_{im}^* 决定了（ ）。

A. 整流器输出电压最大值 U_{dm}　B. 主回路中最大允许电流 I_{dm}
C. ACR 输出限幅值 U_{ctm}　D. 最大转速 n_{max}

16. 在闭环负反馈系统中，当以调节器为核心的闭环多于一个时，称其为多环系统。不是多环系统的是（ ）

A. 转速电流双闭环系统　B. 电压负反馈带电流补偿的调速系统
C. 带电流变化率内环的三环调速系统　D. 带电压内环的三环调速系统

17. V-M 可逆系统共有四种运行状态，即四象限运行。当电动机正向制动和反转时，系统运行在第Ⅱ和第Ⅲ象限，则电磁转矩方向（ ）。

A. 均为正　B. 均为负　C. 正和负　D. 负和正

18. $\alpha=\beta$ 配合控制的有环流可逆调速系统中，两组晶闸管的触发脉冲的零位都整定在（ ）。

A. 0°　B. 30°　C. 90°　D. 150°

19. 逻辑无环流可逆直流调速系统中，当转矩极性信号改变极性，并有（ ）时，逻

辑电路才允许进行切换。

A. 零电流信号　　B. 零给定信号

C. 零转速信号　　D. 电流给定信号改变极性

20. 错位无环流系统中，当一组晶闸管整流时，另一组处于待逆变状态，但两组触发脉冲的相位错开（　　）以上，使待逆变组触发脉冲到来时，它的晶闸管元件却处于反向阻断状态，不能导通，从而不可能产生环流。

A. 30°　　B. 60°　　C. 90°　　D. 150°

三、填空题

1. 电压负反馈的稳态准确度较差，在此基础上再引入（　　），以补偿电枢电阻引起的稳态速降。

2. 在转速电流双闭环调速系统中，转速 n 的大小由（　　）决定。

3. 当双闭环调速系统进入稳态后，ASR 的输出值为（　　），ACR 输出值为（　　）。

4. V-M 系统的可逆电路有两种方式，即（　　）可逆电路和（　　）可逆电路。

5. 在有环流可逆直流调速系统中，脉动环流在 α 等于（　　）度时最大；抑制瞬时脉动环流的办法是在环流回路中串入（　　）。

6. 在 $\alpha=\beta$ 配合工作制有环流调速系统中，三相桥式反并联可逆调速系统需要配置（　　）个限止脉动环流的均衡电抗器；三相桥式交叉连接可逆调速系统需配置（　　）个电抗器；三相零式反并联可逆调速系统需配置（　　）个限流电抗器。

四、简答题

1. 在转速开环 V-M 系统中，Δn 的大小取决于什么？给出速降表达式。

2. 说明转速闭环系统静特性比其开环系统机械特性硬的原因。

3. 在电压负反馈有静差调速系统中，当放大器的放大系数、电网电压、电压反馈系数发生变化时，系统对这些扰动信号是否有抑制作用？

4. 积分调节器即可实现无差调节，为什么要用比例积分调节器？

5. 双闭环 V-M 系统在稳定运行时，ASR、ACR 的输入偏差电压分别为多少？ASR 的输出电压为多少？（ASR、ACR 均采用 PI 调节器，设负载大小为 I_d，转速反馈系数为 α，电流反馈系数为 β）

6. 无环流逻辑控制器 DLC 由哪几个部分组成？

7. 有差系统与无差系统在控制规律（即控制器）上的区别是什么？

8. 在转速闭环 V-M 系统中，如果反馈极性接反了，会产生什么后果？

9. 无环流逻辑控制器中设置那些延时环节？延时过大或过小会有什么影响？

10. 逻辑无环流切换装置 DLC 的输入、输出信号有哪些？分别是模拟量还是数字量？

五、问答题

1. 写出直流电动机的转速表达式，说明它有哪三种调速方式？每种调速方式的优缺点是什么？

2. 试从开环特性方程上说明，在 V-M 开环调速系统中，负载电流增加后电动机的转速会降低？为什么加入转速负反馈后，速降会减小？

3. 针对单闭环转速负反馈调速系统回答如下问题：

（1）画出单闭环转速负反馈调速系统的稳态结构图，其中转速调节器为比例调节器。

(2) 写出反馈回路断开时的转速 n 表达式和反馈回路不断开时的转速 n 表达式。

(3) 该系统是有差系统还是无差系统?

(4) 该系统的输出与输入有什么关系?(只说明定性关系)

(5) 该系统对反馈环内主通道上的干扰能否抑制?

(6) 该系统对给定电源有什么要求?对反馈检测装置有什么要求?

4. 分析单闭环转速负反馈调速系统为什么要引入电流截止负反馈?转速、电流双闭环调速系统是否也需要引入电流截止负反馈?为什么?

5. 在转速负反馈调速系统中,当转速调节器 ASR 采用 PI 调节器时,稳态时转速无差。据此,有人说"在电压负反馈调速系统中,当电压调节器 AUR 采用 PI 调节器时,也能使转速无差",试问这种说法对否?为什么?

6. 发生下列情况时,无静差调速系统是否会产生转速偏差?为什么?

(1) 如果给定电压由于电源性能不稳定;

(2) 运放器产生零漂;

(3) 测速发电机输出电压与转速不是线性关系。

7. 试说明闭环负反馈系统的基本控制规律。

8. 在采用 PI 调节器的单闭环调速系统中,调节对象包含有积分环节,突加给定电压后 PI 调节器没有饱和,系统到达稳态前被调量会出现超调吗?

9. 为什么用积分控制的调速系统是无静差的?在转速单闭环调速系统中,当积分调节器的输入偏差为零时,输出电压是多少?取决于哪些因素?

10. ASR、ACR 均为 PI 调节器的双闭环调速系统,在带额定负载运行时,转速反馈线突然断线,当系统重新进入稳定运行时,电流调节器的输入偏差信号 ΔU_i 是否为零?

11. 画出直流电动机理想起动时的转速、电流与时间的关系曲线。采用理想起动的目的是什么?如何实现?

12. 从直流电动机的电磁转矩表达式说明:要改变其转向,可以采用什么方法?为此直流可逆调速系统可以分为哪两类?

13. 为什么一条环流通路需要配两个均衡电抗器?

14. 晶闸管供电的直流调速系统需要快速回馈制动时,为什么必须采用可逆线路?

15. 在自然环流可逆系统中,为什么要严格控制最小逆变角 β_{min} 和最小整流角 α_{min}?系统中如何实现?

16. 无环流可逆系统有几种?它们消除环流的出发点是什么?

17. 双极性工作方式系统中电枢电流 i_d 会不会产生断续情况?

18. 双极式 H 型变换器是如何实现系统可逆的?画出相应的电压电流波形。

19. 可逆和不可逆 PWM 变换器在结构形式和工作原理上有什么特点?

20. 在直流脉宽调速系统中,当电动机停止不动时,电枢两端是否还有电压,电路中是否还有电流?为什么?

六、计算题

1. 某 V-M 系统为转速负反馈有静差调速系统,电动机额定转速 $n_n=1000\text{r/min}$,系统开环转速降落为 $\Delta n_{op}=100\text{r/min}$,调速范围为 $D=10$,如果要求系统的静差率由 15%降落到 5%,则系统的开环放大系数将如何变化?

2. 某V-M系统，已知：$P_n=22kW$，$U_n=220V$，$I_n=116A$，$n_n=1500r/min$，$R_a=0.1\Omega$，主回路总电阻$R=0.3\Omega$。开环工作时，试计算$D=10$时s的值。

3. 某直流V-M调速系统，已知$P_n=2.8kW$，$U_n=220V$，$I_n=15.6A$，$n_n=1500r/min$，$R_a=1.5\Omega$，整流装置$R_n=1\Omega$，$K_s=37$，要求调速范围$D=30$，$s=10\%$。试求：

（1）计算开环系统的稳态速降和调速要求所允许的稳态速降。

（2）采用转速负反馈，画出系统的稳态结构图。

（3）当$U_n^*=20V$时，转速$n=1000r/min$，此时转速负反馈系数应为多少？

（4）计算所需的放大器的放大倍数。

（5）若改用电压负反馈，能否达到所提出的调速要求？

4. 在转速电流双闭环调速系统中，ASR、ACR均采用PI调节器。

（1）试作出负载突减时I_{dl}、I_d、n在调整过程中的波形。

（2）若$U_{nm}^*=15V$，$n=1500r/min$，$U_{im}^*=10V$，$I_{dm}=20A$，$R=2\Omega$，$K_s=20$，$C_e=0.127V\cdot min/r$。当$U_n^*=5V$，$I_{dl}=10A$时，求稳态运行时的n、U_n、U_i、U_i^*、U_{ct}。

（3）若系统中测速机励磁和电网电压发生变化，系统有没有克服这两种扰动的能力？为什么？

5. 双闭环调速系统中，ASR和ACR均采用带饱和限幅的PI调节器，在此系统中$U_{im}^*=10V$，电动机电枢回路总电阻$R=2\Omega$，电枢回路最大电流$I_{dm}=30A$，晶闸管装置的放大倍数$K_s=30$。当系统稳定运行时，电动机发生堵转，若系统能够稳定下来，求稳定后的n、U_n、U_i^*、U_i、I_d、U_{d0}、U_{ct}。

6. ASR、ACR均采用PI调节器的双闭环调速系统，$U_{im}^*=8V$，主电路最大电流$I_{dm}=80A$，当负载电流由20A增加到50A时，U_i^*应如何变化？U_{ct}应如何变化？U_{ct}值由哪些条件决定？

7. 试设计一个晶闸管稳压电源，用反馈控制方式使电压稳定。试问：（1）采用什么类型的反馈控制方式可使电压基本恒定？

（2）设计控制系统电气原理框图。（建议采用“比例”调节器）

（3）画出稳态结构图。

（4）写出静特性方程。

（5）分析当电网电压波动引起输出电压变化后，系统是如何进行恒压调节的？

2 直流调速系统的动态分析与设计

本章进行了单闭环直流调速系统的稳定性分析，介绍了 PI 调节器串联校正方法。在此基础上，进行了转速电流双闭环调速系统的动态性能分析。针对串联校正方法的不足，介绍了直流调速系统的工程设计方法，并通过对单闭环、双闭环调速系统的具体设计，加深了对工程设计方法的理解。

2.1 单闭环直流调速系统的动态分析

上一章主要讨论了单闭环转速负反馈调速系统的稳态性能，如果转速负反馈调速系统的开环放大倍数 K 足够大，系统的稳态速降就会大大降低，满足系统的稳态要求。但是 K 过大时，可能引起系统的不稳定，需要采取动态校正，才能正常运行。为此，应进一步讨论系统的动态性能。

2.1.1 单闭环调速系统的动态数学模型

为定量分析单闭环调速系统的动态性能，必须先建立系统的动态数学模型。建模的一般步骤是：列出系统中各环节的微分方程→进行拉普拉氏变换→得到各环节的传递函数→根据系统的结构关系画出系统的动态结构图→求出系统的传递函数→利用传递函数进行动态性能分析。下面按照这一步骤进行具体介绍。

一、直流电动机的数学模型

直流电动机电枢回路的电压方程式为

$$U_{d0}-E=I_dR+L\frac{dI_d}{dt}=R\left(I_d+\frac{L}{R}\frac{dI_d}{dt}\right) \tag{2-1}$$

在零初始条件下，对式（2-1）两侧进行拉氏变换得

$$U_{d0}(s)-E(s)=R[I_d(s)+T_lI_d(s)s]=RI_d(s)(1+T_ls) \tag{2-2}$$

则电压与电流间的传递函数为

$$\frac{I_d(s)}{U_{d0}(s)-E(s)}=\frac{1/R}{1+T_ls} \tag{2-3}$$

式中：T_l 为电枢回路电磁时间常数，$T_l=L/R$。

直流电动机的运动方程式为

$$T_e-T_l=\frac{GD^2}{375}\frac{dn}{dt} \tag{2-4}$$

由上式可得

$$I_d-I_{dL}=\frac{GD^2}{375C_m}\frac{dn}{dt}=\frac{T_m}{R}\frac{dE}{dt} \tag{2-5}$$

$$T_m=\frac{GD^2R}{375C_eC_m}$$

式中：I_d 为电枢电流；I_{dL}为负载电流；T_m 为电动机的机电时间常数。

同理，对上式两侧进行拉氏变换，可得

$$\frac{E(s)}{I_d(s)-I_{dL}(s)}=\frac{R}{T_m s} \tag{2-6}$$

直流电动机的动态结构图如图 2-1 所示。

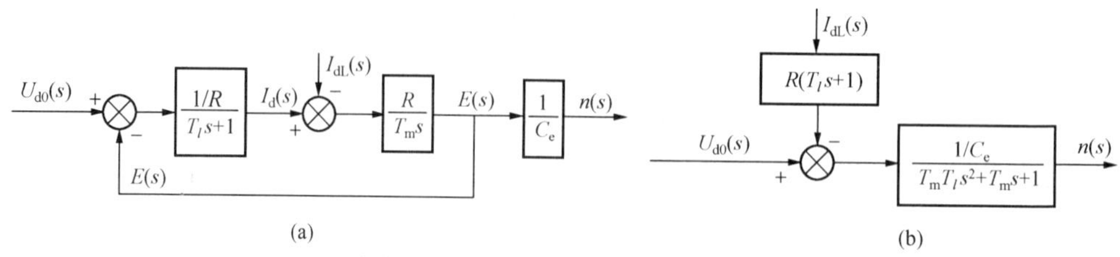

图 2-1 直流电动机的动态结构图

（a）简化前；（b）简化后

直流电动机传递函数中主要参数的工程计算方法讨论：

（1）电磁时间常数 $T_l=\frac{L}{R}$。电动机的电磁时间常数 $T_l=\frac{L}{R}$，而 $L=L_s+L_f$，其中 L_f 为外接电感电动机本身的电枢电感可通过 $L_s=K_D\frac{U_n}{2p_m n_n I_n}\times10^3$ 求得，其中 $K_D=6\sim8$；U_n、I_n、n_n 为电机的额定参数；p_m 为电机的极对数。

电动机电枢回路总电阻 $R=R_a+R_n+R_f$，其中，R_f 为外接电阻，R_a 为

$$R_a=\frac{U_n I_n-P_n}{2I_n^2}=(0.5\sim0.6)(1-\eta)\frac{U_n}{I_n}$$

式中：P_n 为电机额定功率；η 为电机的效率。

整流装置的内阻 $$R_n=1.5\frac{m}{2\pi}U_k\%\frac{U_2}{I_2}$$

式中：m 为一周内整流电压的波头数；$U_k\%$为整流变压器短路比；U_2、I_2 分别为整流变压器二次侧电压与电流。

（2）机电常数 $T_m=\frac{GD^2R}{375C_eC_m}$。

1）$J_G=\frac{GD^2}{4g}$，J_G 为系统总的转动惯量，J_{Gd}、J_{G1}、J_{G2}…分别为电动机和传动机构的转动惯量；i_1、i_2、i_3…分别为传动机构的传动比。则有

$$J_G=J_{Gd}+J_{G1}/i_1^2+J_{G2}/i_2^2+\cdots$$

可近似认为

$$J_G=J_{Gd}+J_{G1}/i_1^2+J_{G2}/i_2^2+\cdots\approx1.25J_{Gd}=J_{Gd}$$

2）$C_m=\frac{30}{\pi}C_e$，而 $C_e=\frac{U_n-I_nR_a}{n_n}$。

二、直流电源装置的传递函数

直流调速系统中直流电源装置有多种类型，此处主要讨论晶闸管整流电源装置和直流斩波电源装置的传递函数。

1. 晶闸管触发和整流装置的传递函数

在晶闸管整流电路中，当控制角由 α_1 变到 α_2 时，若晶闸管已导通，则 U_{d0} 的改变要等

到下一个自然换相点以后才开始。这样，晶闸管整流电路的输出电压 U_{d0} 的改变相对于控制电压的改变延迟了一段时间 T_s，T_s 称为失控时间。由于 T_s 的大小随 U_{ct} 发生变化的时刻而改变，故 T_s 是随机的，参见图 2-2。

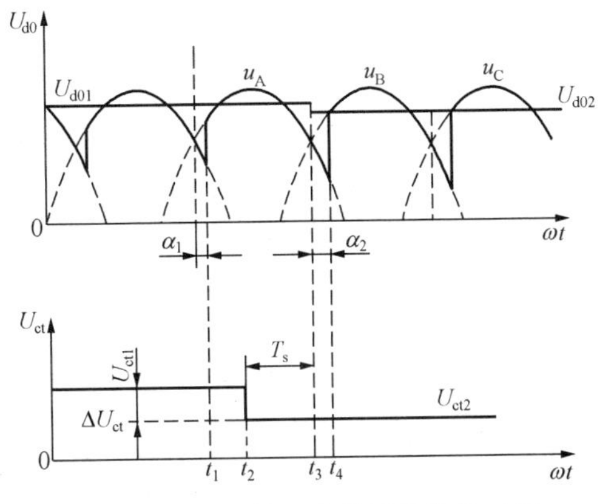

图 2-2 晶闸管整流装置的失控时间

最大可能的失控时间是两个自然换相点之间的时间，它与交流电源的频率和晶闸管整流器的型式有关，表达式为

$$T_{smax}=\frac{1}{mf}$$

式中：f 为交流电源频率；m 为一周内整流电压的波头数。

相对于整个系统的响应时间来说，T_{smax} 并不大，一般情况下，可取其统计平均值 $T_s=T_{smax}/2$，并认为是常数。表 2-1 列出了不同整流电路的平均失控时间。

表 2-1 不同整流电路的平均失控时间（f=50Hz）

整流电路型式	平均失控时间 T_s(ms)	整流电路型式	平均失控时间 T_s(ms)
单相半波	10	三相半波	3.33
单相桥式（全波）	5	三相桥式，六相半波	1.67

用单位阶跃函数表示滞后，则晶闸管触发和整流装置的输入输出关系为

$$U_{d0}(t)=K_sU_{ct}(t)1(t-T_s) \tag{2-7}$$

式（2-7）清楚地表明了 $t>T_s$ 时，U_{ct} 才起作用。式（2-7）经拉氏变换后得

$$\frac{U_{d0}(s)}{U_{ct}(s)}=K_se^{-T_ss} \tag{2-8}$$

由于式（2-8）中包含指数项 e^{-T_ss}，它使系统成为非最小相位系统，分析和设计都比较麻烦。为了简化，先将 e^{-T_ss} 按泰勒级数展开，则得

$$e^{-T_ss}=1\Big/\left(1+T_ss+\frac{T_s^2s^2}{2!}+\frac{T_s^3s^3}{3!}+\cdots\right)$$

由于 T_s 很小，忽略高次项，则可视为一阶惯性环节，晶闸管整流器的动态传递函数为

$$\frac{U_{do}(s)}{U_{ct}(s)}\approx\frac{K_s}{1+T_ss} \tag{2-9}$$

根据自动控制原理的知识，将式（2-9）中的 s 换成 jω，经推导可知其成立的条件是 $\omega_c\leqslant\frac{1}{3T_s}$。其中 ω_c 为该环节开环频率特性的截止频率，此式为校验条件。

2. 直流斩波电源装置的传递函数

与晶闸管整流装置传递函数的相关分析类似，PWM 斩波电源装置也存在失控时间，在分析其小信号动态模型时，最大失控时间为载波周期 T_c，最小失控时间为零，考虑到 u_{ct} 阶跃变化的幅值和时间的随机性，其统计平均失控时间为 $T_c/2$。与式（2-8）和式（2-9）类似，对纯延时环节 e^{-T_ss} 进行线性化处理，可得 PWM 变换电源的数学模型为

$$W(s)=\frac{U_{d}(s)}{U_{ct}(s)}=\frac{K_{s}}{T_{s}s+1} \tag{2-10}$$

式中：K_s 为电源放大倍数，$K_s=U_s/U_{tmax}$；T_s 为惯性时间系数，$T_s=T_c/2$。

式（2-10）形式与式（2-9）相同。

三、放大器的数学模型和传递函数

若不考虑放大器的输入端滤波，则放大器的数学模型为 $U_{ct}(t)=K_p\Delta U_n(t)$，其传递函数为

$$\frac{U_{ct}(s)}{\Delta U_{n}(s)}=K_{p} \tag{2-11}$$

四、测速反馈环节

同样，若不考虑测速反馈环节的滤波电路，则该环节的数学模型为 $U_n(t)=\alpha n(t)$，其传递函数为

$$\frac{U_{n}(s)}{n(s)}=\alpha \tag{2-12}$$

五、单闭环直流调速系统的动态数学模型

根据前面推导的各个环节的传递函数，按照单闭环系统间的结构关系依次连接起来，便得到转速闭环系统的动态结构图，如图 2-3 所示。

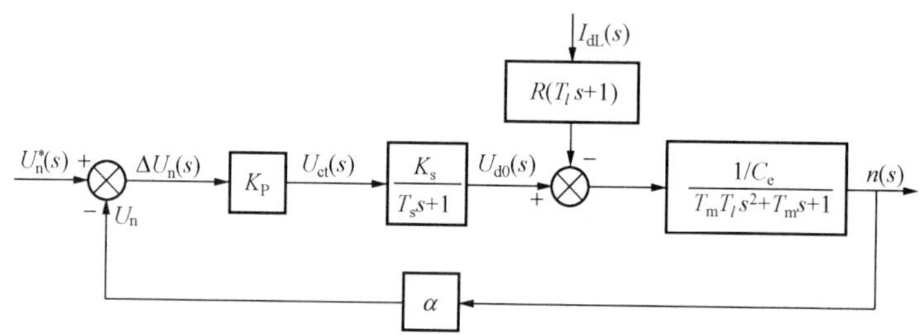

图 2-3　转速闭环调速系统的动态结构图

2.1.2　单闭环调速系统的动态分析——稳定性分析和 PI 调节器串联校正

求取系统传递函数的目的之一是为了得到系统的特征方程，系统的特征方程可通过令系统传递函数的分母等于零而得到。本系统是两输入（给定输入和扰动输入）一输出系统，由自动控制原理知识可知，系统对给定输入的传递函数和系统对扰动输入的传递函数的分母是一样的，为此可令图 2-3 中 $I_{dL}=0$，只求单闭环调速系统的输出对给定输入信号的传递函数。由图 2-3 可得系统的闭环传递函数（设 $I_{dL}=0$）为

$$\begin{aligned}W_{cl}(s)=\frac{n(s)}{U_n^*(s)}&=\frac{\dfrac{K_pK_s/C_e}{(T_ss+1)(T_mT_ls^2+T_ms+1)}}{1+\dfrac{K_pK_s\alpha/C_e}{(T_ss+1)(T_mT_ls^2+T_ms+1)}}\\&=\frac{\dfrac{K_pK_s/C_e}{1+K}}{\dfrac{T_mT_lT_s}{1+K}s^3+\dfrac{T_m(T_l+T_s)}{1+K}s^2+\dfrac{T_m+T_s}{1+K}s+1}\end{aligned} \tag{2-13}$$

这是一个三阶系统。

一、稳定性分析

由式（2-13）可知，闭环调速系统的特征方程为

$$\frac{T_m T_l T_s}{1+K}s^3+\frac{T_m(T_l+T_s)}{1+K}s^2+\frac{T_m+T_s}{1+K}s+1=0 \tag{2-14}$$

其一般表达式为

$$a_0s^3+a_1s^2+a_2s+a_3=0$$

根据三阶系统的劳斯·赫尔维茨判据，系统稳定的充分必要条件是

$$a_0>0,\ a_1>0,\ a_2>0,\ a_3>0,\ 且\ a_1a_2>a_0a_3$$

根据稳定条件得

$$\frac{T_m(T_l+T_s)(T_m+T_s)}{(1+K)^2}>\frac{T_m T_l T_s}{1+K}$$

即

$$(T_l+T_s)(T_m+T_s)>(1+K)T_l T_s$$

化简整理得

$$K<\frac{T_m(T_l+T_s)+T_s^2}{T_l T_s}=K_{cr} \tag{2-15}$$

式中：K_{cr}为临界放大系数。

K 值超出 K_{cr}时，系统将不稳定，这与第一章讨论的静特性 K 越大越好相矛盾。对于自动控制系统，稳定是首要条件。因此必须增设动态校正装置以满足稳定要求。

二、PI 调节器串联校正

在设计闭环调速系统时，常常会遇到动态性能指标与稳态性能指标发生矛盾的情况，这时，必须设计合适的动态校正装置来改造系统，使它同时满足动态性能和稳态性能指标两方面的要求。

动态校正的方法很多，而且对于一个系统来说，能够符合要求的校正方案也不是唯一的。在电力拖动自动控制系统中，最常用的是串联校正和并联校正。其中串联校正原理比较简单，也容易实现。对于带电力电子变换器的直流闭环调速系统，由于其传递函数的阶次较低，一般采用 PI 调节器的串联校正方案就能完成动态校正任务。

常用的串联调节器有比例微分 PD、比例积分 PI 和比例积分微分 PID 三种。由 PD 调节器构成的超前校正，可提高系统的稳定裕度，并获得足够的快速性，但稳态准确度可能受到影响；由 PI 调节器构成的滞后校正，可以保证稳态准确度，却是以牺牲快速性来换取系统稳定的；用 PID 调节器实现的滞后—超前校正则兼有二者的优点，可以全面提高系统的控制性能，但具体实现与调试要复杂一些。一般调速系统要求以动态稳定性和稳态准确度为主，对快速性的要求可以差一些，所以主要采用 PI 调节器；在随动系统中，快速性是主要要求，须用 PD 或 PID 调节器。

在设计校正装置时，最基本的研究工具是伯德图（Bode Diagram）。在实际系统中，动态稳定性不仅必须保证，而且还要有一定的裕度，以防参数变化和一些未知因素的影响。在伯德图上，用来衡量最小相位系统稳定程度的指标是相角裕度 γ 和以分贝表示的增益裕度 GM。一般要求

$$\gamma=30^\circ\sim60^\circ,\ GM>6\text{dB}$$

在定性分析系统性能时，通常将伯德图分成低、中、高三个频段。图 2-4 绘出了系统典型的伯德图，从其中三个频段的特征可以判断系统的性能。

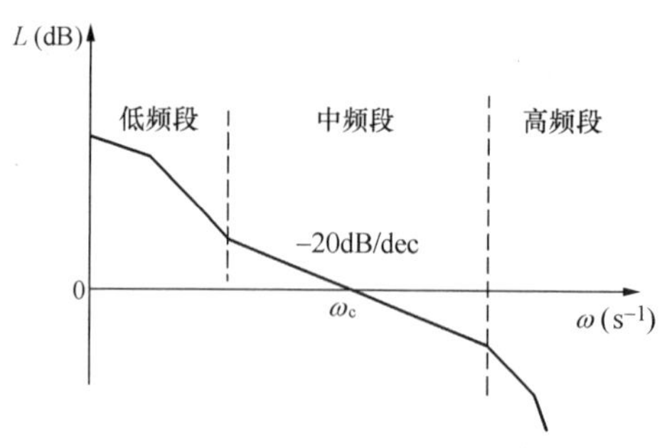

图 2 - 4　自动控制系统的典型伯德图

（1）如果中频段以 -20dB/dec 的斜率穿越 0dB 线且这一斜率能覆盖足够的频带宽度，则系统的稳定性好。

（2）截止频率（或称剪切频率）ω_c 越高，则系统的快速性越好。

（3）低频段的斜率陡、增益高，则系统的稳态准确度高。

（4）高频段衰减越快，则高频特性负分贝值越低，说明系统抗高频噪声干扰的能力越强。

以上四个方面常常是互相矛盾的，对稳态准确度要求高时，常需要放大倍数大，却可能使系统不稳定；加上校正装置后，系统稳定了，又可能牺牲快速性；提高截止频率可加快系统的响应，又容易引入高频干扰；如此等等。设计时往往须用多种手段，反复试凑。在稳、准、快和抗干扰这四个矛盾之间折中，才能获得比较满意的结果。

进行调速系统具体设计时，首先应进行总体设计，选择基本部件，按稳态性能指标计算参数，形成基本的闭环控制系统，称为原始系统；然后，建立原始系统的动态数学模型，画出其伯德图，检查它的稳定性和其他动态性能。如果原始系统不稳定或动态性能不好，就必须配置合适的动态校正装置，使校正后的系统全面满足所要求的性能指标。

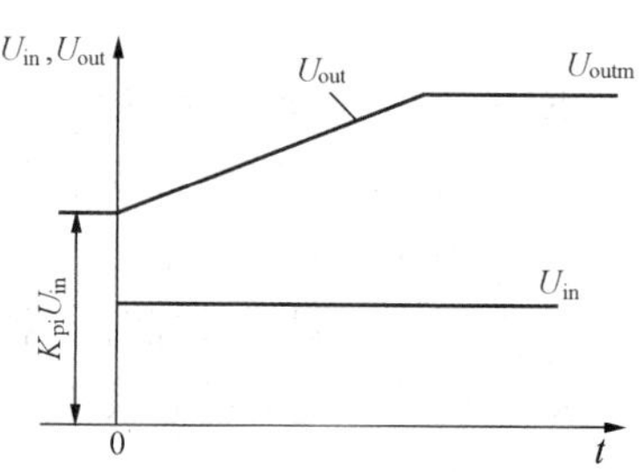

图 2 - 5　阶跃输入时 PI 调节器输出电压的时间特性

采用模拟控制时，调速系统的动态校正装置常采用 PI 调节器，重画 PI 特性如图 2 - 5 所示。分析得到 PI 调节器的传递函数为

$$W_{pi}(s)=\frac{\tau_1 s+1}{\tau s}=K_{pi}\frac{\tau_1 s+1}{\tau_1 s}$$

由图 2 - 3 可知，单闭环转速负反馈调速系统的原始系统的开环传递函数为

$$W(s)=\frac{K}{(T_s s+1)(T_m T_1 s^2+T_m s+1)}$$

根据经验参数 $T_s=0.00167$s、$T_l=0.017$s、$T_m=0.075$s，通过式（2 - 15）计算得到系统稳定的临界放大系数 $K_{cr}=49.42$。而根据［例 1 - 2］的有关稳态参数值，经计算得到闭环系统的开环放大系数 $K=53.3$。由于 $K_{cr}<K$，原始的单闭环转速负反馈调速系统是不稳定的，需要进行 PI 调节器串联校正。

原始系统的开环对数幅频及相频特性如图 2 - 6 中幅、相频特性①所示，其中三个转折频率分别为 $\omega_1=\frac{1}{T_1}=20.4\text{s}^{-1}$、$\omega_2=\frac{1}{T_2}=38.5\text{s}^{-1}$、$\omega_3=\frac{1}{T_3}=600\text{s}^{-1}$，且 $20\lg K=34.5$dB、$\omega_{c1}=207.6\text{s}^{-1}$。

由图 2 - 6 可见，相角裕度 γ 和增益裕度 GM 都是负值，所以原始闭环系统不稳定。这与用代数判据得到的结论是一致的。

为使系统稳定，必须设置 PI 调节器，其对数频率特性如图 2-6 中幅、相频特性②所示。

实际设计时，一般先根据系统要求的动态性能或稳定裕度，确定校正后的预期对数频率特性，与原始系统特性相减，即得校正环节特性，如图 2-6 中幅频特性③所示，其中 $\omega_{c2}=30s^{-1}$；最后得到 PI 调节器的传递函数为 $W_{pi}(s)=\dfrac{0.049s+1}{0.092s}$。

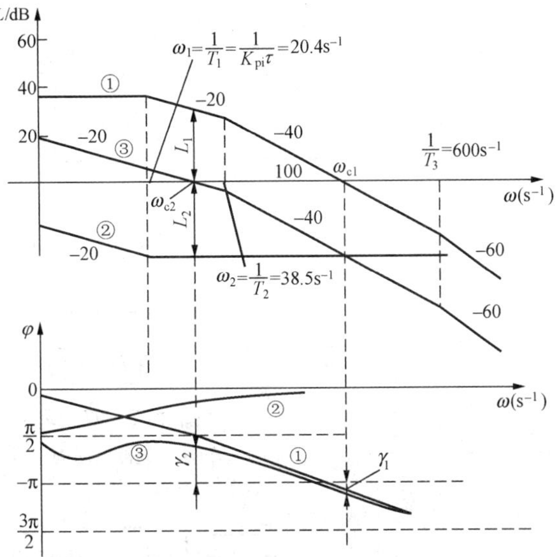

图 2-6 闭环直流调速系统的 PI 调节器校正

①原始系统的对数幅频和相频特性；

②校正环节添加部分的对数幅频和相频特性；

③校正后系统的对数幅频和相频特性

从图 2-6 可以看出，校正后系统的稳定性指标 γ 和 GM 都已变成较大的正值，有足够的稳定裕度，而截止频率从 $\omega_{c1}=207.6s^{-1}$ 降到 $\omega_{c2}=30s^{-1}$，快速性被压低了许多，显然这是一个偏于稳定的方案。

上述用绘制伯德图的方法来设计动态校正装置，虽然概念清楚，但是在半对数坐标纸上用手工绘制终究比较麻烦，有时还需反复试凑，才能获得满意的结果。**2.3** 中将介绍较为简便的工程设计方法。

2.2 双闭环直流调速系统的动态分析

在闭环负反馈系统中，当以调节器为核心的闭环多于一个时，称其为多环系统。常见的多环系统有转速电流双闭环调速系统、带电流变化率内环和带电压内环的三环调速系统。尤其以转速电流双闭环调速系统最为典型。

一、转速电流双闭环调速系统的动态数学模型

在转速电流双闭环调速系统中，转速调节器 ASR 和电流调节器 ACR 常采用 PI 调节器。ASR 和 ACR 的传递函数分别为

$$W_{ASR}(s)=K_n\frac{(\tau_n s+1)}{\tau_n s} \tag{2-16}$$

$$W_{ACR}(s)=K_i\frac{(\tau_i s+1)}{\tau_i s} \tag{2-17}$$

结合单闭环调速系统的动态结构图，可得双闭环调速系统的动态结构图，如图 2-7 所示。

二、双闭环调速系统的动态性能分析

双闭环调速系统的动态性能包括动态跟随性能和动态抗扰性能。当采用转速电流双闭环控制时，该系统的动态性能比转速单闭环系统有了较明显的提高。

1. 动态跟随性能

（1）单闭环转速负反馈系统的动态结构图如图 2-8 所示。

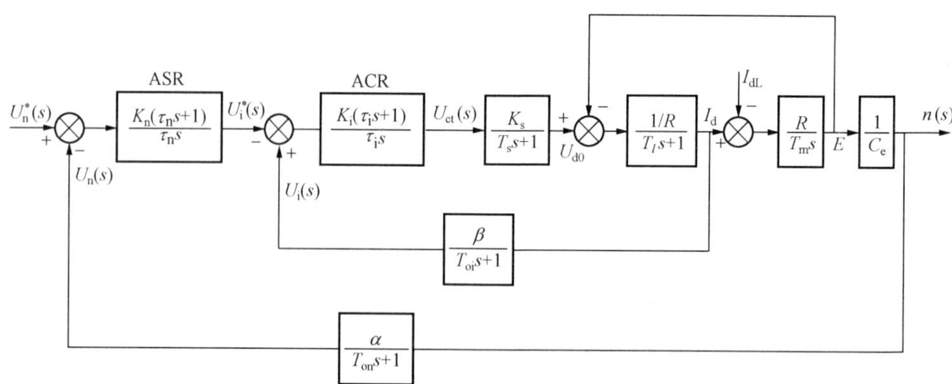

图 2-7　双闭环调速系统的动态结构图

T_{on}—转速反馈滤波时间常数；T_{oi}—电流反馈滤波时间常数

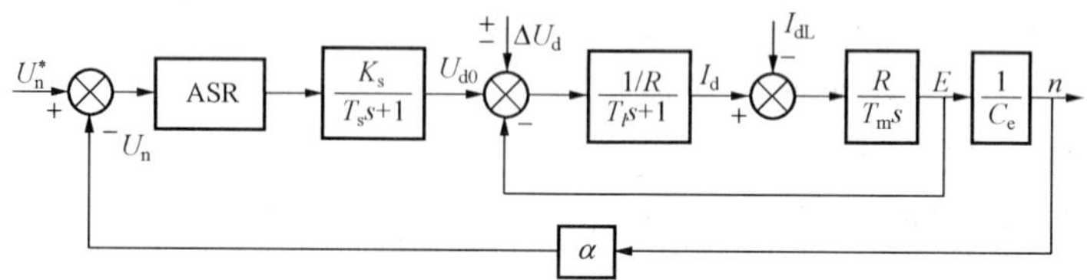

图 2-8　单闭环转速负反馈系统的动态结构图

转速调节器 ASR 输出到电流 I_d 之间的传递函数为（$\Delta E=0$）

$$W(s)=\frac{K_s/R}{(T_s s+1)(T_l s+1)}=\frac{K_s/R}{T_s T_l s^2+(T_s+T_l)s+1}$$

（2）双闭环调速系统的动态结构图如图 2-9 所示。

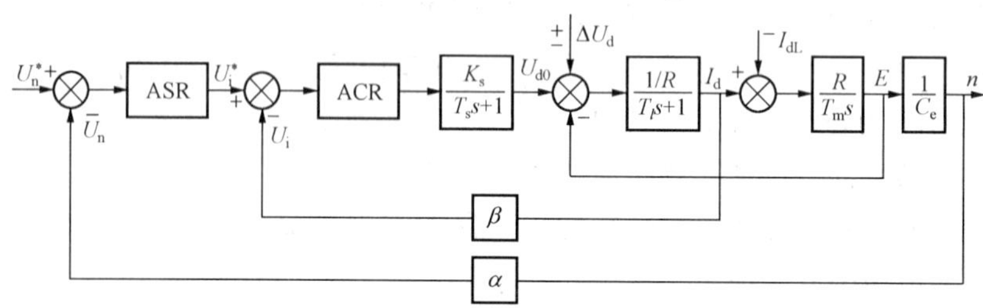

图 2-9　双闭环调速系统的动态结构图

转速调节器 ASR 输出到电流 I_d 之间的传递函数为（为了推导传函方便起见，假定 ACR 为比例调节器，其传递函数为 K_i）

$$W'(s)=\frac{K_i\frac{K_s}{T_s s+1}\frac{1/R}{T_l s+1}}{1+K_i\frac{K_s}{T_s s+1}\frac{1/R}{T_l s+1}\beta}=\frac{K_iK_s/R}{[(T_s s+1)(T_l s+1)+(K_iK_s\beta/R)]}$$

$$=\frac{K_iK_s/R}{T_sT_ls^2+(T_s+T_l)s+1+K_iK_s\beta/R}=\frac{\frac{K_iK_s/R}{1+K_iK_s\beta/R}}{\frac{T_sT_l}{1+K_iK_s\beta/R}s^2+\frac{(T_s+T_l)}{1+K_iK_s\beta/R}s+1}$$

从 $W(s)$ 和 $W'(s)$ 的表达式可以看出，在双闭环调速系统中，电流负反馈能够将环内的传递函数加以改造，使等效时间常数减小，经过电流环改造后的等效环节作为转速调节器的被控对象，它可使转速环的动态跟随性能得到明显改善。

2. 动态抗扰性能

(1) 抗负载扰动性能。从双闭环调速系统的动态结构图 2-9 可以看出，负载扰动作用 (I_{dL}) 在电流环之后，和单闭环调速系统一样，只能靠转速调节器来抑制。但由于电流环改造了环内的传递函数，使它更有利于转速外环的控制，因此双闭环调速系统也能提高系统对负载扰动的抗扰性能。

(2) 抗电网电压扰动。电网电压扰动和负载扰动作用点在系统动态结构图中的位置不同，系统相应的动态抗扰性能也不同。在单闭环调速系统中，电网电压波动必须等到影响转速 n 后，才能通过转速负反馈来调节。

1) 在单闭环转速负反馈系统中，当电网电压扰动 $\uparrow \rightarrow U_{d0}\uparrow \rightarrow I_d\uparrow \rightarrow n\uparrow \rightarrow U_n\uparrow \rightarrow \Delta U_n = (U_n^* - U_n)\downarrow \rightarrow U_{ct}\downarrow \rightarrow U_{d0}\downarrow$。

2) 在转速电流双闭环调速系统中，由图 2-9 可知，电网电压扰动被包围在电流环内，当电网电压波动时，可以通过电流反馈及时得到抑制。当电网电压扰动 $\uparrow \rightarrow U_{d0}\uparrow \rightarrow I_d\uparrow \rightarrow U_i\uparrow \rightarrow \Delta U_i = (U_i^* - U_i)\downarrow \rightarrow U_{ct}\downarrow \rightarrow U_{d0}\downarrow$。

所以，双闭环调速系统能有效提高系统对电网电压扰动的抗扰性能。

综上所述，双闭环调速系统的（电流）内环能够改造环内的传递函数，使它更有利于（转速）外环的控制，从而提高系统的动态跟随性能和对负载扰动的抗扰性能。另外，内环的存在可以及时抑制环内的电网电压波动。

这一结论同样适用于带电流变化率内环和带电压内环的三环调速系统。

2.3　工程设计方法及其在双闭环调速系统中的应用

用伯德图进行单环系统设计时，一般是根据系统要求的动态性能或稳定裕度，确定希望的预期对数频率特性，再与原始系统特性相减，得到校正环节特性，进而设计出校正装置。伯德图设计方法很灵活，没有一个固定的模式，有时需反复试凑，才能得到满意的结果。而且与设计者的经验有很大的关系，不便于初学者掌握。对于多环调速系统，该方法就力不从心了。为此，本节介绍一种简洁、方便的多环调速系统的工程设计方法。

2.3.1　调速系统的工程设计方法

多环调速系统调节器参数的工程设计内容包括确定典型系统、选择调节器类型、计算调节器参数、计算调节器电路参数、校验等。

一、工程设计方法的步骤

(1) 在众多的开环系统中，选择两类具有优越的静、动态跟随性能和抗扰性能的系统作为典型系统，并求出典型系统的系统参数与跟随性能和抗扰性能指标间的关系。

(2) 根据生产工艺要求，确定生产所需系统的跟随性能和抗扰性能指标，根据上述系统参数与性能指标的关系，求出与性能指标对应的典型系统作为预期的典型系统。

(3) 通过比较预期的典型系统和作为被控对象的实际系统，确定用于校正的调节器的类型、调节器的参数和调节器的电路参数。

（4）进行设计校验。

二、典型系统

任何系统的开环传递函数都可表示为

$$W(s)=\frac{K(\tau_1 s+1)(\tau_2 s+1)\cdots}{s^r(T_1 s+1)(T_2 s+1)\cdots} \tag{2-18}$$

其中，分子和分母都可能含有复零点和复极点，分母中的 s^r 项表示整个系统含有 r 个积分环节，或者说系统在原点处有重极点。

（1）根据 $r=0$，1，2，…不同数值，分别称为0型、Ⅰ型、Ⅱ型系统……

（2）型号越高，系统的准确度越高，而稳定性越差。

在稳态准确度方面：0型系统＜Ⅰ型＜Ⅱ型系统；0型系统的稳态准确度不够。

在稳定性方面：0型系统＞Ⅰ型＞Ⅱ型系统；Ⅲ型以上的系统很难稳定。

通常选用Ⅰ型和Ⅱ型系统，而Ⅰ型和Ⅱ型系统仍然有无数个，下面在其中选出两个特例作为典型系统。

（一）典型Ⅰ型系统

典型Ⅰ型系统的开环传递函数见图2-10（a）中主通道方框图内，闭环系统结构图以及开环对数频率特性如图2-10所示。

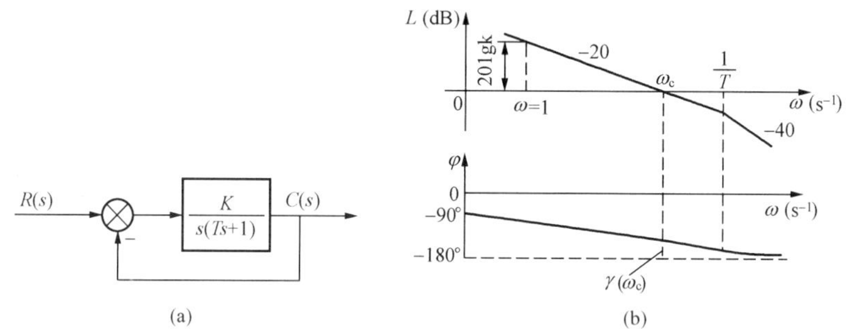

图2-10　典型Ⅰ型系统的闭环结构图和开环对数频率特性

（a）闭环系统的动态结构图；（b）开环对数频率特性

在开环传递函数中，时间常数 T 是控制对象固有的，可变参数只有开环放大系数 K。因此，需要设计的参数只有 K，一旦 K 值选定，系统的性能就被确定了。那么 K 值与系统的性能指标之间有什么关系呢？

由图2-10（b）可知，在 $\omega=1$ 处，典型Ⅰ型系统（$\omega_c<1/T$）对数幅频特性的幅值为

$$L(\omega)\big|_{\omega=1}=20\lg K=20(\lg\omega_c-\lg 1)=20\lg\omega_c \tag{2-19}$$

则 $K=\omega_c$。从频率特性可以看出，K 越大，截止频率 ω_c 越高，系统的转速响应就越快，但稳定性却越差。系统的稳定性和快速性是一对矛盾，开环放大倍数 K 必须在保证系统稳定的前提下满足生产工艺的要求。

1. K与系统稳态跟随性能的关系

典型Ⅰ型系统的稳态跟随性能是指在给定输入信号下的稳态误差。对阶跃输入信号 $R(s)=R/s$，其稳态误差为

$$e(\infty)=\lim_{t\to\infty}e(t)=\lim_{s\to 0}sE(s)=\lim_{s\to 0}s\frac{1}{1+W(s)}\frac{R}{s}=0 \tag{2-20}$$

对单位斜坡输入信号 $R(s)=1/s^2$，其稳态误差为

$$e(\infty)=\lim_{t\to\infty}e(t)=\lim_{s\to 0}sE(s)=\lim_{s\to 0}s\frac{1}{1+W(s)}\frac{1}{s^2}=\frac{1}{K} \tag{2-21}$$

可以看出，对单位斜坡输入信号有跟踪误差，开环放大倍数 K 增大，跟踪误差减小。

2. 系统参数 K、T 与系统动态跟随性能的关系

系统的动态跟随性能主要是指稳定性、超调量、上升时间和过渡过程时间（调节时间）等指标。

（1）稳定性能。从开环对数频率特性上看，中频段是以 -20dB/dec 斜率穿越零分贝线的，并且具有一定的幅值和相角裕度，可以确保系统有足够的稳定性。另外，其相角裕度 $\gamma(\omega_c)$ 为

$$\gamma(\omega_c)=90^\circ-\arctan\omega_c T>45^\circ \tag{2-22}$$

因此，典型Ⅰ型系统是稳定的。

（2）典型Ⅰ型系统参数（K、T）与标准二阶系统参数（ω_n、ξ）的关系。典型Ⅰ型系统的闭环传递函数是一个二阶系统，由图 2-10（a）可得系统的闭环传递函数为

$$W_{cl}(s)=\frac{W(s)}{1+W(s)}=\frac{\dfrac{K}{T}}{s^2+\dfrac{1}{T}s+\dfrac{K}{T}}=\frac{\omega_n^2}{s^2+2\xi\omega_n s+\omega_n^2} \tag{2-23}$$

比较等式两边可得，自然振荡频率 $\omega_n=\sqrt{K/T}$，阻尼比 $\xi=\frac{1}{2}\sqrt{\frac{1}{KT}}$。

（3）二阶系统参数（ω_n、ξ）与阶跃响应动态性能指标的关系。根据自动控制原理的知识，当 $0<\xi<1$ 时，在零初始条件下的阶跃响应动态性能指标计算公式为：

1）时域指标。

超调量
$$\sigma\%=e^{\frac{-\xi\pi}{\sqrt{1-\xi^2}}}\times 100\% \tag{2-24}$$

峰值时间
$$t_p=\frac{2\xi\pi T}{\sqrt{1-\xi^2}} \tag{2-25}$$

上升时间
$$t_r=\frac{2\xi T}{\sqrt{1-\xi^2}}(\pi-\arccos\xi) \tag{2-26}$$

调节时间
$$t_s\approx\frac{3}{\xi\omega_n}=6T\quad(\Delta=5\%,\ \xi<0.9) \tag{2-27}$$

2）频域指标：

截止频率
$$\omega_c=\frac{\left[\sqrt{4\xi^4+1}-2\xi^2\right]^{1/2}}{2\xi T} \tag{2-28}$$

相角稳定裕度
$$\gamma(\omega_c)=\arctan\frac{2\xi}{\left[\sqrt{4\xi^4+1}-2\xi^2\right]^{1/2}} \tag{2-29}$$

根据上述确定的典型Ⅰ型系统参数（K、T）与标准二阶系统参数（ω_n、ξ）的关系，以及二阶系统参数（ω_n、ξ）与动态跟随性能指标的关系，可得到参数（K、T）与跟随性能的关系，见表 2-2。

表 2-2 典型Ⅰ型系统动态跟随性能指标和频域指标与参数关系[$\xi=(1/2)\sqrt{1/KT}$]

KT	0.25	0.31	0.39	0.5	0.69	1.0
ξ	1.0	0.9	0.8	0.707	0.6	0.5
$\sigma\%$	0	0.15%	1.5%	4.3%	9.5%	16.3%
t_p/T		13.14	8.33	6.28	4.71	3.62
t_r/T	∞	11.12	6.67	4.72	3.34	2.41
$t_s(5\%)/T$	9.5	7.2	5.4	4.2	6.3	5.6
$\gamma(\omega_c)/(°)$	76.3	73.5	69.9	65.5	59.2	51.8
$\omega_c T$	0.243	0.296	0.367	0.455	0.596	0.786

由表2-2可以看出，典型Ⅰ型系统的特点是：

（1）KT 增大，阻尼比 ξ 减小，超调量 $\sigma\%$ 变大，稳定性变差，调节时间 t_s 减小，快速性变好。

（2）当 K 值过大时，调节时间 t_s 反而增加，快速性变差。

（3）当 $KT=1/2$ 或 $\xi=0.707$ 时，稳定性和快速性都较好，通常称为“Ⅰ型系统工程最佳参数”。

这时，系统的开环传递函数为 $W(s)=\dfrac{1}{2T}\dfrac{1}{s(Ts+1)}$，闭环传递函数为 $W_{cl}(s)=\dfrac{1}{2T^2s^2+2Ts+1}$，其跟随性能指标为 $\sigma\%=4.3\%$，$t_s=4.2T$（5%）。

3. K 与抗扰性能指标的关系

图2-11（a）所示为在扰动 $N(s)$ 作用下的典型Ⅰ型系统。其开环传递函数为

$$W(s)=W_1(s)W_2(s)=\frac{K}{s(Ts+1)} \tag{2-30}$$

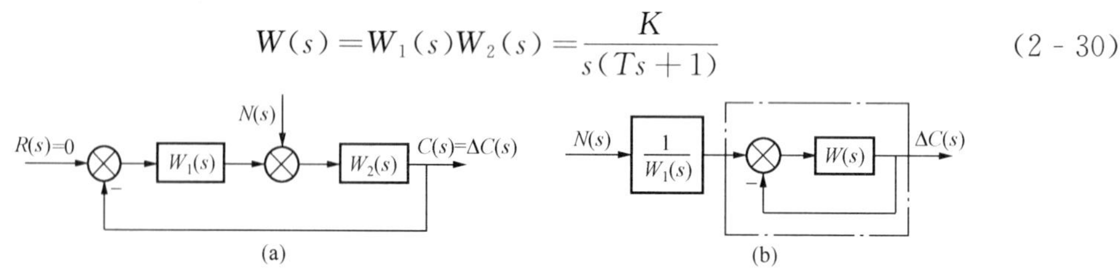

图2-11 扰动作用下的典型Ⅰ型系统

因仅讨论抗扰性能，可令输入信号 $R(s)=0$，即得等效结构图如图2-11（b）所示。在扰动作用下的输出表达式为

$$\Delta C(s)=\frac{N(s)}{W_1(s)}\cdot\frac{W(s)}{1+W(s)}$$

显然，从图2-11（b）的虚线框内看，系统的抗扰性能除了与其结构有关外，还与抗扰作用点之前的传递函数 $W_1(s)$ 有关。

设 $W_1(s)=K_1\dfrac{T_2s+1}{s(T_1s+1)}$，$W_2(s)=\dfrac{K_2}{(T_2s+1)}$，且 $T_2>T_1=T$，令 $m=T_1/T_2=T/T_2$。经过相关推导，可得到不同 m 值时 $\Delta c(t)$ 的动态响应曲线，从而求得输出值最大动态降落 $\Delta C_{max}\%$［用基准值 $C_b=(1/2)NK_2$ 的百分比表示，N 为阶跃扰动输入］和对应的时间 t_m（用 T 的倍数表示）以及允许误差带为 $\pm5\%C_b$ 时的恢复时间 t_v 与 T 的比值，其动态抗扰

性能列于表 2-3。

表 2-3　　典型Ⅰ型系统动态抗扰性能指标与参数的关系

（控制结构和阶跃扰动作用点如图 2-11 所示，$KT=0.5$）

$m=\frac{T_1}{T_2}=\frac{T}{T_2}$	$\frac{1}{5}$	$\frac{1}{10}$	$\frac{1}{20}$	$\frac{1}{30}$
$\Delta C_{max}/C_b$	55.5%	33.2%	18.5%	12.9%
t_m/T	2.8	3.4	3.8	4.0
t_v（5%）$/T$	14.7	21.7	28.7	30.4

【例 2-1】 某典型Ⅰ型电流控制系统结构如图 2-12 所示，电流输出回路总电阻 $R=5\Omega$，电磁时间常数 $T_l=0.3$s，系统小时间常数 $T=0.01$s，额定电流 $I_N=44$A。该系统要求阶跃给定的电流超调量 $\sigma<5\%$，试求直流扰动电压 $\Delta U=32$V 时的电流最大动态降落（以额定电流的百分数 $\Delta I_m/I_n$ 表示）和恢复时间 t_v（按基准值 C_b 的 5%计算）。

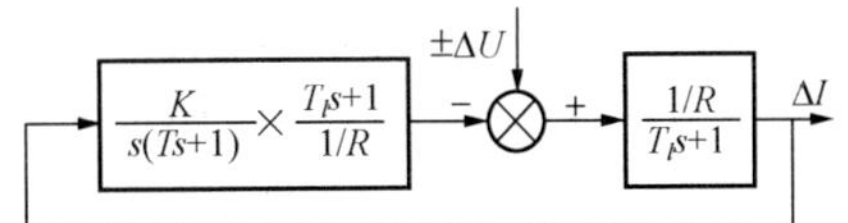

图 2-12　电压扰动时的电流控制系统结构图

解： 系统要求阶跃给定的电流超调量 $\sigma<5\%$，查表 2-2，应选

$$K=\frac{1}{2T}=\frac{1}{2\times 0.01}=50$$

根据系统两个时间常数比值 $T/T_l=0.01/0.3=1/30$，由表 2-3 知，系统电流最大动态降落为 $\Delta C_{max}/C_b=12.9\%$，恢复时间 $t_v(5\%)/T=30.4$，可得

放大系数　$$K_2=\frac{1}{R}=\frac{1}{5}=0.2(1/\Omega)$$

基准值　$$C_b=0.5\Delta UK_2=0.5\times 32\times 0.2=3.2(\text{A})$$

电流最大降落值　$$\Delta I_m=0.129C_b=0.129\times 3.2=0.413(\text{A})$$

所以　$$\Delta I_m/I_N=0.413/44=0.00939=0.939(\%)$$

$$t_v=(t_v/T)T=30.4T=30.4\times 0.01=0.304(\text{s})$$

（二）典型Ⅱ型系统

典型Ⅱ型系统的开环传递函数见前向通道的方框图内，闭环系统结构图以及开环对数频率特性如图 2-13 所示。

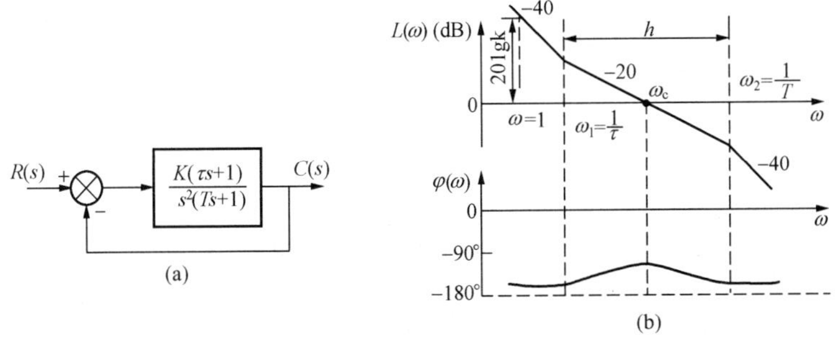

图 2-13　典型Ⅱ型系统

（a）闭环系统；（b）开环对数频率特性

典型Ⅱ型系统是由两个积分环节、一个惯性环节和一个一阶微分环节组成的，其开环对数频率特性的低频转折频率为 $\omega_1=1/\tau$，高频转折频率为 $\omega_2=1/T$，且 $\omega_2>\omega_c>\omega_1$。

与典型Ⅰ型系统相仿，时间常数 T 是系统固有的，所不同的是，典型Ⅱ型系统有两个参数 K 和 τ 待选择，这就增加了选择参数的复杂性。为分析方便，引入一个新变量 h，令

$$h=\frac{\tau}{T}=\frac{\omega_2}{\omega_1} \tag{2-31}$$

h 表示了在对数坐标中斜率为−20dB/dec的中频段的宽度，称作"中频宽"。由于中频段的状况对控制系统的动态性能起着决定性的作用，因此 h 值是一个关键的参数。

在图2-13中，$\omega=1$ 点处是−40dB/dec特性段，则

$$20\lg K=40\lg\omega_1+20\lg\frac{\omega_c}{\omega_1}=20\lg\omega_1\omega_c \tag{2-32}$$

显然 $K=\omega_1\omega_c$。

（1）典型Ⅱ型系统参数（K、τ、T）与频率特性参数（h、ω_c）的关系。由频率特性可见：①由于 T 一定，改变 τ 也就改变了中频宽 h，即 h 与 τ 相关；②在 τ 确定以后，再改变 K 相当于使开环对数幅频特性上下平移，即改变了截止频率 ω_c，即 ω_c 也与 K 相关。

由此可见，选择了 h 和 ω_c 两个参数，就相当于选择了参数 τ 和 K。因此，要寻找系统性能指标与系统参数 τ 和 K 的关系，可以转化为找出与参数 h 和 ω_c 的关系。

（2）用"谐振峰值 M_r 最小准则"求 h 和 K 两个参数的配合关系。工程设计法通常采用"振荡指标法"中的闭环幅频特性谐振峰值 M_r 最小准则，找出 h 和 K 两个参数间较好的配合关系，使 K 变为 h 的函数，则典型Ⅱ型系统的设计就变为一个参数 τ 的设计了。

经推导，可以得到闭环幅频特性最小谐振峰值 M_{rmin}、ω_c、ω_1、ω_2 与 h 间的关系，即

$$\frac{\omega_2}{\omega_c}=\frac{2h}{h+1} \tag{2-33}$$

$$\frac{\omega_c}{\omega_1}=\frac{h+1}{2} \tag{2-34}$$

对应的最小峰值

$$M_{rmin}=\frac{h+1}{h-1} \tag{2-35}$$

可以看出，M_{rmin} 值仅取决于中频宽 h。表2-4列出了不同 h 值时的 M_{rmin} 和对应的频率比。

表2-4　不同中频宽 h 时的 M_{rmin} 值和频率比

h	3	4	5	6	7	8	9	10
M_{rmin}	2	1.67	1.5	1.4	1.33	1.29	1.25	1.22
ω_2/ω_c	1.5	1.6	1.67	1.71	1.75	1.78	1.80	1.82
ω_c/ω_1	2.0	2.5	3.0	3.5	4.0	4.5	5.0	5.5

经验表明，M_{rmin} 在1.2～1.5之间，系统的动态性能较好，有时也允许达到1.8～2.0，所以 h 可在3～10之间选择，h 更大时，对降低 M_{rmin} 的效果就不显著了。

在确定了 h 后，根据式（2-33）就可求出 ω_c，即

$$\omega_c = \omega_2 \frac{h+1}{2h} = \frac{h+1}{2hT} \tag{2-36}$$

而 T 是已知的，在确定了 h 之后，要计算 τ 和 K 也就比较容易了，由 h 的定义可知

$$\tau = hT \tag{2-37}$$

也可证明具有最小谐振峰值的开环放大系数 K 为

$$K = \omega_1 \omega_c = \frac{h+1}{2h^2T^2} \tag{2-38}$$

式（2-37）和式（2-38）是工程设计方法中计算典型Ⅱ型系统参数的公式。只要按动态性能指标的要求确定了 h 值，就可以代入这两个公式来进行系统设计。下面分别讨论跟随性能和抗扰性能指标与 h 值的关系，作为确定 h 值的依据。

1. 典型Ⅱ型系统参数 K 与稳态跟随性能指标的关系

对阶跃输入信号 $R(s)=R/s$，其稳态误差为

$$e(\infty) = \lim_{t\to\infty} e(t) = \lim_{s\to 0} sE(s) = \lim_{s\to 0} s \frac{1}{1+W(s)} \frac{R}{s} = 0 \tag{2-39}$$

对斜坡输入信号 $R(s)=R/s^2$，其稳态误差为

$$e(\infty) = \lim_{t\to\infty} e(t) = \lim_{s\to 0} sE(s) = \lim_{s\to 0} s \frac{1}{1+W(s)} \frac{R}{s^2} = 0 \tag{2-40}$$

对单位加转速输入信号 $R(s)=1/s^3$，其稳态误差为

$$e(\infty) = \lim_{t\to\infty} e(t) = \lim_{s\to 0} sE(s) = \lim_{s\to 0} s \frac{1}{1+W(s)} \frac{R}{s^3} = \frac{1}{K} \tag{2-41}$$

有跟踪误差，其大小与开环放大系数 K 成反比。

2. 典型Ⅱ型系统参数 h 与动态跟随性能指标的关系

（1）稳定性能。从开环对数频率特性上看，中频段是以 -20dB/dec 斜率穿越零分贝线的，并且具有一定的幅值和相角裕度，可以确保系统有足够的稳定性。

另外，其相角裕度 $\gamma(\omega_c)$ 为

$$\begin{aligned}\gamma(\omega_c) &= 180^\circ + \varphi(\omega_c) \\ &= 180^\circ + (-180^\circ + \arctan\omega_c\tau - \arctan\omega_c T) \\ &= \arctan\omega_c\tau - \arctan\omega_c T\end{aligned} \tag{2-42}$$

显然，τ 比 T 大得越多，系统稳定裕度越大，稳定性越好。

（2）动态跟随性能指标。其计算方法如下：

1）将 $\tau=hT$ 和 $K=\omega_1\omega_c=\dfrac{h+1}{2h^2T^2}$ 代入典型Ⅱ系统的开环函数。

2）求出系统的闭环传递函数。

3）求出单位阶跃输入 $R(s)=1/s$ 下闭环系统的输出。

4）以 T 为时间基准，对具体的 h 值，求出单位阶跃响应函数 $C(t/T)$，从而计算出超调量 σ、上升时间 t_r/T、调节时间 t_s/T 和振荡次数 K。采用数字仿真计算的结果列于表 2-5 中。

与表 2-2 比较，典型Ⅱ型系统跟随过程超调量比典型Ⅰ型系统大，由于过渡过程的衰减振荡性质，调节时间随 h 的变化不是单调的，工程设计常选用 $h=5$ 的单位阶跃输入性能指标为最佳参数，即 $\sigma=37.6\%$，$t_r=2.85T$，$t_s(5\%)=9T$。

表 2-5　典型Ⅱ型系统阶跃输入跟随性能指标（按 M_{rmin} 准则确定参数关系）

h	3	4	5	6	7	8	9	10
$\sigma\%$	52.6	43.6	37.6	33.2	29.8	27.2	25	23.3
t_r/T	2.4	2.65	2.85	3.0	3.1	3.2	3.3	3.35
t_s（5%）$/T$	12.15	11.65	9.0	10.45	11.30	12.25	13.25	14.20
振荡次数 K	3	2	2	1	1	1	1	1

3. 典型Ⅱ型系统参数与抗扰性能指标的关系

（1）稳态抗扰性能。对典型Ⅱ型系统仍采用图 2-11 所示的抗扰情况来说明。扰动点前后传递函数分为

$$W_1(s)=\frac{K_1(hTs+1)}{s(Ts+1)},\ W_2(s)=\frac{K_2}{s}$$

式中：T 为系统固有时间常数；K_1、K_2 分别为扰动点前后的放大系数，$\tau=hT$。扰动作用下典型Ⅱ型系统的动态结构图为图 2-14。

若阶跃扰动作用为 $N(s)=N/s$，则稳态误差为

$$e_n=\lim_{t\to\infty}\Delta C(t)=\lim_{s\to 0}s\Delta C(s)=\lim_{s\to 0}s\frac{W_2(s)}{1+W_1(s)W_2(s)}\frac{N}{s}=0 \tag{2-43}$$

可以看出，若要使阶跃扰动作用下系统的稳态误差为零，则在扰动作用点之前必须含有积分环节。

（2）动态抗扰性能。如前所述，系统的动态抗扰性能因系统结构、扰动作用点和作用函数而异的，如图 2-14 所示。其计算方法如下：

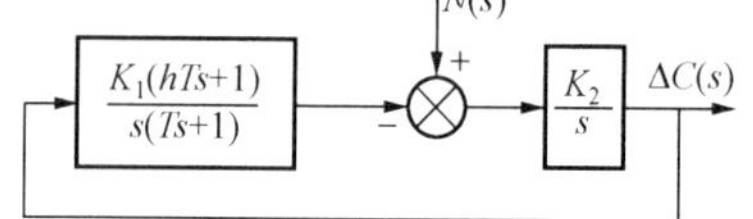

图 2-14　扰动作用下典型Ⅱ型系统的动态结构图

（1）将 $\tau=hT$ 和 $K=K_1K_2=\dfrac{h+1}{2h^2T^2}$ 代入图 2-14。

（2）求出扰动作用下系统的闭环传递函数 $\dfrac{\Delta C(s)}{N(s)}$，此时，令 $R(s)=0$。

（3）求出阶跃扰动 $N(s)=N/s$ 作用下闭环系统的输出。

（4）以 T 为时间基准，计算出不同 h 值的动态抗扰过程曲线 $\Delta C(t)$，从而求出各项动态抗扰性能指标，列于表 2-6 中。在计算中，为了使各项指标都落在合理的范围内，取输出量基准值为

$$C_b=2K_2TN \tag{2-44}$$

表 2-6　典型Ⅱ型系统动态抗扰性能指标与参数的关系（控制结构和阶跃扰动作用点如图 2-14 所示，参数关系符合 M_{rmin} 准则）

h	3	4	5	6	7	8	9	10
$\Delta C_{max}/C_b$	72.2%	77.5%	81.2%	84.0%	86.3%	88.1%	89.6%	90.8%
t_s/T	2.45	2.70	2.85	3.00	3.15	3.25	3.30	3.40
t_v（5%）$/T$	13.60	10.45	8.80	12.95	16.85	19.80	22.80	25.85

比较表 2-6 和表 2-5，可以看出：

（1）随 h 的增加，超调量 σ 减小，调节时间 t_s 增加，而最大动态降落 $\Delta C_{max}/C_b$ 增大，

恢复时间 t_v/T 增加；

(2) 在 $h<5$ 后，由于振荡次数增加，调节时间 t_s 和恢复时间 t_v 反而增长了；

(3) 当 $h=5$ 时，t_s 与 t_v 都最小。

因此，综合考虑典型Ⅱ型系统的跟随与抗扰性能，$h=5$ 应该是较好的选择。

【例 2-2】 某调速系统如图 2-15 所示，已知系统参数 $K_1=25$，$K_2=0.0358$，$T=0.02\text{s}$，$T_m=0.4\text{s}$。试回答按 $M_{r\min}$ 准则将系统设计成典型Ⅱ型系统时，其调节器参数如何选择，并计算性能指标 σ，t_s（5%），$\Delta C_{max}/C_b$，t_v（5%）。

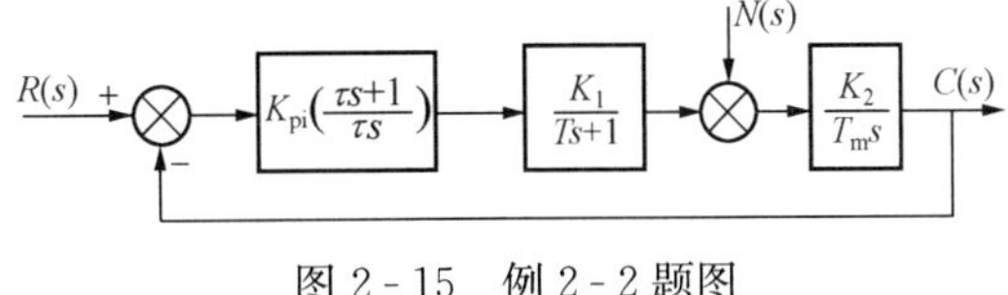

图 2-15 例 2-2 题图

解：系统开环传递函数为

$$W_{op}(s)=\frac{K_{pi}K_1K_2}{\tau T_m}\frac{(\tau s+1)}{s^2(Ts+1)}$$

按 $M_{r\min}$ 准则选择系统参数，即 $h=5$，有

$$\tau=hT=5\times0.02=0.1(\text{s})$$

由

$$\frac{K_{pi}K_1K_2}{\tau T_m}=\frac{h+1}{2h^2T^2}$$

得

$$K_{pi}=\frac{h+1}{2h^2}\frac{\tau T_m}{T^2}\frac{1}{K_1K_2}=\frac{5+1}{2\times5^2}\times\frac{0.1\times0.4}{0.02^2}\times\frac{1}{25\times0.0358}=13.4$$

查表 2-5 和表 2-6，$h=5$ 时的性能指标为

$$\sigma=37.6\%,$$

$$t_s(5\%)=9T=9\times0.02=0.18(\text{s})$$

$$\Delta C_{max}/C_b=81.2\%$$

$$t_v(5\%)=8.8T=8.8\times0.02=0.176(\text{s})$$

三、非典型系统的典型化——工程设计中的近似处理

上述讨论的典型Ⅰ型和Ⅱ型系统称为典型系统，而实际系统通常与典型系统之间存在一定的差异。一般情况下，这些实际系统须经过工程上的近似处理和调节器串联校正，才可以校正成上述两种典型系统。下面首先讨论实际系统的工程近似处理方法。

(一) 高频段小惯性环节的近似处理

近似处理的原则是近似前后的相角裕度不变。当高频段有多个小时间常数 T_1、T_2、T_3、…的小惯性环节时，可以等效地用一个时间常数 T 的惯性环节来代替，其等效时间常数为 $T=T_1+T_2+T_3+\cdots$。

例如，近似前，系统的开环传递函数为

$$W_{op}(s)=\frac{K}{s(T_1s+1)(T_2s+1)}$$

式中：T_1、T_2 为小时间常数。

近似后，系统的开环传递函数为

$$W'_{op}(s)\approx\frac{K}{s(Ts+1)}$$

$$T=T_1+T_2$$

下面验证是否满足近似原则：

（1）近似处理前，实际系统在ω_c处的相角裕度为

$$\gamma_{op}(\omega_c)=90°-\arctan T_1\omega_c-\arctan T_2\omega_c=90°-\arctan\frac{(T_1+T_2)\omega_c}{1-T_1T_2\omega_c^2}$$

当T_1、T_2为小时间常数时，有$T_1T_2\omega_c^2\ll$或$\omega_c\ll\sqrt{\dfrac{1}{T_1T_2}}$，则$\gamma_{op}(\omega_c)=90°-\arctan T\omega_c$，其中$T=T_1+T_2$。

（2）近似处理后，近似系统在ω_c处的相角裕度为

$$\gamma'_{op}(\omega_c)\approx 90°-\arctan T\omega_c$$

则$\gamma_{op}(\omega_c)=\gamma'_{op}(\omega_c)$，说明近似是合理的。所对应系统的开环传递函数为

$$W_{op}(s)=\frac{K}{s(T_1s+1)(T_2s+1)}\approx\frac{K}{s(Ts+1)}=W'_{op}(s)$$

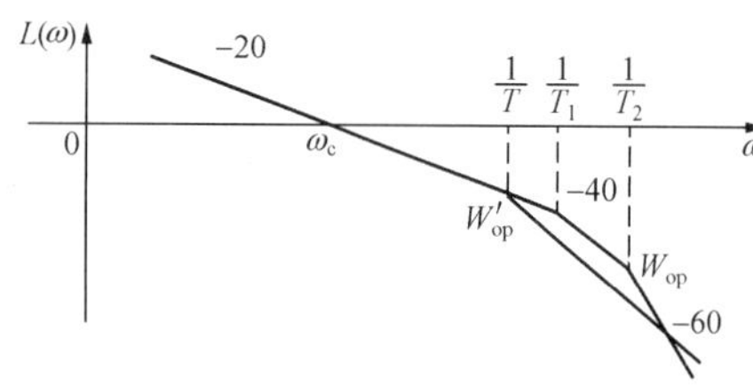

图2-16　小惯性环节等效前后的开环对数幅频特性

小惯性环节等效前后的开环对数幅频特性如图2-16所示。图中$W_{op}(s)$是高频段包含两个小时间常数惯性环节的开环对数幅频特性，$W'_{op}(s)$是以等效时间常数T表示的典型Ⅰ型系统，说明近似也是合理的。

也就是，两个小时间常数为T_1和T_2的惯性环节，当它们对应的频率$\omega_1=1/T_1$、$\omega_2=1/T_2$都在远远大于截止频率ω_c的高频区段时，可以用一个等效的小时间常数$T=T_1+T_2$的惯性环节来代替。

同理，当高频段有多个小时间常数T_1、T_2、T_3、…的环节时，可以等效地用一个小时间常数T的环节来代替，其等效时间常数T为

$$T=T_1+T_2+T_3+\cdots \tag{2-45}$$

若要使稳定裕度不受较大影响，应保证$\dfrac{1}{T}$，$\dfrac{1}{T_1}$，$\dfrac{1}{T_2}$，$\dfrac{1}{T_3}$，$\cdots\gg\omega_c$。

工程上一般允许有10%以内的误差，考虑到开环频率特性的截止频率ω_c与闭环频率特性的通频带ω_b一般比较接近。因此高频段小惯性环节近似处理的条件如下：

（1）两个小惯性环节近似条件可以写成$\omega_c\leqslant\sqrt{\dfrac{1}{10T_1T_2}}$，而$\sqrt{10}\approx3$，则近似处理的条件为

$$\omega_c\leqslant\frac{1}{3}\sqrt{\frac{1}{T_1T_2}} \tag{2-46}$$

（2）三个小惯性环节的近似条件为

$$\omega_c\leqslant\frac{1}{3}\sqrt{\frac{1}{T_1T_2+T_2T_3+T_3T_1}} \tag{2-47}$$

（二）低频段大惯性环节的近似处理

低频段大惯性环节可近似等效成积分环节。例如：

（1）近似前，系统的开环传递函数为

$$W_{op}(s)=\frac{K(\tau s+1)}{s(T_1s+1)(Ts+1)}\quad (T_1\gg\tau>T)$$

式中：T_1 为大时间常数。

（2）按近似方法处理后系统的开环传递函数为

$$W'_{op}(s)=\frac{K(\tau s+1)}{T_1s^2(Ts+1)}$$

下面验证是否满足近似原则。

（1）近似前在 ω_c 处的相角裕度为

$$\begin{aligned}\gamma_{op}(\omega_c)&=90^\circ-\arctan T_1\omega_c+\arctan\tau\omega_c-\arctan T\omega_c\\&=\arctan\frac{1}{T_1\omega_c}+\arctan\tau\omega_c-\arctan T\omega_c\end{aligned}$$

当 T_1 为低频段大时间常数惯性环节时，有

$$\begin{aligned}\gamma_{op}(\omega_c)&=\arctan\frac{1}{T_1\omega_c}+\arctan\tau\omega_c-\arctan T\omega_c\\&\approx\arctan\tau\omega_c-\arctan T\omega_c\end{aligned}\tag{2-48}$$

（2）近似后，在 ω_c 处的相角裕度为

$$\gamma'_{op}(\omega_c)=\arctan\tau\omega_c-\arctan T\omega_c\tag{2-49}$$

可见，近似前后两个系统的相角裕度近似相等，符合近似原则。

图 2-17 所示为 $W_{op}(s)$ 和 $W'_{op}(s)$ 对应的开环对数幅频特性。

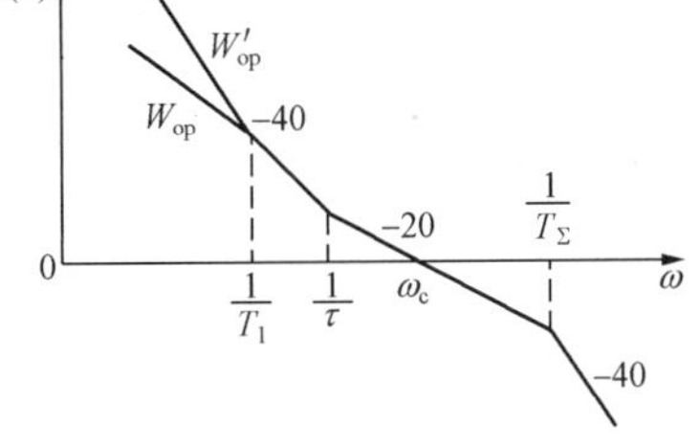

图 2-17　大惯性环节等效前后的开环对数幅频特性

为了尽量保持近似处理前后 ω_c 处的相角裕度不变，则应满足 $T_1\omega_c\gg1$ 或 $\omega_c\gg(1/T_1)$ 的条件，才能使满足

$$\Delta\gamma(\omega_c)=\arctan\frac{1}{T_1\omega_c}\approx0$$

当低频段的大惯性环节满足 $\omega_c\gg(1/T_1)$ 的条件，可以近似地用时间常数为 T_1 的积分环节来代替。按工程惯例近似条件为 $\omega_c\geqslant(3/T_1)$。因为近似处理前系统的相角裕度大于处理后的典型Ⅱ型系统的相角裕度。因此，系统的实际性能指标只会比设计值好，而不会变差。

（三）高阶系统的降阶处理

当系统传递函数的高次项系数小到一定程度可以忽略不计时，可以将高阶系统近似用低阶系统代替。现以三阶系统为例来说明。

设 $W(s)=\dfrac{K}{as^3+bs^2+cs+1}$，其中 a、b、c 都是正系数，若 $c\gg a$ 或 b，且有 $bc>a$，则系统是稳定的，忽略高次项，则有

$$W(s)\approx\frac{K}{cs+1}\tag{2-50}$$

对应的近似条件是 $b\omega^2\leqslant1/10$，$a\omega^2\leqslant c/10$，仿照前述的方法，近似条件可写成

$$\omega_c\leqslant\frac{1}{3}\min\left[\sqrt{\frac{1}{b}},\ \sqrt{\frac{c}{a}}\right]$$

$$bc > a \tag{2-51}$$

四、多环调速系统的工程设计方法

（一）单闭环调速系统的设计方法

1. 实际系统的反馈单位化变换与化简

典型Ⅰ型和Ⅱ型系统的闭环控制要求是单位反馈，而实际系统的反馈通道一般有检测元件和反馈滤波环节，属于非单位反馈。为此必须进行结构图变换，将其化简成单位反馈的系统。

2. 确定将实际系统校正成哪一类典型系统及对实际系统进行必要的近似处理

采用工程设计方法选择调节器时，应先根据控制系统的要求，确定要将实际系统校正成哪一类典型系统。一般的调速系统经过近似处理，采用适当的调节器进行串联校正后，都可以化成典型系统。

3. 调速系统的串联校正——调节器的类型和参数选择

当将实际系统校正成不同类型的典型系统时，采用的调节器类型和参数也不同。下面分别讨论将实际系统校正成典型Ⅰ型和典型Ⅱ型系统时的调节器类型和参数选择。

（1）校正成典型Ⅰ型系统。设控制对象 $W(s)$ 由一个大惯性环节和几个小惯性环节组成，其传递函数为

$$W(s)=\frac{K_1}{(T_1s+1)(T_2s+1)(T_3s+1)}$$

式中：K_1 为控制对象放大倍数；T_2、T_3 为小时间常数，且 $T_1 \gg T=T_2+T_3$。

因系统截止频率 $\omega_c \ll 1/T$，可以先将两个小惯性环节等效为一个惯性环节，即

$$W(s)\approx\frac{K_1}{(T_1s+1)(Ts+1)}$$

为了将系统校正成典型Ⅰ型系统，可串联PI调节器，其传递函数为 $W_{pi}(s)=K_{pi}\dfrac{\tau s+1}{\tau s}$。取 $\tau=T_1$，以抵消大惯性环节，则串联校正后的开环传递函数为

$$W_{op}(s)=W_{pi}(s)W(s)\approx\frac{K}{s(Ts+1)}$$

$$K=K_1K_{pi}/\tau$$

同理，如果控制对象是一个惯性环节，或者是一个积分环节加一个惯性环节，或者是两个大惯性环节加一个小惯性环节，要校正成典型Ⅰ型系统，则应分别选择I调节器、P调节器、PID调节器，见表2-7。

表2-7　　校正成典型Ⅰ型系统的调节器类型

被控对象	$\frac{K_1}{(T_1s+1)(T_2s+1)}$ $T_1>T_2$	$\frac{K_1}{Ts+1}$	$\frac{K_1}{s(Ts+1)}$	$\frac{K_1}{(T_1s+1)(T_2s+1)(T_3s+1)}$ T_1、T_2、T_3 差不多大，或 T_3 略小	$\frac{K_1}{(T_1s+1)(T_2s+1)(T_3s+1)}$ $T_1\gg T_2$，T_3
调节器	$K_{pi}\frac{\tau s+1}{\tau s}$	$\frac{K_i}{s}$	K_p	$\frac{(\tau_1s+1)(\tau_2s+1)}{\tau s}$	$K_{pi}\frac{\tau s+1}{\tau s}$
参数配合	$\tau=T_1$			$\tau_1=T_1$，$\tau_2=T_2$	$\tau=T_1$，$T=T_2+T_3$

（2）校正成典型Ⅱ型系统。如果控制对象由一个积分环节和一个惯性环节组成，其传递函数为 $W(s)=\dfrac{K_1}{s(Ts+1)}$，可以采用 PI 调节器$\left[\text{其传递函数为 } W_{pi}(s)=K_{pi}\dfrac{\tau s+1}{\tau s}\right]$串联校正，得到典型Ⅱ型系统，对应的开环传递函数为

$$W_{op}(s)=W(s)W_{pi}(s)=\frac{K_1}{s(Ts+1)}K_{pi}\frac{\tau s+1}{\tau s}=K\frac{\tau s+1}{s^2(Ts+1)}$$

$$K=K_1K_{pi}/\tau，且\ \omega_c \ll 1/T$$

用同样的方法可求出不同被控对象时所配的调节器。表 2-8 列出了几种情况下调节器的选择方案。

表 2-8　校正成典型Ⅱ型系统的调节器类型

被控对象	$\dfrac{K_1}{s(Ts+1)}$	$\dfrac{K_1}{(T_1s+1)(T_2s+1)}$ $T_1 \gg T_2$	$\dfrac{K_1}{s(T_1s+1)(T_2s+1)}$ T_1、T_2 相近	$\dfrac{K_1}{s(T_1s+1)(T_2s+1)}$ T_1、T_2 都较小	$\dfrac{K_1}{(T_1s+1)(T_2s+1)(T_3s+1)}$ $T_1 \gg T_2$，T_3
调节器	$K_{pi}\dfrac{\tau s+1}{\tau s}$	$K_{pi}\dfrac{\tau s+1}{\tau s}$	$\dfrac{(\tau_1s+1)(\tau_2s+1)}{\tau s}$	$K_{pi}\dfrac{\tau s+1}{\tau s}$	$K_{pi}\dfrac{\tau s+1}{\tau s}$
参数配合	$\tau=hT$	$\tau=hT_2$，认为 $\dfrac{1}{T_1s+1}\approx\dfrac{1}{T_1s}$	$\tau_1=hT_1$（或 hT_2） $\tau_2=T_2$（或 T_1）	$\tau=h(T_1+T_2)$	$\tau=h(T_3+T_2)$ 认为 $\dfrac{1}{T_1s+1}\approx\dfrac{1}{T_1s}$

调速系统的串联校正实际上是将调节器的传递函数乘以被控对象的传递函数后，将被控对象改造成典型系统。在确定了系统要求的性能指标后，典型系统的参数就已知了，另外被控对象的参数是已知的，根据“调节器的传递函数乘被控对象的传递函数等于典型系统的传递函数”的关系，就可求出调节器的参数。

4. 调节器的电路参数计算

根据调节器参数与调节器电路参数的关系，可计算出与调节器参数对应的电路参数。

5. 设计校验

设计过程中，很多地方作了近似处理，为此需要进行近似条件的校验。

（二）多环调速系统的设计方法

（1）先设计内环后设计外环，然后将设计好的内环等效成一个环节；在设计外环时，将等效内环作为外环的一个环节来处理，直到设计完整个系统。

（2）在具体设计某个单闭环时，可按下列步骤进行：

1）进行必要的结构图变换与化简；

2）确定将实际系统校正成哪一类典型系统和实际系统的近似处理；

3）选择调节器的类型和参数；

4）计算调节器的电路参数；

5）设计校验。

2.3.2 工程设计方法在双闭环直流调速系统中的应用

双闭环直流调速系统是多环系统的一种典型系统。用工程设计方法设计的步骤是：先从电流环（内环）开始，对其进行必要的变换和化简；然后根据电流环控制要求，确定把电流环校正为哪种典型系统；按照被控对象确定电流调节器的类型及其参数；再根据电流调节器

参数计算调节器的电路参数并进行校验。电流环设计完成后，把电流环等效成一个环节，作为转速环（外环）的一个组成部分，再用同样的方法设计转速环。

图 2 - 18 所示为双闭环调速系统的动态结构图。在电流环、转速环的反馈通道和输入端增加了电流滤波、转速滤波和给定滤波环节。因为电流检测信号中常含有交流成分，须加低通滤波，其滤波时间常数 T_{oi} 按需要而定。滤波环节可以抑制检测信号中的交流分量，但同时也给反馈检测信号带来延迟。所以在给定信号通道中加入一个给定滤波环节，使给定信号与反馈信号同步，并可使设计简化。由测速发电机得到的转速反馈电压含有电机的换向纹波，因此也需要滤波，其时间常数用 T_{on} 表示。

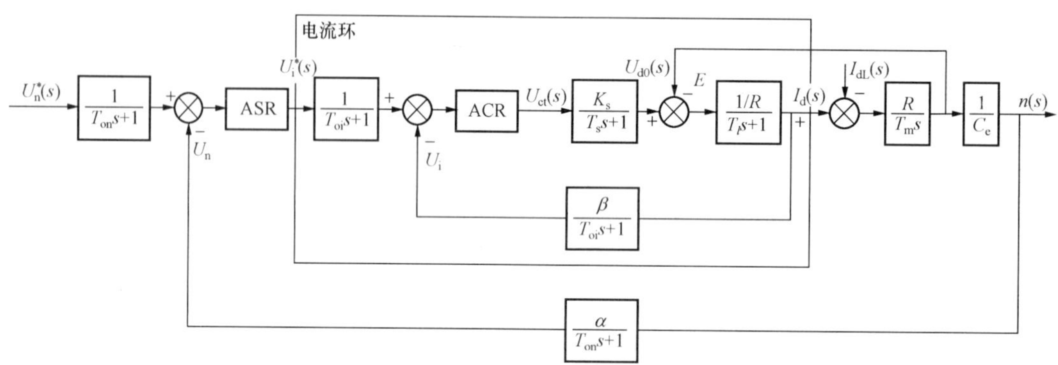

图 2 - 18　双闭环调速系统的动态结构图

一、电流环的设计

电流环中电流调节器的控制对象包括电枢回路形成的电磁惯性环节及晶闸管变流装置、触发装置、电流检测和反馈滤波等环节形成的一些小惯性环节。若要使电流环超调小、跟随性能好，可将电流环校正成典型Ⅰ型系统；若要其具有较好的抗扰性能，则应校正成典型Ⅱ型系统。

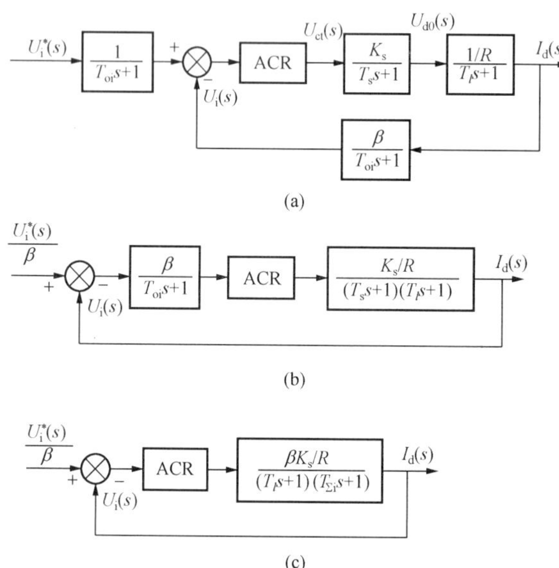

图 2 - 19　电流环动态结构图的化简与变换

1. 电流环动态结构图的变换与化简

图 2 - 18 虚线框中是电流环的结构图。电流环动态结构图的变换与化简方法如下：

（1）因 T_l 远小于 T_m，电流调节过程比转速变化快得多，因而对电流环来说，E 是一个变化缓慢的扰动，可认为 E 基本不变，即 $\Delta E=0$。忽略 E 的变化对电流环动态性能的影响，如图 2 - 19（a）所示。

（2）将电流给定滤波器和反馈滤波器两个环节等效地置于环内，使电流环结构变为单位反馈系统，如图 2 - 19（b）所示。

（3）将反馈滤波和晶闸管变流装置形成的小惯性环节作近似处理，并取 $T_{\Sigma i}=T_{oi}+T_s$，则电流环的结构图最终简化为

图 2-19（c）。

由图 2-19（c）可知，电流环控制对象的传递函数中具有两个惯性环节。

2. 电流调节器类型选择及参数计算

电流环既可设计成典型Ⅰ型也可设计成典型Ⅱ型。

（1）按典型Ⅰ型系统设计电流环。从图 2-19（b）可得电流环的开环传递函数为

$$W(s)=W_{ACR}(s)\frac{K_s}{T_s s+1}\frac{1/R}{T_l s+1}\frac{\beta}{T_{oi}s+1} \tag{2-52}$$

根据近似方法，有

$$W(s)=W_{ACR}(s)\frac{\beta K_s/R}{(T_l s+1)(T_{\Sigma i}s+1)}$$

$$T_{\Sigma i}=T_{oi}+T_s$$

若将电流环校正成典型Ⅰ型系统，调节器的类型应选择 PI 调节器，其传递函数为

$$W_{ACR}(s)=K_{pi}\frac{\tau_i s+1}{\tau_i s}$$

并取调节器参数 $\tau_i=T_l$（因为 $T_l\gg T_{\Sigma i}$），则经过调节器串联校正后，电流环的开环传递函数为

$$W(s)\approx\frac{K_I}{s(Ts+1)}$$

$$K_I=\frac{K_{pi}K_s\beta}{T_l R},\quad T=T_{\Sigma i}$$

当电流环设计成典型Ⅰ型系统时，一般按工程最佳参数进行参数选择，取 $K_I T=0.5$，则电流环开环放大倍数为

$$K_I=\frac{K_{pi}K_s\beta}{\tau_i R}=0.5\frac{1}{T}=0.5\frac{1}{T_{\Sigma i}} \tag{2-53}$$

由此可得电流调节器的参数为

$$K_{pi}=0.5\frac{R}{K_s\beta}\frac{T_l}{T_{\Sigma i}} \tag{2-54}$$

$$\tau_i=T_l \tag{2-55}$$

（2）按典型Ⅱ型系统设计电流环。按典型Ⅱ型系统设计电流环，应将控制对象中的大惯性环节近似为积分环节，即

$$\frac{1}{T_l s+1}\approx\frac{1}{T_l s}$$

而电流调节器仍可选择 PI 调节器。但积分时间常数 τ_i 应选得小些，即 $\tau_i=hT_{\Sigma i}$。按 M_{rmin} 准则计算电流调节器参数，选用工程最佳参数 $h=5$，则电流环开环放大系数放大倍数 K_I 为

$$K_I=\frac{K_{pi}\beta K_s}{RT_l\tau_i}=\frac{h+1}{2h^2T_{\Sigma i}^2}$$

则电流调节器的参数为

$$K_{pi}=\frac{h+1}{2h}\frac{R}{\beta K_s}\frac{T_l}{T_{\Sigma i}} \tag{2-56}$$

$$\tau_i=hT_{\Sigma i} \tag{2-57}$$

3. 电流调节器的电路实现

图 2-20 所示为含给定滤波和反馈滤波的 PI 调节器原理图。图中 U_i^* 为电流调节器的给定电压，$-\beta I_d$ 为电流负反馈电压，调节器的输出为触发装置的控制电压 U_{ct}。由图 2-21 含滤波环节的 PI 调节器的输入等效电路（A 点为虚地）可写出

$$I_1(s)=\frac{U_i^*(s)}{\dfrac{R_0}{2}+\dfrac{\dfrac{R_0}{2}\cdot\dfrac{1}{C_{oi}s}}{\dfrac{R_0}{2}+\dfrac{1}{C_{oi}s}}}\cdot\frac{\dfrac{1}{C_{oi}s}}{\dfrac{R_0}{2}+\dfrac{1}{C_{oi}s}}$$

$$=\frac{U_i^*(s)}{R_0\left(\dfrac{R_0}{4}C_{oi}s+1\right)}=\frac{U_i^*(s)}{R_0(T_{oi}s+1)} \tag{2-58}$$

式中：T_{oi}为电流滤波器时间常数，$T_{oi}=R_oC_{oi}/4$。

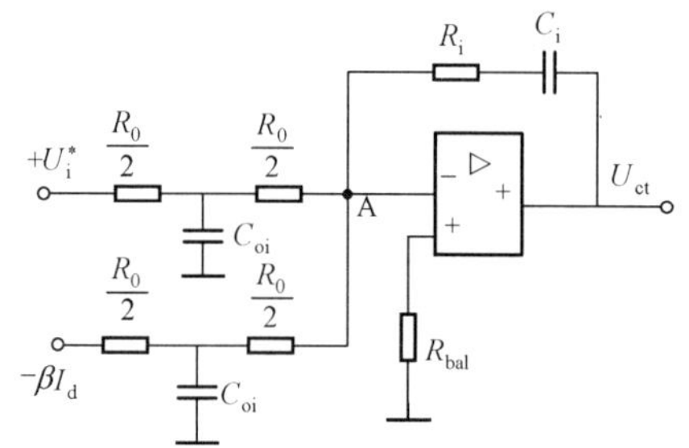

图 2-20　含给定滤波和反馈滤波的电流 PI 调节器原理图

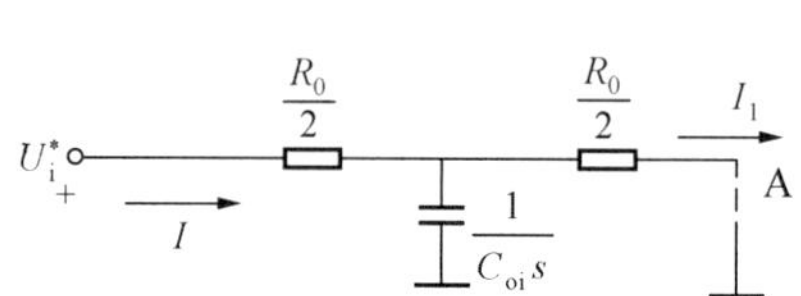

图 2-21　含滤波环节的 PI 调节器的输入等效电路

图 2-21 中 A 点虚地的电流平衡方程为

$$\frac{U_i^*(s)}{R_0(T_{0i}s+1)}-\frac{\beta I_d(s)}{R_0(T_{0i}s+1)}=\frac{-U_{ct}(s)}{R_i+1/C_is}$$

$$\frac{U_i^*(s)}{T_{0i}s+1}-\frac{\beta I_d(s)}{T_{0i}s+1}=\frac{-U_{ct}(s)}{K_i\dfrac{\tau_is+1}{\tau_is}} \tag{2-59}$$

$$K_i=R_i/R_0,\ \tau_i=R_iC_i,\ T_{oi}=R_oC_{oi}/4$$

由此可得调节器电路参数计算式为

$$R_i=K_iR_0,\ C_i=\tau_i/R_i,\ C_{oi}=4T_{oi}/R_0 \tag{2-60}$$

4. 校验

因为上述讨论是在一系列假定条件下得出的，具体计算时，必须校验以下条件：

晶闸管整流装置传递函数近似条件

$$\omega_{ci}\leqslant 1/(3T_s) \tag{2-61}$$

忽略电动机反电势影响的近似条件

$$\omega_{ci}\leqslant 3\sqrt{1/(T_mT_l)} \tag{2-62}$$

高频段小时间常数惯性环节近似条件

$$\omega_{ci} \leqslant \frac{1}{3}\sqrt{1/(T_s T_{oi})} \tag{2-63}$$

二、转速环的设计

（一）转速环动态结构图的变换与化简

1. 电流环的等效闭环传递函数

在设计转速调节器时，应把已设计好的电流环看作是转速环中的一个等效环节，因此，需求出电流环的闭环等效传递函数。

以按典型Ⅰ型系统设计的电流环等效传递函数求取为例，电流环的闭环传递函数为

$$W_{icl}(s) = \frac{\dfrac{K_I}{s(T_{\Sigma i}s+1)}}{1+\dfrac{K_I}{s(T_{\Sigma i}s+1)}} = \frac{1}{\dfrac{T_{\Sigma i}}{K_I}s^2+\dfrac{1}{K_I}s+1} \tag{2-64}$$

转速环的截止频率 ω_{cn} 一般较低，因此 $W_{icl}(s)$ 可降阶近似为

$$W_{icl}(s) \approx \frac{1}{\dfrac{1}{K_I}s+1} \tag{2-65}$$

由于 $K_I=0.5/T_{\Sigma i}$，故有 $W_{icl}(s) \approx \dfrac{1}{2T_{\Sigma i}s+1}$。近似条件为

$$\omega_{cn} \leqslant \frac{1}{5T_{\Sigma i}} \tag{2-66}$$

这种近似处理的概念可用图 2-22 中的对数幅频特性来表示。对照式（2-64），电流环原来是一个二阶振荡环节，其阻尼比 $\xi=0.707$，无阻尼自然振荡周期为 $\sqrt{2}T_{\Sigma i}$，对数幅频特性的渐近线如图 2-22 中的特性 A。近似为一阶惯性环节后得到特性 B。当转速环截止频率 ω_{cn} 较低时，原系统和近似系统只有高频段的一些差别。

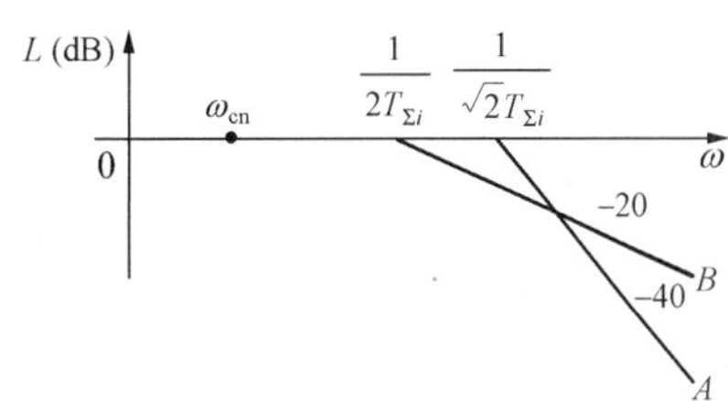

图 2-22　电流环原系统和近似系统的对数幅频特性

由于电流环结构图变换后的输入信号为 $U_i^*(s)/\beta$，则电流环的等效闭环传递函数为

$$\frac{I_d(s)}{U_i^*(s)} \approx \frac{1/\beta}{2T_{\Sigma i}s+1} \tag{2-67}$$

如果电流环按照典型Ⅱ型系统设计，其等效闭环传递函数与式（2-67）形式相同，只是惯性环节 s 前的系数不同。

2. 转速环动态结构图的变换与化简

电流环用其等效传递函数代替后，整个转速环的动态结构图如图 2-23（a）所示。同理，将其等效为单位负反馈的形式，即把给定滤波器和反馈滤波器等效地移到环内，且近似处理为小惯性环节

$$T_{\Sigma n} = T_{on} + 2T_{\Sigma i}$$

则转速环结构图可以简化成图 2-23（b）。

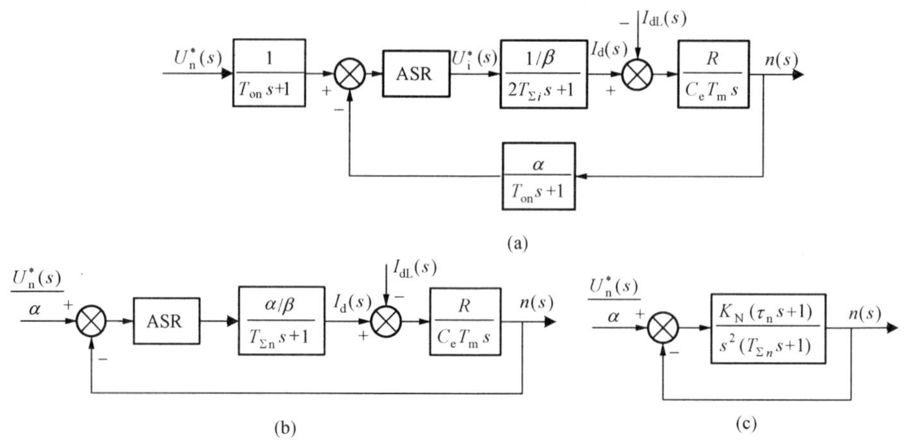

图 2-23 转速环动态结构图的变换与化简

（二）确定将转速环校正成哪一类典型系统

可以看出，转速环的被控对象是由一个积分环节和一个小惯性环节组成。根据调速系统稳态时无静差和动态时有良好的抗扰性能两项要求，在负载扰动点之前必须含有一个积分环节，因此转速环应该按典型Ⅱ型系统设计，使系统具有良好的抗扰性能。而实际系统的转速调节器饱和特性会抑制典型Ⅱ型系统的阶跃响应超调量大的问题。

（三）转速调节器类型选择和参数计算

选用PI转速调节器可把转速环校正成典型Ⅱ型系统，其传递函数为

$$W_{ASR}(s)=K_{pn}\frac{\tau_n s+1}{\tau_n s}$$

式中：K_{pn}为转速调节器的比例系数；τ_n 为转速调节器的积分时间常数。

调速系统的开环传递函数为

$$W(s)=\frac{K_{pn}\alpha R(\tau_n s+1)}{\tau_n\beta C_e T_m s^2(T_{\Sigma n}s+1)}=\frac{K_N(\tau_n s+1)}{s^2(T_{\Sigma n}s+1)} \tag{2-68}$$

式中：K_N 为转速环的开环增益，$K_N=\frac{K_{pn}\alpha R}{\tau_n\beta C_e T_m}$。

不考虑负载扰动时，校正后的转速环结构图如图 2-23（c）。

若采用 M_{rmin}准则设计转速环，按典型Ⅱ型系统的参数选择方法，转速调节器的参数为

$$\tau_n=hT_{\Sigma n} \tag{2-69}$$

$$K_{pn}=\frac{(h+1)\beta C_e T_m}{2h\alpha RT_{\Sigma n}} \tag{2-70}$$

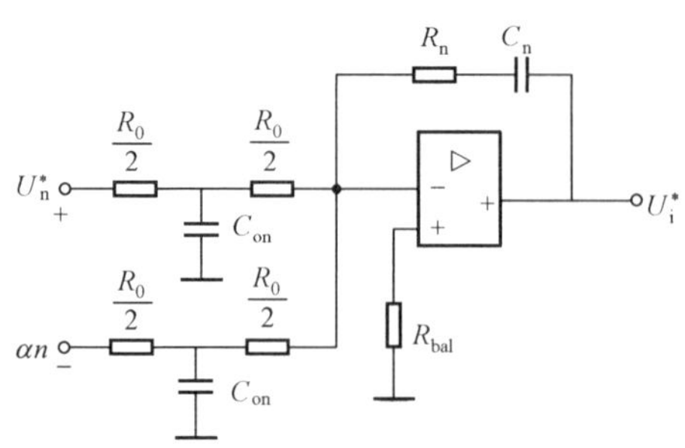

图 2-24 含给定滤波和反馈滤波的转速 PI 调节器原理图

应当说明，转速环的开环放大倍数 K_N 和转速调节器的参数 K_{pn}和 τ_n，因调速系统的动态指标要求和采用哪种选择参数的方法不同而不同。如无特殊表示，一般以选择 $h=5$ 为佳。

（四）转速调节器的电路实现

含给定滤波和反馈滤波的PI转速调节器电路图如图 2-24。转速调节器电路参数与电阻、电容值的

关系为

$$R_n = K_{pn}R_0,\ C_n = \tau_n / R_n,\ C_{on} = 4T_{on} / R_0 \tag{2-71}$$

（五）校验

上述结果应校验以下条件：

高阶系统降阶近似条件

$$\omega_{cn} \leqslant \frac{1}{5T_{\Sigma i}} \tag{2-72}$$

高频段小时间常数惯性环节近似条件

$$\omega_{cn} \leqslant \frac{1}{3}\sqrt{\frac{1}{2T_{\Sigma i}T_{on}}} \tag{2-73}$$

三、转速调节器退饱和时转速超调量的计算

上述转速环的设计是按线性系统进行的，但在转速电流双闭环调速系统起动过程的第Ⅰ、Ⅱ阶段，ASR处于饱和限幅状态，转速调节器输出为限幅值U_{im}^*，直到转速调节器输入改变极性，ASR才退出饱和。ASR饱和这段时间就是图2-25中的恒流升速阶段，转速环此时如同开环，不起作用。所以前面讲到的转速环按典型Ⅱ型系统设计时超调大、动态跟随性能差的问题在这里也就不可能表现出来了。

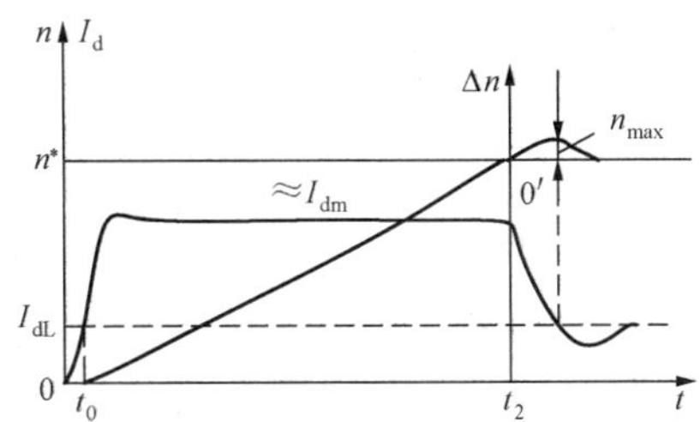

图2-25 转速调节器饱和情况下双闭环调速系统起动时的转速和电流波形

（一）转速电流双闭环调速系统起动时间的计算

从图2-25可见，起动时间为$0\sim t_2$与转速超调过渡过程时间之和。由于t_0和转速超调过渡过程时间比较小，可以忽略。因此，起动时间$t_2 = 0\sim t_2 \approx t_0 \sim t_2$。

在允许的最大电流下，电动机恒加速起动，其加转速为

$$\frac{dn}{dt} \approx (I_{dm} - I_{dL})\frac{R}{C_e T_m} \tag{2-74}$$

恒流阶段一直延续到t_2时刻，此时$n = n^*$，由式（2-74）可得

$$t_2 = \frac{C_e T_m n^*}{R(I_{dm} - I_{dL})} \tag{2-75}$$

（二）转速电流双闭环调速系统“退饱和超调”的计算

当电动机的转速升到给定值以后，反馈值超过给定值时，转速偏差出现负值，转速调节器退出饱和，进入线性状态。转速调节器刚退出饱和时，电动机的电流I_d仍大于负载电流I_{dL}，所以电动机仍继续加速，直到$I_d \leqslant I_{dL}$，转速才降下来，因此转速必然有超调。而这超调决不是线性系统在阶跃输入下的超调，而是经过饱和非线性区后退饱和过程中的超调，称之为“退饱和超调”。

由于饱和是非线性工作状态，不可以用表2-5中数据进行计算，需要对“退饱和超调”进行专门的分析和计算。

转速调节器退饱和后，调速系统重新进入线性工作状态，从图2-25上看，将退饱和过程与负载扰动过程作一对比，就可以发现它们有相同的规律，从而可得出根据负载扰动指标计算退饱和超调量的简便方法。

由于讨论的是退饱和以后的过程，所以可将图2-25的坐标从0点移到0′点，也就是假定调速系统原来是在I_{dm}负载下运行于转速n^*。下面做三点分析：

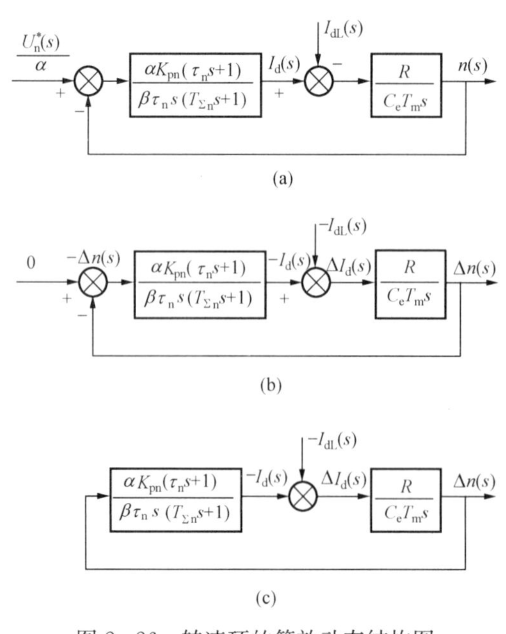

图2-26 转速环的等效动态结构图
(a) 以转速n为输出量；(b) 以转速偏差Δn为输出量；(c) 图 (b) 的等效变换

(1) 在0′点突然将负载由I_{dm}降到I_{dL}，转速会在负载突减的情况下，产生一个动态速升与恢复的过程。分析可知，突减负载的速升过程与退饱和超调过程的效果是完全相同的。转速调节器退饱和后，系统便进入线性工作状态，这时系统的动态结构图可以绘成图2-26 (b)。其初始条件为

$$\Delta n(0)=0,\ I_d(0)=I_{dm}$$

(2) 在系统突减负载（$I_{dm}\downarrow\rightarrow I_{dL}$）的动态速升过程与突加负载（$I_{dL}\uparrow\rightarrow I_{dm}$）的动态速降过程中，同样负载变化所引起的转速变化$\Delta n$的大小是相同的，只是符号相反。

(3) 突加负载（$I_{dL}\uparrow\rightarrow I_{dm}$）的动态速降过程正是抗扰动态性能指标的定义。因此可以用表2-6中给出的典型Ⅱ型系统抗扰动态性能指标，直接查出相应的动态转速降大小，从而计算出退饱和超调量。

但应注意，超调量的基准值是稳态转速$n(\infty)$，而表2-6动态速降的基准值是$C_b=2NK_2T$，需要首先计算C_b。

退饱和超调过程的扰动量$N=I_{dm}-I_{dL}$。在这里$K_2=\dfrac{R}{C_eT_m}$，$T=T_{\Sigma n}$，其动态速升的基准值为

$$C_b=\frac{2(I_{dm}-I_{dL})T_{\Sigma n}R}{C_eT_m}$$

若令λ为电动机电流允许过载倍数，$\lambda=I_{dm}/I_n$；I_n为电动机额定电流；Z为负载系数，$Z=I_{dL}/I_n$；Δn_n为调速系统开环机械特性的额定稳态速降，$\Delta n_n=I_nR/C_e$。则

$$C_b=2(\lambda-Z)\Delta n_n\frac{T_{\Sigma n}}{T_m} \tag{2-76}$$

再经过超调量基准值$n(\infty)=n^*$和动态速降基准值的换算后，可求出退饱和超调的计算式为

$$\sigma\%=\left(\frac{\Delta C_{max}}{C_b}\%\right)\frac{C_b}{n^*}=\left(\frac{\Delta C_{max}}{C_b}\%\right)\frac{2(\lambda-Z)\Delta n_nT_{\Sigma n}}{n^*T_m} \tag{2-77}$$

【例2-3】 某调速系统，机电时间常数$T_m=0.34$s，转速环小时间常数$T_{\Sigma n}=0.0124$s，额定负载时开环系统的稳态速降$\Delta n_n=I_nR/C_e=380$r/min，空载起动电流$I_{dm}=1.5I_n$，当$h=5$时，空载起动到额定转速$n^*=n_n=1000$r/min。问退饱和超调量为多少？

解： 设理想空载$Z=0$，而电动机允许过载倍数$\lambda=1.5$，则

$$C_b = 2(\lambda - Z)\Delta n_n \frac{T_{\Sigma n}}{T_m} = 2 \times 1.5 \times 380 \times \frac{0.0124}{0.34} = 41.58$$

$$\frac{\Delta C_b}{n_n} = \frac{41.58}{1000} = 0.04158$$

查表 2 - 6 可知，当 $h=5$ 时，得 $\frac{\Delta C_{max}}{C_b}\%=81.2\%$，则

$$\sigma\% = \left(\frac{\Delta C_{max}}{C_b}\%\right)\frac{C_b}{n_n} = 81.2\% \times 0.04158 = 3.37\%$$

可见，退饱和超调量要比线性系统的超调量小得多，这种退饱和超调与线性系统的超调有本质上的不同。由于退饱和超调量的大小与动态速降大小是一致的，所以确定转速调节器结构和参数时，完全可以按抗扰性能指标来设计，即按典型Ⅱ型系统来校正，并选择中频 $h=5$ 为宜。

四、设计举例

某晶闸管供电的双闭环直流调速系统，整流装置采用三相桥式全控整流电路，基本数据如下；

直流电动机：220V、136A、1460r/min，$C_e=0.132\text{V}\cdot\text{min/r}$，允许过载倍数 $\lambda=1.5$。

晶闸管装置放大系数：$K_s=40$。

电枢回路总电阻：$R=0.5\Omega$。

时间常数：$T_l=0.03\text{s}$，$T_m=0.18\text{s}$。

电流反馈系数：$\beta=0.05\text{V/A}(\approx 10\text{V}/1.5I_n)$。

转速反馈系数：$\alpha=0.007\text{V}\cdot\text{min/r}(\approx 10\text{V}/n_n)$。

设计要求为：①稳态指标，无静差；②动态指标，电流超调量 $\sigma_i\%\leqslant 5\%$，空载起动到额定转速时的转速超调量 $\sigma_n\%\leqslant 10\%$。

（一）电流环的设计

1. 确定时间常数

（1）整流装置滞后时间常数 T_s：三相桥式电路的平均失控时间 $T_s=0.0017\text{s}$。

（2）电流滤波时间常数 T_{oi}：三相桥式电路每个波头的时间是 3.33ms，为了基本滤平波头，应有（1～2）$T_{oi}=3.33\text{ms}$，因此取 $T_{oi}=2\text{ms}=0.002\text{s}$。

（3）电流环小时间常数 $T_{\Sigma i}$：按小时间常数近似处理，取 $T_{\Sigma i}=T_s+T_{oi}=0.0037\text{s}$。

2. 确定将电流环设计成何种典型系统

根据设计要求 $\sigma_i\%\leqslant 5\%$，且

$$\frac{T_l}{T_{\Sigma i}} = \frac{0.03}{0.0037} = 8.11 < 10$$

因此，电流环可按典型Ⅰ型系统设计。

3. 电流调节器的结构和参数选择

电流调节器选用 PI 型，其传递函数为

$$W_{ACR}(s) = K_{pi}\frac{\tau_i s + 1}{\tau_i s}$$

电流调节器参数选择如下：

ACR 超前时间常数：$\tau_i = T_l = 0.03\text{s}$。

电流环开环增益：因要求$\sigma_i\%\leqslant5\%$，故应取$K_I T_{\Sigma i}=0.5$，因此

$$K_I=\frac{0.5}{T_{\Sigma i}}=\frac{0.5}{0.0037}=135.1(s^{-1})$$

于是，ACR的比例系数为

$$K_{pi}=K_I\frac{\tau_i R}{\beta K_s}=135.1\times\frac{0.03\times0.5}{0.05\times40}=1.013$$

4. 计算电流调节器的电路参数

电流PI调节器原理图如图2-20所示，按所用运算放大器，取$R_0=40k\Omega$，则各电阻和电容值为

$$R_i=K_i R_0=1.013\times40k\Omega=40.52k\Omega\quad(\text{取}40k\Omega)$$

$$C_i=\tau_i/R_i=(0.03/40k\Omega)\times10^3\mu F=0.75\mu F\quad(\text{取}0.75\mu F)$$

$$C_{oi}=4T_{oi}/R_0=(4\times0.002/40k\Omega)\times10^3\mu F=0.2\mu F\quad(\text{取}0.2\mu F)$$

5. 校验近似条件

电流环截止频率

$$\omega_{ci}=K_I=135.1s^{-1}$$

（1）校验晶闸管装置传递函数的近似条件是否满足$\omega_{ci}\leqslant\frac{1}{3T_s}$。因为$\frac{1}{3T_s}=\frac{1}{3\times0.0017}=196.1(s^{-1})>\omega_{ci}$，所以满足近似条件。

（2）校验忽略反电动势对电流环影响的近似条件是否满足$\omega_{ci}\geqslant3\sqrt{\frac{1}{T_m T_l}}$。因为$3\sqrt{\frac{1}{T_m T_l}}=3\sqrt{\frac{1}{0.18\times0.03}}=40.82\ (s^{-1})<\omega_{ci}$，所以满足近似条件。

（3）校验小时间常数的近似处理是否满足条件$\omega_{ci}\leqslant\frac{1}{3}\sqrt{\frac{1}{T_s T_{oi}}}$。因为$\frac{1}{3}\sqrt{\frac{1}{T_s T_{oi}}}=\sqrt{\frac{1}{0.0017\times0.002}}/3=180.8\ (s^{-1})>\omega_{ci}$，所以满足近似条件。

按照上述参数，电流环满足动态设计指标要求和近似条件。

（二）转速环的设计

1. 确定时间常数

（1）电流环等效时间常数为$2T_{\Sigma i}=0.0074s$；

（2）转速滤波时间常数T_{on}。根据所用测速发电机纹波情况，取$T_{on}=0.01s$；

（3）转速环小时间常数$T_{\Sigma n}$。按小时间常数近似处理，取$T_{\Sigma n}=2T_{\Sigma i}+T_{on}=0.0174s$。

2. 确定将转速环设计成何种典型系统

由于设计要求转速环无静差，转速调节器必须含有积分环节；又根据动态设计要求：应按典型II型系统设计转速环。

3. 转速调节器的结构选择和参数

转速调节器选用PI型，其传递函数为

$$W_{ASR}(s)=K_{pn}\frac{\tau_n s+1}{\tau_n s}$$

下面选择转速调节器参数。按跟随和抗扰性能都较好的原则取 $h=5$，则 ASR 超前时间常数 $\tau_n=hT_{\Sigma n}=5\times0.0174=0.087$（s）。

转速环开环增益

$$K_N=\frac{(h+1)}{2h^2T_{\Sigma n}^2}=\frac{6}{2\times25\times0.0174^2}=396.4\text{s}^{-2}$$

于是，ASR 的比例系数为

$$K_{pn}=\frac{(h+1)\beta C_e T_m}{2h\alpha RT_{\Sigma n}}=\frac{6\times0.05\times0.132\times0.18}{2\times5\times0.007\times0.5\times0.0174}=11.7$$

4. 计算转速调节器的电路参数

转速调节器原理图如图 2-24 所示，按所用运算放大器，取 $R_0=40\text{k}\Omega$，各电阻和电容值为

$$R_n=K_{pn}R_0=11.7\times40\text{k}\Omega=468\text{k}\Omega\quad(\text{取 }470\text{k}\Omega)$$

$$C_n=\tau_n/R_n=(0.087/470\text{k}\Omega)\times10^3\mu\text{F}=0.185\mu\text{F}\quad(\text{取 }0.2\mu\text{F})$$

$$C_{on}=4T_{on}/R_0=(4\times0.01/40\text{k}\Omega)\times10^3\mu\text{F}=1\mu\text{F}\quad(\text{取 }1\mu\text{F})$$

5. 校验近似条件

转速环截止频率

$$\omega_{cn}=\frac{K_N}{\omega_1}=K_N\tau_n=396.4\times0.087=34.5(\text{s}^{-1})$$

（1）校验电流环传递函数简化条件是否满足 $\omega_{cn}\leqslant\frac{1}{5T_{\Sigma i}}$。$\frac{1}{5T_{\Sigma i}}=\frac{1}{5\times0.0037}=54.1$（$\text{s}^{-1}$）$>\omega_{cn}$，满足简化条件。

（2）校验小时间常数近似处理是否满足 $\omega_{cn}\leqslant\frac{1}{3}\sqrt{\frac{1}{2T_{on}T_{\Sigma i}}}$。因为 $\frac{1}{3}\sqrt{\frac{1}{2T_{on}T_{\Sigma i}}}=\frac{1}{3}\sqrt{\frac{1}{2\times0.01\times0.0037}}=38.75$（$\text{s}^{-1}$）$>\omega_{cn}$，满足近似条件。

（3）校核转速超调量。当 $h=5$ 时，$\frac{\Delta C_{max}}{C_b}\%=81.2\%$，而 $\Delta n_N=I_NR/C_e=136\times0.5/0.132=515.2$（r/min）。因此

$$\sigma_n\%=\frac{\Delta C_{max}}{C_b}\%\times2(\lambda-Z)\frac{\Delta n_N}{n^*}\times\frac{T_{\Sigma n}}{T_m}$$

$$=81.2\%\times2\times1.5\times\frac{515.2}{1460}\times\frac{0.0174}{0.18}=8.31<10\%$$

能满足设计要求。

2.4 多环调速系统的内模控制设计方法

2.4.1 内模控制概述

前面介绍的调节器串联校正和工程设计方法，都是建立在调节器参数和被控对象参数精确配合基础上的，工程上实际很难做到这一点。为了克服系统性能高度依赖于被控对象准确数学模型的不足，必须寻求一些对模型准确度要求不高的控制策略，如模糊控制等智能控制

方法。但这些方法一般都比较复杂，工程上实现较困难。

内模控制（Internal Model Control，IMC）是从化工过程控制中发展起来的一种控制策略，是一种实用性很强的控制方法。内模控制不过分依赖于被控对象的准确数学模型，对模型准确度要求低，系统跟踪调节性能好，鲁棒性强，能消除不可测干扰的影响；所设计的控制器结构简单、参数单一、调整方向明确，工程上容易实现，是一种先进控制技术。

内模控制最初用于多变量、非线性、强耦合、大时滞的工业过程控制，已经有不少成功的例子。近年来，内模控制在电力拖动领域的应用日益广泛。

2.4.2　内模控制（IMC）基本原理

首先回顾一下常用的反馈控制系统结构，如图 2-27 所示。图中 $C(s)$ 为反馈控制器，$G(s)$ 为被控对象，$D(s)$ 为不可测干扰。

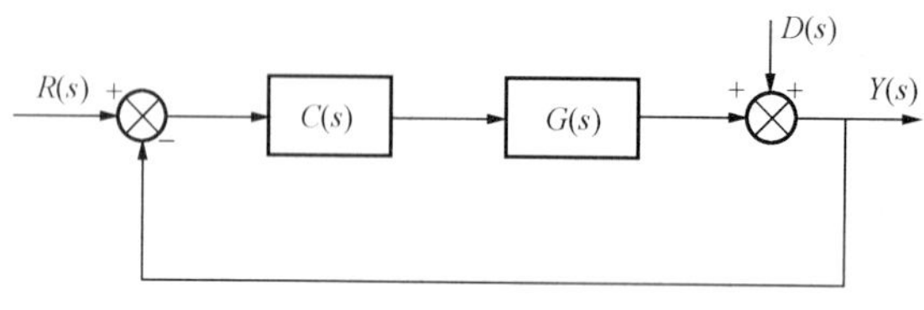

图 2-27　反馈控制系统结构框图

在图 2-27 中，反馈信号直接取自系统的输出，这就使得不可测干扰 $D(s)$ 对输出的影响在反馈中与其他因素混在一起，无法突出，得不到及时补偿，影响控制效果。

如果将图 2-27 变成图 2-28 的内模控制结构（等效变换），其中 $\hat{G}(s)$ 为被控对象的内模，且用 $C_{\mathrm{IMC}}(s)$ 来表示图中虚线框的等效控制器，则有

$$C_{\mathrm{IMC}}(s)=\frac{C(s)}{1+\hat{G}(s)C(s)} \tag{2-78}$$

$$C(s)=\frac{C_{\mathrm{IMC}}(s)}{1-\hat{G}(s)C_{\mathrm{IMC}}(s)} \tag{2-79}$$

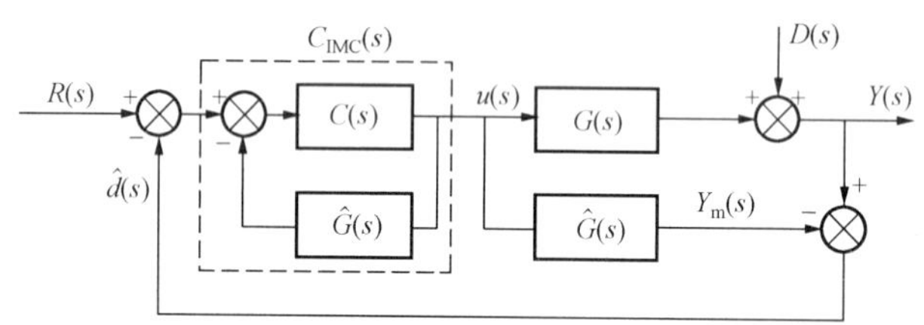

图 2-28　等效内模控制结构框图

一般称 $C(s)$ 为反馈控制器，$C_{\mathrm{IMC}}(s)$ 为内模控制器。图 2-28 可用图 2-29 来表示，其中忽略了 $D(s)$ 的作用。

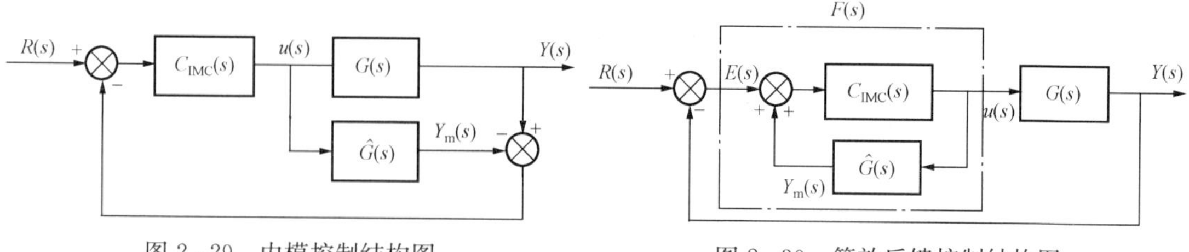

图 2-29　内模控制结构图　　　　图 2-30　等效反馈控制结构图

将图 2-29 稍作变换可得图 2-30，它是内模控制的等价结构。IMC 是经典控制的一种特殊情况，经典控制系统中的等效控制器 $F(s)$［即反馈控制器 $C(s)$］与内模 $\hat{G}(s)$ 及内模控

制器 $C_{\mathrm{IMC}}(s)$ 有关，即

$$F(s)=[I-C_{\mathrm{IMC}}(s)\hat{G}(s)]^{-1}C_{\mathrm{IMC}}(s) \tag{2-80}$$

实际设计内模控制器时，通常采用两步走的方法：首先设计一个稳定的理想控制器，而不考虑系统的鲁棒性和约束；其次加入低通滤波器 $L(s)$，通过调整 $L(s)$ 的结构和参数来稳定系统，并使系统获得所期望的动态品质和鲁棒性。这是目前适合工程应用的一种设计方法。

当已知对象的预测模型 $\hat{G}(s)$ 时，采用式（2-81）所表达的控制器，则可使控制系统具有一定的鲁棒性。

$$C_{\mathrm{IMC}}(s)=\hat{G}^{-1}(s)L(s) \tag{2-81}$$

如果为了与常规的反馈控制器相比较，则可用式（2-80）将内模控制器 $C_{\mathrm{IMC}}(s)$ 变换为反馈控制器 $F(s)$。

2.4.3　内模控制（IMC）特点

由图 2-28 可知内模控制具有以下特点：

（1）能对不可测干扰 $D(s)$ 所造成的输出偏差进行调节。

例如，当干扰 $D(s)$ 出现时，则

$$D(s)\uparrow\rightarrow Y(s)\uparrow\rightarrow \hat{d}(s)[=Y(s)-Y_{\mathrm{m}}(s)]\uparrow\rightarrow[R(s)-\hat{d}(s)]\downarrow\rightarrow u(s)\downarrow\rightarrow Y(s)\downarrow$$

即系统能对不可测干扰 $D(s)$ 进行抑制。

（2）能对模型与对象失配［即 $\hat{G}(s)\neq G(s)$］所造成的输出偏差进行调节。

例如，当出现预测模型 $\hat{G}(s)$ 与实际模型 $G(s)$ 不一致，如 $\hat{G}(s)>G(s)$ 时，则有

$$[\hat{G}(s)>G(s)]\rightarrow Y_{\mathrm{m}}(s)\uparrow\rightarrow \hat{d}(s)[=Y(s)-Y_{\mathrm{m}}(s)]\downarrow\rightarrow[R(s)-\hat{d}(s)]\uparrow\rightarrow u(s)\uparrow$$

$$\rightarrow Y(s)\uparrow\rightarrow \hat{d}(s)\uparrow\rightarrow[R(s)-\hat{d}(s)]\downarrow\rightarrow u(s)\downarrow\rightarrow Y(s)\downarrow$$

即系统对模型不准确所造成的输出变化也可进行抑制。

（3）当模型与对象准确匹配［即 $\hat{G}(s)=G(s)$］，且 $C_{\mathrm{IMC}}(s)=\hat{G}^{-1}(s)$ 时，系统对任何不可测干扰 $D(s)$ 都能加以克服，而对任何输入 $R(s)$ 均可实现无偏差跟踪。

例如，从图 2-28 可得

$$Y(s)=\frac{C_{\mathrm{IMC}}(s)G(s)}{1+C_{\mathrm{IMC}}(s)[G(s)-\hat{G}(s)]}R(s)+\frac{1-C_{\mathrm{IMC}}(s)\hat{G}(s)}{1+C_{\mathrm{IMC}}(s)[G(s)-\hat{G}(s)]}D(s) \tag{2-82}$$

其反馈信号为

$$\hat{d}(s)=Y(s)-Y_{\mathrm{m}}(s)=[G(s)-\hat{G}(s)]u(s)+D(s) \tag{2-83}$$

如果模型准确［即 $G(s)=\hat{G}(s)$］，当选择 $C_{\mathrm{IMC}}(s)=\hat{G}^{-1}(s)$ 且该系统可实现，则式（2-82）变为 $Y(s)=R(s)$，此时系统的输出始终等于输入，不受任何干扰影响。

（4）当模型与对象失配［即 $\hat{G}(s)\neq G(s)$］时，若 $C_{\mathrm{IMC}}(s)$ 满足 $C_{\mathrm{IMC}}(0)=\hat{G}^{-1}(0)$，则系统对阶跃输入 $R(s)$ 和常值干扰 $D(s)$ 均不存在稳态偏差。

若选择 $C_{\mathrm{IMC}}(s)$ 使之满足 $C_{\mathrm{IMC}}(0)=\hat{G}^{-1}(0)$，且 $\frac{\mathrm{d}}{\mathrm{d}s}[C_{\mathrm{IMC}}(s)\hat{G}(s)]|_{s=0}=0$，则系统对所有斜坡输入 $R(s)$ 和干扰 $D(s)$ 均不存在稳态偏差。

由图 2-28 可得

$$E(s)=R(s)-Y(s)=\frac{[1-C_{IMC}(s)\hat{G}(s)]}{1+C_{IMC}(s)[G(s)-\hat{G}(s)]}[R(s)-D(s)] \quad (2-84)$$

显然，若 $C_{IMC}(0)=\hat{G}^{-1}(0)$，则对于阶跃输入和扰动，稳态偏差 $e(\infty)=0$；同样可证明特点（4）的后一种情况。

下面按先内环后外环的顺序，对双闭环调速系统中的电流和转速环内模控制器进行分析研究。为简单起见，假定干扰为零。

2.4.4 多环调速系统的内模控制设计方法

（一）单环调速系统内模控制设计步骤

目前工程上设计内模控制器的具体步骤是：

（1）根据被控对象 $G(s)$ 确定内模 $\hat{G}(s)$。当模型与对象匹配时，$G(s)=\hat{G}(s)$，由内模 $\hat{G}(s)$ 求得逆内模 $\hat{G}^{-1}(s)$。

（2）根据闭环系统性能要求，确定滤波器 $L(s)$ 的结构与参数。滤波器的作用是确保系统的稳定性、鲁棒性及内模控制器的可实现性。$L(s)$ 包含了可实现因子和滤波器的功能。滤波器的最简单形式为

$$L(s)=\frac{\lambda^n}{(s+\lambda)^n}$$

根据被控对象的形式不同，可选择不同结构的滤波器。

（3）根据 $C_{IMC}(s)=\hat{G}^{-1}(s)L(s)$ 设计内模控制器 $C_{IMC}(s)$。若 $\hat{G}(s)$ 为非最小相位系统，则将其分解为 $\hat{G}(s)=\hat{G}_+(s)\hat{G}_-(s)$。其中 $\hat{G}_+(s)$ 为含有纯时延和不稳定零点的系统部分，$\hat{G}_-(s)$ 为最小相位系统部分。当系统传递函数中无右半平面零点时，有 $\hat{G}_-^{-1}(s)=\hat{G}^{-1}(s)$，所以一个优化的内模控制器可表达为 $C_{IMC}(s)=\hat{G}^{-1}(s)L(s)$。

一般说来，滤波器中的 n 应取得足够大，以保证内模控制器 $C_{IMC}(s)$ 为有理，而参数 λ 的取值还直接与闭环系统的性能相关。λ 值越小，则闭环输出响应越慢。对一阶系统而言，λ 与阶跃响应上升时间的关系近似为 $t_r=2.2/\lambda$。

（4）如有需要，可根据 $F(s)=C_{IMC}(s)/[1-\hat{G}(s)C_{IMC}(s)]$ 将内模控制器 $C_{IMC}(s)$ 转换成等效的反馈控制器 $F(s)$，它就是对应的闭环控制器。

（二）多环调速系统的内模控制设计步骤

对于转速电流双闭环这样的多环系统，仿照上述的工程设计方法思想，编者提出了按如下步骤进行内模控制器设计的方法：

（1）按先内环后外环顺序，先设计电流环再设计转速环。用“内模控制器设计步骤”的方法先设计电流环，然后将设计好的电流环等效成转速环内的一个环节，再用“内模控制器设计步骤”的方法设计转速环。

（2）就单个控制环而言，可按“内模控制器设计步骤”的方法进行控制器的设计。

2.4.5 内模控制在转速电流双闭环直流调速系统中的应用

下面按多环调速系统的内模控制设计步骤，对转速电流双闭环直流调速系统的 ACR 和 ASR 进行设计。

一、电流调节器 ACR 的内模控制设计

双闭环直流调速系统的动态结构图如图 2-18 所示。图中虚线框中为电流环，忽略反电

动势的影响，电流环的动态结构图如图 2-31 所示。

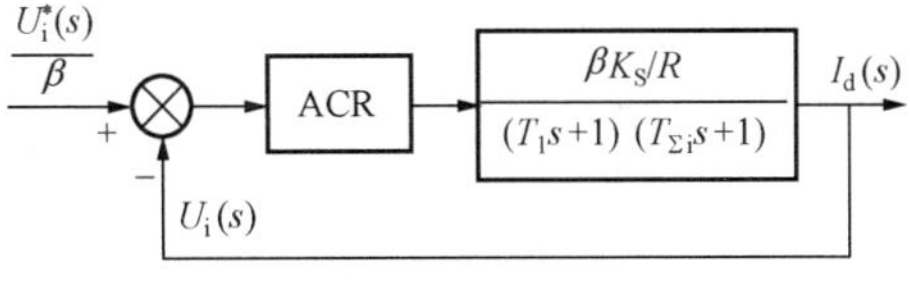

图 2-31 双闭环直流调速系统的电流环动态结构图

假定被控对象与模型匹配，则电流环的内模为

$$\hat{G}(s)=\frac{\beta K_s}{R(T_l s+1)(T_{\Sigma i}s+1)}$$

(1) 电流环的逆内模

$$\hat{G}^{-1}(s)=\frac{R}{\beta K_s}(T_l s+1)(T_{\Sigma l}s+1) \tag{2-85}$$

(2) 低通滤波器选为

$$L(s)=\frac{\lambda_i}{s+\lambda_i} \tag{2-86}$$

(3) 电流环内模控制器

$$C_{IMC}(s)=\hat{G}^{-1}(s)L(s)=\frac{R}{\beta K_s}(T_l s+1)(T_{\Sigma l}s+1)\frac{\lambda_i}{s+\lambda_i} \tag{2-87}$$

(4) 等效反馈控制器（即电流调节器 ACR）为

$$\begin{aligned}W_{ACR}(s)&=F(s)=[1-\hat{G}(s)C_{IMC}(s)]^{-1}C_{IMC}(s)\\&=\frac{\lambda_i}{s}\hat{G}^{-1}(s)=\frac{\lambda_i R(T_1 s+1)(T_{\Sigma}is+1)}{\beta K_s s}\end{aligned} \tag{2-88}$$

从（2-88）式可以看到，用内模控制方法设计的电流调节器 ACR 为 PID 调节器，其传函 $W_{ACR}(s)$ 中可调参数只有 λ_i，便于整定 ACR 参数，电流环具有内模控制系统的全部优点。

二、转速调节器 ASR 的内模控制设计

将设计好的电流环进行等效，当内模控制系统被控对象与模型匹配时，系统输出为

$$Y(s)=\frac{C_{IMC}(s)G(s)}{1+C_{IMC}(s)[G(s)-\hat{G}(s)]}R(s)+\frac{1-C_{IMC}(s)\hat{G}(s)}{1+C_{IMC}(s)[G(s)-\hat{G}(s)]}D(s)$$

当被控对象与模型匹配时，$G(s)=\hat{G}(s)$；此外，又假设 $D(s)=0$，则 $Y(s)=L(s)R(s)$，电流环的等效传函数为 $Y(s)/R(s)=L(s)$。注意到电流环的等效传递函数只与 $L(s)$ 的参数有关，而与电流环的被控对象参数（整流器、电机的参数）无关，说明了电流环采用内模控制方法设计后，其控制性能不依赖于被控对象的参数。

电流环等效传函数中 $Y(s)=I_d(s)$，$R(s)=\frac{U_i^*(s)}{\beta}$，$L(s)=\frac{\lambda_i}{s+\lambda_i}$，所以电流环的等效传递函数为

$$\frac{I_d(s)}{U_i^*(s)}=\frac{Y(s)}{\beta R(s)}=\frac{L(s)}{\beta}=\frac{\lambda_i}{\beta(s+\lambda_i)}=\frac{1/\beta}{(1/\lambda_i)s+1} \tag{2-89}$$

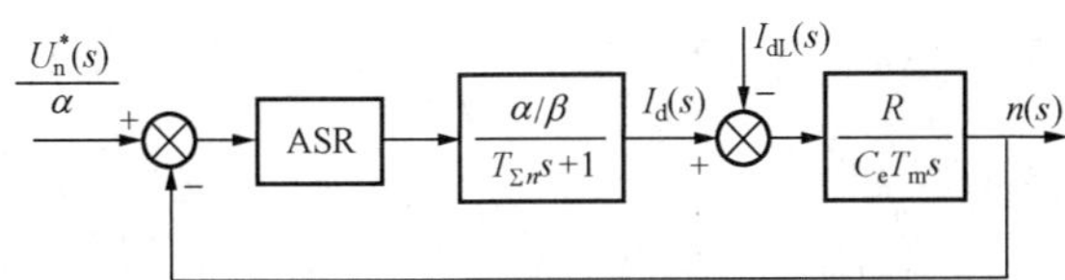

图 2-32 等效变换后的转速环动态结构图

其中，λ_i 为根据电流环性能指标确定的时间常数，当电流反馈系数 β 确定后，极点 $-\lambda_i$ 决定了电流环性能。将式（2-89）代入转速环，则等效变换后的转速环动态结构如图 2-32 所示。图中，

$T_{\Sigma n}=1/\lambda_i+T_{on}$。

设 $K_1=\alpha/\beta$，$K_2=R/(C_eT_m)$，$K=K_1K_2$，$T=T_{\Sigma n}$，则转速调节器的被控对象的传递函数为 $P(s)=\dfrac{K}{s(Ts+1)}$，而内模 $\hat{G}(s)=P(s)$。

（1）转速环逆内模

$$\hat{G}^{-1}(s)=\frac{s(Ts+1)}{K} \tag{2-90}$$

根据控制理论中稳态抗扰误差与控制系统结构的关系，要使系统对负载扰动无静差．则转速调节器ASR中的传函数 $W_{ASR}(s)$ 必须含有积分环节。用内模控制法设计转速调节器，同样必须满足这一要求。

（2）低通滤波器选为 $L(s)=\dfrac{2\lambda_n s+1}{(\lambda_n s+1)^2}$，其中 λ_n 为根据转速环性能指标确定的时间常数。

（3）转速内模控制器

$$C_{IMC}(s)=\hat{G}^{-1}(s)L(s)=\frac{s(Ts+1)}{K}\cdot\frac{2\lambda_n s+1}{(\lambda_n s+1)^2} \tag{2-91}$$

（4）等效反馈控制器（即转速环调节器ASR）为

$$W_{ASR}(s)=F(s)=[1-\hat{G}(s)C_{IMC}(s)]^{-1}C_{IMC}(s)=\frac{(Ts+1)(2\lambda_n s+1)}{K\lambda_n^2 s} \tag{2-92}$$

转速调节器也为PID控制器，只有一个可调参数 λ_n。

由于内模控制器 $C_{IMC}(s)=G^{-1}(s)L(s)$，而 $G^{-1}(s)$ 已由系统确定，所以内模控制器的设计主要是滤波器 $L(s)$ 的设计。必需满足（2）～（4）。

综上所述，用内模控制方法设计转速电流双闭环调速系统的调节器时，闭环间的设计步骤与工程设计方法类似；闭环内的方法按内模控制器设计方法进行。设计出的调节器不管结构如何，要选择的参数只有一个，它决定了闭环系统的性能。

2.4.6　基于直流调速系统动态结构图的MATLAB仿真

为了比较工程设计方法和内模控制方法设计的ASR、ACR性能优劣，利用**2.3.2**中的转速电流双闭环调速系统作为仿真实验对象，系统动态结构图如图2-18所示。已知基本数据如下：直流电机额定电压/电流220V/136A，额定转速1460r/min，$C_e=0.132$V·min/r，允许过载倍数 $\lambda=1.5$；晶闸管整流器放大倍数 $K_s=40$；电枢回路总电阻 $R=0.5\Omega$；时间常数 $T_l=0.03$s，$T_m=0.18$s；电流反馈系数 $\beta=0.05$V/A，转速反馈系数 $\alpha=0.007$V·mm/r，$T_s=0.0017$s，$T_{oi}=0.002$s，$T_{on}=0.01$s。

（1）根据“设计举例”中的设计结果，按工程设计方法设计的调节器传递函数为

电流调节器　　$W_{ACR}(s)=K_{pi}\dfrac{\tau_i s+1}{\tau_i s}=1.013\dfrac{0.03s+1}{0.03s}$

转速调节器　　$W_{ASR}(s)=K_{pn}\dfrac{\tau_n s+1}{\tau_n s}=11.7\dfrac{0.087s+1}{0.087s}$

（2）用内模控制方法设计的调节器的传递函数为

电流调节器　　$W_{ACR}(s)=\dfrac{\lambda_i R(T_l s+1)(T_{\Sigma i}s+1)}{\beta K_s s}$

转速调节器
$$W_{\mathrm{ASR}}(s)=\frac{(Ts+1)(2\lambda_{\mathrm{n}}s+1)}{K\lambda_{\mathrm{n}}^{2}s}$$

根据电流环的性能要求 λ_{i} 取 2000，根据转速环的性能要求 λ_{n} 取 0.03，则

$$W_{\mathrm{ACR}}(s)=\frac{\lambda_{\mathrm{i}}R(T_{l}s+1)(T_{\Sigma i}s+1)}{\beta K_{s}s}=\frac{(0.03s+1)(0.0037s+1)}{0.002s}$$

$$W_{\mathrm{ASR}}(s)=\frac{(Ts+1)(2\lambda_{\mathrm{n}}s+1)}{K\lambda_{\mathrm{n}}^{2}s}=\frac{(0.0105s+1)(0.06s+1)}{0.00265s}$$

由于人们对用 MATLAB 在 Simulink 环境下，进行基于控制系统动态结构图（传递函数）的仿真方法比较熟悉，此处没有给出控制系统的建模过程，仅给出仿真模型和仿真结果，如图 2-33 和图 2-34 所示。

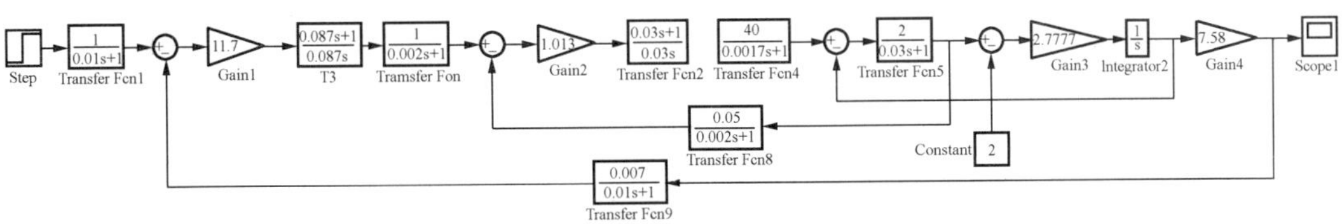

图 2-33　按工程设计方法设计的转速电流双闭环调速系统仿真模型

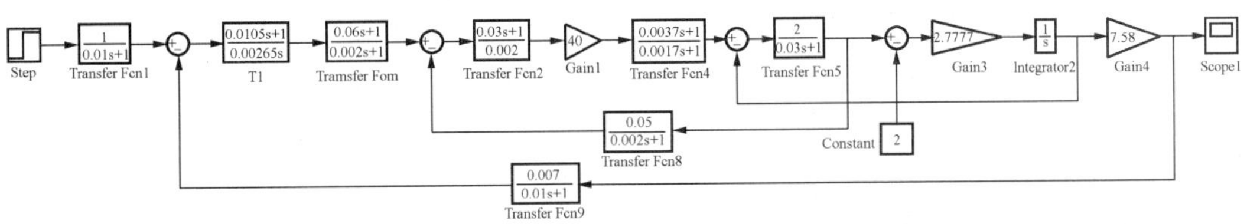

图 2-34　按内模控制方法设计的转速电流双闭环调速系统仿真模型

仿真得到系统在突加阶跃给定、空载起动时的转速响应曲线分别如图 2-35（a）、（b）所示。

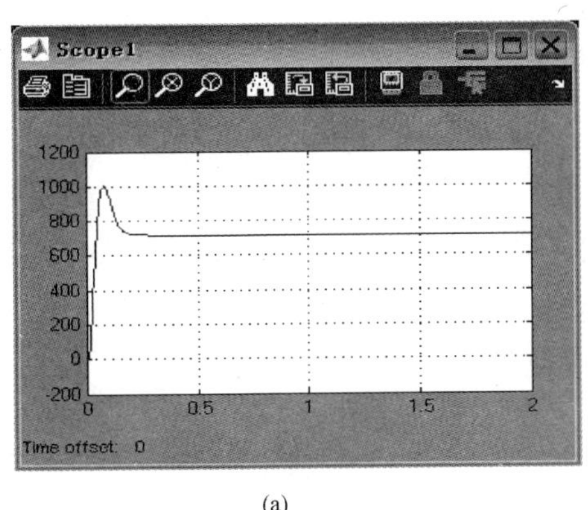

(a)

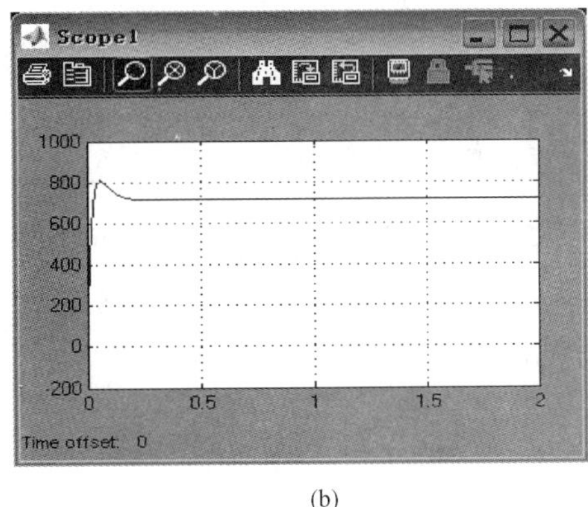

(b)

图 2-35　不同方法设计的转速电流双闭环调速系统转速输出曲线

（a）工程设计方法设计的系统转速输出曲线；（b）内模控制方法设计的系统转速输出曲线

比较图 2-35（a）、（b）可以看出，在同样的给定输入和系统参数下，采用内模控制的双闭环调速系统的性能优于采用工程设计方法设计的系统。内模控制系统在突加阶跃给定

时，超调小，响应快，是一种高性能的控制方法。

习　题

一、判断题（正确标“T”，错误标“F”）

1. 相对于单闭环控制，双闭环调速系统中内环的存在可以及时抑制环内的扰动。（　　）

2. 调速系统工程设计方法中，典型Ⅰ型系统是由一个积分和一个惯性环节串联而成的单位反馈系统。（　　）

3. 调速系统工程设计方法中，典型Ⅱ型系统是由两个积分环节、一个惯性环节和一个二阶微分环节组成的单位反馈系统。（　　）

4. 用工程设计法设计直流双闭环调速系统时，要先设计内环后设计外环。（　　）

5. 用工程设计法设计直流双闭环调速系统时，其中电流环既可设计成典型Ⅰ型，也可设计成典型Ⅱ型。（　　）

6. 工程设计法中，近似处理的原则是近似前后的相角裕度不变。（　　）

二、单项选择题

1. 双闭环直流调速系统对于（　　）是无法抑制的。

A. 电网电压波动　　B. 电动机励磁电流的变化

C. 放大器放大系数的漂移　　D. 测速发电机励磁的变化

2. 若调速系统要求以动态稳定性和稳态准确度为主，对快速性的要求可差一些，则应采用（　　）调节器。

A. 比例微分 PD　　B. 比例积分 PI

C. 比例微分积分 PID　　D. 比例 P

3. 根据调速系统的典型伯德图判断系统的性能时下列说法中错误的是（　　）。

A. 中频段以－40dB/dec 斜率穿过 0dB 线，且中频段足够宽，则系统的稳定性好。

B. 截止频率 ω_c 越高，则系统的快速性越好。

C. 低频段的斜率陡、增益高，说明系统的稳态准确度高。

D. 高频段衰减越快，则高频特性负分贝值越低，说明系统抗高频噪声干扰的能力强。

4. 已知被控对象（为单位反馈系统）的开环传递函数为 $\dfrac{K}{(T_1s+1)(T_2s+1)(T_3s+1)}$，其中 T_1，$T_2 \gg T_3$。若将系统校正成典型Ⅰ型系统，应串联（　　）调节器。

A. P　　B. PI　　C. PID　　D. PD

5. 已知被控对象（单位反馈系统）的开环传递函数为 $\dfrac{K}{s(Ts+1)}$。若将系统校正成典型Ⅱ型系统，应串联（　　）调节器。

A. P　　B. PI　　C. PID　　D. PD

6. 工程设计法设计典型Ⅱ型系统时，采用“振荡指标法”中的闭环幅频特性谐振峰值 M_r 最小准则，截止频率 ω_c 与 h 的关系为（　　）。

A. $\omega_c = hT$　　B. $\omega_c = \dfrac{h+1}{2hT}$　　C. $\omega_c = \dfrac{h+1}{2h}$　　D. $\omega_c = \dfrac{h+1}{2h^2T^2}$

7. 工程设计方法在双闭环直流调速系统的应用中，若把电流环设计成典型Ⅱ型时有几处近似处理，具体计算时必须校验近似条件。（　　）是忽略反电动势对电流环的影响的近似条件。

A. $\omega_{ci} \leqslant 1/(3T_s)$　　B. $\omega_{ci} \geqslant 3\sqrt{1/(T_m T_l)}$

C. $\omega_{ci} \leqslant \frac{1}{3}\sqrt{1/(T_s T_{oi})}$　　D. $\omega_{ci} \geqslant 3/T_l$

8. 通过对转速调节器退饱和超调量的计算得知（　　）。

A. 退饱和超调量与线性系统的超调量差不多

B. 退饱和超调量比线性系统的超调量小得多

C. 退饱和超调量比线性系统的超调量大得多

D. 退饱和超调量比线性系统的超调量小一点

9. 含有滤波环节的输入等效电路如图 2-36 所示，该电路的滤波时间常数 τ_{oi} 为（　　）。

A. $T_{oi}=R_0C_{oi}$

B. $T_{oi}=R_0C_{oi}/2$

C. $T_{oi}=R_0C_{oi}/4$

D. $T_{oi}=R_0C_{oi}/8$

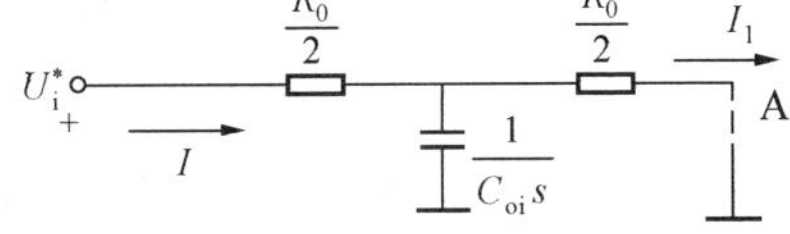

图 2-36　含滤波环节的输入等效电路

10. 某调速系统，当 $h=5$ 时从空载起动到额定转速 $n^*=n_n=1000\text{r/min}$，若已知 $\frac{\Delta C_{max}}{C_b}=81.2\%$，$C_b=41.58\text{r/min}$，退饱和时转速超调量为（　　）

A. 81.2%　　B. 3.37%　　C. 4.16%　　D. 2.74%

三、问答题

1. 转速环主要抗何种扰动？电流环主要抗何种扰动？

2. 写出典型Ⅰ型和典型Ⅱ型系统的传递函数，回答最佳参数分别是多少？

3. 典Ⅰ系统是几阶系统？是几阶无差系统？

4. 典Ⅱ系统是几阶系统？是几阶无差系统？

5. 在 ASR 饱和情况下起动时，双闭环调速系统跟随性能与抗扰性能有什么关系？分别在 h 为何值时性能最好？

6. 分别画出单闭环转速负反馈调速系统和单闭环电压负反馈调速系统的稳态结构图，标出稳态结构图中各个环节的信号；再分别说明两种系统在电网电压降低后如何进行恒压调节，以及哪种系统对电网电压的扰动具有更强的抗扰能力。

四、计算题

1. 某反馈控制系统已校正成典型Ⅰ型系统，已知时间常数 $T=0.02\text{s}$，要求阶跃响应的超调量 $\sigma \leqslant 10\%$。试求：

（1）系统的开环放大倍数、过渡过程时间 t_s 和上升时间 t_r；

（2）要求上升时间 $t_r \leqslant 0.05\text{s}$，则放大倍数应该多大？$\sigma$ 值为多少？

2. 设典型Ⅰ型系统的参数 $K=10\text{s}^{-1}$，$T=0.1\text{s}$，试回答：

（1）当阶跃信号作用于系统时，求系统的超调量 σ；

（2）计算过渡过程时间 t_s 和上升时间 t_r；

（3）若要求 $\sigma \leqslant 5\%$，应该如何设计系统参数？

3. 有一系统，已知 $W(s)=\dfrac{20}{(0.25s+1)(0.005s+1)}$，要求将系统校正成典型Ⅰ型系统，试选择调节器类型并计算调节器参数。

4. 设控制对象的传递函数为 $W(s)=\dfrac{K_1}{(T_1s+1)(T_2s+1)(T_3s+1)(T_4s+1)}$，式中 $K_1=2$，$T_1=0.4\text{s}$，$T_2=0.08\text{s}$，$T_3=0.015\text{s}$，$T_4=0.005\text{s}$。要求阶跃输入时系统超调量 $\sigma\%<5\%$，试分别用I、PI和PID调节器将其校正成典型Ⅰ型系统，试设计各调节器参数并计算调节时间 t_s。

5. 有一系统，已知 $W_{op}(s)=\dfrac{30}{(0.3s+1)(0.004s+1)(0.001s+1)}$，要求将系统校正成典型Ⅰ型系统，试选择调节器类型。

6. 不作近似处理，分别将具有开环传递函数（1）的单位反馈系统校正成具有三阶最佳参数的典型Ⅱ型系统，将具有开环传递函数（2）的单位反馈系统校正成具有二阶最佳参数的典型Ⅰ型系统，写出串联调节器的类型和传递函数，并求出调节器的参数。

（1）$\dfrac{100}{0.5s(0.01s+1)}$；　（2）：$\dfrac{80}{(0.25s+1)(0.02s+1)}$。

7. 有一系统，已知其前向通道传递函数为 $W(s)=\dfrac{20}{0.12s(0.01s+1)}$，反馈通道传递函数为 $\dfrac{0.003}{0.005s+1}$，将该系统校正为典型Ⅱ型系统，画出校正后系统动态结构图。

8. 由三相半波整流电路供电的转速电流双闭环调速系统，已知电动机参数为 $P_n=60\text{kW}$，$U_n=220\text{V}$，$I_n=305\text{A}$，$n_n=1000\text{r/min}$，$R_a=0.066\Omega$；允许电流过载倍数 $\lambda=1.5$，$R=0.18\Omega$，$L=2.16\text{mH}$，$GD^2=95.5\text{N}\cdot\text{m}^2$；$K_s=30$，$T_{oi}=0.0022\text{s}$，$T_{on}=0.014\text{s}$，额定转速时的给定电压 $U_n^*=15\text{V}$，调节器的限幅值为12V。系统的调速范围 $D=10$，稳态转速无差，电流超调量 $\sigma_i\%\leqslant 5\%$。试回答：

（1）计算电流反馈系数 β 和转速反馈系数 α；

（2）设计电流调节器，画出调节器电路并计算出反馈电阻和电容数值（取输入电阻 $R_o=40\text{k}\Omega$）；

（3）设计转速调节器，画出调节器电路并计算出反馈电阻和电容数值（取输入电阻 $R_o=20\text{k}\Omega$）；

（4）若从空载起动到额定转速，计算转速超调量 σ_n 和起动时间；

（5）计算在额定负载下最低速起动时的转速超调量。

3 直流调速系统的工程计算与 MATLAB 仿真实验

本章以前述的直流调速系统为理论基础，基于第 8 章的设计资料，进行直流调速系统的工程计算，应用 MATLAB 的 Simulink 和 SimPower System 工具箱，采用面向电气原理结构图的图形化仿真技术，对典型的单闭环直流调速系统、转速电流双闭环调速系统、三环调速系统、可逆调速系统和直流脉宽调速系统进行仿真实验分析。

"交直流调速系统"是一门实践性很强的课程，在学习了调速系统的理论知识后，必须通过一定的实践才能更清楚地掌握控制系统的组成和本质，使理论得到深化，并使理论与实践融为一体。本书将交直流调速系统的工程计算和仿真实验内容独立成章，通过学习，重点培养学生的实践能力、数据分析和处理能力、运用理论知识分析并解决实际问题的能力，从而提高学生的实践技能。

本书的实践内容包括：交直流调速系统的工程计算，基于 MATLAB 的交直流调速系统仿真实验，基于与课程教学内容配套的教学实验设备的实物实验，以及调速系统的课程设计四个部分内容。其中第 3 章为直流调速系统的工程计算和 MATLAB 仿真实验，第 7 章为交流调速系统的工程计算和 MATLAB 仿真实验，第 8 章为交直流调速系统的实物实验和课程设计指导书。

本章以江苏扬州市某电机厂生产的 Z4 系列某型号直流电动机的技术参数为基础，对直流调速系统仿真实验所需要的参数进行工程计算，然后把求出的参数代入到仿真模型中进行仿真实验研究，即仿真实验是以工程计算为基础的。

3.1 开环直流调速系统的工程计算和仿真实验

3.1.1 开环直流调速系统的工程计算

开环直流调速系统的计算主要是主回路参数的计算。

一、电动机有关参数的计算

电动机生产商提供的电动机参数见表 3 - 1。

表 3 - 1　　Z4 系列某型号电动机参数

型号	额定功率 P_n（kW）	额定转速 n_n（r/min）	额定电压 U_n（V）	电枢电流 I_n（A）	励磁功率 P_f（W）	电枢回路电阻 R_a（Ω）	电枢回路电感 L_s（mH）	磁场电感 L_f（H）	效率 η	惯量矩 GD_a^2（kg·m²）
Z4 - ××× - ××	15	1360	270	44.5	200	0.6	12	8	64.9	0.4

在后面的仿真中，电动机模型参数对话框中需要知道电枢回路电阻、电枢回路电感、励磁回路电阻、励磁回路电感、电枢回路和励磁回路间的互感、总的转动惯量等参量。除表 3 - 1中的已知参数外，其他参数计算方法如下。

1. 励磁回路电阻

已知直流励磁功率为200W，在模型中设定励磁电压为220V，则励磁回路电阻

$$R_f = U_f^2 / P_f = 220^2 / 200 = 242(\Omega)$$

2. 电枢和励磁回路间的互感

互感取电动机仿真模型的默认值，即1.8H。

3. 总的转动惯量

在考虑了传动机构的转动惯量后，根据**8.2.2**的技术数据，取总的转动惯量

$$GD^2 = 2.5GD_a^2 = 2.5 \times 0.4 = 1(\text{kg} \cdot \text{m}^2)$$

二、电枢回路外接电感

外接电感取5mH。

三、整流变压器参数计算

（1）整流变压器二次侧电压计算式为

$$U_2 = \frac{\left(\frac{I_{dmax}}{I_n}\right) I_n R_a + U_n + \left(\frac{I_{Tmax}}{I_n} - 1\right) I_n R_a}{K_{UV}\left(b\cos\alpha_{min} - K_X U_{dl} \frac{I_{Tmax}}{I_n}\right)}$$

$$= \frac{1.5 \times 44.5 \times 0.6 + 270 + (1.5 - 1) \times 44.5 \times 0.6}{2.34 \times (0.95 \times 0.98 - 0.5 \times 0.05 \times 1.5)} = 155(\text{V})$$

式中：U_2 为变压器的二次侧相电压，V；U_n 电动机的额定电压，V；K_{UV}为整流电压计算系数；b 为电网电压的波动系数，一般取 $b=0.90\sim0.95$；a 为晶闸管的触发延迟角；K_X 为换相电感压降计算系数；U_{dl}为变压器阻抗电压比，100kV·A以下取0.05，容量越大，U_{dl}也越大（最大为0.1）；I_{Tmax}为变压器的最大工作电流，等于电动机的最大电流 I_{dmax}，A；I_n 为电动机的额定电流，A。

查第8章资料可得，三相全控桥式整流电路的计算系数 $K_{UV}=2.34$，$K_X=0.5$。其他参数 $U_{dl}=0.05$，$b=0.95$；$\alpha_{min}=10°$，$\cos\alpha_{min}=0.98$；$I_{dmax}/I_n=I_{Tmax}/I_n=1.5$。

（2）整流变压器二次侧电流计算。整流变压器二次侧相电流 I_2 为

$$I_2 = K_{IV} I_n = 0.816 \times 44.5 = 36.3(\text{A})$$

式中：K_{IV}为二次侧相电流计算系数；I_n 为整流器额定直流电流。

查第8章资料可得三相全控桥式整流电路的 $K_{IV}=0.816$。

3.1.2 开环直流调速系统的MATLAB仿真实验

应用计算机仿真技术对交直流调速系统进行仿真分析，可以加深人们对所学理论的理解，提高实践动手能力。计算机仿真还是一种低成本的实验手段，近年来获得了广泛应用。

目前，使用MATLAB对控制系统进行计算机仿真的主要方法是：以控制系统的传递函数为基础，使用MATLAB的Simulink工具箱对其进行计算机仿真研究。本章提出一种面向控制系统电气原理结构图、使用SimPower System工具箱进行调速系统仿真的新方法。

在MATLAB5.2以上的版本中，新增了一个电力系统（SimPower System）工具箱［本教材使用MATLAB7.6（R2008a版本）］，该工具箱与控制系统工具箱有所不同，用户不需编程且不需推导系统的动态数学模型，只要从工具箱的元件库中复制所需的电气元件，

按电气系统的结构进行连接；系统的建模过程接近实物实验系统的搭建过程，且元件库中的电气元件能较全面地反映相应实际元件的电气特性，仿真结果的可信度很高。

本节以直流调速系统为研究对象，采用面向电气原理结构图的仿真方法，对典型的直流调速系统进行仿真实验分析。

面向电气原理结构图的仿真方法如下：首先以调速系统的电气原理结构图为基础，弄清楚系统的构成，从 SimPower System 和 Simulink 模块库中找出对应的模块，按系统的结构进行建模；然后对系统中的各个组成环节进行元件参数设置，在完成各环节的参数设置后，进行系统仿真参数的设置；最后对系统进行仿真实验，并进行仿真结果分析。为了使系统得到好的性能，通常要根据仿真结果来对系统的各个环节进行参数的优化调整。

按照这一步骤，下面对教材第 1 章所介绍的直流调速系统进行建模与仿真。

由于面向电气原理结构图的仿真方法是以调速系统的电气原理结构图为基础，按照系统的构成，从 SimPower System 和 Simulink 模块库中找出对应的模块，按系统的结构进行连接。为了方便建模，将开环直流调速系统的电气原理结构图重新绘于图 3 - 1（其他的系统也如此）中。从结构图可知，该系统由给定环节、脉冲触发器、晶闸管整流桥、平波电抗器、直流电动机等部分组成。图 3 - 2 是采用面向电气原理结构图方法构作的开环直流调速系统的仿真模型。下面介绍各部分建模与参数设置过程。

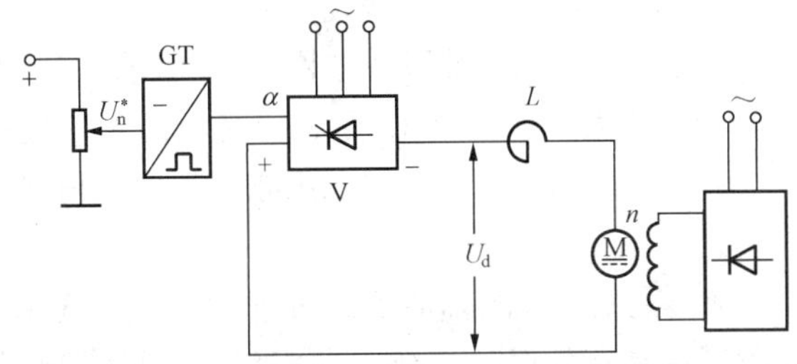

图 3 - 1　晶闸管开环直流调速系统原理图

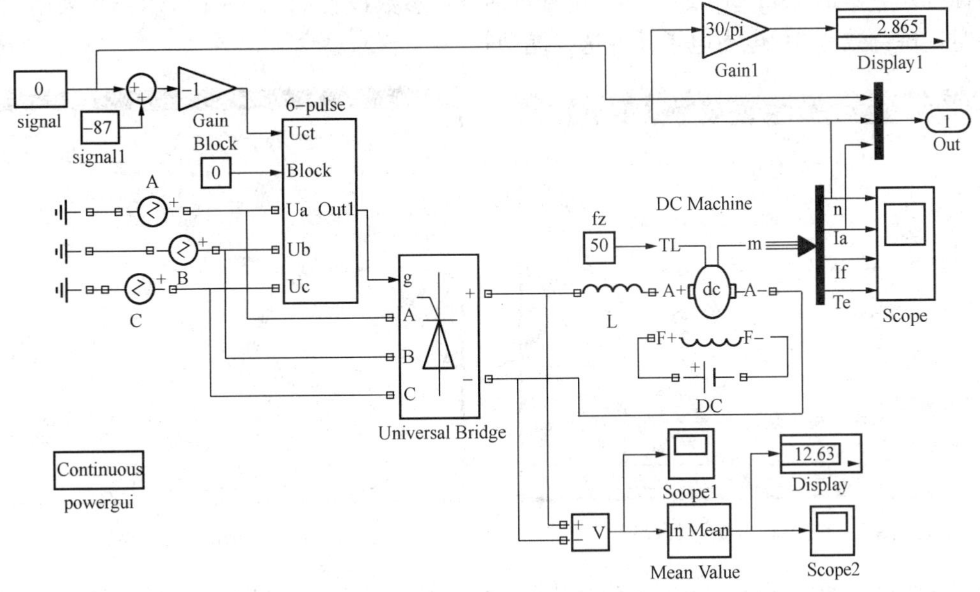

图 3 - 2　开环直流调速系统的仿真模型

一、系统的建模和模型参数设置

系统的建模包括主电路的建模和控制电路的建模两部分。

1．主电路的建模和参数设置

开环直流调速系统的主电路由三相对称交流电压源、晶闸管整流桥、平波电抗器L、直流电动机等部分组成。由于同步脉冲触发器与晶闸管整流桥是不可分割的两个环节，通常作为一个组合体来讨论，所以将触发器归到主电路进行建模。

（1）三相对称交流电压源的建模和参数设置。首先按“SimPowerSystems/Electrical sources/AC Voltage Source”路径从电源模块组中选取1个“AC Voltage Source”模块，再用复制的方法得到三相电源的另两个电压源模块，并用模块标题名称修改方法将模块标签分别改为A相、B相、C相；然后按“SimPowerSystems/ Elements /Ground”路径从元件模块组中选取“Ground”元件进行连接。

为了得到三相对称交流电压源，其参数设置方法及参数设置如下：双击A相交流电压源图标（这是打开模块参数设置对话框的方法，后面不再赘述），打开电压源参数设置对话框，A相交流电源参数设置如图3-3所示。其中，幅值取218V，初相位设置成0°，频率为50Hz，其他为默认值。B、C相交流电源参数设置方法与A相相同，除了将初相位设置成互差120°外，其他参数与A相相同。由此可得到三相对称交流电源，本模型的相序是A—B—C。

A相交流电源的幅值确定过程如下：在**3.1.1**中，计算得到的整流变压器二次侧电压为155V，这是有效值，其峰值为218V。图3-2中没有接整流变压器，而是直接接入了交流电源代替了二次侧电压，所以交流电源的峰值应设置为218V。

（2）晶闸管整流桥的建模和参数设置。首先按“SimPowerSystems/Power Electronics/Universal Bridge”路径从电力电子模块组中选取“Universal Bridge”模块，然后双击该模块图标打开“Universal Bridge”参数设置对话框，参数设置如图3-4所示。当采用三相整流桥时，桥臂数取3；电力电子元件选择晶闸管。

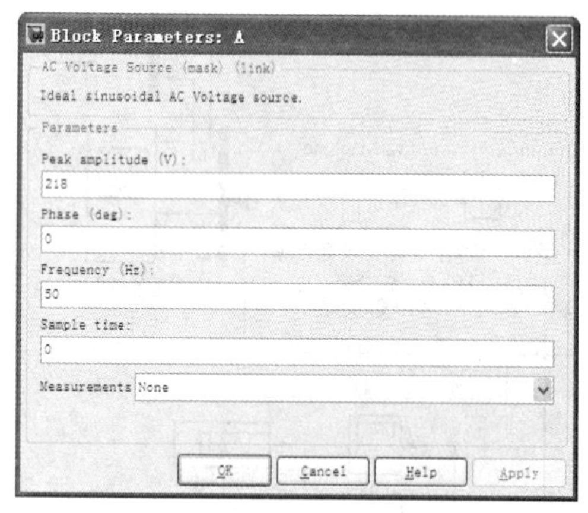

图3-3　A相电源参数设置

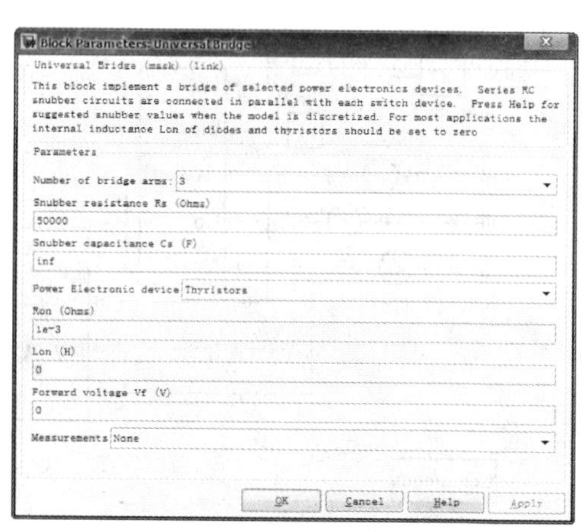

图3-4　Universal Bridge参数设置

该参数设置的原则是：如果是针对某个具体的变流装置进行参数设置，对话框中的R_s、C_s、R_{on}、L_{on}、V_f应取该装置中晶闸管元件的实际值；如果是一般情况，这些参数可先取默认值进行仿真，若仿真结果理想，就认可这些设置的参数；若仿真结果不理想，则通过仿真实验，不断进行参数优化，最后确定其参数。这一参数设置原则对其他环节的参数设置也是适用的。

（3）平波电抗器的建模和参数设置。首先按“SimPowerSystems/Elements/Series RLC Branch”路径从元件模块组中选取“Series RLC Branch”模块，然后打开参数设置对话框，类型直接选为电感就可以得到电抗器，具体参数如图 3-5 所示。

（4）直流电动机的建模和参数设置。首先按“SimPowerSystems/Machines/DC Machine”路径从电机系统模块组中选取“DC Machine”模块；直流电动机的励磁绕组“F+—F−”接直流恒定励磁电源，励磁电源可从按路径“SimPowerSystems/ Electrical sources/DC Voltage Source”从电源模块组中选取“DC Voltage Source”模块，并将电压参数设置为 220V；电枢绕组“A+—A−”经平波电抗器接晶闸管整流桥的输出；电动机经 TL 端口接恒转矩负载，直流电动机的输出参数有转速 n、电枢电流 I_a、励磁电流 I_f、电磁转矩 T_e，分别通过“示波器”模块观察仿真输出和用“out”模块将仿真输出信息返回到 MATLAB 命令窗口，再用绘图命令 plot（tout，yout）在 MATLAB 命令窗口里绘制出输出图形。

电动机的参数设置可按下述步骤进行：双击直流电动机图标，打开直流电动机的参数设置对话框，直流电动机的参数设置如图 3-6 所示。其参数设置的依据是产品说明书中参数和工程计算参数。

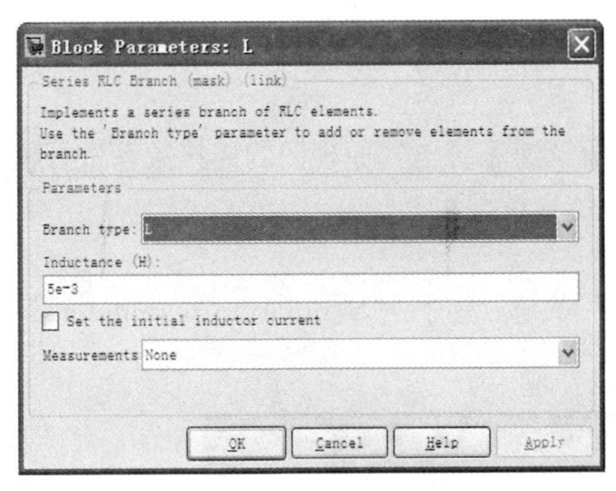

图 3-5　平波电抗器参数设置

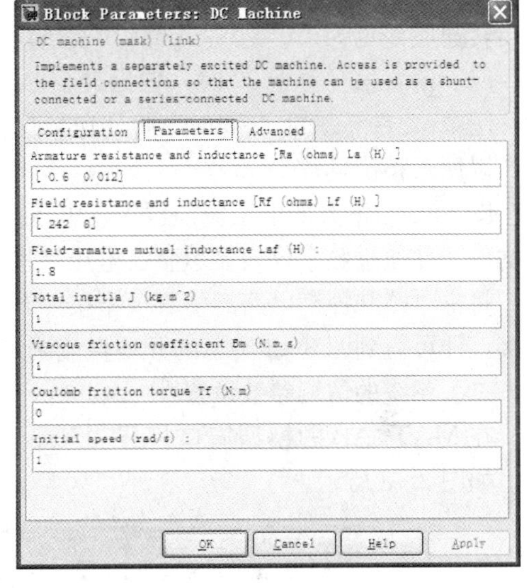

图 3-6　直流电动机的参数设置

（5）脉冲触发器的建模和参数设置。通常，工程上将触发器和晶闸管整流桥作为一个整体来研究。同步脉冲触发器包括同步电源和 6 脉冲触发器两部分。6 脉冲触发器可按路径“SimPowerSystems/ Extra Library/ Control Blocks/Synchronized 6−Pulse Generator”从控制子模块组获得。6 脉冲触发器需用三相线电压同步，所以同步电源的任务是将三相交流电源的相电压转换成线电压。同步电源与 6 脉冲触发器及封装后的子系统符号如图 3-7（a）、（b）所示。

至此，根据图 3-1 主电路的连接关系，可建立起主电路的仿真模型，见图 3-2 前半部分。图 3-2 中触发器开关信号 Block 为“0”时，开放触发器；为“1”时，封锁触发器。

2. 控制电路的建模和参数设置

开环直流调速系统的控制电路只有一个给定环节，它可按路径“Simulink/Sources/Constant”选取“Constant”模块，并将模块标签改为“Signal”；然后双击该模块图标，打

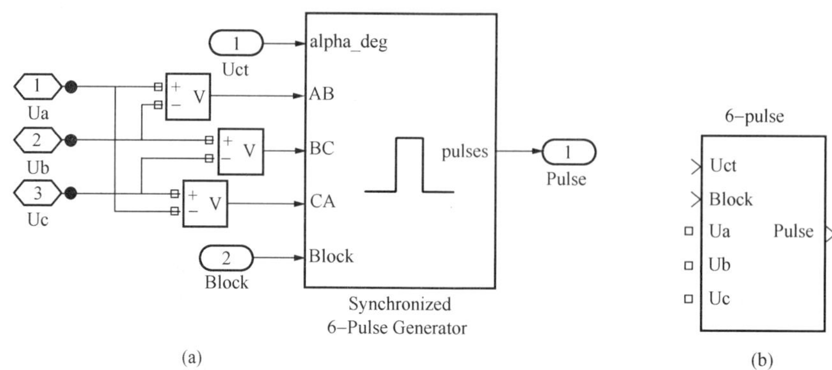

图 3-7　同步电源与 6 脉冲触发器和封装后的子系统符号

（a）同步脉冲触发器；（b）子系统符号

开参数设置对话框，将参数设置为某个值。

图 3-2 中，“Signal”信号设为 0rad/s 是为了整定系统的零点，即给定信号为“0”时，输出转速应该也为“0”。“Signal1”是偏置信号，用于系统调“0”。经过测试，当输入为“0”时，偏置信号等于 87 时，输出最小。

图 3-2 右上方的“Gain1”将转速单位转换成“r/min”，数字仪表 Display1 显示输出转速，以便于精确读数。

图 3-2 右下方的电压转换器 V、电压平均值测量表“Mean Value”用于测量输出电压平均值，并通过数字仪表显示整流电压平均值。

将主电路和控制电路的仿真模型按照开环直流调速系统电气原理图的连接关系进行模型连接，即可得到图 3-2 所示的开环直流调速系统仿真模型。

二、系统的仿真参数设置

在 MATLAB 的模型窗口打开“Simulation”菜单，进行“Simulation parameters”设置，如图 3-8 所示。

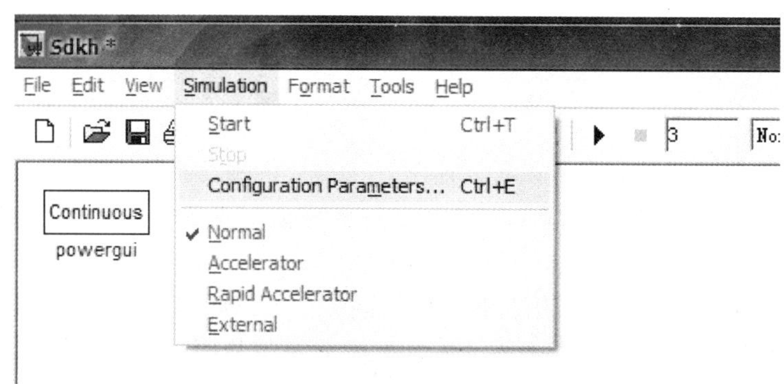

图 3-8　仿真参数设置

点击“Configuration parameters…”菜单后，得到仿真参数设置对话框，参数设置如图 3-9 所示。仿真中所选择的算法为 ode23s。由于实际系统的多样性，不同的系统需要采用不同的仿真算法，到底采用哪一种算法，可通过仿真实践进行比较选择；仿真 Start time 一般设为“0”；Stop time 根据实际需要而定，一般只要能够仿真出完整的波形就可以了。

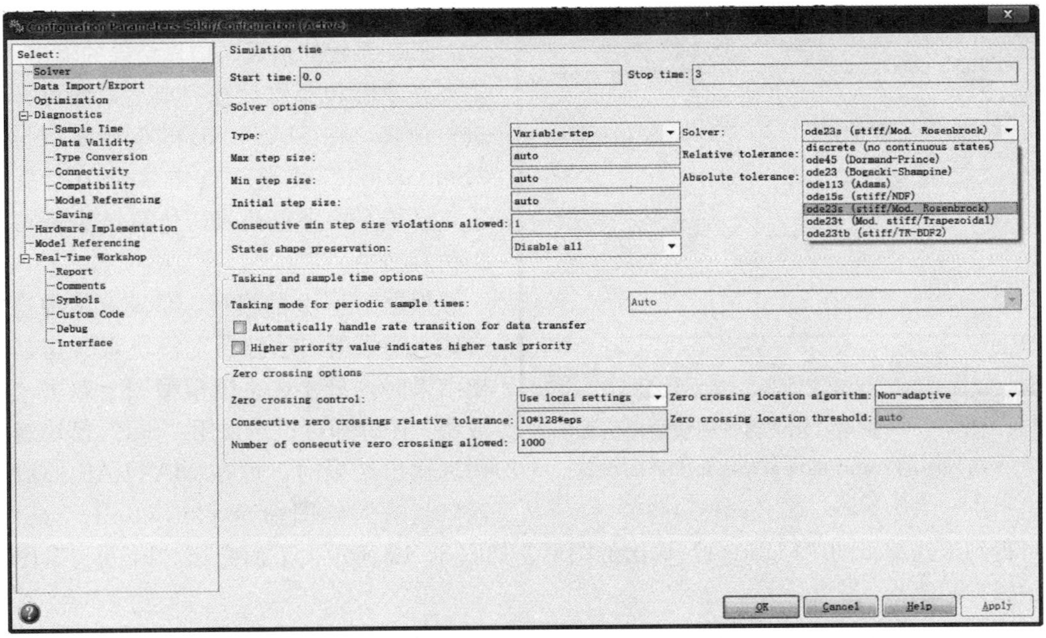

图3-9　仿真参数设置对话框及参数设置

如果用“out”模块将仿真输出信息返回到MATLAB命令窗口，再用绘图命令plot（tout，yout）在MATLAB命令窗口里绘制图形，观察仿真输出，则图3-10中的Limit data points to last的值要设大一点，否则Figure输出的图形会不完整。

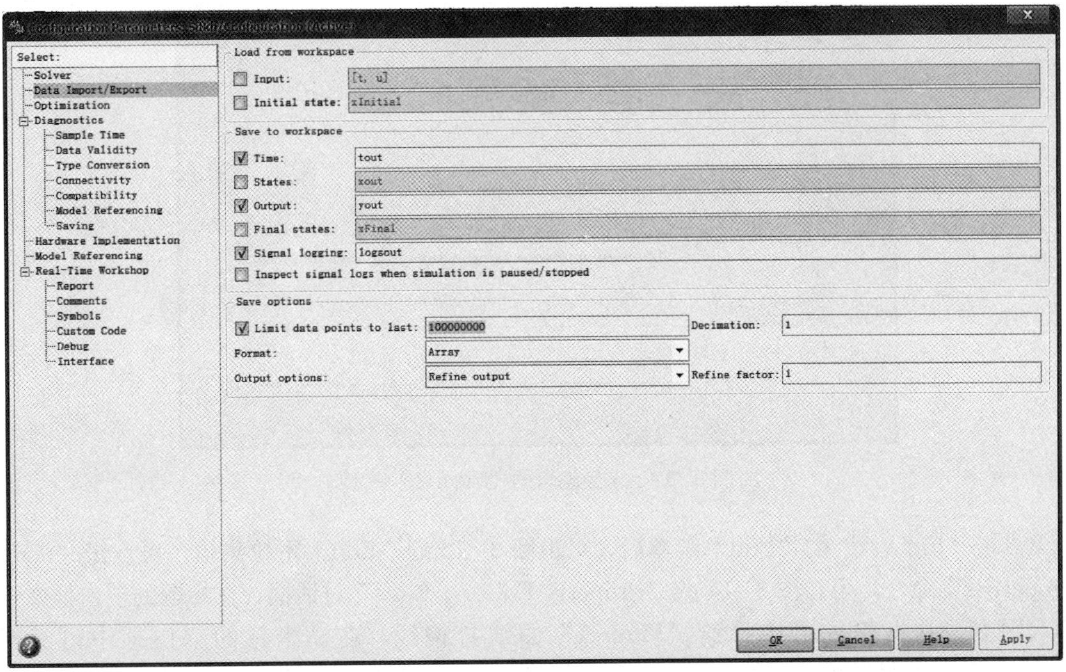

图3-10　采用“out”模块输出仿真结果时的Limit data points to last的设置

如果通过“示波器”模块观察仿真输出，同样图3-11中的Limit data points to last值

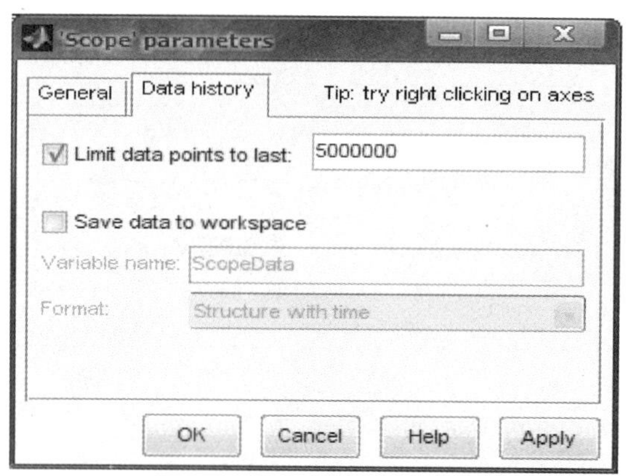

图3-11　采用“示波器”模块输出仿真结果时的Limit data points to last的设置

也要设大一点。

三、系统的仿真、仿真结果的输出

当建模和参数设置完成后，即可开始进行仿真。在MATLAB的模型窗口打开“Simulation”菜单，点击“Start”命令后，系统开始进行仿真，仿真结束后可输出仿真结果。

根据图3-2的模型，系统有两种输出方式。当采用“示波器”模块观察仿真输出结果时，只要在系统模型图上双击“示波器”图标即可；当采用“out”模块观察仿真输出结果时，可在MATLAB的命令窗口，输入绘图命令plot（tout，yout），即可得到未经编辑的“Figure 1”输出的图形，如图3-12所示。下面介绍“Figure1”图形的编辑方法。

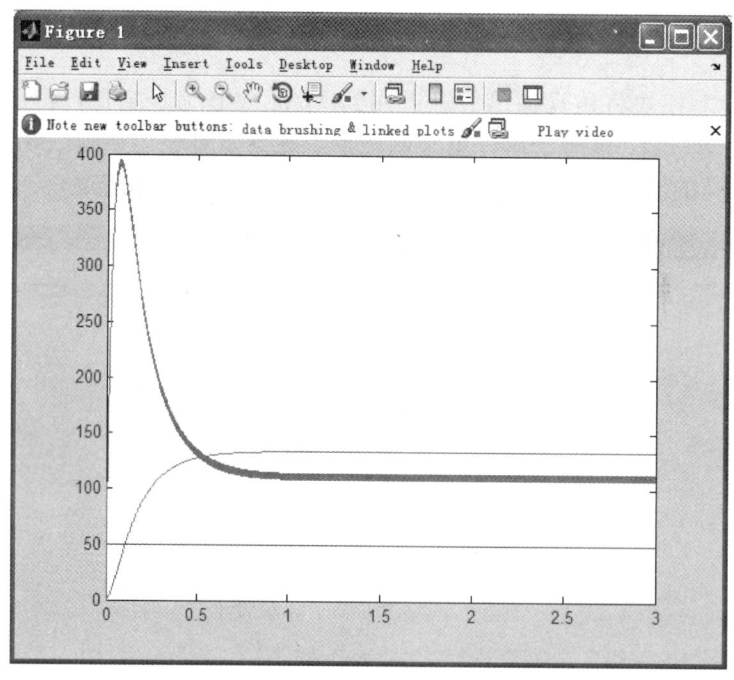

图3-12　未经编辑的“Figure1”图形

点击“Figure1”的“Edit”菜单后，可得图3-13的“Edit”下拉菜单，再点击“Axes Properties”命令，可得图3-14的“Property Editor—Axes”对话框，在标题的空白框中可输入图名，在网格处可选择给“Figure1”曲线打格线，在横坐标的空白框中可编辑“Figure1”输出曲线的横坐标及坐标标签；同理，可对纵坐标进行编辑。点击输出曲线可对被选中的“Figure 1”的输出曲线编辑；在工具栏中选择“Insert”按钮中的“Text Arrow”命令，可对输出曲线进行注释。最终复制“Figure 1”输出曲线，可得经过编辑后的

“Figure 1” 输出图形，如图 3 - 15 所示。

图 3 - 15 显示的分别是开环直流调速系统的给定信号、电枢电流和转速曲线。可以看出，这个结果和实际电机运行的结果相似，系统的建模与仿真是成功的。

现将开环直流调速系统的建模与参数设置的一些原则和方法归纳如下：

（1）系统建模时，将其分成主电路和控制电路两部分分别进行。

（2）在进行参数设置时，晶闸管整流桥、平波电抗器、直流电动机等装置（固有环节）的参数设置原则是：

1）如果针对某个具体的装置进行参数设置，则对话框中的有关参数应取该装置的实际值。

2）如果是不针对某个具体装置的一般情况，可先取这些装置的参数默认值进行仿真，若仿真结果理想，则认可这些设置的参数；若仿真结果不理想，则通过仿真实验，不断进行参数优化，最后确定其参数。

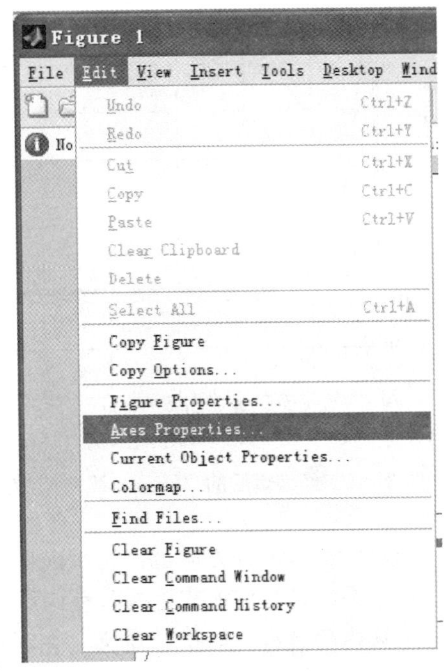

图 3 - 13　“Figure 1” Edit 菜单的下拉菜单

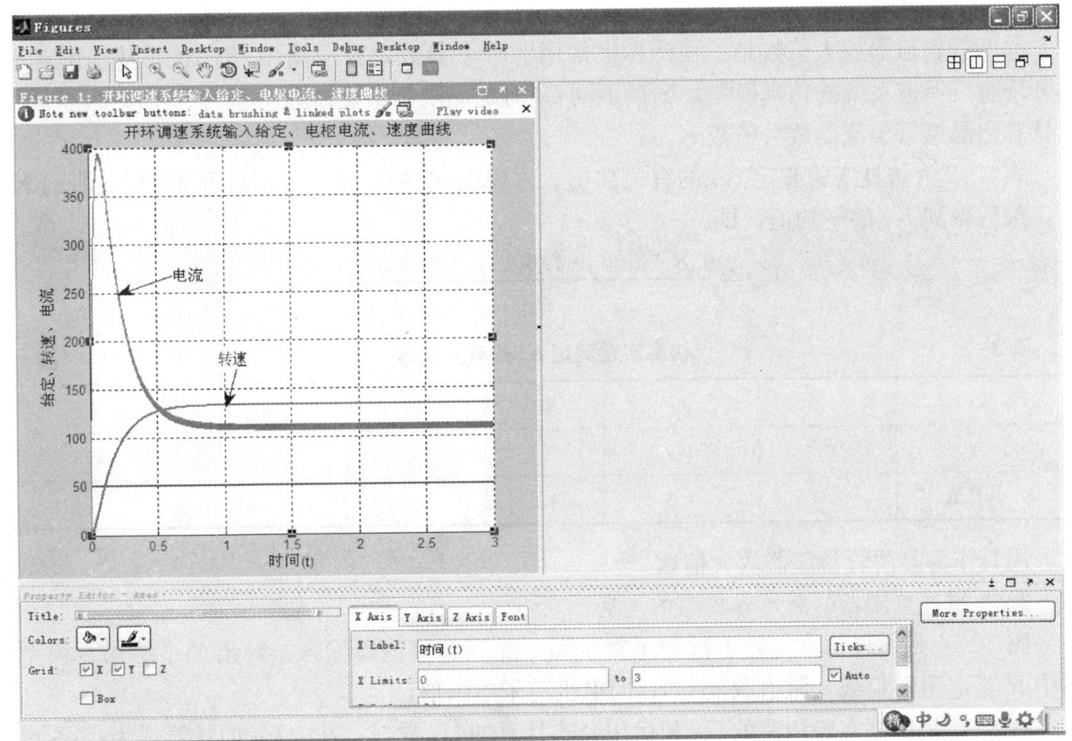

图 3 - 14　“Property Editor—Axes” 对话框

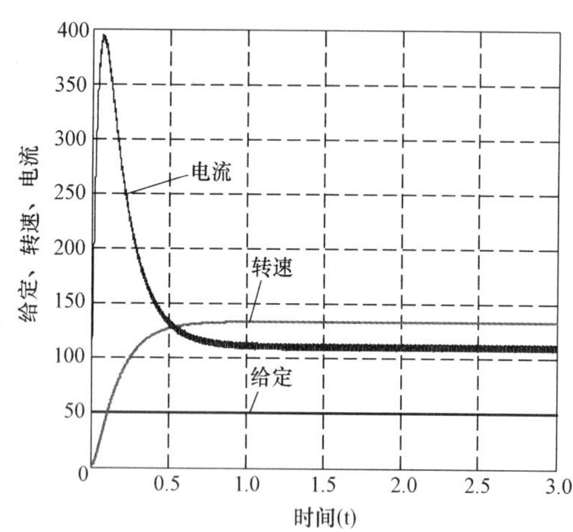

图 3-15　经编辑后的“Figure 1”输出图形

（3）给定信号的变化范围、调节器的参数和反馈检测环节的反馈系数（闭环系统中使用）等可调参数的设置，方法一般是通过仿真实验，不断进行参数优化。具体方法是分别设置这些参数的一个较大和较小值进行仿真，弄清它们对系统性能影响的趋势，据此逐步将参数进行优化。

（4）仿真时间根据实际需要而定，以能够仿真出完整的波形为前提。

（5）由于实际系统的多样性，没有一种仿真算法是万能的，不同的系统需要采用不同的仿真算法，到底采用哪一种算法更好，这需要通过仿真实践，从仿真能否进行、仿真的转速、仿真的准确度等方面进行比较选择。

（6）系统仿真前应先进行开环调试，找出 U_{ct} 的单调变化范围。

上述内容具有一般指导意义，在讨论后面各种系统时，遇到类似问题就不再细说原因了。下面对单闭环、双闭环等较简单的直流调速系统采用工程计算的方法确定仿真参数；而对三环和可逆调速等复杂系统则采用试探法进行参数优化，从而确定参数。

四、系统的仿真分析

1. 晶闸管整流器放大倍数 K_s 的测定

晶闸管整流器放大倍数是工程计算中常用的一个参数，根据图 1-8，只要基于图 3-2 的开环直流调速系统的仿真模型，测量不同 U_{ct} 时的晶闸管整流器输出平均电压值 U_d，就可以计算出晶闸管整流器放大倍数 K_s。

表 3-2 为仿真实验测定 K_s 的有关数据。再根据式（1-4），分别计算不同 U_{ct} 时的 K_s 值，最后得到 K_s 的平均值，即

$$K_s=\frac{6.3+5.5+4.6+3.8+3.3}{5}=4.7$$

表 3-2　　仿真实验测定 K_s 的有关数据

U_{ct}（V）	10	20	30	40	50	60
U_d（V）	83	146	201	247	285	318
K_s 计算值	6.3	5.5	4.6	3.8	3.3	

用其作为晶闸管整流器放大倍数。

2. 晶闸管整流器—触发器模型的测定

图 3-16 是通过仿真实验手段测定触发器—晶闸管整流器输入—输出关系的仿真模型。图中 R 是电阻性负载，阻值取 0.6Ω，即电机定子电阻值。

表 3-3 是仿真实验测定的 U_d 和运用公式计算的 U_d 数据。其中 U_d 的计算式为：$\alpha\leqslant60°$ 时，电流连续 $U_d=2.34U_2\cos\alpha$；$\alpha>60°$ 时，电流断续 $U_d=2.34U_2\left[1+\cos(\pi/3+\alpha)\right]$。

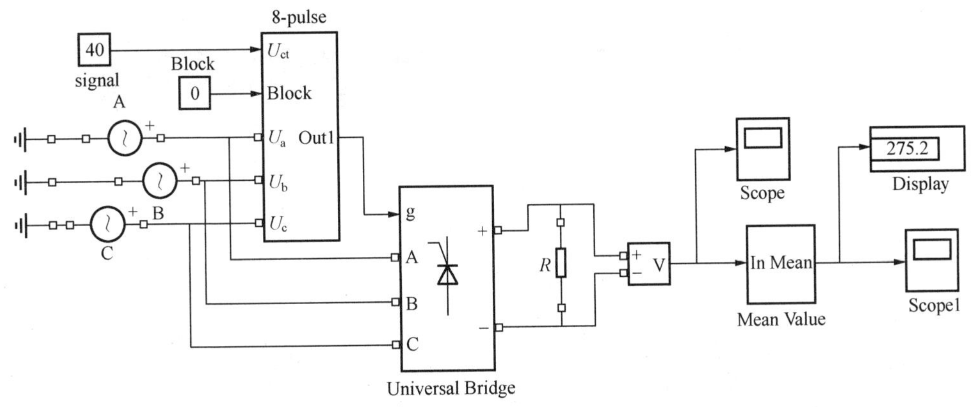

图 3-16 测定晶闸管整流器—触发器输入—输出关系的仿真模型

表 3-3 仿真实验测定的 U_d 和运用公式计算的 U_d 数据

α (°)	0	5	10	20	30	40	50	60	65	70	75	80
U_d 实验值（V）	362	360	356	338	307	275	234	185	151	114	101	70
U_d 计算值（V）	362.5	361	357	340.5	314	278	233	181	154	129	106	85

从表 3-3 中的数据可见，实验值和计算值是非常接近的。

3. 触发器脉冲移相的观察

图 3-17 为打开 6-脉冲触发器子系统后观察脉冲移相效果的仿真模型。图中 Selector1 是多路选择开关，它将第一路脉冲与 A 相相电压 U_A 和线电压 U_{AB} 在示波器中显示其相位之间的关系。

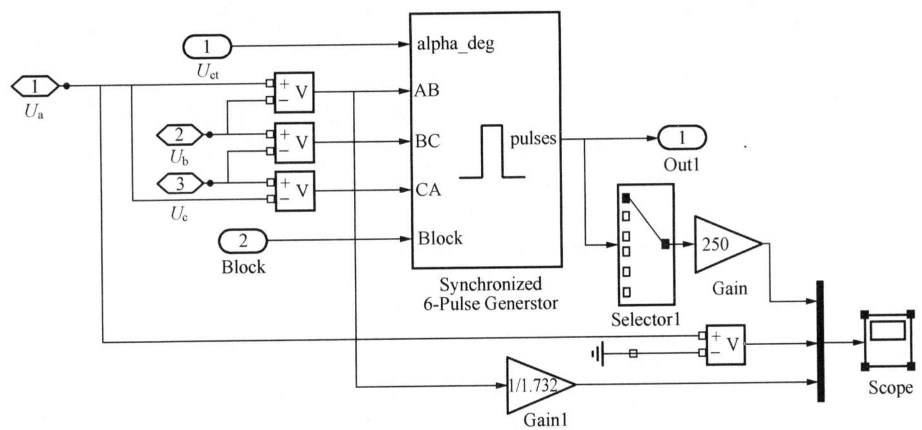

图 3-17 观察 6-脉冲触发器脉冲移相效果的仿真模型

为了方便观察，Gain1 模块将线电压 U_{AB} 幅值转换成与相电压相同，图 3-18、图 3-19 分别是脉冲控制角为 0°、60°时相电压、线电压和脉冲的相位关系以及整流电压波形情况。其中第一个正弦波为线电压，第二个正弦波为相电压。需要说明的是正弦波的第一个周期系统还没有稳定，观察波形从第二个周期开始。相电压的 30°或线电压的 60°为脉冲控制角的零度。

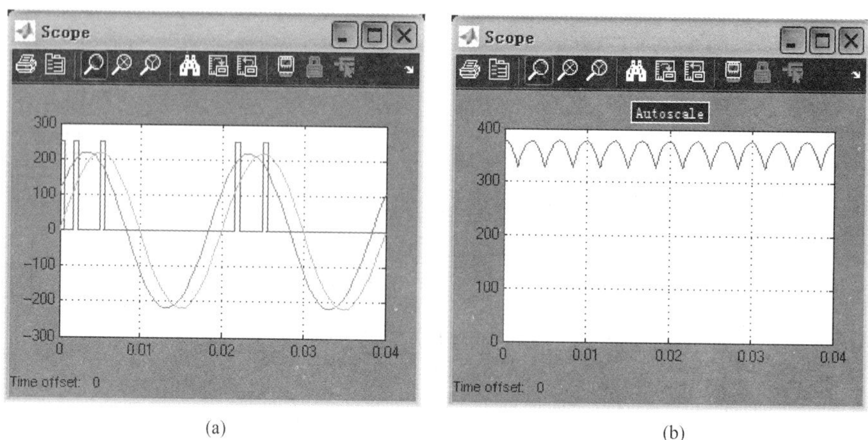

图 3-18　脉冲控制角 0°时相电压、线电压和脉冲的相位关系以及整流电压波形

（a）相电压、线电压和脉冲的相位关系；（b）整流电压波形

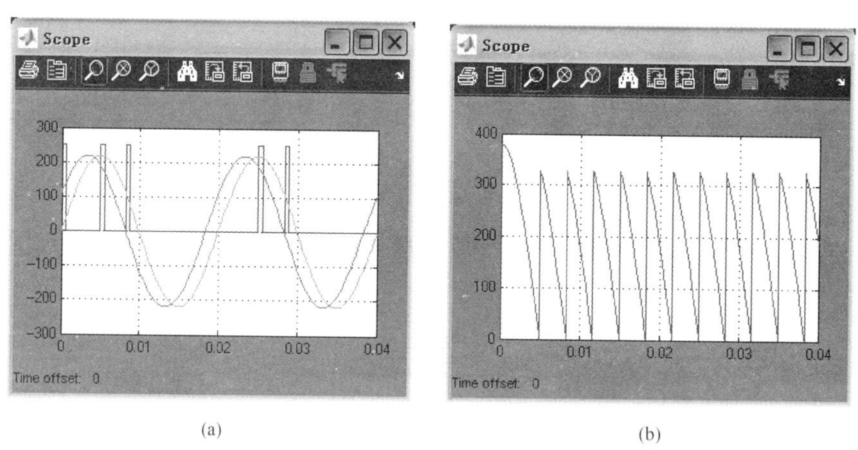

图 3-19　脉冲控制角 60°时的相电压、线电压和脉冲的相位关系以及整流电压波形

（a）相电压、线电压和脉冲的相位关系；（b）整流电压波形

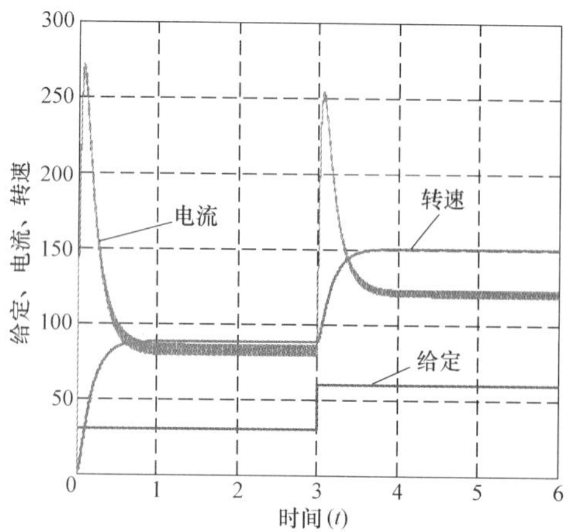

图 3-20　开环调速系统调速时的给定信号、电枢电流和转速变化曲线

4. 改变给定控制信号的调速效果

利用 Simulink 中的阶跃信号模块产生初始值为 30、跳变时间为 3s、终值为 60 的输入信号，观察系统调速性能。图 3-20 所示为开环直流调速系统调速时的给定信号、电枢电流和转速曲线变化情况，由此可见系统具有调速功能。

3.2 单闭环直流调速系统的工程计算和仿真实验

3.2.1 单闭环有静差转速负反馈调速系统的工程计算和仿真实验

单闭环有静差转速负反馈调速系统的电气原理结构图如图 3-21 所示。该系统由给定环节、转速调节器、同步脉冲触发器、晶闸管整流桥、平波电抗器、直流电动机、转速反馈环节等部分组成。

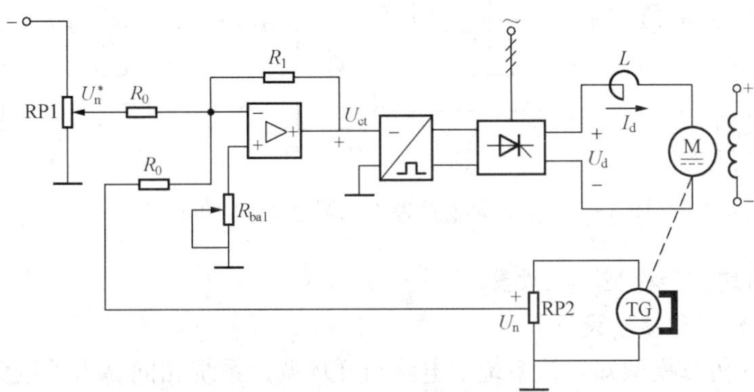

图 3-21　单闭环有静差转速负反馈调速系统电气原理结构图

一、系统的工程计算

已知电枢回路总电阻 $R=2R_a=1.2\Omega$，要求调速范围 $D=10$，静差率 $s\leqslant10\%$，电动机参数同表 3-1。

（1）带额定负载时，系统的稳定速降

$$\Delta n_{cl}=\frac{n_N s}{D(1-s)}=\frac{1360\times0.05}{10\times(1-0.05)}=7.16(\text{r/min})$$

$$C_e=\frac{U_N-I_NR_a}{n_N}=\frac{270-44.5\times0.6}{1360}=0.179(\text{V}\cdot\text{min/r})$$

（2）系统的开环放大系数 K。

$$K\geqslant\frac{I_NR}{C_e\Delta n_{cl}}-1=\frac{44.5\times2\times0.6}{0.179\times7.16}-1=40.7$$

（3）放大器的放大系数 K_p。额定转速时的给定电压为 85V。

$$\alpha\approx\frac{U_n^*}{n_N}=\frac{85}{1360}\times\frac{30}{\pi}=0.6(\text{V}\cdot\text{min/r})$$

$$K_p=\frac{KC_e}{\alpha K_s}=\frac{40.7\times0.179}{0.6\times4.7}\approx2.58$$

二、单闭环有静差转速负反馈调速系统的建模与仿真

图 3-22 所示为采用面向电气原理结构图方法构作的单闭环有静差转速负反馈调速系统

的仿真模型。与图 3-1 的开环直流调速系统相比较，二者的主电路是基本相同的（本章所有的单闭环调速系统的主电路都有这个特点），系统的差别主要在控制电路上。为此，在后面介绍主电路的建模与参数设置时，主要介绍其不同之处。

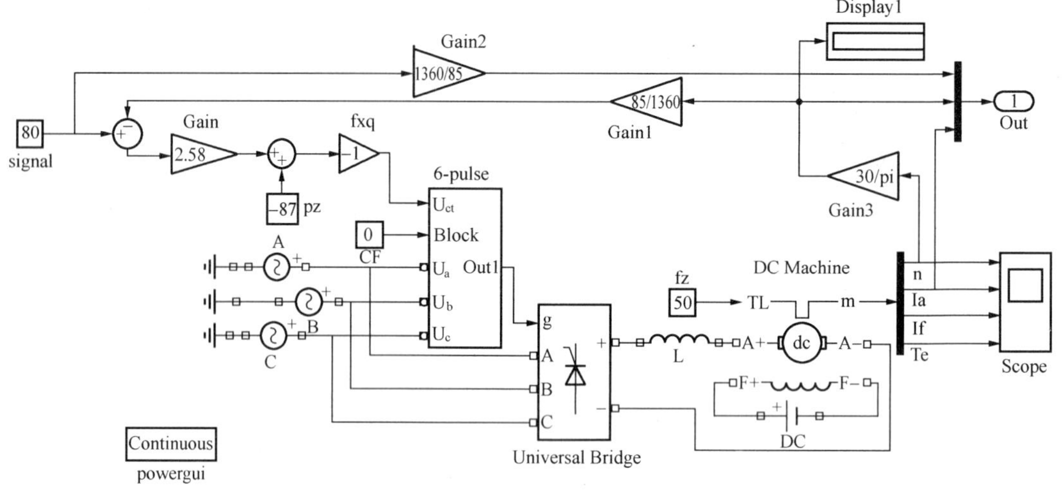

图 3-22　单闭环有静差直流调速系统的仿真模型

（一）系统的建模和模型参数设置

1. 主电路的建模和参数设置

由图 3-22 的仿真模型知，该系统主电路与开环调速系统相同。为了避免重复，此处只介绍控制部分的建模与参数设置。

2. 控制电路的建模和参数设置

单闭环有静差转速负反馈调速系统的控制电路由给定信号、转速调节器、转速反馈等环节组成。

“给定信号”模块的建模和参数设置方法与开环调速系统相同，此处参数设置为 60rad/s。有静差调速系统的转速调节器采用比例调节器，放大倍数为 2.58，它是通过计算而得到的。

转速调节器、偏置、反向器等模块的建模与参数设置都比较简单，只要分别按路径“Simulink /Commonly Used Blocks/Gain”选择“Gain”模块；按路径“Simulink/Sources/Constant”选取“Constant”模块。找到相应的模块后，按要求设置好参数即可。

将主电路和控制电路的仿真模型按照单闭环转速负反馈调速系统电气原理图的连接关系进行模型连接，即可得到图 3-22 所示的系统仿真模型。

（二）系统的仿真参数设置

系统仿真参数的设置方法与开环系统相同。仿真中所选择的算法为 ode23t；仿真 Start time 设为 0，Stop time 设为 3；其他与开环系统相同。

（三）系统的仿真和仿真结果

当建模和参数设置完成后，即可开始进行仿真。图 3-23 是单闭环有静差转速负反馈调速系统在 $K_p=2.58$ 时的给定、电流和转速曲线。可以看出，转速仿真曲线与给定信号相比是有差系统。

（四）系统仿真结果的分析

1. 转速控制器放大倍数 K_p 对转速偏差的影响

当放大倍数选择计算值2.58时，从图3-23可见，转速有比较大的偏差。其他条件不变，将放大倍数增加到10（任意选的一个值）进行仿真，图3-24为其电流和转速曲线。增大转速控制器的放大倍数，转速偏差减少了许多。但实验也发现，只要放大倍数有限，转速偏差总是存在的，过分加大 K_p 会引起电流振荡。

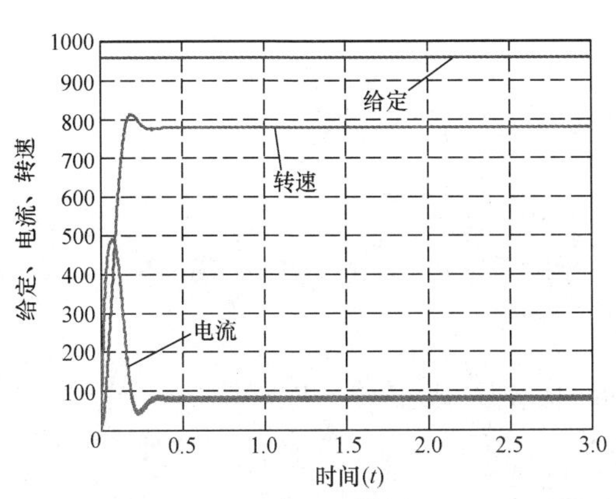

图3-23 单闭环有静差转速负反馈调速系统的给定、电流和转速曲线

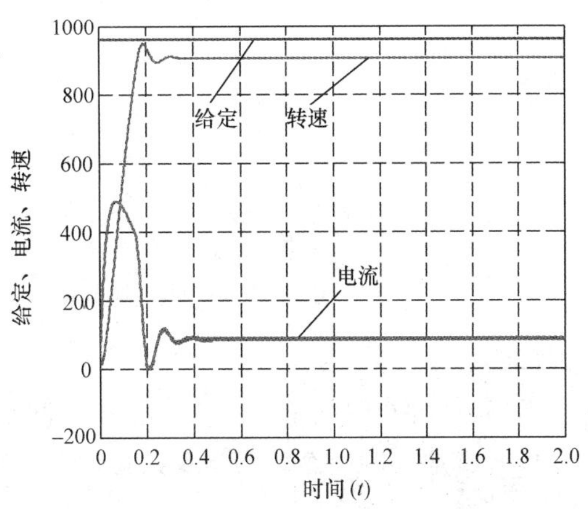

图3-24 放大倍数 K_p 为10时调速系统的电流和转速曲线

2. 负载变化对转速的影响

图3-25是当其他参数不变，负载在2s时刻从50N·m变化到150N·m时调速系统的给定、电流和转速曲线。由图可见，负载增加了2倍，而转速下降不多，说明系统对负载干扰有较强的抗扰能力。

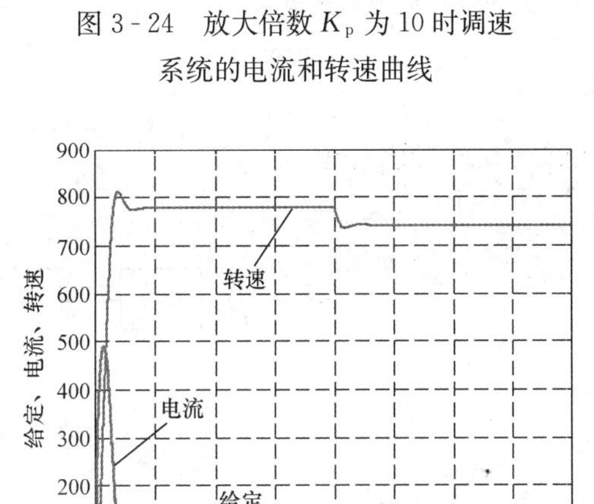

图3-25 负载变化时有差调速系统的给定、电流和转速曲线

3.2.2 单闭环无静差转速负反馈调速系统的工程计算和仿真实验

单闭环无静差转速负反馈调速系统的电气原理结构图如图3-26所示。该系统由给定环节、转速调节器、同步脉冲触发器、晶闸管整流桥、平波电抗器、直流电动机、转速反馈环节、限流环节等部分组成。建模时暂不考虑限流环节。

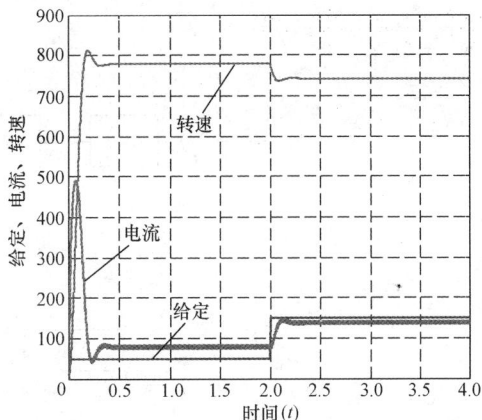

一、系统的工程计算

1. 转速调节器设计

（1）转速反馈系数

$$\alpha = 9.55 \times 85/n_n = 812/1360 = 0.6(\text{V} \cdot \text{min/r})$$

（2）确定时间常数。

1）整流装置滞后时间常数 T_s。三相桥式电路的平均失控时间 $T_s = 0.0017\text{s}$，转速环滤

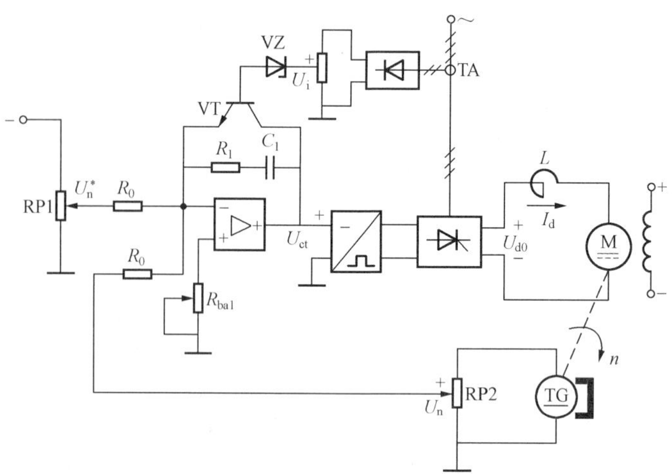

图 3-26　单闭环无静差转速负反馈调速系统电气原理结构图

波时间常数 $T_{on}=0.01s$。

2）转速环小时间常数 $T_{\Sigma n}$，按小时间常数近似处理，取 $T_{\Sigma n}=T_{on}+T_s=0.0117s$。

（3）转速环的动态结构图及其化简图，如图 3-27 所示。

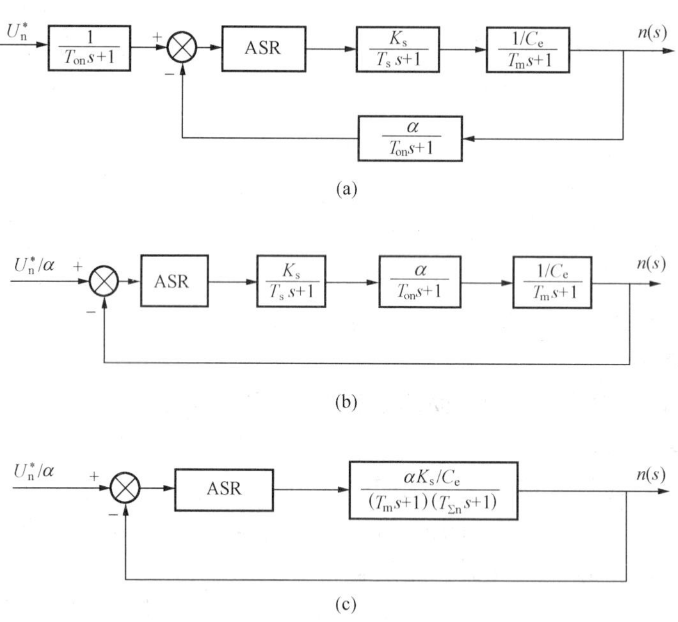

图 3-27　转速环动态结构图的化简过程

（a）转速环动态结构图；（b）转速环单位化简图；（c）转速环的化简结果

（4）转速调节器（ASR）的设计。

1）由于机电时间常数 T_m 比较大，所以可作近似处理，使 $\frac{1}{T_m s+1}\approx\frac{1}{T_m s}$。

2）转速环通常设计成典型Ⅱ型，因为要求转速无静差，所以转速调节器选择 PI 调节器。其传递函数为

$$W_{ASR}(s)=K_n\frac{\tau_n s+1}{\tau_n s}$$

由动态结构图可得

$$K_n\frac{\tau_n s+1}{\tau_n s}\frac{\alpha K_s/C_e}{T_m s(T_{\Sigma n}s+1)}=\frac{K(\tau s+1)}{s^2(Ts+1)}$$

$$T=T_{\Sigma n}=0.0117s,\ \tau=\tau_n=hT_{\Sigma n}=5\times 0.0117=0.0585(s)$$

由得 $\frac{K_n\alpha K_s}{C_e\tau_n T_m}=K$，得 $K_n=\frac{KC_e\tau_n T_m}{\alpha K_s}$，而

$$T_m=\frac{GD^2R}{375C_eC_m}=\frac{2.5\times GD_a^2\times 9.8\times 2R_a}{375\times 0.179\times 9.55\times 0.179}=\frac{9.8\times 1.2}{114.7}=0.1(s)$$

$$K=\frac{h+1}{2h^2T_{\Sigma n}^2}=\frac{5+1}{2\times 5^2\times 0.0117^2}=876.62$$

3）化简得

$$K_n=\frac{KC_e\tau_n T_m}{\alpha K_s}=\frac{876.62\times 0.179\times 0.0585\times 0.1}{0.6\times 4.7}=0.33$$

其中，晶闸管装置的放大系数 $K_s=4.7$，由前面实验测定。

二、单闭环无静差转速负反馈调速系统的建模与仿真

（一）系统的建模和模型参数设置

图 3-28 所示为无静差转速负反馈调速系统的仿真模型。

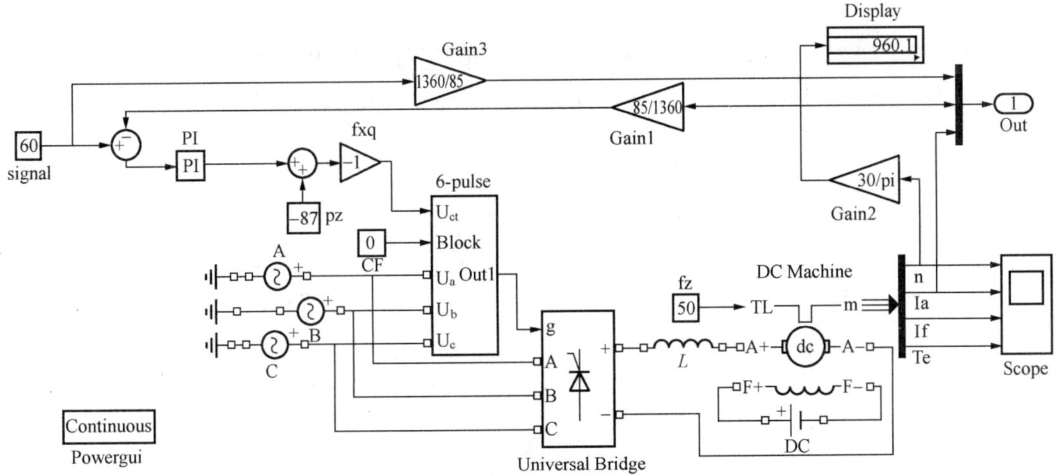

图 3-28　无静差转速负反馈调速系统的仿真模型

（二）系统的仿真参数设置

仿真中所选择的算法为 ode23t；仿真 Start time 设为 0，Stop time 设为 2.5；其他与上一系统相同。

（三）系统的仿真结果

当建模和参数设置完成后，即可开始进行仿真。图 3-29 所示为单闭环无静差转速负反馈调速系统的给定、电流和转速曲线。观察无静差系统的仿真结果，可以看出结果还是能够满足要求的。电流开始比较大，不过随着转速的增加电流在逐渐减小，转速经 PI 调节器进

行调节，在1个周期之后基本实现了无静差。

（四）系统仿真结果分析

下面考察单闭环无静差转速负反馈调速系统中负载变化对转速的影响。图3-30所示为当其他参数不变，负载在2s时刻从50N·m变化到150N·m时调速系统的给定、电流和转速曲线。由图可见，负载增加了2倍，而转速稳态时无差，说明系统对负载干扰有较强的抗扰能力。

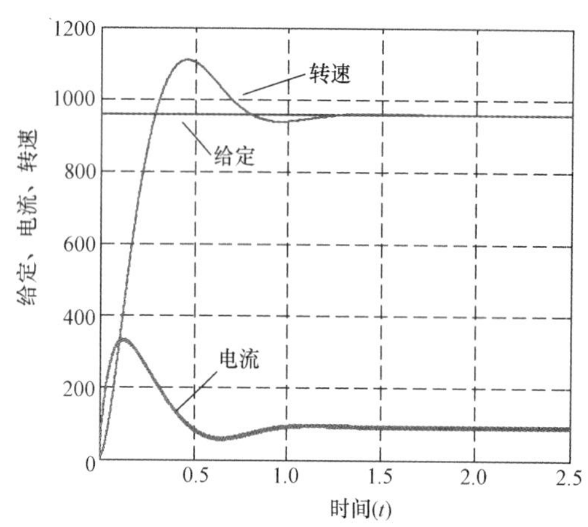

图3-29　单闭环无静差转速负反馈调速系统的给定、电流和转速曲线

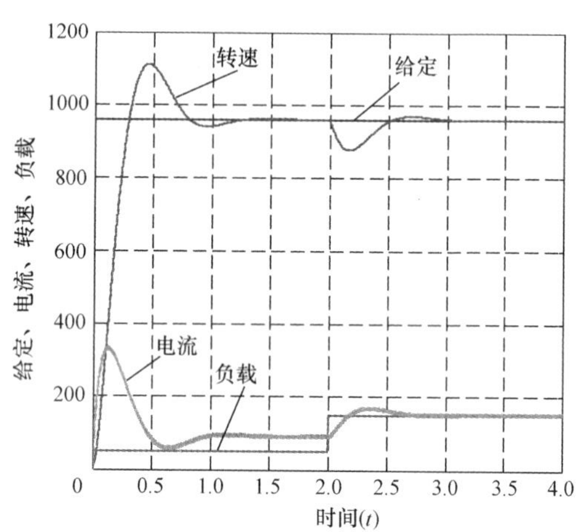

图3-30　负载变化时无差调速系统的给定、电流、转速和负载曲线

3.2.3　带电流截止环节的转速负反馈调速系统的工程计算和仿真实验

带电流截止负反馈环节的转速闭环调速系统电气原理结构图，如图3-31所示。

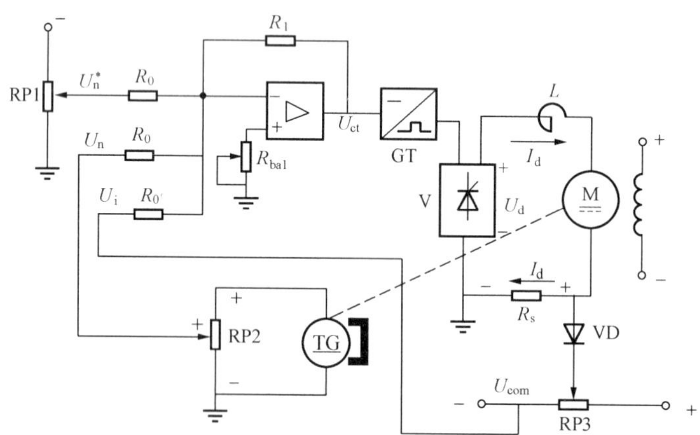

图3-31　带电流截止负反馈环节的转速闭环调速系统原理结构图

该系统由给定环节、转速调节器、同步脉冲触发器、晶闸管整流桥、平波电抗器、直流电动机、转速反馈环节、限流环节等部分组成。

一、系统的工程计算

电流反馈系数为

$$\beta=10/1.5I_n=10/(1.5\times44.5)=0.15(V/A)$$

二、带电流截止环节的转速负反馈调速系统的建模与仿真

（一）系统的建模和模型参数设置

图 3-32 所示为带电流截止负反馈环节的转速闭环调速系统的仿真模型。

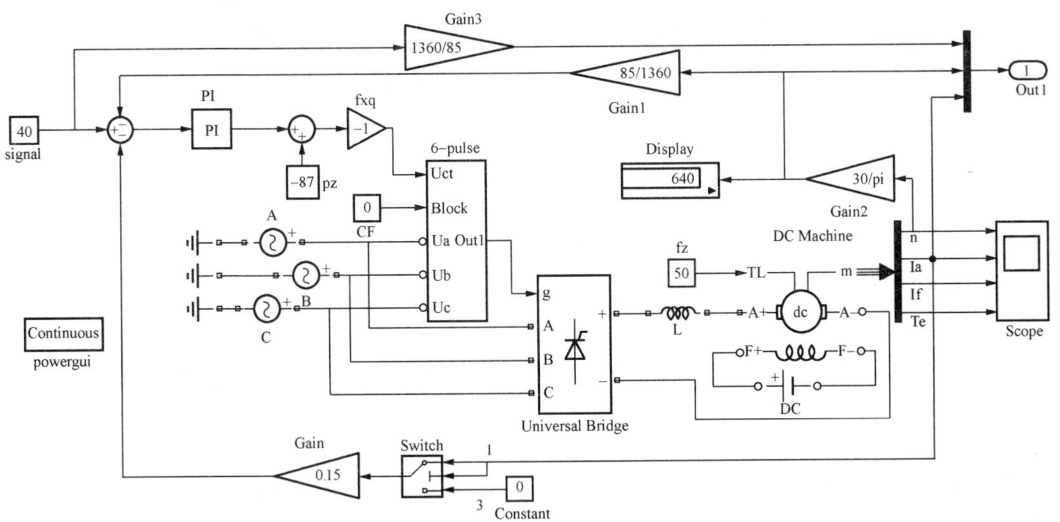

图 3-32 带电流截止负反馈环节的转速负反馈调速系统仿真模型

比较图 3-28 和图 3-32 可以看出，两个系统的主电路完全一样；在控制电路中，后者比前者多了如图 3-33 所示的一个电流截止反馈环节。

图 3-33 所示为一个选择开关元件，在 MATLAB 环境下双击这个元件，可以看到一个可设参数的窗口。假设这个参数在这里称为设定值，那么当这个开关元件的输入口 2 所输入的值大于等于设定值时，元件输出“输入口 1”的输入量；否则输出“输入口 3”的输入量。

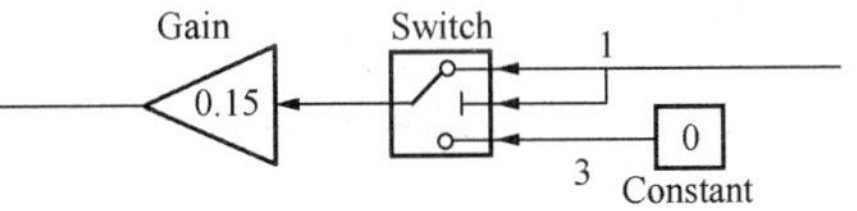

图 3-33 电流截止反馈环节

这样，不难得到，当电流小于设定值时，电流截止环节不起作用；而当电流大于这个设定值时，电流截止环节立刻进入工作状态，参与对系统的调节。此处设定值是 150，当设置不同值时，图 3-34 中截止电流的值也不一样。系统中其他参数设置情况为：给定设为 40rad/s，开关元件的设定值为 150，其他参数的设置与无差系统相同。

（二）系统的仿真参数设置

仿真中所选择的算法为 ode23t；仿真 Start time 设为 0，Stop time 设为 2；其他与上一系统相同。

（三）系统的仿真结果

当建模和参数设置完成后，即可开始进行仿真。图 3-34 所示为带电流截止负反馈的无静差转速负反馈调速系统的给定、电流和转速曲线。从图 3-34 可以看出，电动机起动时，电枢电流被限制在了 150。当系统电流值小于 150 时，电流截止环节不参与调节，这时的系统就是一个转速负反馈系统了，这个阶段在图 3-34 上也可看出。

（四）系统仿真结果分析

图 3-35 为其他参数不变，而改变电流截止负反馈环节的截止电流设定值的工作情况，

当截止电流设定值从150A变化到200A时调速系统的给定、电流和转速曲线。由图可见，起动电流的最大值由图3-34的150增大到了图3-35的200A。

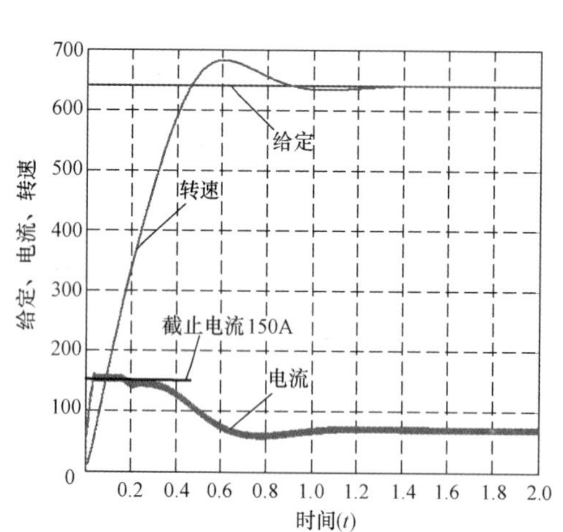

图3-34 带电流截止负反馈环节的调速系统给定、电流和转速曲线

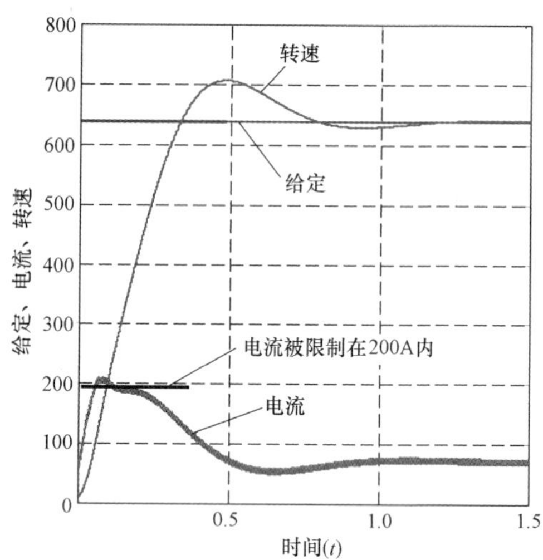

图3-35 增大电流截止环节设定值时调速系统的给定、电流和转速曲线

3.2.4 电压负反馈调速系统的工程计算和仿真实验

电压负反馈调速系统的电气原理结构图见图3-36所示。

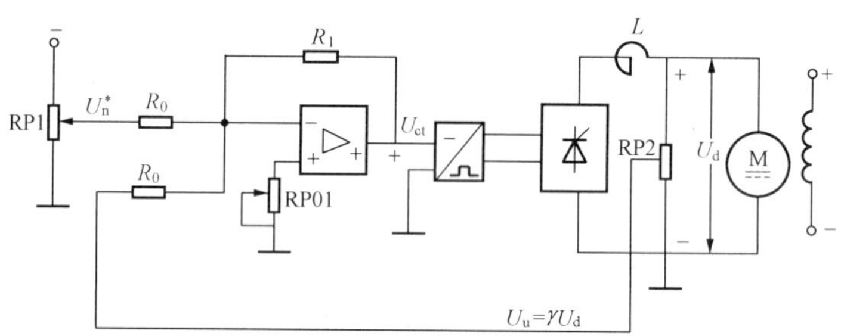

图3-36 电压负反馈调速系统电气原理结构图

该系统由给定环节、电压调节器、同步脉冲触发器、晶闸管整流桥、平波电抗器、直流电动机、电压反馈环节等部分组成。

一、系统的工程计算

（1）电压反馈系数 $\gamma=85/U_n=85/270=0.315$。

（2）确定时间常数。

1）整流装置滞后时间常数 T_s，三相桥式全控整流器取 $T_s=0.0017s$；

2）电压滤波时间常数 T_{ov}，取 $T_{ov}=0.001s$；

3）电压环小时间常数 $T_{\Sigma v}$，按小时间常数近似处理，取 $T_{\Sigma v}=T_{ov}+T_s=0.0027s$。

（3）电压环的动态结构图及其化简图，如图3-37所示。

在图3-37（a）的化简过程中，图3-37（b）中的 $T_{\Sigma v}=T_{ov}+T_s$。

（4）电压调节器（AVR）的类型选择。电压环可设计成典型Ⅱ型，为此作近似处理，

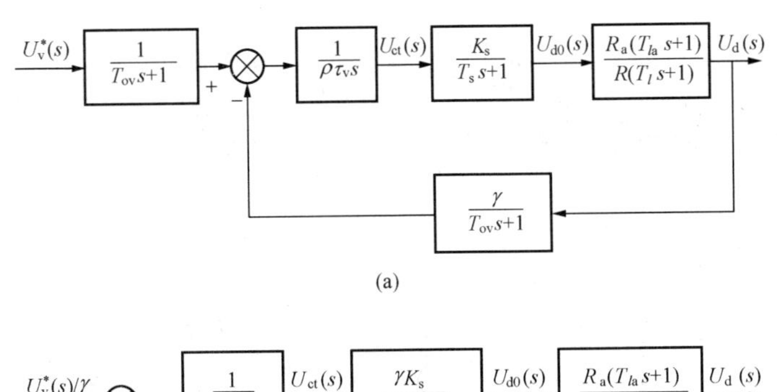

(a)

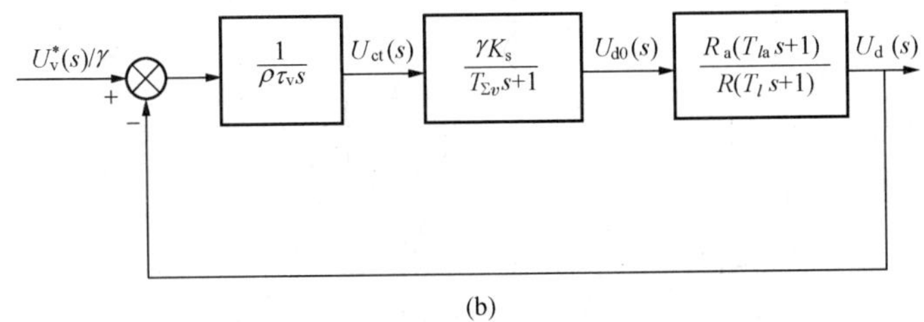

(b)

图 3-37 电压环动态结构的化简图

(a) 电压环动态结构图；(b) 电压环的单位化简

使$\frac{1}{T_l s+1}\approx\frac{1}{T_l s}$，则电压调节器选定为积分调节器，传递函数为

$$W_{AVR}(s)=\frac{1}{\rho\tau_v s}$$

式中：ρ 为调整时间常数的分压比；τ_v 为积分时间常数。

(5) 电压调节器（AVR）的参数计算。由动态结构图可得

$$\frac{1}{\rho\tau_v s}\frac{\gamma K_s}{T_{\Sigma v}s+1}\frac{R_a(T_{la}s+1)}{RT_l s}=\frac{\gamma K_s R_a(T_{la}s+1)}{\rho\tau_v RT_l s^2(T_{\Sigma v}s+1)}=\frac{K(\tau s+1)}{s^2(Ts+1)}$$

比较最后等式两边的系数，可得

$$K=\frac{\gamma K_s R_a}{\rho\tau_v RT_l}$$

已知 $T=T_{\Sigma v}$，$T_{la}=\tau$，$K_s=4.7$，$R_a=0.6\Omega$，$R\approx 2R_a=2\times 0.6=1.2$（Ω），计算得

$$T_l=\frac{L_\Sigma}{R}=\frac{L_p+L_a}{2R_a}=\frac{0.005+0.012}{1.2}=0.014\text{s}$$

$$K=\frac{h+1}{2h^2T_{\Sigma v}^2}=\frac{5+1}{2\times 5^2\times 0.0027^2}=16461$$

ρ 取 0.1，求得

$$\tau_v=\frac{\gamma K_s R_a}{K\rho T_l R}=\frac{0.315\times 4.7\times 0.6}{16461\times 0.1\times 0.014\times 1.2}=0.032(\text{s})$$

二、电压负反馈调速系统的建模与仿真

（一）系统的建模和模型参数设置

图 3-38 所示为电压负反馈调速系统的仿真模型。

比较图 3-38 和图 3-28 可以看出，前者主电路与无静差调速系统一样，控制电路的差别主要是反馈信号取法不一样。电压反馈是从电动机的两端取出电压后，经过一定的处理，进入积分（I）调节器中的。

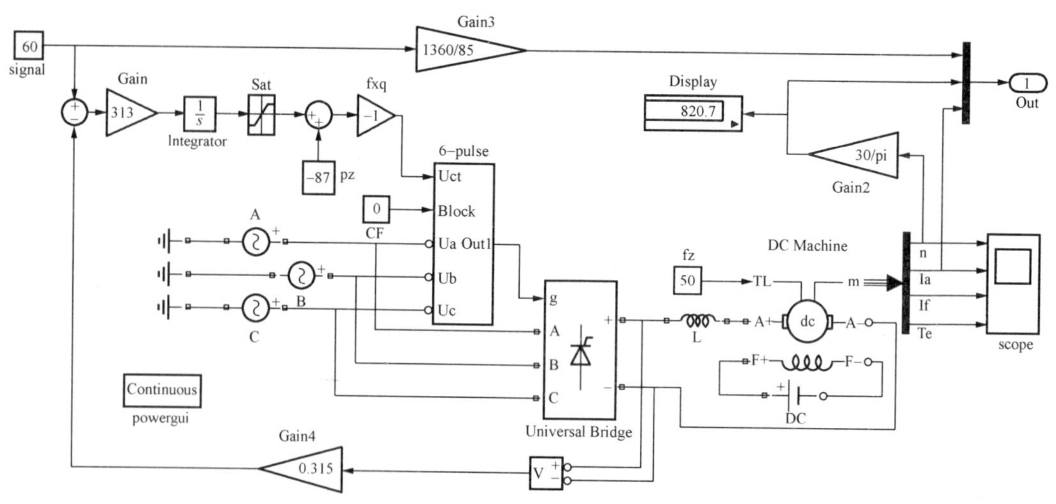

图 3-38 电压负反馈调速系统的仿真模型

系统中积分 I 调节器的参数 $K_v=\dfrac{1}{\rho\tau_v}=\dfrac{1}{0.1\times0.032}=313$；电压反馈系数为计算值 0.315；其他参数则和无差系统的参数完全一样。

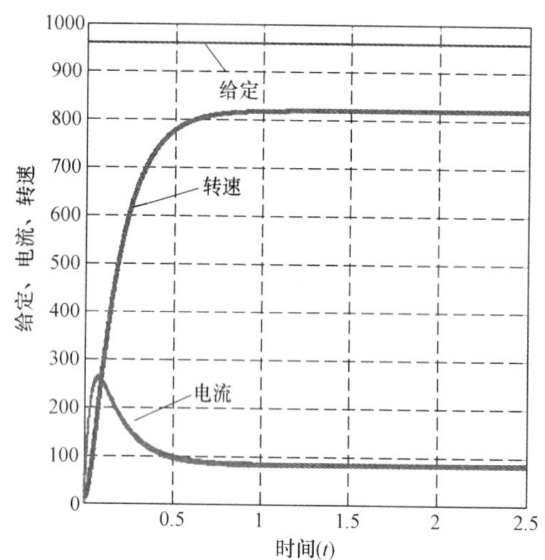

图 3-39 电压负反馈调速系统给定、电流和转速曲线（Gain=313）

（二）系统的仿真参数设置

仿真中所选择的算法为 ode23t；仿真 Start time 设为 0，Stop time 设为 2；其他与上一系统相同。

（三）系统的仿真结果

当建模和参数设置完成后，即可开始进行仿真。图 3-39 所示为电压负反馈调速系统的给定、电流和转速曲线。从图 3-39 可以看出，即使电压调节器采用了积分调节器，但转速是有差的。

（四）系统仿真结果分析

电压负反馈调速系统实质上是一个恒压调节系统，通过电压负反馈调节使电压基本恒定，间接使转速恒定。

根据电压负反馈调速系统的机械特性方程 $n=\dfrac{K_pK_sU_n^*}{C_e(1+K)}-\dfrac{R_nI_d}{C_e(1+K)}-\dfrac{R_aI_d}{C_e}$ 可知，由于电枢电阻没有被电压负反馈环包围，所以当电压调节器采用积分控制时，它只能使电压无差，但不能做到转速无差。

图 3-40 为减小或增大图 3-38 中 Gain 模块值大小时，电压负反馈调速系统的给定、电流和转速曲线。由图可见，改变电压调节器的积分常数只影响电流、转速的过渡过程，而稳态转速是有差的。仿真实验证明，改变电压反馈系数可以减小转速稳态误差。经试探得到，电压反馈系数为 0.28 时，转速稳态误差较小。

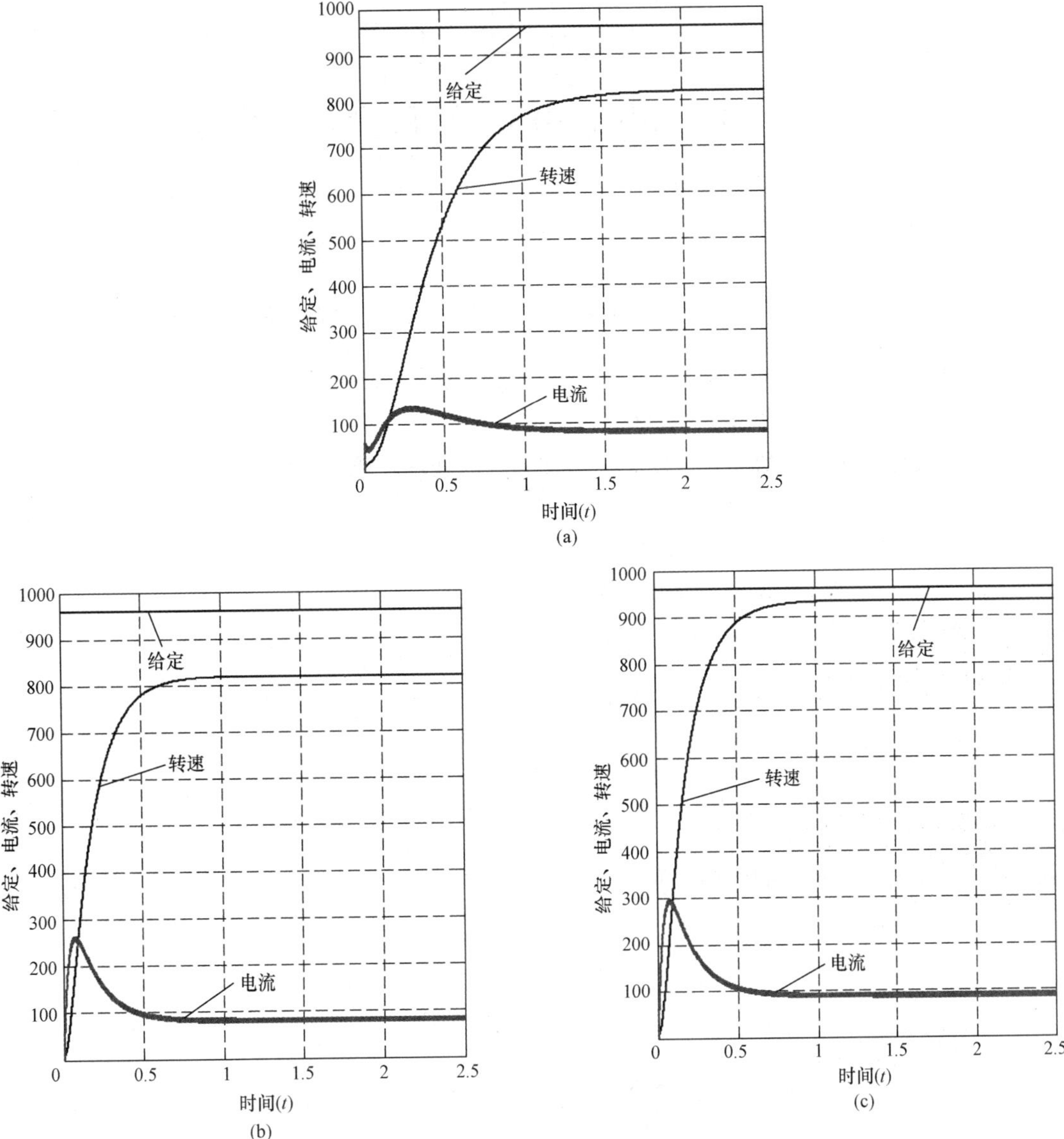

图 3-40 电压调节器参数或电压反馈系数变化时电压负反馈调速系统的给定、电流和转速曲线

(a) Gain=2；(b) Gain=1000；(c) Gain=313，反馈系数 0.28

3.2.5 转速电流双闭环调速系统的工程计算和仿真实验

转速电流双闭环直流调速系统的电气原理结构图如图 3-41 所示。

转速电流双闭环调速系统与开环、单闭环直流调速系统的主电路是一样的，主电路仍然是由交流电源、同步脉冲触发器、晶闸管整流桥、平波电抗器、直流电动机等部分组成。差别反映在控制电路上，多环调速系统的控制电路更复杂。

一、系统的工程计算

(一) 电流环设计

(1) 电流反馈系数 $\beta \approx 10/1.5I_n = 10/(1.5 \times 44.5) = 0.15$ (V/A)。

(2) 确定时间常数。

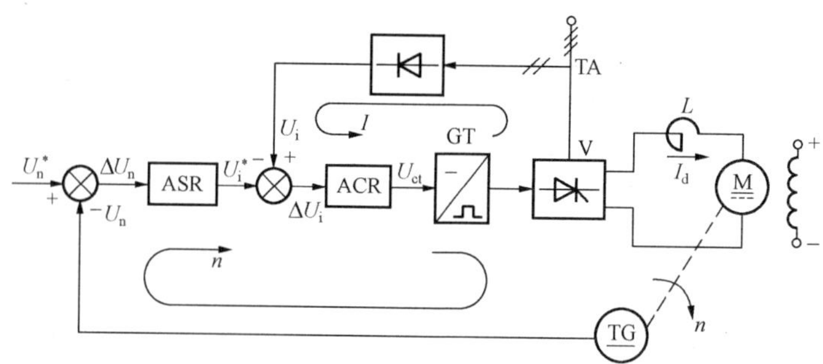

图 3-41 转速电流双闭环直流调速系统电气原理结构图

1）整流装置滞后时间常数 T_s，三相桥式电路的平均失控时间 $T_s=0.0017$s。

2）电流滤波时间常数 $T_{oi}=0.002$s。

3）电流环小时间常数 $T_{\Sigma i}$，按小时间常数近似处理，取 $T_{\Sigma i}=T_{oi}+T_s=0.0037$s。

4）时间常数 $T_m=0.1$。

（3）系统中没有特殊要求，所以电流环按典型Ⅰ型系统设计。

（4）电流调节器 ACR 的选择及参数计算。

1）ACR 选用 PI 调节器，其传递函数为

$$W_{ACR}(s)=K_i\frac{\tau_i s+1}{\tau_i s}$$

2）时间常数

$$\tau_i=T_l=\frac{L_\Sigma}{R}=\frac{L_p+L_a}{2R_a}=\frac{0.009+0.012}{1.2}=0.0175(\text{s})$$

其中 L_p 为双闭环系统中的外接电感。

3）开环增益

$$K_I=\frac{0.5}{T_{\Sigma i}}=\frac{0.5}{0.0037}=135(\text{s}^{-1})$$

4）比例系数

$$K_i=K_I\frac{\tau_i R}{\beta K_s}=135.1\times\frac{0.0175\times 1.2}{0.15\times 4.7}=4$$

其中，晶闸管装置放大系数 $K_s=4.7$，由前面仿真实验得到。

（5）工程计算时，一般要进行近似条件校验。电流环截止频率 $\omega_{ci}=K_I=135.1$（s^{-1}）。

1）校验整流器传递函数的近似条件是否满足 $\omega_{ci}\leqslant\frac{1}{3T_s}$。因 $\frac{1}{3T_s}=\frac{1}{3\times 0.0017}=196.1$（$\text{s}^{-1}$）$>\omega_{ci}$，所以满足近似条件。

2）校验忽略反电动势对电流环影响的近似条件是否满足 $\omega_{ci}\geqslant 3\sqrt{\frac{1}{T_m T_l}}$。因 $3\sqrt{\frac{1}{T_m T_l}}=3\sqrt{\frac{1}{0.1\times 0.0175}}=72$（$\text{s}^{-1}$）$<\omega_{ci}$，故满足近似条件。

3）校验小时间常数的近似处理是否满足条件 $\omega_{ci}\leqslant\frac{1}{3}\sqrt{\frac{1}{T_s T_{oi}}}$。因 $\frac{1}{3}\sqrt{\frac{1}{T_s T_{oi}}}=\frac{1}{3}\times$

$\sqrt{\dfrac{1}{0.0017\times0.002}}=180.8\ (\mathrm{s}^{-1})>\omega_{ci}$，故满足近似条件。

按照上述参数，电流环满足动态设计指标要求和近似条件。

（二）转速环设计

（1）转速的反馈系数 $\alpha=(30/\pi)\times85/n_N=812/1360=0.6\ (\mathrm{V\cdot min/r})$。

（2）确定时间常数。

1）电流环的等效时间常数为 $2T_{\Sigma i}=0.0074\mathrm{s}$。

2）转速滤波时间常数 T_{on} 取 0.01s。

3）转速环小时间常数 $T_{\Sigma n}$ 按小时间常数近似处理，$T_{\Sigma n}=2T_{\Sigma i}+T_{on}=0.0174\mathrm{s}$。

（3）根据动态设计要求，转速环按典型Ⅱ型设计。

（4）转速调节器 ASR 的类型选择及参数计算。

1）ASR 选 PI 型调节器，其传递函数为

$$W_{ASR}(s)=K_n\frac{\tau_n s+1}{\tau_n s}$$

2）时间常数

$$\tau_n=hT_{\Sigma n}=5\times0.0174=0.087(\mathrm{s})$$

3）开环增益

$$K_N=\frac{(h+1)}{2h^2T_{\Sigma n}^2}=396.4$$

4）比例系数

$$K_n=\frac{(h+1)\beta C_e T_m}{2h\alpha RT_{\Sigma n}}=\frac{6\times0.15\times0.179\times0.1}{10\times0.6\times1.2\times0.0174}=0.13$$

$$T_m=\frac{GD^2R}{375C_eC_m}=\frac{2.5\times0.4\times9.8\times1.2}{375\times0.179\times9.55\times0.179}=0.1,\ C_m=\frac{30}{\pi}C_e$$

（5）近似条件校验。转速环截止频率

$$\omega_{cn}=\frac{K_N}{\omega_1}=K_N\tau_n=396.4\times0.087=34.49(\mathrm{s}^{-1})$$

1）校验电流环传递函数简化条件是否满足 $\omega_{cn}\leqslant\dfrac{1}{5T_{\Sigma i}}$。因 $\dfrac{1}{5T_{\Sigma i}}=\dfrac{1}{5\times0.0037}=54.1$ $(\mathrm{s}^{-1})>\omega_{cn}$，故满足简化条件。

2）校验小时间常数近似处理是否满足 $\omega_{cn}\leqslant\dfrac{1}{3}\sqrt{\dfrac{1}{2T_{on}T_{\Sigma i}}}$。因在 $\dfrac{1}{3}\sqrt{\dfrac{1}{2T_{on}T_{\Sigma i}}}=\dfrac{1}{3}\times$ $\sqrt{\dfrac{1}{2\times0.01\times0.0037}}=38.75\ (\mathrm{s}^{-1})>\omega_{cn}$，故满足近似条件。

二、转速电流双闭环调速系统的建模与仿真

（一）系统的建模和模型参数设置

图 3-42 所示为转速电流双闭环调速系统的仿真模型。

1. 主电路的建模和参数设置

转速电流双闭环系统主电路的建模和模型参数设置与单闭环直流调速系统绝大部分相同，只是通过仿真实验的探索，将平波电抗器的电感值修改为 9e-3H。下面介绍控制电路

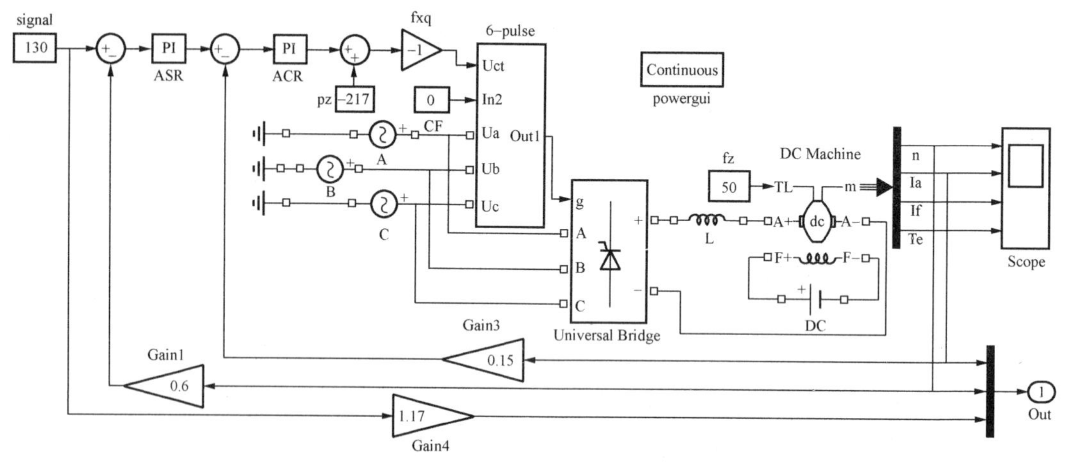

图 3-42 转速电流双闭环调速系统仿真模型

的建模与参数设置过程。

2. 控制电路的建模和参数设置

转速电流双闭环系统的控制电路包括给定环节、转速调节器ASR、电流调节器ACR、偏置电路、反向器、电流反馈环节、转速反馈环节等。偏置电路偏置值修改为－217，其他参数与前面相同。

给定环节的参数设置为130rad/s（读者可自行探索给定信号的允许变化范围），电流反馈系数设为0.15，转速反馈系数设为0.6。

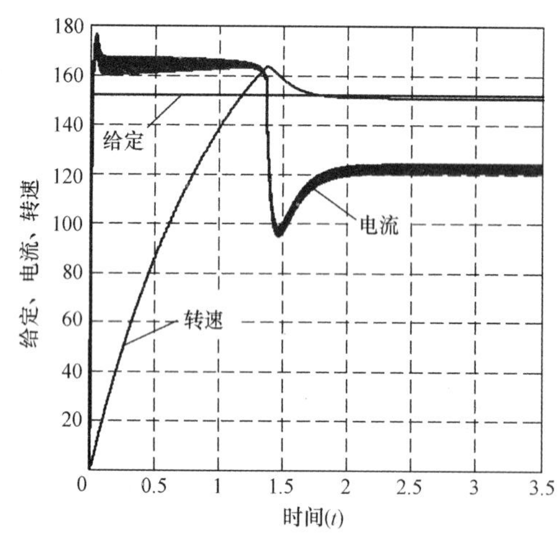

图 3-43 转速电流双闭环调速系统的给定、电流和转速曲线

双闭环调速系统有两个PI调节器，即ACR和ASR。这两个调节器的参数设置分别是：①ACR，$K_{pi}=4$，$K_{ii}=4/0.0175=228.6$，上下限幅值为［130，－130］；②ASR，$K_{pn}=0.13$、$K_{in}=0.13/0.087=1.5$、上下限幅值为［25，－25］。其他没作说明的为系统默认参数。

上述参数均是根据前面工程计算得来的。

（二）系统的仿真参数设置

仿真中所选择的算法为ode23s；仿真Start time设为0，Stop time设为3.5。

（三）系统的仿真结果

当建模和参数设置完成后，即可开始进行仿真。图3-43所示为转速电流双闭环调速系统的给定、电流和转速曲线。

（四）系统仿真结果分析

从仿真结果可以看出，非常接近于理论分析的波形。起动过程的第一阶段是电流上升阶段，突加给定电压，ASR的输入很大，其输出很快达到限幅值，电流也很快上升，接近其最大值。第二阶段，ASR饱和，转速环相当于开环状态，系统表现为恒值电流给定作用下的电流调节系统，电流基本上保持不变，拖动系统恒加速，转速近似线性增长。第三阶段，当转速达到给定值后，转速调节器的给定与反馈电压平衡，输入偏差为零，但是由于积分的作用，其输出还很大，所以出现超调。转速超调之后，ASR 输入端出现负偏差电压，使它退出饱和状态，进入线性调节阶段，使转速保持恒定。实际仿真结果基本上反映了这一点。

3.3 多环直流调速系统的仿真实验

在 **3.1**、**3.2** 中，首先进行了开环系统和典型的单闭环、双闭环直流调速系统的工程计算，以获取仿真用的参数，计算中用到的知识正是前面直流调速系统理论分析时的有关内容，从而有助于对所学知识的理解；其次采用面向电气原理结构图的仿真方法，对系统进行了建模与仿真分析。在开环系统中，重点讨论了系统的调速范围；在单闭环有静差调速系统中，讨论了调节器放大倍数对转速偏差的影响；在单闭环无静差调速系统中，讨论了系统对负载扰动的抑制作用；而在电压负反馈调速系统中，则证明了电压调节器即使采用积分控制器，也只能做到电压无差，但不能做到转速无差。工程计算指导了仿真实验，可避免仿真时参数选取的盲目性；仿真实验也验证了理论的有效性。

但是，前面调速系统的工程计算都是建立在系统的数学模型——传递函数上的，而系统传递函数的获取则是做了一定的近似，因此，工程计算获取的参数不一定是优化的参数。为此，下面采用试探法进行参数优化，对转速电流双闭环系统、转速微分负反馈双闭环系统、带电流变化率内环、带电压内环的三环直流调速系统，以及各种类型的可逆直流调速系统进行建模和仿真。

用试探法进行参数优化的具体方法是：

（1）对固有环节，如晶闸管整流桥、平波电抗器、直流电动机等装置的参数设置原则。如果针对某个具体的装置进行参数设置，则对话框中的有关参数应取该装置的实际值。如果是不针对某个具体装置的一般情况，可先取这些装置的参数默认值进行仿真，若仿真结果理想，则认可这些设置的参数；若仿真结果不理想，则通过仿真实验，不断进行参数优化，最后确定其参数。

（2）给定信号的变化范围、调节器的参数和反馈检测环节的反馈系数（闭环系统中使用）等可调参数的设置，一般方法是通过仿真实验，不断进行参数优化。具体方法是分别设置这些参数的一个较大和较小值进行仿真，弄清它们对系统性能影响的趋势，据此逐步将参数进行优化。

3.3.1 转速电流双闭环直流调速系统的建模与仿真

基于试探法的转速电流双闭环直流调速系统的仿真模型如图 3-44 所示。

（一）系统的建模和模型参数设置

1. 主电路的建模和参数设置

转速电流双闭环系统主电路的建模和模型参数设置与单闭环直流调速系统绝大部分相同，通过仿真实验的探索，将平波电抗器的电感值修改为 9e-3H。

2. 控制电路的建模和参数设置

转速电流双闭环系统的控制电路包括给定环节、转速调节器 ASR、电流调节器 ACR、限幅器、偏置电路、反向器、电流反馈环节、转速反馈环节等。

通过对“给定信号” U_{signal} 参数变化范围仿真实验的探索而知，U_{ct} 与输出电压是单调下

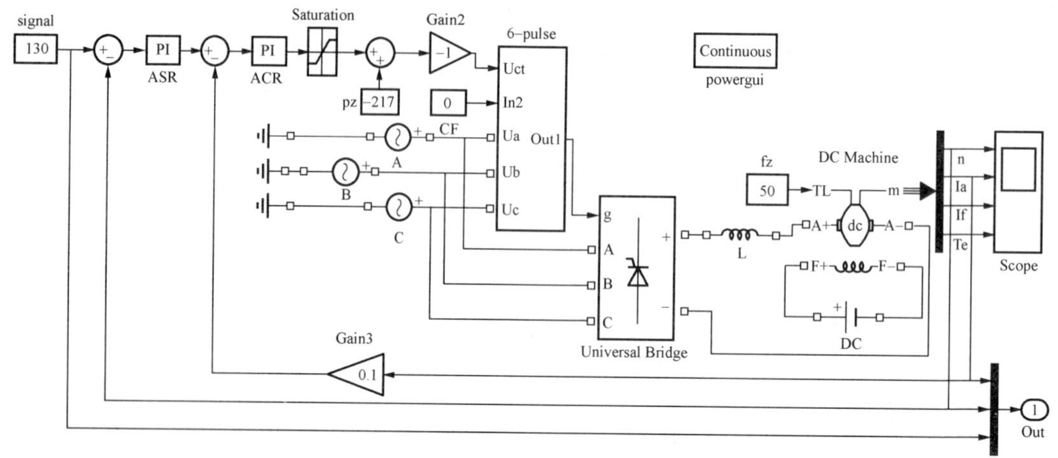

图 3-44　基于试探法的转速电流双闭环直流调速系统的仿真模型

降的函数关系。为此，在系统中通过限幅器、偏置、反向器等模块的应用，将调节器的输出限制在同步脉冲触发器能够正常工作的范围之内，并且 U_{signal} 与转速成单调上升的函数关系，符合人们的习惯。

本给定环节的参数设置为 130rad/s（读者可自行探索给定信号的允许变化范围）；电流反馈系数设为 0.1；转速反馈系数设为 1。

双闭环系统有两个 PI 调节器，即 ACR 和 ASR。这两个调节器的参数设置分别是：①ACR，$K_{pi}=10$、$K_{ii}=100$、上下限幅值为［130，−130］；②ASR，$K_{pn}=1.2$、$K_{in}=10$；上下限幅值为［25，−25］；③电流调节器后面的限幅器限幅值为［97，0］。其他没作说明的为系统默认参数。

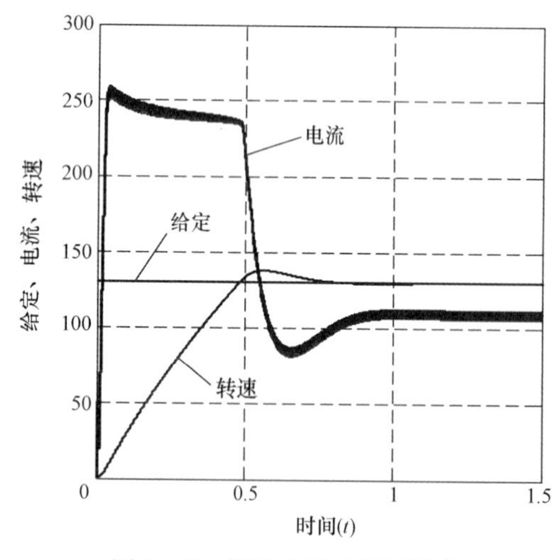

图 3-45　转速电流双闭环调速系统的给定、电流和转速曲线

（二）系统的仿真参数设置

通过对仿真算法的比较实践，本系统选择的仿真算法为 ode23s；仿真 Start time 设为 0，Stop time 设为 1.5；其他参数与上一节的系统相同。

（三）系统的仿真、仿真结果的输出及结果分析

当建模和参数设置完成后，即可开始进行仿真。图 3-45 所示为转速、电流双闭环调速系统的给定、电流和转速曲线。

3.3.2　带转速微分负反馈的双闭环调速系统的建模与仿真

双闭环调速系统的不足是有转速超调。实践证明，在转速调节器上引入转速微分负反馈，可以抑制转速超调。带转速微分负反馈的转速调节器和普通转速调节器相比，就是在转速负反馈的基础上叠加上一个转速微分负反馈信号。在转速变化过程中，只要有转速超调的趋势，微分负反馈就开始进行调节，它能比普通双闭环系统更快达到平衡。

图 3－46 所示为采用面向电气原理结构图方法构作的带转速微分负反馈的双闭环系统仿真模型。与普通的双闭环调速系统相比，只是增加了图 3－47 所示的转速微分负反馈环节，其他的系统结构和参数与普通的双闭环调速系统完全一样。

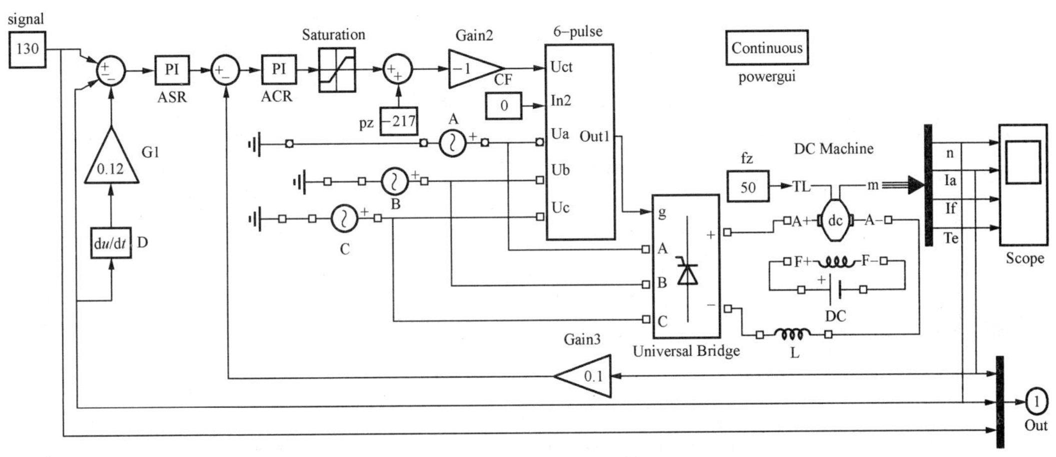

图 3－46　带转速微分负反馈的双闭环调速系统仿真模型

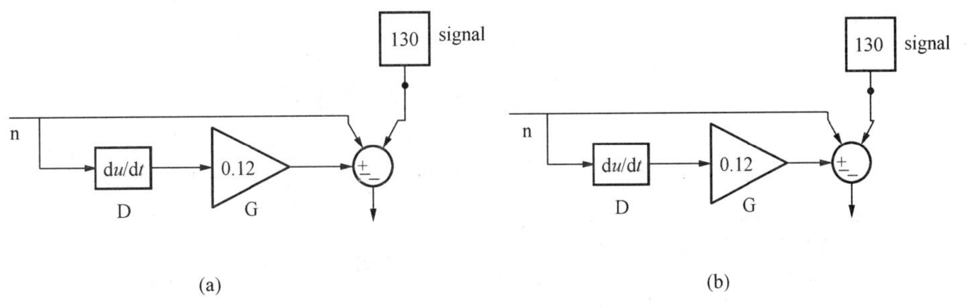

图 3－47　转速微分负反馈环节

（a）反馈系数 $G=0.12$；（b）反馈系数 $G=0.02$

图 3－48 所示为带转速微分负反馈的双闭环系统的给定、电流和转速曲线。图 3－48 的仿真参数和普通的双闭环调速系统完全一样，而从仿真结果可以看出，在转速调节器上引入转速微分负反馈，可以抑制转速超调。当转速微分负反馈系数较大时，无转速超调；当转速微分负反馈系数较小时，有转速超调，充分说明了微分负反馈的作用。

3.3.3　晶闸管三闭环直流调速系统的 MATLAB 仿真

一、带电流变化率内环的三环调速系统的建模与仿真

在双闭环调速系统中，为了提高系统的快速性，在电动机起动的初期和后期，希望电流能快速地上升或下降。为此在电流环内再设置一个电流变化率环，通过电流变化率环的调节，使电流变化率不致过高同时又能保持允许的最大变化率，使整个电流波形更接近理想的动态波形。这样就构成了转速、电流、电流变化率三环调速系统。如图 3－49 所示。图中 ADR 为电流变化率调节器。

图 3－49 系统中，ASR 的输出仍是 ACR 的给定电流信号，其限幅值控制最大电流；但 ACR 的输出不直接控制触发电路，而是作为电流变化率调节器 ADR 的电流变化率给定信

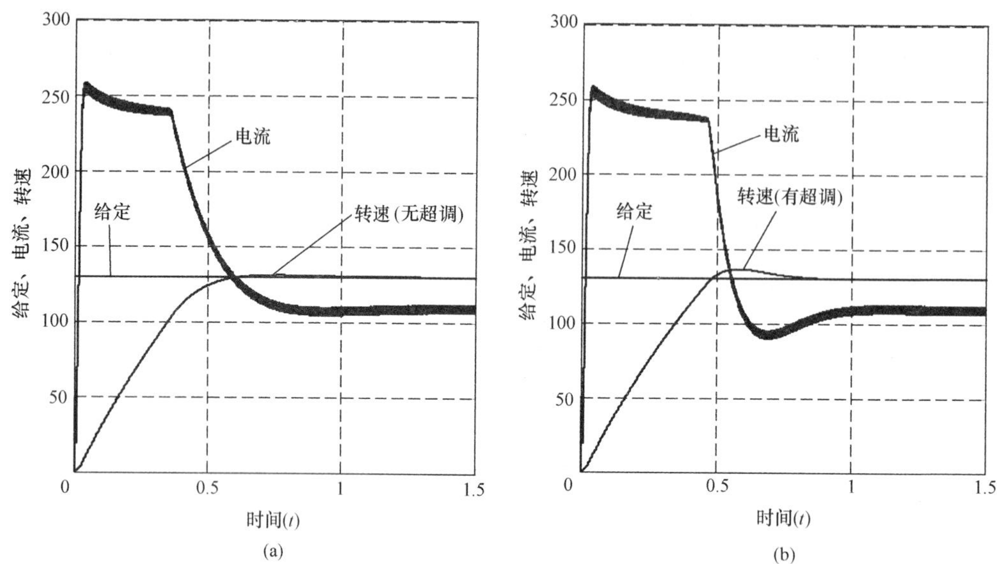

图 3-48 带转速微分负反馈的双闭环系统的给定、电流和转速曲线

(a) 反馈系数 $G=0.12$ 无超调；(b) 反馈系数 $G=0.02$ 有超调

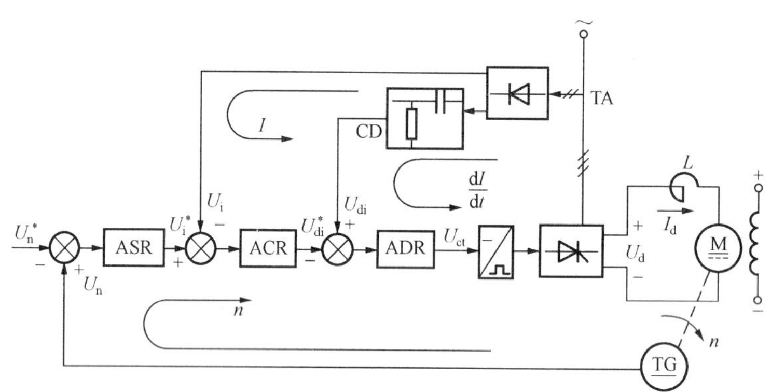

图 3-49 带电流变化率内环的三环调速系统电气原理结构图

号。由 ADR 的输出去控制触发电路，其最大输出限幅值决定触发脉冲的最小控制角 α_{min}。ADR 的负反馈信号也是来自电流检测器，并通过微分环节 CD 得到。同理，ACR 的输出限幅值控制最大的电流变化率。

（一）系统的建模和模型参数设置

图 3-50 所示为采用面向电气原理结构图方法构作的带电流变化率内环的三环调速系统的仿真模型。

1. 主电路的建模和参数设置

带电流变化率内环的三环调速系统和双闭环直流调速系统的主电路模型是一样的，主电路仍然由交流电源、同步脉冲触发器、晶闸管整流桥、平波电抗器、直流电动机等组成；同样通过仿真实验优化将平波电抗器的电感值修改为 9e-3H。下面介绍该系统控制电路部分的建模与参数设置过程。

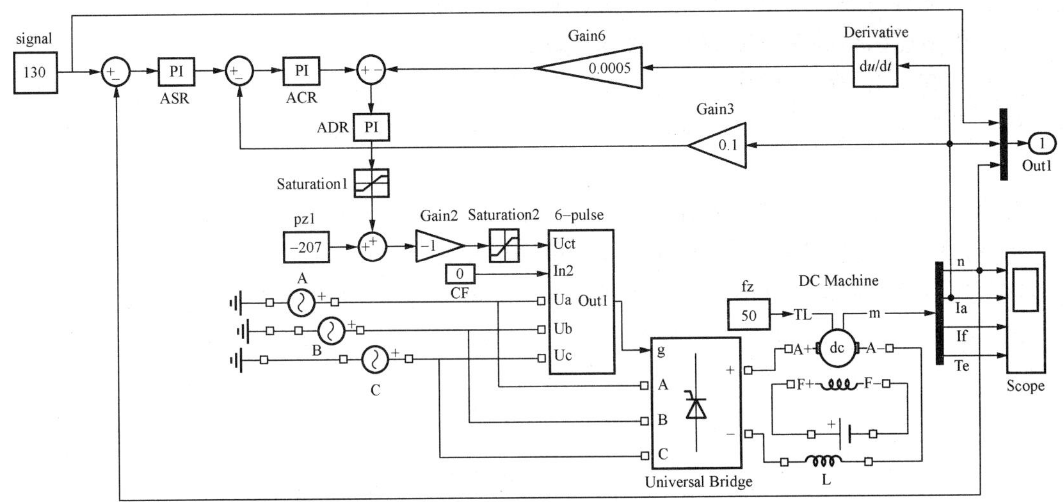

图 3-50 带电流变化率内环的三环调速系统的仿真模型

2. 控制电路的建模和参数设置

带电流变化率内环的三环调速系统的控制电路包括给定环节、转速调节器 ASR、电流调节器 ACR、电流变化率调节器 ADR、限幅器、偏置电路、反向器、电流反馈环节、电流变化率反馈环节、转速反馈环节等。偏置电路、反向器的作用、建模和参数设置与前述各系统相同。

给定环节的参数设置为 130rad/s（读者可自行探索给定信号的允许变化范围）；电流反馈系数设为 0.1；转速反馈系数设为 1。

三闭环系统有三个 PI 调节器，即 ASR 、ACR 和 ADR。这三个调节器的参数设置分别是：

（1）ASR：$K_{pn}=4$、$K_{in}=10$；上下限幅值为［30，－30］。

（2）ACR：$K_{pi}=5$、$K_{ii}=100$、上下限幅值为［130，－130］。

（3）ADR：$K_{pd}=500$、$K_{id}=300$、上下限幅值为［1e5，－1e5］，限幅器限幅值［207，110］。

上述参数也是优化而来，其他没作详尽说明的参数和双闭环系统是一样的。

（二）系统的仿真参数设置

仿真中所选择的算法为 ode23s；仿真 Start time 设为 0，Stop time 设为 1；其他参数与双闭环系统相同。

（三）系统仿真、仿真结果的输出及结果分析

当建模和参数设置完成后，即可开始进行仿真。图 3-51 所示为带电流变化率内环的三环调速系统的给定、电流和转速曲线。

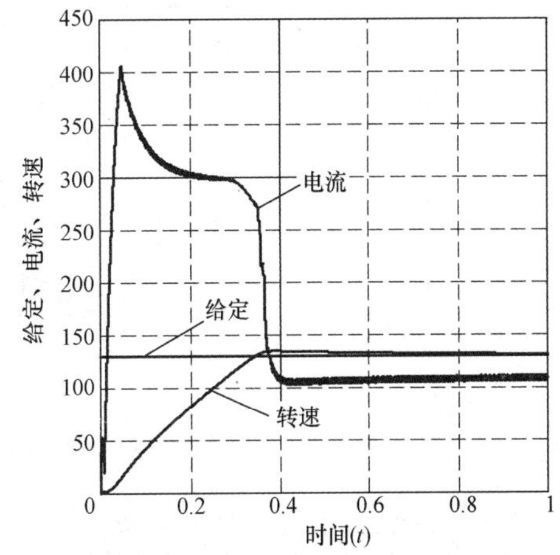

图 3-51 带电流变化率内环的三环调速系统的给定、电流和转速曲线

由图 3-51 可见，通过电流变化率环的调节，

输出电流下降得更快，使整个电流波形更接近理想的动态波形。

二、带电压内环的三环调速系统的建模与仿真

在实际调速系统中，转速、电流、电压内环的三环调速系统适用于大容量且对动态性能要求较高的调速系统。图3-52为带电压内环的三环调速系统原理图。图中AVR为电压调节器。

转速、电流环原理与转速电流双闭环调速系统的转速电流环相同，电压环的作用是什么呢？与转速电流双闭环调速系统相比，在抗电网电压扰动作用方面，电压环有其优越性，只要电网电压有扰动存在，则电压环首先进行调节。电压环的调节比电流环更为及时。

图3-53所示为采用面向电气原理结构图方法构作的带电压内环的三环调速系统的仿真模型。

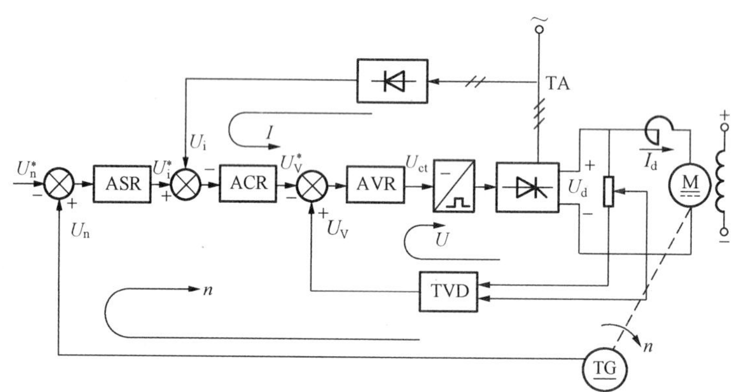

图3-52 带电压内环的三环调速系统电气原理结构图

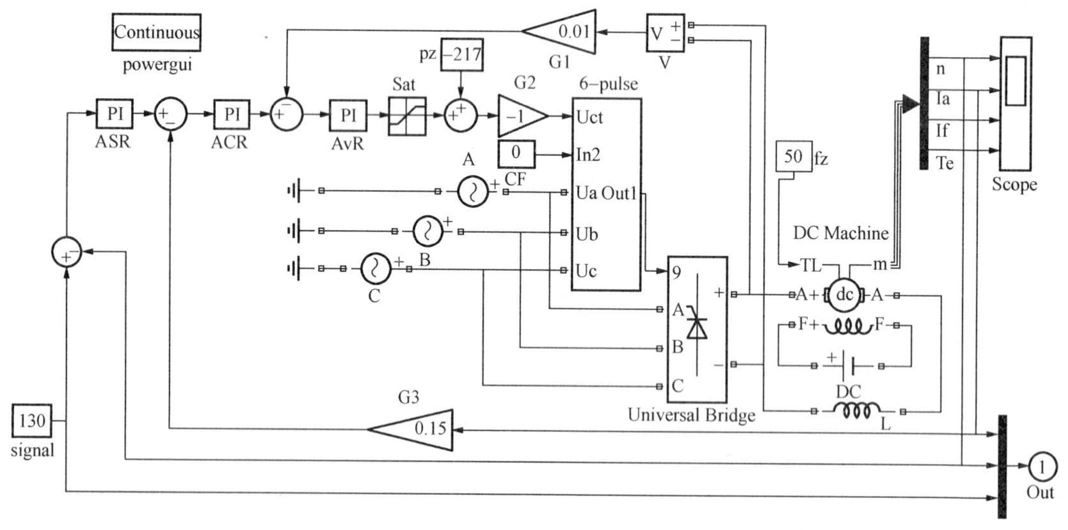

图3-53 带电压内环的三环调速系统的仿真模型

（一）系统的建模和模型参数设置

1. 主电路的建模和参数设置

带电压内环的三环调速系统的主电路仍然由交流电源、同步脉冲触发器、晶闸管整流桥、平波电抗器、直流电动机等组成。通过仿真实验优化将平波电抗器的电感值修改为

9e-3H。

2. 控制电路的建模和参数设置

带电压内环的三环调速系统的控制电路包括给定环节、转速调节器ASR、电流调节器ACR、电压调节器AVR、限幅器、偏置电路、反向器、电流反馈环节、电压反馈环节、转速反馈环节等。偏置电路、反向器的作用、建模和参数设置与前述各系统相同。

给定环节的参数设置为130rad/s（读者可自行探索给定信号的允许变化范围）；电流反馈系数设为0.15，由电流环计算而得；转速反馈系数设为1。

三闭环系统有三个PI调节器——ASR 、ACR和AVR。这三个调节器的参数设置分别是：

（1）ASR：$K_{pn}=1.2$、$K_{in}=10$；上下限幅值为［25，－25］。

（2）ACR：$K_{pi}=3.8$、$K_{ii}=216$、上下限幅值为［130，－130］。

（3）AVR：$K_{pv}=3$、$K_{iv}=15$、上下限幅值为［130，－130］。

限幅器Sat的限幅值［107，0］。

上述参数也是优化而来，其他没作详尽说明的参数和双闭环系统是一样的。

（二）系统的仿真参数设置

仿真中所选择的算法为ode45；仿真Start time设为0，Stop time设为2，其他参数与双闭环系统相同。

（三）系统仿真、仿真结果的输出及结果分析

当建模和参数设置完成后，即可开始进行仿真。图3-54所示为带电压内环的三环调速系统的给定、电流和转速曲线。

从图3-54的仿真结果可以看出，带电压内环的三环调速系统的电流曲线和转速动态性能和普通的双闭环调速系统基本上相同。电压内环的主要作用是抗电网电压扰动。

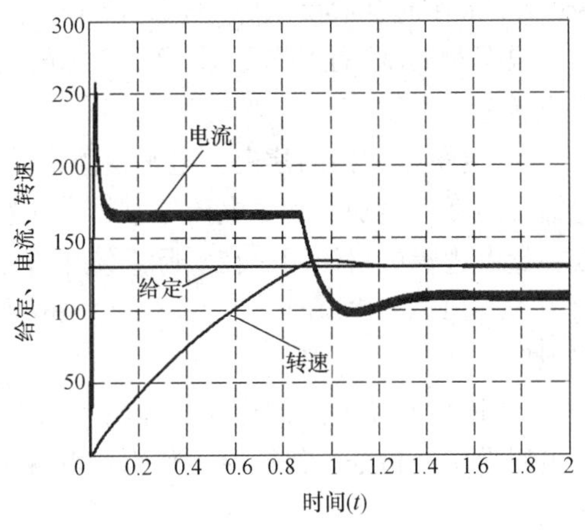

图3-54 带电压内环的三环调速系统的给定、电流和转速曲线

3.3.4 晶闸管直流可逆调速系统的MATLAB仿真

通过上面对典型单闭环和多环直流调速系统的仿真分析可以看到，这些系统的主电路模型是相同的，控制电路有差别。本节所要讨论的直流可逆调速系统的建模与前面所述的系统相比较，控制电路和主电路都有区别，其建模有一定的特点。

一、逻辑无环流可逆直流调速系统的建模与仿真

逻辑无环流直流可逆调速系统是一个典型的可逆调速系统，其电气原理结构图如图3-55所示。下面介绍该系统各部分的建模与参数设置过程。

（一）系统的建模和模型参数设置

1. 主电路的建模和参数设置

由图3-55可见，主电路由三相对称交流电压源、反并联的晶闸管整流桥、平波电抗

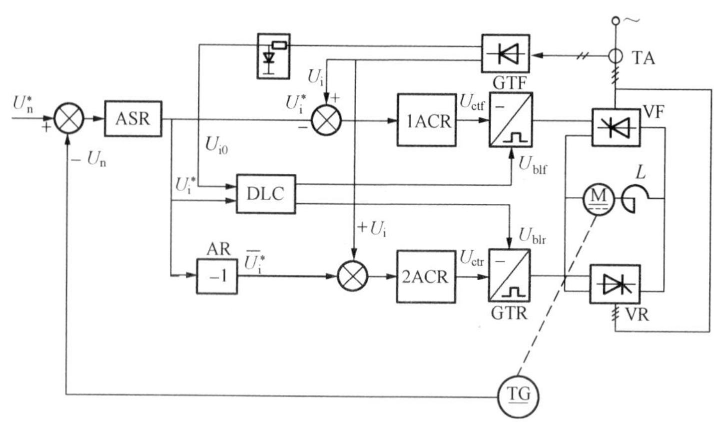

图 3-55 逻辑无环流直流可逆调速系统电气原理结构图

器、直流电动机等部分组成。在逻辑无环流可逆系统中，逻辑切换装置 DLC 是一个核心装置，它的作用是控制同步脉冲触发器，而同步脉冲触发器是归在主电路讨论的，所以将逻辑切换装置 DLC 也归到主电路进行建模。

三相交流电源、平波电抗器、直流电动机、同步脉冲触发器的建模和参数设置在前面已经作过讨论，此处着重讨论逻辑切换装置 DLC、反并联的晶闸管整流桥及其子系统的建模和参数设置问题。

（1）逻辑切换装置 DLC 的建模。在逻辑无环流可逆系统中，DLC 是一个核心装置，其任务是：在正组晶闸管桥 Bridge 工作时开放正组脉冲，封锁反组脉冲；在反组晶闸管桥 Bridge1 工作时开放反组脉冲，封锁正组脉冲。

根据对 DLC 的工作要求，DLC 应由电平检测、逻辑判断、延时电路和联锁保护四部分组成。

1）电平检测器的建模。电平检测的功能是将模拟量转换成数字量供后续电路使用，它包括转矩极性鉴别器和零电流鉴别器，它将转矩极性信号 U_i^* 和零电流检测信号 U_{i0} 转换成数字量供逻辑电路使用。在实际系统中电平检测器是用工作在继电状态的运算放大器构成，而用 MATLAB 建模时，可按路径"Simulink/Discontinuities/Relay"选择"Relay"模块来实现。

2）逻辑判断电路的建模。逻辑判断电路根据可逆系统正反向运行要求，经逻辑运算后发出逻辑切换指令，封锁原工作组，开放另一组。其逻辑控制要求如下：

$$U_F=\overline{U}_R+U_TU_Z$$

$$U_R=\overline{U}_F+\overline{U}_TU_Z$$

有关符号含义如图 3-56 所示，利用路径"Simulink/Logic and Bit Operations/ Logical Operator"选择"Logical Operator"模块可实现上述功能。

3）延时电路的建模。在逻辑判断电路发出切换指令后，必须经过封锁延时 $t_{d1}=3$ms 才能封锁原导通组脉冲，再经开放延时 $t_{d2}=7$ms 后才能开放另一组脉冲。在数字逻辑电路的 DLC 装置中是在与非门前加二极管及电容来实现延时，它利用了集成芯片内部电路的特性。计算机仿真是基于数值计算，不可能通过加二极管和电容来实现延时。通过对数字逻辑电路的 DLC 装置功能分析发现：当逻辑电路的输出 $U_f(U_r)$ 由"0"变"1"时，延时电路应产生延时；当由“1”变“0”或状态不变时，不产生延时。根据这一特点，利用 Simulink 工具箱中 Discrete 模块组中的单位延迟（Unit Delay）模块，按功能要求连接即可得到满足系统延时要求的仿真模型，见图 3-56 中有关部分。

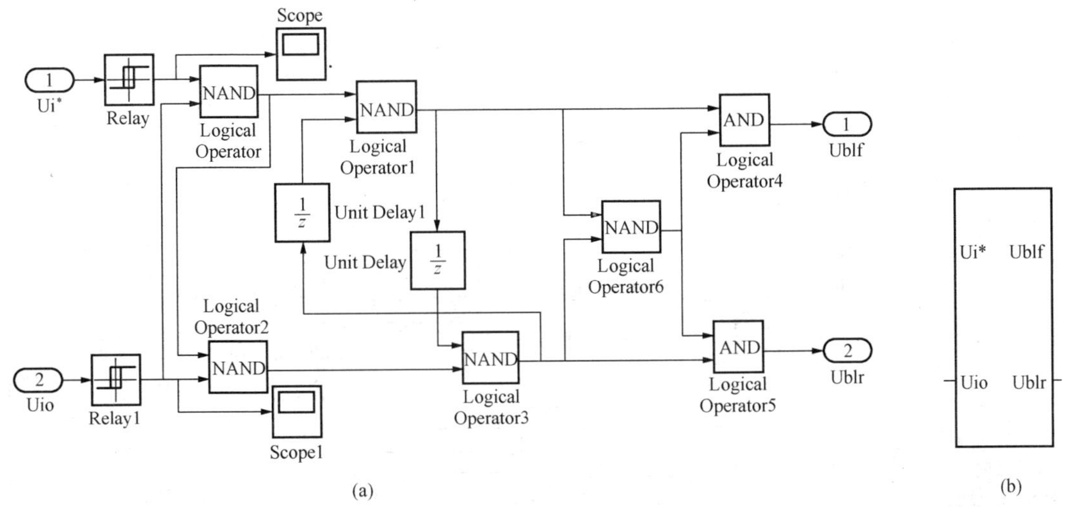

图 3-56　DLC 仿真模型及模块符号

(a) DLC 仿真模型；(b) DLC 模块符号

4）联锁保护电路建模。DLC 装置的最后部分为逻辑联锁保护环节。正常时，逻辑电路输出状态 U_{blf} 和 U_{blr} 总是相反的。一旦 DLC 发生故障，使 U_{blf} 和 U_{blr} 同时为“1”，将造成两个晶闸管桥同时开放，必须避免此情况。利用 Simulink 工具箱的 Logic and Bit Operations 模块组中的逻辑运算（Logical Operator）模块可实现多“1”保护功能。

图 3-56（a）为作者设计的 DLC 仿真模型，封装后的 DLC 模块符号如图 3-56（b）所示。为了检验 DLC 仿真模型的正确性，对其进行了测试。图 3-57（a）、（b）是测试用输入信号波形；图 3-57（c）、（d）是 DLC 输出信号波形。

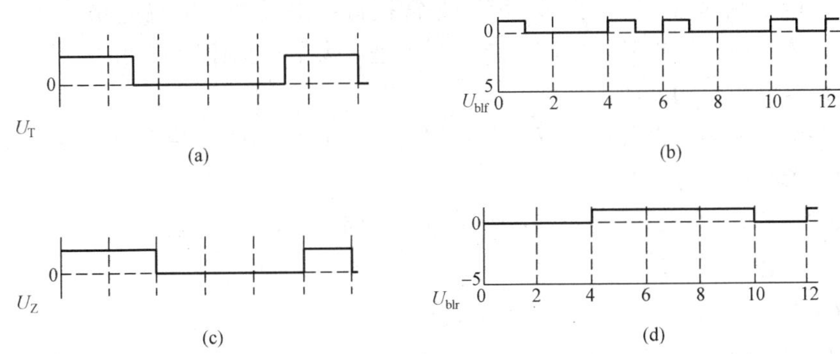

图 3-57　测试 DLC 的输入输出信号波形

(a) 测试用 U_T 输入信号；(b) U_T 输出信号；(c) 测试用 U_Z 输入信号；(d) U_Z 输出信号

测试表明，其功能完全符合系统所要求的各量间的逻辑关系。DLC 由于延时为毫秒级，波形上反映延时不明显。

(2) 主电路子系统的建模与封装。将除平波电抗器、直流电动机外的部分主电路按电气原理结构图的关系进行连接，得到图 3-58（a）所示的部分主电路子系统，封装后的子系统模块符号如图 3-58（b）所示。为方便作图，将同步脉冲触发器的输入端子顺序稍作调整，其中“Uct”为脉冲控制端，“In2”为触发器开关信号控制端。

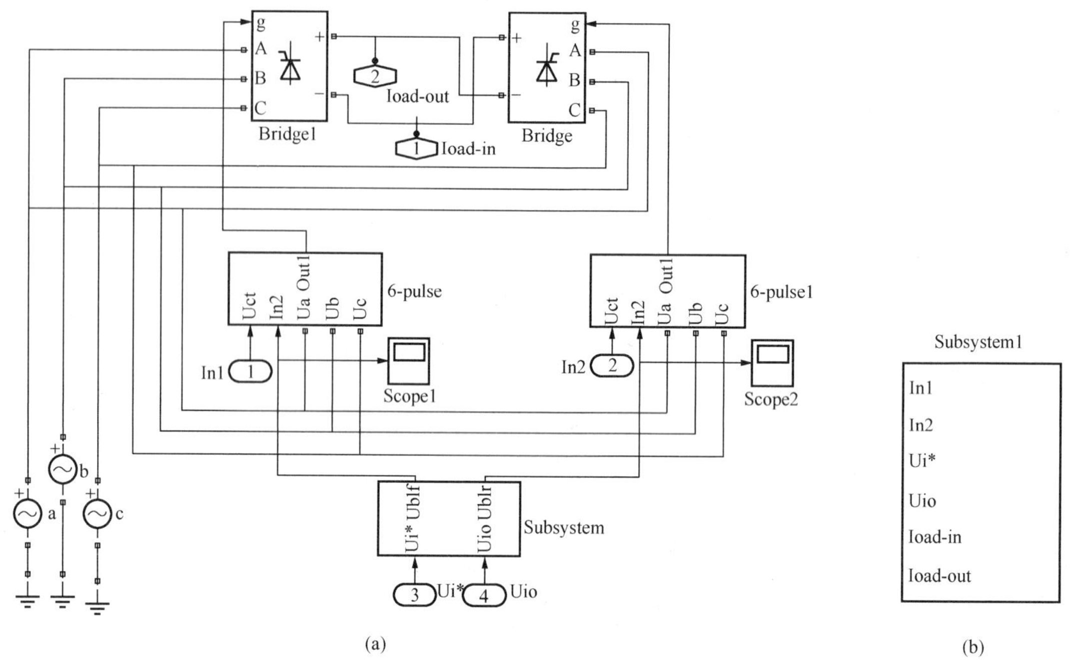

图 3-58　逻辑无环流部分主电路子系统的建模和子系统模块符号

（a）主电路子系统；（b）子系统模块符号

2. 控制电路的建模和参数设置

逻辑无环流直流可逆调速系统的控制电路包括给定环节、1 个转速调节器 ASR、2 个电流调节器 ACR、限幅器、偏置电路、反向器、电流反馈环节、转速反馈环节等。控制电路的连接方式与电气原理结构图（图 3-55）非常接近。限幅器、偏置电路、反向器的作用、建模和参数设置与前几节也基本相同。要说明的是，为了得到比较复杂的给定信号，这里采用了将简单信号源组合的方法。

控制电路的有关参数设置：电流反馈系数设为 0.1；转速反馈系数设为 1。

调节器的参数设置分别是：

（1）ASR：$K_{pn}=1.2$；$K_{in}=0.3$；上下限幅值为［25，−25］。

（2）ACR：$K_{pi}=2$、$K_{ii}=50$、上下限幅值为［90，−90］。

（3）ACR1：$K_{pi1}=2$、$K_{ii1}=50$、上下限幅值为［90，−90］。

（4）限幅器限幅值［97，0］。

（5）负载设置为 0 是为了使正、反向电流对称。

其他参数没作说明的为系统默认参数。

逻辑无环流直流可逆调速系统的仿真模型如图 3-59 所示。

（二）系统的仿真参数设置

仿真中所选择的算法为 ode23t；仿真 Start time 设为 0，Stop time 设为 12，其他与上述系统相同。

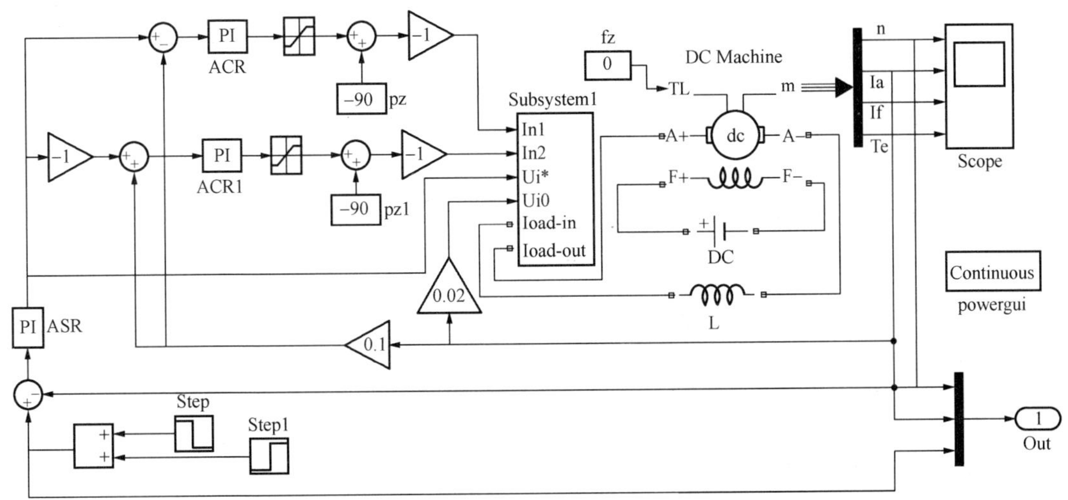

图 3-59　逻辑无环流直流可逆调速系统的仿真模型

（三）系统的仿真、仿真结果的输出及结果分析

当建模和参数设置完成后，即可开始进行仿真。图 3-60 所示为逻辑无环流直流可逆调速系统的给定、电流和转速曲线。从仿真结果可以看出，仿真系统实现了转速和电流的可逆，而且具有快速切换的特性。

二、错位控制无环流可逆直流调速系统的建模与仿真

错位控制的无环流可逆调速系统简称为错位无环流系统。

（一）相关知识

1. 与逻辑无环流系统的区别

逻辑无环流系统采用 $\alpha=\beta$ 控制，两组脉冲的关系是 $\alpha_f+\alpha_r=180°$，初始相位整定在 $\alpha_{f0}=\alpha_{r0}=90°$，并要设置逻辑控制器进行切换才能实现无环流。

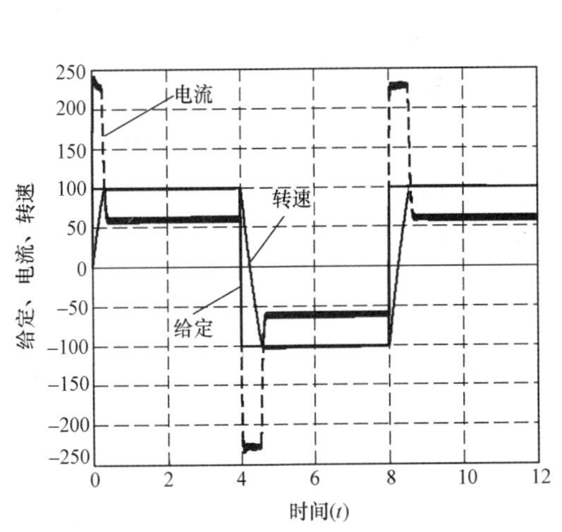

图 3-60　逻辑无环流直流可逆调速系统的给定、电流和转速曲线

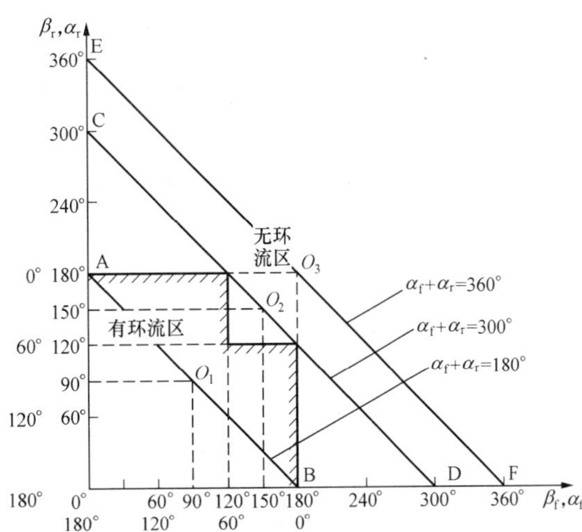

图 3-61　正反两组控制角的配合特性和无环流区

错位无环流系统也采用 $\alpha=\beta$ 控制，但两组脉冲关系是 $\alpha_f+\alpha_r=300°$或 360°，初始相位整定在 $\alpha_{f0}=\alpha_{r0}=150°$或 180°。

错位无环流系统两组控制角的配合特性如图 3-61 所示。由图可见，无环流的临界状况是 CO_2D 线，此时零位在 O_2 点，相当于 $\alpha_{f0}=\alpha_{r0}=150°$，$CO_2D$ 线的方程式为 $\alpha_f+\alpha_r=300°$，这种临界状态不可靠。为安全起见，实际系统常将零位整定在 $\alpha_{f0}=\alpha_{r0}=180°$（即 O_3 点），EO_3F 直线的方程是 $\alpha_f+\alpha_r=360°$。这种整定方法，不仅安全可靠，而且调整也很方便。

零位整定在 180°时，触发装置的移相控制特性如图 3-62 所示。这时，如果一组脉冲控制角小于 180°，另一组脉冲控制角一定大于 180°；而大于 180°的脉冲对系统是无用的，因此常常只让它停留在 180°处，或使大于 180°后停发脉冲。图 3-62 中控制角超过 180°的部分用虚线表示。

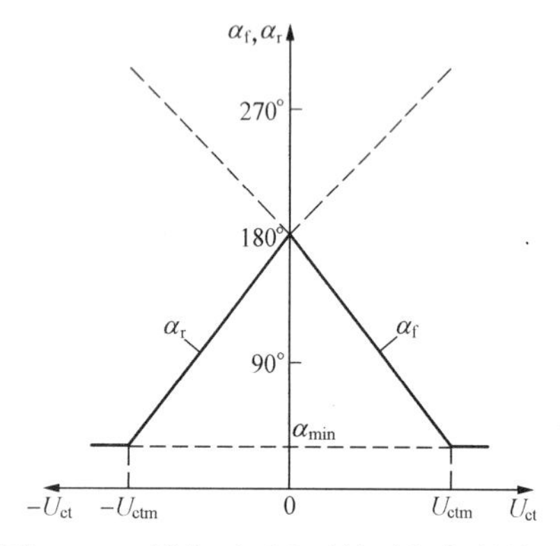

图 3-62 错位无环流系统移相控制特性

2. 带电压内环的错位无环流系统

如上所述，零位整定在 180°（或 150°）后，触发脉冲从 180°移到 90°的这段时间内，整流器没有电压输出，形成一个 90°的死区。在死区内，α 角变化并不引起输出量 U_d 变化。为了压缩死区，可以在错位无环流可逆系统中增加一个电压环。带电压内环的错位无环流可逆系统结构如图 3-62 所示。与其他可逆系统不同的地方是不用逻辑装置，另外增加了一个由电压变换器 TVD 和电压调节器 AVR 组成的电压环。

错位无环流系统的零位整定在 180°时，两组的移相控制特性恰好分在纵轴的左右两侧，因而两组晶闸管的工作范围可按 U_{ct}的极性来划分，U_{ct}为正时正组工作，U_{ct}为负时反组工作。通过对 U_{ct}的极性进行鉴别后，再通过电子开关选择触发正组还是反组，从而构成了错位选触无环流系统。

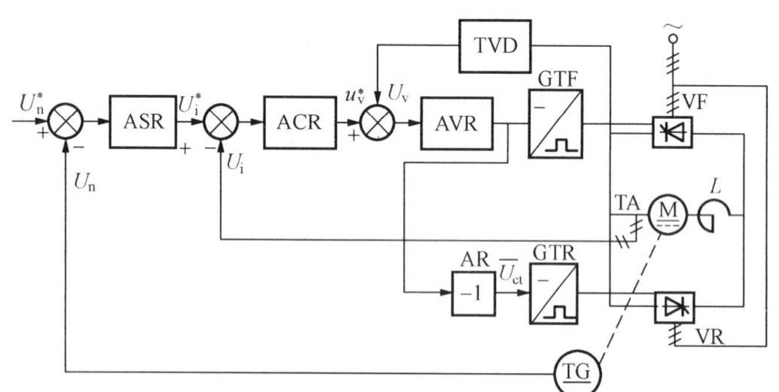

图 3-63 带电压内环的错位无环流可逆系统原理结构图

（二）系统的建模和模型参数设置

1. 主电路的建模和参数设置

由图 3-63 可见，主电路由三相对称交流电压源、反并联的晶闸管整流桥、平波电抗器、直流电动机等部分组成。错位控制的无环流可逆调速系统的主电路建模和参数设置，基本上与逻辑无环流可逆系统相同。主电路模型如图 3-64 所示。

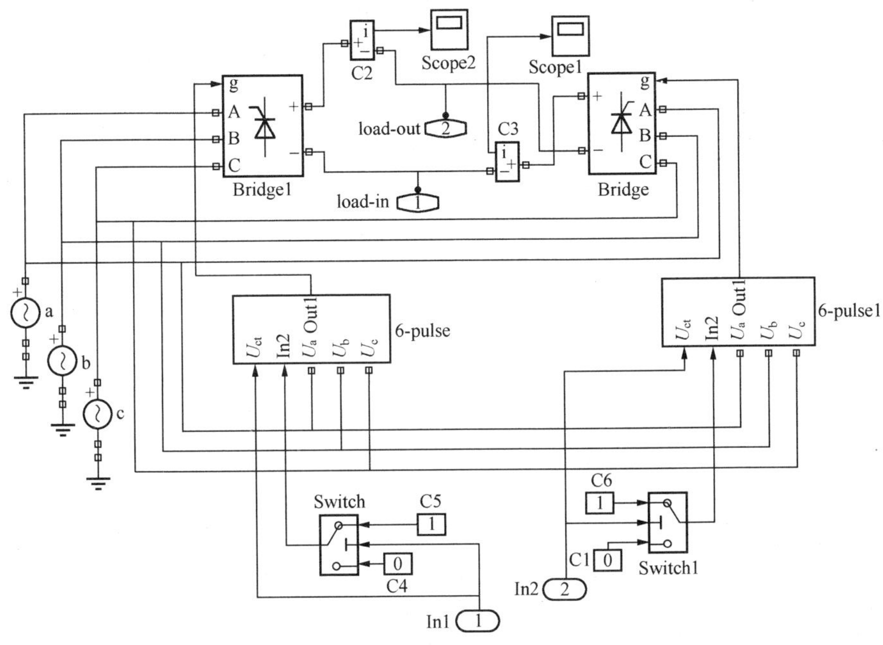

图 3-64 错位选触无环流调速系统的主电路模型

采用上述模型下半部分的选择开关即可实现错位选触无环流控制。选择开关的第二输入端接输入控制角 α，参数 Threshold 设置为 180。当控制角 $\alpha \geqslant 180°$时，通过给 6—脉冲触发器的 Blook 端置“1”关闭触发器，达到使整流器不工作的目的；当控制角 $\alpha < 180°$时，通过给 6—脉冲触发器的 Block 端置“0”开通触发器，使整流器工作。

根据图 3-63 所示带电压内环的错位无环流可逆系统结构，下面给出错位选触控制无环流可逆调速系统的仿真模型，如图 3-65 所示。

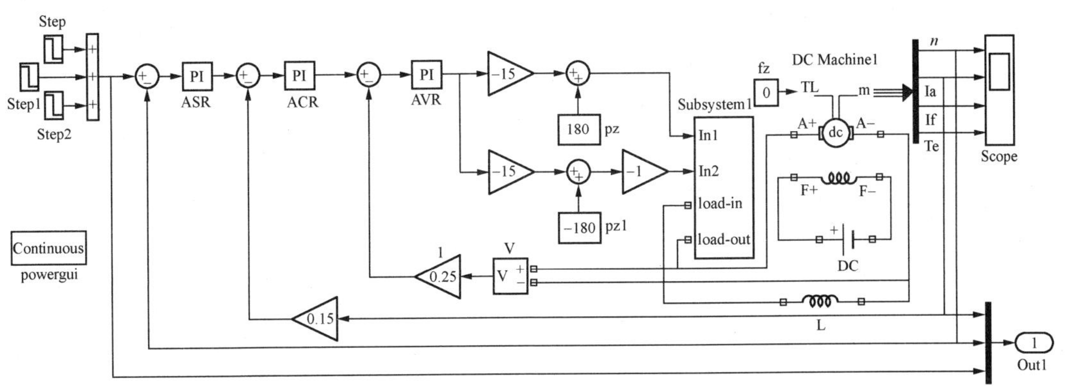

图 3-65 错位选触控制无环流可逆调速系统的仿真模型

2. 控制电路的建模和参数设置

错位选触无环流可逆调速的控制电路包括给定环节、1 个转速调节器 ASR、1 个电流调节器 ACR 和 1 个电压调节器 AVR、2 个偏置电路、3 个反向器、电压反馈环节、电流反馈环节、转速反馈环节等。给定信号由简单信号源组合而成，平波电抗器电感 9e-2H。

电压调节器AVR与Subsystem1之间的环节是根据图3-62所示错位控制无环流调速系统移相控制特性而得来的，分析过程如下。

根据图3-62移相控制特性，可以得到

(1) $\alpha_{f}=180°+\dfrac{180°-\alpha_{fmin}}{-U_{ctm}}U_{ct}$。此处取$\alpha_{fmin}=30°$，$U_{ctm}=10V$，则$\alpha_{f}=180°-15U_{ct}$。

(2) $\alpha_{r}=180°+\dfrac{180°-\alpha_{rmin}}{U_{ctm}}U_{ct}$。此处取$\alpha_{rmin}=30°$，$U_{ctm}=10V$，则$\alpha_{r}=180°+15U_{ct}$。

控制电路的有关参数设置：电压反馈系数设为0.25；电流反馈系数设为0.15；转速反馈系数设为1。

调节器的参数设置分别是：

(1) ASR：$K_{pn}=1.2$，$K_{in}=0.3$，上下限幅值为[25，−25]。

(2) ACR：$K_{pi}=0.4$，$K_{ii}=30$，上下限幅值为[90，−90]。

(3) AVR：$K_{pv}=1.2$，$K_{iv}=0.6$，上下限幅值为[90，−90]。

其他没作说明的为系统默认参数。

（三）系统的仿真参数设置

仿真所选择的算法为ode23t；仿真Start time设为0，Stop time设为16；其他与上述系统相同。

（四）系统的仿真、仿真结果的输出及结果分析

当建模和参数设置完成后，即可开始进行仿真。图3-66所示为错位选触控制无环流可逆调速系统的给定、电流和转速曲线。

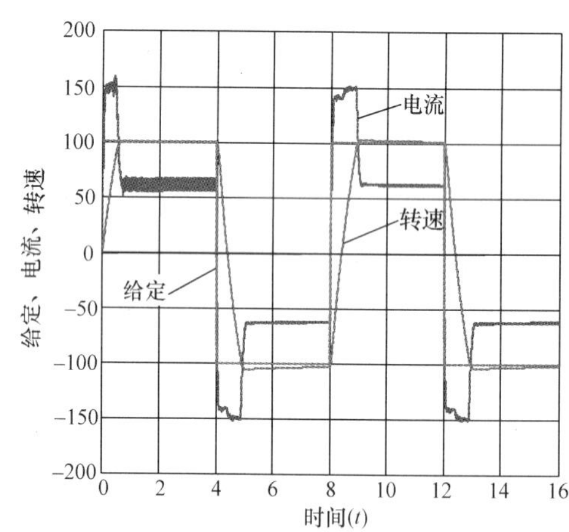

图3-66 错位选触控制无环流可逆调速系统的给定、电流和转速曲线

三、$\alpha=\beta$配合控制的有环流可逆直流调速系统的建模与仿真之一

$\alpha=\beta$配合控制的有环流调速系统也是一个典型的直流可逆调速系统，其电气原理结构图如图3-67所示。下面介绍各部分的建模与参数设置过程。

（一）系统的建模和模型参数设置

1. 主电路的建模和参数设置

由图3-67可见，主电路由三相对称交流电压源、反并联的晶闸管整流桥、平波电抗器、直流电动机等部分组成。在有环流可逆系统中，一个明显的特征是反并联的晶闸管整流桥回路中串接了4个均衡电抗器L1～L4，它们的作用是抑制脉动环流。

$\alpha=\beta$配合控制的有环流调速系统的主电路建模和参数设置大部分与逻辑无环流可逆系统相同，不同的地方是在反并联的晶闸管整流桥回路中串接了4个均衡电抗器L1～L4。其主电路模型如图3-68所示，图中均衡电抗器为L1～L4。经过试验，均衡电抗器的电感值取4e-2H。

下面给出$\alpha=\beta$配合控制的有环流可逆调速系统的仿真模型，如图3-69所示。

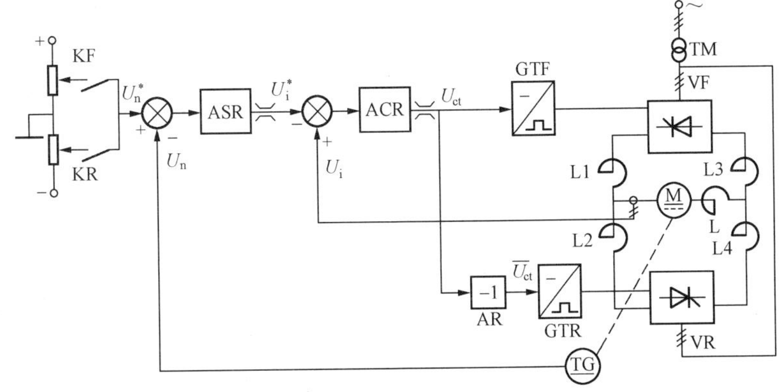

图 3-67　$\alpha=\beta$ 配合控制的有环流可逆调速系统原理框图

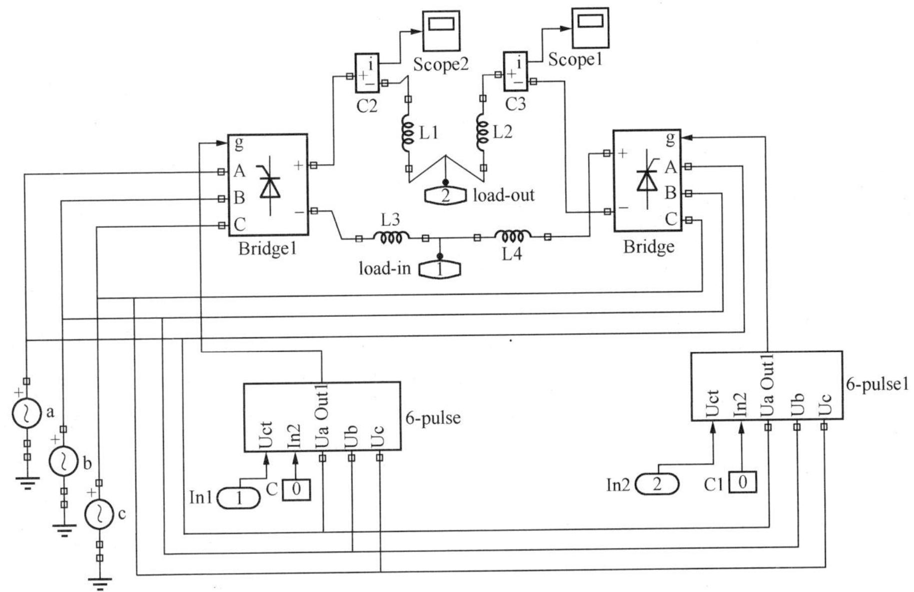

图 3-68　$\alpha=\beta$ 配合控制的有环流调速系统的主电路模型

2. 控制电路的建模和参数设置

$\alpha=\beta$ 配合控制的有环流可逆调速系统的控制电路包括给定环节、1 个转速调节器 ASR、1 个电流调节器 ACR、2 个偏置电路、3 个反向器、电流反馈环节、转速反馈环节等。其控制电路的连接方式与电气原理结构图 3-67 非常接近。ACR 和第 1 个反向器为 $\alpha=\beta$ 配合控制电路。给定信号由简单信号源组合而成。

控制电路的有关参数设置：电流反馈系数设为 0.1；转速反馈系数设为 1。

调节器的参数设置分别是：

(1) ASR：$K_{pn}=1.2$，$K_{in}=0.3$，上下限幅值为 [25，−25]。

(2) ACR：$K_{pi}=2$，$K_{ii}=50$，上下限幅值为 [90，−90]。

(3) 平波电抗器的电感值取 9e-3H。

其他没作说明的为系统默认参数。

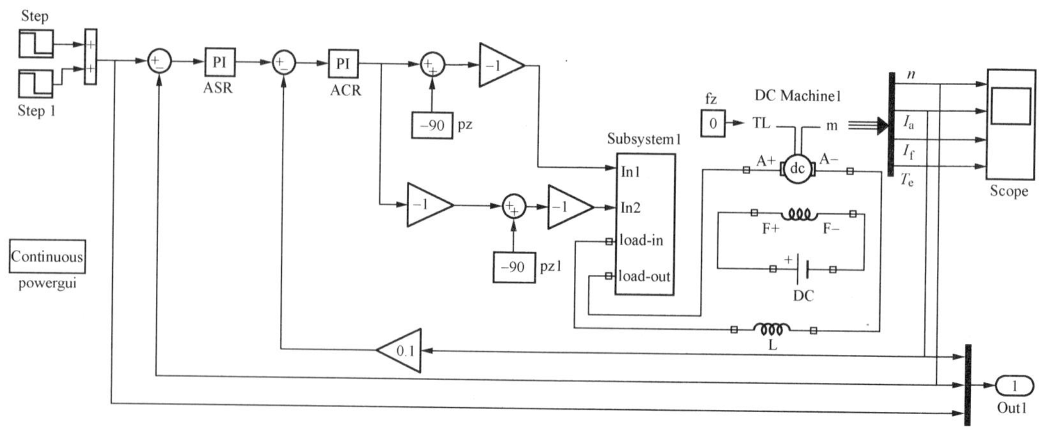

图 3-69　$\alpha=\beta$ 配合控制的有环流可逆调速系统的仿真模型

（二）系统的仿真参数设置

仿真所选择的算法为 ode23t；仿真 Start time 设为 0，Stop time 设为 12；其他与上述系统相同。

（三）系统的仿真、仿真结果的输出及结果分析

当建模和参数设置完成后，即可开始进行仿真。图 3-70 所示为 $\alpha=\beta$ 配合控制的有环流可逆调速系统的给定、电流和转速曲线。从仿真结果可以看出，仿真系统实现了转速和电流的可逆。

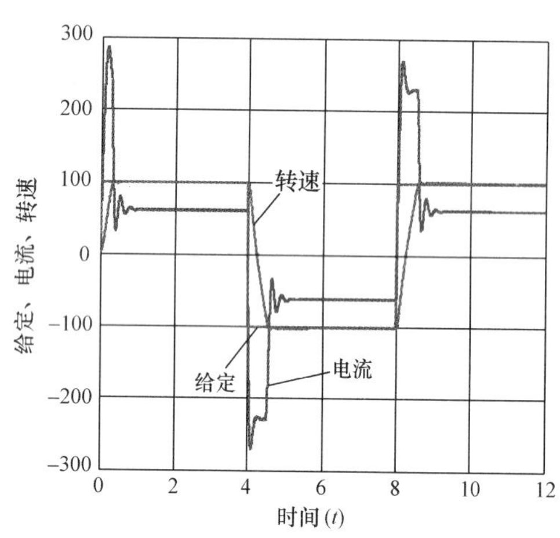

图 3-70　$\alpha=\beta$ 配合控制的有环流可逆调速系统的给定、电流和转速曲线

图 3-71 为 $\alpha=\beta$ 配合控制的有环流可逆调速系统中均衡电抗器 L_1、L_2 中的电流曲线。Scope2 是 L_1 中的电流，Scope1 是 L_2 中的电流。由图可见，环流约为“110”，电机电枢电流约为“60”，在 $t=1\sim4$ 期间，图 3-68 中晶闸管桥 Bridge1 工作，L_1 中流过环流和负载电流，Scope2 中的总电流约为“170”；L_2 中只流过环流，Scope1 中的电流约为“110”。$t=4\sim8$ 期间，图 3-68 中晶闸管桥 Bridge 工作，L_2 中流过环流和负载电流，Scope1 中的总电流约为“170”；L_1 中只流过环流，Scope2 中的电流约为“110”。这与理论分析基本一致。由于示波器测量的是均衡电抗器中的电流，每个周期的环流有所增加可能是均衡电抗器中的电流没有释放完造成的。

四、$\alpha=\beta$ 配合控制的有环流可逆直流调速系统的建模与仿真之二

$\alpha=\beta$ 配合控制的有环流可逆直流调速系统也可以仿照错位选触无环流可逆调速系统的方法，用移相控制特性来设计电流调节器 ACR 与 Subsystem1 之间的控制环节模块。

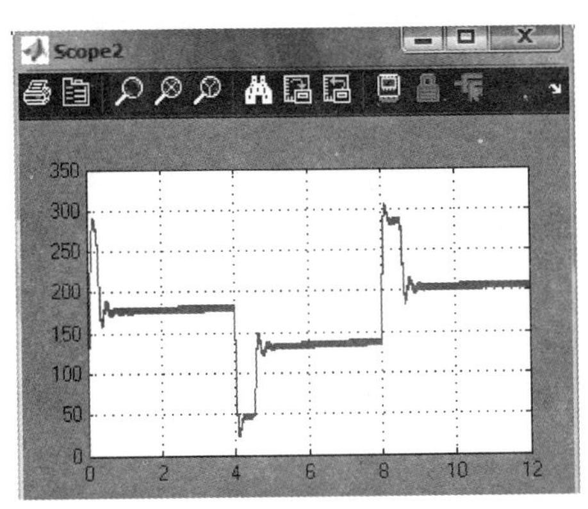

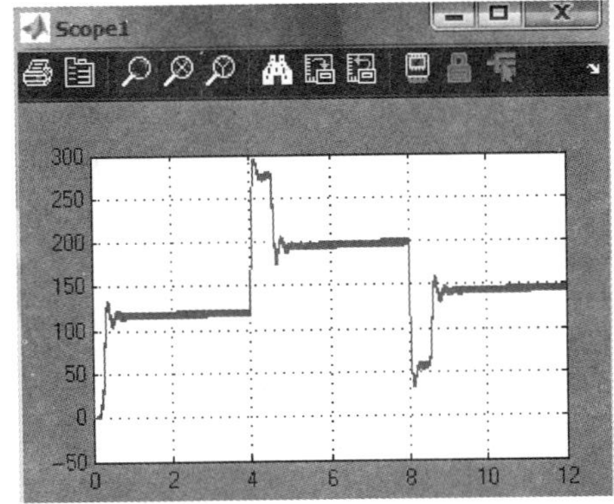

图 3-71　有环流可逆调速系统中均衡电抗器 L_1、L_2 中的电流曲线

图 3-72 所示为 $\alpha=\beta$ 配合控制的有环流可逆直流调速系统的移相控制特性，其零位定在 90°。

根据图 3-72 的移相控制特性，分析得到：

(1) $\alpha_f=90°+\dfrac{90°-\alpha_{fmin}}{-U_{ctm}}U_{ct}$。此处取 $\alpha_{fmin}=30°$，$U_{ctm}=10\text{V}$，则 $\alpha_f=90°-6U_{ct}$。

(2) $\alpha_r=90°+\dfrac{90°-\alpha_{rmin}}{-U_{ctm}}U_{ct}$。此处取 $\alpha_{rmin}=30°$，$U_{ctm}=10\text{V}$，则 $\alpha_r=90°+6U_{ct}$。

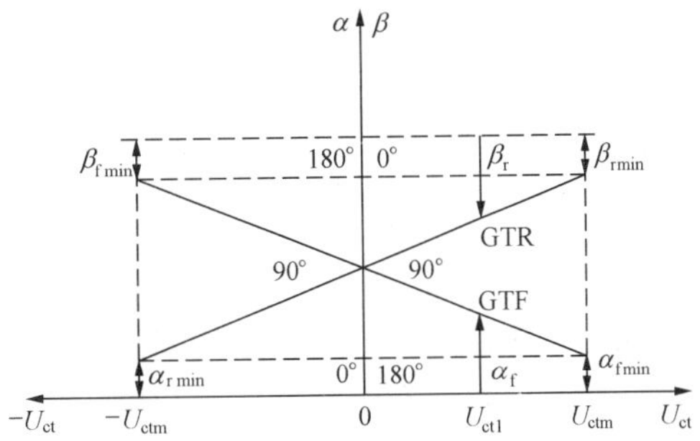

图 3-72　$\alpha=\beta$ 配合控制的移相控制特性

图 3-73 所示为根据移相控制特性构建的 $\alpha=\beta$ 配合控制的有环流可逆调速系统仿真模型。模型中控制电路的有关参数设置：电流反馈系数设为 0.1；转速反馈系数设为 1。

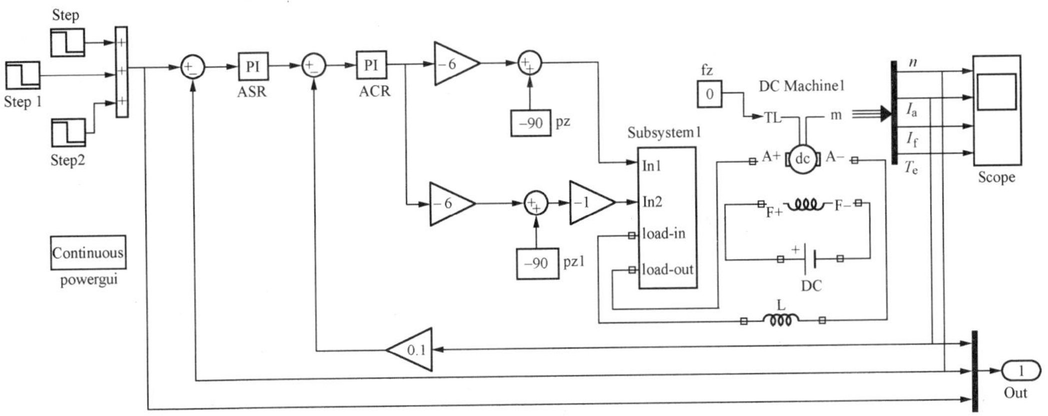

图 3-73　根据 $\alpha=\beta$ 配合控制移相控制特性构建的调速系统模型

调节器的参数设置分别是：

(1) ASR：$K_{pn}=1.2$，$K_{in}=0.3$，上下限幅值为［25，−25］。

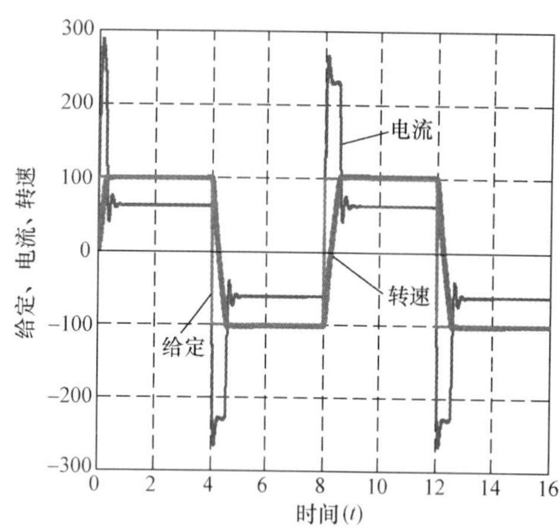

图 3-74 根据移相控制特性构建的配合控制有环流调速系统给定、电流和转速曲线

（2）ACR：$K_{pi}=0.4$，$K_{ii}=9$，上下限幅值为［90，−90］。

其他没作说明的为系统默认参数。

（一）系统的仿真参数设置

仿真所选择的算法为 ode23t；仿真 Start time 设为 0，Stop time 设为 16。

（二）系统的仿真、仿真结果的输出及结果分析

当建模和参数设置完成后，即可开始进行仿真。图 3-74 是根据移相控制特性构建的 $\alpha=\beta$ 配合控制有环流可逆调速系统仿真得到给定、电流和转速曲线。

由图 3-74 可见，根据移相控制特性构建的配合控制有环流调速系统输出电流曲线和转速曲线，与图 3-70 的输出曲线是一致的。

3.4 直流脉宽调速系统的仿真实验

以晶闸管作为直流电源的单环、多环以及可逆直流调速系统，具有主电路模型相同而控制电路有差别的特点。而以下所要讨论的直流脉宽调速系统与前面所述的各系统相比较，控制电路和主电路都有区别，其建模有一定的特点。

3.4.1 H 型 PWM 可逆直流变换器的建模与仿真

一、H 型 PWM 可逆直流变换器的工作原理

首先回顾一下 H 型 PWM 可逆直流变换器的工作情况，其原理电路如图 3-75 所示。图中的开关器件可以是电力晶体管 GTR、电力场效应晶体管 P—MOSFET 和 IGBT 等。

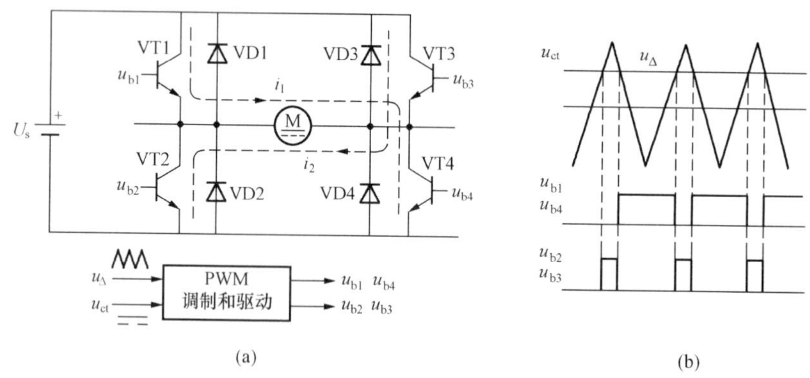

图 3-75 H 型 PWM 直流可逆变换器原理电路图

（a）直流 PWM 变换器主电路；（b）PWM 变换器驱动信号

H 型可逆直流 PWM 变换器从控制方式上区分有双极式调制、单极式调制和受限单极式调制三种。

(1) 双极式调制。4 个开关器件 VT1 和 VT4、VT2 和 VT3 两两成对同时导通和关断，且工作于互补状态，即 VT1 和 VT4 导通时 VT2 和 VT3 关断，反之亦然。控制开关器件的通断时间（占空比）可以调节输出电压的大小，若 VT1 和 VT4 的导通时间大于 VT2 和 VT3 的导通时间，则输出电压平均值为正；若 VT2 和 VT3 的导通时间大于 VT1 和 VT4 的导通时间，输出电压平均值为负，所以可用于直流电动机的可逆运行。桥式 PWM 直流变换器件的驱动一般都采用 PWM 方式，由调制波（三角波或锯齿波）与直流信号比较产生驱动脉冲，由于调制波频率较高（通常在数千赫兹以上），所以变换器输出电流一般连续，用于直流电机调速时电枢回路不用串联电抗器，但 4 个开关器件都工作于 PWM 方式，开关损耗较大。

(2) 单极式调制。4 个开关器件中 VT1 和 VT2 工作于互补的 PWM 方式，而 VT3 和 VT4 则根据电动机的转向采取不同的驱动信号。电动机正转时，VT3 恒关断，VT4 恒导通；电动机反转时，VT3 恒导通 VT4 恒关断。由于减少了 VT3 和 VT4 的开关次数，开关损耗减少，这是单极式调制的优点。

(3) 受限单极式调制。在单极式调制基础上，为进一步减小开关损耗和减少桥臂直通的可能性，在电动机要求正转时，只有 VT1 工作于 PWM 方式，VT4 始终处于导通状态，而 VT2 和 VT3 都关断；电动机反转时，只有 VT2 工作于 PWM 方式，VT3 始终处于导通状态，而 VT1 和 VT4 都关断，这就是受限单极式调制。在受限单极式工作模式，当电动机电流较小时会出现电流断续的现象。

二、双极式 H 型 PWM 可逆直流变换器的建模

双极式 H 型 PWM 可逆直流变换器的仿真模型如图 3-76 所示。

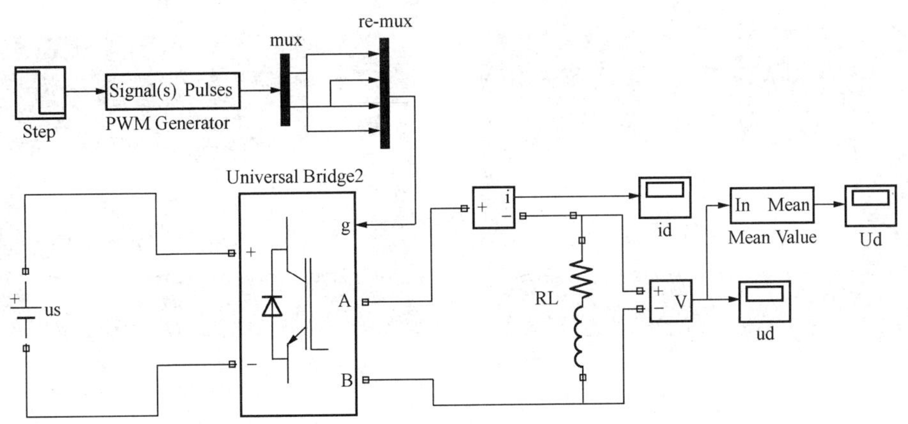

图 3-76 双极式调制 H 型 PWM6 直流变换器仿真模型

图 3-76 中，H 型主电路的开关器件 VT1～VT4 采用 Universal Bridge 模块中的 IGBT 元件，模块的提取路径与晶闸管模块相同，参数设置如图 3-77 所示。驱动采用 PWM Generator 模块（按"SimPowerSystems/ Extra Library/Control Block/PWM Generator"路径提取）。因为双极性控制的桥式电路开关器件两两成对通断，因此 PWM Generator 模块参数 (Generator Mode) 中桥臂数选择"1"，产生互补的两个驱动信号，如图 3-78 所示。然后通过 re-mux 和 mux 模块的信号重组得到桥式电路需要的 4 路驱动脉冲。PWM Generator 模块的调制信号采用了外部输入的方式，外部调制信号由 Step 模块（按"Simulink/

Sources/Step”路径提取）产生，通过 Step 模块改变控制信号 Uct 来调节变换器输出电压和电流。模型中用 Mean Value 模块（按“SimPowerSystems/Extra Library/Measurements/Mean Value”路径提取）来观察输出电压的平均值。

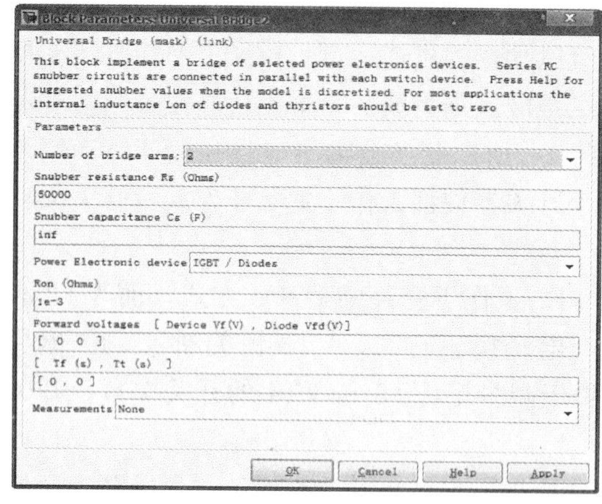

图 3-77 Universal Bridge 模块参数设置

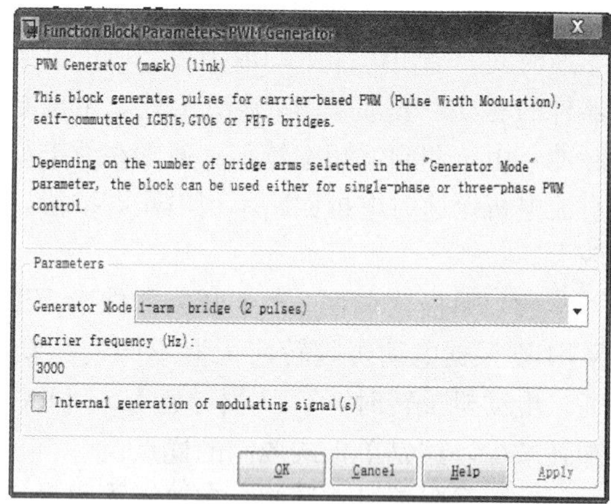

图 3-78 PWM Generator 模块参数设置

三、双极式 H 型 PWM 可逆直流变换器的仿真与分析

图 3-76 中设电源电压为 12V，RL 负载的电阻为 0.5Ω、电感为 0.5mH。Step 模块设置为 0.01s 时占空比从 0.8 切换为 −0.4，PWM Generator 的调制频率取 3kHz。仿真参数设置：仿真时间 0.02s，仿真算法 ode23t。仿真结果如图 3-79 所示。

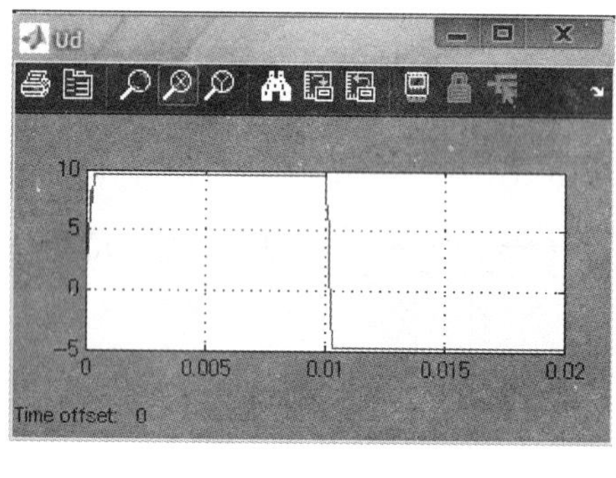

(a)

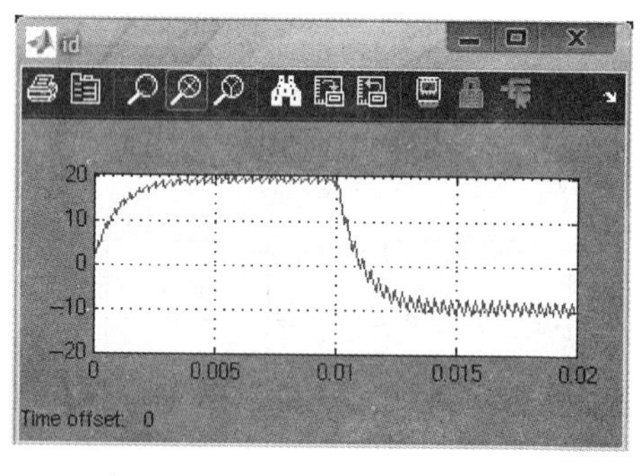

(b)

图 3-79 H 型 PWM 可逆直流变换器输出平均电压、电流波形

(a) 输出平均电压；(b) 输出平均电流

图 3-79（a）为直流输出平均电压波形，在 0.01s 前 PWM 正脉冲宽度大于负脉冲宽度，输出电压平均值为正；0.01s 时控制信号 Uct 由 +0.8 切换为 −0.4，输出电压的负脉冲宽度大于正脉冲宽度，输出电压平均值变负；输出电压的变化使输出电流也从正变负，如图 3-79（b）所示。改变控制信号 Uct 可以改变占空比，就可以调节输出电压和电流。

3.4.2 双极式 H 型 PWM-M 可逆直流开环调速系统的建模与仿真

将图 3-76 中的 RL 负载替换成直流电动机就组成了双极式 H 型 PWM-M 可逆直流调

速系统。PWM-M直流调速系统与晶闸管调速系统的不同主要在变流主电路上，至于转速和电流的控制和晶闸管直流调速系统一样。PWM-M直流调速系统的PWM变换器有可逆和不可逆两类，而可逆变换器又有双极式、单极式和受限单极式等多种电路。这里主要研究H型主电路双极式PWM-M调速的仿真，并通过仿真分析直流PWM-M可逆调速系统的工作过程。单极式和受限单极式只分析其PWM调制控制方式的建模和仿真。

一、双极式H型PWM-M可逆直流开环调速系统的建模

H型PWM-M直流调速系统的主电路组成如图3-75（a）所示，主电路由4个IGBT元件VT1～VT4和4个续流二极管VD1～VD4组成H型连接。当VT1和VT4导通时，有正向电流 i_1 通过电动机M，电动机正转；当VT1和VT3导通时，有反向电流 i_2 通过电动机M，电动机反转。VT1～VT4的驱动信号的调制原理如图3-75（b）所示，在三角波与控制信号 U_{ct} 相交时，分别产生驱动信号 u_{b1}、u_{b4} 和 u_{b2}、u_{b3}。

H型PWM-M直流开环调速系统的仿真模型如图3-80所示。其与图3-76相比较，不同之处是：

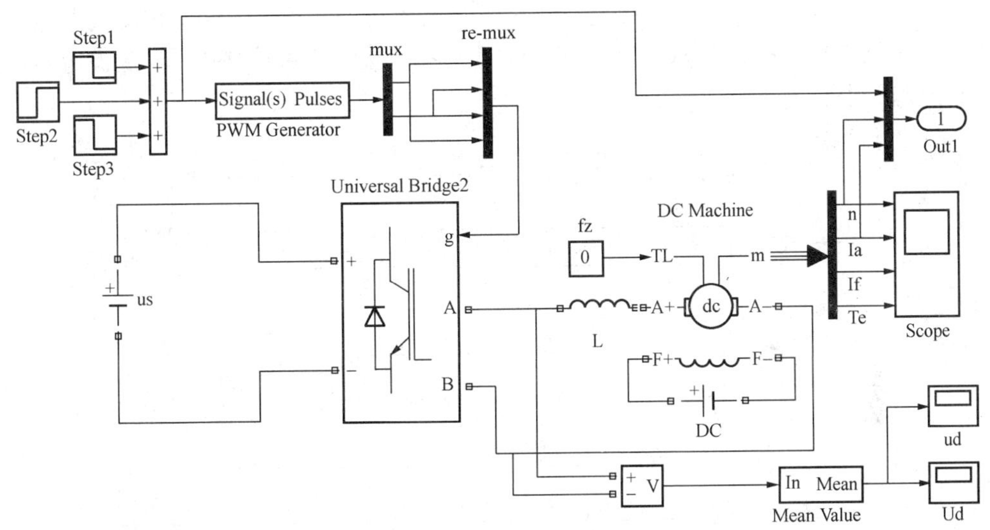

图3-80 H型PWM-M直流开环调速系统仿真模型

（1）将PWM Generator的输入信号换成了较复杂的组合信号（见图3-81中的给定信号）；

（2）将H型PWM直流变换器负载换成了直流电动机，其参数设置与前面仿真用的直流电动机参数相同。

二、双极式H型PWM-M可逆直流开环调速系统的参数设置与仿真

（1）PWM Generator的组合输入信号的第一个区间时间（$t=0\sim8$）设置得比较长，是为了反映直流开环PWM-M调速系统不可逆时的工作情况。

（2）模型中 $U_s=200$V；平波电抗器经过试验选取1e－1H；仿真时间20s；仿真算法ode23t。

其他参数与图3-76模型一致。

三、双极式H型PWM-M可逆直流开环调速系统的仿真结果

从图3-81所示仿真结果可见，转速、电流随着给定信号极性的变化实现了可逆。

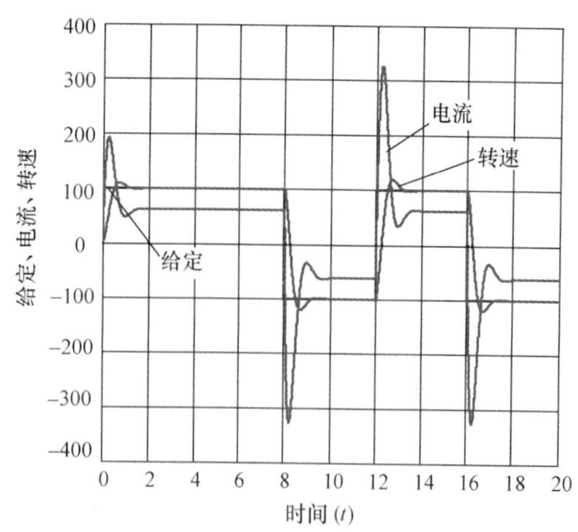

图 3-81 双极式 H 型 PWM-M 可逆直流开环调速系统给定、电流和转速曲线

3.4.3 双极式 H 型 PWM-M 单闭环可逆直流调速系统的建模与仿真

PWM-M 单闭环直流可逆调速系统的电气原理结构图见图 3-82 所示。图 3-83 是采用面向电气原理结构图方法构作的直流脉宽调速系统的仿真模型。下面介绍各部分的建模与参数设置过程。

一、系统的建模和模型参数设置

（一）主电路的建模和参数设置

由图 3-83 可见，主电路由三相对称交流电压源、二极管不可控整流桥、滤波电容器、IGBT 逆变器桥、直流电动机等部分组成。

三相交流电源、直流电动机的建模和参数设置已经作过讨论，三相对称交流电压源幅值为 125V，平波电抗器电感取 3e—3H。此处着重讨论二极管不可控整流桥、滤波电容器的建模和参数设置问题。

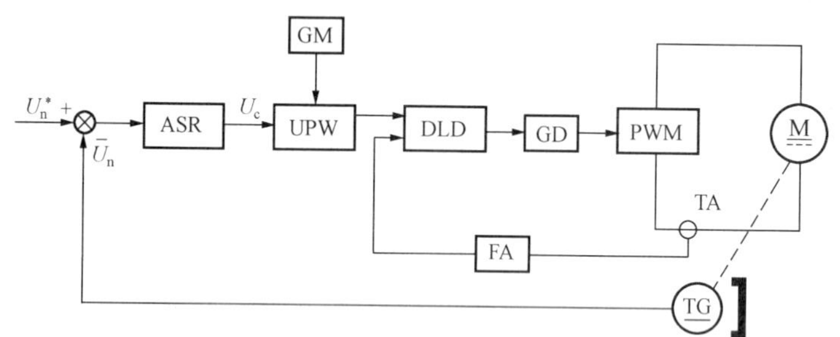

图 3-82 单闭环直流脉宽调速系统的电气原理结构图

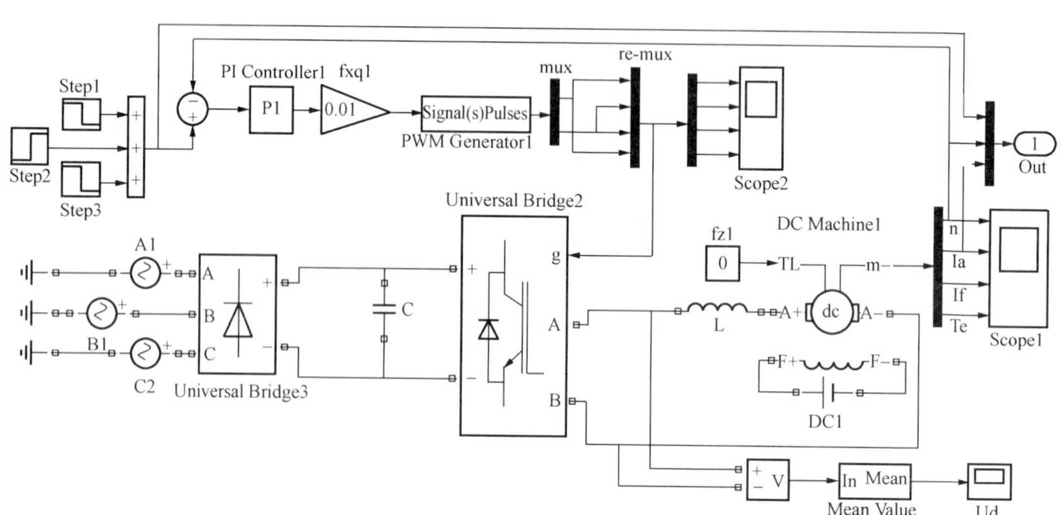

图 3-83 双极式 H 型 PWM-M 单闭环可逆直流调速系统仿真模型

（1）二极管不可控整流桥的建模与参数设置。二极管整流桥的建模与晶闸管整流桥相同，首先从电力电子模块组中选取“Universal Bridge”模块；然后打开“Universal Bridge”参数设置对话框，参数设置如图 3-84 所示，将“Power Electronic device”选择为“Diodes”即可。其他参数设置的原则同晶闸管整流桥。

（2）滤波电容器的建模和参数设置。首先按“SimPowerSystems/Elements/Series RLC Branch”路径从元件模块组中选取“Series RLC Branch”模块，并将滤波电容器模块标签改为“C”；然后打开滤波电容器参数设置对话框，参数设置如图 3-85 所示。参数通过仿真实验优化而定。

（3）双极式 H 型 PWM 主电路的建模和参数设置。该系统的建模与参数设置与开环系统相同。

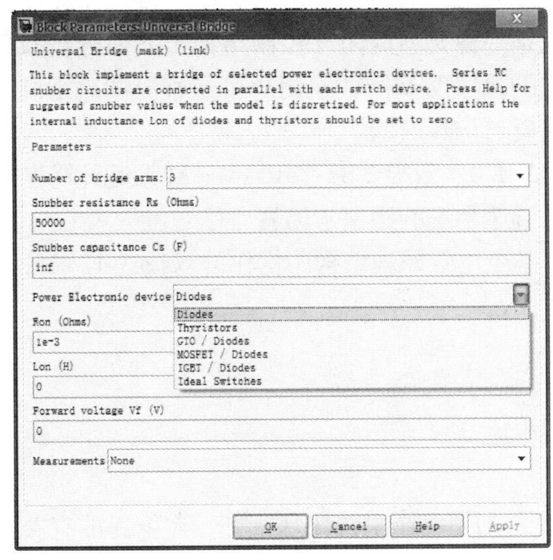

图 3-84 “Universal Bridge”参数设置对话框和参数设置

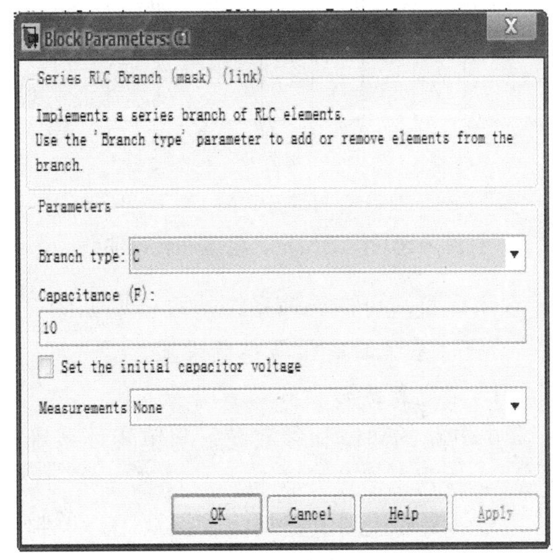

图 3-85 滤波电容器 C 参数设置对话框及参数设置

（二）控制电路的建模和参数设置

直流脉宽调速系统的控制电路包括给定环节、转速调节器 ASR、转速反馈环节、PWM 信号发生器等。除 PWM 信号发生器外，其他环节都比较熟悉，下面重点讨论一下 PWM 信号发生器及其相关环节。

PWM 信号发生器要求的输入范围为−1～1 之间的数（包括−1 和 1），输出脉冲受输入信号的控制，脉冲最大输出频率设置为 3000Hz，如图 3-78 所示。当输入为 1 时，输出脉冲宽度最大，相当于完全导通，占空比为 1；当其输入为−1 时，脉冲宽度最小，相当于完全关断。在从−1 到 1 的变化过程中，脉冲宽度是呈线性增长的。

由于 PWM 信号发生器要求的输入范围为［1，−1］，而 ASR 设置的输出限幅范围为−100到 100，为了能够将这两个相差很大的数匹配，在 ASR 的后面接一放大器，其放大倍数为 0.01，那么输出的数就被限制在−1 到 1 的范围内了。

控制电路的有关参数设置如下：ASR 调节器的参数设置为 $K_{pn}=0.8$，$K_{in}=20$，上下限幅值为［100，−100］。其他参数没作说明的为系统默认参数。

二、系统的仿真参数设置

仿真中所选择的算法为ode23t；仿真Start time设为0，Stop time设为16。

三、系统的仿真、仿真结果的输出及结果分析

当建模和参数设置完成后，即可开始进行仿真。

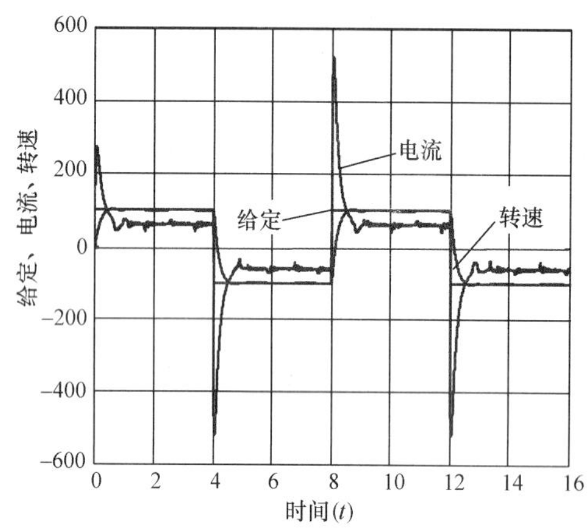

图3-86 双极式H型PWM-M单闭环可逆直流调速系统的给定、电流和转速曲线

图3-86所示为双极式H型PWM-M单闭环可逆直流调速系统的给定、电流和转速曲线。从仿真结果可知，系统实现了调速。由于系统中没有限流措施，所以起动电流很大。

转速电流双闭环控制电路中的电流环具有限制起动电流的作用，况且转速电流双闭环控制也是一种典型的闭环控制结构。下面分析双极式H型PWM-M双闭环可逆直流调速系统的建模与仿真问题。

3.4.4 双极式H型PWM-M双闭环可逆直流调速系统的建模与仿真

基于电气原理结构图构作的双极式PWM-M双闭环直流可逆调速系统仿真模型如图3-87所示。

（一）系统的建模与参数设置

1. 主电路的建模和参数设置

主电路的建模和参数设置与单闭环系统完全相同。

2. 控制电路的建模和参数设置

与单闭环控制电路相比较，双闭环控制主要是增加了一个电流闭环。其控制电路的有关参数设置如下：

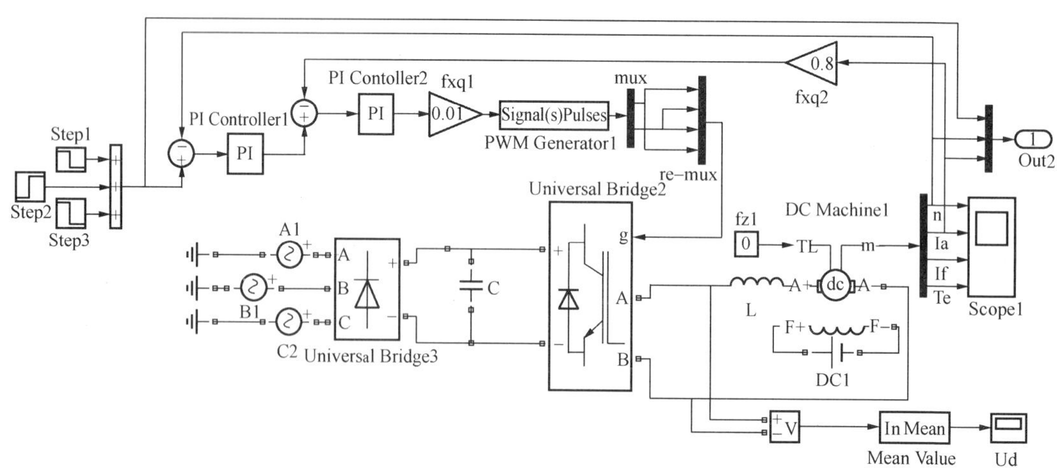

图3-87 双极式H型PWM-M双闭环可逆直流调速系统仿真模型

（1）ASR调节器的参数设置为$K_{pn}=8$，$K_{in}=30$，上下限幅值为[100，-100]。

（2）ACR调节器的参数设置为$K_{pn}=5$，$K_{in}=20$。

（3）上下限幅值为 [100，−100]。

（4）电流反馈系数经过多次调试后取 0.8。

其他没作说明的为系统默认参数或与单闭环系统相同。

（二）系统的仿真参数设置

仿真中所选择的算法为 ode23t；仿真 Start time 设为 0，Stop time 设为 16。

（三）系统的仿真、仿真结果的输出及结果分析

当建模和参数设置完成后，即可开始进行仿真。图 3-88 所示为双极式 H 型 PWM-M 双闭环可逆直流调速系统的给定、电流和转速曲线。从仿真结果可知，转速、电流实现了可逆，并且由于电流负反馈的作用，起动电流得到有效抑制。

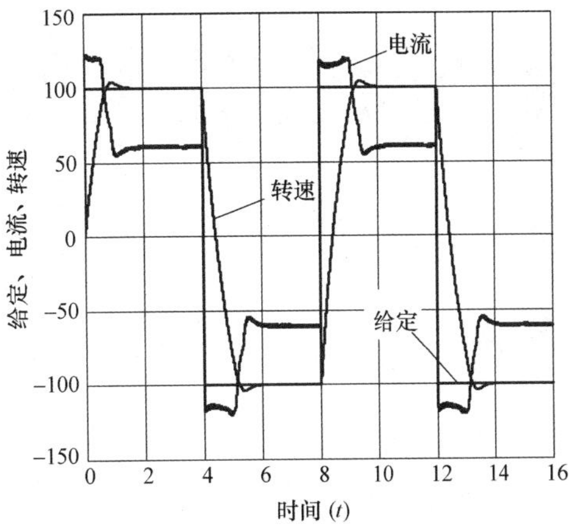

图 3-88　双极式 H 型 PWM-M 双闭环可逆直流调速系统的给定、电流和转速曲线

3.4.5　PWM 直流变换器的双极式、单极式、受限单极式控制模式的仿真与分析

H 型 PWM—M 可逆直流调速系统的重要内容是 H 型 PWM 变换电路的调制方式，其中各种调制方式所需要的 PWM 驱动信号的产生是研究的核心内容。表 3-4 为 H 型 PWM 电路各种调制所对应的 VT1～VT4 通断情况和要求的驱动信号。

表 3-4　双极式、单极式和受限单极可逆 PWM 工作方式

控制方式	电动机转向	开关状况	
双极式	正转	VT1 和 VT4、VT2 和 VT3 两两成对按照 PWM 方式同时导通和关断，工作于互补状态	
	反转		
单极式	正转	VT3 恒关断 VT4 恒导通	VT1 和 VT2 工作于互补的 PWM 方式
	反转	VT3 恒导通 VT4 恒关断	
受限单极式	正 转	VT4 始终处于导通状态，而 VT2 和 VT3 都关断	VT1 工作于 PWM 方式
	反 转	VT3 始终处于导通状态，而 VT1 和 VT4 都关断	VT2 工作于 PWM 方式

一、双极式 PWM 调制方式的建模与仿真

（一）双极式 PWM 调制方式的建模与参数设置

双极式 PWM 调制方式的仿真模型如图 3-89 所示。

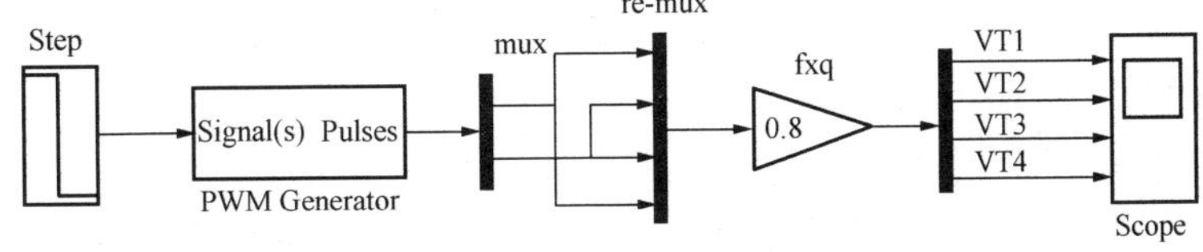

图 3-89　双极式 PWM 调制方式的仿真模型

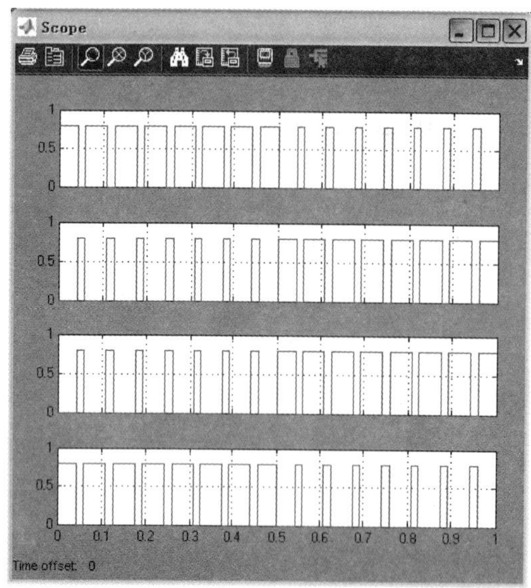

图 3-90 双极式PWM驱动信号波形

系统参数设置如下：

（1）输入阶跃信号的阶跃时间0.5s；初始值0.5，终了值－0.5。

（2）PWM Generator的调制频率设置为15Hz，频率设置得比较低是为了能够看出4个驱动信号的相位关系。

（二）双极式PWM调制方式的仿真结果与分析

仿真选择的算法为ode23t；仿真Start time设为0，Stop time设为1。图3-90所示为双极式PWM驱动信号波形，波形从上而下依次为VT1～VT4。由图可见，驱动信号完全符合：VT1和VT4、VT2和VT3两两成对按照PWM方式同时导通和关断，并且工作于互补状态。

二、单极式PWM调制方式的建模与仿真

（一）单极式PWM调制方式的建模与参数设置

单极式PWM调制方式的仿真模型如图3-91所示。参数设置同双极式方式。

（二）单极式PWM调制方式的仿真结果与分析

仿真选择的算法为ode23t；仿真Start time设为0，Stop time设为1。图3-92所示为单极式PWM驱动信号波形。

由图3-92可见，驱动信号完全符合：正转时，VT3恒关断VT4恒导通；反转时VT3恒导通VT4恒关断；而无论是正转还是反转，VT1和VT2总是工作于互补的PWM方式。

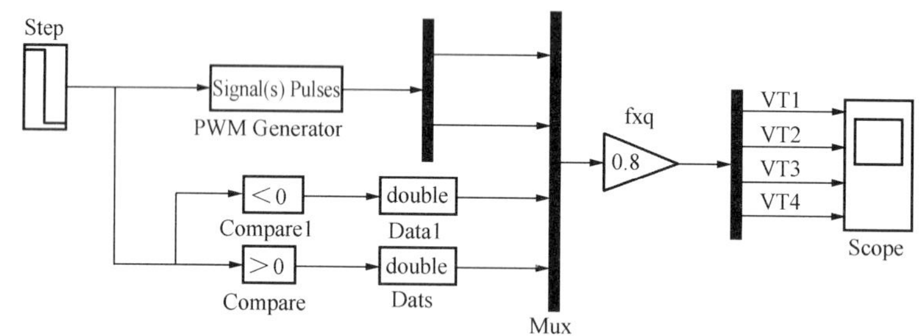

图 3-91 单极式PWM调制方式的仿真模型

三、受限单极式PWM调制方式的建模与仿真

（一）受限单极式PWM调制方式的建模与参数设置

受限单极式PWM调制方式的仿真模型如图3-93所示。选择开关的第二输入端的值设置为1，其他参数设置同单极式方式。

（二）受限单极式PWM调制方式的仿真结果与分析

仿真选择的算法为ode23t；仿真Start time设为0，Stop time设为1。图3-94所示受限单极式PWM驱动信号波形。

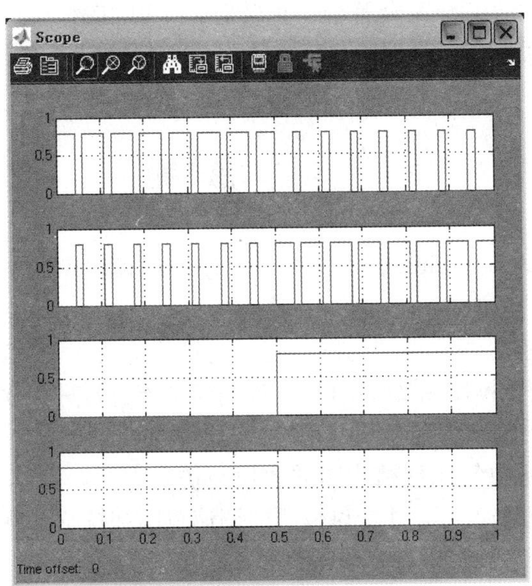

图 3-92 单极式 PWM 驱动信号波形

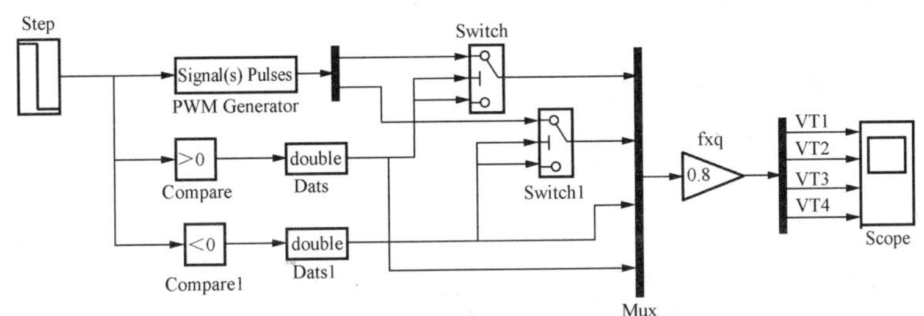

图 3-93 受限单极式 PWM 调制方式的仿真模型

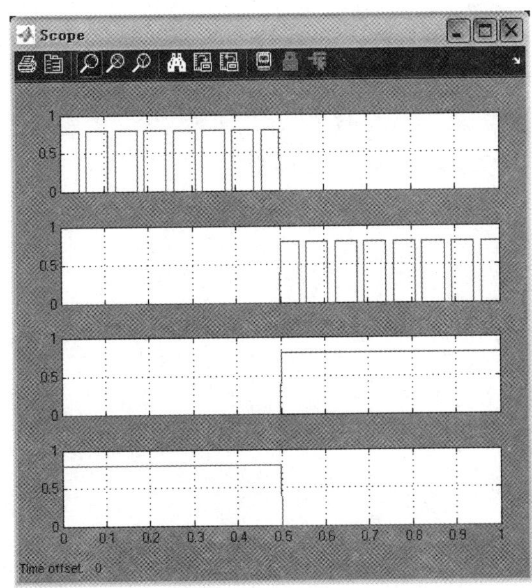

图 3-94 受限单极式 PWM 驱动信号波形

由图 3-94 可见，驱动信号完全符合：正转时，VT1 工作于 PWM 方式，VT4 处于恒导通而 VT2 和 VT3 恒关断；反转时，VT2 工作于 PWM 方式，VT3 处于恒导通而 VT1 和 VT4 恒关断方式。

习题与思考题

1. 练习 MATLAB 的 Simulink 和 SimPower System 模块库的使用方法，熟悉两个模块库中模块的内容和模块的用途。

2. 采用面向控制系统电气原理结构图的建模与仿真方法，对本章所介绍的典型单闭环系统、双闭环系统、三闭环调速系统、可逆直流调速系统自行进行建模与仿真练习，并探讨每种系统在不同负载下的输出情况以及给定信号允许的变化范围。

3. 采用面向控制系统电气原理结构图的建模与仿真方法，对本章所介绍的直流脉宽调速系统自行进行建模与仿真练习，并探讨模型的调速范围和抗负载扰动能力。

4 交流调速系统及其控制技术

本章按照对转差功率的不同处理方式，对交流调速系统进行了分类。首先讨论了交流异步电动机调压调速系统，简要介绍了晶闸管交流调压器，着重分析了闭环控制的交流调压调速系统。其次从绕线式转子异步电机串级调速原理入手，简要讨论了串调系统中转子整流器的特殊工作状态和串调系统的机械特性，详细分析了双闭环控制的串级调速系统。最后介绍了变频调速的基本控制方式和对应的机械特性；讨论了变频器，分析了变频调速所用的控制环节，利用变频器及变频控制环节组成了变频调速系统。

4.1 概　　述

4.1.1 交流调速系统的特点

直流调速系统虽然性能优异，但却解决不了直流电动机本身的换向问题以及在恶劣环境下的不适用问题；同时制造大容量、高转速及高电压直流电动机也十分困难，这就限制了直流拖动系统的进一步发展。交流电动机自 1885 年出现后，由于没有理想的调速方案，因而长期用于恒速拖动领域。20 世纪 70 年代后，交流电动机调速方案中的关键控制问题得到了解决，使得交流调速得到迅速发展，逐步取代了大部分直流调速系统。目前，交流调速系统已具备了宽调速范围、高稳态准确度、快速动态响应、高工作效率以及可以四象限运行等优异性能，其静、动态特性均可以与直流调速系统相媲美。

交流调速系统与直流调速系统相比，具有如下特点：

（1）容量大；

（2）转速高且耐高压；

（3）交流电动机的体积、质量、价格比同等容量的直流电机小，且结构简单、经济可靠、惯性小；

（4）交流电动机环境适应性强，坚固耐用，可以在恶劣环境下使用；

（5）高性能、高准确度的新型交流拖动系统已达到同直流拖动系统一样的性能指标；

（6）交流调速系统能显著地节能。

4.1.2 交流调速系统的分类

从交流异步电动机的转速表达式

$$n=\frac{60f_s}{p_m}(1-s)$$

可归纳出交流异步电动机的三类调速方法：变极对数 p_m 的调速、变转差率 s 调速和变定子电源频率 f_s 调速。常见的交流调速系统种类有：①变极调速；②调压调速；③绕线式异步电动机转子串电阻调速；④绕线式异步电动机串级调速；⑤电磁转差离合器调速；⑥变频调速；等等。其中②、③、④、⑤属变 s 调速。以上是一种比较原始的分类方法。

现在科学的分类方法是：看调速系统是如何处理转差功率的，转差功率是消耗掉还是得到回收，还是保持不变。从这点出发，可以把异步电动机的调速系统分成三类：

（1）转差功率消耗型调速系统——转差功率全部转化成热能而被消耗掉。这类系统的调速效率低，它们是以增加转差功率的消耗来换取转速的降低（恒转矩负载时），越向下调速，效率越低。可这类系统结构最简单，因而还有一定的应用场合。上述第②、③、⑤的调速系统属于这类系统。

（2）转差功率回馈型调速系统——转差功率的少部分被消耗掉，大部分则通过变流装置回馈给电网或者转化为机械能予以利用。转速越低，回收的转差功率越多。异步电动机串级调速④就属于这类系统。这类系统的效率显然比上一类要高得多。

（3）转差功率不变型调速系统——这类系统在调速过程中，转差功率的消耗基本不变，与额定转速相差不多，因此效率最高。上述中的第①、⑥种调速系统属于此类。其中变极对数 p_m 的方法只能实现有级调速，应用场合有限。只有变频调速应用最广，可以构成高动态性能的交流调速系统，是最有发展前途的。

4.2 交流异步电动机调压调速系统

异步电动机调压调速属于转差功率消耗型的调速系统。

4.2.1 交流异步电动机调压调速原理和方法

一、调压调速原理

异步电动机的机械特性方程式为

$$T_e = \frac{3p_m U_s^2 R_r'/s}{\omega_s[(R_s + R_r'/s)^2 + \omega_s^2(L_{l1} + L_{l2}')^2]}$$

式中：p_m 为电动机的极对数；U_s、ω_s 为电动机定子相电压和供电电源角频率；s 为转差率；R_s、R_r'为定子每相电阻和折算到定子侧的转子每相电阻；L_{l1}、L_{l2}'为定子每相漏感和折算到定子侧的转子每相漏感。

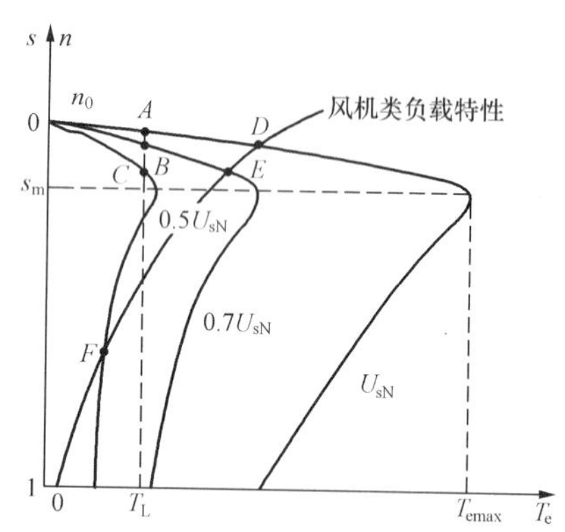

图 4-1 异步电动机在不同电压下的机械特性

此处，下标“s”代表定子侧变量，“r”代表转子侧变量（或用 1 代表定子侧变量，2 代表转子侧变量）。

可见，当转差率 s 一定时，电磁转矩 T_e 与定子电压 U_s 的平方成正比。改变定子电压可得到一组不同的人为机械特性，如图 4-1 所示。在带恒转矩负载 T_L 时，可得到不同的稳定转速，如图中的 A、B、C 点，其调速范围较小；而带风机泵类负载时，可得到较大的调速范围，如图中的 D、E、F 点。

所谓调压调速，就是通过改变 U_s 来改变 T_e，从而达到改变电机转速的目的，即 $U_s \updownarrow \rightarrow T_e \updownarrow \rightarrow n \updownarrow$。

二、调压调速方法

交流调压调速是一种比较简便的调速方法，关键是如何获取可调的交流调压电源。为了获得可调交流电压，可采用下列调压方法。

1. 传统调压器调压

过去主要是利用自耦变压器 TU（小容量时）调压，其原理图如图 4-2（a）所示，它的调压原理是很好理解的。

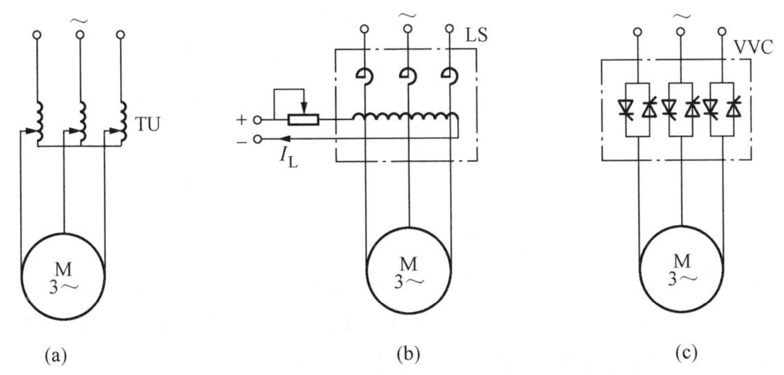

图 4-2　异步电动机调压调速原理

（a）自耦变压器调压；（b）电抗器调压；（c）晶闸管交流调压器调压

2. 饱和电抗器调压

利用饱和电抗调压的原理如图 4-2（b）所示。饱和电抗器 LS 是带有直流励磁绕组的交流电抗器。改变直流励磁电流 I_L 可以控制铁心的磁饱和程度，从而改变其交流电抗值 X_L。铁心饱和时，交流电抗很小，因而电动机定子所得电压高；铁心不饱和时，交流电抗随直流励磁电流而变化，因而定子电压也随其变化，从而实现调压调速，即 $I_L \updownarrow \rightarrow X_L \updownarrow \rightarrow U_s \updownarrow \rightarrow T_e \updownarrow \rightarrow n \updownarrow$。

3. 晶闸管交流调压器调压

晶闸管交流调压器调压原理如图 4-2（c）所示。采用三对反并联的晶闸管或三个双向晶闸管调节电动机定子电压，这就是晶闸管交流调压。晶闸管元件组成的调压器是自动交流调压器的主要形式。

现以图 4-3 所示单相调压电路为例来说明晶闸管的控制方式，其控制方法有两种。

（1）相位控制方式。通过改变晶闸管的导通角（如图 4-4 中阴影部分）来改变输出交流电压，电压输出波形如图 4-4 所示。相位控制输出电压较为精确，调速准确度较高、快速性好，低速时转速脉动较小，是晶闸管交流调压的主要方式。但由于相位控制的导通波形只是工频正弦波一周期的一部分，含有成分复杂的谐波，易对电网造成谐波污染。

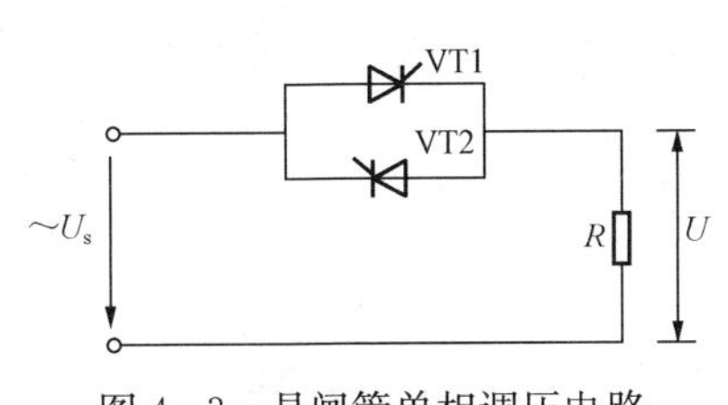

图 4-3　晶闸管单相调压电路

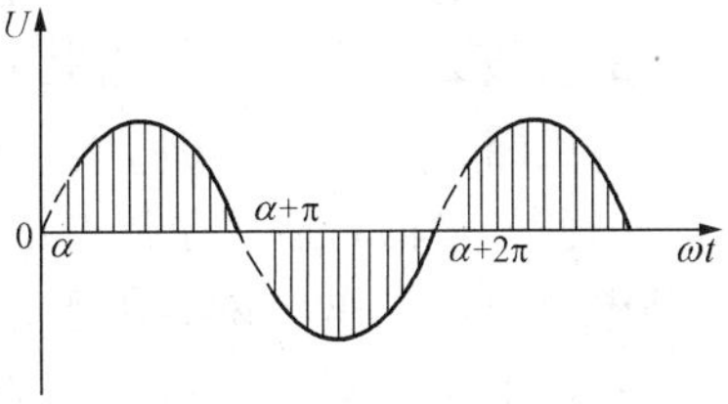

图 4-4　晶闸管相位控制下的负载电压波形

（2）开关控制方式。为了克服相位控制方式所产生的谐波影响，可采用开关控制。将晶闸管作为开关，使其工作在全导通或全关断状态，将负载电路与电源完全接通几个半波，然

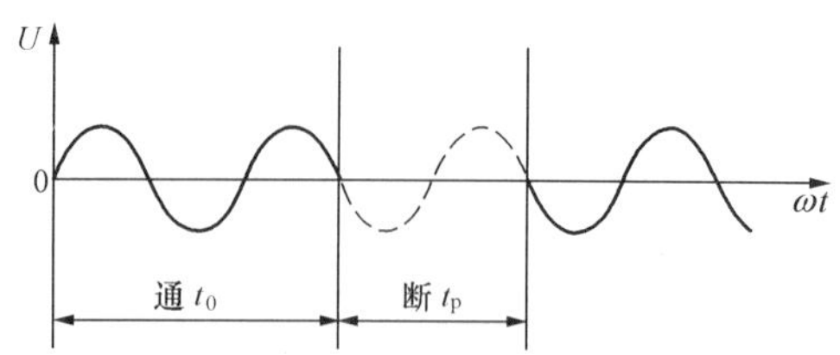

图 4-5　晶闸管开关控制下的单相输出电压波形

后再完全断开几个半波。交流电压的大小靠改变通断时间比 t_0/t_p 来调节。这种控制下的单相输出电压波形如图 4-5 所示。

开关控制由于采用了“过零”触发方式，谐波污染小。但在导通周期内电动机承受的电压为额定电压，而在间歇周期内电动机承受的电压为零，故加在电动机上的电压变化剧烈，转速脉动较大，特别是在低转速时，影响尤为严重，故开关控制方式常用于大容量、调速范围较小的场合。

在晶闸管交流调压中，晶闸管可借助于负载电流过零而自行关断，不需要另加换流装置，故线路简单、调试容易、维修方便、成本低廉，便于对原交流拖动系统改造时应用。

4.2.2　交流调压调速系统中的交流调压电源

一、单相交流调压电路

用晶闸管对单相交流电压进行调压的电路有多种形式，这里以应用最广泛的反并联电路为例来分析，晶闸管控制采用相位控制方式。

1. 电阻性负载的情形

单相交流反并联电路如图 4-3 所示。当电源电压 U_s 为正半周，控制角为 α 时，触发晶闸管 VT1 使之导通。电源通过 VT1 向负载 R 供电，U_s 过零时，VT1 自行关断。U_s 负半周时在同一控制角 α 触发 VT2 使之导通，电源通过 VT2 向负载供电。不断重复上述过程，在负载 R 上就得到正负对称的交流电压，如图 4-4 所示。显然，改变控制角 α 就可改变负载 R 上交流电压和电流的大小。

2. 电阻—电感性负载的情形

当交流调压电路的负载是像交流电动机那样的电阻—电感性负载时，晶闸管的工作情况与电阻性负载时就不相同了，此时晶闸管的工作不只与触发控制角 α 有关，还与负载电路的阻抗角 φ 参数有关。在单相交流调压电路中，当以阻抗角 φ 来表征电阻—电感性负载的参数情况时，通过一系列分析，可以得到如下结论：对电阻—电感性负载，晶闸管调压电路应采用宽脉冲或脉冲列方式触发，晶闸管控制角的正常移相范围为 $\varphi \leqslant \alpha \leqslant 180°$。

二、三相交流调压电路

交流调压调速需要三相交流调压电路，晶闸管三相交流调压电路的接线方式很多，工业上常用的是三相全波星形连接的调压电路。如图 4-6 所示。这种电路接法的特点是负载输出谐波分量低，适用于低电压大电流的场合。

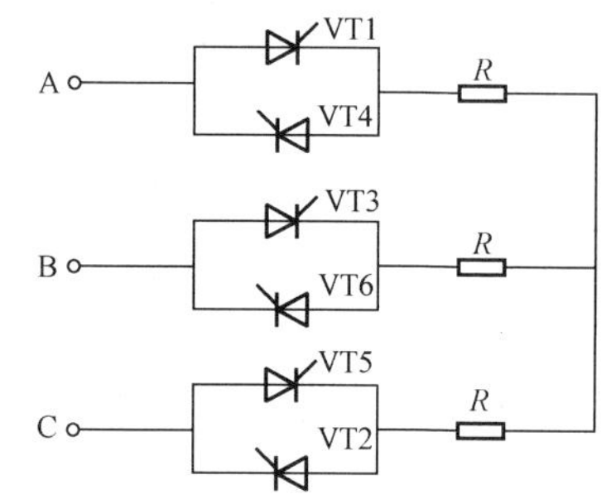

图 4-6　三相全波星形连接的调压电路

要使该电路正常工作，必须满足下列条件：

（1）在三相电路中至少要有一相的正向晶闸管与另一相的反向晶闸管同时导通。

（2）要求采用宽脉冲或双窄脉冲触发电路。

（3）为了保证输出电压三相对称并有一定的调节范围，要求晶闸管的触发信号除了必须与相应的交流电源有一致的相序外，各触发信号之间还必须严格地保持一定的相位关系。即要求A、B、C三相电路中正向晶闸管（即在交流电源为正半周时工作的晶闸管）的触发信号相位互差120°，三相电路中反向晶闸管（即在交流电源为负半周时工作的晶闸管）的触发信号相位也互差120°；但同一相中反并联的两个正、反向晶闸管的触发脉冲相位应互差180°。根据上面的结论，可得出三相调压电路中各晶闸管触发的次序为VT1 、VT2、VT3、VT4、VT5、VT6、VT1…，相邻两个晶闸管的触发信号相位差为60°。

三相交流调压电路的输出波形较复杂，详细内容可参考有关资料。

4.2.3 交流调压调速系统的闭环控制

一、异步电动机调压调速的机械特性

普通异步电动机调压调速时的机械特性如图4-1所示。其机械特性较硬，带恒转矩负载运行时调速范围不大，如图4-1中A、B、C点，最大转速变化范围为$0\sim s_m$。如果使电动机运行在$s \geqslant s_m$的低速段，虽然调速范围可以变大，但问题是：一方面可能使系统运行不稳定；另一方面随着转速降低，转差功率增大，转子阻抗减小，将引起转子电流增大，因过热而损坏电机。为了扩大调速范围，使电动机在低速下能稳定运行又不致过热，这就要求电动机转子绕组有较高的电阻。对于笼型异步电动机，可以将电动机转子的鼠笼由铸铝材料改为电阻率较大的新材料，制成高转子电阻的电动机，这种电动机称为力矩电机。这种高转子电阻电动机的机械特性如图4-7所示。

显然，在恒转矩负载下，电动机的调速范围增大了，而且可在堵转力矩下工作而不被烧坏。但低速运行时，电动机转子回路电阻的增大必然导致机械特性变软，这是这种调速的缺陷。

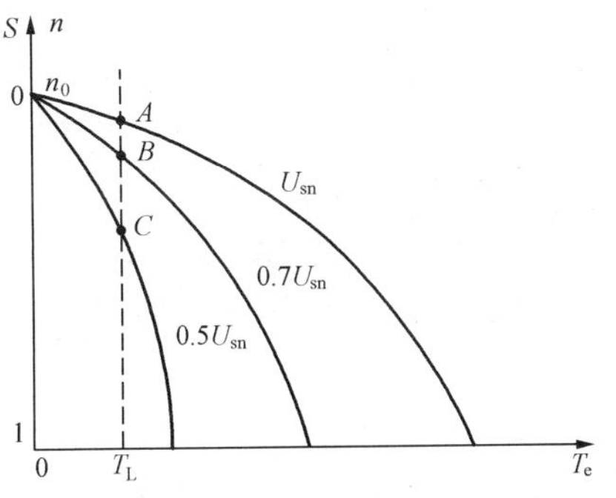

图4-7 高转子电阻异步电动机在不同电压下的机械特性

二、闭环控制的调压调速系统

在调压调速系统中，采用普通异步电动机时，其调速范围不大，且低速运行时稳定性差，在电网电压、负载有扰动时会引起较大的转速变化。采用高转子电阻异步电动机时，虽然调速范围扩大了，但机械特性变软，转速静差率变大了，如图4-7所示。开环控制很难解决这些矛盾，解决这些矛盾的根本方法是采用带转速负反馈的闭环控制，以达到自动调节转速的目的。在调速要求不高的场合，也可采用定子电压负反馈闭环控制。

图4-8（a）所示为带转速负反馈的闭环调压调速系统原理图，图4-8（b）所示为相应的调速系统静特性。如果系统带负载T_L在A点运行，当负载增大引起转速下降时，反馈控制作用将提高定子电压，使转速恢复，即在新的一条机械特性上找到工作点A'。同理，当负载减小使转速升高时，也可得到新工作点A''。将工作点A'、A、A''连接起来便是闭环系统的静特性。尽管异步电动机的开环机械特性和直流电动机的开环机械特性差别很大，但在不同开环机械特性上各取相应的工作点，连接起来得到闭环系统静特性这样的分析方法是完全一致的。所以，虽然交流异步力矩电机的机械特性很软，但由系统放大系数决定的闭环系统静特性却可以很硬，如果采用PI调节器，照样可以做到无静差。改变给定信号U_n^*，则静特性上下平行移动，达到调速的目的。这样的静特性由于具有一定的硬

度，所以不但能保证电机在低速下的稳定运行，而且提高了调速的准确度，扩大了调速范围，一般可达 10∶1。

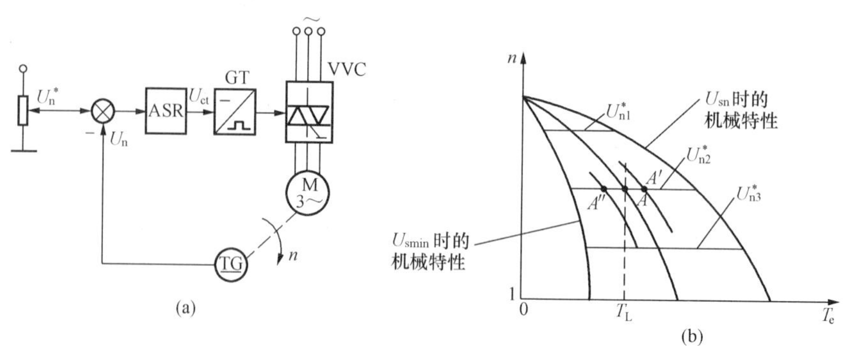

图 4-8　带转速负反馈的闭环调压调速系统

（a）调压调速系统原理图；（b）调压调速系统静特性

与直流变压调速系统不同的是：在额定电压 U_{sn} 下的机械特性和最小电压 U_{smin} 下的机械特性是闭环系统静特性左右两边的极限，当负载变化达到两侧的极限时，闭环系统便失去控制能力，回到开环机械特性上工作。

三、调压调速系统闭环稳态结构

根据图 4-8（a）所示的系统原理图，可画出系统的稳态结构框图，如图 4-9 所示。它与单闭环直流调压调速系统的稳态结构框图非常相似，只要将单闭环直流调速系统中的晶闸管整流器、直流电动机换成晶闸管交流调压器（图 4-9 中的晶闸管调压装置）、异步电动机即可。

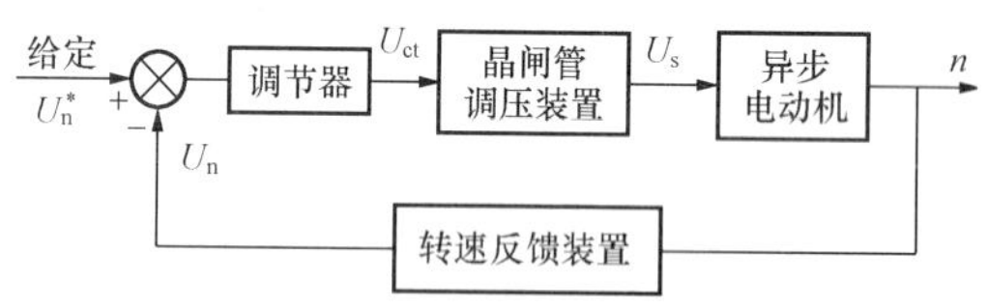

图 4-9　调压调速系统稳态结构框图

单闭环交流调压调速系统的稳态计算和动态设计可参见第 7 章的工程计算。

四、调压调速系统的可逆运行及制动

为使调压调速系统能可逆运行，可采用改变电动机定子供电电压相序的办法。改变相序可以用晶闸管来实现。图 4-10 采用了五组反并联的晶闸管来实现无触点的切换。图中晶闸管 1～6 供给电动机定子正相序电源；而晶闸管 7～10 及 1、4 则供给电动机定子反相序电源，从而可使电动机正、反向旋转。

利用图 4-10 的电路还可以进行电动机的反接制动与能耗制动。反接制动时，工作的晶闸管就是上述供给电动机定子反相序电源的 6 个元件。当电动机要进行耗能制动时，可根据制动电路的形式不对称地控制某几个晶闸管工作。如仅使 1、2、6 三个元件导通，其他元件都不工作，这样就可使电动机定子绕阻中流过直流电流，而对旋转着的电机产生制动转矩，所以调压调速系统具有良好的制动特性。

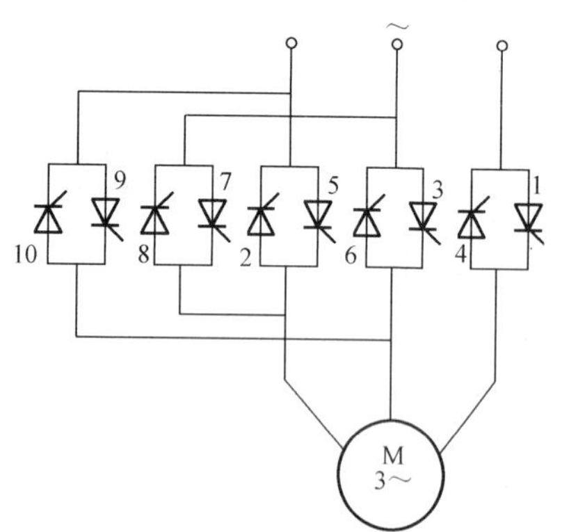

图 4-10　电动机的正反转及制动电路

五、调压调速系统中的能耗与效率分析

由异步电动机的运行原理可知，当电动机定子接入

三相交流电源后，定子绕组中建立的旋转磁场使转子绕组中感应出电流，两者相互作用产生电磁转矩 T_e 使转子加速，直到稳定于低于同步转速 n_0 的某一转速 n。由于旋转磁场和转子承受同样的转矩，但具有不同的转速，因此传到转子上的电磁功率 P_2 与转子轴上产生的机械功率 P_M 之间存在功率差 P_s，大小为

$$P_s=P_2-P_M=\frac{1}{9550}T_en_0-\frac{1}{9550}T_en=\frac{1}{9550}T_e(n_0-n)=sP_2 \tag{4-1}$$

P_s 称为转差功率，它将通过转子导体发热而消耗掉（即转子铜耗）。图 4-11 为异步电动机的能量流程图。

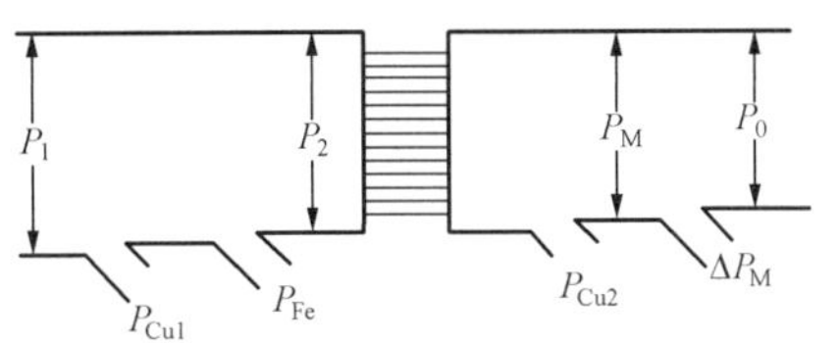

图 4-11 异步电动机的能量流程图

由图 4-11 可以看出，除了转差功率外，电动机中还存在其他能量损耗，不过对调压调速系统来说，特别是在低速时，转差功率占主要成分。因此若忽略其他损耗，则电动机的效率为

$$\eta=\frac{P_0}{P_1}\approx\frac{P_M}{P_2}=\frac{n}{n_0}=1-s \tag{4-2}$$

对恒转矩负载而言，有 $T_e=T_L$ 不变；因为 f_s 不变，故 n_0 不变，所以电磁功率 P_2 也不变。从式（4-1）、式（4-2）可知，随着转速的降低，转差功率 sP_2 增大，效率降低。

对风机泵类负载而言，有 $T_e=T_L=Kn^2$，随着转速的降低，T_e、P_2 按平方速率下降，尽管低速时，转差率 s 增大，但总的来说转差功率 $P_s=sP_2$ 下降，损耗变小。所以，调压调速系统适合于风机、水泵等设备的调速节能。

4.3 绕线式异步电动机串级调速系统

绕线式异步电动机串级调速属转差功率回馈型调速。

4.3.1 串级调速的原理

一、串电阻调速的原理

众所周知，绕线式异步电动机在转子回路中串接附加电阻可实现调速，下面介绍其工作原理。

从转子电流表达式

$$I_2=\frac{sE_{r0}}{\sqrt{(R_r+R_f)^2+(sX_{r0})^2}}$$

可知，当转子回路串入电阻 R_f 后，转子电流 I_2 瞬时降低，电动机的电磁转矩 T_e 也随转子电流 I_2 值的减小而相应降低，出现电磁转矩小于负载转矩的状态，稳定运行条件被破坏，电动机减速。随着转速的降低，s 值增大，转子电流回升，电磁转矩也相应回升，当电磁转矩与负载转矩又相等时，减速过程结束，电机就在此转速下稳定运转。此时转速已变低，实现了调速。具体调节过程如下：$R_f\uparrow\rightarrow I_2\downarrow\rightarrow T_e\downarrow\rightarrow(T_e-T_{dL})<0\rightarrow\frac{dn}{dt}<0\rightarrow n\downarrow\rightarrow s\uparrow\rightarrow I_2\uparrow\rightarrow T_e\uparrow\rightarrow$使 $T_e=T_{dL}\rightarrow$达到新的平衡，但速度已经降低。

串电阻调速方法虽然简单方便，但无论从调速的性能还是从节能的角度来看，这种调速

方法的性能都是低劣的，主要是从串电阻调速的原理获得串级调速的启发。

二、串级调速的原理

为了改变绕线式异步电动机的转子电流，除了在转子回路串电阻外，还可以在转子回路中串入与转子电动势同频率的附加电动势，通过改变附加电动势的幅值和相位实现调速。这样，在低速运转时，转差功率只有一小部分在转子绕组本身的电阻上消耗掉，而大部分被串入的附加电动势所吸收，再利用产生附加电动势的装置，设法把所吸收的这部分转差功率回馈给电网（或送回电动机轴上输出），这样就使电机在低速运转时仍具有较高的效率。这种在绕线式异步电动机转子回路中串入附加电动势的高效率调速方法，称为串级调速。

串级调速完全克服了转子串电阻调速方法的缺点，具有高效率、无级平滑调速、较硬的低速机械特性等许多优点。

当电动机转子串入的附加电动势 E_f 相位与转子感应电动势 sE_{r0} 的相位相差 180°时，电动机在额定转速值以下调速，称为次同步调速。

从转子电流表达式

$$I_2=\frac{sE_{r0}-E_f}{\sqrt{R_r^2+(sX_{r0})^2}} \tag{4-3}$$

可以看出，因为串入反相位的附加电动势 E_f，它引起转子电流减小，而电动机的电磁转矩 T_e 随转子电流的减小也相应减小，出现电磁转矩小于负载转矩的情况，稳定运行条件被破坏，电动机减速，随着转速的降低，s 增大，转子电流回升，电磁转矩也相应回升，当电磁转矩回升到与负载阻转矩相等时，减速过程结束，电机就在此转速下稳定运转。串入与转子感应电动势相位相反的附加电动势幅值越大，电动机的稳定转速就越低，这就是低于同步转速的串级调速原理。具体调节过程如下：$E_f\uparrow\rightarrow I_2\downarrow\rightarrow T_e\downarrow\rightarrow(T_e-T_{dL})<0\rightarrow\frac{dn}{dt}<0\rightarrow n\downarrow\rightarrow s\uparrow\rightarrow I_2\uparrow\rightarrow T_e\uparrow\rightarrow$ 使 $T_e=T_{dL}\rightarrow$ 达到新的平衡，但速度已经降低。

串级调速还可以向高于同步转速的方向调速，只要使电动机转子回路串入的附加电动势 E_f 相位与转子感应电动势 sE_{r0} 的相位相同即可。其分析方法与上述相同，读者可自行分析。

4.3.2 串级调速系统主回路中的电源问题

一、串级调速系统需要的电源

根据串级调速的原理，串级调速系统主回路中串入的附加电动势 E_f 应该是与转子感应电动势 sE_{r0} 反相位、同频率，且频率随转子频率同步变化的交流变频电源。这样的电源在工程上是很难得到的。

二、串级调速系统主回路电源的工程实现

工程上，次同步串级调速系统是用不可控整流器将转子电动势 sE_{r0} 整流为直流电动势，并与转子整流回路中串入的直流附加电动势 U_β 进行合成，通过改变 U_β 值的大小，实现低于同步转速的调速运行。而可调直流附加电动势 U_β 在工程上比较容易实现。

1. 串级调速系统主回路组成

根据上述原理，串级调速系统主回路构成如图 4-12 所示。系统中，直流附加电动势 U_β 是由晶闸管有源逆变器 UI 产生的，改变逆变角就改变了逆变电动势，即改变了直流附加电

动势 U_β，可实现串级调速。具体调节过程如下：$U_\beta\uparrow\to I_d\downarrow\to I_2\downarrow\to T_e\downarrow\to(T_e-T_{dL})<0\to\frac{dn}{dt}<0\to n\downarrow\to s\uparrow\to I_2\uparrow\to T_e\uparrow\to$ 使 $T_e=T_{dL}\to$ 达到新的平衡，但速度已经降低。

2. 串级调速系统中转子整流器的工作状态

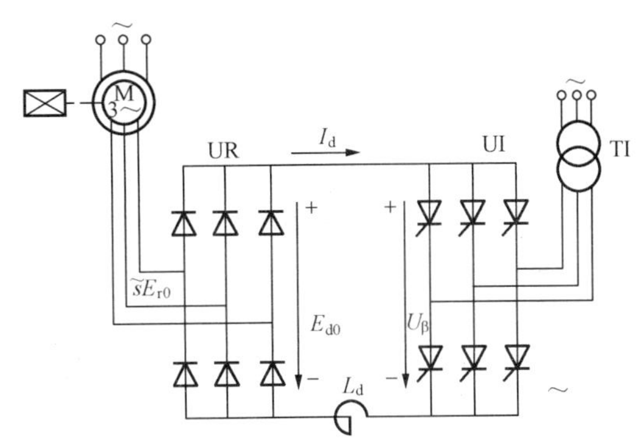

图 4-12　串级调速系统主回路构成图

电气串级调速系统主回路中的核心部分是有源逆变器和转子整流器。有源逆变器在电力电子技术课程中已有讨论，下面主要分析转子整流器的工作状态。

在转子整流器中，绕线式异步电动机充当了整流变压器的角色，因此在分析串级调速系统的转子整流器时，应特别注意它与一般整流器有几点不同：

（1）转子三相感应电动势的幅值和频率都是转差率 s 的函数；

（2）折算到转子侧的漏抗值也是转差率 s 的函数；

（3）由于电动机折算到转子侧的漏抗值较大，换流重叠现象严重，转子整流器会出现“强迫延迟换流”现象，引起转子整流电路的特殊工作状态。

转子整流器换流重叠角 γ 的一般表达式为

$$\cos\gamma=1-\frac{2X_{D0}}{\sqrt{6}E_{r0}}I_d$$

式中：I_d 为整流电流平均值；E_{r0} 为转子开路时的相电动势有效值；X_{D0} 为折算到转子侧的每相漏抗（$s=1$ 时）。

由上式可见，当 E_{r0} 和 X_{D0} 确定时，换流重叠角 γ 随着 I_d 的增大而增大。

（1）转子整流器的第一工作状态（$0<\gamma\leqslant60°$）。在第一工作状态中，$I_d<\frac{\sqrt{6}E_{r0}}{4X_{D0}}$，$\gamma<60°$，随 I_d 的增加，γ 也增加，二极管元件在自然换流点换流。

（2）转子整流器的第二工作状态（$\gamma=60°$，$0<\alpha_p\leqslant30°$）。当 $I_d=\frac{\sqrt{6}E_{r0}}{4X_{D0}}$ 时，$\gamma=60°$，此时，若继续增大 I_d，则出现强迫延迟换流现象，即二极管元件的起始换流点从自然换流点向后延迟一段时间，这段时间用强迫延迟换流角 α_p 表示。在这一阶段，γ 保持 60°不变，而 α_p 在 0～30°间变化。

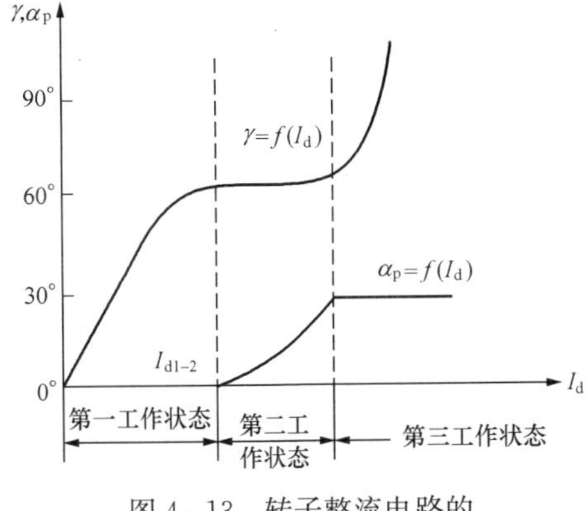

图 4-13　转子整流电路的 $\gamma=f(I_d)\alpha_p=f(I_d)$

（3）转子整流器的第三工作状态（$\alpha_p=30°$，$\gamma>60°$）。当 $\alpha_p=30°$后再继续增大 I_d，则 $\alpha_p=30°$不变，而随 I_d 增大 γ 从 60°继续增大。第三工作状态属于故障工作状态。

图 4-13 表示了在不同工作状态下 I_d 与 γ、α_p 间的函数关系。

4.3.3 串级调速系统的调速特性和机械特性

一、串级调速系统的调速特性

根据图 4-12 所示的串级调速系统主回路，可画出主回路接线图和忽略导通二极管、晶闸管压降的直流等效电路图，如图 4-14（a）、（b）所示。下面进行直流主回路的有关参数的计算，其方法是将电动机的定子侧参数折算到转子侧，将变压器的一次侧参数折算到二次侧；再将电动机和变压器的交流侧参数折算到直流侧。

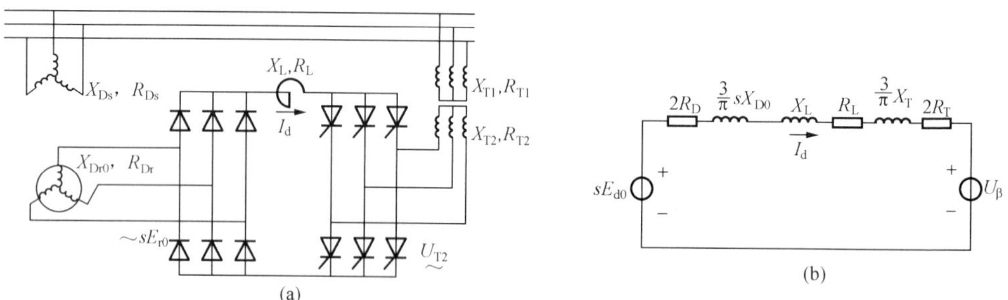

图 4-14 电气串级调速系统主回路接线图和直流等效电路

（a）主回路；（b）直流等效电路

1. 电动机的参数计算

图 4-14（a）中，R_{DS}和X_{DS}为电动机的定子电阻和电抗，R_{Dr}和X_{Dr0}为电动机的转子电阻和转子不动时的转子电抗。

（1）电动机的定子电抗折算到转子侧后，转子总电抗为

$$X_{D0}=\frac{1}{K_D^2}X_{DS}+X_{Dr0}$$

式中：X_{D0}为经过折算后的转子电抗（转子不动时）；K_D为电动机的定子电压和转子电压之比。

转子转动时的转子总电抗为$X_D=sX_{D0}$。

（2）电动机的定子电阻折算到转子侧后，转子总电阻为

$$R_D=s\frac{R_{DS}}{K_D^2}+R_{Dr}=sR'_{DS}+R_{Dr}$$

（3）电动机转子侧参数折算到直流侧后，直流总电抗为

$$\frac{3}{\pi}X_D=\frac{3}{\pi}sX_{D0}$$

直流总电阻为

$$R_d=3\left(\frac{I_2}{I_d}\right)^2R_D$$

式中：I_2和I_d为转子电流和直流主回路电流。

对转子整流器而言，有$\frac{I_2}{I_d}=\sqrt{\frac{2}{3}\left(1-\frac{\gamma}{2\pi}\right)^2}$，$\gamma$为换流重叠角，通常$\gamma=\frac{\pi}{6}\sim\frac{2\pi}{9}$，此处简化为$\gamma=0$，则$R_d=2R_D$。

2. 转子整流器输出整流电压的计算

$$2.34sE_{r0}=sE_{d0}$$

3. 平波电抗器的电阻和电感

平波电抗器的电阻和电感分别为 R_L 和 X_L。

4. 逆变变压器参数的计算

图 4-14（a）中，R_{T1} 和 X_{T1} 为逆变变压器一次侧绕组的电阻和电抗，R_{T2} 和 X_{T2} 为变压器二次侧绕组的电阻和电抗。逆变变压器的参数计算与电动机基本相同。

（1）变压器的一次侧绕组电抗折算到二次侧后，二次侧绕组总电抗为

$$X_T = \frac{1}{K_T^2} X_{T1} + X_{T2}$$

式中：K_T 为变压器的一次侧电压和二次侧电压之比。

（2）变压器的一次侧绕组电阻折算到二次侧后，二次侧绕组总电阻为

$$R_T = \frac{1}{K_T^2} R_{T1} + R_{T2}$$

（3）变压器二次侧绕组总电抗折算到直流侧后，直流总电抗为

$$X_t = \frac{3}{\pi} X_T$$

变压器二次侧绕组总电阻折算到直流侧后，直流总电阻为

$$R_t = 3\left(\frac{I_{T2}}{I_d}\right)^2 R_T$$

式中：I_{T2} 和 I_d 为变压器二次侧电流和直流主回路电流。

对变压器而言，有 $\frac{I_{T2}}{I_d} = \sqrt{\frac{2}{3}}$，则 $R_t = 2R_T$。

5. 逆变器逆变电压的计算

$$U_\beta = 2.34 U_{T2} \cos\beta$$

根据图 4-14（b）所示的直流等效电路，可列出其转子整流器第一工作状态下的直流回路电压平衡方程式

$$\begin{aligned} sU_{d0} - U_\beta &= 2.34 sE_{r0} - 2.34 U_{T2}\cos\beta \\ &= I_d\left(\frac{3}{\pi} sX_{D0} + \frac{3}{\pi} X_T + 2R_D + 2R_T + R_L\right) \end{aligned} \tag{4-4}$$

其中，平波电抗器电感 X_L 已归并到 $\frac{3}{\pi} X_T$ 中。

从式（4-4）中求出转差率 s，再用 $s = 1 - n/n_0$ 代入上式得转速 n 为

$$\begin{aligned} n &= \frac{2.34(E_{r0} - U_{T2}\cos\beta) - I_d\left(\frac{3}{\pi} X_{D0} + \frac{3}{\pi} X_T + 2R_D + 2R_T + R_L\right)}{\dfrac{2.34 E_{r0} - \frac{3}{\pi} X_{D0} I_d}{n_0}} \\ &= \frac{U' - I_d R_\Sigma}{C_e'} \end{aligned} \tag{4-5}$$

$$U' = 2.34(E_{r0} - U_{T2}\cos\beta)$$

$$R_\Sigma = \frac{3}{\pi} X_{D0} + \frac{3}{\pi} X_T + 2R_D + 2R_T + R_L$$

$$C'_{e}=\frac{2.34E_{r0}-\frac{3}{\pi}X_{D0}I_{d}}{n_{0}}$$

由式（4-5）可见，串级调速系统通过调节逆变角 β 进行调速时，其特性 $n=f(I_d)$ 相当于他励直流电动机调压调速时的调速特性。但由于串级调速系统转子直流回路等效电阻 R_Σ 比直流电动机电枢回路总电阻大，故串级调速系统的调速特性 $n=f(I_d)$ 相对要软一些。

上述结论是在串级调速系统转子整流器为第一工作状态时得到的，转子整流器处于第二工作状态时仍可用相同的方法获得调速特性，其公式如式（4-6）所示，由式（4-6）可见第二工作状态特性更软了。

$$n=\frac{2.34(E_{r0}\cos\alpha_{p}-U_{T2}\cos\beta)-I_{d}\left(\frac{3}{\pi}X_{D0}+\frac{3}{\pi}X_{T}+2R_{D}+2R_{T}+R_{L}\right)}{\frac{2.34E_{r0}\cos\alpha_{p}-\frac{3}{\pi}X_{D0}I_{d}}{n_{0}}}$$

$$=\frac{U''-I_{d}R_{\Sigma}}{C''_{e}} \tag{4-6}$$

$$U''=2.34(E_{r0}\cos\alpha_{p}-U_{T2}\cos\beta)$$

$$R_{\Sigma}=\frac{3}{\pi}X_{D0}+\frac{3}{\pi}X_{T}+2R_{D}+2R_{T}+R_{L}$$

$$C''_{e}=\frac{2.34E_{r0}\cos\alpha_{p}-\frac{3}{\pi}X_{D0}I_{d}}{n_{0}}$$

二、串级调速系统的机械特性与最大转矩

由于转子整流器有第一和第二工作状态，相应地串级调速系统机械特性也有第一和第二两个工作区，由此可以得到串级调速系统在这两个工作区的机械特性和最大转矩，并将它们与绕线式异步电动机固有特性的最大转矩进行比较，可以得出以下重要结论：串级调速系统的额定工作点常位于机械特性第一工作区；串级调速系统在该区的过载能力比绕线式异步电动机固有特性时的过载能力降低了17%左右。

1. 第一工作区的机械特性及最大转矩

经过推导，可以求得串级调速系统在第一工作区的机械特性表达式为

$$T_{e}=\frac{E_{d0}^{2}\left(\frac{3}{\pi}s_{0}X_{D0}+\frac{3}{\pi}X_{T}+2R_{D}+2R_{T}+R_{L}\right)}{\omega_{s}\left(\frac{3}{\pi}sX_{D0}+\frac{3}{\pi}X_{T}+2R_{D}+2R_{T}+R_{L}\right)^{2}}(s-s_{0}) \tag{4-7}$$

式中：s_0 为理想空载转差率，$s_0=\frac{U_{T2}}{E_{r0}}\cos\beta$；$E_{d0}$ 为 $s=1$ 时的转子空载整流电动势，$E_{d0}=2.34E_{r0}$。

经有关推导可得第一、二工作区分界点电流为 $I_{d1-2}=\frac{\sqrt{6}E_{r0}}{4X_{D0}}$，分界点的转矩为 $T_{e1-2}=\frac{27E_{r0}^{2}}{8\pi\omega_{s}X_{D0}}$。

绕线式异步电动机固有特性的最大转矩为（忽略定子电阻时）$T_{emax}=\dfrac{3E_{r0}^2}{2\omega_s X_{D0}}$，由此可得$\dfrac{T_{e1-2}}{T_{emax}}=0.716$，即 $T_{e1-2}=0.716T_{emax}$。

由于一般绕线式异步电动机的最大转矩为 $T_{emax}\geqslant 2T_{en}$，$T_{en}$为绕线式异步电动机额定转矩，故 $T_{e1-2}\geqslant 1.432T_{en}$。所以串级调速系统在额定转矩下运行时，一般处于机械特性第一工作区；而最大转矩发生在第二工作区。

2. 第二工作区的机械特性及最大转矩

同样经过推导，可以求得串级调速系统在第二工作区的机械特性表达式为

$$T_e=\frac{9\sqrt{3}E_{r0}^2}{4\pi\omega_s X_{D0}}\sin(60°+2\alpha_p) \tag{4-8}$$

当强迫延迟换流角 $\alpha_p=15°$时，可得串级调速系统机械特性在第二工作区内的最大转矩为

$$T_{e2m}=\frac{9\sqrt{3}E_{r0}^2}{4\pi\omega_s X_{D0}} \tag{4-9}$$

由此可得

$$\frac{T_{e2m}}{T_{emax}}=0.826 \tag{4-10}$$

式（4-10）说明，采用串级调速后，绕线式异步电动机的过载能力降低了 17.4%。在选择串级调速系统绕线式异步电动机容量时，应特别考虑这个因素。

此外，在式（4-11）中，令 $\alpha_p=0$，可得机械特性第二工作区的起始转矩 $T_{e2in}=T_{e1-2}=\dfrac{27E_{r0}^2}{8\pi\omega_s X_{D0}}$，故两段特性在交点处（$\gamma=60°$，$\alpha_p=0$）衔接。

图 4-15 所示为晶闸管串级调速系统的机械特性曲线。由图可见，串级调速系统的机械特性比绕线异步电动机固有机械特性软，最大转矩比固有机械特性的小。

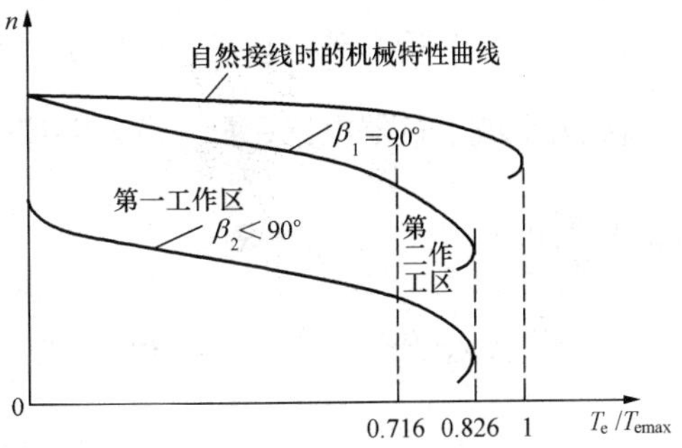

图 4-15　晶闸管串级调速系统机械特性曲线

4.3.4　串级调速系统的双闭环控制

根据生产工艺对调速系统稳、动态性能要求的不同，串级调速系统可采用开环控制或闭环控制。其中，由转速电流双闭环组成的串级调速系统较为常用。

一、双闭环串级调速系统的组成和工作原理

双闭环串级调速系统结构与双闭环直流调速系统相似，如图 4-16 所示。图中，ASR 和 ACR 分别为转速调节器和电流调节器，TG 和 TA 分别为测速发电机和电流互感器，GT 为触发器。为了使系统既能实现转速和电流的无静差调节，又能获得快速的动态响应，两个调节器 ASR 和 ACR 一般都采用 PI 调节器。

通过改变转速给定信号 U_n^* 的值，可以实现调速。例如：$U_n^*\uparrow\rightarrow U_i^*\uparrow\rightarrow U_{ct}\uparrow\rightarrow\beta\downarrow\rightarrow$

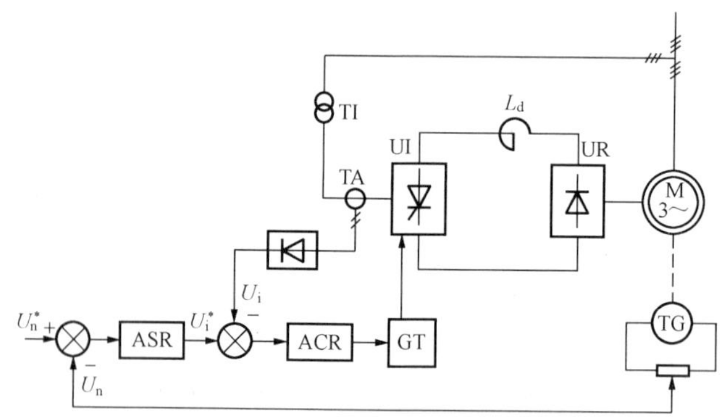

图 4-16　双闭环串级调速系统的组成框图

$U_\beta\uparrow\rightarrow I_2\downarrow\rightarrow T_e\downarrow\rightarrow(T_e-T_{dL})>0\rightarrow\frac{dn}{dt}>0\rightarrow n\uparrow\rightarrow s\downarrow\rightarrow I_2\downarrow\rightarrow T_e\downarrow\rightarrow$使 $T_e=T_{dL}\rightarrow$达到新的平衡，但速度已经升高。

当电流调节器 ACR 的输出电压为零时，应整定触发脉冲，使逆变角为最小值 β_{min}。通常 β_{min}限制为 30°，以防止逆变失败。利用转速调节器 ASR 的输出限幅作用和电流调节器 ACR 的电流负反馈调节作用，可以使双闭环串级调速系统在加速过程中实现恒流升速，获得良好的加速特性。通过转速负反馈实现闭环调速。

二、双闭环串级调速系统动态结构图

1. 串级调速系统直流主回路的传递函数

根据图 4-14（b）可写出直流主回路的动态电压平衡方程式为

$$sE_{d0}-U_\beta=L_\Sigma\frac{dI_d}{dt}+R_{s\Sigma}I_d \tag{4-11}$$

式中：U_β 为逆变电动势，$U_\beta=2.34U_{T2}\cos\beta$；$L_\Sigma$ 为转子直流主回路总电感，$L_\Sigma=2L_D+2L_T+L_L$；L_D 为折算到电动机转子侧的每相漏感；L_T 为折算到逆变变压器二次侧的每相漏感；L_L 为平波电抗器电感；$R_{s\Sigma}$ 为转差率为 s 时的转子直流主回路等效总电阻，$R_{s\Sigma}=\frac{3}{\pi}sX_{D0}+\frac{3}{\pi}X_T+2R_D+2R_T+R_L$。

将 $s=1-\frac{n}{n_0}$代入公式（4-11）可得

$$E_{d0}-\frac{n}{n_0}E_{d0}-U_\beta=L_\Sigma\frac{dI_d}{dt}+R_{s\Sigma}I_d \tag{4-12}$$

将上式取拉氏变换，可求得转子直流主回路的传递函数

$$\frac{I_d(s)}{E_{d0}-\frac{E_{d0}}{n_0}n(s)-U_\beta(s)}=\frac{K_{Ln}}{T_{Ln}s+1} \tag{4-13}$$

式中：K_{Ln}为转子直流主回路的放大系数，$K_{Ln}=\frac{1}{R_{s\Sigma}}$；$T_{Ln}$为转子直流主回路的时间系数，$T_{Ln}=\frac{L_\Sigma}{R_{s\Sigma}}$。

2. 异步电动机的传递函数

因为串级调速系统的额定工作点处于第一工作区，则电动机转矩 T_e 与转子主回路直流电流 I_d 的关系为

$$T_e=\frac{\left(E_{d0}-\frac{3}{\pi}X_{D0}I_d\right)I_d}{\omega_s}=C_mI_d \tag{4-14}$$

$$C_m=\frac{\left(E_{d0}-\frac{3}{\pi}X_{D0}I_d\right)}{\omega_s}$$

式中：　C_m 为串级调速系统的转矩系数。

由式（4-14）可见，系数 C_m 是 I_d 的函数，在动态中 C_m 不是常数，用该式（4-14）表示 T_e 与 I_d 的关系时有一定的误差，但为了计算方便，稳、动态下都用该式表示 T_e 与 I_d 的关系。这样，串级调速系统的运动方程式可写为

$$C_m(I_d-I_{dL})=\frac{GD^2}{375}\frac{\mathrm{d}n}{\mathrm{d}t} \tag{4-15}$$

式中：I_{dL} 为负载转矩 T_L 所对应的等效直流电流。

对式（4-15）求拉氏变换，可得电动机的传递函数为

$$\frac{n(s)}{I_d(s)-I_{dL}(s)}=\frac{1}{T_Is} \tag{4-16}$$

式中：T_I 为电动机环节的非线性积分时间常数，$T_I=\frac{GD^2}{375}\frac{1}{C_m}$。

关于双闭环串级调速系统中其他环节的传递函数，与双闭环直流调速系统中的结果是一致的。这样，可以得到双闭环串级调速系统的动态结构，如图 4-17 所示。

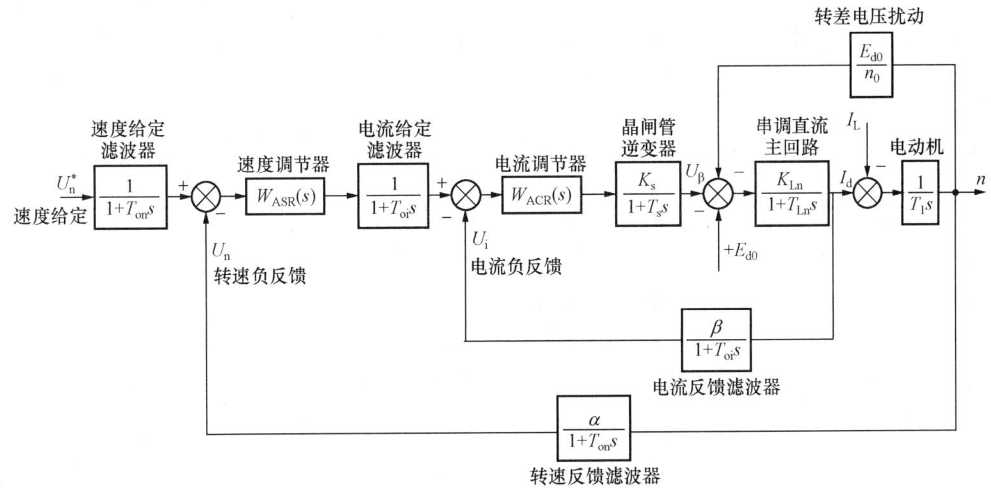

图 4-17　双闭环串级调速系统的动态结构图

双闭环串级调速系统的设计方法与双闭环直流调速系统基本相同，通常也采用工程设计方法。即先设计电流环，然后将设计好的电流环看作是转速环中的一个等效环节，再进行转速环的设计。

在应用工程设计方法进行动态设计时，电流环宜按典型Ⅰ型系统设计，转速环宜按典型Ⅱ型系统设计，但由于串级调速系统直流主回路中的放大系数 K_{Ln} 和时间常数 T_{Ln} 都是转速 n 的函数，不是常数，所以电流环是一个非定常系统。另外，绕线式异步电动机的系数 T_I 也不是常数，而是电流 I_d 的函数，这是和直流调速系统设计的不同之处。目前，工程设计时常用的处理方法是：

（1）在进行电流环设计时，一般可按调速范围的下限，即低速时的 S_{max} 来计算 K_{Ln} 和 T_{Ln}，从而计算电流调节器的参数。因为突加转速给定信号 U_n^* 时，由于电动机机械惯性大，转速来不及变化电流已调节完毕，即电流调节过程是在电动机静止或处于某一低速下，且转速来不及变化时进行的，因此应按低速时的 K_{Ln} 和 T_{Ln} 来计算电流调节器的参数。只要保证升速有好的动态性能，则降速时的动态性能也能得到保证。

（2）也可把电流环当作定常系统，按 $S_{max}/2$ 时所确定的 K_{Ln} 和 T_{Ln} 值，去计算电流调节器的参数。

（3）转速环一般按典型Ⅱ型系统进行设计，由于电机环节的非线性积分时间常数 T_I 非定常，所以在设计时，可以选用与实际运行工作点电流值 I_d 相对应的 T_I 值，然后按定常系统进行设计。这样经校正后的系统会尽可能地接近满意的动态特性。

串级调速系统的稳态计算和动态设计可参见第7章的工程计算。

4.3.5 串级调速系统的效率和功率因数

串级调速系统的效率和功率因数与节能效果密切相关，下面进行具体讨论。

一、串级调速系统的总效率

串级调速系统的总效率是指电动机轴上输出功率与串级调速系统从电网输入的总有功功率之比。图4-18所示为反映串级调速系统各部分有功和无功功率间关系的单线原理图。

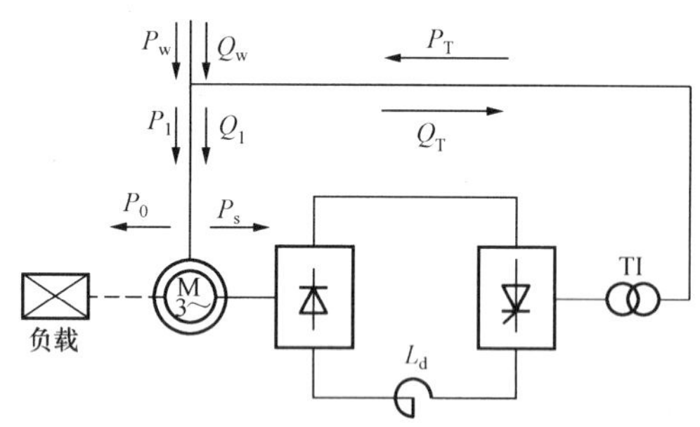

图4-18 串级调速系统功率关系单线原理图

由图4-18可见：

（1）定子输入功率

$$P_1 = P_W + P_T$$

即定子输入功率 P_1 由电网向整个串调系统提供的有功功率 P_W 及晶闸管逆变器返回到电网的回馈功率 P_T 构成。

（2）旋转磁场传送的电磁功率

$$P_2 = P_1 - \Delta P_1 = P_s + P_M$$

由定子输入功率 P_1 减去定子损耗 ΔP_1（包括定子的铜耗和铁耗）得到电磁功率 P_2；P_2 中的一部分转变为转差功率 P_s，另一部分转变成机械功率 P_M。

（3）回馈电网的功率

$$P_T = sP_2 - \Delta P_2 - \Delta P_s$$

转差功率减去转子损耗 ΔP_2 和转子整流器、晶闸管逆变器的损耗 ΔP_s，剩下部分即为回馈电网的功率 P_T。

（4）电网向整个系统提供的有功功率

$$P_W = P_1 - P_T = (P_2 + \Delta P_1) - P_T = (1-s)P_2 + \Delta P_1 + \Delta P_2 + \Delta P_s$$

（5）电动机轴上输出功率

$$P_0 = P_M - \Delta P_m = (1-s)P_2 - \Delta P_m$$

可见，电动机轴上输出功率 P_0 则要从机械功率 P_M 中减去机械损耗 ΔP_m 后获得。

（6）串级调速系统的总效率

$$\eta = \frac{P_0}{P_W} = \frac{(1-s)P_2 - \Delta P_m}{(1-s)P_2 + \Delta P_1 + \Delta P_2 + \Delta P_s} \times 100\%$$

由于大部分转差功率被送回电网，使串级调速系统从电网输入的总有功率并不多，故串级调速系统的效率很高。效率可达 90%以上。

二、串级调速系统的总功率因数

晶闸管串级调速系统功率因数低的主要原因如下：

（1）逆变变压器和异步电动机都要从电网吸收无功电流，故串级调速系统比固有特性下绕线式异步电动机从电网吸收的无功功率增多，而串级调速系统把转差功率的大部分又回馈给电网，使系统从电网吸收的有功功率减少，这是造成串级调速系统总功率因数降低的主要原因。例如：

1）串调系统从电网吸收的有功功率 P_W 等于异步电动机从电网吸收的有功功率 P_1 与通过逆变变压器回馈到电网的有功功率 $-P_T$ 的代数和，即 $P_W = P_1 - P_T$，有功功率减少。

2）串调系统从电网吸收的无功功率 Q_w 等于异步电动机吸收的无功功率 Q_1 与逆变变压器吸收的无功功率 Q_T 之和，即 $Q_w = Q_1 + Q_T$，无功功率增加。

因此，串级调速系统的总功率因数降低为

$$\cos\varphi_s = \frac{P_W}{S} = \frac{P_1 - P_T}{\sqrt{(P_1 - P_T)^2 + (Q_1 + Q_T)^2}}$$

（2）由于串级调速系统中接入转子整流器，不仅出现换流重叠现象，而且使转子电流发生畸变，这些因素将使异步电动机本身的功率因数降低，这是造成串级调速系统总功率因数低的另一个原因。

为了改善串级调速系统的总功率因数，人们提出了各种方法，主要可归为两大类：一类是利用电力电容器补偿；另一类是采用高功率因数的串级调速系统。

三、改善串级调速系统功率因数的方法

1. 利用电力电容器补偿

这种方法简单易行，应用得较多。其缺点是电容器对电网谐波敏感，容易发热；由于电机是感性负载，有时还会出现自激振荡现象，对电网产生不利影响。

2. 斩波式串级调速系统

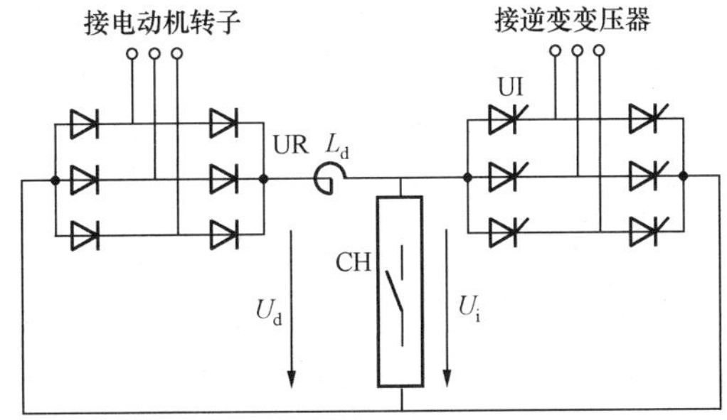

图 4-19　斩波控制串级调速系统原理图

如图 4-19 所示，在转子整流器和逆变器之间并联一个直流斩波器 CH。斩波器 CH 工作在开关状态，当它接通时，转子整流器电路被短接，电动机工作在转子短路状态；当它断开时，电动机工作在串级状态。一方面，将逆变器的逆变角保持在最小值不变，以减

少从电网吸收的无功功率；另一方面，通过改变斩波器的占空比（即改变逆变电压）来调节电机转速。

这种系统不但提高了功率因数，减小了逆变器的容量，而且结构也简单可靠，是一种较好的调速方案。

4.4 交流异步电动机变频调速系统

4.4.1 变频调速的基本控制方式和机械特性

异步电动机的变频调速属转差功率不变型调速，是异步电动机各种调速方案中效率最高和性能最好的一种调速方法。

一、变频调速的基本控制方式

根据异步电动机的转速表达式

$$n=\frac{60f_s}{p_m}(1-s)=n_0(1-s) \tag{4-17}$$

可知，只要平滑调节异步电动机的供电频率 f_s，就可以平滑调节同步转速 n_0，从而实现异步电动机的无级调速，这就是变频调速的基本原理。

但实际上仅改变 f_s 并不能正常调速，在实际系统中是在调节定子电源频率 f_s 的同时调节定子电压 U_s，通过 U_s 和 f_s 的协调控制实现不同类型的变频调速。下面进行具体分析。

由电机学知

$$E_g=4.44f_sN_1K_{N1}\Phi_m \tag{4-18}$$

$$T_e=C_m\Phi_mI'_2\cos\varphi_2 \tag{4-19}$$

式中：E_g 为每相中气隙磁通感应电动势有效值，V；N_1 为定子每相绕组串联匝数；K_{N1} 为基波绕组系数；Φ_m 为每极气隙主磁通量，Wb；T_e 为电磁转矩，N·m；C_m 为转矩常数；I'_2为转子电流折算至定子侧的有效值，A；$\cos\varphi_2$ 为转子电路的功率因数。

如果忽略定子上的电阻压降，则有

$$U_s\approx E_g=4.44f_sN_1K_{N1}\Phi_m$$

式中：U_s 为定子相电压。

于是，主磁通

$$\Phi_m=\frac{E_g}{4.44f_sN_1K_{N1}}\approx\frac{U_s}{4.44f_sN_1K_{N1}}$$

假设现在只改变 f_s 调速，当 U_s 不变时：

(1) $f_s\uparrow\rightarrow\Phi_m\downarrow\rightarrow T_e\downarrow$，电动机的拖动能力会降低；

(2) $f_s\downarrow\rightarrow\Phi_m\uparrow\rightarrow f_s<f_{sn}$时，则 $\Phi_m>\Phi_n$。由于在电动机设计时，主磁通 Φ_m 的额定值一般选择在定子铁心的临界饱和点，所以当在额定频率以下调频时，将会引起主磁通饱和，这样励磁电流急剧升高，使定子铁心损耗 $I_m^2R_m$ 急剧增加。这两种情况都是实际运行中所不允许的。

在交流笼型异步电动机中，磁通 Φ_m 是定子和转子磁势合成产生的，怎样才能保持磁通恒定呢?

从三相异步电机定子每相电动势的有效值公式（4-18）可知，在额定频率以下调频时，

只要控制好 E_g 和 f_s 便可使磁通 Φ_m 恒定；在额定频率以上调频时，应控制定子电压 U_s 不超过电机最高额定电压。那么，如何实现基频（额定频率）以下和基频以上两种情况的控制呢?

（一）基频以下的调速控制方式

由式（4-18）可知，要保持 Φ_m 不变，则当频率 f_s 从额定值 f_{sn} 向下调节时，必须同时降低 E_g，使 E_g/f_s=常数。即采用气隙磁通感应电动势与频率之比为常数的控制方式。然而，绕组中的气隙磁通感应电动势是难以直接控制的，E_g/f_s=常数的变频控制方式工程上不可以实现，主要作为原理分析之用。

根据公式 $U_s=I_sR_s+E_g$，当电动势值较高时，可以忽略定子绕组的阻抗压降，从而认为定子相电压 $U_s \approx E_g$，则得 U_s/f_s=常数。这是恒压频比的控制方式。

这种变频控制方式在低频时，U_s 和 E_g 都较小，定子阻抗压降所占的分量就比较显著，不能忽略。这时，可以人为地把电压 U_s 抬高一些，以便近似地补偿定子压降。带定子阻抗压降补偿的恒压频比控制特性示于图 4-20 中的Ⅱ线，无补偿的控制特性则为Ⅰ线。图中 I_s、R_s 为定子电流和电阻，U_{s0} 为低频补偿电压。

（二）基频以上调速控制方式

在基频以上调速时，频率可以从 f_{sn} 往上增高，但电压 U_s 却不能增加得比额定电压 U_{sn} 大，一般保持在电动机允许的最高额定电压 U_{sn}。由式（4-18）可知，这样只能迫使磁通与频率成反比地降低，相当于直流电机弱磁升速的情况，即

$$\Phi_m=\frac{U_{sn}}{4.44 f_s N_1 K_{nl}}$$

将基频以下和基频以上两种情况结合起来，可得图 4-21 所示的笼型异步电动机变频调速控制特性。在基频以下，属于“恒转矩调速”；而在基频以上，基本属于“恒功率调速”。

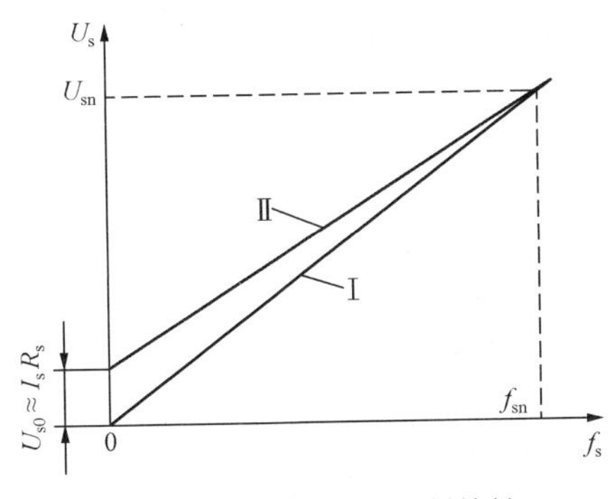

图 4-20 恒压频比控制特性

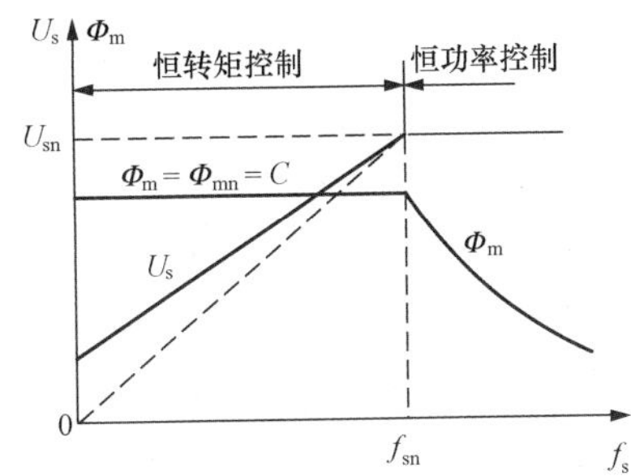

图 4-21 笼型异步电动机变频调速控制特性

二、变频调速的机械特性

（一）异步电动机恒压恒频时的机械特性

笼型异步电动机的电磁转矩为

$$\begin{aligned}T_e&=\frac{3p_m U_s^2 R_r'/s}{\omega_s[(R_s+R_r'/s)^2+\omega_s^2(L_{ls}+L_{lr}')^2]}\\&=3p_m\left(\frac{U_s}{\omega_s}\right)^2\frac{s\omega_s R_r'}{(sR_s+R_r')^2+s^2\omega_s^2(L_{ls}+L_{lr}')^2}\end{aligned}\tag{4-20}$$

式中：p_m 为电动机极对数；ω_s 为电源角频率；R'_r为经过折算后的转子电阻。L_{ls}、L'_{lr}为定子电感和经过折算后的转子电感。

当 s 很小时，忽略式（4-20）分母中含 s 的项，则 $T_e \approx 3p_m\left(\frac{U_s}{\omega_s}\right)^2 \frac{s\omega_s}{R'_r} \propto s$，转矩近似与 s 成正比，机械特性 $T_e = f(s)$ 是一段直线，见图 4-22 所示。

当 s 接近于 1 时，忽略式（4-20）分母中的 R'_r，则 $T_e \approx 3p_m\left(\frac{U_s}{\omega_s}\right)^2 \times \frac{\omega_s R'_r}{s[R_s^2+\omega_s^2(L_{ls}+L'_{lr})^2]} \propto \frac{1}{s}$，转矩近似与 s 成反比，这时，$T_e = f(s)$ 是对称于原点的一段双曲线。

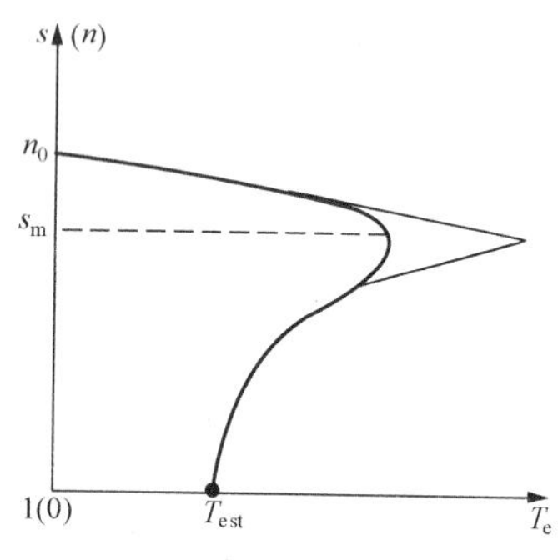

图 4-22 恒压恒频时异步电动机的机械特性

当 s 为以上两段的中间数值时，机械特性从直线段逐渐过渡到双曲线段，如图 4-22 所示。这就是恒压恒频时的机械特性曲线形状。

下面我们讨论基本变频控制方式下变频调速的三种机械特性。

（二）变频调速时的机械特性

1. 恒 E_g/ω_s 控制（$E_g/f_s = C$）

当 E_g/ω_s 为恒值时，由式（4-18）可知，无论频率高低每极磁通 Φ_m 均为常值，而转子电流为

$$I'_2 = \frac{E_g}{\sqrt{\left(\frac{R'_r}{s}\right)^2 + \omega_s^2 L'^2_{lr}}} \tag{4-21}$$

代入电磁转矩基本关系式，得

$$T_e = \frac{3p_m}{\omega_s} \frac{E_g^2}{\left(\frac{R'_r}{s}\right)^2 + \omega_s^2 L'^2_{lr}} \frac{R'_r}{s} = 3p_m\left(\frac{E_g}{\omega_s}\right)^2 \frac{s\omega_s R'_r}{R'^2_r + s^2\omega_s^2 L'^2_{lr}} \tag{4-22}$$

这就是恒 E_g/ω_s 时的机械特性方程式。

按前述相似的分析方法，当 s 很小时，忽略式（4-22）分母中含 s^2 的项，则 $T_e \approx 3p_m\left(\frac{E_g}{\omega_s}\right)^2 \frac{s\omega_s}{R'_r} \propto s$，这表明机械特性的这一段近似为一条直线。

当 s 接近于 1 时，忽略式（4-22）分母中的 R'^2_r 项，则 $T_e \approx 3p_m\left(\frac{E_g}{\omega_s}\right)^2 \frac{R'_r}{s\omega_s L'^2_{lr}} \propto \frac{1}{s}$，这表明机械特性的这一段是双曲线。

s 为上述两段的中间值时，机械特性在直线和双曲线之间逐渐过渡，曲线形状与恒压恒频时的机械特性曲线形状同。

当变频时，同步转速为 $n_0 = \frac{60\omega_s}{2\pi p_m}$，随频率变化而变。负载时的转速降落为 $\Delta n = sn_0 = \frac{60}{2\pi p_m}s\omega_s$，在机械特性的近似直线段上，可以导出

$$s\omega_s \approx \frac{R'_r T_e}{3p_m\left(\dfrac{E_g}{\omega_s}\right)^2} \tag{4-23}$$

由此可见，当 E_g/ω_s 为恒值时，对于同一转矩 T_e，$s\omega_s$ 是基本不变的，因而 Δn 也是基本不变的。就是说，在恒 E_g/ω_s 条件下改变频率时，机械特性基本上是平行移动的，如图 4-23所示。其和直流他励电动机调压调速时特性的变化情况相似，所不同的时，当转矩增大到最大值以后，转速再降低时特性又折回来了。

恒 E_g/ω_s 控制特性的最大转矩为

$$T_{emax} = \frac{3}{2}p_m\left(\frac{E_g}{\omega_s}\right)^2\frac{1}{L'_{lr}} \tag{4-24}$$

由式（4-24）可知，当 E_g/ω_s 为恒值时，T_{emax} 恒定不变。即随着频率的降低，恒 E_g/ω_s 控制的机械特性是一组曲线形状与恒压恒频时的机械特性曲线相同，且平行下移的特性，如图 4-23 所示。

2. 恒 U_s/ω_s 控制（$U_s/f_s=C$）

由于 E_g 是电机内部参数，恒 E_g/ω_s 控制难以实现。工程上是采用恒压频比控制（U_s/ω_s=恒值），这时同步转速与频率的关系、带负载时的转速降落与恒 E_g/ω_s 控制相同。在机械特性的近似直线段上，可以导出

$$s\omega_s \approx \frac{R'_r T_e}{3p_m\left(\dfrac{U_s}{\omega_s}\right)^2} \tag{4-25}$$

由式（4-25）可见，当 U_s/ω_s 为恒值时，对同一转矩 T_e，$s\omega_s$ 是基本不变的，因而 Δn 也是基本不变的，这就是说在恒压频比的条件下改变频率时机械特性基本上是平行移动的，如图 4-24 所示。

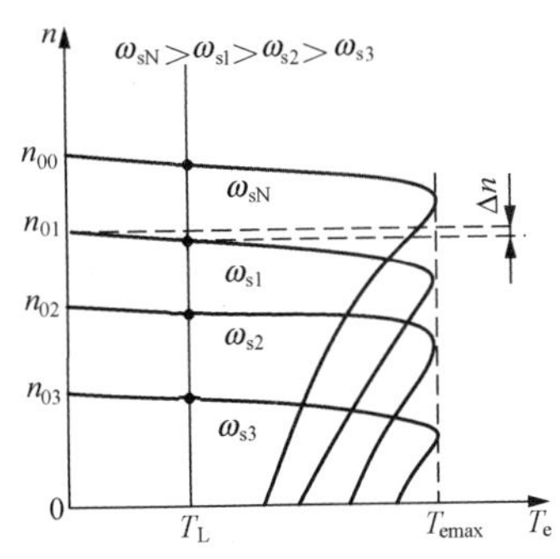

图 4-23　恒 E_g/ω_s 控制变频调速时的机械特性

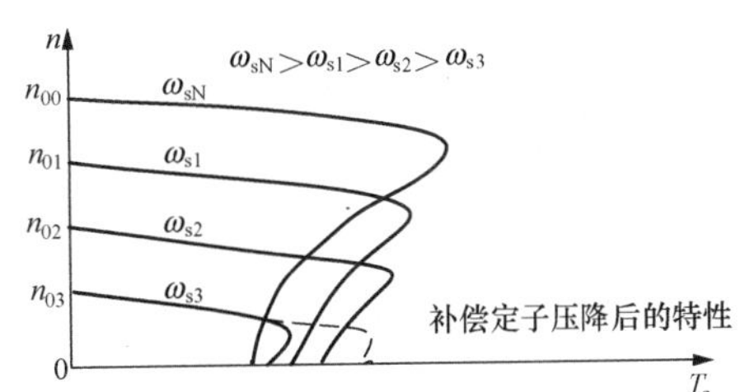

图 4-24　恒压频比控制变频调速时的机械特性

当 U_s/ω_s 为恒值时，最大转矩 T_{emax} 随角频率 ω_s 的变化关系式为

$$T_{emax} = \frac{3}{2}p_m\left(\frac{U_s}{\omega_s}\right)^2\frac{1}{\dfrac{R_s}{\omega_s}+\sqrt{\left(\dfrac{R_s}{\omega_s}\right)^2+(L_{ls}+L'_{lr})^2}} \tag{4-26}$$

可见，T_{emax} 是随着 ω_s 降低而减小的。频率很低时，T_{emax} 太小将限制调速系统的带负载能力。

为此需采用定子阻抗电压补偿，适当地提高定子电压可以增强带负载能力。图 4-24 中虚线特性就是采用定子阻抗电压补偿后的特性。而恒 E_g/ω_s 控制的机械特性就是恒压频比控制中补偿定子阻抗压降特性所追求的目标。

3. 基频以上变频调速时的机械特性（$U_s=U_{sn}$，变 f_s）

在基频 f_{sn} 以上变频调速时，由于电压 $U_s=U_{sn}$ 不变，式（4-20）的机械特性方程式可写成

$$T_e=3p_m U_{sn}^2 \frac{sR'_r}{\omega_s[(sR_s+R'_r)^2+s^2\omega_s^2(L_{ls}+L'_{lr})^2]} \tag{4-27}$$

而式（4-26）的最大转矩表达式可改写成

$$T_{emax}=\frac{3}{2}p_m U_{sn}^2 \frac{1}{\omega_s\left[R_s+\sqrt{\left(\frac{R_s}{\omega_s}\right)^2+(L_{ls}+L'_{lr})^2}\right]} \tag{4-28}$$

同步转速表达式为

$$n_0=\frac{60\omega_s}{2\pi p_m} \tag{4-29}$$

转速降落为

$$\Delta n=sn_0=\frac{60}{2\pi p_m}s\omega_s \tag{4-30}$$

由此可见，当角频率 ω_s 提高时，同步转速 n_0 随之提高；最大转矩减小，机械特性上移；转速降落随角频率的提高而增大，特性斜率稍变大，但其他形状基本相似，如图 4-25 所示。

图 4-25 基频以上变频调速时的机械特性

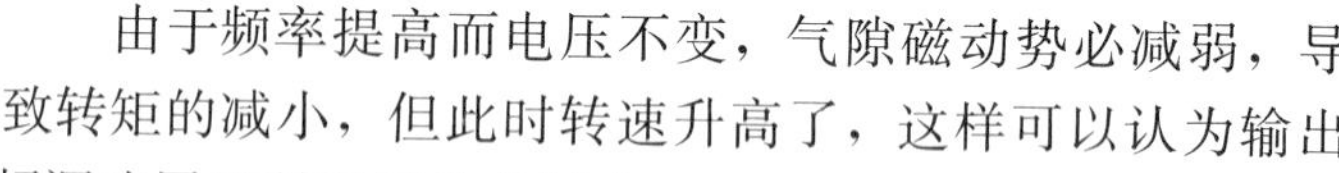

由于频率提高而电压不变，气隙磁动势必减弱，导致转矩的减小，但此时转速升高了，这样可以认为输出功率基本不变。所以，基频以上变频调速属于弱磁恒功率调速。

4.4.2 变频调速系统中的变频电源

将直流电能变换成交流电能供给负载的过程称为无源逆变，实现无源逆变的电路称为无源逆变（变频）电路，实现变频的装置称为变频器。

一、变频器的分类

变频器的基本分类如下：

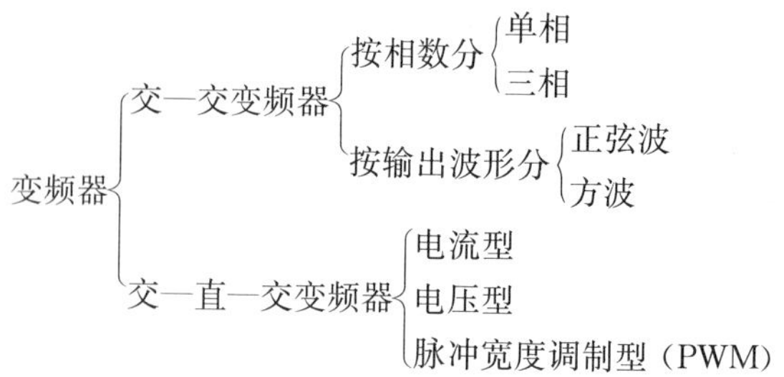

二、交—交（直接）变频电路及其特点

交—交变频器的主要构成环节如图 4-26 所示。交—交变频电路是不通过中间直流环

节，而把工频交流电直接变换成不同频率交流电的变流电路，故又称为直接变频器或周波变换器（Cyclo-converter）。因为没有中间直流环节，仅用一次变换就实现了变频，所以其效率较高。大功率交流电动机调速系统所用的变频器主要是交—交变频器。

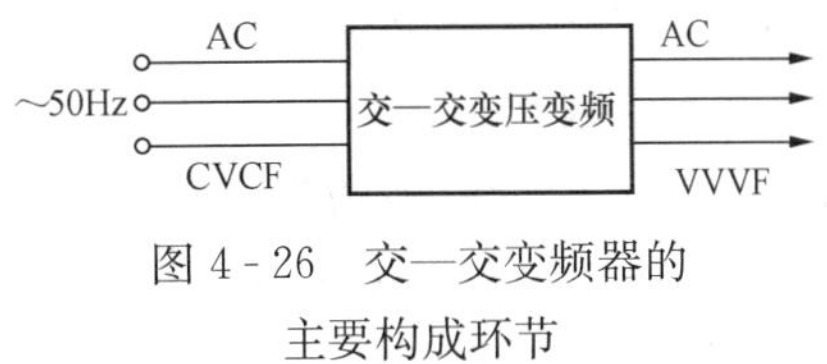

图 4-26　交—交变频器的主要构成环节

（一）单相交—交变频电路

1. 单相交—交变频电路的基本结构

图 4-27（a）所示为单相交—交变频电路的原理图。该电路由两组反并联的晶闸管可逆变流器（一般采用三相变流器）构成，其与直流可逆调速系统用的四象限变流器完全一样，两者的工作原理也非常相似。

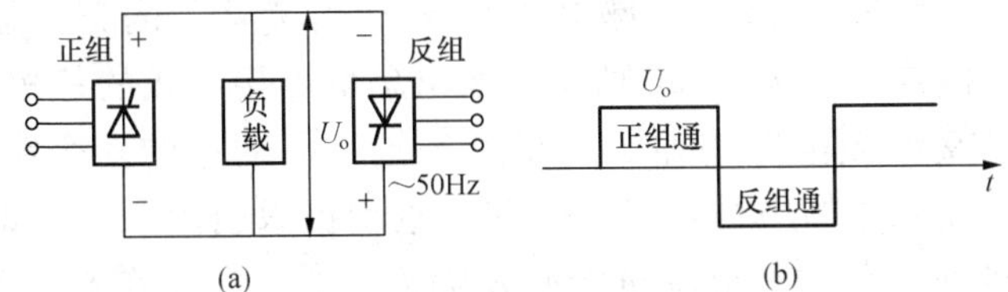

图 4-27　单相交—交变频器的主电路及输出电压波形

（a）电路原理图；（b）方波型交—交变频器输出平均电压波形

2. 工作原理

（1）方波型交—交变频器。在图 4-27（a）中，负载由正组与反组晶闸管整流电路轮流供电。各组所供电压的高低由移相控制角 α 控制。当正组供电时，负载上获得正向电压；当反组供电时，负载获得负向电压。

如果在各组工作期间 α 角不变，则输出电压 U_o 为矩形波交流电压，如图 4-27（b）所示。改变正反组切换频率可以调节输出交流电的频率，而改变 α 的大小即可调节矩形波的幅值，从而调节输出交流电压 U_o 的大小。

（2）正弦波型交—交变频器。正弦波型交—交变频器的主电路与方波型的主电路相同，下面介绍其工作原理。

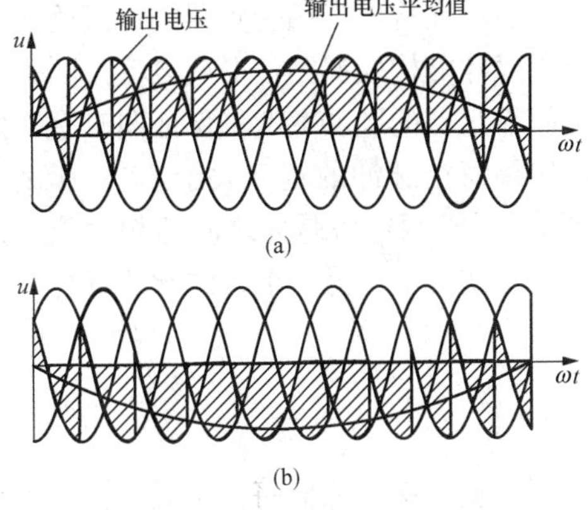

图 4-28　正弦波型交—交变频器的输出电压波形

（a）整流状态波形；（b）逆变状态波形

在正组桥整流工作时，使控制角 α 由大到小再变大，如从 $\pi/2\rightarrow0\rightarrow\pi/2$，必然引起输出平均电压由低到高再到低的变化，如图 4-28（a）所示；而在正组桥逆变工作时，使控制角由小变大再变小，如从 $\pi/2\rightarrow\pi\rightarrow\pi/2$，就可以获得图 4-28（b）所示的平均值可变的负向逆变电压。

正弦波型克服了方波型交—交变频器输出波形高次谐波成分大的缺点，较方波型交—交变频器更为实用。

3. 交—交变频器特点

交—交变频器由于采用直接变换方式，所以效率较高，可方便地进行可逆运行，但其主要缺点是：①功率因数低；②主电路使用晶闸管元件数目多，控制电路复杂；③变频器输出频率受到其电网频率的限制，最大变频范围在电网1/2以下。因此，交—交变频器一般只适用于球磨机、矿井提升机、电动车辆、大型轧钢设备等低速大容量拖动场合。

（二）三相交—交变频电路

三相交—交变频电路由三组输出电压相位互差120°的单相交—交变频电路组成。三相交—交变频电路主要有两种接线方式，即公共交流母线进线方式和输出星形连接方式。

（1）公共交流母线进线方式。图4-29所示为采用公共交流母线进线方式的三相交—交变频电路原理图。它由三组彼此独立的、输出电压相位互相差开120°的单相交—交变频电路组成，它们的电源进线通过电抗器接在公共的交流母线上。因为电源进线端公用，所以三组单相变频电路的输出端必须隔离。为此，交流电动机的三个绕组必须拆开，共引出六根线。公共交流母线进线方式的三相交—交变频电路主要用于中等容量的交流调速系统。

（2）输出星形连接方式。图4-30所示为输出星形连接方式的三相交—交变频电路原理图。三组单相交—交变频电路的输出端星形连接，电动机的三个绕组也是星形连接，电动机的中性点不和变频器的中性点接在一起，电动机只引出三根线即可。图4-30中，三组单相变频器连接在一起，其电源进线必须隔离，所以三组单相变频器分别用三个变压器供电。

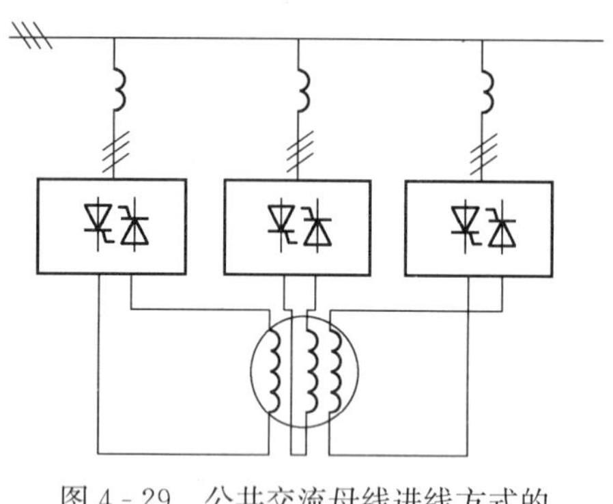

图4-29 公共交流母线进线方式的三相交—交变频电路

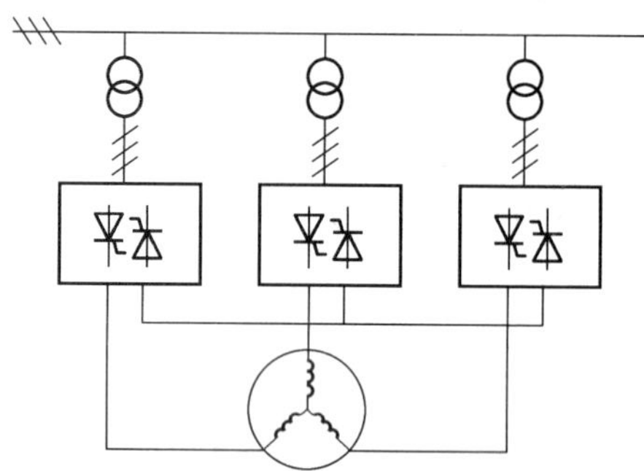

图4-30 输出星形连接方式的三相交—交变频电路

由于变频器输出端中性点不和负载中性点相连接，所以在构成三相变频器的六组桥式电路中，至少要有不同相的两组桥中的四个晶闸管同时导通才能构成回路，形成电流。同一组桥内的两个晶闸管靠双脉冲保证同时导通。两组桥之间靠足够的脉冲宽度来保证同时有触发脉冲。每组桥内各晶闸管触发脉冲的间隔约为60°，如果每个脉冲的宽度大于30°，那么无脉冲的间隔时间一定小于30°。这样，如图4-30所示，尽管两组桥脉冲之间的相对位置是任意变化的，但在每个脉冲持续的时间里，总会在其前部或后部与另一组桥的脉冲重合，使四个晶闸管同时有脉冲，形成导通回路。

三、交—直—交（间接）变频电路

（一）交—直—交变频电路的基本结构

交—直—交变频器的构成如图4-31（a）所示。交—直—交变频器先将交流电转换为直流电，经过中间滤波环节后，再把直流电逆变成变频变压的交流电，故又称为间接变频器。

按照不同的控制方式，间接变频器又有图4-31中（b）～（d）三种情况。

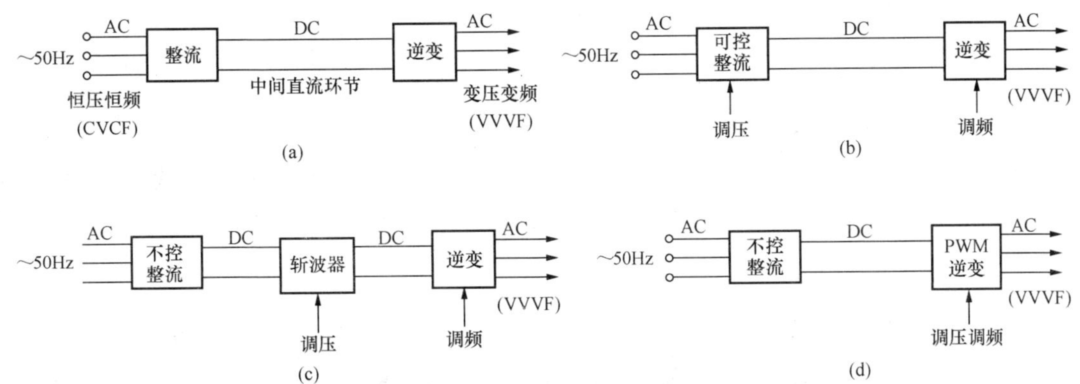

图 4-31 间接变压变频装置的不同结构形式

(a) 间接变频器的主要构成环节；(b) 可控整流器调压、六拍逆变器调频；

(c) 不可控整流、斩波器调压、六拍逆变器调频；(d) 不可控整流、PWM 逆变器调压调频

1. 采用可控整流器调压、逆变器调频的交—直—交变压变频器

在图 4-31 (b) 中，调压和调频在两个环节上分别进行，其结构简单，控制方便。但由于输入环节采用晶闸管可控整流器，当电压调得较低时，电网端功率因数低，而输出环节采用由晶闸管组成的三相六拍逆变器，每周期换相六次，输出谐波较大。这是这类装置的主要缺点。

2. 采用不可控整流器整流、斩波器调压、逆变器调频的交—直—交变压变频器

在图 4-31 (c) 所示的装置中，输入环节采用不可控整流器，只整流不调压，再增设斩波器进行脉宽调压。这样虽然多了一个环节，但输入功率因数提高，克服了图 4-31 (b) 电路功率因数低的缺点。由于输出逆变环节未变，仍有输出谐波较大的问题。

3. 采用不可控整流器整流、脉宽调制 (PWM) 逆变器同时调压调频的交—直—交变压变频器

由图 4-31 (d) 可见，输入采用不可控整流器，则输入功率因数高；采用 PWM 逆变，则输出谐波可以减少。但 PWM 逆变器需要全控型电力电子器件，其输出谐波减少的程度取决于 PWM 的开关频率，而开关频率则受器件开关时间的限制。采用 P—MOSFET 或 IGBT 时，开关频率可达 10kHz 以上，输出波形已经非常逼近正弦波，因而又称之为正弦脉宽调制 (Sinusoidal PWM, SPWM) 逆变器。这是当前最有发展前途的一种装置形式，后面将对其进行详细分析。

(二) 交—直—交变频电路的类型

交—直—交变频器就是通过整流器把工频交流电整成直流，然后通过逆变器，把直流电逆变成频率可调的交流电。根据交—直—交变压变频器的中间滤波环节是采用电容性元件还是电感性元件，可以将交—直—交变频器分为电压型变频器和电流型变频器两大类。两类变频器的区别主要在于中间直流环节采用什么样的滤波元件。

1. 交—直—交电压型变频器

在交—直—交变压变频装置中，当中间直流环节采用大电容滤波时，直流电压波形比较平直，在理想情况下是一个内阻抗为零的恒压源，输出交流电压是矩形或阶梯波，这类变频装置称为电压型变频器，如图 4-32 所示。图中的交—直—交变频器输入采用了二极管不可

控整流，输出采用 BJT 的六拍逆变。

通常的交—交变压变频装置虽然没有滤波电容，但供电电源的低阻抗使它具有电压源的性质，它也属于电压型变频器。

2. 交—直—交电流型变频器

当交—直—交变压变频装置的中间直流环节采用大电感滤波时，直流电流波形比较平直，因而电源内阻抗很大，对负载来说基本上是一个恒流源，输出交流电流是矩形波或阶梯波，这类变频装置称为电流型变频器，如图 4-33 所示。

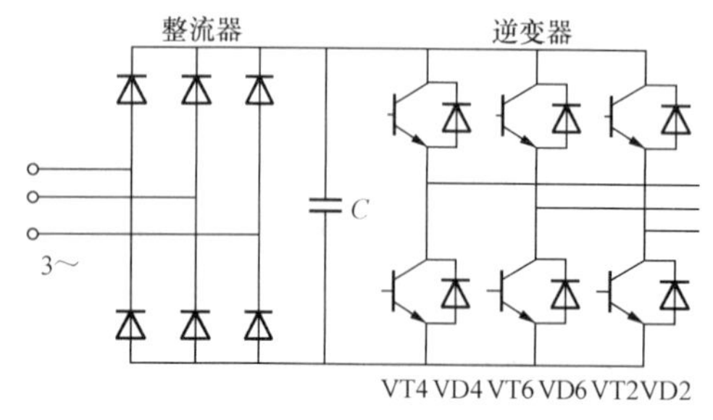

图 4-32　三相桥式电压型交—直—交变频器

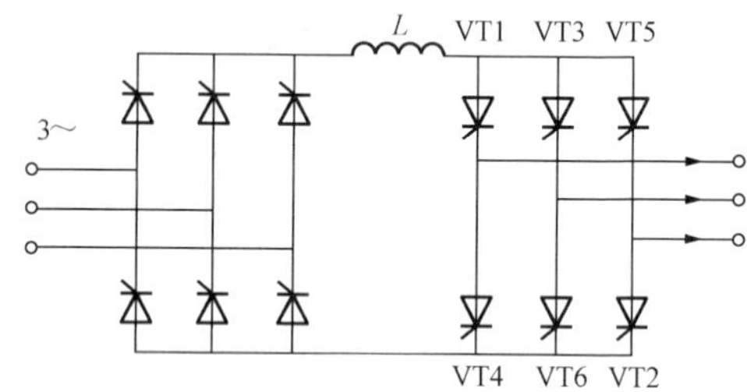

图 4-33　三相桥式电流型交—直—交变频器

有的交—交变压变频装置用电抗器将输出电流强制变成矩形波或阶梯波，具有电流源的性质，它也是电流型变频器。

3. 交—直—交电压型和电流型变频器比较

电流型变频器供电的变压变频调速系统，其显著特点是容易实现回馈制动。图 4-34 绘出了电流型变压变频调速系统的电动和回馈制动两种运行状态。以由晶闸管可控整流器 UR 和六拍电流型逆变器（Current Source Inverter，CSI）构成的交—直—交变压变频装置为例，当可控整流器 UR 工作在整流状态（$\alpha<90°$）、逆变器工作在逆变状态时，电动机在电动状态下运行，如图 4-34（a）所示。这时，直流回路电压的极性为上正下负，电流由 U_d 的正端流入逆变器，电能由交流电网经变频器传送给异步电动机，电机处于电动状态；如果降低变频器的输出频率，使同步转速降低，同时使可控整流器的控制角 $\alpha>90°$，则异步电动机进入回馈制动发电状态，且直流回路电压 U_d 立即反向，而电流 I_d 方向不变。于是，逆变器变成整流器，而可控整流器 UR 转入有源逆变状态，电能由电动机回馈给交流电网，如图 4-34（b）。

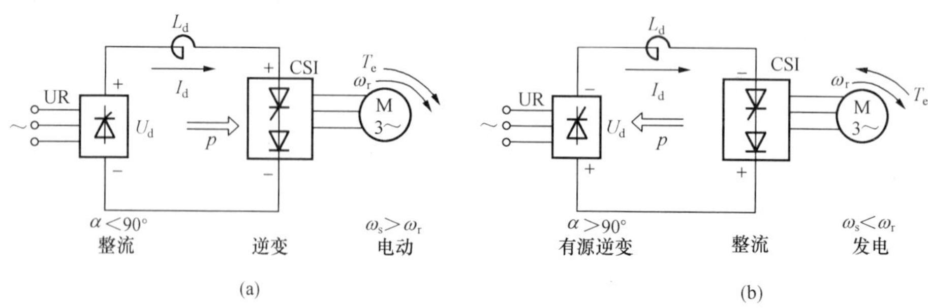

图 4-34　电流型变压变频调速系统的电动和回馈制动两种运行状态

由此可见，虽然电力电子器件具有单向导电性，电流 I_d 不能反向，而可控整流器的输

出电压 U_d 是可以迅速反向的，电流型变压变频调速系统容易实现回馈制动。与此相反，采用电压型变频器的调速系统要实现回馈制动和四象限运行却比较困难，因为其中间直流环节大电容上的电压极性不能反向，所以在原装置上无法实现回馈制动。若确实需要制动时，只有在可控整流器上反并联设置另一组反向整流器，并使其工作在有源逆变状态，以通过反向的制动电流，实现回馈制动。这样设备就要复杂多了。

下面分析 180°导电型的交—直—交电压型和 120°导电型的交—直—交电流型变频器。

四、交—直—交变频器分析

（一）180°导电型的交—直—交电压型变频器

1. 主电路组成

变频器的主电路由整流器、中间滤波电容及晶闸管逆变器组成。图 4-35 所示为串联电感式电压型变频器逆变部分的电路。图中只画出了电容滤波器及晶闸管逆变器部分，整流器可采用单相或三相整流电路；C_d 为滤波电容；逆变器中 VT1～VT6 为主晶闸管，VD1～VD6 为反馈二极管，提供续流回路；R_A、R_B、R_C 为衰减电阻，L_1～L_6 为换流电感，C_1～C_6 为换流电容，Z_A、Z_B、Z_C 为变频器的三相对称负载。

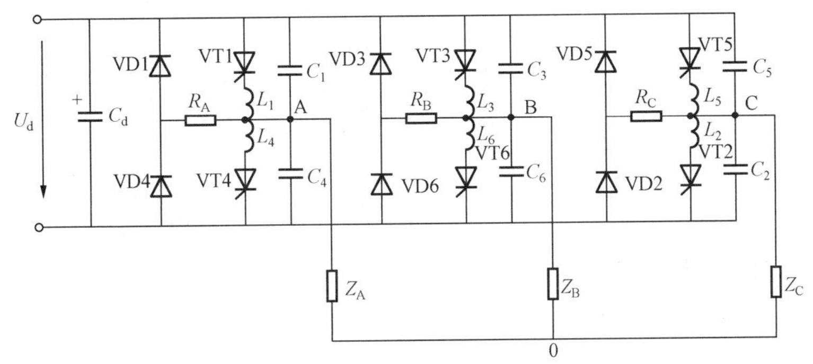

图 4-35　三相串联电感式电压型变频器逆变部分主电路

该逆变部分没有调压功能，调压靠前级的可控整流电路完成。6 个晶闸管按一定的导通规则通断，将滤波电容 C_d 送来的直流电压 U_d 逆变成频率可调的交流电。

2. 晶闸管导通规则及输出波形分析

逆变器中 6 个晶闸管的导通顺序为 VT1→VT2→VT3→VT4→VT5→VT6→VT1…，各晶闸管的触发脉冲间隔为 60°。电压型逆变器通常采用 180°导电型，即每个晶闸管导通 180°电角度后被关断，由同相的另一个晶闸管换流导通。每组晶闸管导电间隔为 120°。按照每个晶闸管触发间隔为 60°，触发导通后维持 180°才被关断的特征（180°导电型），可以得到 6 个晶闸管在 360°区间里的导通情况，见表 4-1。

表 4-1　逆变器中晶闸管的导通情况（180°电压型）

晶闸管＼区间	0°～60°	60°～120°	120°～180°	180°～240°	240°～300°	300°～360°
VT1	导通	导通	导通	×	×	×
VT2	×	导通	导通	导通	×	×

续表

区间 晶闸管	0°～60°	60°～120°	120°～180°	180°～240°	240°～300°	300°～360°
VT3	×	×	导通	导通	导通	×
VT4	×	×	×	导通	导通	导通
VT5	导通	×	×	×	导通	导通
VT6	导通	导通	×	×	×	导通

根据每 60°间隔中晶闸管的导通情况，可以作出每个 60°区间内负载连接的等效电路，如图 4-36 所示。由此可求出输出相电压和线电压，而线电压等于相电压之差。

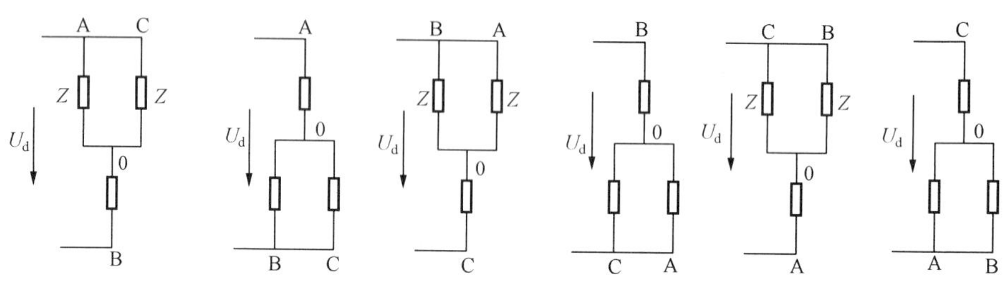

图 4-36　每个 60°区间内的负载等效电路

由表 4-1 知，在 0°～60°区间，VT5、VT6、VT1 同时导通，等效电路如图 4-36 所示。三相负载分别为 Z_A、Z_B、Z_C，且 $Z_A=Z_B=Z_C=Z$，则输出相电压为

$$U_A=U_d\frac{Z_A /\!/ Z_C}{(Z_A /\!/ Z_C)+Z_B}=\frac{1}{3}U_d$$

$$U_B=-U_d\frac{Z_B}{(Z_A /\!/ Z_C)+Z_B}=-\frac{2}{3}U_d$$

$$U_C=U_A=\frac{1}{3}U_d$$

输出线电压为

$$U_{AB}=U_{A0}-U_{B0}=U_d$$
$$U_{BC}=U_{B0}-U_C=-U_d$$
$$U_{CA}=U_C-U_A=0$$

在 60°～120°区间，有 VT6、VT1、VT2 同时导通，该区间相、线电压计算值为

$$U_A=\frac{2}{3}U_d,\ U_B=-\frac{1}{3}U_d,\ U_C=-\frac{1}{3}U_d$$

$$U_{AB}=U_d,\ U_{BC}=0,\ U_{CA}=-U_d$$

同理，可求出后四个区间的相电压和线电压计算值，见表 4-2。

按表 4-2，将各区间的电压连接起来后即可得到交—直—交电压型变频器输出的相电压波形和线电压波形，如图 4-37 所示。三个相电压是相位互差 120°的阶梯状交变电压波形，三个线电压波形则为矩形波，三相交变电压为对称交变电压。

图 4-37 所示相、线电压波形的有效值为

表 4-2 逆变器的相电压和线电压计算值（180°电压型）

相、线电压 \ 区间	0°～60°	60°～120°	120°～180°	180°～240°	240°～300°	300°～360°
U_A	$\frac{1}{3}U_d$	$\frac{2}{3}U_d$	$\frac{1}{3}U_d$	$-\frac{1}{3}U_d$	$-\frac{2}{3}U_d$	$-\frac{1}{3}U_d$
U_B	$-\frac{2}{3}U_d$	$-\frac{1}{3}U_d$	$\frac{1}{3}U_d$	$\frac{2}{3}U_d$	$\frac{1}{3}U_d$	$-\frac{1}{3}U_d$
U_C	$\frac{1}{3}U_d$	$-\frac{1}{3}U_d$	$-\frac{2}{3}U_d$	$-\frac{1}{3}U_d$	$\frac{1}{3}U_d$	$\frac{2}{3}U_d$
U_{AB}	U_d	U_d	0	$-U_d$	$-U_d$	0
U_{BC}	$-U_d$	0	U_d	U_d	0	$-U_d$
U_{CA}	0	$-U_d$	$-U_d$	0	U_d	U_d

$$U_A = U_B = U_C = \sqrt{\frac{1}{2\pi}\int_0^{2\pi} u_A^2 \mathrm{d}\omega t} = \frac{\sqrt{2}}{3}U_d$$

$$U_{AB} = U_{BC} = U_{CA} = \sqrt{\frac{1}{2\pi}\int_0^{2\pi} u_{AB}^2 \mathrm{d}\omega t} = \sqrt{\frac{2}{3}}U_d$$

$$U_l = \sqrt{3}U_{ph}$$

即线电压为$\sqrt{3}$倍相电压。由上分析可知，线电压、相电压及二者关系的结论与正弦三相交流电是相同的。

现将 180°导电型逆变器工作规律总结如下：

（1）每个脉冲触发间隔 60°区间内有 3 个晶闸管元件导通，它们分属于逆变桥的共阴极组和共阳极组。

（2）在 3 个导通元件中，若属于同一组的有 2 个元件，则元件所对应相的相电压为$\frac{1}{3}U_d$，另 1 个元件所对应相的相电压为$\frac{2}{3}U_d$。

（3）共阳极组元件所对应相的相电压为正，共阴极组元件所对应相的相电压为负。

（4）三个相电压相位互差 120°，相电压之和为零。

（5）线电压等于相电压之差，三个线电压相位互差 120°，线电压之和为零。

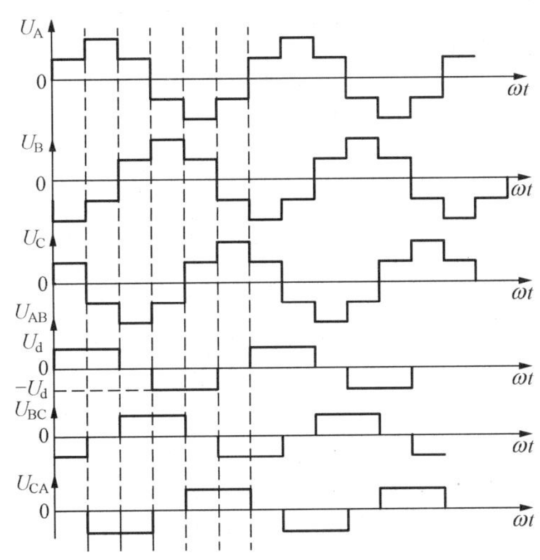

图 4-37 180°导电型逆变器输出的相电压、线电压波形

（6）线电压为$\sqrt{3}$倍相电压。

除了上述串联电感式逆变器外，晶闸管交—直—交电压型逆变器还有串联二极管式、采用辅助晶闸管换流等典型接线形式。由于晶闸管元件没有自关断能力，这些逆变器都需要配置专门的换流元件来换流，装置的体积与质量大，输出波形与频率均受限制。随着各种全控式开关元件（如电力晶体管 GTR、可关断晶闸管 GTO、电力场效应管 MOSFET、绝缘栅双极型晶体管 IGBT）的研制与应用，在三相变频器中已越来越少采用普通晶闸管作变流器件了。

（二）120°导电型的交—直—交电流型变频器

在 180°导电型逆变器中，晶闸管的换流是在同一相中进行的。换流时，若应该关断的晶闸管没能及时关断，它就会和换流后同一相上的晶闸管形成通路，使直流电源发生短路，带来换流安全问题；另外，需要外接换流衰减电阻、换流电感、换流电容等元件才能完成换流，使得逆变器体积增加、成本提高、换流损耗加大。为此，引入 120°导电型的电流型逆变器，该逆变器晶闸管的换流是在同一组中进行的，不存在电源短路问题，也不需要换流衰减电阻和换流电感等元件。

因为三相变频器的负载通常是感应电动机，我们可以用感应电动机的定子电感来代替换流电路中的换流电感，并且省去衰减电阻。下面分析一个串联二极管式交—直—交电流型变频器带异步电动机负载的例子，它利用电动机绕组的电感作为换流电感。为此，先讨论电动机的等效电路。

1. 异步电动机等效电路的简化

图 4-38（a）为三相异步电动机一相等效电路。图中 R_s、L_{ls}分别为定子相电阻及漏感，R_r'、L_{lr}'分别为折合到定子侧的转子相电阻及漏感，L_m 为定子每相绕组所产生的气隙主磁通对应的励磁电感。

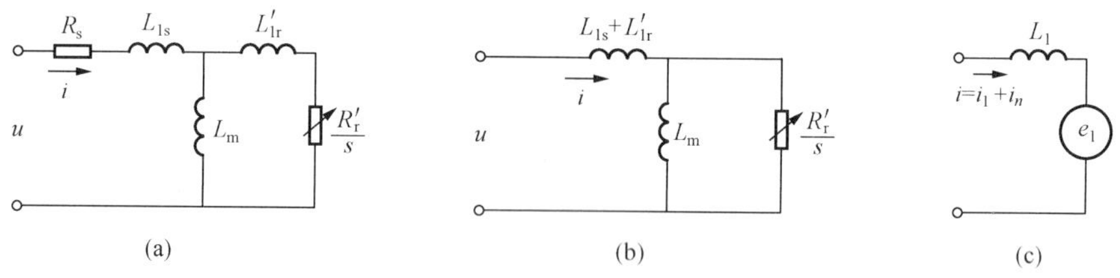

图 4-38 三相异步电动机一相等效电路及近似等效电路

为了简化分析，可以忽略定子电阻 R_s，并且将励磁电抗 L_m 移至 L_{lr}'之后，形成如图 4-38（b）所示的近似等效电路。如果将流入三相异步电动机的相电流 i 分解为基波 i_1 与谐波 i_n 两部分 $i=i_1+i_n$，则 i_1 和 i_n 都要在该相产生感应电动势。在串联漏电感 $L_{ls}+L_{lr}'=L_1$ 上，基波 i_1 与谐波 i_n 电流都会产生感应电动势，而在 L_m 与 R_r'/s 的并联支路中，却只有基波电流 i_1 的感应电动势 e_1 存在（由于电机主磁通分布是正弦的，故感应电动势只有基波分量而没有谐波），于是电动机的一相等效电路可进一步简化为图 4-38（c）。因此，电动机各相等效电路电压表达式可以写成

$$u_{ph}=L_1\frac{di}{dt}+e_1$$

2. 主电路的组成

三相串联二极管式电流型变频器的主电路如图 4-39 所示。图中 L_d 为整流与逆变两部分电路的中间滤波环节——直流平波电抗器，VT1～VT6 为主晶闸管，C_{13}、C_{35}、C_{51}、C_{46}、C_{62}、C_{24}为换流电容，VD1～VD6 为隔离二极管，电动机的电感和换流电容组成换流电路。

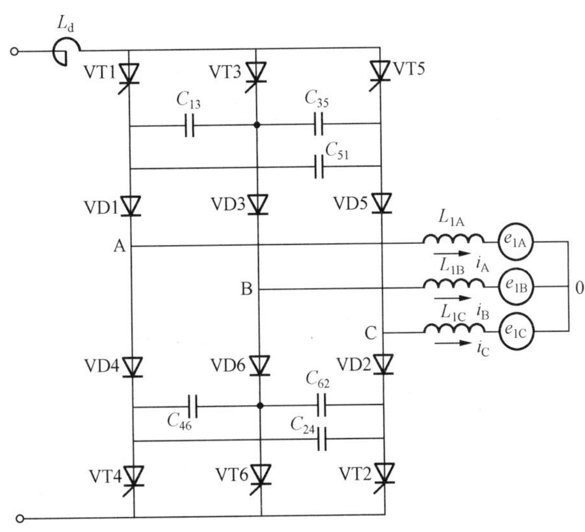

图 4-39 串联二极管式电流型逆变器典型主电路结构

以 e_{1A}、e_{1B}、e_{1C} 分别表示电动机各相基波电流感应电动势，L_{lA}、L_{lB}、L_{lC} 表示各相漏电感，则有

$$u_A = L_{lA}\frac{di_A}{dt} + e_{1A}$$

$$u_B = L_{lB}\frac{di_B}{dt} + e_{1B}$$

$$u_C = L_{lC}\frac{di_C}{dt} + e_{1C}$$

该变频器的输入端采用了可控整流，滤波电感 L_d 将整流器的输出强制变成恒定直流电流 I_d。逆变器部分没有调压功能，调压靠输入端的可控整流器。6 个晶闸管按一定的导通规则通断，将滤波电感 L_d 送来的恒流 I_d 逆变成频率可调的交流电。

3. 晶闸管导通规则及输出波形分析

逆变器中 6 个晶闸管的导通顺序为 VT1→VT2→VT3→VT4→VT5→VT6→VT1…，各晶闸管的触发间隔为 60°。电流型逆变器通常采用 120°导电型，即每个晶闸管导通 120°电角度后被关断，由同一组的另一个晶闸管换流导通。按照每个晶闸管触发间隔为 60°，触发导通后维持 120°才被关断的特征（120°导电型），可以得到 6 个晶闸管在 360°区间里的导通情况，见表 4-3。

表 4-3　逆变器中晶闸管的导通情况（120°电流型）

晶闸管 \ 区间	0°～60°	60°～120°	120°～180°	180°～240°	240°～300°	300°～360°
VT1	导通	导通	×	×	×	×
VT2	×	导通	导通	×	×	×
VT3	×	×	导通	导通	×	×
VT4	×	×	×	导通	导通	×
VT5	×	×	×	×	导通	导通
VT6	导通	×	×	×	×	导通

根据每 60°间隔中晶闸管的导通情况，可以作出每个 60°区间内负载连接的等效电路，如图 4-40 所示。由此可求出输出的相电流和线电流。从表 4-3 和图 4-42 的等效电路可以很容易得到表 4-4 的逆变器相电流计算值。此处 Z 表示由 L_1 和 e_1 构成的负载。

按表 4-4 将各区间的相电流连接起来后，即可得到电流型变频器输出的相电流波形。如图 4-41 所示，三个相电流是相位互差 120°电角度的矩形交变电流波形。

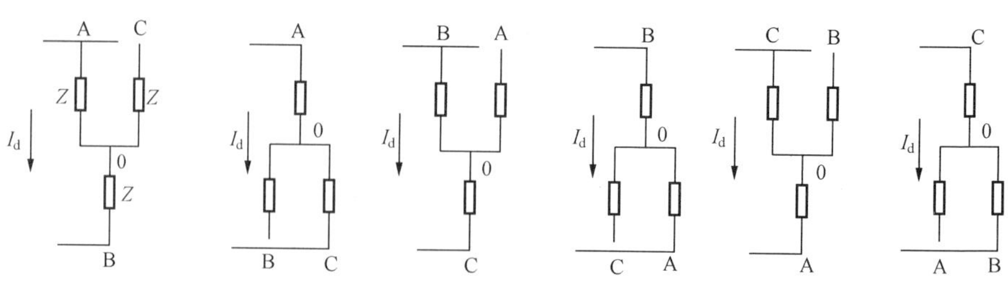

图 4-40 每个 60°区间内的负载等效电路

表 4-4 **逆变器的相电流计算值（120°电流型）**

相电流 \ 区间	0°～60°	60°～120°	120°～180°	180°～240°	240°～300°	300°～360°
I_{A0}	I_d	I_d	0	$-I_d$	$-I_d$	0
I_{B0}	$-I_d$	0	I_d	I_d	0	$-I_d$
I_{C0}	0	$-I_d$	$-I_d$	0	I_d	I_d

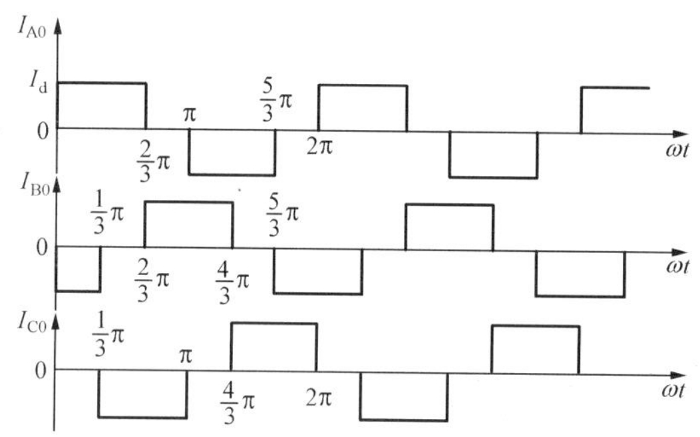

图 4-41 120°导电型逆变器输出的相电流波形

在星形对称负载中，线电流等于相电流；若是三角形对称负载，其线电流与相电流关系的分析与正弦电路类似。

与 180°导电型类似，现将 120°导电型导电规律总结如下：

（1）每个脉冲触发间隔 60°内，有 2 个晶闸管元件导通，它们分属于逆变桥的共阴极组和共阳极组。

（2）在 2 个导通元件中，每个元件所对应相的相电流为 I_d；而不导通元件所对应相的相电流为零。

（3）共阳极组中元件所通过的相电流为正，共阴极组元件所通过的相电流为负。

（4）每个脉冲间隔 60°内的相电流之和为零。

4.4.3 晶闸管变频调速系统

要组成晶闸管变频调速系统仅有前面介绍的晶闸管变频器还不行，还必须加上相应的控制环节。为此，本节首先介绍晶闸管变频调速系统中的主要控制环节，然后再配上前述的静止型晶闸管交—直—交变频器，最终组成晶闸管变频调速系统。

一、晶闸管变频调速系统中的主要控制环节

（一）给定积分器

给定积分器又称软起动器，它的作用是减缓突加阶跃给定信号造成的系统内部电流、电压的冲击，提高系统的运行稳定性。其输入、输出信号对比如图 4-42 所示。

（二）绝对值运算器

绝对值运算器是把给定积分器送来的输入信号（正值或负值）均转换为正值。其输入、输出关系信号式为 $u_0 = |u_i|$，波形如图 4-43 所示。

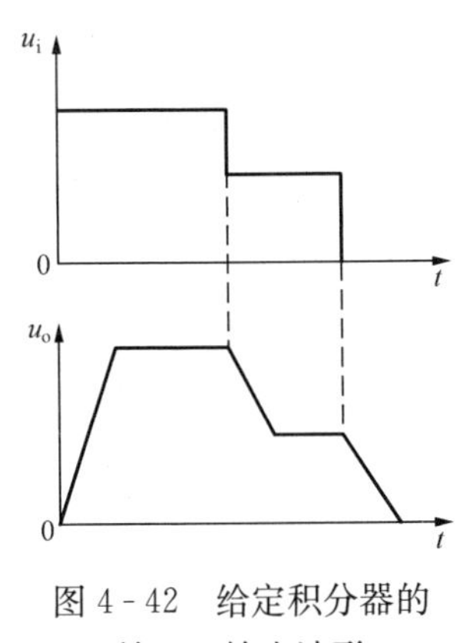

图 4-42 给定积分器的输入、输出波形

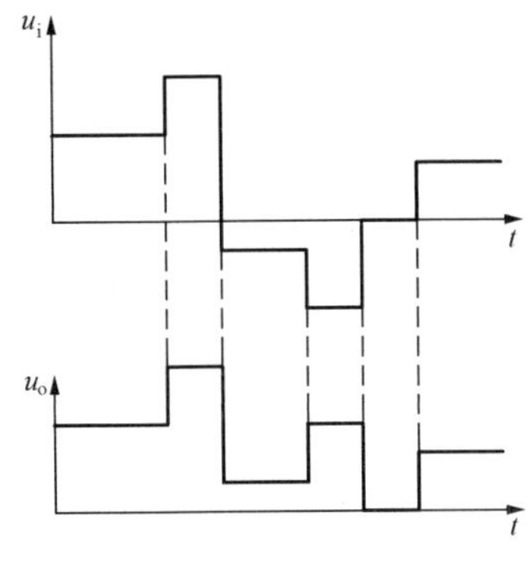

图 4-43 绝对值运算器的输入、输出波形

（三）电压—频率变换器

转速给定信号是以电压形式给出的，而用晶闸管逆变桥实现变频必须将其转换成频率的形式，电压一频率（U/F）变换器就是用来将电压给定信号转换成脉冲信号的装置，输入电压越高，脉冲频率越高；输入电压越低，则脉冲频率越低。该脉冲频率是逆变器（六拍逆变器）输出频率的 6 倍。其输入、输出信号波形如图 4-44 所示。

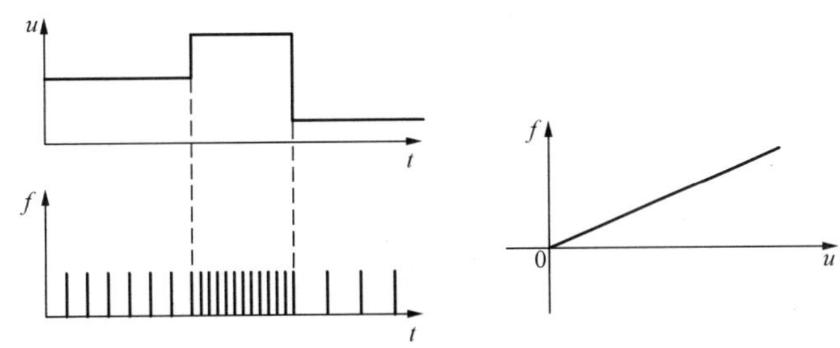

图 4-44 电压—频率变换器输入、输出波形

电压—频率变换器的种类很多，有单结晶体管压控振荡器、555 时基电路构成的压控振荡器，还有各种专用集成压控振荡器构成的电路。

（四）环形分配器

环形分配器又称 6 分频器，它将 U/F 变换器送来的压控振荡脉冲，每 6 个为一组，分为 6 路输出，依次送给逆变桥的 6 个晶闸管元件。其功能和输入、输出信号波形如图 4-45（a）、（b）所示。

在图 4-45（a）中，输入信号为频率变化的脉冲序列，环形分配器的输出脉冲特征是：①各路脉冲发出的时间间隔为 60°；②各路脉冲的宽度为 60°（因为带感性负载的晶闸管元件需要宽脉冲触发）。图 4-45（b）为环形分配器的输出波形。

（五）脉冲功率放大与脉冲输出级

1. 脉冲功率放大的作用

（1）根据逻辑开关发出的指令，使功率放大管按照 T1→T2→…→T6→T1…或 T6→T5→…T1→T6…的顺序导通，且导通 120°。

（2）将宽度为 60°的脉冲拓宽为 120°的宽脉冲。

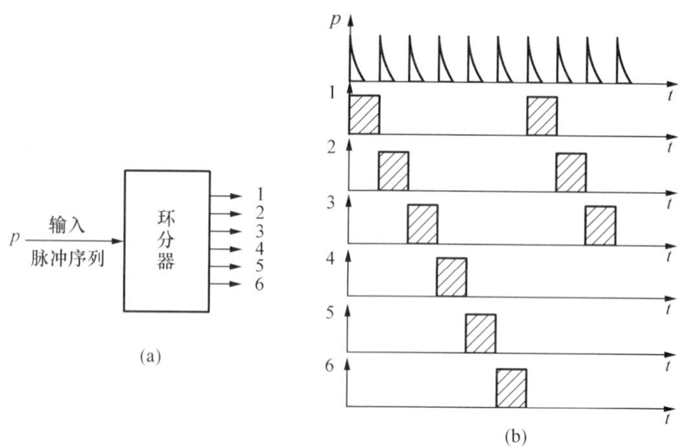

图 4-45　环形分配器的功能与波形

（a）环形分配器的功能；（b）环形分配器输出波形

（3）将环形分配器送来的脉冲进行功率放大。

图 4-46（a）为脉冲功率放大与脉冲输出级的功能原理图。图 4-46（b）为脉冲功率放大器的输出波形。

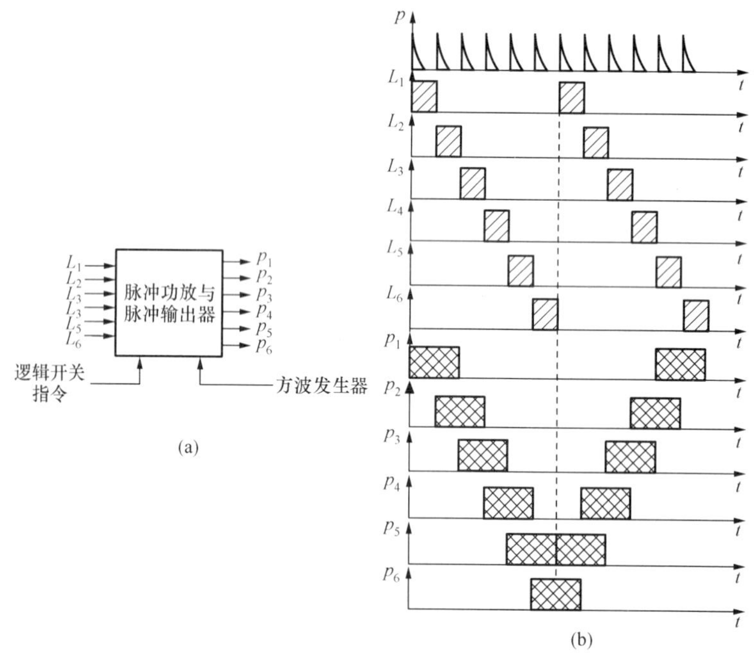

图 4-46　脉冲功率放大与输出级的功能原理图及脉冲功率放大器的输出波形

（a）脉冲功率放大与输出级功能原理图；（b）脉冲功率放大器的输出波形

2. 脉冲输出级的作用

（1）将脉冲功率放大器送来的宽脉冲调制成触发晶闸管所需的脉冲列（用方波发生器产生的脉冲进行脉冲列调制）。

（2）用脉冲变压器隔离输出级与晶闸管的门极。脉冲输出级的输出波形如图 4-47

所示。

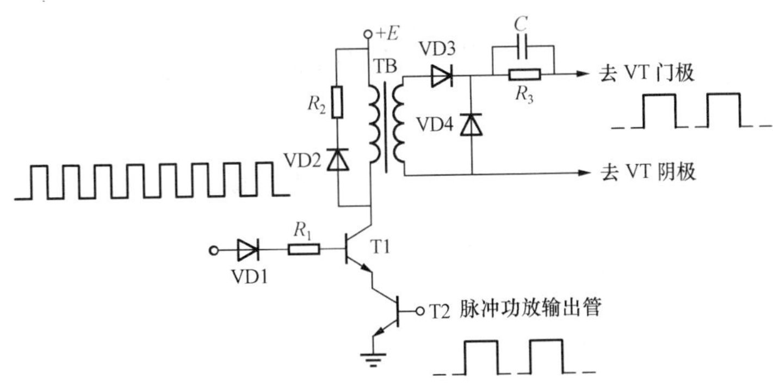

图 4-47 脉冲输出级输出波形

脉冲输出级包括方波发生器、功放与解调两个部分。当 T1、T2 管的基极均为高电平，在脉冲变压器 TB 的原边得到调制后的信号，解调后得到原信号。

（六）函数发生器

函数发生器其作用有两方面：①在 $f_{smin} \sim f_{sn}$的调频范围内，为确保恒转矩调速，将频率给定信号正比例转换为电压给定信号并在低频下将电压给定信号适当提升，进行低频电压补偿以达到 E_g/ω_s =常数；②在 f_{sn}以上，无论频率给定信号如何上升，电压给定信号保持不变，使输出电压 U_s 保持 U_{sn}不变。函数发生器的输入、输出关系如图 4-48 所示。

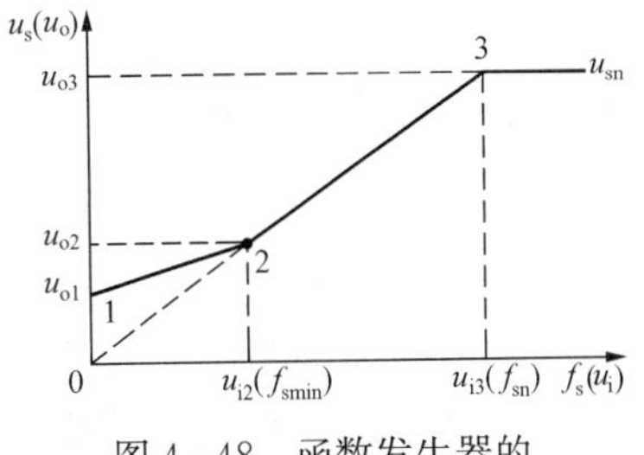

图 4-48 函数发生器的输入、输出关系

（七）逻辑开关

逻辑开关电路的作用是根据给定信号为正、负或零来控制电动机的正转、反转或停车。如给定信号为正，则控制脉冲输出级按正相序触发，电动机正转；如给定信号为负，则控制脉冲输出级按负相序触发，相应于电动机反转；如给定信号为零，则逻辑开关将脉冲输出级的正、负脉冲都封锁，使电动机停车。

二、晶闸管变频调速系统

（一）转速开环的电压型晶闸管变频调速系统

图 4-49 所示为由交—直—交电压型晶闸管变频器转速开环变频调速系统结构图。这是没有测速反馈的转速开环变频调速系统，其调速性能不如转速闭环系统，因此适用于调速要求不高的场合。

系统中电动机对变频器的控制要求如下：

（1）在额定频率 f_{sn}以下，对电动机进行恒转矩调速，即要求在变频调速过程中，在改变频率的同时改变供电电压，保证变频器以恒压频比 U_s/ω_s=常数控制电机。

（2）在额定频率 f_{sn}以上，对电动机进行近似恒功率调速，即要求变频器保持输出电压不变，只改变频率调速。

下面对转速开环的晶闸管变频调速系统组成进行说明。

该系统的控制分上、下两路，上路实现对晶闸管整流桥的变压控制，下路实现对晶闸管逆变桥的变频控制。

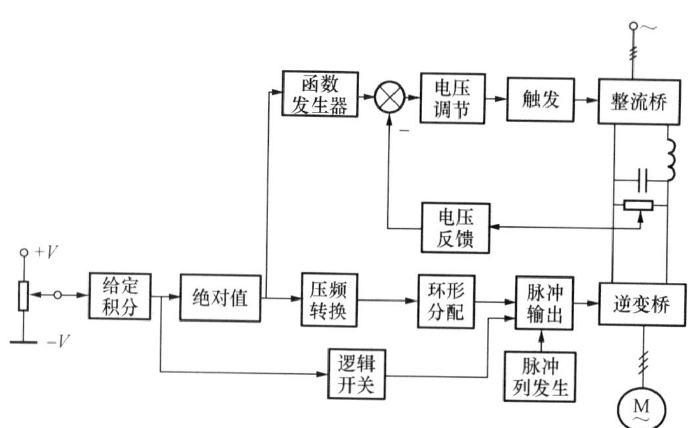

图 4-49　交—直—交电压型晶闸管变频器转速开环变频调速系统结构图

在图 4-49 的系统结构原理图中，主电路采用晶闸管交—直—交电压型变频器，控制电路有两个控制通道：上面是电压控制通道，采用电压单闭环控制可控整流器的输出直流电压；下面是频率控制通道，控制电压源型逆变器的输出频率。电压和频率控制采用同一控制信号（来自绝对值运算器），以保证二者之间的协调。由于转速控制是开环的，不能让阶跃的转速给定信号直接加到控制系统上，否则将产生很大的冲击电流。为了解决这个问题，设置了给定积分器将阶跃信号转变成合适的斜坡信号，从而使电压和转速都能平缓地升高或降低；此外，由于系统是可逆的，而电机的旋转方向只取决于变频电压的相序，并不需要在电压和频率的控制信号上反映极性，因此，在后面再设置绝对值运算器将给定积分器的输出变换成只输出其绝对值的信号。

电压控制环还可以采用电压、电流双闭环的控制结构。内环设电流调节器，以限制动态电流；外环设电压调节器，以控制变频器输出电压。电压—频率控制信号加到电压环以前，应补偿定子阻抗压降，以改善调速时（特别是低速时）的机械特性，提高带负载能力。

频率控制环节主要由压—频变换器、环形分配器和脉冲放大器三部分组成，将电压—频率控制信号转变成具有所需频率的脉冲列，再按 6 个脉冲一组依次分配给逆变器，分别触发桥臂上相应的 6 个晶闸管。

（二）转速开环的电流型晶闸管变频调速系统

交—直—交转速开环的电流型晶闸管变频调速开环系统结构原理图如图 4-50 所示。

与前面所述的电压型变频器调速系统的主要区别在于，主电路采用了大电感滤波的电流型逆变器。在控制系统上，两类系统结构基本相同，都是采用电压—频率协调控制。无论是电压型还是电流型变频调速系统，由于要用到电压—频率协调控制，因此都必须采用电压控制系统，只是电压反馈环节有所不同。电压型变频器直流电压的极性是不变的，而电流型变频器在回馈制动时直流电压要反向，因此后者的电压反馈不能从直流电压侧引出，而改从逆变器的输出端引出。

图 4-50 中所用各控制环节基本上与电压型变频器调速系统类似。图中电流型逆变器采用电压闭环，能使电机调速时保持恒磁通，但会引起系统不稳定。为了克服这种不稳定因素，在图 4-50 中增加了一个瞬态校正环节。

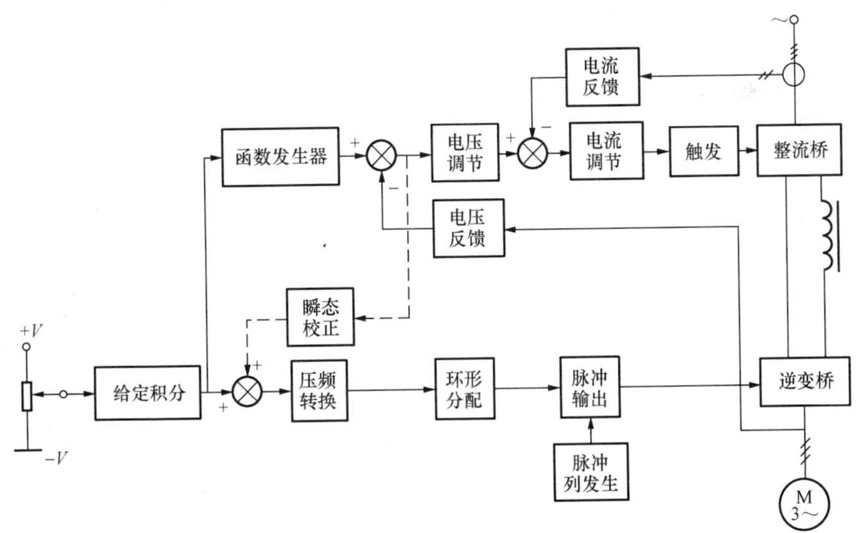

图 4-50　交—直—交电流型晶闸管变频器转速开环变频调速系统结构图

4.4.4　脉宽调制的异步电动机变频调速系统

晶闸管交—直—交变频器存在着下列问题：

（1）变压与变频需要两套可控的晶闸管变换器，开关元件多，控制线路复杂；

（2）晶闸管可控整流器在低频低压下功率因数低；

（3）逆变器输出的阶梯波形中交流谐波成分较大。

脉宽调制（Pulse Width Modulation，PWM）技术是指利用全控型电力电子器件的导通和关断把直流电压变成一定形状的电压脉冲序列，实现变压变频控制并且消除输出谐波的技术。

变频调速系统采用 PWM 技术不仅能够及时、准确地实现变压变频控制要求，而且更重要的意义是抑制逆变器输出电压或电流中的谐波分量，从而降低或消除了变频调速时电机的转矩脉动，提高了电机的工作效率，扩大了调速系统的调速范围。

目前，实际工程中主要采用的 PWM 技术是正弦 PWM（SPWM），这是因为采用这种技术的变频器输出的电压或电流波形接近于正弦波形。

SPWM 方案多种多样，归纳起来可分为电压正弦 PWM、电流正弦 PWM 和磁通正弦 PWM 等三种基本类型。其中电压正弦 PWM 和电流正弦 PWM 是从电源角度出发的 SPWM，磁通正弦 PWM（也称为电压空间矢量 PWM）是从电机角度出发的 SPWM 方法。

PWM 型变频器的主要特点是：

（1）主电路只有一个可控的功率环节，开关元件少，控制线路结构得以简化；

（2）整流侧使用了不可控整流器，电网功率因数与逆变器输出电压无关，基本上接近于 1；

（3）VVVF 在同一环节实现，与中间储能元件无关，变频器的动态响应加快；

（4）通过对 PWM 控制方式的控制，能有效地抑制或消除低次谐波，输出交流电压波形接近于正弦波形。

一、电压正弦脉宽调制的变频调速系统

（一）电压正弦脉宽调制原理

顾名思义，电压SPWM技术就是希望逆变器输出电压是正弦波形，它通过调节脉冲宽度来调节平均电压的大小。

电压正弦波脉宽调制法的基本思想是用与正弦波等效的一系列等幅不等宽的矩形脉冲波形来等效正弦波，如图4-51所示。具体是把一个正弦半波分作n等分［在图4-51（a）中$n=12$］，然后把每一等分正弦曲线与横轴所包围的面积都用一个与之面积相等的矩形脉冲来代替，矩形脉冲的幅值不变，各脉冲的中点与正弦波每一等分的中点相重合，如图4-51（b）所示。这样，由n个等幅不等宽的矩形脉冲所组成的波形就与正弦波的半周波形等效，称为SPWM波形。同样，正弦波的负半周也可用相同的方法与一系列负脉冲等效。这种正弦波正、负半周分别用正、负脉冲等效的SPWM波形称作单极式SPWM。

图4-51（b）所示的一系列等幅不等宽的矩形脉冲波形，就是所希望逆变器输出的SPWM波形。由于每个脉冲的幅值相等，所以逆变器可由恒定的直流电源供电，也就是说，这种交—直—交变频器中的整流器采用不可控的二极管整流器就可以了。当逆变器各功率开关器件都是在理想状态下工作时，驱动相应功率开关器件的信号也应为与图4-51（b）形状一致的一系列脉冲波形。

脉宽调制的方法是利用正弦波作为基准的调制波（Modulation Wave），受它调制的信号称为载波（Carrier Wave），在SPWM中常用等腰三角波当作载波。当调制波与载波相交时（见图4-52），由它们的交点确定逆变器开关器件的通断时刻。具体的做法是，当A相的调制波电压u_{ra}高于载波电压u_t时，使相应的开关器件VT1导通，输出正的脉冲电压，见图4-52（b）；当U_{ra}低于u_t时使VT1关断，输出电压为零。在u_{ra}的负半周中，可用类似的方法控制下桥臂的VT4，输出负的脉冲电压序列。改变调制波的频率时，输出电压基波的频率也随之改变；降低调制波的幅值时，如u'_{ra}，各段脉冲的宽度都将变窄，从而使输出电压基波的幅值也相应减小。

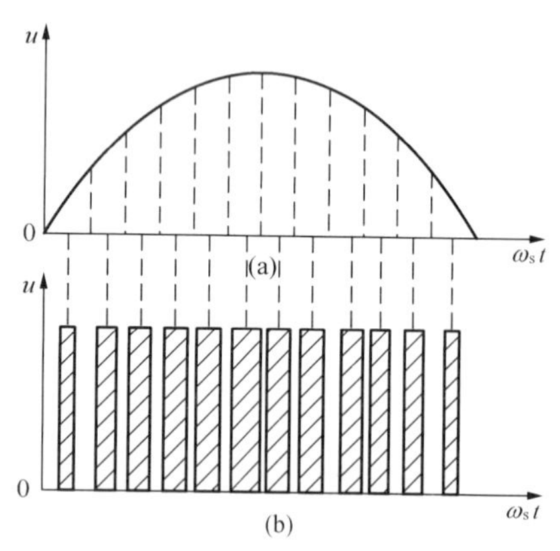

图4-51　与正弦波等效的等幅不等宽的矩形脉冲波形

（a）正弦波形；（b）等效的SPWM波形

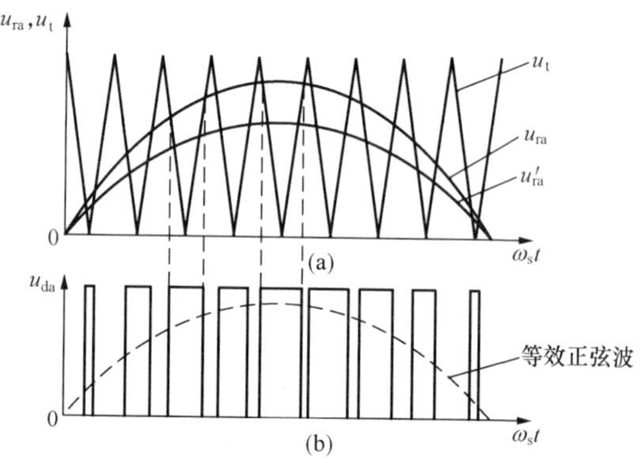

图4-52　单极式脉宽调制波的形成

（a）正弦调制波与三角载波；

（b）输出的SPWM波形

由于上述SPWM波形在半周内的脉冲电压只在“正”或“负”和“零”之间变化，主电路每相只有一个开关器件反复通断。这样的脉宽调制方法称为单极式调制。

如果让同一桥臂上、下两个开关器件交替地导通与关断，则输出脉冲在“正”和“负”之间变化，就得到双极式的 SPWM 波形。图 4-53 绘出了三相双极式的正弦脉宽调制波形，其调制方法和单极式相似，只是输出脉冲电压的极性不同。

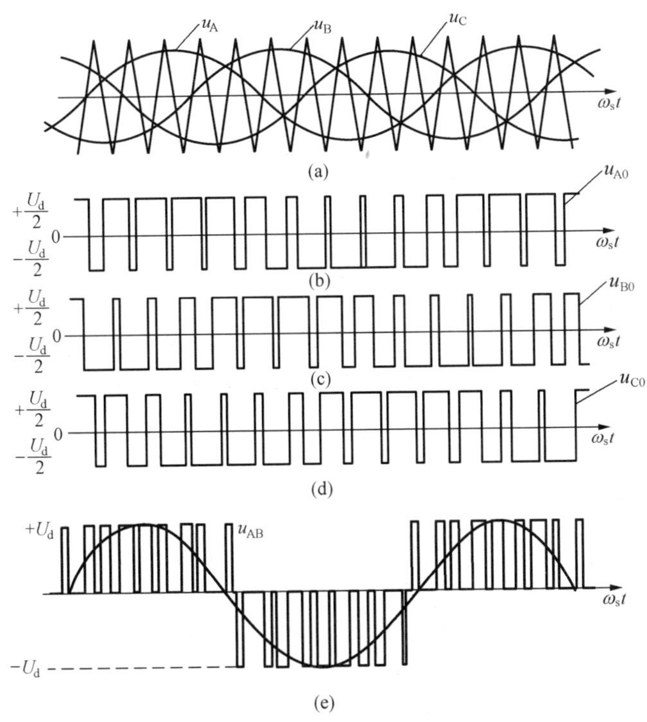

图 4-53　三相双极式 SPWM 波形

(a) 三相调制波与双极性三角载波；(b) $u_{A0}=f(t)$；(c) $u_{B0}=f(t)$；(d) $u_{C0}=f(t)$；(e) $u_{AB}=f(t)$

当 A 相调制波 $u_{rA}>u_t$ 时，VT1 导通，VT4 关断，使负载上得到的相电压为 $u_{A0}=+U_s/2$；当 $u_{rA}<u_t$ 时，VT1 关断而 VT4 导通，则 $u_{A0}=-U_d/2$。所以 A 相电压 $u_{A0}=f(t)$ 是以 $+U_d/2$ 和 $-U_d/2$ 为幅值作正、负跳变的脉冲波形。同理，图 4-53 (c) 的 $u_{B0}=f(t)$ 是由 VT3 和 VT6 交替导通得到的，图 4-53 (d) 的 $u_{C0}=f(t)$ 是由 VT5 和 VT2 交替导通得到的。由 u_{A0} 和 u_{B0} 相减可得逆变器输出的线电压波形 $u_{AB}=f(t)$，见图 4-53 (e)，其脉冲幅值为 $+U_d$ 和 $-U_d$。

双极性 SPWM 的与单极性 SPWM 方法一样，对输出交流电压的大小调节要靠改变调制波的幅值来实现，而对输出交流电压的频率调节则要靠改变调制波的频率来实现。

（二）SPWM 变频器的主电路

图 4-54 为 SPWM 变频器主电路的原理图。图中整个逆变器由三相不可控整流器供电，所提供的直流恒值电压为 U_d。为分析方便起见，认为异步电动机定子绕组 Y 连接，其中 0 点与整流器输出端滤波电容器的中性点 0′相连，因而当逆变器任一相导通时，电动机绕组上所获得的相电压为 $U_d/2$。

滤波电容器起着平波和中间储能的作用，提供电感性负载所需的无功功率。

VT1～VT6 是逆变器的 6 个全控型功率开关器件，它们各有一个续流二极管反并连接。

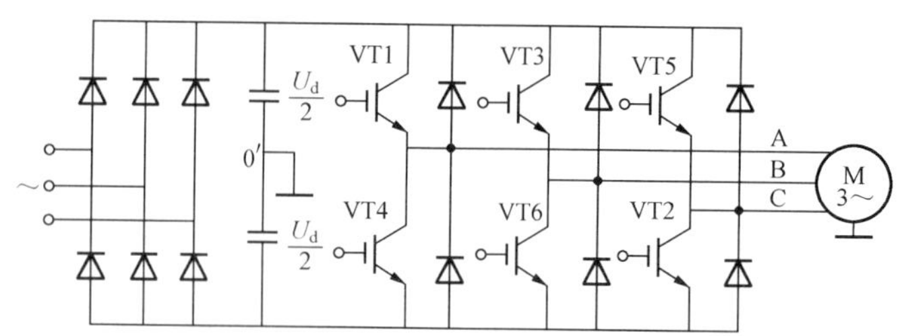

图 4-54　SPWM 变压变频器主电路原理图

VT1～VT6 工作于开关状态，其开关模式取决于供给基极的 PWM 控制信号，输出交流电压的幅值和频率通过控制开关脉宽和切换点时间来调节。VD1～VD6 用来提供续流回路。以 A 相负载为例：当 VT1 突然关断时，A 相负载电流靠 VD2 续流，而当 VT2 突然关断时，A 相负载电流又靠 VD1 续流，B、C 两相续流原理同上。由于整流电源是二极管整流器，能量不能向电网回馈，因此当电动机突然停车时，电机轴上的机械能将转化为电能通过VD1～VD6 的整流向电容充电，储存在滤波电容 C 中，造成直流电压 U_d 的升高，该电压称为泵升电压。必须设置泵升电压限制电路，如图 4-55 所示。

（三）电压型 SPWM 变频调速系统

电压型 SPWM 变频调速系统如图 4-55 所示。系统的主电路由不可控三相桥式整流器 UR、三相桥式 SPWM 逆变器 UI 和中间直流环节等三部分组成。对于电压型变频器而言，其中间直流环节采用大电容 C 进行滤波和中间储能。

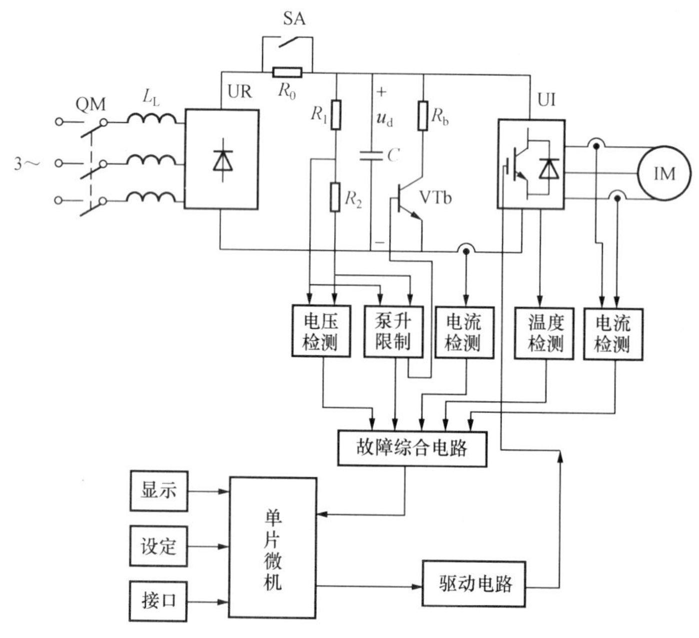

图 4-55　电压型 SPWM 变频调速系统结构图

二极管整流虽然是全波整流电路，但由于整流桥接滤波电容，只有当交流电压超过电容电压时，整流电路才进行充电（往往在交流电压的峰值处才进行充电）。交流电压小于电容电压时，电流为零，这将导致在电网上产生谐波。为了抑制谐波，通常在电网和变频器之间

加一个进线电抗器 L_L。

由于电容量很大，合闸突加电压时，电容器相当于短路，将产生很大的充电电流，损坏整流二极管。为了限制充电电流，采用限流电阻 R_0 和延时开关 SA 组成的预充电电路对电容 C 进行充电，电源合闸后，延时数秒，通过 R_0 对电容 C 进行充电。电容的电压升高到一定值后，闭合开关 SA 将限流电阻 R_0 短路，避免正常运行时的附加损耗。

由于二极管整流的电压型 SPWM 变频器不能再生制动，对于小容量的通用变频器一般都用电阻吸收制动能量。制动时，变频器整流桥处于整流，逆变器也处于整流状态，此时异步电动机进入发电状态，整流桥和逆变器都向电容 C 充电，当中间直流电压（称为泵升电压）升高到一定值时，通过开关器件 VTb 接通 R_b，将电动机的动能消耗于电阻 R_b 上。

二、电流正弦脉宽调制的变频调速系统

交流电机的控制性能主要取决于转矩或者电流的控制质量（在磁通恒定的条件下），为了满足电机控制的良好动态响应，经常采用电流正弦 PWM 技术。电流正弦 PWM 技术本质上是电流闭环控制，实现方法很多，主要有 PI 控制、滞环控制及无差拍预测控制等几种，都具有控制简单，动态响应快和电压利用率高的特点。

目前，实现电流控制的常用方法是 A • B • Plunkett 提出的电流滞环 SPWM，即把正弦电流参考波形和电流的实际波形通过滞环比较器进行比较，其结果决定逆变器桥臂上、下开关器件的导通和关断。这种方法的主要优点是控制简单、响应快、瞬时电流可以被限制，功率开关器件得到自动保护；主要缺点是相对的电流谐波较大。本节重点介绍电流滞环跟踪控制的 SPWM 技术及其控制系统。

电流滞环跟踪控制是一种非线性控制方法，电流滞环控制型逆变器一相（A 相）电流控制原理图如图 4 - 56（a）所示。正弦电流信号发生器的输出信号作为相电流给定信号，与实际的相电流信号相比较后送入电流滞环控制器。设滞环控制器的环宽为 2ε，t_0 时刻，$i_A^*-i_A\geqslant\varepsilon$，则滞环控制器输出正电平信号，驱动上桥臂功率开关器件 VT1 导通，使 i_A 增大。当 i_A 增大到与 i_A^* 相等时，虽然 $\Delta i_A=0$，但滞环控制器仍保持正电平输出，VT1 保持导通，i_A 继续增大，直到 t_1 时刻，$i_A=i_A^*+\varepsilon$，滞环控制器翻转，输出负电平信号，关断 VT_1，并经保护延时后驱动下桥臂器件 VT2。但此时 VT2 未必导通，因为电流 i_A 并未反向，而是通过续流二极管 VD2 维持原方向流通，其数值逐渐减小，直到 t_2 时刻，i_A 降到滞环偏差的下限值，又重新使 VT1 导通。VT1 与 VD2 的交替工作使逆变器输出电流与给定值的偏差保持在 $\pm\varepsilon$ 范围之内，在给定电流上下作锯齿状变化。当给定电流是正弦波时，输出电流也十分接近正弦波，如图 4 - 56（b）所示。与此类似，负半周波形是 VT2 与 VD1 交替工作形成的。

显然，滞环控制器的滞环宽度越窄，开关频率越高，可使定子电流波形更逼近给定基准电流波形，从而将有效地使电动机定子绕组获得电流源供电效果。

了解一相电流滞环控制型 SPWM 逆变器原理之后，便可以组成三相电流滞环控制型 SPWM 变频调速系统，如图 4 - 57 所示。

需要指出的是，电流滞环控制型对于给定的滞环宽度，其开关频率随着电动机运行状态的变化而变化。当开关频率超过功率器件的允许开关频率，将不利于功率器件的安全工作；当开关频率过低将会造成电流波形畸变，导致电流谐波成分加大。因此，最好能使逆变器的开关频率在一个周期内基本保持一定。

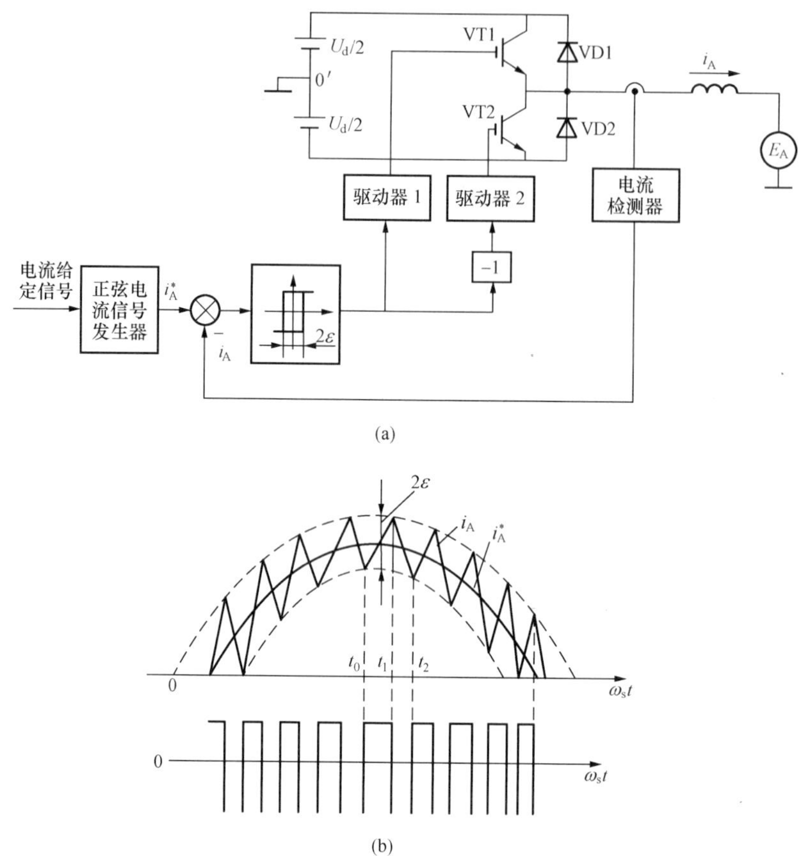

图 4-56　电流滞环控制逆变器一相电流控制原理图及波形图

（a）滞环电流跟踪型 PWM 逆变器一相原理图；

（b）滞环电流跟踪型 PWM 逆变器输出电流、电压波形图

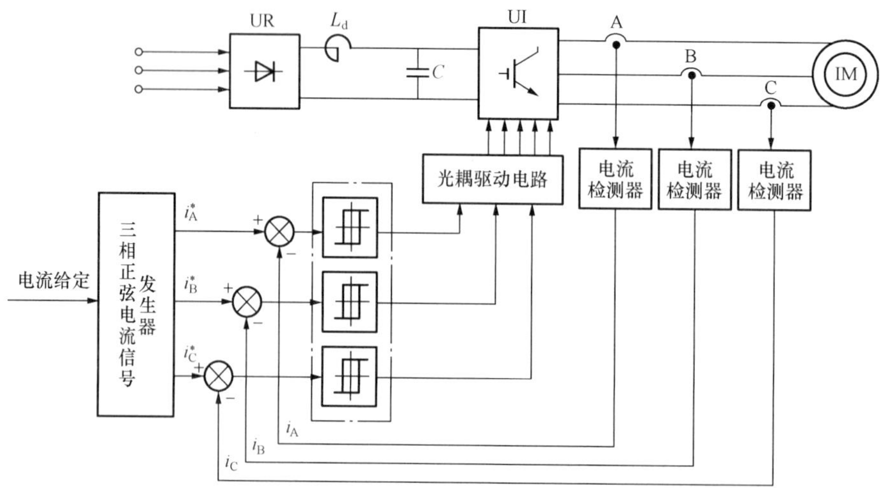

图 4-57　三相电流滞环控制型 SPWM 变频调速系统

4.5　交流调速系统的实例分析

一、交流异步电动机调压调速系统实例

下面介绍成套产品 KJF 系列双向晶闸管调压调速装置的技术指标和原理图。

1. 主要技术指标

(1) 控制对象：三相异步电动机、交流输入三相 50Hz，进线电压 380V。

(2) 装置功率：小于 40kW。

(3) 调速范围：5∶1 左右，对力矩电机可达 10∶1。

(4) 稳态准确度：稳态误差不大于 2.5%～5.5%。

(5) 控制电压：0～8V。

(6) 交流输出：交流三相电压连续可调。

该调压装置既能对异步电动机实现无级平滑调速，也能作为工业加热、灯光控制用的交流调压器。

2. 装置原理图

KJF 系列双向晶闸管调压调速装置的原理图如图 4-58 所示。

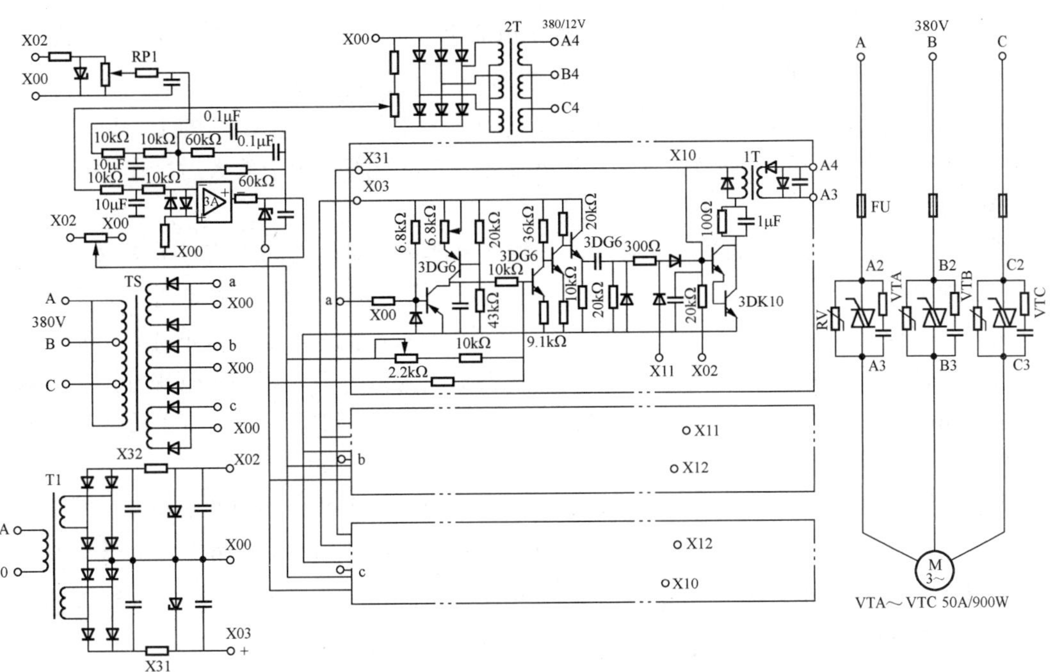

图 4-58　KJF 系列双向晶闸管调压调速系统原理图

(1) 主电路。本系统采用三只双向晶闸管，它具有体积小，控制极接线简单。A、B、C 为交流输入端，A3、B3、C3 为输出端，接电动机定子绕组。为了保护晶闸管，在晶闸管两端接有阻容吸收装置和压敏电阻。

(2) 控制电路。转速给定电位器 RP1 所给出的电压经运算放大器 3A 组成的转速调节器送入移相触发电路。3A 还可得到来自测速发电机的转速反馈信号或来自受电器端电压的电

压反馈信号，以构成闭环系统。

（3）移相触发器。双向晶闸管有四种触发方式，本系统中采用“Ⅰ”和“Ⅲ”方式，即要求在主电路电压正、负半波时都给出一个负脉冲，因为负脉冲触发所需要的门极电压和电流较小，可保证可靠触发。TS 是同步变压器，为保证晶闸管在正、负半波电压时都能被触发，且又有足够的移相范围，所以 TS 采用 Dy11 的接线方式。

移相触发器电路采用锯齿波同步方式。可产生双脉冲并有强触发脉冲电源（+40V）经 X31 送到脉冲变压器的初级侧。

二、单片机控制的串级调速系统实例

图 4-59 所示为一种用单片机控制的串级调速系统，该系统由主电路、单片机 8031 及接口电路等部分组成。其中主电路与前面介绍过的串级调速系统主电路完全相同。

下面主要介绍单片机和接口电路的组成及其工作原理。

在图 4-59 中，系统所用的单片机是 MCS-51 系列中的 8031，并扩展了 I/O 接口 8155、程序存储器 2716。单片机 8031 中的 P_0 口及 P_2 口用于片外扩展的程序存储器及 I/O 口的数据/地址总线。P_1 口用来接收故障检测输入信号。$P_{3.4}$、$P_{3.5}$ 与升、降速按钮 SB1、SB2 相接。8031 内设转速计数器，在运行中查询 $P_{3.4}$、$P_{3.5}$，得到触发器移相控制电压，再配合程序软件实现升、降速。

微机数字触发器的同步信号则是来自电源相电压 U_{CN}，经变压器 TI 降压、二极管整流及光电耦合之后，送给单片机 8031 的外部中断源 $\overline{INT_0}$，使每周期 U_{CN} 为零时产生一次外部中断，作为同步信号。单片机 8031 每周期发 6 对触发脉冲，经过 8155 的 PA 口、驱动器 7406、光电耦合器 4N25、晶体管 T1、脉冲变压器 TI 等隔离及功率放大后，作为逆变桥晶闸管的触发脉冲。

图 4-59 所示系统可对晶闸管不导通、三相电源严重不对称或同步信号丢失这三种故障状态进行检测。每当发出触发脉冲后，要检测相应的晶闸管是否已正常导通。即从晶闸管阳、阴极两端取出信号，此信号经光电耦合、施密特触发器整形后送给单片机 8031 的 P_1 口。若晶闸管导通，则管压降很小，施密特触发器输出为低电平；若晶闸管未导通，则施密特触发器输出为高电平。因此，在触发脉冲发出后，检测 P_1 口的状态，可以检测出晶闸管导通与否。

为了检测三相电源是否严重不对称，将三相电源通过三个数值相同的电阻接成星形。三相电源电压对称时，中性点电压 $U_{NN'}=0$，两个电压比较器 LM339 的输出均为低电平，外部中断源 $\overline{INT_1}$ 为高电平。当三相电源电压严重不对称时，$U_{NN'}\neq 0$，于是光电耦合器有输出，电压比较器输出翻转，使 $\overline{INT_1}=0$，8031 收到电源严重不对称信号。

为了检测同步信号是否丢失，可在单片机 8031 内设置一脉冲计数器。每当接收到同步信号后，发一个触发脉冲，计数器就加 1。由于在同步信号的一个周期之内只能发 6 个触发脉冲，因此，若计数器的计数值小于 6，则说明同步信号丢失。

当单片机 8031 一旦检测出晶闸管未导通，或三相电源严重不对称，或同步信号丢失的故障时，一方面单片机 8031 由程序软件将逆变角 β 推至最小逆变角 β_{min}，限制主回路电流；另一方面，由 8155 的 PA 口、驱动器 7406、光电耦合器 4N25、晶体管 T2 等输出保护信号，使继电器 K（图中未画出）通电动作，由该继电器触点控制有关接触器的通、断电，实现系统主电路从串级调速运行状态到绕线式异步电动机固有特性运行状态的切换。

图 4-59 所示系统的显示电路可实现对给定转速及故障的显示。其中，用 8155 的 PB 口及译码、驱动器 14513 及发光二极管 LED 实现字形的显示，用 8155 的 PC 口及驱动器 7406 控制 4 位 LED 显示器中每一位输出。

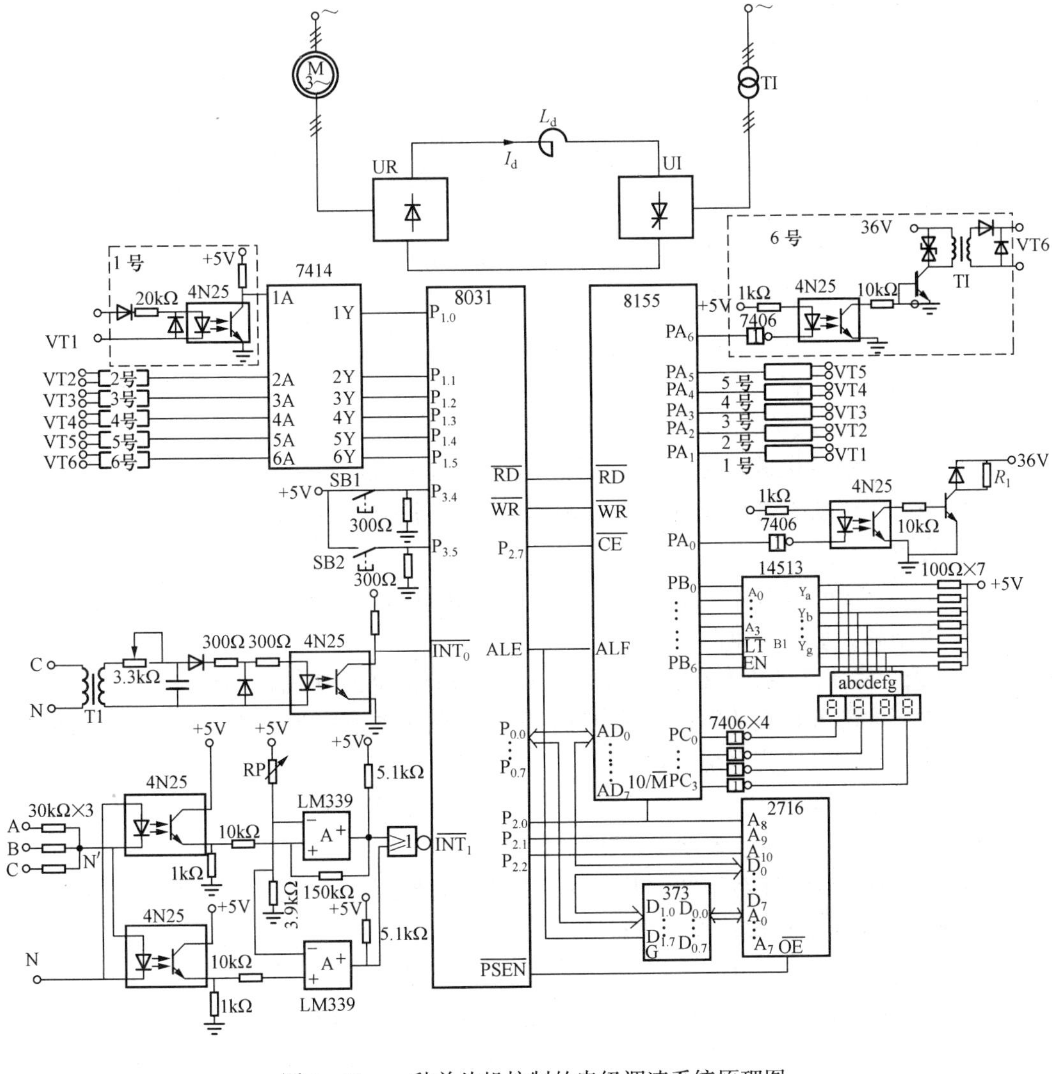

图 4-59　一种单片机控制的串级调速系统原理图

一、判断题（判断题正确标“T”，错误标“F”）

1. 交流调压调速系统中，对恒转矩负载来说，随着转速的降低，转差功率 sP_2 增大，效率升高。（　　）

2. 绕线式异步电动机串级调速属转差功率回馈型调速。（　　）

3. 电气串级调速系统具有恒转矩调速特性。（　　）

4. 异步电动机的变频调速属转差功率不变型调速，是各种调速方案中性能最好的一种方法。（ ）

5. 从电源的性质出发，可将静止式变频装置分为两类：电压源和电流源型变频装置。（ ）

二、单项选择题

1. 交流异步电动机调压调速系统中所用调压方法有三种，下列不属于这三种的是（ ）。

A. 自耦变压器调压　　B. 饱和电抗器调压

C. 晶闸管交流调压器调压　　D. 转子串电阻调压

2. 在（开环）交流调压调速系统中，采用高转子电阻异步电动机（力矩电机）时对系统性能的影响说法中错误的是（ ）。

A. 在恒转矩负载下，电动机的调压调速范围增大了

B. 电动机可在堵转力矩下工作而不被烧坏

C. 在低速运行时损耗增大，机械特性变硬

D. 机械特性变软，转速静差率变大了

3. 下列关于绕线式异步电动机次同步串级调速系统的说法中错误的是（ ）。

A. 串级调速的机械特性比绕线式异步电动机固有机械特性软

B. 串级调速系统通过逆变角进行调速时，其调速特性比他励直流电动机调压调速时硬

C. 串级调速的最大转矩比绕线式异步电动机固有机械特性的小

D. 效率高、功率因数低

4. 下列关于绕线式异步电动机次同步串级调速系统的说法中错误的是（ ）。

A. 由于大部分转差功率被送回电网，使串级调速系统从电网输入的总有功功率并不多，故串级调速系统的效率很高

B. 系统容量越大，电动机越接近满载，各项损耗相对越小，系统总效率也越高

C. 斩波式串级调速系统功率因数较低

D. 晶闸管串级调速系统的主要缺点是总功率因数低

5. 串级调速系统的机械特性比固有特性（ ）。

A. 软　　B. 硬　　C. 一样

6. 在VVVF调速系统中，基频以下调频时须同时调节定子电源的（ ）。

A. 电压　　B. 电流　　C. 转矩

7. 按照不同的控制方式，间接变频器又有三种情况。下列说法中错误的是（ ）。

A. 用可控整流器调压、逆变器调频的交—直—交变压变频器

B. 用不可控整流器整流、斩波器调压、再用逆变器调频的交—直—交变压变频器

C. 用可控整流器整流、脉宽调制（PWM）逆变器同时调压调频的交—直—交变压变频器

D. 用两组反并联的晶闸管可逆变流器组成的交—交变压变频器

8. 对于PWM型变频器的主要特点的下列说法中错误的是（ ）。

A. 主电路只有一个可控的功率环节，开关元件少，控制线路结构得以简化

B. 整流侧使用了可控整流器，电网功率因数与逆变器输出电压无关，基本上接近

于1

C. VVVF在同一环节实现，与中间储能元件无关，变频器的动态响应加快

D. 通过对PWM控制方式的控制，能有效地抑制或消除低次谐波，实现接近正弦形的输出交流电压波形

9. SPWM方案多种多样，归纳起来可分为以下三种，其中说法中错误的是（　　）。

A. 电压正弦PWM　　B. 电流正弦PWM

C. 磁通正弦PWM　　D. 功率正弦PWM

10. 在VVVF调速系统中，基频以下调频时须同时调节定子电源的（　　）。

A. 电压　　B. 电流　　C. 转矩

11. 下列关于交流异步电动机变频调速系统的说法中错误的是（　　）。

A. 将直流电能变换成交流电能供给负载的过程称为有源逆变

B. 基频以上变频调速属于弱磁恒功率调速

C. 在恒E_g/ω_s条件下改变频率时，机械特性基本上是平行移动的

D. 恒E_g/ω_s控制的机械特性就是恒压频比控制中补偿定子阻抗压降特性所追求的目标

12. 关于交—直—交电压源型和电流源型变频器在性能上的差异的说法中错误的是(　　)。

A. 电压源型变频器用电容元件来储存无功能量；电流源型变频器用电感元件来储存无功能量

B. 由电流源型变频器构成的变频调速系统易实现回馈制动

C. 电压源型变频器比电流源型变频器的调速动态响应快

D. 电流源型变频器比电压源型变频器的调速动态响应快

三、填空题

1. 有下列形式的交流电动机调速系统：①交流调压调速系统；②绕线式异步电动机串电阻调速系统；③绕线式异步电动机串级调速系统；④变频调速系统。其中属于转差功率消耗型的系统是（　　）；属于转差功率回馈型的系统是（　　）；属于转差功率不变型的系统是（　　）。

2. 晶闸管串级调速系统的功率因数（　　）、效率（　　）。

3. 在VVVF调速系统中，当基频以上调频时，应保持（　　）不变。

4. 180°导电型逆变器输出的三相电压，相位上互差（　　）°，线电压是相电压的（　　）倍。

5. 采用二极管整流的电压型交直交变频器，为了(　　)在电网和变频器之间加了进线电抗器；在制动时，常采用(　　)。

四、问答题

1. 根据交流电动机的转速方程，说明目前交流调速主要有哪些方法。各有什么特点。

2. 异步电动机从定子输入转子的电磁功率中，有一部分是与转差成正比的转差功率，根据对其处理方式的不同，可把交流调速系统分成哪几类？举例说明。

3. 交流调压调速系统的开环机械特性通常不能满足调速要求，要想获得实际应用，必须具备哪两个条件？

4. 交流电动机调压调速时，电机为什么不能长期运行于低速状态？通常用什么方法来加以改善？

5. 简述绕线式异步电动机的串级调速原理。

6. 绕线式异步电动机转子所接整流电路的工作特点是什么？

7. 与不带串级调速系统的绕线式异步电动机机械特性相比较，串级调速系统的机械特性的特点是什么？

8. 试画出双闭环串级调速系统的动态结构图。

9. 试定性比较晶闸管串级调速系统与转子串电阻调速系统的总效率。

10. 试分析次同步串级调速系统总功率因数低的主要原因，并指出提高系统总功率因数的主要方法。

11. 画出晶闸管串级调速系统主回路框图，并在图上标出各部分的名称、有功功率和无功功率的传递方向，进而分析晶闸管串级调速系统为什么效率 $\eta\%$高而功率因数 $\cos\varphi$ 低。

12. 变频调速有三种基本控制方式，在额定频率以下的变频控制方式是哪两种？在额定频率以上的变频方式是哪种？

13. 在基频以下变频调速系统中，是否保持 Φ_m 为常数？在低速空载（低频）时采用何种办法解决了什么问题？画出其控制特性曲线。

14. 分析电压型 GTR - SPWM 异步电动机变频调速系统中，直流电路部分的开关 SA 和电阻 R_0 的并联支路所起的作用。

15. 回答在电流正弦脉宽调制变频调速系统中，滞环控制器的滞环宽度与功率器件开关频率之间的关系。

16. 分析电压型 GTR - SPWM 异步电动机变频调速系统中，直流电路部分的三极管 VTb 和电阻 R_b 的串联支路所起的作用。

17. 分析晶闸管组成的交直交电压型变频器与交直交电流型变频器（在中间环节的储能、调速性能上）的各自特点。

18. 试述交—交变频器与交—直—交变频器各自的特点。

19. 如何控制交—交变频器的正、反组晶闸管，以获得按正弦规律变化的平均电压？

5　矢量控制的高性能异步电动机变频调速系统

本章阐述了异步电动机矢量控制的基本概念，分析了矢量控制的原理及矢量坐标变换的方法，重点讨论了异步电动机的动态数学模型，利用矢量坐标变换将异步电动机模拟成直流电动机进行电磁转矩控制，实现了异步电动机的高性能转速控制。本章还介绍了异步电动机的转子磁链观测和无转速传感器技术，讨论了典型的异步电动机矢量控制系统。

5.1　矢量控制的基本原理

5.1.1　直流电动机和异步电动机的电磁转矩

任何电力拖动系统都服从基本运动方程式

$$T_e - T_L = \frac{GD^2}{375}\frac{dn}{dt} \tag{5-1}$$

式中：T_e 为电动机的电磁转矩；T_L 为负载转矩；$\frac{GD^2}{375}$为转动惯量；n 为电动机的转速。

由式（5-1）可以知道，如果能快速准确地控制电磁转矩 T_e，那么调速系统就具有较高的动态性能，因此，调速系统性能好坏的关键是对电磁转矩的有效控制。

众所周知，晶闸管供电的转速电流双闭环直流调速系统具有优良的稳、动态调速特性，其根本原因在于作为被控对象的他励直流电动机的电磁转矩可以灵活地进行控制，因为直流电动机电磁转矩中的两个控制量磁通 Φ_m 和电枢电流 I_d 在空间位置上相互正交，Φ_m 和 I_d 之间相互独立无耦合，可分别进行控制。

而交流异步电动机的电磁转矩为 $T_e = K_m \Phi_m I_2 \cos\varphi_2$，可见其与磁通 Φ_m、转子电流 I_2、转子功率因数 $\cos\varphi_2$ 有关；磁通由定、转子磁动势共同产生；另外，磁通、转子电流、转子功率因数都是转差率 s 的函数，它们相互耦合，互不独立。因此，要想在动态中准确地控制异步电动机的电磁转矩显然是比较困难的。

那么交流电动机是否可以模仿直流电动机的转矩控制规律而加以控制呢？1971 年德国学者 Blaschke 等人提出的矢量变换控制原理实现了这种控制思想。矢量变换控制有效解决了交流电动机电磁转矩的控制，像直流调速系统一样，实现了交流电动机磁通和转矩的独立控制，从而使交流电动机变频调速系统具备了直流调速系统的优点。

5.1.2　矢量控制的基本原理

当在交流异步电动机定子三相对称绕组中，通入对称的三相正弦交流电 i_A、i_B、i_C 时，则产生旋转磁动势，并由它建立相应的旋转磁场 Φ_{ABC}，如图 5-1（a）所示，磁场的旋转角转速等于定子电流的角频率 ω_s。然而，产生旋转磁场不一定非要三相绕组，除单相外任意的多相对称绕组，通入多相对称正弦电流，都能产生圆形旋转磁场。图 5-1（b）所示的具有位置互差 90°的两相定子绕组 α、β 异步电动机，当通入两相对称正弦电流 i_α、i_β 时，也能产生旋转磁场 $\Phi_{\alpha\beta}$。如果这个旋转磁场的大小，转速及转向与图 5-1（a）所示三相绕组所产生的旋转磁场完全相同，则可认为图5-1（a）和图5-1（b）所示的两套交流绕组等效。由此可知，处于三相静止坐标系上的三相对称静止交流绕组，可以等效为两相静止直角坐标系上的两相对称静止交流绕组；三相交流绕组中的三相对称正弦交流电流 i_A、i_B、i_C 与两相对称正弦交流电流 i_α、i_β 之间必存在着确定的变换关系，即

$$\left.\begin{aligned} \boldsymbol{i}_{\alpha\beta} &= \boldsymbol{C}_{3S/2S}\boldsymbol{i}_{ABC} \\ \boldsymbol{i}_{ABC} &= \boldsymbol{C}_{3S/2S}^{-1}\boldsymbol{i}_{\alpha\beta} = \boldsymbol{C}_{2S/3S}\boldsymbol{i}_{\alpha\beta} \end{aligned}\right\} \tag{5-2}$$

式（5-2）为矩阵方程，其中 $\boldsymbol{C}_{3S/2S}$ 和 $\boldsymbol{C}_{2S/3S}$ 为变换矩阵。

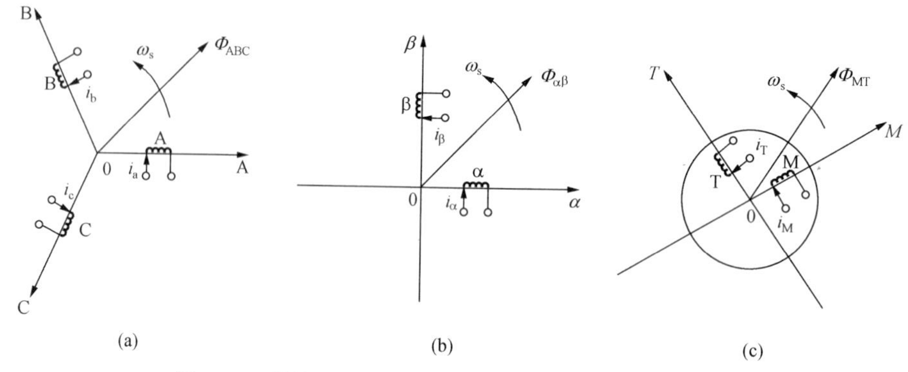

图5-1 等效的交流电机绕组和直流电机绕组物理模型

（a）三相交流绕组；（b）两相交流绕组；（c）旋转的直流绕组

由直流电动机的结构可知，直流励磁绕组是空间上固定的直流绕组，而电枢绕组是空间上旋转的绕组，虽然电枢绕组本身在旋转，但是由于换向器的作用，电枢磁势 F_a 在空间上却有固定的方向。这样从磁效应的意义上来说，可以把直流电机的电枢绕组当成在空间上固定的直流绕组。因而直流电机的励磁绕组和电枢绕组就可以用图5-1（c）所示的两个在空间位置上互差90°的直流绕组M和T来等效。M绕组是等效的励磁绕组，T绕组是等效的电枢绕组。M绕组中的直流电流 i_M 被称为励磁电流分量，T绕组中的直流电流 i_T 称为转矩电流分量。

设 Φ_{MT} 为M绕组和T绕组分别通入直流电流 i_M 和 i_T 时产生的合成磁通，且在空间固定不动。如果人为地使这两个绕组旋转起来，则 Φ_{MT} 也自然地随着旋转。当观察者站在以同步转速旋转的M—T绕组上与其一起旋转时，在他看来，仍是两个通入直流电流的固定绕组。若使 Φ_{MT} 的大小、转速和转向与图5-1（b）相同，则两相 α—β 交流绕组所产生的旋转磁场 $\Phi_{\alpha\beta}$ 与二相M—T直流绕组等效。又因为两相 α—β 交流绕组所产生的旋转磁场 $\Phi_{\alpha\beta}$ 与三相A—B—C交流绕组产生的旋转磁场 Φ_{ABC} 相同，则旋转的M—T直流绕组与A—B—C交流绕组等效。显而易见，使固定的M—T绕组旋转起来，只不过是一种物理概念上的假设。然而，这种旋转的实现，可以通过矢量坐标变换方法来完成。在旋转磁场等效的原则下，α—β 交流绕组可等效为M—T直流绕组，这时 α—β 交流绕组中的交流电流 i_α、i_β 与M—T直流电流 i_M、i_T 之间存在着确定的变换关系，即

$$\left.\begin{aligned} \boldsymbol{i}_{MT} &= \boldsymbol{C}_{2S/2R}\boldsymbol{i}_{\alpha\beta} \\ \boldsymbol{i}_{\alpha\beta} &= \boldsymbol{C}_{2S/2R}^{-1}\boldsymbol{i}_{MT} = \boldsymbol{C}_{2R/2S}\boldsymbol{i}_{MT} \end{aligned}\right\} \tag{5-3}$$

式（5-3）为矩阵方程，其中 $\boldsymbol{C}_{2S/2R}$ 和 $\boldsymbol{C}_{2R/2S}$ 为变换矩阵。

式（5-3）的物理含义是表示一种旋转变换关系，或者说，对于相同的旋转磁场而言，如果 α—β 交流绕组中的电流 i_α、i_β 与 M—T 直流绕组中的电流 i_M、i_T 存在着式（5-3）的变换关系，则 α—β 交流绕组与 M—T 直流绕组完全等效。

由于 α—β 两相交流绕组又与 A—B—C 三相交流绕组等效，所以，M—T 直流绕组与 A—B—C 交流绕组等效，即有

$$\boldsymbol{i}_{MT}=\boldsymbol{C}_{2S/2R}\boldsymbol{i}_{\alpha\beta}=\boldsymbol{C}_{3S/2R}\boldsymbol{i}_{ABC}$$

由上式可知，M—T 直流绕组中的电流 i_M、i_T 与三相电流 i_A、i_B、i_C 之间存在着确定关系，因此通过控制 i_M、i_T 就可以实现对 i_A、i_B、i_C 的控制。

实际系统是在交流电动机的外部，把定子电流的励磁分量 i_M、转矩分量 i_T 作为给定控制量，记为 i_M^*、i_T^*；通过矢量旋转变换得到两相交流控制量 i_α、i_β，记为 i_α^*、i_β^*；然后通过两相—三相矢量变换（2S/3S）得到三相电流的控制量 i_A、i_B、i_C，记为 i_A^*、i_B^*、i_C^*，再用其来控制三相交流异步电动机的运行，从而实现交流电动机电磁转矩的控制。

上述矢量变换控制的基本思想和控制过程可用图 5-2 框图来表达。

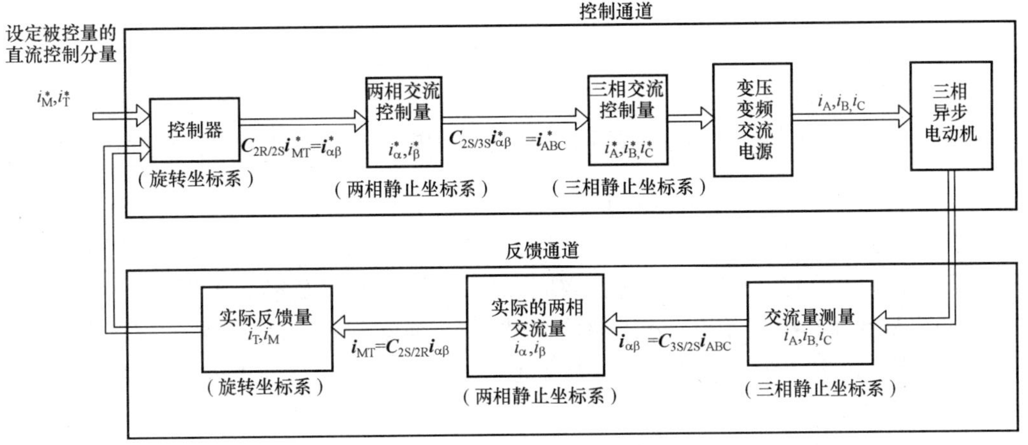

图 5-2 矢量变换控制过程框图

如果需要实现转矩电流分量、励磁电流分量的闭环控制，则要测量交流量，然后通过矢量坐标变换计算实际的 i_M、i_T，用其作为反馈控制量，其过程如图 5-2 所示的反馈通道。

5.2 矢量坐标变换及变换矩阵

矢量控制是通过矢量坐标变换将交流电动机的转矩控制与直流电动机的转矩控制统一起来的。可见，矢量坐标变换是实现矢量控制的关键。本节从确定交流电动机坐标系入手，讨论矢量坐标变换原理及实现方法。

一、交流电动机的坐标系

1. 定子坐标系（A—B—C 和 α—β 坐标系）

交流电动机的定子三相绕组分别为 A、B、C，彼此相差 120°，构成一个 A—B—C 三相坐标系，如图 5-3 所示。矢量 $\boldsymbol{X}$ 在三个坐标轴上的投影分别为 X_A、X_B、X_C，代表了该

矢量在三个坐标轴上的分量，如果 $\boldsymbol{X}$ 是定子电流矢量，则 X_A、X_B、X_C 分别表示三个绕组中的定子电流分量。

由于平面矢量可用两相直角坐标系来描述，所以在定子坐标系中可定义一个 $\alpha—\beta$ 两相直角坐标系，它的 α 轴与 A 轴重合，β 轴超前 α 轴 90°，也绘于图 5-3 中，X_α、X_β 为矢量 $\boldsymbol{X}$ 在 $\alpha—\beta$ 坐标轴上的分量。

因为 α 轴和 A 轴固定在定子 A 相绕组的轴线上，所以这两个坐标系在空间固定不动，称为静止坐标系。

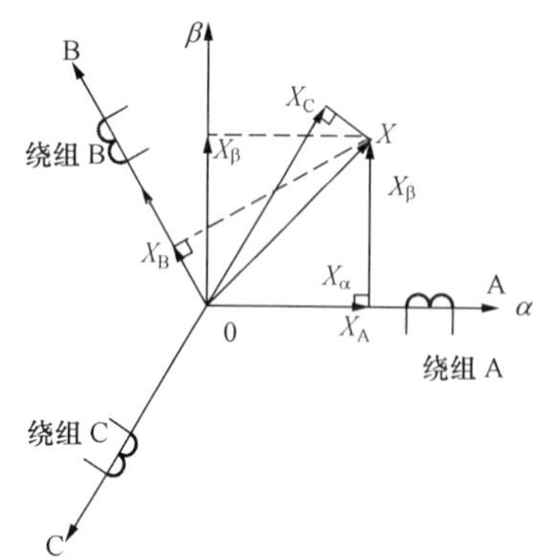

图 5-3 异步电动机定子坐标系

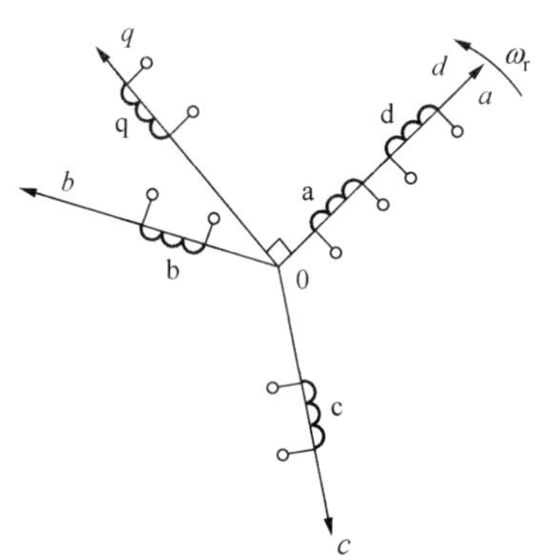

图 5-4 异步电动机转子坐标系

2. 转子坐标系（$a—b—c$ 和 $d—q$ 坐标系）

转子三相绕组分别为 a、b、c，彼此相差 120°，构成一个 $a—b—c$ 转子三相坐标系。转子坐标系固定在转子上，和转子一起在空间以转子角转速 ω_r 旋转，如图 5-4 所示。转子 $d—q$ 直角坐标系也位于转子上，q 轴超前 d 轴 90°，通常称 $d—q$ 坐标系为旋转坐标系。在异步电动机中，可定义转子上任一轴线为 d 轴（不固定），因而有不同的定向方式。

3. 同步旋转坐标系（$M—T$ 坐标系）

同步旋转坐标系的 M 轴固定在磁链矢量上，T 轴超前 M 轴 90°，该坐标系和磁链矢量一起在空间以同步角转速 ω_s 旋转。各坐标轴之间的夹角如图 5-5 所示。图中，ω_s 为同步角转速；ω_r 为转子角转速；φ_s 为磁链（磁通）同步角，它是从定子轴 α 到磁链轴 M 的夹角；φ_L 为负载角，是从转子 d 轴到磁链轴 M 的夹角；λ 为转子位置角，其中 $\varphi_s = \varphi_L + \lambda$。

二、矢量坐标变换

异步电动机的坐标变换主要有三种，即三相静止坐标系变换到两相静止坐标系，或两相静止坐标系变换到三相静止坐标系；由两相静止坐标系变到两相旋转坐标系，或者由两相旋转坐标系变换到两相静止坐标系；由直角坐标系到极坐标系的相互变换。

确定电流变换矩阵时，应遵守变换前后所产生的旋转磁场等效的原则。确定电压变换矩阵和阻抗变换矩阵，应遵守变换前后电动机功率不变的原则。

1. 定子绕组轴系的变换（$A—B—C$ 和 $\alpha—\beta$ 坐标系间的变换）

图 5-6 表示异步电动机的定子三相绕组 A、B、C 和与之等效的异步电动机两相定子绕组 α、β 各相磁动势矢量的空间位置。为了方便起见，令三相绕组的 A 轴与两相绕组的 α 轴重合。

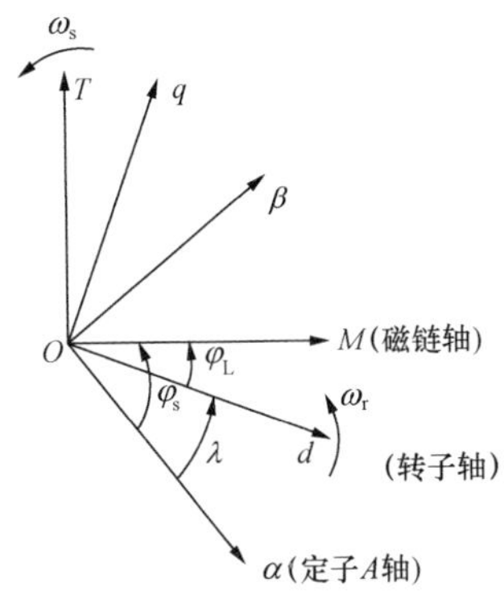

图 5-5　各坐标轴的位置图

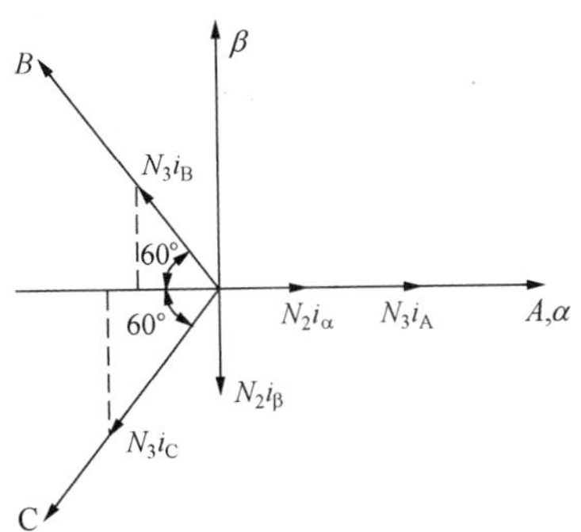

图 5-6　三相定子绕组和两相定子绕组磁动势的空间矢量位置

假设磁动势波形是正弦分布或只计其基波分量，当二者的旋转磁场等效时，合成磁动势沿相同轴向的分量必定相等，即三相绕组和两相绕组的瞬时磁动势沿 α、β 轴的投影相等，有

$$\boldsymbol{F}_\alpha=\boldsymbol{F}_A-\boldsymbol{F}_B\cos60^\circ-\boldsymbol{F}_C\cos60^\circ=\boldsymbol{F}_A-\frac{1}{2}\boldsymbol{F}_B-\frac{1}{2}\boldsymbol{F}_C$$

$$\boldsymbol{F}_\beta=\boldsymbol{F}_B\sin60^\circ-\boldsymbol{F}_C\sin60^\circ=\frac{\sqrt{3}}{2}\boldsymbol{F}_B-\frac{\sqrt{3}}{2}\boldsymbol{F}_C$$

因为各相磁动势均为有效匝数与其瞬时电流的乘积。设三相系统每相绕组的有效匝数为 N_3，两相系统每相绕组的有效匝数为 N_2，则有

$$N_2i_\alpha=N_3\left(i_A-\frac{1}{2}i_B-\frac{1}{2}i_C\right)$$

$$N_2i_\beta=N_3\left(\frac{\sqrt{3}}{2}i_B-\frac{\sqrt{3}}{2}i_C\right)$$

可以证明，为了保持变换前后功率不变，变换后的两相绕组每相有效匝数 N_2 应为原三相绕组每相有效匝数 N_3 的$\sqrt{\frac{3}{2}}$倍。由此可得到：

三相电流变换为两相电流（3S/2S）的关系为

$$\boldsymbol{C}_{3S/2S}=\sqrt{\frac{2}{3}}\times\begin{bmatrix}1 & -\frac{1}{2} & -\frac{1}{2}\\ 0 & \frac{\sqrt{3}}{2} & -\frac{\sqrt{3}}{2}\end{bmatrix}$$

而两相电流变换为三相电流（2S/3S）的关系为

$$\boldsymbol{C}_{2S/3S}=\sqrt{\frac{2}{3}}\times\begin{bmatrix}1 & 0\\ -\frac{1}{2} & \frac{\sqrt{3}}{2}\\ -\frac{1}{2} & -\frac{\sqrt{3}}{2}\end{bmatrix}$$

当定子三相绕组为星形接法时，有 $i_A+i_B+i_C=0$，或 $i_C=-i_A-i_B$，则有

$$i_\alpha=\sqrt{\frac{3}{2}}i_A,\ i_\beta=\sqrt{\frac{1}{2}}i_A+\sqrt{2}i_B \tag{5-4}$$

写成矩阵形式得到三相/两相变换式为

$$\begin{bmatrix}i_\alpha\\ i_\beta\end{bmatrix}=\begin{bmatrix}\sqrt{\frac{3}{2}} & 0\\ \frac{1}{\sqrt{2}} & \sqrt{2}\end{bmatrix}\begin{bmatrix}i_A\\ i_B\end{bmatrix} \tag{5-5}$$

将上式逆变换可得到两相/三相变换式为

$$\begin{bmatrix}i_A\\ i_B\end{bmatrix}=\begin{bmatrix}\sqrt{\frac{2}{3}} & 0\\ -\frac{1}{\sqrt{6}} & \frac{1}{\sqrt{2}}\end{bmatrix}\begin{bmatrix}i_\alpha\\ i_\beta\end{bmatrix} \tag{5-6}$$

按式（5-5）和式（5-6）实现三相/两相和两相/三相的变换要简单得多。图 5-7 表示按式（5-5）构成的三相/两相（3S/2S）变换器模型结构图。由此可知，在三相系统中，只需检测两相电流即可。

3S/2S 变换器、2S/3S 变换器图形符号如图 5-8 所示。

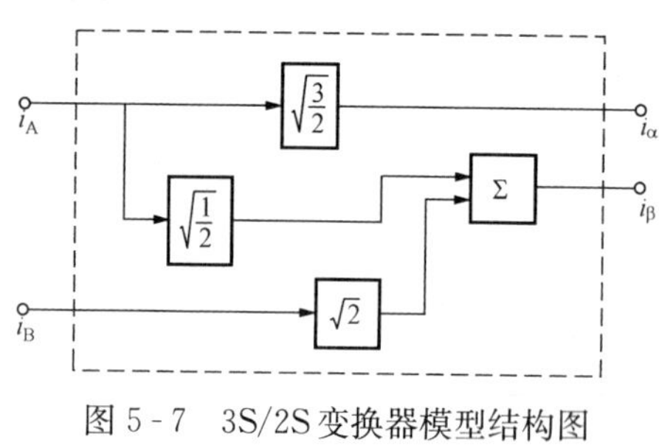

图 5-7 3S/2S 变换器模型结构图

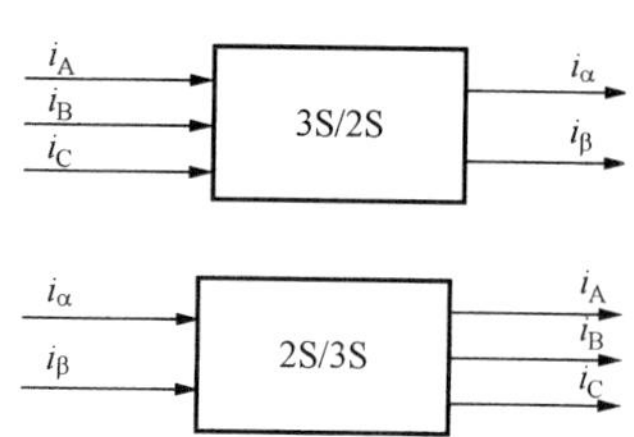

图 5-8 3S/2S 变换器和 2S/3S 变换器的图形符号

根据变换前后功率不变的约束原则，对于电压及阻抗的变换矩阵均可由电流变换矩阵求出，这里不再赘述。

2. 转子绕组轴系的变换（a—b—c 和 d—q 坐标系间的变换）

图 5-9（a）为一个对称的异步电动机三相转子绕组。图中 $\Delta\omega_r$ 为转差角频率。不管是绕线式转子还是笼型转子，这个绕组被看成是经频率和绕组折算后，归算到定子侧的，即将转子绕组的频率、相数、每相有效串联匝数及绕组系数都归算成和定子绕组一样。归算的原则是，归算前后电动机内部的电磁效应和功率平衡关系保持不变。

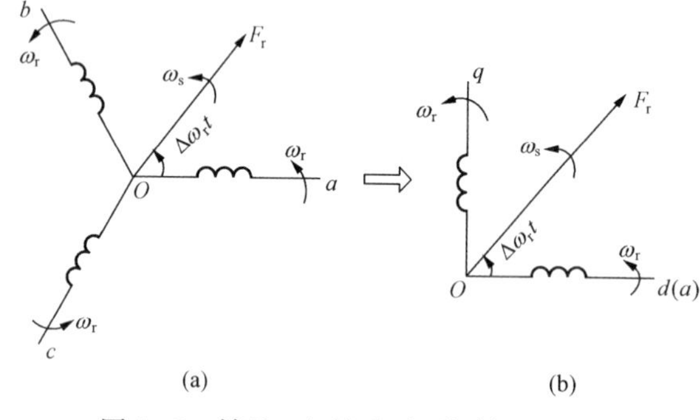

图 5-9 转子三相轴系到两相轴系的变换
（a）转子三相轴系；（b）转子两相轴系

在转子对称多相绕组中，通入对称多相交流正弦电流时，生成转子磁动势 $\boldsymbol{F}_r$，由电机学知识可知，转子磁动势与定子磁动势具有相同的转速、转向。

同样，根据旋转磁场等效原则及功率不变原则，与定子绕组一样，可将转子三相轴系变换到两相轴系。具体做法是，将等效的两相电动机的两相转子绕组 d、q 相序和三相电动机的三相转子绕组 a、b、c 相序取为一致，且使 d 轴与 a 轴重合，如图 5-9（b）所示；然后，直接使用定子三相/两相轴系的变换矩阵式进行变换。

需要指出的是，转子三相轴系和变换后得到的两相轴系，相对于转子实体都是静止的，但是，相对于静止的定子三相轴系及两相轴系而言，却是以转子角频率 ω_r 旋转的。因此和定子部分的变换不同，它是三相旋转轴系（a—b—c）变换到两相旋转轴系（d—q）的变换。

3. 矢量旋转变换（Vector Rotator）

所谓矢量旋转变换就是交流两相 α、β 绕组和直流二相 M、T 绕组之间电流的变换，它是一种静止的直角坐标系与旋转的直角坐标系之间的变换，简称 VR 变换。将两个坐标系画在一起，如图 5-10 所示。图中，静止坐标系的两相交流电流 i_α 和 i_β，旋转坐标系的两个直流电流 i_M 和 i_T 均以同步转速 ω_s 旋转产生合成磁动势 $\boldsymbol{F}_s$。由于各绕组匝数相等，可以消去合成磁动势中的匝数，而直接标上电流，例如 $\boldsymbol{F}_s$ 可直接标成 $\boldsymbol{i}_s$。但必须注意，在这里，矢量 i_s 以其分量 i_α、i_β 和 i_M、i_T 所表示的实际上是空间磁动势矢量，而不是电流的时间相量。

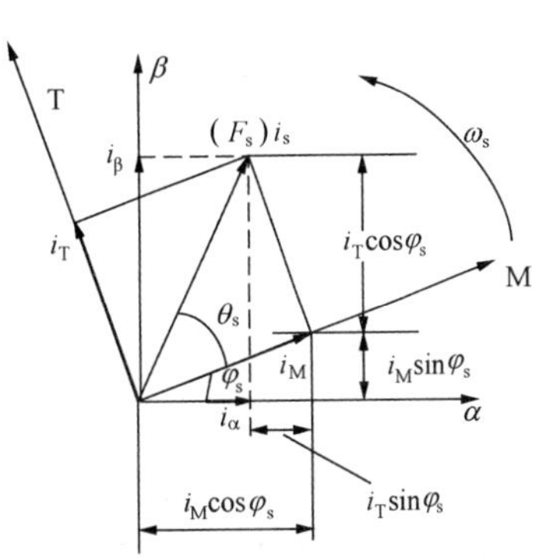

图 5-10　静止直角坐标系与旋转直角坐标系间的变换

在图 5-10 中，M 轴、T 轴和矢量 $\boldsymbol{i}_s$ 都以转速 ω_s 旋转，因此 i_M 和 i_T 分量的长短不变，相当于 M、T 绕组的直流磁动势。但 α 轴与 β 轴是静止的，α 轴与 M 轴的夹角 φ_s 随时间而变化，因此 $\boldsymbol{i}_s$ 在 α 轴与 β 轴上的分量 i_α 和 i_β 的长短也随时间变化，相当于 α、β 绕组交流磁动势的瞬时值。由图可见，i_α、i_β 和 i_M、i_T 之间存在着下列关系

$$\left.\begin{aligned} i_\alpha &= i_M\cos\varphi_s - i_T\sin\varphi_s \\ i_\beta &= i_M\sin\varphi_s + i_T\cos\varphi_s \end{aligned}\right\} \tag{5-7}$$

两相旋转坐标系到两相静止坐标系的矩阵形式为

$$\begin{bmatrix} i_\alpha \\ i_\beta \end{bmatrix} = \begin{bmatrix} \cos\varphi_s & -\sin\varphi_s \\ \sin\varphi_s & \cos\varphi_s \end{bmatrix} \begin{bmatrix} i_M \\ i_T \end{bmatrix} \tag{5-8}$$

由式（5-8）可求出两相静止坐标系到两相旋转坐标系的逆变换关系为

$$\begin{bmatrix} i_M \\ i_T \end{bmatrix} = \begin{bmatrix} \cos\varphi_s & \sin\varphi_s \\ -\sin\varphi_s & \cos\varphi_s \end{bmatrix} \begin{bmatrix} i_\alpha \\ i_\beta \end{bmatrix} \tag{5-9}$$

同理，电压和磁链的旋转变换也与电流旋转变换相同。

4. 直角坐标—极坐标变换

在图 5-10 中，令矢量 $\boldsymbol{i}_s$ 和 M 轴的夹角为 θ_s，已知 i_M、i_T 求 $\boldsymbol{i}_s$、θ_s，就是直角坐标—极坐标变换，简称 K/P 变换。众所周知，直角坐标与极坐标的关系为

$$\begin{aligned} i_s &= \sqrt{i_M^2 + i_T^2} \\ \theta_s &= \tan^{-1}\frac{i_T}{i_M} \end{aligned} \tag{5-10}$$

当 θ_s 在 0～90°取不同值时，$|\tan\theta_s|$ 的变化范围是 0～∞，变化幅度太大，很难在实际变换器中实现，因此常改用下列公式来表示 θ_s 值，即

$$\sin\theta_s = \frac{i_T}{i_s} \tag{5-11}$$

或

$$\tan\frac{\theta_s}{2} = \frac{\sin\theta_s}{1+\cos\theta_s} = \frac{i_T}{i_s + i_M}$$

则

$$\theta_s = 2\tan^{-1}\frac{i_T}{i_s + i_M} \tag{5-12}$$

5.3 异步电动机在不同坐标系上的数学模型

为了获得高性能的变频调速系统，必须从交流电机的动态数学模型入手。首先，异步电动机的变频调速需要进行电压（或电流）和频率的协调控制，因而有电压（或电流）和频率两个独立的输入变量；其次异步电动机只通过定子供电，而磁通和转速的变化是同时进行的，为了获得良好的动态性能，应对磁通进行控制，使它在动态过程中尽量保持恒定，所以，输出变量除转速外，还应包括磁通。因此，异步电动机的数学模型是一个多变量系统。另外电压（或电流）、频率、磁通、转速之间又互相影响，所以异步电动机的数学模型是强耦合的多变量系统，主要的耦合是绕组之间的互感联系。另外，在异步电动机中，磁通与电流的乘积产生转矩，转速与磁通之积得到旋转感应电动势，由于它们都是同时变化的，在数学模型中就会有两个变量的乘积项，因此，异步电动机的数学模型是非线性的。再有，三相异步电动机定子有三个绕组，转子也可等效为三个绕组，每个绕组产生的磁通都有自己的电磁惯性，再加上运动系统的机电惯性，异步电动机的数学模型必定是一个高阶系统。综上所述，异步电动机的数学模型是一个高阶的、非线性、强耦合的多变量系统。

5.3.1 异步电动机在静止坐标系的数学模型

异步电动机在不同坐标系上数学模型的表达形式是不同的。在研究异步电动机数学模型前，先对其作如下假设：

（1）电动机三相绕组完全对称；

（2）电动机气隙磁通在空间按正弦分布；

（3）不计涡流、磁饱和等因素的影响。

在笼型异步电动机中，转子是短路的，即转子端电压为零。如果转子电路接入对称的电阻或电感，可将它们附加到转子本身的电阻或电感中去，计算时仍认为转子端电压为零。

一、异步电动机在 *A*—*B*—*C* 静止坐标系的数学模型

1. 电压方程

（1）定子电压方程为

$$\left.\begin{aligned} u_A &= R_s i_A + p\psi_A \\ u_B &= R_s i_B + p\psi_B \\ u_C &= R_s i_C + p\psi_C \end{aligned}\right\} \tag{5-13}$$

（2）转子电压方程为

$$\left.\begin{aligned} u_a &= R_r i_a + p\psi_a \\ u_b &= R_r i_b + p\psi_b \\ u_c &= R_r i_c + p\psi_c \end{aligned}\right\} \tag{5-14}$$

其用电压矩阵方程可表示为

$$\begin{bmatrix} u_A \\ u_B \\ u_C \\ u_a \\ u_b \\ u_c \end{bmatrix} = \begin{bmatrix} R_s & 0 & 0 & 0 & 0 & 0 \\ 0 & R_s & 0 & 0 & 0 & 0 \\ 0 & 0 & R_s & 0 & 0 & 0 \\ 0 & 0 & 0 & R_r & 0 & 0 \\ 0 & 0 & 0 & 0 & R_r & 0 \\ 0 & 0 & 0 & 0 & 0 & R_r \end{bmatrix} \begin{bmatrix} i_A \\ i_B \\ i_C \\ i_a \\ i_b \\ i_c \end{bmatrix} + p \begin{bmatrix} \psi_A \\ \psi_B \\ \psi_C \\ \psi_a \\ \psi_b \\ \psi_c \end{bmatrix} \tag{5-15}$$

式中：u_A、u_B、u_C 为定子三相电压；u_a、u_b、u_c 为转子三相电压；i_A、i_B、i_C 为定子三相电流；i_a、i_b、i_c 为转子三相电流；ψ_A、ψ_B、ψ_C 为定子三相磁链；ψ_a、ψ_b、ψ_c 为转子三相磁链；R_s、R_r 分别为定、转子电阻；$p=\dfrac{d}{dt}$为微分算子。

2. 磁链方程

$$\begin{bmatrix} \psi_A \\ \psi_B \\ \psi_C \\ \psi_a \\ \psi_b \\ \psi_c \end{bmatrix} = \begin{bmatrix} \boldsymbol{\psi}_s \\ \boldsymbol{\psi}_r \end{bmatrix} = \begin{bmatrix} \boldsymbol{L}_{ss} & \boldsymbol{L}_{sr} \\ \boldsymbol{L}_{rs} & \boldsymbol{L}_{rr} \end{bmatrix} \begin{bmatrix} \boldsymbol{i}_s \\ \boldsymbol{i}_r \end{bmatrix} \tag{5-16}$$

$$\boldsymbol{\psi}_s = [\psi_A \quad \psi_B \quad \psi_C]^T；\boldsymbol{\psi}_r = [\psi_a \quad \psi_b \quad \psi_c]^T$$

$$\boldsymbol{i}_s = [i_A \quad i_B \quad i_C]^T；\boldsymbol{i}_r = [i_a \quad i_b \quad i_c]^T$$

$$\boldsymbol{L}_{ss} = \begin{bmatrix} L_{m1}+L_{l1} & -\frac{1}{2}L_{m1} & -\frac{1}{2}L_{m1} \\ -\frac{1}{2}L_{m1} & L_{m1}+L_{l1} & -\frac{1}{2}L_{m1} \\ -\frac{1}{2}L_{m1} & -\frac{1}{2}L_{m1} & L_{m1}+L_{l1} \end{bmatrix}，\boldsymbol{L}_{rr} = \begin{bmatrix} L_{m1}+L_{l2} & -\frac{1}{2}L_{m1} & -\frac{1}{2}L_{m1} \\ -\frac{1}{2}L_{m1} & L_{m1}+L_{l2} & -\frac{1}{2}L_{m1} \\ -\frac{1}{2}L_{m1} & -\frac{1}{2}L_{m1} & L_{m1}+L_{l2} \end{bmatrix}$$

$$\boldsymbol{L}_{rs} = \boldsymbol{L}_{sr}^T = L_m \begin{bmatrix} \cos\theta & \cos(\theta-120^\circ) & \cos(\theta+120^\circ) \\ \cos(\theta+120^\circ) & \cos\theta & \cos(\theta-120^\circ) \\ \cos(\theta-120^\circ) & \cos(\theta+120^\circ) & \cos\theta \end{bmatrix} \tag{5-17}$$

式中：θ 为定子 A 轴和转子 a 轴间的空间位移角；L_m 为定子和转子间的互感；L_{l1}、L_{l2}分别为定子和转子漏感。

3. 转矩方程

$$\begin{aligned} T = p_m L_m [&(i_A i_a + i_B i_b + i_C i_c)\sin\theta + (i_A i_b + i_B i_c + i_C i_a)\sin(\theta+120^\circ) \\ &+ (i_A i_c + i_B i_a + i_C i_b)\sin(\theta-120^\circ)] \end{aligned} \tag{5-18}$$

式中：p_m 为电动机极对数。

式（5 - 18）说明电动机转矩是定子和转子电流及 θ 的函数，是一个多变量、非线性且强耦合的方程。

4. 运动方程

一般情况下，电力拖动系统的运动方程式为

$$T_e = T_L + \frac{J}{p_m}\frac{d\omega_r}{dt} \tag{5-19}$$

式中：T_L 为负载阻转矩；J 为系统转动惯量；ω_r 为转子转速。

二、异步电动机在 α—β 静止坐标系的数学模型

从异步电动机在 A—B—C 坐标系中的数学模型可以看出，电动机是一个多变量、非线性、强耦合的系统，要想获得类似直流电动机的转速控制性能，必须按照矢量控制原理，进行矢量变换。首先将三相 A—B—C 静止坐标系下异步电动机的数学模型变换到两相 α—β 静止坐标系下，从而得到异步电动机在两相静止坐标系下的数学模型。

为完成静止 3/2 变换和逆变换，需要分别使用变换矩阵，即

$$\boldsymbol{C}_{3S/2S} = \sqrt{\frac{2}{3}}\begin{bmatrix} 1 & -\frac{1}{2} & -\frac{1}{2} \\ 0 & \frac{\sqrt{3}}{2} & -\frac{\sqrt{3}}{2} \end{bmatrix}, \quad \boldsymbol{C}_{2S/3S} = \sqrt{\frac{2}{3}}\begin{bmatrix} 1 & 0 \\ -\frac{1}{2} & \frac{\sqrt{3}}{2} \\ -\frac{1}{2} & -\frac{\sqrt{3}}{2} \end{bmatrix}$$

经过变换可以得到异步电动机在两相 α—β 静止坐标系下的数学模型。

1. 电压方程

（1）定子电压方程为

$$\left.\begin{aligned} u_{\alpha1} &= R_s i_{\alpha1} + p\psi_{\alpha1} \\ u_{\beta1} &= R_s i_{\beta1} + p\psi_{\beta1} \end{aligned}\right\} \tag{5-20}$$

（2）转子电压方程为

$$\left.\begin{aligned} u_{\alpha2} &= R_r i_{\alpha2} + p\psi_{\alpha2} + \omega_r\psi_{\beta2} \\ u_{\beta2} &= R_r i_{\beta2} + p\psi_{\beta2} - \omega_r\psi_{\alpha2} \end{aligned}\right\} \tag{5-21}$$

2. 磁链方程

（1）定子磁链方程为

$$\left.\begin{aligned} \psi_{\alpha1} &= L_s i_{\alpha1} + L_m i_{\alpha2} \\ \psi_{\beta1} &= L_s i_{\beta1} + L_m i_{\beta2} \end{aligned}\right\} \tag{5-22}$$

（2）转子磁链方程为

$$\left.\begin{aligned} \psi_{\alpha2} &= L_r i_{\alpha2} + L_m i_{\alpha1} \\ \psi_{\beta2} &= L_r i_{\beta2} + L_m i_{\beta1} \end{aligned}\right\} \tag{5-23}$$

式中：$u_{\alpha1}$、$u_{\beta1}$ 为定子电压的 α、β 分量；$u_{\alpha2}$、$u_{\beta2}$ 为转子电压的 α、β 分量；$i_{\alpha1}$、$i_{\beta1}$ 为定子电流的 α、β 分量；$i_{\alpha2}$、$i_{\beta2}$ 为转子电流的 α、β 分量；$\psi_{\alpha1}$、$\psi_{\beta1}$ 为定子磁链的 α、β 分量；$\psi_{\alpha2}$、$\psi_{\beta2}$ 为转子磁链的 α、β 分量；L_s、L_r 为定子、转子两相绕组的自感；L_m 为定、转子两相绕组之间的互感；ω_r 为转子转速；1 代表定子侧变量，2 代表转子侧变量（也可用 s 代表定子侧变量，r 代表转子侧变量）。

对于笼型异步电动机，转子短路，则有 $u_{\alpha2} = u_{\beta2} = 0$，电压方程可变化为

$$
\begin{bmatrix} u_{\alpha1} \\ u_{\beta1} \\ 0 \\ 0 \end{bmatrix} = \begin{bmatrix} R_s + pL_s & 0 & pL_m & 0 \\ 0 & R_s + pL_s & 0 & pL_m \\ pL_m & \omega_r L_m & R_r + pL_r & \omega_r L_r \\ -\omega_r L_m & pL_m & -\omega_r L_r & R_r + pL_r \end{bmatrix} \begin{bmatrix} i_{\alpha1} \\ i_{\beta1} \\ i_{\alpha2} \\ i_{\beta2} \end{bmatrix} \tag{5-24}
$$

3. 转矩方程

$$
T = p_m L_m (i_{\beta1} i_{\alpha2} - i_{\beta2} i_{\alpha1}) \tag{5-25}
$$

以上是两相 α—β 静止坐标系当 α 轴固定在定子 A 轴上时异步电动机的数学模型，称为 Stanley 方程，也可称为 Kron 的异步电动机方程或原型电机基本方程。

与静止 A—B—C 坐标系下的数学模型相比较，显然 α—β 坐标系中方程的维数降低且变量间的耦合因子减少，可见经过坐标变换后，系统的数学模型得到了简化。

5.3.2　异步电动机在 *d*—*q* 同步旋转坐标系的数学模型

通过静止两相 α—β 坐标变换，虽然使异步电动机的数学模型得到了简化，但此时站在 α—β 静止坐标系上看异步电动机的各物理量，它们仍然是交流量。

按照矢量控制原理，要想将这些交流量转换成直流量，需要引进 d—q 同步旋转坐标变换。该坐标系是一个两相旋转直角坐标系，它的 d 轴可按不同方向定向，其 q 轴逆时针超前 d 轴 90°；该坐标系在空间以定子磁场的同步角转速（也就是转子磁场的同步角转速）旋转，站在 d—q 同步旋转坐标系上再来看交流电动机的各量，这些交流物理量就为直流量了。

为此，将两相 α—β 静止坐标系下异步电动机的数学模型变换到两相同步旋转直角坐标系下，从而得到异步电动机在 d—q 同步旋转坐标系下的数学模型。

为完成同步旋转 d—q 坐标变换，需要分别使用变换矩阵 $\boldsymbol{C}_{2S/2R}$ 和 $\boldsymbol{C}_{2R/2S}$。经过变换可以得到异步电动机在 d—q 同步旋转坐标系下的数学模型。

1. 电压方程

(1) 定子电压方程为

$$
\left.\begin{aligned} u_{d1} &= R_s i_{d1} + p\psi_{d1} - \psi_{q1} p\theta_1 \\ u_{q1} &= R_s i_{q1} + p\psi_{q1} + \psi_{d1} p\theta_1 \end{aligned}\right\} \tag{5-26}
$$

(2) 转子电压方程为

$$
\left.\begin{aligned} u_{d2} &= R_r i_{d2} + p\psi_{d2} - \psi_{q2} p\theta_2 \\ u_{q2} &= R_r i_{q2} + p\psi_{q2} + \psi_{d2} p\theta_2 \end{aligned}\right\} \tag{5-27}
$$

2. 磁链方程

(1) 定子磁链方程为

$$
\begin{aligned} \psi_{d1} &= L_s i_{d1} + L_m i_{d2} \\ \psi_{q1} &= L_s i_{q1} + L_m i_{q2} \end{aligned} \tag{5-28}
$$

(2) 转子磁链方程为

$$
\begin{aligned} \psi_{d2} &= L_r i_{d2} + L_m i_{d1} \\ \psi_{q2} &= L_r i_{q2} + L_m i_{q1} \end{aligned} \tag{5-29}
$$

式中：u_{d1}、u_{q1} 为定子电压的 d、q 分量；u_{d2}、u_{q2} 为转子电压的 d、q 分量；i_{d1}、i_{q1} 为定子电流的 d、q 分量；i_{d2}、i_{q2} 为转子电流的 d、q 分量；ψ_{d1}、ψ_{q1} 为定子磁链的 d、q 分量；

ψ_{d2}、ψ_{q2}为转子磁链的 d、q 分量；θ_1 为 d 轴与 α—β 坐标系 α 轴间的夹角，$p\theta_1=\omega_s$，ω_s 为定子旋转磁场同步角转速；θ 为转子 a 轴与 α—β 坐标系 α 轴的夹角，$p\theta=\omega_r$，ω_r 为转子角转速；θ_2 为 d 轴与转子 a 轴间的夹角（即 $\theta_2=\theta_1-\theta$），$\Delta\omega_r$ 为转子转差角转速。

对于笼型感应电动机，转子短路，即 $u_{d2}=u_{q2}=0$，则电压方程可变化为

$$\begin{bmatrix}u_{d1}\\u_{q1}\\0\\0\end{bmatrix}=\begin{bmatrix}R_s+pL_s & -\omega_sL_s & pL_m & -\omega_sL_m\\ \omega_sL_s & R_s+pL_s & \omega_sL_m & pL_m\\ pL_m & -\Delta\omega_rL_m & R_r+pL_r & -\Delta\omega_rL_r\\ \Delta\omega_rL_m & pL_m & \Delta\omega_rL_r & R_r+pL_r\end{bmatrix}\begin{bmatrix}i_{d1}\\i_{q1}\\i_{d2}\\i_{q2}\end{bmatrix} \tag{5-30}$$

3. 转矩方程

$$T=p_mL_m(i_{q1}i_{d2}-i_{q2}i_{d1}) \tag{5-31}$$

d—q 坐标系中的运动方程与 α—β 静止坐标系下的方程形式基本相同。

以上是 d—q 同步旋转直角坐标系当 d 轴按任意方向定向时异步电动机的数学模型。当站在以同步转速旋转的 d—q 坐标上来看交流电动机的各物理量时，它们都已成为在空间静止不动的直流物理量了。

5.3.3 异步电动机在 *d*—*q* 定向坐标系的数学模型和特点

上面讨论的同步旋转 d—q 直角坐标系只是限制了坐标系的旋转转速，并没有规定 d 轴的定向方式。下面讨论 d—q 旋转坐标系的几种定向方式以及这几种定向方式下异步电动机的数学模型和特点。

一、定子磁链定向异步电动机的数学模型和特点

按定子磁链定向方式是近年来提出的一种矢量控制方法。该方法将 d—q 同步旋转坐标系的 d 轴放在定子磁场方向上，由此可得到如下数学模型

$$\left.\begin{aligned}&u_{d1}=R_si_{d1}+p\psi_{d1}\\&u_{q1}=R_si_{q1}+\omega_s\psi_{d1}\\&(1+T_rp)L_s\psi_{q1}-\Delta\omega_rT_r(\psi_{d1}-\sigma L_si_{d1})=0\\&(1+T_rp)\psi_{d1}=(1+\sigma T_rp)L_si_{d1}-\Delta\omega_rT_r\sigma L_si_{q1}\\&T=p_m\psi_{d1}i_{q1}\end{aligned}\right\} \tag{5-32}$$

式中：T_r 为转子时间常数，$T_r=L_r/R_r$。

以上方程表明，按定子磁链定向的矢量控制使定子方程大大简化，从而有利于定子磁通观测器的实现。但转子方程并没有简化，在进行磁通控制时，不论采用直接磁通闭环控制，还是采用间接磁通闭环控制，均需消除 i_{q1} 耦合项的影响，因此往往需要设计一个解耦器使 i_{d1} 与 i_{q1} 解耦。

二、气隙磁链定向异步电动机的数学模型和特点

设气隙磁链的 d 轴分量为 ψ_{dm}，q 轴分量为 ψ_{qm}，其中

$$\psi_{dm}=L_m(i_{d1}+i_{d2})$$
$$\psi_{qm}=L_m(i_{q1}+i_{q2})$$

当将 d—q 同步旋转坐标系的 d 轴放在气隙磁链方向上时，有 $\psi_{qm}=0$，由此可得按气隙磁链定向的电动机数学模型为

$$\left.\begin{aligned}
u_{d1} &= R_s i_{d1} + \sigma L_s p i_{d1} - \omega_s \sigma L_s i_{q1} + p\psi_{dm} \\
u_{q1} &= R_s i_{q1} + \sigma L_s p i_{q1} + \omega_s \sigma L_s i_{d1} + \omega_s \psi_{dm} \\
\Delta\omega_r &= \frac{R_r + T_r p}{\dfrac{L_r}{L_m}\psi_{dm} - T_r i_{d1}} i_{q1} \\
p\psi_{dm} &= \frac{1}{T_r}\psi_{dm} + \frac{L_m}{L_r}(R_r + T_r p) i_{d1} - \Delta\omega_r T_r \frac{L_m}{L_r} i_{q1} \\
T &= p_m \psi_{dm} i_{q1}
\end{aligned}\right\} \tag{5-33}$$

$$\sigma L_s = [1 - L_m^2/(L_s L_r)]L_s = L_\sigma,\ L_\sigma = L_{s\sigma} + \frac{L_m}{L_r} L_{r\sigma} \approx L_{s\sigma} + L_{r\sigma}$$

式中：$L_{s\sigma}$和$L_{r\sigma}$分别为定、转子绕组漏感。

设总的漏感系数为σ，则有

$$\sigma = 1 - L_m^2/(L_s L_r)$$

由转矩公式可看出，如果保持气隙磁链ψ_{dm}不变，转矩直接和q轴电流成正比，另外从上式不难看出，磁链和转差关系中存在耦合。所以，按气隙磁链定向的矢量控制系统的特点是：控制系统的结构复杂，但定向所用的气隙磁链容易测量，而且电动机磁通的饱和程度与气隙磁链是一致的，故基于气隙磁链的控制方式适合于处理磁饱和效应。

三、转子磁链定向异步电动机的数学模型和特点

当$d—q$同步旋转坐标系的d轴与转子磁链方向一致时，转子磁链的d轴分量等于转子磁链，而q轴分量为零，这将使电机的数学模型更加简化。为了突出该定向方式，用同步旋转的$M—T$坐标系来表示以该方式定向的$d—q$同步旋转坐标系，此时有

$$\left.\begin{aligned}
\psi_{M2} &= \psi_{d2} = \psi_r \\
\psi_{T2} &= \psi_{q2} = 0
\end{aligned}\right\} \tag{5-34}$$

式中：ψ_r为转子磁链。

在$M—T$同步旋转坐标系下，感应电动机的数学模型如下。

1. 电压方程

(1) 定子电压方程为

$$\left.\begin{aligned}
u_{M1} &= R_s i_{M1} + p\psi_{M1} - \psi_{T1}\omega_s \\
u_{T1} &= R_s i_{T1} + p\psi_{T1} + \psi_{M1}\omega_s
\end{aligned}\right\} \tag{5-35}$$

(2) 转子电压方程为

$$\left.\begin{aligned}
u_{M2} &= 0 = R_r i_{M2} + p\psi_r \\
u_{T2} &= 0 = R_r i_{T2} + \psi_r \Delta\omega_r
\end{aligned}\right\} \tag{5-36}$$

2. 磁链方程

(1) 定子磁链方程为

$$\left.\begin{aligned}
\psi_{M1} &= L_s i_{M1} + L_m i_{M2} \\
\psi_{T1} &= L_s i_{T1} + L_m i_{T2}
\end{aligned}\right\} \tag{5-37}$$

(2) 转子磁链方程为

$$\left.\begin{aligned}
\psi_r &= L_r i_{M2} + L_m i_{M1} \\
0 &= L_r i_{T2} + L_m i_{T1}
\end{aligned}\right\} \tag{5-38}$$

下列是用矩阵形式表示的电压方程

$$\begin{bmatrix} u_{M1} \\ u_{T1} \\ 0 \\ 0 \end{bmatrix} = \begin{bmatrix} R_s + pL_s & -\omega_s L_s & pL_m & -\omega_s L_m \\ \omega_s L_s & R_s + pL_s & \omega_s L_m & pL_m \\ pL_m & 0 & R_r + pL_r & 0 \\ \Delta\omega_r L_m & 0 & \Delta\omega_r L_r & R_r \end{bmatrix} \begin{bmatrix} i_{M1} \\ i_{T1} \\ i_{M2} \\ i_{T2} \end{bmatrix} \tag{5-39}$$

3. 以转子磁链表达的异步电动机数学模型

$$\begin{bmatrix} u_{M1} \\ u_{T1} \\ 0 \\ 0 \end{bmatrix} = \begin{bmatrix} R_s + \sigma L_s p & -\omega_s \sigma L_s & p\dfrac{L_m}{L_r} & -\omega_s \dfrac{L_m}{L_r} \\ \omega_s \sigma L_s & R_s + \sigma L_s p & \omega_s \dfrac{L_m}{L_r} & p\dfrac{L_m}{L_r} \\ -\dfrac{R_r L_m}{L_r} & 0 & p + \dfrac{R_r}{L_r} & -\Delta\omega_r \\ 0 & -\dfrac{R_r L_m}{L_r} & \Delta\omega_r & p + \dfrac{R_r}{L_r} \end{bmatrix} \begin{bmatrix} i_{M1} \\ i_{T1} \\ \psi_{M2} \\ \psi_{T2} \end{bmatrix} \tag{5-40}$$

考虑到 $\psi_{M2} = \Psi_r$ 和 $\psi_{T2} = 0$，则有

$$\left.\begin{aligned} u_{M1} &= (R_s + \sigma L_s p) i_{M1} - \omega_s \sigma L_s i_{T1} + p\frac{L_m}{L_r}\psi_r \\ u_{T1} &= (R_s + \sigma L_s p) i_{T1} + \omega_s \sigma L_s i_{M1} + \omega_s \frac{L_m}{L_r}\psi_r \\ 0 &= -\frac{R_r L_m}{L_r} i_{M1} + \left(p + \frac{R_r}{L_r}\right)\psi_r \\ 0 &= -\frac{R_r L_m}{L_r} i_{T1} + \Delta\omega_r \psi_r \end{aligned}\right\} \tag{5-41}$$

式中：u_{M1}、u_{T1}为定子电压的M、T分量；u_{M2}、u_{T2}为转子电压的M、T分量；i_{M1}、i_{T1}为定子电流的M、T分量；i_{M2}、i_{T2}为转子电流的M、T分量；ψ_{M1}、ψ_{T1}为定子磁链的M、T分量；ψ_{M2}、ψ_{T2}为转子磁链的M、T分量。

由数学模型式（5-41）的第3式得

$$\psi_r = \frac{L_m}{T_r p + 1} i_{M1} \tag{5-42}$$

4. 转矩方程

$$T = p_m \frac{L_m}{L_r} i_{T1} \psi_r \tag{5-43}$$

在M—T坐标系按转子磁链定向后，定子电流的两个分量之间实现了解耦，i_{M1}唯一确定磁链ψ_r的稳态值，i_{T1}只影响转矩，与直流电动机中的励磁电流和电枢电流相对应，这样就大大简化了多变量、强耦合的交流电机调速系统的控制问题。由上述各式可得异步电动机的动态结构框图，如图5-11所示。

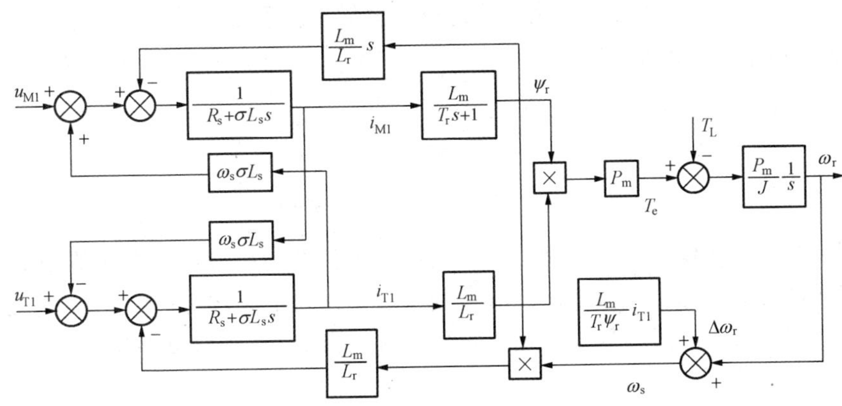

图 5 - 11　异步电动机的动态结构框图

5.4　异步电动机转子磁链观测器

矢量控制得以有效实现的基础在于异步电机磁链信息的准确获取。为实现磁场定向和磁链闭环控制，需要知道磁链的大小和位置，因而进行磁通观测问题的讨论很有必要。矢量控制调速系统一般是按转子磁链进行磁场定向，因此重点讨论转子磁链的观测。

工程上，转子磁链的直接检测因工艺和技术问题难以实现，因而较多采用间接检测法，即利用易测得的定子电压、电流或转速，借助异步电动机的数学模型，计算转子磁链的幅值 ψ_r 和空间位置角 φ_s。间接检测法的闭环检测性能较好，但结构复杂；而开环检测结构简单，适当改进有较高的实用性。

异步电动机的磁链包括定子磁链、转子磁链、气隙磁链等类型。但只要观测出定子、转子、气隙磁链中的任何一个，另外两个就可推得。根据这一结论和按转子磁链定向的工作方式，下面重点讨论转子磁链的观测。

5.4.1　转子磁链的直接检测

在矢量控制研究初期，转子磁链是利用直接测得的转子磁通作为检测信号。直接检测磁通的方法有两种：一种是在电动机槽内埋设探测线圈；另一种是利用贴在定子内表面的霍尔片或其他电磁元件来检测磁通。从理论上说，直接检测应该比较准确。但实际上，埋设线圈和磁感元件都会遇到不少工艺和技术问题，特别是由于齿槽的影响，测得的磁通脉动较大，尤其是在低速运行时，使得实际应用相当困难。

5.4.2　转子磁链的间接检测

利用易测得的定子电压、电流或转速，借助感应电动机的数学模型，计算转子磁链的幅值 ψ_r 和空间位置角 φ_s，这就是转子磁链的间接检测方法。

根据实测物理量的不同组合，采用状态观测器技术，可以获得多种转子磁链的观测模型。其主要可分成两类：开环观测模型和闭环观测模型。

一、开环磁链观测模型

开环磁链观测模型直接从异步电动机的数学模型推导出转子磁链的方程式，并将该方程式作为转子磁链的状态观测模型。其主要有下列几种模型。

1．电流模型Ⅰ法（根据定子电流和转速检测值估算转子磁链 ψ_r）

在 α—β 坐标系下可推得

$$\left.\begin{aligned}\psi_{\alpha 2}&=\frac{1}{T_r s+1}(L_m i_{\alpha 1}-T_r\psi_{\beta 2}\omega_r)\\ \psi_{\beta 2}&=\frac{1}{T_r s+1}(L_m i_{\beta 1}-T_r\psi_{\alpha 2}\omega_r)\end{aligned}\right\}\tag{5-44}$$

从模型可知，电流模型Ⅰ法的优点是模型计算不涉及纯积分，其观测值是渐近收敛的，同时低速观测性能优于电压模型法。其缺点是模型中采用了转速 ω_r 作为输入信息，不便于采用无转速传感器技术；另外模型中还包含转子时间常数 T_r 等时变参数，对转子磁链观测影响较大。

2．电流模型Ⅱ法（转差频率法）

电流模型Ⅱ法是在 M—T 旋转坐标系下得到的转子磁链观测器模型，它根据定子电流励磁分量给定值 i_{M1}^*、转矩分量给定值 i_{T1}^* 以及由转子位置检测器得到的 λ 角（定子静止 α 轴和同步旋转 d 轴间的夹角），计算出转子 d 轴和 M 轴间的夹角 φ_L^* 角，进一步计算出 α 轴和 M 轴之间期望的磁链位置角 φ_s^*，用 φ_s^* 代替 φ_s 进行坐标变换。有关表达式如下：

（1）转子磁链模型期望值

$$\psi_r^*=\frac{L_m}{1+T_r s}i_{M1}^*\tag{5-45}$$

（2）转差角频率期望值

$$\Delta\omega_r^*=\frac{L_m}{T_r\psi_r^*}i_{T1}^*\tag{5-46}$$

（3）负载角的期望值

$$\varphi_L^*=\frac{1}{s}\Delta\omega_r^*\tag{5-47}$$

（4）磁链位置角的期望值

$$\varphi_s^*=\varphi_L^*+\lambda\tag{5-48}$$

式中：λ 为转子位置角，它来自电动机轴上的位置发送器。

上述计算可以用图5-12表示。

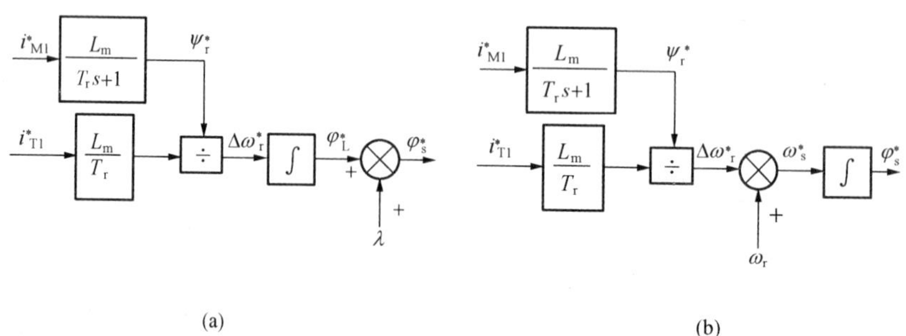

图5-12 异步电动机的电流模型

(a) 使用位置信号的线路；(b) 使用转速信号的线路

电流模型Ⅱ法中使用的是定子电流分量的给定值，所得到的转子磁链 ψ_r^* 和磁链角 φ_s^*

只是期望值，而不是转子磁链 ψ_r 和磁链位置角 φ_s 的实际值。因此，使用 ψ_r^* 作为反馈量构成的磁链闭环系统形式上是磁链闭环控制，但本质仍然是磁链开环系统。

如果将电流模型Ⅱ法中的电流给定值 i_{M1}^* 和 i_{T1}^* 换成电流实际值 i_{M1} 和 i_{T1}，则可得到能反映实际磁链状态的电流模型。但电流模型中包含电机转子电阻，模型准确度不高，所以很少用此模型得到的 ψ_r 和 φ_s 来单独构成磁链闭环系统。

3. 电压模型法

异步电动机的电压模型和电流模型一样，都是用来观测异步电动机转子磁链的大小和空间位置的。由于电流模型受转子参数 T_r 的影响，使异步电动机的控制性能受到影响，而电压模型可弥补上述不足。

电压模型的任务是：根据定子电流、电压实际测量值，经 3S/2S 变换后得到 $i_{\alpha1}$、$i_{\beta1}$、$u_{\alpha1}$、$u_{\beta1}$，再利用矢量分析器得到转子磁链的幅值 ψ_r 和位置角 φ_s。

(1) 在 α—β 坐标系中

$$\begin{aligned}\Psi_{\alpha1}&=\int e_\alpha \mathrm{d}t=\int\left(u_{\alpha1}-R_s i_{\alpha1}-L_\sigma\frac{\mathrm{d}i_{\alpha1}}{\mathrm{d}t}\right)\mathrm{d}t\\ \Psi_{\beta1}&=\int e_\beta \mathrm{d}t=\int\left(u_{\beta1}-R_s i_{\beta1}-L_\sigma\frac{\mathrm{d}i_{\beta1}}{\mathrm{d}t}\right)\mathrm{d}t\end{aligned}\tag{5-49}$$

式中：L_σ 为电动机总漏感，$L_\sigma=L_{s\sigma}+L_{r\sigma}$；$L_{s\sigma}$，$L_{r\sigma}$分别为定、转子漏感。

(2) 在 α—β 坐标系中转子磁链矢量 Ψ_r 的模 $|\Psi_r|$ 和位置角 φ_s 为

$$|\Psi_r|=\sqrt{\Psi_{\alpha1}^2+\Psi_{\beta1}^2},\ \cos\varphi_s=\frac{\Psi_{\alpha1}}{|\Psi_r|},\ \sin\varphi_s=\frac{\Psi_{\beta1}}{|\Psi_r|}\tag{5-50}$$

式中：Ψ_r 表示由电压模型计算得到的转子磁链实际值，$|\Psi_r|$ 表示转子磁链的大小；φ_s 表示 α 轴和 M 轴之间的磁链位置角。

磁链实际值信号 Ψ_r 可用于实现磁链反馈。异步电动机电压模型如图 5-13 所示。这是模拟系统中常采用的电压模型。

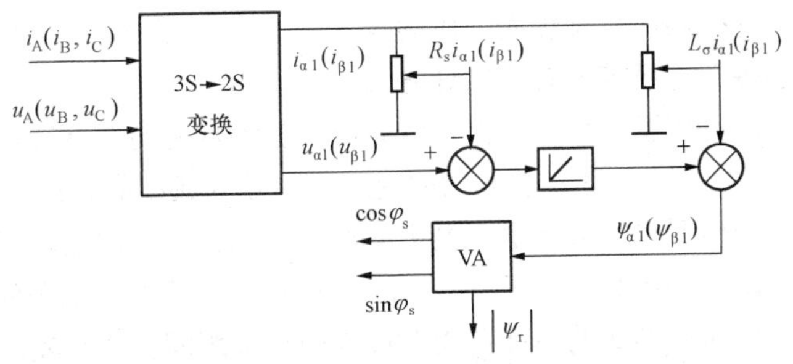

图 5-13　异步电动机的电压模型

4. 组合模型法（电压、电流模型相结合的方法）

考虑到电压模型和电流模型各自的特点，将两者结合起来使用，即在高速时用低通滤波器将电流模型滤掉，让电压模型起作用；在低速时用高通滤波器将电压模型滤掉，让电流模型起作用，令高、低通滤波器的转折频率相等，实现两模型的平滑过渡，这就是组合模型法。下面是在 α—β 坐标系中的组合式模型

$$\left.\begin{aligned}\Psi_{\alpha2}&=\frac{Ts}{Ts+1}\Psi_{\alpha2(\text{电压模型})}+\frac{1}{Ts+1}\Psi_{\alpha2(\text{电流模型})}\\\Psi_{\beta2}&=\frac{Ts}{Ts+1}\Psi_{\beta2(\text{电压模型})}+\frac{1}{Ts+1}\Psi_{\beta2(\text{电流模型})}\end{aligned}\right\}\qquad(5-51)$$

用数字方式实现这种组合模型是很方便的。

二、闭环磁链观测模型

开环观测模型具有结构简单、实现方便等优点，但其准确度受参数变化和各种干扰的影响。通过引入状态反馈构成闭环状态观测模型，可以有效改善转子磁链观测模型的稳定性，这就是磁链闭环观测器。常用的磁链闭环观测器有：

（1）基于误差反馈的转子磁链观测器；

（2）基于龙贝格状态观测理论的异步电动机全阶状态观测器；

（3）基于模型参考自适应理论的转子磁链观测器。

综上所述，转子磁链的直接检测因工艺和技术问题难以实现，工程上较多采用间接检测法；闭环转子磁链检测性能较好，但结构复杂；而开环检测结构简单，适当改进有较高的实用性，所以应用较多，如组合模型法就是其中之一。α—β 坐标系下的组合模型法在模拟系统中使用效果较好，已经得到了较广泛的应用。

5.5 异步电动机的无转速传感器技术

为了得到高性能的调速系统，需采用转速闭环控制，因而需要检测异步电动机转子的旋转转速。常用的转速检测方法有：用测速发电机检测转速、用光电方法测速等。这些利用转速传感器的测速方法不可避免地要在电动机上安装硬件装置。对于直流电动机、同步电动机这类电机，因其本身较复杂，再附加上一个转速传感器硬件也可以；对笼型感应电动机而言，转速传感器的安装将破坏电动机本身坚固、简单、低成本的优点。因此，无转速传感器技术成为笼型感应电动机调速系统优先采用的技术。

一、无转速传感器调速系统的转速估计方法

各国学者在这方面已作了大量的工作，研究出许多无转速传感器转速估计方法。国外从20世纪70年代末就开始了无转速传感器的研究工作，较为典型的转速估计方法有：

（1）从电机的物理模型出发直接根据电机的电压、电流、等效电路参数估算电机的转速或转差。这方面较早期的工作是在1975年，A. Abbondant从电机稳态数学模型推导出的计算转差频率的方法，但这种形式的估计在动态过程中很难跟踪真实转差。

（2）采用模型参考自适应方法（MRAS）估算电机的转速。这种方法在1987年由S. Tamai首先引入，其后被频繁地用于参数和转速的辨识，建立的参考模型和可调模型也各式各样。

模型参考自适应辨识转速的主要思想是将不含未知参数的方程作为参考模型，而将含有待估计参数的方程作为可调模型。两个模型应该具有相同物理意义的输出量，利用两个模型的输出量的误差构成合适的自适应率来实时调节可调模型的参数，以达到控制对象的输出跟踪参考模型的目的。MARS应用到转速估计方面较有影响的工作是Schauder提出的转速MARS辨识方法，将不含有真实转速的磁链方程（电压模型）作为参考模型，含有待辨识转速的磁链方程（电流模型）作为可调模型，以转子磁链作为比较输出量，采用比例积分自适应律进行转速估计。这种方法由于仍采用电压模型法来估计转子磁链，引入了纯积分环节，使得在低速时转速的误差较为明显。其后 Y. Hori 和 P. F. Zheng 等对该方法作了改进，其出发点是在选择不同的参考模型和可调模型的比较输出上。其中，P. F. Zheng 利用电机的反电动势作为模型输出，避免了纯积分环节；但其低速性能受到了定子电阻的影响，因而他又从无功功率的角度出发，成功地在参考模型中消去了定子电阻，从而避免了其影响，由此获得了更好的低速性能和更强的鲁棒性。

模型参考自适应法解决了转速辨识上的理论问题，动态性能好，是目前用得较多的转速辨识方法。但参数变化对辨识结果的影响还没有完全解决，另外还存在着稳态不稳的现象，低速时也存在偏差。

（3）基于 PI 控制器法。这种方法适用于按转子磁场定向的矢量控制系统，其基本思想是利用某些量的误差项使其通过 PI 调节器而得到转速信息。T. Ohtani 利用了转矩电流的误差项，而 M. Tsuji 则利用了转子 q 轴磁通的误差项。这两种方法都利用了自适应的思想，电机参数变化的鲁棒性比直接计算的方法有所增强，结构上又比 MARS 法简单，不失为一种结构简单、性能良好的转速估算方法。

（4）采用扩展的卡尔曼滤波器（EKF）估算电机转速。卡尔曼滤波器（EKF）是一种基于状态方程的强有力的状态估算法，近几年也用于电机的参数估算和转速估算。以定子电流和转子磁链为状态变量，转速为参数的状态方程，将状态方程线性化后，就可以按卡尔曼滤波器的递推公式进行计算。实验结果表明，转速估算值与实际值非常接近，即使在极低速时，估算误差只有几转，由估算值构成的闭环系统在宽范围内仍具有良好的特性。

（5）基于人工神经网络的转速估算。作为实现智能控制途径之一的人工神经网络，由于具有自适应性、自学习性，与线性系统的自适应控制有许多相似之处，因此将神经网络技术引入到电机参数估计与转速估算是很自然的一步。受并联形式模型参考自适应转速估算的启发，L. B. brahim 等提出用神经网络方法实现异步电机的转速估计，国内也有学者进行了这方面的研究。总的说来，神经网络理论在交流电气传动控制系统中的应用尚属起步阶段，各种方案仍处在不断探索与完善之中，离工程应用还有一段路要走。

二、基于转矩电流误差推算转速的方法

当异步电动机按转子磁场定向时，异步电机的电磁转矩仅由转矩电流分量 i_{T1} 产生，即

$$T_{\mathrm{e}}=p_{\mathrm{m}}\frac{L_{\mathrm{m}}}{L_{\mathrm{r}}}\Psi_{\mathrm{r}}^{*}i_{\mathrm{T1}} \tag{5-52}$$

$$T_{\mathrm{e}}-T_{\mathrm{L}}=\frac{J}{p_{\mathrm{m}}}\frac{\mathrm{d}\omega_{\mathrm{r}}}{\mathrm{d}t} \tag{5-53}$$

将 $\omega_{\mathrm{r}}=\frac{2\pi np_{\mathrm{m}}}{60}$ 及 $J=GD^2/4g$ 代入式（5-52）、式（5-53）并整理可得

$$T_{\mathrm{e}}=C_{\mathrm{m}}i_{\mathrm{T1}} \tag{5-54}$$

$$T_{\mathrm{e}}-T_{\mathrm{L}}=\frac{GD^2}{375}\frac{\mathrm{d}n}{\mathrm{d}t} \tag{5-55}$$

$$C_{\mathrm{m}}=p_{\mathrm{m}}\frac{L_{\mathrm{m}}}{L_{\mathrm{r}}}\Psi_{\mathrm{r}}^{*}$$

由式（5-54）和式（5-55）可见，转矩电流变化量的积分可以反映电动机的转速。根

据式（5-55）可得

$$n=C_{\mathrm{m}}\frac{375}{GD^2}\int(i_{\mathrm{T1}}-i_{\mathrm{dL}})\mathrm{d}t$$

$$i_{\mathrm{dL}}=T_{\mathrm{L}}/C_{\mathrm{m}}$$

考虑到实际可能检测到的电流分量为转矩电流分量 i_{T1}，因此构造一个电机转速推算机构为

$$n=C_{\mathrm{m}}\frac{375}{GD^2}\int(i_{\mathrm{T1}}^*-i_{\mathrm{T1}})\mathrm{d}t \tag{5-56}$$

即利用电机转矩电流分量的指令值 i_{T1}^* 与实际值 i_{T1} 之差的积分来进行转速估计。

上述推算转速基于的物理概念是：因为估计的转速 n 与实际转速 n 之间的误差，一定会引起指令转矩与实际转矩（或转矩电流分量）之间产生误差，可以用这些误差去估计转速 n，并且实现转矩的无差控制。

5.6　异步电动机交叉耦合电压的解耦控制

5.6.1　异步电动机的解耦控制策略概述

前述分析可知，异步电动机是一个多变量、非线性、强耦合的被控对象，其转矩和磁链间存在着耦合。要想获得理想的调速性能，需要解决的问题之一就是对异步电动机进行解耦。矢量控制利用坐标变换方法，将异步电动机等效为直流电动机，实现了电动机定子电流励磁分量与转矩分量的解耦，但从图5-11所示的感应电动机动态结构图看到，矢量变换后还存在着 M 轴和 T 轴之间的交叉耦合电动势的作用，必须进行去耦。为此，人们以矢量控制为基础，针对矢量变换后存在的交叉耦合电动势，提出了许多解耦方法。本节将介绍这些感应电动机交叉耦合电动势的主要解耦控制策略。

5.6.2　异步电动机交叉耦合电压的解耦控制策略

在按转子磁场定向的 M—T 坐标系下，从异步电动机的动态结构图可见，M 轴与 T 轴之间存在交叉耦合电压，为了突出这种耦合关系，将动态结构图中反映其耦合情况的部分重画于图5-14。

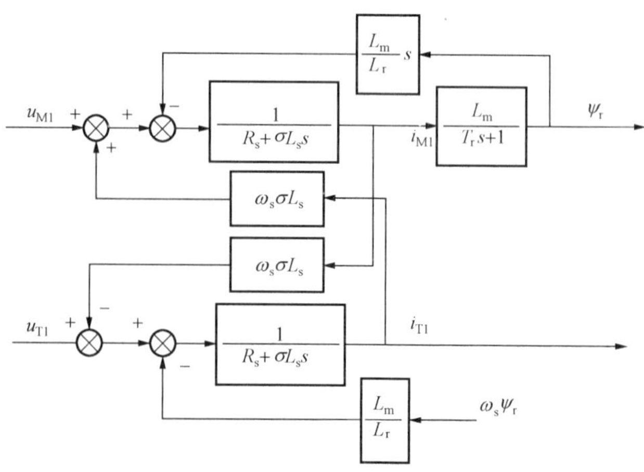

图5-14　反映异步电动机交叉耦合电动势部分的动态结构图

反映上述动态结构图的数学模型为

$$\left.\begin{aligned} u_{M1} &= (R_s + \sigma L_s p) i_{M1} - \omega_s \sigma L_s i_{T1} + p \frac{L_m}{L_r} \Psi_r \\ u_{T1} &= (R_s + \sigma L_s p) i_{T1} + \omega_s \sigma L_s i_{M1} + \omega_s \frac{L_m}{L_r} \Psi_r \end{aligned}\right\} \tag{5-57}$$

异步电动机的交叉解耦就是通过一定的计算，使 M 轴与 T 轴之间存在的交叉耦合电动势消除，将定子交直轴分量的控制转化成两个独立通道的一阶惯性环节的控制，以达到异步电动机各轴分量仅受本轴自身分量控制的目的。从交叉耦合电动势系数 $\omega_s \sigma L_s$ 可知，交叉耦合电压与转速等因素有关。变频调速时，交叉耦合电动势也随着 ω_s 变化，耦合电动势的存在直接影响着调速系统的转速控制性能，对交叉耦合电动势的处理成为异步电动机解耦控制的关键之一。下面讨论一下常用的交叉耦合电动势的解耦方法。

一、前馈解耦法

前馈解耦是采用定子电流给定值来进行交叉耦合电压项的解耦电压计算，解耦控制策略如下：

根据图 5 - 14 知，由 $M \rightarrow T$ 轴的耦合电动势为 u_{MT}，即

$$u_{MT} = -\left[\omega_s \sigma L_s i_{M1} + \omega_s \left(\frac{L_m}{L_r}\right) \Psi_r\right] \tag{5-58}$$

由 $T \rightarrow M$ 轴的耦合电动势为 u_{TM}，即

$$u_{TM} = +\omega_s \sigma L_s i_{T1} \tag{5-59}$$

为了消除 M 轴与 T 轴之间的耦合，在电动机的输入电压 u_{M1} 和 u_{T1} 中对这两个相互交叉的电动势予以前馈补偿解耦。

设电动机的输入给定电压包括两个分量，其中一个分量为 u_{MT}（或 u_{TM}），用来补偿 M 轴与 T 轴之间产生的耦合电动势，起到解耦作用；另一个分量为 u'_{M1}（或 u'_{T1}），用来产生电动机的励磁电流分量或转矩电流分量。

$$u^*_{M1} = u'_{M1} - u_{TM} \tag{5-60}$$

$$u^*_{T1} = u'_{T1} - u_{MT} \tag{5-61}$$

在 u_{MT} 和 u_{TM} 作用下，T 轴与 M 轴之间的耦合电动势得到补偿。异步电动机被解耦，解耦后的等效动态结构图如图 5 - 15 所示。

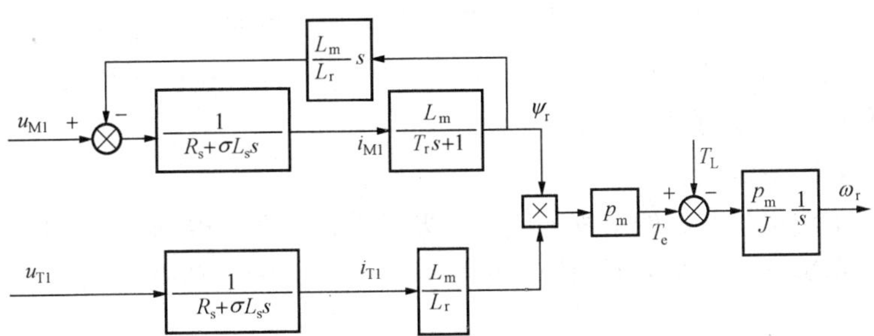

图 5 - 15 异步电动机前馈解耦后的等效动态结构图

由图 5 - 15 可见，异步电动机在 M、T 坐标上解耦后，其等效模型为两个定子电压子系统。其中 M 轴电压子系统产生 i_{M1} 及转子磁链 Ψ_r；T 轴电压子系统产生 i_{T1}。假定忽略起

动时电动机的磁场建立过渡过程，或采用预先励磁的方法，则转子磁链 Ψ_r 可以视为恒定，于是 $p\Psi_r=0$。简化后的异步电动机解耦结构图如图 5-16 所示。

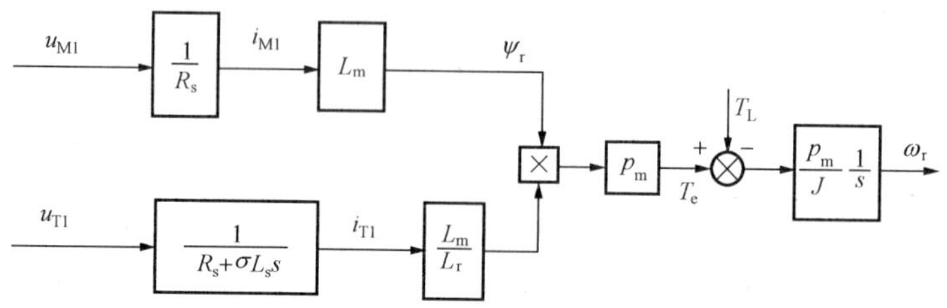

图 5-16 异步电动机转子磁链 Ψ_r 恒定时的解耦结构图

其中，产生电动机励磁电流分量和转矩电流分量的电压信号为

$$\left.\begin{aligned} u'_{M1}&=R_s i^*_{M1} \\ u'_{T1}&=(R_s+\sigma L_s p)i^*_{T1}\approx R_s i^*_{T1} \end{aligned}\right\} \tag{5-62}$$

前馈解耦是用定子电流给定值引入抵消信号实现解耦，补偿 M 轴与 T 轴之间产生的耦合电动势，其解耦补偿信号为

$$\left.\begin{aligned} u_{MT}&=-\left[\omega_s\sigma L_s i^*_{M1}+\omega_s\left(\frac{L_m}{L_r}\right)\Psi_r\right] \\ u_{TM}&=+\omega_s\sigma L_s i^*_{T1} \end{aligned}\right\} \tag{5-63}$$

在这一条件下，给定输入电压指令为

$$\left.\begin{aligned} u^*_{M1}&=u'_{M1}-u_{TM}\approx R_s i^*_{M1}-\omega_s\sigma L_s i^*_{T1} \\ u^*_{T1}&=u'_{T1}-u_{MT}\approx R_s i^*_{T1}+\omega_s\sigma L_s i^*_{M1}+\frac{L_m}{L_r}\omega_s\Psi^*_r \end{aligned}\right\} \tag{5-64}$$

前馈解耦后，T 轴与 M 轴间的耦合电动势被消除，异步电动机被解耦。异步电动机在 M 轴和 T 轴上等效为两个独立的子系统，可以通过 PI 调节器进行控制。其中 M 轴电压子系统产生 i_{M1} 及转子磁链 Ψ_r；T 轴电压子系统产生 i_{T1}。

但进一步分析发现，前馈解耦方法存在着问题，系统中的前馈解耦电压并不能完全补偿异步电动机的交叉耦合电压。因为式（5-64）是用定子电流给定值 i^*_{M1} 和 i^*_{T1} 引入抵消信号实现解耦的，而电动机中存在的交叉耦合项是由定子电流实际值 i_{M1} 和 i_{T1} 引起的，因此只有当条件 $i^*_{M1}=i_{M1}$ 和 $i^*_{T1}=i_{T1}$ 始终满足时，解耦才能成功。然而在转速调节或负载变化等动态过程中，由于电动机滞后环节存在，使 $i^*_{M1}\neq i_{M1}$ 和 $i^*_{T1}\neq i_{T1}$，这就会导致解耦失败，特别是在电动机起动和负载突变时最为严重。

二、对角矩阵解耦法

对角矩阵解耦法也是常见的解耦方法，它要求被控对象（电动机）的特性矩阵与解耦矩阵的乘积等于对角矩阵。通常使对角矩阵的主对角线元素为电动机 M 轴和 T 轴上的传递函数，即 $1/(R_s+\sigma L_s s)$。

在式（5-57）中，令 $u'_{T1}=u_{T1}-\omega_s(L_m/L_r)\Psi_r$，则有

$$\boldsymbol{Y}(s)=\boldsymbol{G}(s)\boldsymbol{U}(s)$$

$$\boldsymbol{Y}(s)=\begin{bmatrix} i_{M1}(s) \\ i_{T1}(s) \end{bmatrix},\ \boldsymbol{U}(s)=\begin{bmatrix} u_{M1}(s) \\ u'_{T1}(s) \end{bmatrix},\ \boldsymbol{G}(s)=\begin{bmatrix} R_s+\sigma L_s s & -\omega_s\sigma L_s \\ \omega_s\sigma L_s & R_s+\sigma L_s s \end{bmatrix}^{-1} \tag{5-65}$$

在控制变量 $\boldsymbol{R}(s)=\begin{bmatrix} i_{M1}^*(s) \\ i_{T1}^*(s) \end{bmatrix}$ 和被控对象（电动机）的输入端口间引入解耦矩阵 $\boldsymbol{G}_1(s)$，则有

$$\begin{aligned}\boldsymbol{Y}(s) &= \begin{bmatrix} i_{M1}(s) \\ i_{T1}(s) \end{bmatrix} = \boldsymbol{G}(s)\boldsymbol{U}(s) = \boldsymbol{G}(s)\boldsymbol{G}_1(s)\boldsymbol{R}(s) \\ &= \begin{bmatrix} R_s+\sigma L_s s & -\omega_s\sigma L_s \\ \omega_s\sigma L_s & R_s+\sigma L_s s \end{bmatrix}^{-1} \boldsymbol{G}_1(s) \begin{bmatrix} i_{M1}^*(s) \\ i_{T1}^*(s) \end{bmatrix} \end{aligned} \tag{5-66}$$

对角矩阵法实现异步电动机解耦的原理是满足

$$\begin{bmatrix} R_s+\sigma L_s s & -\omega_s\sigma L_s \\ \omega_s\sigma L_s & R_s+\sigma L_s s \end{bmatrix}^{-1} \boldsymbol{G}_1(s) = \begin{bmatrix} R_s+\sigma L_s s & 0 \\ 0 & R_s+\sigma L_s s \end{bmatrix}^{-1} \tag{5-67}$$

由此可得解耦矩阵 $\boldsymbol{G}_1(s)$ 的传递函数为

$$\boldsymbol{G}_1(s) = \begin{bmatrix} 1 & -\dfrac{\omega_s\sigma L_s}{R_s+\sigma L_s s} \\ \dfrac{\omega_s\sigma L_s}{R_s+\sigma L_s s} & 1 \end{bmatrix} \tag{5-68}$$

实现对角矩阵法解耦的异步电动机解耦控制原理图如图 5-17 所示。利用对角矩阵解耦可得到两个彼此独立的等效控制系统。

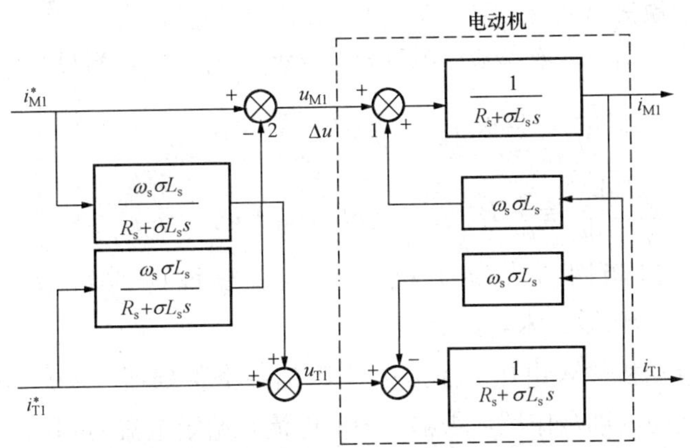

图 5-17　对角矩阵法解耦的异步电动机解耦控制原理图

三、单位矩阵解耦法

单位矩阵解耦法是对角矩阵解耦法的一种特殊情况，原理与对角矩阵法基本相同。它要求被控对象（电动机）的特性矩阵与解耦矩阵的乘积等于单位矩阵。

设单位矩阵法的解耦矩阵为 $\boldsymbol{G}_2(s)$，则该法实现解耦的原理是满足

$$\begin{bmatrix} R_s+\sigma L_s s & -\omega_s\sigma L_s \\ \omega_s\sigma L_s & R_s+\sigma L_s s \end{bmatrix}^{-1} \boldsymbol{G}_2(s) = \begin{bmatrix} 1 & 0 \\ 0 & 1 \end{bmatrix} \tag{5-69}$$

由此可得解耦矩阵 $\boldsymbol{G}_2(s)$ 的传递函数为

$$\boldsymbol{G}_2(s) = \begin{bmatrix} R_s+\sigma L_s s & -\omega_s\sigma L_s \\ \omega_s\sigma L_s & R_s+\sigma L_s s \end{bmatrix} \tag{5-70}$$

实现单位矩阵法解耦的异步电动机解耦控制原理图如图 5-18 所示。利用单位矩阵解耦

也可得到两个彼此独立的等效控制系统，而且被控对象的传递函数为1。

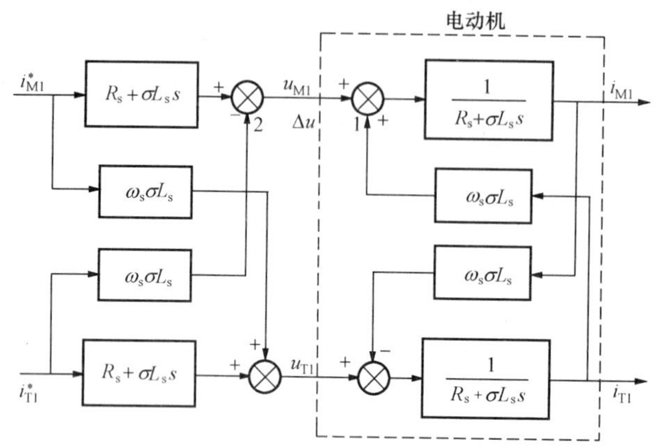

图5-18 单位矩阵法解耦控制原理图

上述三种解耦方法都能达到解耦的目的，但是采用单位矩阵解耦法的优点更突出。对角矩阵解耦法和前馈控制解耦法得到的解耦效果和系统的控制质量是相同的，这两种方法都是设法消除交叉通道，并使其等效成两个彼此独立的单回路控制系统。单位阵解耦法除了能获得优良的解耦效果之外，还能提高控制质量，减少动态偏差，加快响应转速。

存在的问题是：电动机中的交叉耦合项是由定子电流实际值 i_{M1} 和 i_{T1} 引起的，而前馈解耦法、对角矩阵解耦法、单位矩阵解耦法的解耦电压是用给定值 i_{M1}^* 和 i_{T1}^* 计算得到的，因此只有当条件 $i_{M1}^*=i_{M1}$ 和 $i_{T1}^*=i_{T1}$ 始终满足、电动机的实际参数与模型参数匹配时，解耦才能成功。然而，在转速调节或负载变化等动态过程中，$i_{M1}^*\neq i_{M1}$ 和 $i_{T1}^*\neq i_{T1}$，这将导致解耦失败。为了克服上述缺点，可采用反馈解耦控制。

四、反馈控制解耦法

当采用转子磁场定向时，有 $\Psi_{T2}=0$ 和 $\Psi_{M2}=\Psi_r=$常数，重写异步电动机电压方程为

$$\left.\begin{aligned}\sigma L_s\frac{di_{M1}}{dt}&=-R_s i_{M1}+\omega_s\sigma L_s i_{T1}+u_{M1}\\ \sigma L_s\frac{di_{T1}}{dt}&=-R_s i_{T1}-\omega_s\sigma L_s i_{M1}+u_{T1}-\omega_s\frac{L_m}{L_r}\Psi_r\end{aligned}\right\}\tag{5-71}$$

式(5-71)可以用图5-19方框图中的虚线框内的结构图表示，反电动势 $\omega_s(L_m/L_r)\Psi_r$ 在图中未表示出来。

前馈解耦是在电动机输入电压 u_{M1}、u_{T1} 中附加一个去耦项 $-\hat{\sigma}\hat{L}_s\omega_s i_{T1}^*$、$\hat{\sigma}\hat{L}_s\omega_s i_{M1}^*$ 来抵消励磁和转矩电流间的耦合作用，去耦项中的电流是给定电流 i_{M1}^* 和 i_{T1}^*。前面已经说明了电动机励磁、转矩电流间的耦合作用是由电动机实际电流引起的，为了达到好的解耦效果，上述去耦项 $-\hat{\sigma}\hat{L}_s\omega_s i_{T1}^*$、$\hat{\sigma}\hat{L}_s\omega_s i_{M1}^*$ 中的电流给定值应该用电流实际值 i_{M1} 和 i_{T1} 来代替，并且采用图5-19的控制结构，这就是反馈解耦控制。图中方框 $\hat{\sigma}\hat{L}_s\omega_s$ 为由估计值 $\hat{\sigma}\hat{L}_s\omega_s$ 组成的去耦项，以 PI_1、PI_2 为核心组成了两个定子电流分量的控制闭环，这将有助于定子电流的动态响应。

根据图5-19可以得到

$$\left.\begin{aligned}u_{M1}&=\left(K_p+K_i\frac{1}{s}\right)(i_{M1}^*-i_{M1})-\hat{\sigma}\hat{L}_s\omega_s i_{T1}\\ u_{T1}&=\left(K_p+K_i\frac{1}{s}\right)(i_{T1}^*-i_{T1})+\hat{\sigma}\hat{L}_s\omega_s i_{M1}\end{aligned}\right\}\tag{5-72}$$

式中：K_p、K_i 分别为比例和积分放大倍数；$\hat{\sigma}$、$\hat{L}_s$ 为 σ、L_s 的估计值。

在图5-19中，反馈解耦是将异步电动机的交、直轴电流反馈量用于电动机解耦电压的

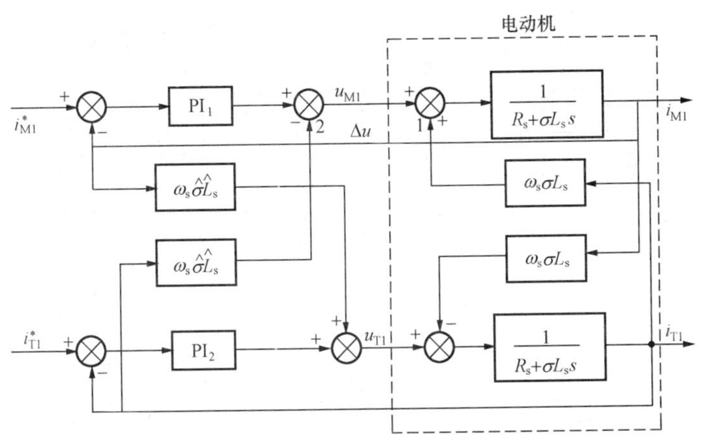

图 5-19 反馈解耦控制原理框图

计算，并将其引入电动机控制电压输入端进行叠加补偿，以实现异步电动机交叉耦合电压的解耦。反馈解耦是建立在定子电流反馈量无延迟和交叉耦合项中的电机自感系数 L_s、漏感系数 σ 的估计值和实际值高度吻合基础上的。然而由于电机本身为感性负载，负载电流滞后于电压，定子电流反馈引入的滤波环节和变换环节的延迟，会造成交叉耦合项中电流实际值和计算值的偏差；另外，参数的估计值 $\hat{\sigma}$、$\hat{L}_s$ 一般有 20%～30%的估计误差，所以存在 $(\sigma L_s-\hat{\sigma}\hat{L}_s)\omega_s i_{T1}$ 和 $(\sigma L_s-\hat{\sigma}\hat{L}_s)\omega_s i_{M1}$ 误差。加之电机参数在实际运行过程中的变化，使得解耦电压的计算值和交叉耦合电压项实际值之间出现偏差，反馈解耦控制效果下降。所以，由于反馈解耦控制对参数变化敏感，不可能达到完全解耦。

以 M 轴为例，前馈、对角矩阵和单位矩阵解耦法解耦后的偏差耦合电压为 $\Delta U_{12}=i_{T1}\omega_s\sigma L_s-i_{T1}^*\omega_s\hat{\sigma}\hat{L}_s$，当且仅当电动机的实际参数与模型参数匹配（$\sigma L_s=\hat{\sigma}\hat{L}_s$）、实际电流准确复现给定电流（$i_{T1}=i_{T1}^*$）时，交叉耦合才能得到解耦；而反馈解耦法解耦后的偏差耦合电压为 $\Delta U_{12}=i_{T1}(\omega_s\sigma L_s-\omega_s\hat{\sigma}\hat{L}_s)$，当且仅当参数匹配（$\sigma L_s=\hat{\sigma}\hat{L}_s$）时，交叉耦合被解除。两种解耦的共同点是要求电动机参数能够准确估计，即解耦效果依赖于被控对象的准确数学模型。

五、基于控制理论不变性原理的偏差解耦法

不变性原理就是在耦合对象外部引入一个解耦支路来抵消被控对象的耦合影响。根据不变性原理，从电动机给定电流和反馈电流的偏差处引入异步电动机的外部解耦支路，来抵消感应电动机的交叉耦合电压项的耦合作用。经有关推导可得到基于偏差解耦原理的解耦项为

$$G_1(s)=\frac{\omega_s\sigma L_s}{R_s+\sigma L_s s}$$

图 5-20 所示为异步电动机偏差解耦控制原理图。按照偏差解耦的定义，解耦支路的信号引入点应在 PI 控制器的前面，若这样会使解耦项 $G_1(s)$ 中包含 PI 控制器的传递函数，因此将原图作了部分变换，将解耦支路的信号引入点移到 PI 控制器之后，使解耦项传递函数变得简单。

偏差解耦和前馈解耦、反馈解耦相比较，由于偏差解耦采用电动机给定电流和反馈电流的偏差进行交叉耦合电压的计算，避免了反馈解耦中解耦电压计算的定子电流延迟；另外，

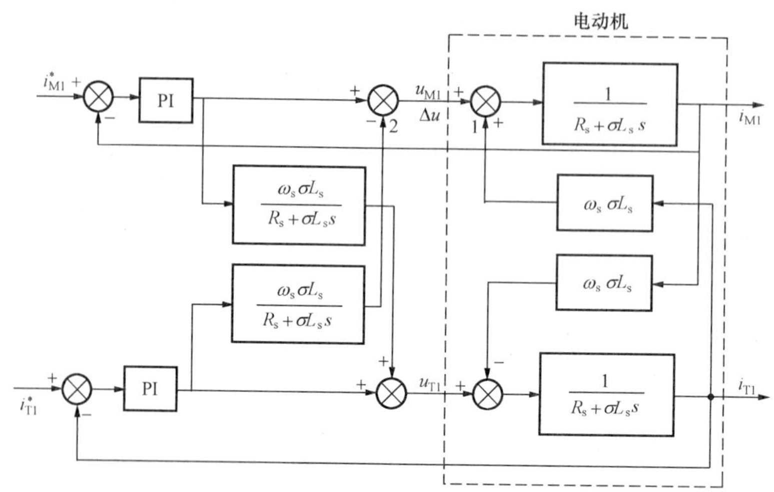

图 5-20　异步电动机偏差解耦控制原理图

偏差解耦对电机参数变化较反馈解耦有更强的鲁棒性。

六、异步电动机定子电流的内模解耦控制策略

为了克服解耦效果依赖于被控对象准确数学模型的不足，下面介绍一种对模型准确度要求不高的内模解耦控制策略。

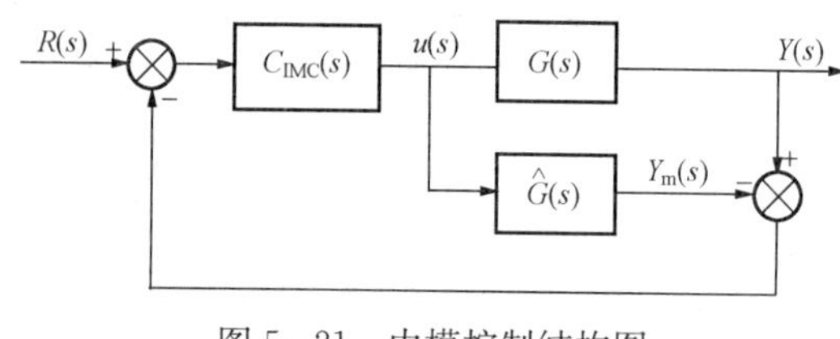

图 5-21　内模控制结构图

在图 5-21 的内模控制结构图中，$\hat{\boldsymbol{G}}(s)$ 为内模，它与被控对象 $\boldsymbol{G}(s)$ 并行；$\boldsymbol{u}(s)$、$\boldsymbol{Y}(s)$ 分别对应于异步电动机的定子电压与电流；$\boldsymbol{R}(s)=[i^*_{M1}\quad i^*_{T1}]^T$ 是定子给定电流；$\boldsymbol{C}_{IMC}(s)$ 为内模控制器。

由电压方程式（5-71）并令 $u'_{T1}=u_{T1}-\omega_s(L_m/L_r)\Psi_r$，则有

$$\boldsymbol{Y}(s)=\boldsymbol{G}(s)\boldsymbol{U}(s)$$

$$\boldsymbol{Y}(s)=\begin{bmatrix} i_{M1}(s) \\ i_{T1}(s) \end{bmatrix},\ \boldsymbol{U}(s)=\begin{bmatrix} u_{M1}(s) \\ u'_{T1}(s) \end{bmatrix} \tag{5-73}$$

$$\boldsymbol{G}(s)=\begin{bmatrix} R_s+\sigma L_s s & -\omega_s\sigma L_s \\ \omega_s\sigma L_s & R_s+\sigma L_s s \end{bmatrix}^{-1}$$

由式（5-73）可知，异步电动机的传函无右半平面零点，在高频下近似为一阶系统，则低通滤波器 $\boldsymbol{L}(s)$ 可选为

$$\boldsymbol{L}(s)=\frac{\lambda}{s+\lambda}\boldsymbol{I} \tag{5-74}$$

故所设计的 IMC 电流控制器的传递函数 $C_{IMC}(s)$ 为

$$\boldsymbol{C}_{IMC}(s)=\hat{\boldsymbol{G}}^{-1}(s)\boldsymbol{L}(s)=\begin{bmatrix} \hat{R}_s+\hat{\sigma}\hat{L}_s s & -\omega_s\hat{\sigma}\hat{L}_s \\ \omega_s\hat{\sigma}\hat{L}_s & \hat{R}_s+\hat{\sigma}\hat{L}_s s \end{bmatrix}\boldsymbol{L}(s) \tag{5-75}$$

式中：$\hat{R}_s$、$\hat{L}_s$、$\hat{\sigma}$ 为定子电阻、定子自感及漏感系数的估计值；$\boldsymbol{L}(s)$ 是低通滤波器的传递函数，用以提高系统的鲁棒性。

IMC 电流控制器等效后的反馈控制器为

$$\boldsymbol{F}(s)=\left[\boldsymbol{I}-\frac{\lambda}{s+\lambda}\boldsymbol{I}\right]^{-1}\hat{\boldsymbol{G}}^{-1}(s)\frac{\lambda}{s+\lambda}=\frac{\lambda}{s}\hat{\boldsymbol{G}}^{-1}(s)$$

$$=\lambda\begin{bmatrix}\hat{\sigma}\hat{L}_{s}\left(1+\dfrac{\hat{R}_{s}}{s\hat{\sigma}\hat{L}_{s}}\right) & -\omega_{s}\dfrac{\hat{\sigma}\hat{L}_{s}}{s}\\ \omega_{s}\dfrac{\hat{\sigma}\hat{L}_{s}}{s} & \hat{\sigma}\hat{L}_{s}\left(1+\dfrac{\hat{R}_{s}}{s\hat{\sigma}\hat{L}_{s}}\right)\end{bmatrix} \tag{5-76}$$

实现这一控制的原理图如图 5-22 所示。

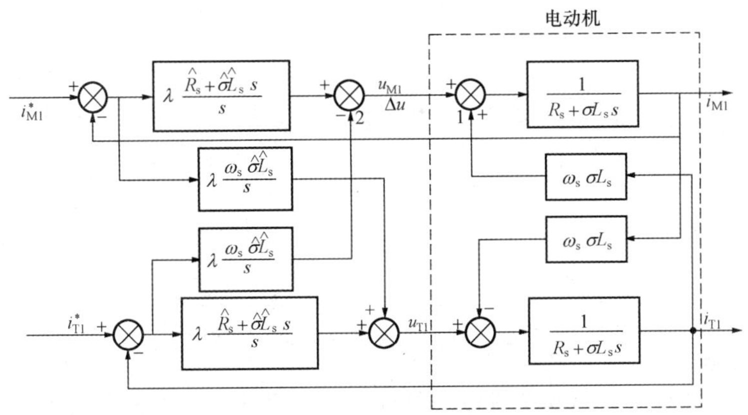

图 5-22　异步电动机的内模解耦原理框图

在式（5-76）的 $\boldsymbol{F}(s)$ 表达式中，主对角线上的元素 $\lambda\left(\dfrac{\hat{R}_{s}+\hat{\sigma}\hat{L}_{s}s}{s}\right)$ 为定子电流控制器的传递函数表达式；而反对角线上的元素 $\lambda\dfrac{\omega_{s}\hat{\sigma}\hat{L}_{s}}{s}$、$-\lambda\dfrac{\omega_{s}\hat{\sigma}\hat{L}_{s}}{s}$ 则为内模解耦网络的传递函数。

根据图 5-21 知，当电动机定子电流系统采用内模控制后，定子电流环的传递函数为

$$\frac{\boldsymbol{Y}(s)}{\boldsymbol{R}(s)}=\frac{\boldsymbol{F}(s)\boldsymbol{G}(s)}{1+\boldsymbol{F}(s)\boldsymbol{G}(s)}=\frac{\boldsymbol{C}_{\mathrm{IMC}}(s)\boldsymbol{G}(s)}{1+\boldsymbol{C}_{\mathrm{IMC}}(s)[\boldsymbol{G}(s)-\hat{\boldsymbol{G}}(s)]} \tag{5-77}$$

$$\boldsymbol{C}_{\mathrm{IMC}}(s)=\hat{\boldsymbol{G}}^{-1}(s)\boldsymbol{L}(s),\ \boldsymbol{L}(s)=\frac{\lambda}{s+\lambda}\boldsymbol{I},\ \boldsymbol{Y}(s)=\begin{bmatrix}i_{M1}\\ i_{T1}\end{bmatrix},\ \boldsymbol{R}(s)=\begin{bmatrix}i_{M1}^{*}\\ i_{T1}^{*}\end{bmatrix}$$

如果模型估计准确，即 $\boldsymbol{G}(s)=\hat{\boldsymbol{G}}(s)$，则由式（5-77）可得

$$\boldsymbol{Y}(s)=\begin{bmatrix}i_{M1}\\ i_{T1}\end{bmatrix}=\boldsymbol{L}(s)\boldsymbol{R}(s)=\begin{bmatrix}\dfrac{\lambda}{s+\lambda} & 0\\ 0 & \dfrac{\lambda}{s+\lambda}\end{bmatrix}\begin{bmatrix}i_{M1}^{*}\\ i_{T1}^{*}\end{bmatrix} \tag{5-78}$$

由此可见，定子电流的两分量无耦合。

5.7　矢量控制的变频调速系统

矢量变换控制系统的构想是：在静止三相坐标系下的定子交流电流 i_A、i_B、i_C 通过三

相/两相变换，可以等效成两相静止坐标系下的交流电流 i_{α}、i_{β}；再通过按转子磁场定向的旋转变换，可以等效成同步旋转坐标系下的直流电流 i_M、i_T。原交流电动机的转子总磁通 Ψ_r 就是等效直流电动机的磁通；M 绕组相当于直流电动机的励磁绕组，i_{M1} 相当于励磁电流；T 绕组相当于电枢绕组，i_{T1} 相当于与转矩成正比的电枢电流。

将上述等效关系用结构图形式画出来，即得到图 5-23 所示的双线方框内的结构图。从整体上看，A、B、C 三相输入，转速 ω_r 输出，是一台异步电动机；从内部看，经过三相/两相变换和同步旋转变换，异步电动机变换成一台 i_{M1}、i_{T1} 输入和 ω_r 输出的直流电动机。

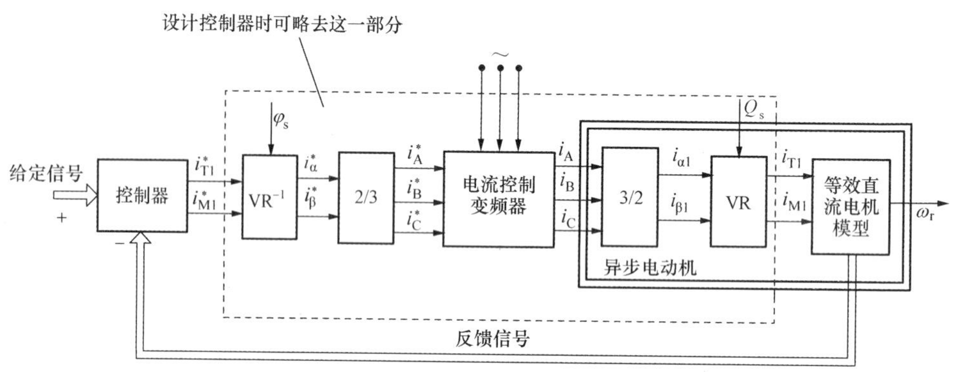

图 5-23 矢量变换控制系统的结构图

既然异步电动机经过坐标变换可以等效成直流电动机，那么模仿直流电动机的控制方法，求得直流电动机的控制量，再经过相应的坐标反变换，就能够控制异步电动机了。所构想的矢量变换控制系统如图 5-23 所示。图中给定和反馈信号经过类似于直流调速系统所用的控制器，产生励磁电流的给定信号 i_{M1}^* 和电枢电流的给定信号 i_{T1}^*，经过反旋转变换 VR^{-1} 得到 i_{α}^* 和 i_{β}^*，再经过两相/三相变换得到 i_A^*、i_B^*、i_C^*。把这三个电流控制信号加到带电流控制的变频器上，就可以输出异步电动机调速所需的三相变频电流。

在设计矢量控制系统时，可认为在控制器后面引入的反旋转变换 VR^{-1} 与电动机内部的旋转变换环节 VR 抵消，2S/3S 变换器与电动机内部的 3S/2S 变换环节抵消，如果再忽略变频器中可能产生的滞后，则图 5-23 中虚线框内的部分可以完全删去，剩下的部分就和直流调速系统非常相似了。可以想像，矢量控制交流变频调速系统的静、动态性能应该完全能够与直流调速系统相媲美。

一、直接磁场定向矢量控制变频调速系统

异步电动机变频调速的矢量控制系统近年来发展迅速。其理论基础虽然是成熟的，但实际系统却种类繁多，各有千秋，这里介绍三种系统，便于读者得到一个完整的系统概念。

图 5-24 所示为一种直接磁场定向矢量控制变频调速系统。整个系统与图 5-23 的矢量变换控制系统构想很相近。图中带“*”号的是各量的给定信号，不带“*”号的是各量的实测信号。系统主电路采用电流跟踪控制 PWM 变换器。系统的控制部分有转速、转矩和磁链三个闭环。磁通给定信号由函数发生环节获得，转矩给定信号同样受到磁通信号的控制。

直接磁场定向矢量控制变频调速系统的磁链是闭环控制的，因而矢量控制系统的动态性能较高。但它对磁链反馈信号的准确度要求很高。

二、间接磁场定向矢量控制变频调速系统

图 5-25 所示为另一种矢量控制变频调速系统——暂态转差补偿矢量控制变频调速系

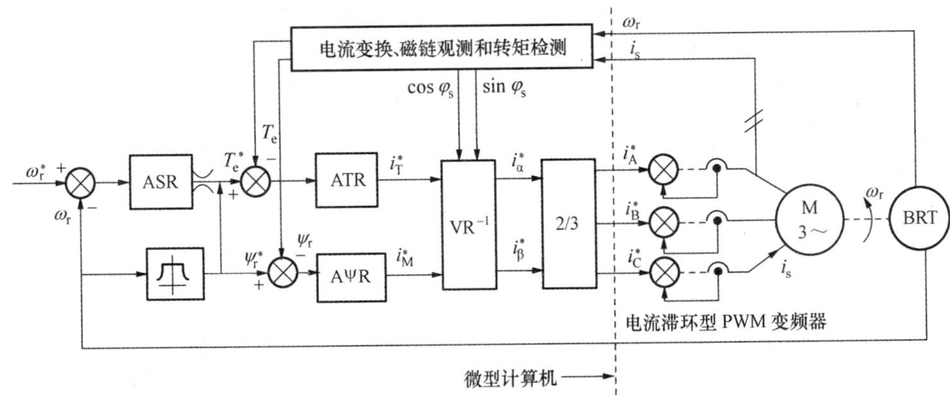

图 5-24　直接磁场定向矢量控制变频调速系统

ASR—转速调节器；ATR—转矩调节器；AΨR—磁链调节器；BRT—转速传感器

统。该系统中磁链是开环控制的，由给定信号并靠矢量变换控制方程确保磁场定向，没有在运行中实际检测转子磁链的相位，这种情况属于间接磁场定向。由于没有磁链反馈，这种系统结构相对简单。但这种系统在动态过程中实际的定子电流幅值及相位与给定值之间总会存在偏差，从而影响系统的动态性能。为了解决这个问题，可采用参数辨识和自适应控制或其他智能控制方法。

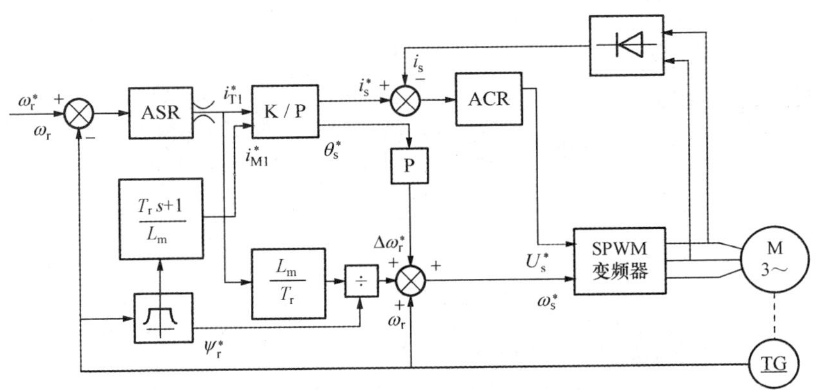

图 5-25　暂态转差补偿矢量控制变频调速系统

图 5-25 所示系统中，主电路采用由 IGBT 构成的 SPWM 变换器，控制结构完全模仿了直流电动机的双闭环调速系统。系统的外环是转速环，转速给定与实测转速比较后，经过转速调节器 ASR 输出转矩电流给定信号 i_{T1}^*。同时，实测转速角转速 ω_r 经函数发生器输出转子磁链给定值 Ψ_r^*，经过运算得励磁电流给定值 i_{M1}^*。i_{T1}^*、i_{M1}^* 经坐标变换（K/P）输出定子电流的给定值 $\boldsymbol{i}_s^*$ 和定子电流相角给定值 θ_s^*，对 θ_s^* 微分后作为暂态转差补偿分量。Ψ_r^*、i_{T1}^* 运算后得到 $\Delta\omega_r^*$，加上 ω_r，再加上暂态转差补偿分量，得到频率给定信号 ω_s^*，作为 SPWM 信号的频率给定。$\boldsymbol{i}_s^*$ 与反馈电流 $\boldsymbol{i}_s$ 比较后经电流调节器 ACR 输出信号 $\boldsymbol{U}_s^*$，作为 SPWM 的幅值给定信号。

三、无转速传感器的矢量控制变频调速系统

目前无速度传感器的矢量控制变频调整系统主要方案有：

（1）基于转子磁通定向的无转速传感器矢量控制变频调速系统；

（2）基于定子磁通定向的无转速传感器矢量控制变频调速系统；

（3）基于定子电压矢量定向的无转速传感器矢量控制变频调速系统；

（4）基于直接转矩控制的无转速传感器直接转矩控制变频调速系统；

（5）采用模型参考自适应（MRAS）的无转速传感器交流调速系统；

（6）利用扩展的卡尔曼滤波器进行转速辨识的无转速传感器交流调速系统。

为了对无转速传感器交流调速系统有一个基本概念，选择方案（1）进行较为详细的介绍。

所谓无转速传感器调速系统就是取消图 5 - 24 中的转速检测装置 BRT，通过间接计算法求出电动机运行的实际转速值作为转速反馈信号。下面着重讨论上述系统中间接计算转速实际值的基本方法，即转速推算器的基本组成原理。

在电动机定子侧装设电压传感器和电流传感器，检测三相电压 u_A、u_B、u_C 和三相电流 i_A、i_B、i_C。根据 3S/2S 变换求出静止轴系中的两相电压 $u_{\alpha1}$、$u_{\beta1}$ 及两相电流 $u_{\alpha1}$、$u_{\beta1}$。

由定子静止轴系（α—β）中的两相电压、电流可以推算定子磁链，估计电机的实际转速。

在定子两相静止轴系（α—β）中磁链为

$$\left.\begin{aligned}\Psi_{\alpha1}&=\int(u_{\alpha1}-R_s i_{\alpha1})\mathrm{d}t\\ \Psi_{\beta1}&=\int(u_{\beta1}-R_s i_{\beta1})\mathrm{d}t\end{aligned}\right\} \tag{5 - 79}$$

磁链的幅值及相位角为

$$\begin{aligned}&\boldsymbol{\Psi}_s=\sqrt{\Psi_{\alpha1}^2+\Psi_{\beta1}^2}\\ &\cos\varphi_s=\frac{\Psi_{\alpha1}}{\Psi_s}，\ \sin\varphi_s=\frac{\Psi_{\beta1}}{\Psi_s}\\ &\varphi_s=\tan^{-1}\frac{\Psi_{\beta1}}{\Psi_{\alpha1}}\end{aligned} \tag{5 - 80}$$

由式（5 - 80）中的第三式可求出同步角频率，即

$$\omega_s=\frac{\mathrm{d}\varphi_s}{\mathrm{d}t}=\frac{\mathrm{d}}{\mathrm{d}t}\left(\tan^{-1}\frac{\Psi_{\beta1}}{\Psi_{\alpha1}}\right)=\frac{(u_{\beta1}-R_s i_{\beta1})\Psi_{\alpha1}-(u_{\alpha1}-R_s i_{\alpha1})\Psi_{\beta1}}{\Psi_s^2} \tag{5 - 81}$$

由矢量控制方程式可求得转差角频率 $\Delta\omega_r$ 为

$$\Delta\omega_r=\frac{L_m}{T_r}\frac{i_{T1}}{\Psi_r} \tag{5 - 82}$$

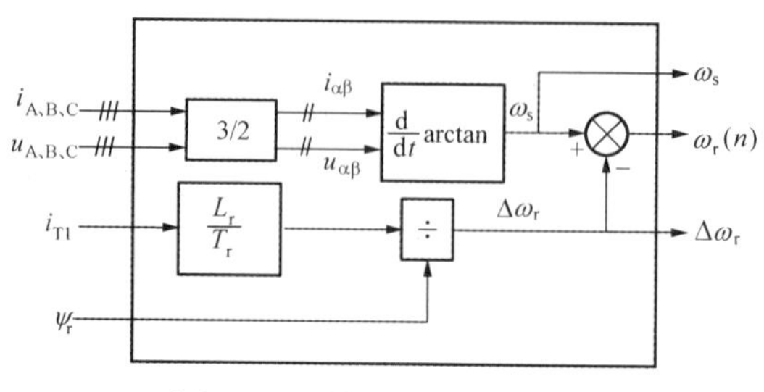

图 5 - 26　转速推算器结构图

根据式（5 - 79）～式（5 - 82）可得到转速推算器的基本结构，如图 5 - 26 所示。

无转速传感器的转差型异步电动机矢量控制变频调速系统如图 5 - 27 所示。

由式（5 - 82）可知，转速推算器受转子参数（T_r、L_r）变化的影响，因而基于转子磁链定向的转速推算器还需要考虑转子参数的自适应控制技术。此外，转速推

算器的实用性还取决于推算的准确度和计算的快速性，因此对于任何转速推算器的推算准确度和计算的快速性达到应用水平都必须采用高速微处理器才能实现。本系统的目的是指出无转速传感器的一种基本实现方法。

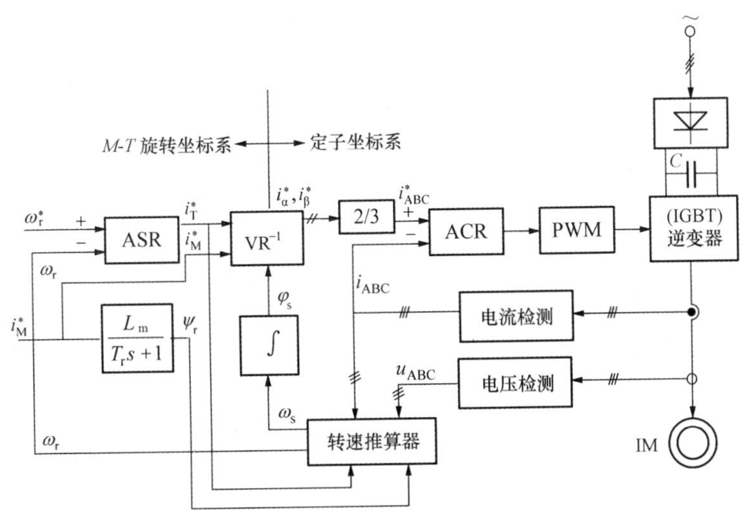

图 5-27　无转速传感器转差型异步电动机矢量控制变频调速系统

5.8　异步电动机的交—交变频矢量控制调速技术

矿井提升机等大容量系统通常采用交—交变频供电电源。受自关断器件的容量限制，以及换相电容器换相能力的限制，目前大功率交—交变频器通常是由普通晶闸管构成、依靠电源自然换相。为此，本节讨论异步电动机的交—交变频矢量控制调速系统中的几个技术问题。

5.8.1　异步电动机的定子电流控制

异步电动机控制策略的实现最终是通过变频器落实到对电动机定子电流的控制上来的。在异步电动机交—交变频调速系统中，通常选择电动机定子电流作为被控量，其原因是：经磁场定向解耦后的电磁转矩和磁链直接受控于定子电流的转矩分量和励磁分量，通过控制定子电流就能有效地控制转矩和磁链。

交—交变频器是电压源性质的变频器，当其用于提升机等低速大功率设备作拖动系统电源时，要求其能快速准确地控制电流，使其不受负载电压变化的影响。因此，也需要用电流控制方法将电压源型的交—交变频器改造成具有电流源特性的变频器；而电流闭环控制在一定意义上具有理想电流源特性，可以将电压源型的变频器改造成电流源特性的变频器。

鉴于上述两个原因，对异步电动机定子电流控制方法的讨论也成为一个重要的研究课题。目前常用的是 PI 电流控制法。

PI 控制法是一种性能优越的控制规律，在直流调速系统中已有很好的体现。在矢量控制中，可以在两相同步旋转坐标系和三相静止坐标系下对定子电流分别进行调节，然后再将二者结合起来。具体原理是：通过转子磁链定向，将三相静止坐标系中的定子电流分解成 M—T 坐标系中的两相直流电流 i_{M1}、i_{T1}，再仿照直流系统控制方法进行控制，这种控制可使电流稳态误差为零；与此同时，在三相静止坐标系中，每一相设置一个PI调节器分别去调节定子三相交流电，但实际上由于定子三相交流电流只有两相是独立的（三相电流之和等于零），三相不能同时采用PI调节器。解决办法有两个：一是在任意二相中使用PI调节器，再根据三相电流关系调节第三相；二是在静止坐标系下的定子三相交流调节器均采用P调节器，两相同步旋转坐标系下的直流调节器均采用I或PI调节器，二者结合起来，仍为PI调节器。

就目前而言，交直流电流调节分离的“PI控制法”是较为常用的定子电流控制方法。图5-28为一种采用“PI电流控制法”的性能较好的三相电流调节线路结构图。

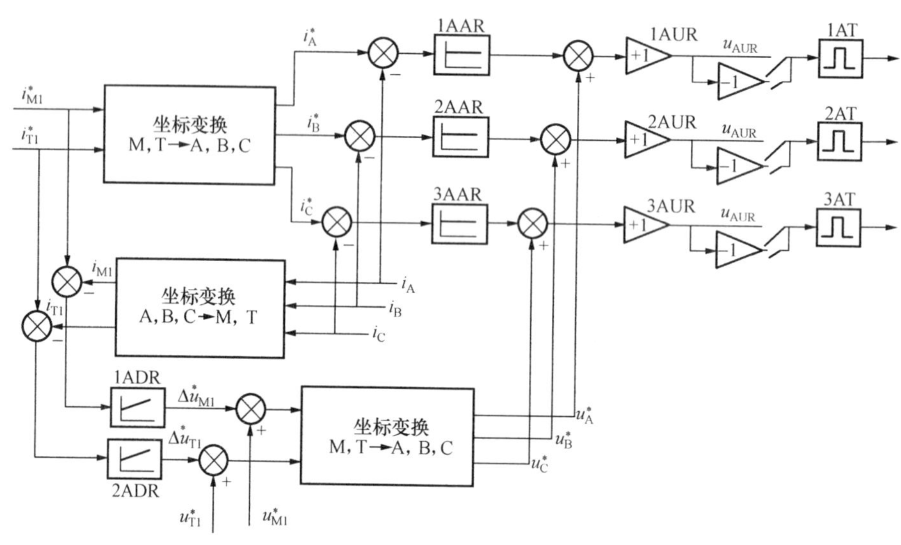

图5-28　三相电流调节线路结构图

1AAR～3AAR—交流电流调节器；1ADR、2ADR—直流电流调节器；
1AUR～3AUR—电压调节器；1AT～3AT—触发装置

图5-28所示线路有下列特点：

（1）采用了电压前馈补偿环节。交—交变频器基于可逆整流，单相输出的交—交变频器实质上是一套逻辑无环流三相桥式反并联可逆整流装置，装置中的晶闸管靠交流电源自然换流，移相控制信号是正弦交流信号。直流拖动系统中，电流控制是通过电流调节器ACR及以其为核心的电流闭环来实现的。ACR为PI调节器，系统的稳态误差等于零，动态误差不为零。而交—交变频器输出电流随时间正弦变化，对电流调节系统而言，系统始终处于动态，动态跟踪误差一直存在，输出电流总是比给定电流滞后一段时间。为了克服上述缺点，电流环中需加入电压前馈补偿环节。引入电压前馈补偿环节后，电流调节器不再担任产生输出电压的任务，仅起校正误差作用。

（2）采用了直流电流调节环节。把三相电流信号 i_A、i_B、i_C 通过坐标变换分解成励磁电流分量 i_{M1} 和转矩电流分量 i_{T1} 两个直流信号，然后与励磁电流给定 i^*_{M1} 和转矩电流给定 i^*_{T1} 相比较，它们的误差经比例积分调节器调节，输出两个直流校正信号 Δu^*_{M1} 和 Δu^*_{T1}，它们与直流电压给定信号 u^*_{M1} 和 u^*_{T1} 叠加后，再通过坐标变换，变成三个交流电压信号作为电压前馈补偿量，通过电压前馈补偿环节消除三相电流误差。图5-28中两个比例积分调节器1ADR、2ADR称为直流电流调节器。三相交流电流只有两个是独立的，经坐标变换后三个交流变量变成两个独立的直流变量，它们彼此不相关，因此可以用两个比例积分调节器分别控制，使两个直流量的静差为零。用这种方法测量三相电流，有偏差就同时校正三相电流，不存在对哪一相“偏爱”，对哪一相“疏远”问题。

（3）采用了交流电流调节环节。三个比例调节器 1AAR～3AAR 称为交流电流调节器。从图 5-28 中还看到三相交流电流给定信号也是从它们的转矩分量及励磁分量经坐标变换获得的。经这样安排，总的电流调节还是比例积分调节，比例部分主要是针对动态，比例积分部分针对稳态。

图 5-29 所示为已经在生产中得到应用的典型三相交—交变频电流控制系统。

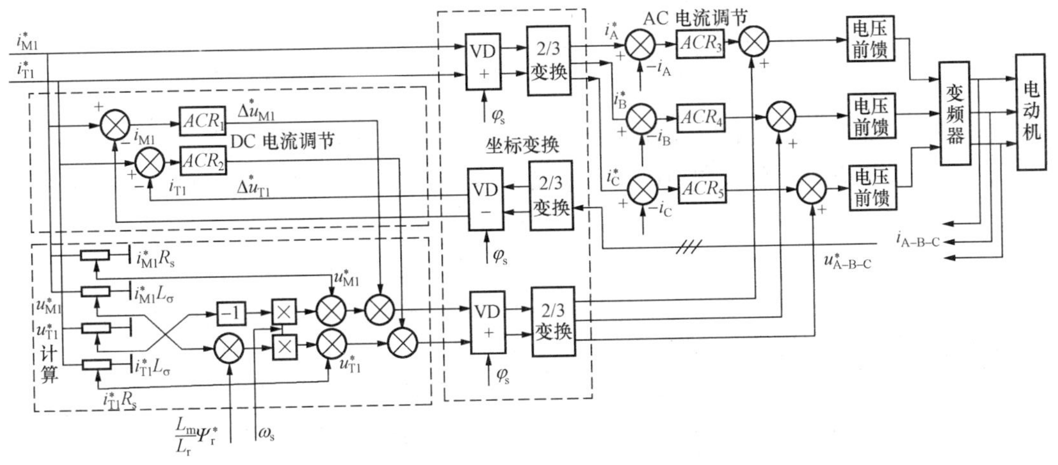

图 5-29　典型三相交—交变频电流控制系统

5.8.2　异步电动机交—交变频调速系统的基本结构

在异步电动机矢量控制调速系统中，为了获得良好的转速动态性能和实现转子磁场定向控制，通常选择转速和转子磁链两个变量作为系统的被调量，加上前述的定子电流闭环，即构成具有电流、磁链及转速闭环控制的异步电动机矢量控制调速系统，如图 5-30 所示。

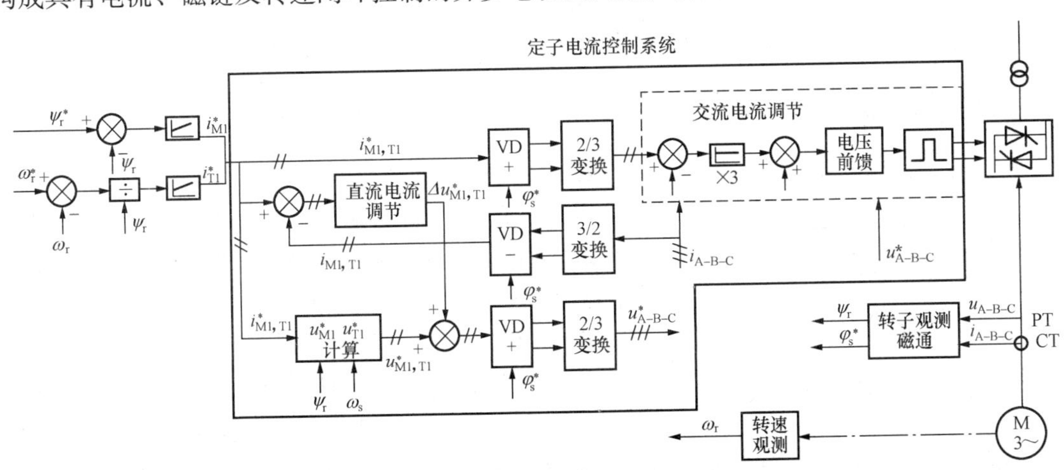

图 5-30　异步电动机矢量控制调速系统

该系统是以定子电流控制环为内环，以转子磁链及转速环为外环（其中磁链环和转速环为并行关系）的双闭环控制系统。系统中的定子电流采用了“PI电流控制法”，磁链和转速采用了磁通观测器和无转速传感器技术。

一、定子电流控制系统

根据异步电动机的性质，对电机转矩的控制实质上是通过对定子电流的控制来实现的。图5-30所示系统中采用了“PI电流控制法”的定子电流（变频器电流）控制系统，它由交流电流调节，直流电流调节，定子电压给定u_{M1}^{*}、u_{T1}^{*}计算电路，矢量控制所需的坐标变换等环节组成。其原理图如图5-30框中所示。

在该电流控制系统中，给定输入有两路，励磁电流给定来自于磁链调节器的输出i_{M1}^{*}；转矩电流给定来自于转速调节器的输出i_{T1}^{*}，它们一路用于直流电流调节系统的给定和定子电压给定“u_{M1}^{*}、u_{T1}^{*}计算电路”之用；另一路经2R/2S和2S/3S变换环节输出作为交流电流调节系统的给定。

该电流控制系统的反馈输入采用与直流调速系统中相同的交流电流检测方法获得定子三相电流实际值，一路直接作为交流电流调节系统的反馈信号i_{A-B-C}；另一路经3S/2S和2S/2R变换环节输出，作为直流电流调节系统的反馈信号i_{M1-T1}。

以交流电流调节器和直流电流调节器为核心构成定子电流控制系统。该电流控制系统的输出作用于交—交变频器，将其改造成具有电流源特性的变频器，用于高性能调速系统。

二、转子磁链控制系统

异步电动机的磁场定向、转矩控制都离不开对转子磁链的控制，转子磁链作为感应电动机矢量控制系统的被控量之一是必需的。图5-30所示系统应用间接磁链检测方法进行转子磁通观测，实现磁链的开闭环复合控制。在不考虑弱磁控制的情况下，转子磁链控制系统包括下列几个环节。

1. 磁链给定环节

在调速系统中，磁链给定值Ψ_{τ}^{*}由系统设定，在不考虑弱磁调速情况下，这一环节就是一个恒值给定环节。磁链给定值Ψ_{τ}^{*}的一路经“i_{M1}^{*}计算电路”送至定子电流调节系统励磁电流分量输入端，通过定子电流控制系统来改变励磁电流大小；另一路送至磁链调节环节调节转子磁链。

2. 磁链调节环节

磁链调节环节如图5-31所示。

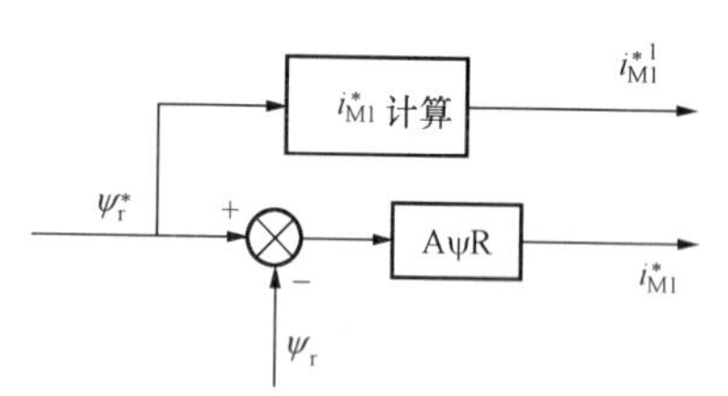

图5-31 磁链调节环节

磁链给定值Ψ_{τ}^{*}减磁链实际值Ψ_{τ}得磁链误差信号$\Delta\Psi=\Psi_{\tau}^{*}-\Psi_{\tau}$，然后送磁链调节器AΨR。以磁链调节器AΨR为核心的磁链闭环系统对磁链进行调节。磁链调节器AΨR采用比例—积分调节器。

在转子磁链控制环节中，根据转子磁链获取方式的不同，有直接矢量控制和间接矢量控制之分；若采用电流模型、电压模型方法获取转子磁链，又有磁链开环、磁链闭环和磁链开闭环复合控制之分。该系统中采用了磁链开闭环复合控制系统。

三、转速闭环控制系统

异步电动机矢量控制系统重点控制的变量就是电动机的转速，在高性能调速系统中转速控制均采用闭环控制。

（1）转速给定和转速调节器。转速给定环节一般是一个带有正负限幅的恒值给定环节；转速调节器是比例—积分调节器，输入是转速给定 ω_r^*（n^*）和转速实际值 $\omega_r(n)$ 的偏差，输出为定子电流转矩分量给定 i_{T1}^*。

（2）转速检测环节。为了实现转速闭环控制，需要检测异步电动机转子的旋转转速。常用的转速检测方法有：用测速发电机检测转速、用光电方法测速等，这些利用转速传感器的测速方法不可避免地要在电机上安装硬件装置。对笼型异步电动机而言，转速传感器的安装将破坏电动机本身坚固、简单、低成本的优点。因此异步电动机调速系统通常采用无转速传感器技术。

5.8.3 基于“工程设计方法”的调节器设计

在异步电动机交—交变频矢量控制调速系统中，通常选择转子转速和转子磁链作为系统的被调量。根据电机数学模型的有关方程，图 5-30 带电流、磁链及转速闭环的异步电动机矢量控制调速系统的结构可用图 5-32 表示。

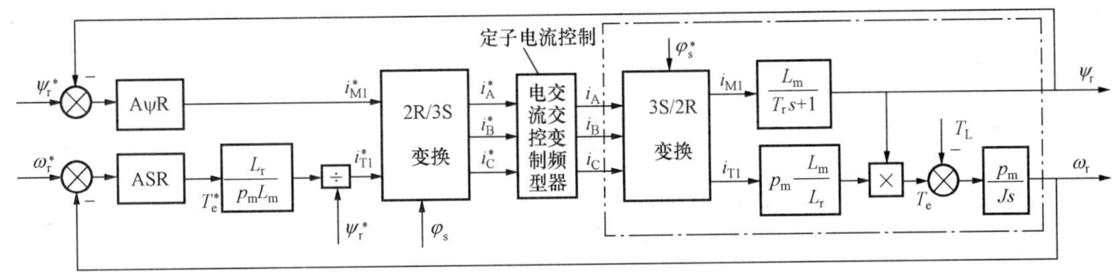

图 5-32 异步电动机交—交变频调速系统结构图

图 5-32 中，从输入 i_{M1}^*、i_{T1}^* 到输出 i_{M1}、i_{T1} 的部分为定子电流控制系统，它是调速系统的内环；调速系统的外环是转子磁链及转速环，AΨR 和 ASR 为磁链和转速控制器，其中磁链环和转速环为平行结构关系；虚线框内为基于矢量控制原理的异步电动机动态结构图，通过坐标变换，将异步电动机等效成直流电动机进行控制；加入 T_e^* 和 i_{T1}^* 之间的环节是为了抵消电动机结构图中 i_{T1} 和 T_e 间的耦合环节；φ_s^* 和 φ_s 为坐标变换所需的磁链位置角；右上角带 * 的变量为给定值，不带 * 者为实际值。采用定子电流内模控制后，消除了电动机的交叉耦合，这样图 5-32 系统就可等效成两个独立的、以转子转速和转子磁链为输出量的直流控制系统了。

在单变量线性调速系统中，调节器设计常采用“工程设计方法”。交流电动机是一个多变量、非线性、强耦合的被控对象，在带电流、磁链及转速闭环控制的异步电动机矢量控制系统中，当采用矢量控制后，整个调速系统被解耦成电流、磁链和转速三个独立的单变量线性系统，因此也可采用单变量线性系统常用的工程设计方法来设计。下面概述采用工程设计方法设计系统调节器的方法。在多环系统中，用工程设计方法设计调节器的顺序是先内环，后外环。为此，应先设计电流控制内环再设计磁链和转速控制外环。

一、电流环的设计

本系统采用的三相交—交变频电流控制系统如图 5-29 所示，它有图 5-33 所示的结构关系。该电流控制系统设置了直流和交流两套电流调节系统，因此需要分别进行交流电流调节器和直流电流调节器的设计。

1. 交流电流调节器设计

可以看出，交流电流调节器的调节对象为电压前馈环节、交—交变频器及异步电动机，电压前馈是系数为 1 的加法器。

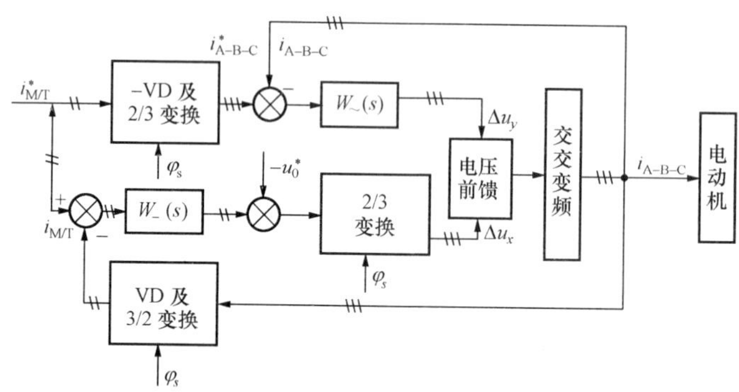

图 5 - 33　电流控制系统结构关系图

（1）异步电动机的传递函数。按转子磁场定向时，异步电动机的电压方程为

$$u_{M1}=(R_s+\sigma L_s p)i_{M1}-\omega_s\sigma L_s i_{T1}+p\frac{L_m}{L_r}\Psi_r$$

$$u_{T1}=(R_s+\sigma L_s p)i_{T1}+\omega_s\sigma L_s i_{M1}+\omega_s\frac{L_m}{L_r}\Psi_r \tag{5-83}$$

因为恒磁通调速，故 $p\Psi_r=0$。通过电压前馈的解耦作用，则式（5 - 83）可变成

$$\left.\begin{aligned}u_{M1}&=\sigma L_s p i_{M1}\\u_{T1}&=\sigma L_s p i_{T1}\end{aligned}\right\} \tag{5-84}$$

由此可得电机定子电压与电流间的关系为：

两相旋转坐标系下，有

$$\begin{bmatrix}i_{M1}\\i_{T1}\end{bmatrix}=\begin{bmatrix}\frac{1}{T_d s}&0\\0&\frac{1}{T_d s}\end{bmatrix}\begin{bmatrix}u_{M1}\\u_{T1}\end{bmatrix}$$

式中：T_d 为时间常数，$T_d=\sigma L_s$。

三相静止坐标系下，有

$$\begin{bmatrix}i_A\\i_B\\i_C\end{bmatrix}=\begin{bmatrix}\frac{1}{T_d s}&0&0\\0&\frac{1}{T_d s}&0\\0&0&\frac{1}{T_d s}\end{bmatrix}\begin{bmatrix}u_A\\u_B\\u_C\end{bmatrix} \tag{5-85}$$

（2）交—交变频器的传递函数。通常交—交变频器的传递函数是 $K_s/(T_s s+1)$ 的惯性环节。此处 T_s 为交—交变频器的惯性时间常数。因交—交变频器是由三相全控桥整流器反并联构成，故 $T_s=1.7\text{ms}$。它和其他一些小时间常数（反馈滤波、触发输入滤波等）合在一起考虑时，$T_s=3\text{ms}$。

（3）交流电流调节环的动态结构。由式（5 - 85）可知，在静止坐标系中，异步电动机

每一坐标轴上都是一个时间常数为 $T_d=\sigma L_s$ 的积分环节，则

$$i_x=\frac{1}{T_d s}u_x \tag{5-86}$$

式（5-86）中，下标“x”代表A、B、C中任一分量。所以交流电流调节环可绘成图5-34所示的结构形式，成为三个独立的无耦合的线性系统。

图5-34中，Δu_x 为直流电压前馈补偿环节的输出，当将其折合到输入端后，Δu_x 等效成输入端信号 $\Delta u_x/K_i$，这样交流电流调节器的调节对象就是一个积分和一个小时间常数的惯性环节，用工程设计方法将其设计成典型Ⅰ型系统。则交流电流调节器可选为P调节器，其比例系数为

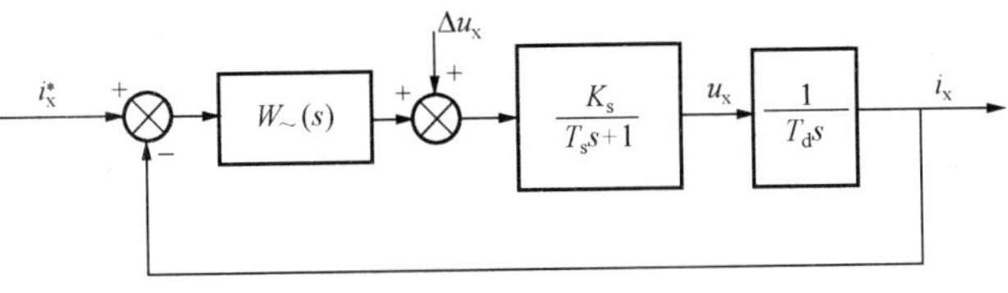

图5-34 交流电流调节环框图

$$K_i=\frac{T_d}{2K_s T_s} \tag{5-87}$$

当交流电流调节环设计好后，可用一个时间常数为 $T_{eq.i}=2T_s$（等效时间常数）的小惯性环节来等效。此时交流电流环等效传递函数为 $1/(2T_s s+1)$，等效时间常数 $T_{eq.i}=2T_s=6\text{ms}$。

2. 直流电流调节器设计

图5-30中，输出电流

$$i_x=\frac{1}{1+2T_s s}\left(i_x^*+\frac{\Delta u_x}{K_i}\right)=i'_x+\Delta i_x \tag{5-88}$$

式中：i'_x 为输入量 i_x^* 产生的输出；Δi_x 为输入 $\Delta u_x/K_i$ 产生的输出。

由式（5-88）得A—B—C坐标系下

$$\left.\begin{aligned}\Delta i_A&=\frac{1/K_i}{2T_s s+1}\cdot\Delta u_A\\ \Delta i_B&=\frac{1/K_i}{2T_s s+1}\cdot\Delta u_B\\ \Delta i_C&=\frac{1/K_i}{2T_s s+1}\cdot\Delta u_C\end{aligned}\right\} \tag{5-89}$$

M—T坐标系下

$$\left.\begin{aligned}\Delta i_{M1}&=\frac{1/K_i}{2T_s s+1}\cdot\Delta u_{M1}\\ \Delta i_{T1}&=\frac{1/K_i}{2T_s s+1}\cdot\Delta u_{T1}\end{aligned}\right\} \tag{5-90}$$

式（5-89）的分式是直流电流调节器的调节对象，于是直流电流环框图如图5-35所示：

直流电流调节器的调节对象为仅含有一个小时间常数的惯性环节，它的作用主要是消除稳态误差，通常也将其设计成典型Ⅰ型系统。调节器采用积分调节器，积分时间常数为

$$\tau_i=\frac{8K_s T_s^2}{T_d} \tag{5-91}$$

根据图 5-35 可求出直流电流调节环的闭环传递函数为

$$\frac{i_y(s)}{i_y^*(s)}=\frac{\frac{1}{\tau_i s}\cdot\frac{1}{K_i(2T_s s+1)}}{1+\frac{1}{\tau_i s}\cdot\frac{1}{K_i(2T_s s+1)}}=\frac{1}{4T_s s+1}=\frac{1}{T_{eq.Di}s+1} \tag{5-92}$$

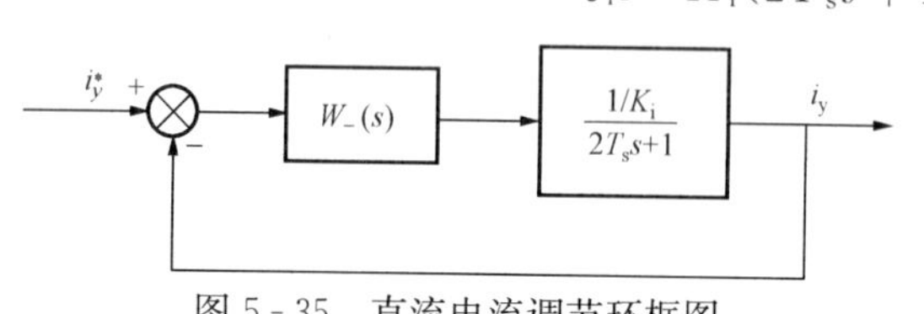

图 5-35　直流电流调节环框图

直流电流调节环节等效时间常数为

$$T_{eq.Di}=2T_{eq.i}=4T_s=12\text{ms} \tag{5-93}$$

此时，整个定子电流调节环节（交流电流调节环加直流电流调节环）可近似地用两个独立的、无耦合的惯性环节来等效，即

$$\left.\begin{aligned} i_{M1}&=\frac{1}{T_{eq.Di}s+1}i_{M1}^* \\ i_{T1}&=\frac{1}{T_{eq.Di}s+1}i_{T1}^* \end{aligned}\right\} \tag{5-94}$$

二、磁链环的设计

在异步电动机中有

$$\Psi_r=\frac{L_m}{T_r s+1}i_{M1}$$

$$T_r=\frac{L_r}{R_r}=\frac{L_m+L_{r\sigma}}{R_r}$$

式中：$L_{r\sigma}$、R_r 为转子绕组漏感及电阻。

磁链环结构如图 5-36 所示。

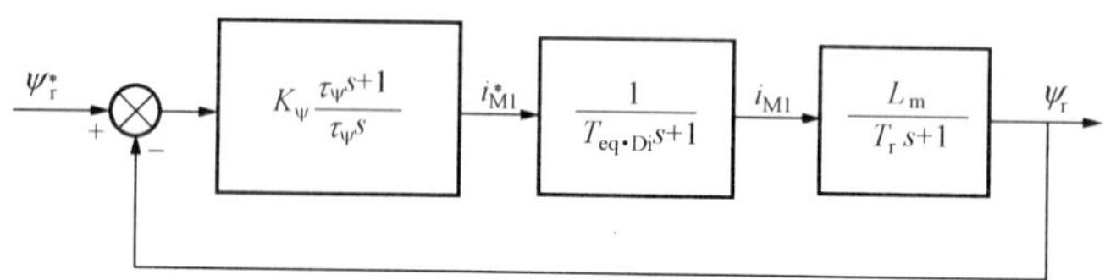

图 5-36　异步电动机磁链调节环框图

由图 5-36 可见，磁链环调节对象是一个大时间常数 T_r 及一个小时间常数 $T_{eq.Di}$ 的惯性环节，所以磁链调节器应选 PI 调节器。图中 K_Ψ 为磁链调节器的比例系数，τ_Ψ 为积分时间常数。

根据工程设计方法，将磁链调节环设计成典型Ⅰ型系统，使磁链调节器的积分时间常数 $\tau_\Psi=T_r$，且按“二阶最佳”选择调节器参数。则积分时间常数

$$\tau_\Psi=T_r$$

比例系数

$$K_\Psi=\frac{T_r}{2L_m T_{eq.Di}}$$

三、转速环的设计

转速调节环结构图如图 5-37 所示。

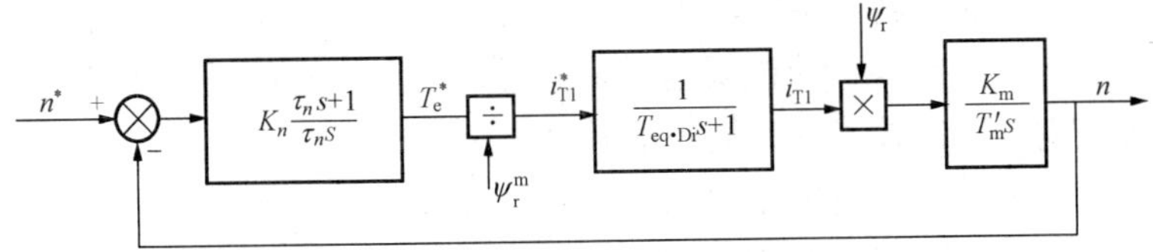

图 5－37　异步电动机转速调节环结构图

由图 5－37 可见，异步电动机的转速调节对象存在耦合：磁链 Ψ_r 乘转矩电流分量 i_{T1}。它们的耦合关系为

$$T_e = p_m \frac{L_m}{L_r} i_{T1} \Psi_r = K_m i_{T1} \Psi_r \quad (p_m \text{ 为电机极对数})$$

电动机转速与转矩间的关系可由运动方程求得，因为

$$T_e - T_L = \frac{1}{p_m} J \frac{d\omega_r}{dt}$$

J 为拖动系统的转动惯量。

在研究动态传递函数时，如为恒转矩负载，可认为 $\Delta T_L = 0$，则有

$$n(s) = \frac{p_m}{2J\pi s} T_e(s) = \frac{1}{T'_m s} T_e(s) \tag{5-95}$$

$$T'_m = \frac{2J\pi}{p_m}$$

为解开转速调节环中的耦合，在转速调节器中加入除法器 $i_{T1}^* = T_e^* / \Psi_r^m$，其中 Ψ_r^m 是磁链模型值。若模型准确，Ψ_r^m 等于磁链实际值 Ψ_r，这除运算抵消了转速调节对象中的乘运算，把转速调节环解耦成独立的单变量线性系统，如图 5－38 所示。从定子电流转矩分量给定 i_{T1}^* 到实际值 i_{T1}，整个定子电流调节环用一个小时间常数 $T_{eq.Di}$ 的惯性环节代替。

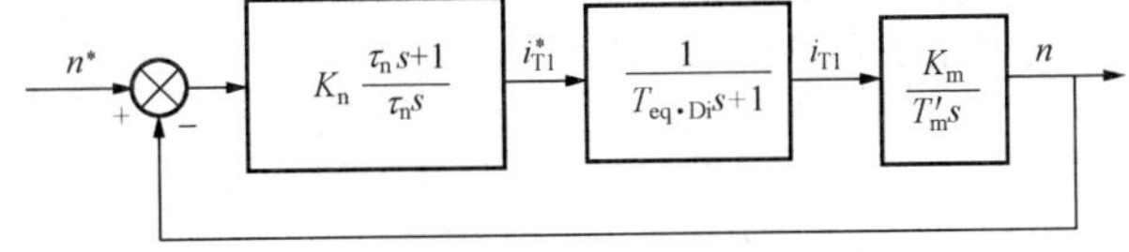

图 5－38　解耦后的转速环动态结构图

由图 5－38 知，转速环调节对象是一个积分和一个小时间常数环节，通常将转速环设计成典型Ⅱ型系统，所以转速调节器采用比例—积分调节器，调节器的比例系数

$$K_n = \frac{h+1}{2h} \cdot \frac{T'_m}{K_m T_{eq.Di}}$$

积分常数

$$\tau_n = h T_{eq.Di}$$

习题与思考题

1. 简述矢量控制的基本思路。
2. 矢量控制中常用哪几种磁场定向方式？
3. 列出矢量控制中所用到的坐标变换式。
4. 写出异步电动机按转子磁链定向时的数学模型表达式。
5. 说明用电流模型Ⅱ法观测转子磁链的方法，该观测方法适合在什么场合使用？

6. 说明用电压模型观测转子磁链的方法，该观测方法适合在什么场合使用？

7. 为什么高性能笼型异步电动机调速系统需要采用无转速传感器技术？

8. 列举用无转速传感器技术估计转速的几种方法。

9. 说明异步电动机定子电流控制 PI 法的控制规律。

10. 从异步电动机按转子磁链定向时的动态结构图上说明交叉电动势的存在以及消除方法。

6　同步电动机调速系统及其控制技术

本章在介绍同步电动机基本概念的基础上，重点分析了正弦波永磁同步电动机调速系统、方波永磁同步电动机调速系统、大功率交—交变频同步电动机调速系统的工作原理，以及系统的构成和一些具体问题。

6.1　同步电动机的种类及其调速原理

同步电动机的转速与电源频率保持同步关系，只要电源频率不变，同步电动机的转速就保持不变，与负载大小无关。此外，改变励磁电流可以调节同步电动机的功率因数，若使其工作在容性状态，向电网输送超前无功，则可改善电网的功率因数。但是，同步电动机也存在起动困难和重载时失步的缺点。

由于电力电子技术的迅速发展，各种形式的变频电源、整流装置的研制成功以及计算机技术、控制理论的发展，使同步电动机调速系统的发展呈现了崭新的局面。变频装置作为同步电动机的软起动设备解决了同步电动机起动困难的问题；以微处理器为核心的转速和频率的闭环控制，又解决了同步电动机的失步问题。这两个问题的解决从根本上改变了同步电动机在调速领域的地位。

6.1.1　同步电动机的结构及其种类

同步电动机由定子和转子组成，其定子和异步电动机的定子结构基本相同，都是由定子铁芯、三相对称的绕组以及固定铁芯用的机座和端盖等部件组成。空间上对称的三相绕组通入时间上对称的三相电流就会产生一个空间旋转磁场，旋转磁场的同步转速为

$$n_0 = n = \frac{60 f_s}{p_m} \tag{6-1}$$

式中：f_s 为定子电源频率；p_m 为电机极对数。

同步电动机的转子与异步电动机不同，它有两种结构形式，即隐极式和凸极式，分别如图 6-1（a）、（b）所示。凸极式转子的优点是制造方便，但有明显的磁极，使气隙不均匀，造成直轴磁阻小，与之垂直的交轴磁阻大，从而使两轴的电感系数不等。隐极式同步电机内部气隙是均匀的，机械强度好，但制造工艺较复杂。

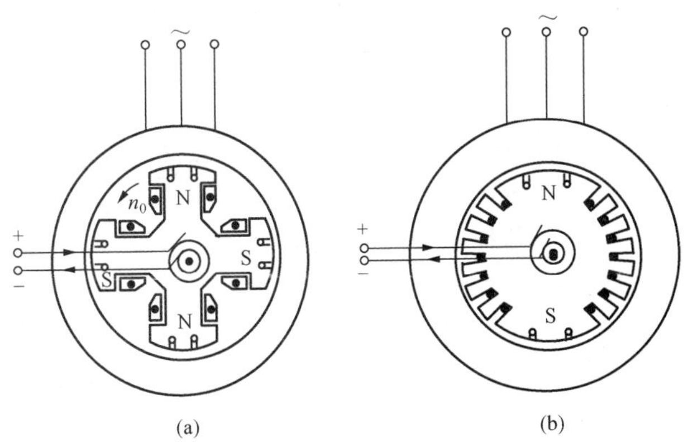

图 6-1　同步电动机的转子结构示意图
（a）凸极式；（b）隐极式

同步电动机的转子铁芯上装有励磁绕组，由直流励磁电源供电，

相邻磁极的极性呈N与S交替排列，该励磁方法称为有刷励磁。另外励磁绕组也可由交流励磁机经过随转子一起旋转的整流器供电，组成无刷励磁系统，这些都是针对一般大、中型同步电动机而言的。小容量同步电动机转子常用永久磁铁励磁，其磁场可视为恒定。

同步电动机转子磁极表面常装有类似笼型异步电动机转子上的短路绕组，称为起动绕组。同步电动机在恒频下运行时，起动绕组主要用作起动和抑制重载时容易发生的振荡。

6.1.2 同步电动机的调速原理

同步电动机采用双边励磁方式，定子三相对称绕组通入三相对称交流电在气隙内产生旋转磁场，转子绕组通入直流电产生恒定的励磁磁场，此时转子可以看成一块磁铁。电磁转矩是由两磁场的相互作用产生的，由同步电机理论可知，$T_e=C_mF_sF_r\sin\theta$，其中F_s为定子磁动势，F_r为转子磁动势。起动时，只要保证定、转子两磁动势之间的夹角$0<\theta<180°$，电动机就能产生电动的电磁转矩，拖动负载旋转；稳态时，只要定、转子磁动势相对静止，就能产生单一方向恒定的电磁转矩，驱动电动机以同步转速旋转。

由式（6-1）知，改变供电电源的频率就可改变同步电动机的转速，实现变频调速。按频率控制方式的不同，可分成两种调速，即他控式变频调速和自控式变频调速。他控式变频调速系统是由独立的变频装置给同步电动机提供变压变频电源，变频装置的输出频率是由转速给定信号决定的，这种系统通常为开环控制系统。自控式变频调速系统是由电动机的转子位置检测器来产生变频装置的触发脉冲，从而给同步电动机提供变压变频电源，保证逆变器输出的频率和电动机转速保持同步，组成了电源频率自动跟踪转子位置的闭环系统。

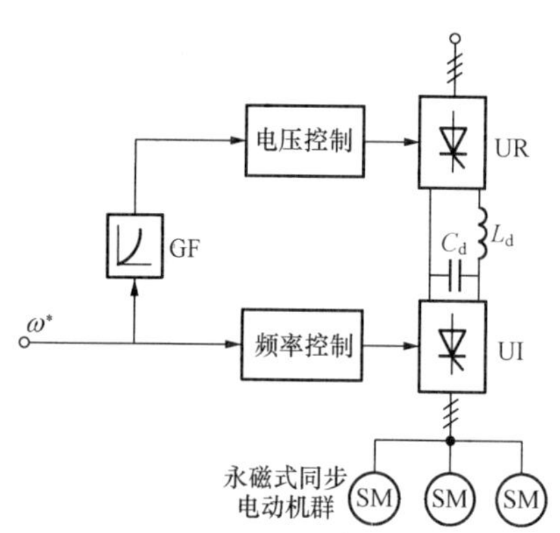

图6-2 多台同步电动机的恒压频比他控式变频调速系统

GF—函数发生器；UR—整流器；UI—逆变器

一、他控式同步电动机变频调速系统

以转速开环恒压频比控制的同步电动机变频调速系统为例，这种简单的他控式同步电动机变频调速系统，多用于小容量多电机拖动系统中，如图6-2所示。多台永磁同步电动机并联接在公共的变频器上，由统一的转速给定信号ω^*同时调节各电动机的转速，带定子电压补偿的函数发生器GF保证了变频器的恒压频比控制。

二、自控式同步电动机变频调速系统

自控式同步电动机变频调速系统主要由同步电动机、变频器、转子位置检测器和控制单元组成，如图6-3中所示。

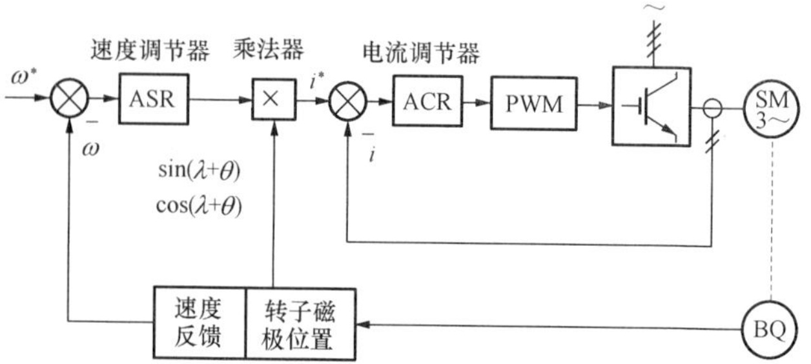

图6-3 自控式同步电动机变频调速系统

SM—同步电动机；BQ—转子位置检测器；ASR—转速调节器；ACR—电流调节器

控制单元的作用主要是分析来自转子位置检测器的信号，判明转子的真实位置和转速后，按一定的控制策略产生控制信号，控制变频器输出三相电流（电压）的频率、幅值和相位大小，达到同步转速跟踪转子转速的目的。

其实，自控式同步电动机的调速仍属交流电动机变频调速的范畴，只是频率的改变要靠转子角转速来决定。与其他交流调速一样，归根结底都是要通过改变电磁转矩的大小和方向来达到调节转速的目的。自控式同步电动机的电磁转矩和电动机的定、转子电流有关，因此，调节定子电流大小或相位以及转子磁动势的大小就可以达到调速的目的。

自控式同步电动机变频调速能从根本上消除同步电动机转子振荡和失步的隐患。这是因为给同步电动机定子供电的变频装置的输出频率受转子位置检测器的控制，即定子旋转磁场的转速与转子旋转的转速相等，始终保持同步，因此不会由于负载冲击等原因造成失步现象。

6.2　正弦波永磁同步电动机调速系统

由于稀土永磁材料具有很高的剩磁密度和很大的矫顽力，由此做成的永磁转子在电动机内所需空间小，且它的导磁系数与空气导磁系数相近，对于径向结构的电机交轴和直轴磁路磁阻均较大，可大大减少电枢反应。因此，永久磁铁励磁的同步电动机具有体积小、质量轻、效率高，转子无发热问题，控制系统较异步电动机简单等特点。永磁同步电动机广泛用于千瓦级以下的伺服传动系统中。

正弦波永磁同步电动机具有三相定子分布绕组及永磁转子，在磁路结构和绕组分布上保证定子感应电动势具有正弦波形。由脉宽调制（PWM）逆变器来保证同步电动机的外加电压及电流也是正弦波。永磁同步电动机采用自控式变频调速方法，在电动机轴上安装有转子磁极位置检测器，能检测出转子的磁极位置，控制定子侧变频器的电流频率和相位，使定子电流和转子磁链总是保持确定的关系，从而产生恒定的转矩。

6.2.1　正弦波永磁同步电动机的调速原理

由于转子磁通恒定，永磁同步电动机调速系统常采用转子磁场定向的矢量控制技术，即将两相旋转坐标系的 d 轴定在转子磁链 Ψ_r 方向上，其矢量图如图 6 - 4 所示。

在转子 d—q 坐标系下，永磁同步电动机的定子电压方程为

$$\left.\begin{aligned} u_{d1} &= R_s i_{d1} + p\Psi_{d1} - \omega_r \Psi_{q1} \\ u_{q1} &= R_s i_{q1} + p\Psi_{q1} + \omega_r \Psi_{d1} \end{aligned}\right\} \qquad (6-2)$$

式中：u_{d1}、u_{q1} 为定子电压矢量 u_s 的 d、q 轴分量；ω_r 为转子角频率；p 为微分因子。

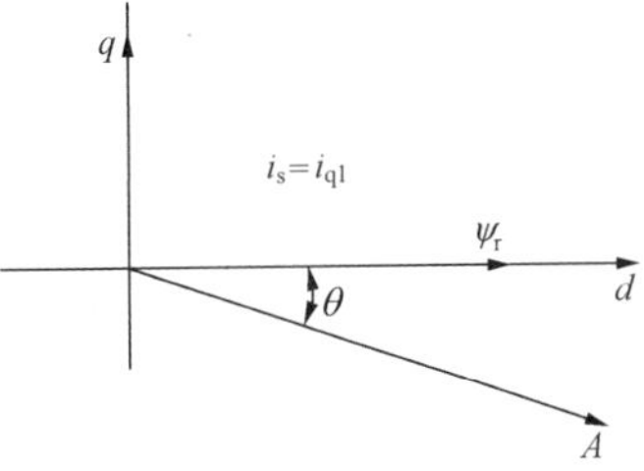

图 6 - 4　永磁同步电动机 $i_{d1}=0$ 时的矢量图

永磁同步电动机定子磁链方程为

$$\left.\begin{aligned} \Psi_{d1} &= L_d i_{d1} + \Psi_r \\ \Psi_{q1} &= L_q i_{q1} \end{aligned}\right\} \qquad (6-3)$$

式中：L_d、L_q 为永磁同步电动机的直轴、交轴主电感；i_{d1}、i_{q1} 为定子电流矢量 i_s 的直轴、交轴分量。

永磁同步电动机转矩方程为

$$T_e = p_m(\Psi_{d1} i_{q1} - \Psi_{q1} i_{d1}) = p_m[\Psi_r i_{q1} + (L_d - L_q) i_{q1} i_{d1}] \qquad (6-4)$$

在基速以下恒转矩运行区中，常采用定子电流矢量位于 q 轴且全部用于产生转矩的控制

方式，即 $i_{d1}=0$，$i_{q1}=i_s$。此时，电动机转矩方程变为

$$T_e=p_m\Psi_r i_s \tag{6-5}$$

由于转子为永磁结构，Ψ_r 为常数，转矩仅与定子电流的幅值成正比，类似于直流电机，实现了解耦控制。只要控制好定子电流的幅值，就会得到满意的转矩控制特性。

永磁同步电动机调速系统的原理图如图 6-5 所示。

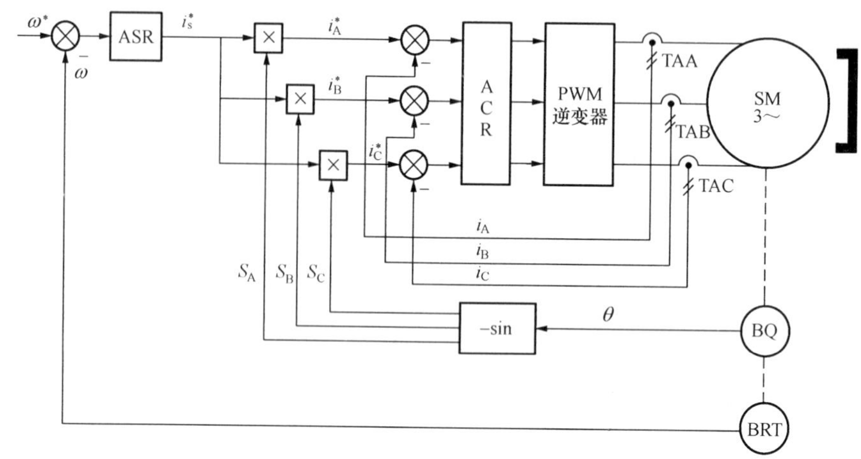

图 6-5　永磁同步电动机调速系统工作原理图

首先，将转子位置检测器测取的转子位置角 θ（旋转的 d 轴与静止的 A 轴之间的夹角），经正弦波函数发生器转换成三个互差 120°的位置角正弦信号，则有

$$\left.\begin{aligned}S_A&=-\sin\theta\\S_B&=-\sin(\theta-120°)\\S_C&=-\sin(\theta+120°)\end{aligned}\right\} \tag{6-6}$$

这三个位置正弦信号与转速调节器 ASR 的输出 i_s^* 相乘后，作为电流调节器 ACR 的给定信号 i_A^*、i_B^*、i_C^*。电流调节器 ACR 的输出作为变频器的控制信号，从而使变频器输出能够满足同步电动机控制要求的电流信号 i_A、i_B、i_C。

由矢量图 6-4 可知，只有当

$$\left.\begin{aligned}i_A&=-I_s\sin\theta\\i_B&=-I_s\sin(\theta-120°)\\i_C&=-I_s\sin(\theta+120°)\end{aligned}\right\} \tag{6-7}$$

才能满足 i_s 位于 q 轴的控制方式要求。其中，I_s 为变频器输出的定子电流幅值（最大值）。

从空间矢量上来看，三相定子电流的空间合成矢量为

$$i_s=i_A+\alpha i_B+\alpha^2 i_C=1.5I_s e^{j(\theta+90°)} \tag{6-8}$$

式中：α 为旋转因子，$\alpha=e^{-j120°}$，$\alpha^2=e^{j240°}$。

电流矢量的幅值为定子电流幅值 I_s 的 1.5 倍，方向超前 d 轴 90°，即位于 q 轴，旋转角为

$$\theta=\int\omega_r dt \tag{6-9}$$

因此，由转矩方程式（6-5）得到的电磁转矩为

$$T_e=p_m\Psi_r i_s=1.5p_m\Psi_r I_s=K_m I_s \tag{6-10}$$

式中：K_m 为比例系数，$K_m=1.5p_m\Psi_r$。

由式（6-10）可知，转矩与电流幅值成正比，控制转矩的大小实际上就是控制定子电流幅值的大小。在此转矩下，电动机以角转速 ω_r 旋转，θ 值增加，相应的定子合成电流矢量也以角频率 ω_r 做正弦变化，始终保持定子合成电流（磁动势）矢量超前转子 90°，系统正常运行。

6.2.2　正弦波永磁同步电动机调速系统

如图 6-6 所示，正弦波永磁同步电动机调速系统的主回路由脉宽调制（PWM）逆变器、永磁同步电动机、转子位置检测器、电流传感器和转速传感器组成。控制回路由转速调节器、矢量变换器、电流调节器、PWM 生成器及驱动电路、转速反馈变换回路组成。

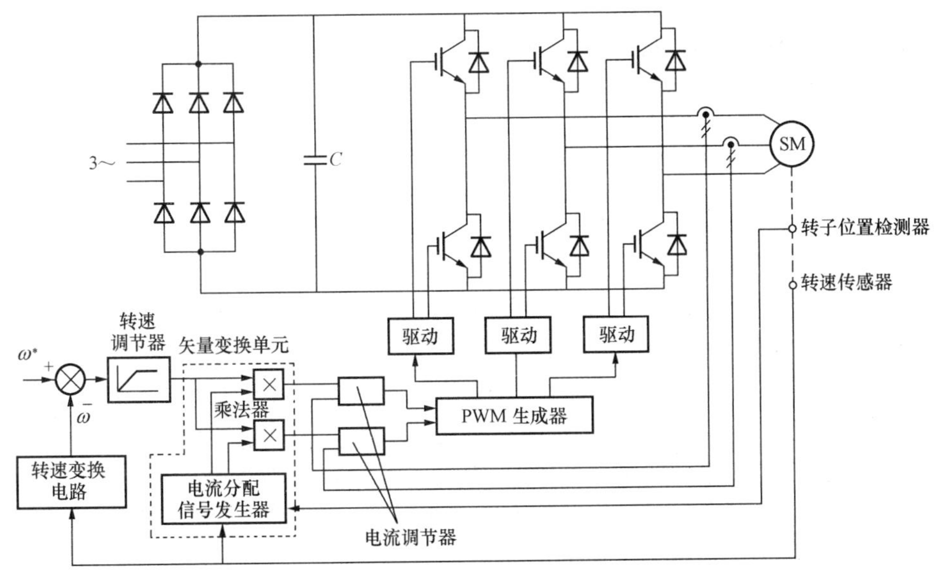

图 6-6　永磁同步电动机调速系统的结构原理图

一、主回路的组成和控制

1. 变频器

由于正弦永磁同步电动机采用转子磁场定向控制，电流矢量的相位由转子位置检测器和矢量变换器保证，由式（6-10）知，电磁转矩只与定子电流的幅值成正比。所以，变频器应采用电流控制方式。可以采用带电流内环控制的电压源型 SPWM 变压变频器，也可以采用电流滞环跟踪型的 PWM 变压变频器。电流滞环跟踪型的 PWM 变压变频器的控制目标是：使输出电流在一定的误差范围内，跟随给定电流的变化，具体原理见 **4.4.4**。

2. 电流检测

由于永磁同步电动机定子三相常接成星形且中性点悬空；三相中只有两相独立，故回路中电流检测只用两相，另外一相的反馈电流通过被测两相电流相加取反后得到。电流调节器（滞环型）与 PWM 回路组合成电流跟踪型 PWM 逆变器。这样，控制系统只需根据转子磁场定向控制的要求，控制给定电流 i^* 的幅值、频率和相位即可。

3. 转子位置检测器及转速传感器

转子位置检测器肩负着检测转子磁极位置，使定子电流和转子磁链始终保持确定的关系这一重任。可采用增量式光电码盘检测器，它不仅能提高控制系统的准确度，还能直接输出

θ 角的正弦信号。

转速传感器用来检测转子转速，通过转速调节器实现转速的无差调节，形成转速闭环控制系统。

二、控制回路及系统工作原理

控制回路中的转速调节器采用 PI 调节器，其输入为转速给定值和反馈值，输出为转矩给定，即电流幅值的给定值（直流量）。此给定值与转子磁极位置检测电路的输出信号（角度已转化为相应的正弦值）相乘，得到三相正弦波电流的瞬时给定值 i_A^*、i_B^*、i_C^*，其中 $i_C^*=-(i_A^*+i_B^*)$。它们在同步电动机中生成的合成电流矢量 i_s 超前转子 d 轴 90°。因此，在图 6-6 中，三相正弦信号发生器要根据转子位置角 θ 产生三个互差 120°的三相平衡电流，见式（6-6）。

三相电流给定值与三相电流反馈值比较后，经过滞环电流跟踪型 PWM 逆变器，输出三相对称交流电到永磁同步电动机的三相绕组中，永磁同步电动机就会产生与电流幅值成正比的电磁转矩，使电机正向（设为逆时针方向）旋转。

6.3 方波永磁同步电动机调速系统

6.3.1 方波永磁同步电动机的调速原理

方波永磁同步电动机的原理与有刷直流电动机相似，其转子为永磁结构，经专门的磁路设计，产生梯形波气隙磁场。定子为集中整距绕组，其感应的电动势也为梯形波，大小与转子磁通和转速成正比。在一个具有恒定磁密分布的磁极下，只要保证定子绕组中通入的电流总量恒定，就可以产生恒定的转矩，且转矩只与定子电流的大小有关。方波永磁同步电动机三相定子绕组的反电动势、电流波形如图 6-7 所示，它们具有严格的同相关系，每相电流为 120°导电型的交流方波，且三相对称。

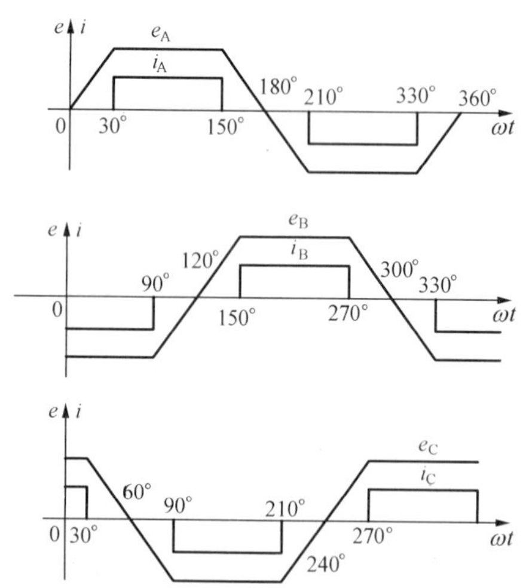

图 6-7 方波永磁同步电动机三相定子绕组的反电动势、电流波形

方波永磁同步电动机三相定子绕组的电流由逆变器提供。由于各相电流都是方形波，逆变器只需按直流 PWM 控制，较 SPWM 逆变器的控制简单。只要控制好逆变器各桥臂功率元件的开关时间就能满足上述要求。但是定子方波电流的通电时刻与感应电动势波形、转子磁极位置有严格的对应关系，不然会产生大的转矩脉动，使平均转矩减小。因此，逆变器的控制信号也来自转子位置检测器，根据转子磁极位置，逆变器依次换向，其换向关系原理如图 6-8 所示。换相顺序为：VT1→VT2→VT3→VT4→VT5→VT6→VT1。

然而，电动机是感性负载，电流不可能突跳，电流波形实际上也是梯形波，因此通过气隙传递到转子的电磁功率也是梯形波。实际的电磁转矩波形每隔 60°都会出现一个缺口，造成转矩脉动。所以，方波永磁同步电动机调速系统在准确度和调速性能上低于正弦波永磁同步电动机调速系统。

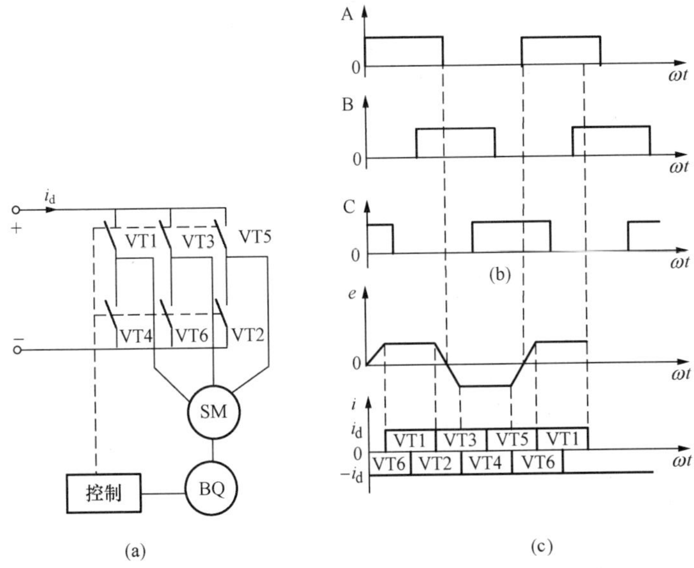

图 6-8　转子位置检测信号、定子电流及换向关系

(a) 主回路原理图；(b) 转子位置检测信号；(c) 定子电流及换相关系

6.3.2　方波永磁同步电动机的数学模型

由于方波永磁同步电动机的感应电动势、电流为梯形波，不便用矢量表示，因而 d、q 变换理论已不再适用。由于稀土永磁材料的磁导率很低，转子的磁阻很高，可忽略高次谐波及非线性电感的影响，在静止的 A、B、C 坐标上建立方波永磁同步电动机的数学模型。因此，三相定子电压的平衡方程式的状态方程为

$$\begin{bmatrix} u_A \\ u_B \\ u_C \end{bmatrix} = \begin{bmatrix} R_s & 0 & 0 \\ 0 & R_s & 0 \\ 0 & 0 & R_s \end{bmatrix} \begin{bmatrix} i_A \\ i_B \\ i_C \end{bmatrix} + \begin{bmatrix} L_A & L_{AB} & L_{AC} \\ L_{BA} & L_B & L_{BC} \\ L_{CA} & L_{CB} & L_C \end{bmatrix} p \begin{bmatrix} i_A \\ i_B \\ i_C \end{bmatrix} + \begin{bmatrix} e_A \\ e_B \\ e_C \end{bmatrix} \tag{6-11}$$

式中：u_A、u_B、u_C 为三相定子电压；e_A、e_B、e_C 为三相定子电动势；i_A、i_B、i_C 为三相定子电流；L_A、L_B、L_C 为三相定子绕组电感；L_{AB}、L_{AC}、L_{BA}、L_{BC}、L_{CA}、L_{CB} 为三相定子绕组间的互感。

由于三相定子对称绕组 Y 连接，且转子的磁阻不随转子位置变化而变化，可假定三相定子绕组的电感系数相同，用 L_s 表示；三相定子绕组间的互感系数也相同，用 L_m 表示，则有：

$$\begin{bmatrix} u_A \\ u_B \\ u_C \end{bmatrix} = \begin{bmatrix} R_s & 0 & 0 \\ 0 & R_s & 0 \\ 0 & 0 & R_s \end{bmatrix} \begin{bmatrix} i_A \\ i_B \\ i_C \end{bmatrix} + \begin{bmatrix} L_s & L_m & L_m \\ L_m & L_s & L_m \\ L_m & L_m & L_s \end{bmatrix} p \begin{bmatrix} i_A \\ i_B \\ i_C \end{bmatrix} + \begin{bmatrix} e_A \\ e_B \\ e_C \end{bmatrix} \tag{6-12}$$

三相对称电流有 $i_A+i_B+i_C=0$，因而有 $L_m i_A+L_m i_B+L_m i_C=0$，代入式（6-12）并整理得

$$\begin{bmatrix} u_A \\ u_B \\ u_C \end{bmatrix} = \begin{bmatrix} R_s & 0 & 0 \\ 0 & R_s & 0 \\ 0 & 0 & R_s \end{bmatrix} \begin{bmatrix} i_A \\ i_B \\ i_C \end{bmatrix} + \begin{bmatrix} L_s-L_m & 0 & 0 \\ 0 & L_s-L_m & 0 \\ 0 & 0 & L_s-L_m \end{bmatrix} p \begin{bmatrix} i_A \\ i_B \\ i_C \end{bmatrix} + \begin{bmatrix} e_A \\ e_B \\ e_C \end{bmatrix} \tag{6-13}$$

电磁转矩的表达式为

$$T_e = \frac{P_m}{\Omega} = \frac{P_A + P_B + P_C}{\Omega} = \frac{e_A i_A + e_B i_B + e_C i_C}{\Omega} \tag{6-14}$$

式中：P_m 为电磁功率；Ω 为机械角转速。

设各相绕组的感应电动势大小为 E_s，电流大小为 I_s。从变频器的直流端看，任一时刻只有两相同时导通，所以

$$T_e = \frac{2E_s I_s}{\Omega} = 2p_m \Psi_m I_s \tag{6-15}$$

式中：Ψ_m 为梯形波励磁磁链；p_m 为极对数。

可见，方波永磁同步电动机的电磁转矩表达式和普通直流电动机相同，其电磁转矩大小和电流幅值成正比，所以控制逆变器输出方波电流的幅值就可控制方波永磁同步电动机的转矩。

6.3.3 方波永磁同步电动机调速系统

方波永磁同步电动机调速系统的基本结构和组成与正弦波永磁电动机调速系统类似，主要区别是在电流的控制上。图 6-9 所示为方波永磁同步电动机调速系统的原理图，其由方波永磁同步电动机、位置转速检测装置及控制系统组成。控制系统包括典型的转速、电流双闭环调节环节（类似于直流调速系统），PWM 发生器及逻辑控制单元。

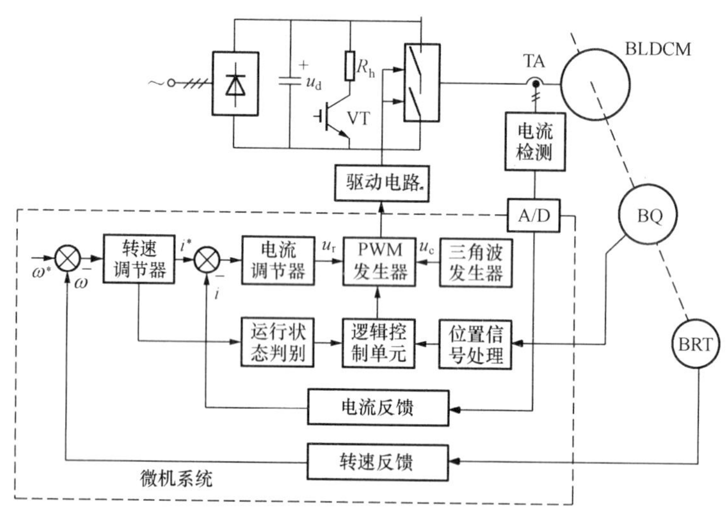

图 6-9　方波永磁同步电动机调速系统原理图

一、主回路组成

1. 变频器

变频器为交—直—交电压型 PWM 变频器，可根据需要选用 GTR、P-MOSFET 或 IGBT 等全控型电力电子器件。其任务是在 PWM 作用下产生需要的三相互差 120°的方波电流；能耗制动电阻 R_h 及全控型开关器件 VT 为电动机能耗制动提供回路，其中 R_h 为能耗电阻。

2. 转子位置检测器

方波永磁同步电动机的方波电流与转子位置有严格的对应关系，受转子磁极位置检测信

号的控制。转子位置检测器完成对转子位置的检测，发出换相信号，调速时对直流电压进行PWM控制等功能，现在已生产出专用的集成化芯片。该系统采用磁敏式转子位置检测器。

二、控制回路及系统工作原理

1. PWM 信号的产生

方波永磁同步电动机的转矩与方波电流的幅值成正比，电流的频率和相位由转子位置决定。因此，需要把电压型逆变器改造成电流型逆变器。因系统要求的相电流为方波，控制的目标是电流幅值，为此只需设置一个电流幅值调节器，其作用相当于直流双闭环系统中的电流调节器。电流调节器输出的电压信号 u_r 与三角波 u_c 信号相比较，产生等幅、等宽、等距的 PWM 信号，去控制逆变器中的各功率开关。如图 6-10 所示，PWM 信号的宽度由 u_r 控制，u_r 幅值高，PWM 波的占空比大，逆变器输出的电压幅值就高，流过定子绕组的电流就大；反之则小。电流幅值闭环调节后，逆变器输出的电流幅值就能跟随给定电流变化，且稳态运行时无静差。

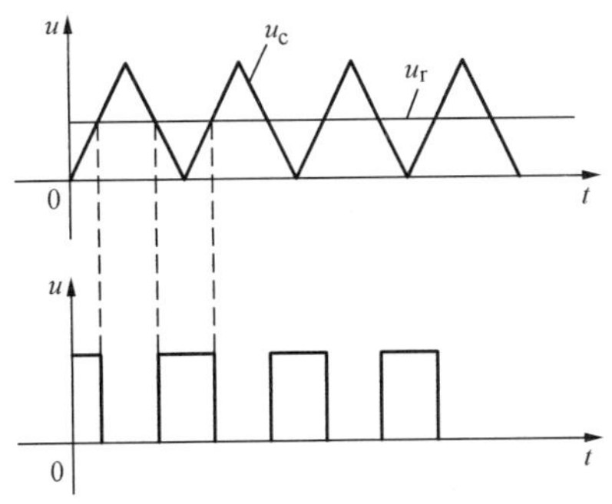

图 6-10　PWM 信号产生原理

这种 PWM 控制方法比上一节介绍的电流跟踪型 PWM 控制方法简单，且逆变器功率开关元件的开关频率仅与三角波的频率有关，三角波频率确定之后，开关频率也就确定了。另外，这种 PWM 方法能使逆变器中的六个功率开关元件进行同步开关动作，不会造成三个桥臂之间的互相干扰。

2. PWM 信号的分配和系统的运行原理

如图 6-11（a）所示，P_A、P_B、P_C 为磁敏式转子位置检测器输出的三路“宽 180°且互差 120°”的矩形波位置信号，经位置信号处理单元后，就可以得到逆变器功率开关的使能（OE）信号。例如，图 6-11（b）所示为正转、电动时逆变器的功率开关的导通信号，$T_{VT1}=P_A\overline{P}_B$，$T_{VT2}=P_A\overline{P}_C$，$T_{VT3}=P_B\overline{P}_C$，$T_{VT4}=\overline{P}_AP_B$，$T_{VT5}=\overline{P}_AP_C$，$T_{VT6}=\overline{P}_BP_C$ 等。由于电动机所处的运行状态不同，使能信号所对应的功率管也不同。因此，必须经过运行状态（正转、反转，电动、制动）判别后，再经过逻辑控制单元把使能信号与 PWM 信号分配给各个功率管，使能信号与 PWM 相“与”后，输出到驱动电路，控制相应功率管的导通与关断。图 6-11（c）所示为正转、电动时的电动机三相电流波形。

由方波永磁同步电动机的调速原理可知，只要改变同一磁极下定子电流的方向，就可以改变电动机的转矩方向。

由于方波永磁同步电动机仍属于交流电动机的性质，方波永磁同步电动机反向电动运行时，只需要改变三相方波的相序即可。但应注意，当电动机反转时，转子位置检测器的三个位置信号的相序也发生了变化。

方波永磁同步电动机双闭环调速系统运行原理和普通直流电动机逻辑无环流双闭环调速系统非常相似，只要把方波永磁同步电动机、方波电流型 PWM 逆变器、转子位置检测器及其信号处理单元看成“直流电动机”就行了。这里的逻辑控制单元主要负责系统四象限运行时的转矩方向，而电流调节器将保证力矩的大小满足调速的要求，转速调节器的输出为电流转矩的给定。

控制系统可由模拟元件和集成电路组成模拟控制系统，也可以由单片机等组成数字控制

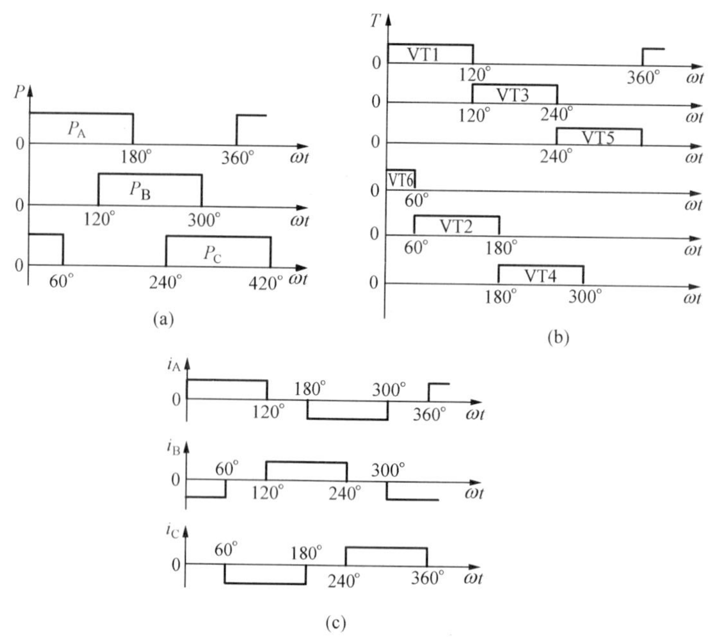

图 6 - 11　正转、电动时系统有关信号的波形

（a）转子位置检测器输出波形；（b）逆变器功率开关的导通信号；（c）三相电流波形

系统或数—模混合控制系统。由于转子位置信号、转速信号、逻辑单元及 PWM 控制更适合于计算机控制，因此，目前的方波永磁同步电动机伺服系统大多数采用全数字方案或数—模混合控制方案。

6.4　大功率同步电动机交—交变频调速技术

同步电动机变频调速系统通常用于低速大功率电气传动设备，如无齿轮传动的可逆轧机、矿井提升机和水泥转窑等传动装置。其磁极一般为凸极式，常带有阻尼绕组。这类调速系统的基本结构如图 6 - 12 所示。为了获得高动态性能，其中控制器多采用气隙磁场定向的控制方法。

按气隙磁场定向的同步电动机矢量控制的基本原理和异步电动机矢量控制相似，也是通过电流空间向量（代表磁动势）的坐标变换，把同步电机等效成直流电机，再模仿直流电机的控制方法进行控制。由于同步电机的转子结构与异步电动机不同，因此，其向量坐标变换也有自己的特点。

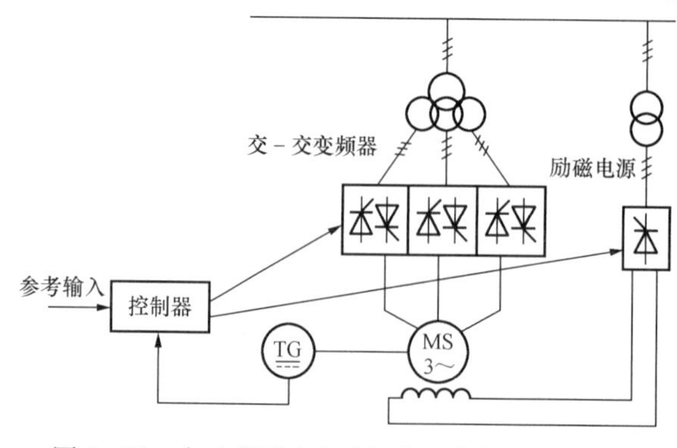

图 6 - 12　大功率同步电动机交—交变频调速系统

同步电动机的主要特点是，定子有三相交流绕组，转子为直流励磁（或永久磁铁励磁）。为了便于分析，这里忽略一些次要因素：

（1）凸极同步电机 d、q 轴磁路的不对称；

（2）转子阻尼绕组的影响；

（3）磁化曲线的非线性因素；

（4）定子绕组的电阻和漏抗。

这样，同步电动机的矢量图如图 6-13（a）所示。图中，定子三相绕组轴线 A、B、C 是静止的（只画出 A 相），三相电压 u_A、u_B、u_C 和三相电流 i_A、i_B、i_C 均对称；F_s（i_s）、F_r（i_r）、F_m（i_0）分别为定子、转子和气隙合成磁动势矢量；ψ_m 为气隙合成磁链矢量；θ_s 为 F_s 与 F_m 之间的夹角；θ_r 为 F_r 与 F_m 之间的夹角。选 d 轴沿磁极轴线的方向，即 F_r 的方向，q 轴与 d 轴正交。转子以同步转速 ω_s 旋转，d、q 坐标在空间也以同步转速旋转，d 轴与静止的 A 轴之间的夹角为变量 θ。M 轴为磁场定向轴，T 轴与 M 轴正交。由于采用气隙磁场定向控制，所以把它放在与气隙磁链矢量 ψ_m 重合的位置上。

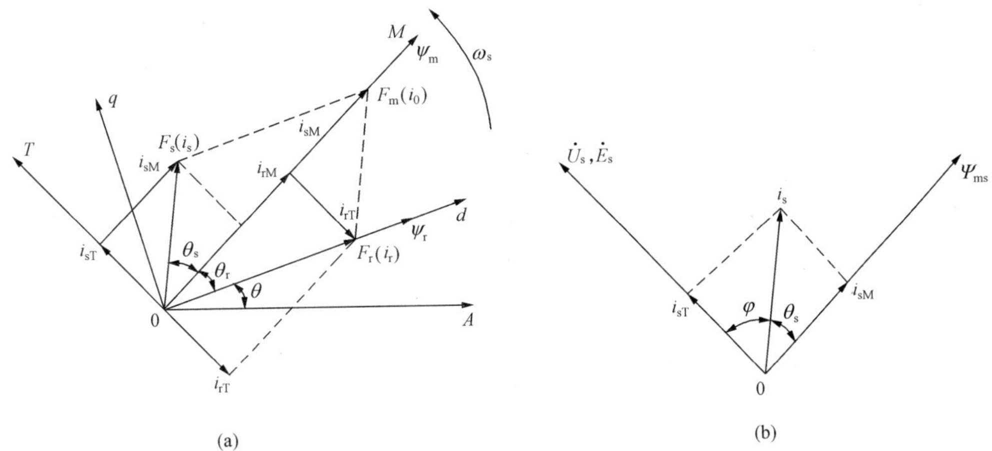

图 6-13　同步电动机近似的空间矢量图与时间相量图

（a）磁动势、磁通空间矢量图；（b）电流、电压、磁链时间相量图

定子三相电流合成矢量 i_s 在 M、T 轴上的分解满足下列方程

$$\begin{aligned} i_s &= i_{sM} + \mathrm{j} i_{sT} \\ i_{sM} &= i_s \cos\theta_s \\ i_{sT} &= i_s \sin\theta_s \end{aligned} \tag{6-16}$$

同样，转子电流矢量 i_r 在 M、T 轴上的分解满足下式

$$\begin{aligned} i_r &= i_{rM} + \mathrm{j} i_{rT} \\ i_{rM} &= i_r \cos\theta_r \\ i_{rT} &= i_r \sin\theta_r \end{aligned} \tag{6-17}$$

磁化电流矢量方程为

$$\left.\begin{aligned} i_0 &= i_s + i_r \\ i_{0M} &= i_{sM} + i_{rM} \\ i_{0T} &= i_{sT} + i_{rT} \approx 0 \end{aligned}\right\} \tag{6-18}$$

图 6-13（b）画出了定子一相绕组的电流、电压与磁链的时间相量图。气隙合成磁链 Ψ_m 是空间矢量，Ψ_m 对该相绕组的磁链 Ψ_{ms} 则是时间相量，Ψ_{ms} 在绕组中感应的电动势 E_s

领先 Ψ_{ms}90°。在忽略定子电阻和漏抗的条件下，有 $U_s \approx E_s = 4.44 f_s \Psi_{ms}$。图中，$i_s$ 是定子电流相量，它和电压向量间的相位差 φ 就是同步电动机的功率因数角。F_s 与 Ψ_m 空间矢量的空间相位差 θ_s，也是 ψ_{ms}与 i_s 时间向量的时间相位差，即 $\theta_s = 90° - \varphi$。而且 i_{sM}、i_{sT}也是 i_s 向量在时间上的分量。定子电流的励磁分量 i_{sM}可由定子电流 i_s 和调速系统期望的功率因数值求出。若期望 $\cos\varphi = 1$，即 $i_{sT} = i_s$，$i_{sM} = 0$，也就是说定子电流全部变为力矩分量；反过来，同步电机的功率因数也可以通过定子电流的磁化分量 i_{sM}加以控制。由期望功率因数确定的 i_{sM}可作为矢量控制系统的一个给定值。

定子电流空间矢量 i_s 与 A 轴的夹角 λ 为

$$\lambda = \theta + \theta_r + \theta_s \tag{6-19}$$

其中，θ 可由轴上的位置变换器给出。

由 i_s 的模值及相位角 λ 可求出三相定子电流

$$\left.\begin{aligned} i_A &= I_s \sin\lambda \\ i_B &= I_s \sin(\lambda - 120°) \\ i_C &= I_s \sin(\lambda + 120°) \end{aligned}\right\} \tag{6-20}$$

由式（6-16）～式（6-20）构成矢量运算器，用以控制同步电机的定子电流和励磁电流，以实现同步电动机的矢量控制。只要实际电动机中流过的三相定子电流合成后能够分解出和给定值一样大小的分量，就说明同步电动机在按矢量控制的要求运行。由于采用了电流计算，所以又称之为基于电流模型的矢量控制系统。

根据机电能量转换原理和 $i_{sT} = i_s \sin\theta_s$，可推出同步电动机的电磁转矩表达式为

$$T_e = C_m \psi_m i_{sT} \tag{6-21}$$

式中：C_m 为系数。

可见，只要保证气隙磁链恒定，控制定子电流的转矩分量 i_{sT}就能控制同步电动机的电磁转矩。

那么，问题的关键是如何准确地按气隙磁链定向，为此，采用了图 6-14 所示双闭环控制结构。

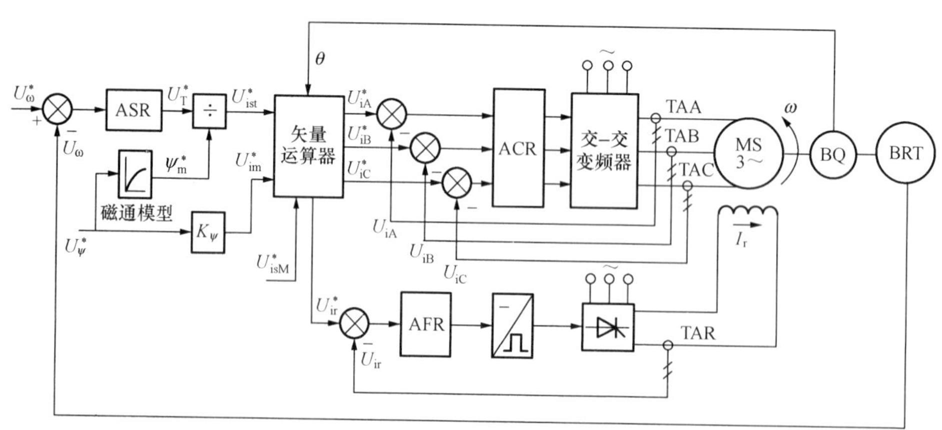

图 6-14　同步电动机矢量控制变频调速系统

ASR—转速调节器；ACR—电流调节器；

AFR—励磁电流调节器；BRT—转速传感器；BQ—位置变换器

转速调节器 ASR 的输出是转矩给定信号 U_{T}^{*}，按照式（6-21），U_{T}^{*} 除以磁链模拟信号 Ψ_{m}^{*} 得到定子电流转矩分量的给定信号 U_{ist}^{*}。Ψ_{m}^{*} 是由磁通给定信号 U_{ψ}^{*} 经磁通模型模拟其滞后效应以后得到的，同时由 U_{ψ}^{*} 得到合成励磁电流给定信号 U_{im}^{*}。按功率因数要求可得定子电流励磁分量的给定信号 U_{isM}^{*}。连同 θ 一起经矢量运算器算出三相电流给定信号 U_{iA}^{*}、U_{iB}^{*}、U_{iC}^{*} 及励磁电流给定信号 U_{ir}^{*}。通过 ACR 进行电流闭环控制，可使实际的定子三相电流信号 U_{iA}、U_{iB}、U_{iC} 跟随其给定值，而通过励磁电流调节器 AFR，使转子励磁电流 I_{r} 跟随 U_{ir}^{*} 变化。这样设计的矢量控制系统的动态性能和直流调速系统相仿，而且在负载变化时，还能尽量保持同步电机的气隙磁通、定子电动势及功率因数不变。在分析过程中，忽略了一些次要因素，实际系统要复杂得多。

习题与思考题

1. 同步电动机的转子转速与旋转磁场转速之间有什么关系？

2. 同步电动机的定子、转子与异步电动机的定子、转子相比较，有什么异同？同步电动机的转子有哪两种结构形式？

3. 说明同步电动机的调速原理。

4. 什么是他控式同步电动机变频调速方式？

5. 什么是自控式同步电动机变频调速方式？

6. 说明正弦波永磁同步电动机以及调速原理。

7. 说明方波永磁同步电动机以及调速原理。

8. 为什么方波永磁同步电动机存在转矩脉动？

7 交流调速系统的工程计算与 MATLAB 仿真实验

本章以前述的交流调速系统为理论基础，进行了交流调压调速系统、绕线式异步电动机串级调速系统的工程计算，应用 MATLAB 的 Simulink 和 SimPower System 工具箱，采用面向电气原理结构图的图形化仿真技术，对典型的交流异步电动机调压调速系统、串级调速系统、变频调速系统、矢量控制调速系统和同步电动机调速系统进行了仿真实验分析。

本章以实验室现有的浙江大学某公司生产的 DKSZ－1 型变流技术及自控系统实验装置配套的交流电动机技术参数为基础，对交流调压调速系统、绕线式异步电动机串级调速系统仿真模型所需要的参数进行了工程计算，然后把求出的参数代入到仿真模型中进行仿真实验研究。

7.1 交流调压调速系统的工程计算和仿真实验

7.1.1 交流调压调速系统的工程计算

一、电动机参数计算

生产厂家提供的电动机参数：额定功率 $P_n=100W$，额定电压 $U_{1n}=220V$，额定转速 $n_n=1420r/min$，定子电阻 $R_s=15.45\Omega$，定子漏抗 $X_s=18.1\Omega$，短路电阻 $R_k=31.29\Omega$，短路漏抗 $X_k=36.2\Omega$，转子电压 $E_{2n}=96V$，转子额定电流 $I_{2n}=0.55A$。在这里约定用 s（或 1）代表定子侧变量，r（或 2）代表转子侧变量。其他参数计算过程如下。

（一）求定子电阻、定子漏电感

定子电阻为已知值，定子电感

$$L_s=X_s/\omega_s=18.1/314=0.0576(H)$$

（二）求转子电阻 R_r、转子漏抗 X_r 和转子电感

（1）因为短路电阻 $R_K=R_s+R'_r$，那么转子折算值

$$R'_r=R_K-R_s=31.29-15.45=15.84(\Omega)$$

同理可知转子漏抗折算值

$$X'_r=X_K-X_s=36.2-18.1=18.1(\Omega)$$

（2）电动机参数折算变比

$$K=\frac{0.95U_{1n}}{E_{2n}}=\frac{0.95\times 220}{96}\approx 2.18$$

由此可求得转子电阻

$$R_r=\frac{R'_r}{K^2}=\frac{15.84}{2.18^2}\approx 3.33(\Omega)$$

转子漏抗

$$X_r=\frac{X'_r}{K^2}=\frac{18.1}{2.18^2}\approx 3.81(\Omega)$$

短路试验时，电机堵转，转子频率等于定子频率。所以，转子电感

$$L_r = X_r/\omega_s = 3.81/314 = 0.012(\text{H})$$

（三）定子侧总漏抗和转子侧总漏抗

（1）定子侧总电抗

$$X = X_s + X'_r = 18.1 + 18.1 = 36.2(\Omega)$$

（2）折算到转子侧总电抗

$$X' = \frac{X}{K^2} = \frac{36.2}{2.18^2} \approx 7.62(\Omega)$$

（四）电动机定、转子互感和转动惯量

电动机定转子互感取 $L_m = 0.8\text{H}$，转动惯量 $J = 0.1\text{kg}\cdot\text{m}^2$。

（五）电动机同步转速

$$n_0 = \frac{60f_s}{p_m} = \frac{60\times 50}{2} = 1500(\text{r/min})$$

（六）额定转差率

$$s_n = \frac{n_0 - n_n}{n_0} = \frac{1500-1420}{1500} \approx 0.053$$

（七）晶闸管调压装置的放大倍数

仿真实验得到晶闸管调压装置的放大倍数 $K_s = 0.75$。

生产厂家提供和经过计算得到的电机参数见表7-1，用于设置电机参数对话框和下面进行动态设计工程计算。

表7-1　　电 机 参 数

额定功率 P_n	额定电压 U_{1n}	转子额定电流 I_{2n}	额定转速 n_n	定子相电阻 R_s
100W	220V	0.55A	1420r/min	15.45Ω
短路阻抗 Z_k	短路电阻 R_k	短路漏抗 X_k	定子漏抗 X_s	转子电阻 R_r
47.84Ω	31.29Ω	36.2Ω	18.1Ω	3.33Ω
转子漏抗 X_r	转子电阻折算 R'_r	转子漏抗折算 X'_r	定子侧总漏抗 X	转子侧总漏抗 X'
3.81Ω	15.84Ω	18.1Ω	36.2Ω	7.62Ω

二、交流调压调速系统的传递函数

交流调压调速系统由转速调节器ASR、晶闸管交流调压器、异步电动机、测速发电机FBS组成。在调速系统中为了求交流调压调速系统的传递函数，首先要求出各个环节的传递函数，然后得到系统的动态结构图。

（1）转速调节器ASR。在转速环设计过程中确定。

（2）晶闸管交流调压装置。晶闸管交流调压装置的传递函数与晶闸管整流器形式相同，近似为一阶惯性环节，其传递函数为

$$W_{GT-V}(s) = \frac{K_s}{T_s s + 1}$$

式中：T_s 为调压装置的滞后时间。

三相交流调压器晶闸管的导通过程与三相半波电路类似，所以滞后时间通常取3.3ms。

（3）测速发电机 FBS。考虑到反馈的滤波作用，通常测速发电机的传递函数选择为

$$W_{\mathrm{FBS}}(s)=\frac{\alpha}{T_{\mathrm{on}}s+1}$$

式中：T_{on}为滤波时间常数，通常取 $T_{\mathrm{on}}=0.01\mathrm{s}$。

（4）异步电动机 MA。异步电动机的数学模型是一个高阶、非线性、强耦合的多变量系统，其动态过程是一组非线性微分方程，利用微偏线性化的方法可以求出它的近似传递函数。

已知电磁转矩为

$$T_{\mathrm{e}}=\frac{3p_{\mathrm{m}}U_{\mathrm{s}}^{2}R_{\mathrm{r}}'/s}{\omega_{\mathrm{s}}[(R_{\mathrm{s}}+R_{\mathrm{r}}'/s)^{2}+\omega_{\mathrm{s}}^{2}(L_{\mathrm{l1}}+L_{\mathrm{l2}}')^{2}]}$$

当 s 很小时，可以近似认为 $R_{\mathrm{s}}\ll(R_{\mathrm{r}}'/s)$，$\omega_{\mathrm{s}}(L_{\mathrm{l1}}+L_{\mathrm{l2}}')\ll(R_{\mathrm{r}}'/s)$。在此条件下，电动机电磁转矩的近似方程为

$$T_{\mathrm{e}}\approx\frac{3p_{\mathrm{m}}sU_{\mathrm{s}}^{2}}{\omega_{\mathrm{s}}R_{\mathrm{r}}'}$$

若 A 点是机械特性曲线上的一个稳态工作点，那么在 A 点处有 $T_{\mathrm{eA}}\approx\frac{3p_{\mathrm{m}}U_{\mathrm{sA}}^{2}s_{\mathrm{A}}}{\omega_{\mathrm{s}}R_{\mathrm{r}}'}$。当 A 点附近有小偏差波动时，则 $T_{\mathrm{e}}=T_{\mathrm{eA}}+\Delta T_{\mathrm{e}}$　$U_{\mathrm{s}}=U_{\mathrm{sA}}+\Delta U_{\mathrm{s}}$　$s=s_{\mathrm{A}}+\Delta s$ 。将上式代入到电动机近似电磁转矩方程中得

$$T_{\mathrm{eA}}+\Delta T_{\mathrm{e}}=\frac{3p_{\mathrm{m}}}{\omega_{\mathrm{s}}R_{\mathrm{r}}'}(U_{\mathrm{sA}}+\Delta U_{\mathrm{s}})^{2}(s_{\mathrm{A}}+\Delta s)$$

将方程式展开，得

$$T_{\mathrm{eA}}+\Delta T_{\mathrm{e}}=\frac{3p_{\mathrm{m}}}{\omega_{\mathrm{s}}R_{\mathrm{r}}'}(U_{\mathrm{sA}}^{2}s_{\mathrm{A}}+2U_{\mathrm{sA}}\Delta U_{\mathrm{s}}s_{\mathrm{A}}+\Delta U_{\mathrm{s}}^{2}s_{\mathrm{A}}+U_{\mathrm{sA}}^{2}\Delta s+2U_{\mathrm{sA}}\Delta U_{\mathrm{s}}\Delta s+\Delta U_{\mathrm{s}}^{2}\Delta s)$$

忽略上式中两个以上偏量的乘积得

$$T_{\mathrm{eA}}+\Delta T_{\mathrm{e}}=\frac{3p_{\mathrm{m}}}{\omega_{\mathrm{s}}R_{\mathrm{r}}'}(U_{\mathrm{sA}}^{2}s_{\mathrm{A}}+2U_{\mathrm{sA}}\Delta U_{\mathrm{s}}s_{\mathrm{A}}+U_{\mathrm{sA}}^{2}\Delta s)$$

将简化的方程式与 A 点附近有偏差波动的方程式等价替换，得

$$\Delta T_{\mathrm{e}}=\frac{3p_{\mathrm{m}}}{\omega_{\mathrm{s}}R_{\mathrm{r}}'}(2U_{\mathrm{sA}}\Delta U_{\mathrm{s}}s_{\mathrm{A}}+U_{\mathrm{sA}}^{2}\Delta s)$$

在 A 点处转差率的偏差为

$$\Delta s=s-s_{\mathrm{A}}=\frac{\omega_{\mathrm{s}}-\omega}{\omega_{\mathrm{s}}}-\frac{\omega_{\mathrm{s}}-\omega_{\mathrm{A}}}{\omega_{\mathrm{s}}}=\frac{\omega_{\mathrm{A}}-\omega}{\omega_{\mathrm{s}}}=-\frac{\Delta\omega}{\omega_{\mathrm{s}}}=-\frac{\Delta n}{n_{0}}$$

式中：ω_{s} 为电动机同步角转速；ω 是转子角转速；n_{0} 为电动机同步转速；n 是转子转速。

将转差率偏差方程式代入电磁转矩变化方程得

$$\Delta T_{\mathrm{e}}=\frac{3p_{\mathrm{m}}}{\omega_{\mathrm{s}}R_{\mathrm{r}}'}\left(2U_{\mathrm{sA}}\Delta U_{\mathrm{s}}s_{\mathrm{A}}-U_{\mathrm{sA}}^{2}\frac{\Delta n}{n_{0}}\right)$$

上式也反映了 ΔT_{e}、ΔU_{s} 和 Δn 三者之间的关系。

恒定负载下电动机运行时，电动机的运行方程式为 $T_{\mathrm{e}}-T_{\mathrm{L}}=\frac{GD^{2}}{375}\frac{\mathrm{d}n}{\mathrm{d}t}$，那么在 A 点处

的偏量方程式近似为 $\Delta T_{\mathrm{e}}-\Delta T_{\mathrm{L}}=\dfrac{GD^2}{375}\dfrac{\mathrm{d}(\Delta n)}{\mathrm{d}t}$。由此可得电动机的动态结构图，如图 7-1 所示。

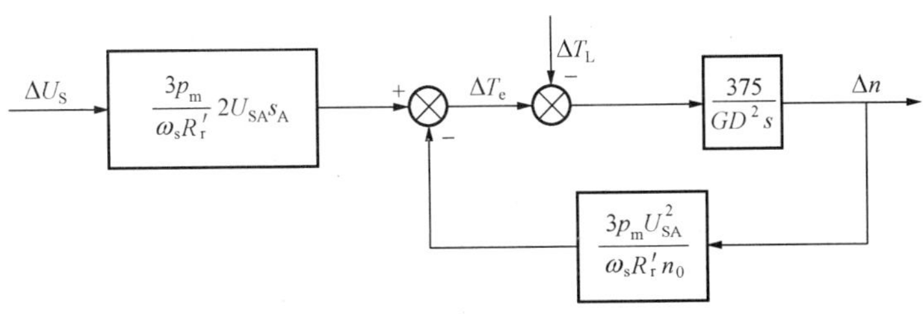

图 7-1　电动机动态结构图

恒转矩下电动机运行时，$\Delta T_{\mathrm{L}}=0$，由图 7-1 可求得交流电动机的传递函数为

$$W_{\mathrm{MA}}(s)=\frac{\Delta n}{\Delta U_{\mathrm{s}}}=\left(\frac{3p_{\mathrm{m}}}{\omega_{\mathrm{s}}R_{\mathrm{r}}'}2U_{\mathrm{sA}}s_{\mathrm{A}}\right)\frac{\dfrac{375}{GD^2s}}{\left(1+\dfrac{375}{GD^2s}\dfrac{3p_{\mathrm{m}}U_{\mathrm{sA}}^2}{\omega_{\mathrm{s}}R_{\mathrm{r}}'n_0}\right)}$$

$$=\frac{2s_{\mathrm{A}}n_0}{U_{\mathrm{sA}}}\frac{1}{\dfrac{GD^2}{375}\dfrac{\omega_{\mathrm{s}}R_{\mathrm{r}}'n_0}{3p_{\mathrm{m}}U_{\mathrm{sA}}^2}s+1}=\frac{K_{\mathrm{MA}}}{T_{\mathrm{m}}s+1}$$

$$K_{\mathrm{MA}}=\frac{2s_{\mathrm{A}}n_0}{U_{\mathrm{sA}}}=\frac{2\dfrac{n_0-n_{\mathrm{A}}}{n_0}n_0}{U_{\mathrm{sA}}}=\frac{2(n_0-n_{\mathrm{A}})}{U_{\mathrm{sA}}}$$

$$T_{\mathrm{m}}=\frac{GD^2}{375}\frac{\omega_{\mathrm{s}}R_{\mathrm{r}}'n_0}{3p_{\mathrm{m}}U_{\mathrm{sA}}^2}$$

式中：K_{MA}为异步电动机的放大系数；T_{m} 为异步电动机的机电时间常数。

三、转速环的设计

（1）转速滤波时间常数 T_{on}。取滤波时间常数 $T_{\mathrm{on}}=0.01\mathrm{s}$。

（2）转速环的动态结构图。转速环由转速调节器、晶闸管调压—触发装置和异步电机组成，转速环的动态结构图如图 7-2 所示。

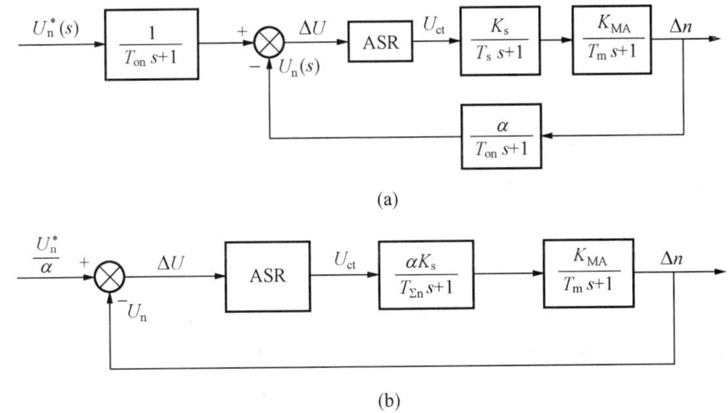

图 7-2　转速环的动态结构图及其简化

(a) 转速环动态结构图；(b) 转速环动态结构图的单位化简

由图7-2知，系统的开环传递函数为

$$W_{op}(s)=W_{ASR}(s)\frac{\alpha K_s K_{MA}}{(T_{\Sigma n}s+1)(T_m s+1)}$$

把T_{on}与T_s当做小时间常数处理，则

$$T_{\Sigma n}=T_{on}+T_s=0.01+0.0033=0.0133(\mathrm{s})$$

（3）转速调节器的类型选择。通常要求转速无静差，所以转速调节器必须带有积分环节。为此可采用PI调节器将转速环校正成典型Ⅰ型系统。转速调节器的传递函数为

$$W_{ASR}(s)=K_n\frac{\tau_n s+1}{\tau_n s}$$

式中：K_n为调节器的比例系数；τ_n为调节器的积分时间常数。

此时系统的开环传递函数为

$$W_{op}(s)=W_{ASR}(s)\frac{\alpha K_s K_{MA}}{(T_{\Sigma n}s+1)(T_m s+1)}$$

$$=K_n\frac{\tau_n s+1}{\tau_n s}\frac{\alpha K_s K_{MA}}{(T_{\Sigma n}s+1)(T_m s+1)}=\frac{K_N}{s(T_{\Sigma n}s+1)}$$

$$\tau_n=T_m,\ K_N=\frac{1}{2T_{\Sigma n}}$$

异步电动机传递函数中的参数为

$$K_{MA}=\frac{2(n_0-n_A)}{U_{sA}}=\frac{2\times(1500-1420)}{220}=0.727(\mathrm{r/min/V})$$

$$GD^2=4gJ=4\times9.8\times0.01=0.392(\mathrm{N\cdot m^2})$$

$$T_m=\frac{GD^2\omega_s R'_r n_0}{375\times3\times p_m U_{sA}^2}=\frac{0.392\times314\times15.84\times1500}{375\times3\times2\times220^2}=0.027(\mathrm{s})$$

所以转速调节器中的比例系数K_n和积分时间常数τ_n为

$$\tau_n=T_m=0.027\mathrm{s}$$

$$K_N=\frac{1}{2T_{\Sigma n}}=\frac{1}{2\times0.0133}=37.6$$

$$K_n=\frac{K_N T_m}{\alpha K_s K_{MA}}=\frac{37.6\times0.027}{1\times0.95\times0.727}\approx1.47$$

7.1.2 交流调压调速系统的仿真实验

一、交流电机调速性能测试

测试电动机的性能的仿真模型如图7-3所示。下面介绍各部分的建模与参数设置过程。

（一）系统的建模和模型参数设置

由图7-3可见，主电路由三相对称交流电压源、交流异步电动机、电机信号分配器和转子外接电阻等部分组成。

三相交流电源的建模和参数设置在第3章已经作过讨论（本模型三相电源的相序是C—A—B），此处着重讨论交流异步电动机、电机测试信号分配器的建模和参数设置问题。

1. 交流异步电动机、电机测试信号分配器的建模和参数设置

在SimPower System工具箱中有一个电机模块库，它包含了直流电机、异步电机、同步电机及其他各种电机模块。其中，模块库中有两个异步电动机模型，一个是标幺值单位制

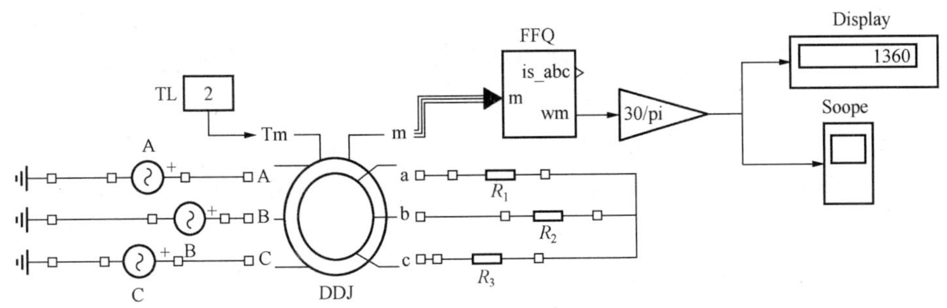

图 7-3　测试电动机性能仿真模型

(PU unit）下的异步电动机模型，另一个是国际单位制（SI unit）下的异步电动机模型，本节采用后者。

国际单位制下的异步电动机模型符号如图 7-4（a）所示，电机测试信号分配器模块符号如图 7-4（b）所示。

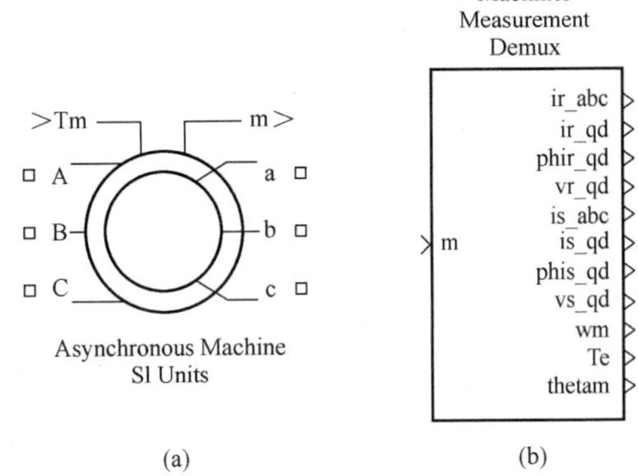

图 7-4　异步电动机模块符号和电机测试信号分配器模块符号

（a）异步电动机模型符号；（b）电机测试信号分配器符号

描述异步电动机模块性能的状态方程包括电气和机械两个部分，电气部分有 5 个状态方程，机械部分有 2 个状态方程。异步电动机模块有 4 个输入端子，4 个输出端子。前 3 个输入端子（A，B，C）为电动机的定子电压输入；第 4 输入端一般接负载，为加到电动机轴上的机械负载，该端子可直接接 Simulink 信号。模块的前 3 个输出端子（a，b，c）为转子电压输出，一般短接在一起，或连接其他附加电路中，当异步电动机为笼型电动机时，电动机模块符号将不显示输出端子（a，b，c）。第 4 输出端为 m 端子，它返回一系列电机内部信号（共 21 路），供给电机测试信号分路器模块的输入 m 端子。该模块的 21 路输出信号构成如下：

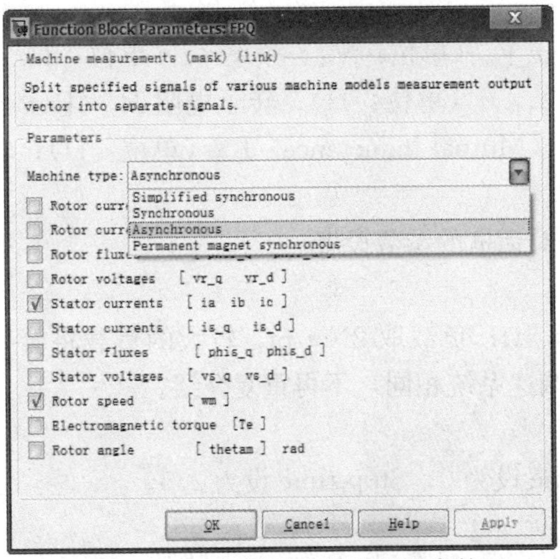

第 1～3 路：转子电流 i_{ra}、i_{rb}、i_{rc}；

第 4～9 路：同步 d—q 坐标系下的转子信号，依次为 q 轴电流 i_{qr}，d 轴电流 i_{dr}；q 轴磁通 Ψ_{qr}，d 轴磁通 Ψ_{dr}；q 轴电压 V_{qr}，d 轴电压 V_{dr}；

第 10～12 路：定子电流 i_{sa}、i_{sb}、i_{sc}；

第 13～18 路：同步 d—q 坐标系下的定子信号，依次为 q 轴电流 i_{qs}，d 轴电流 i_{ds}；q 轴磁通 Ψ_{qs}，d 轴磁通 Ψ_{ds}；q 轴电压 V_{qs}，d 轴电压 V_{ds}；

第 19～21 路：电动机转速 ω_m，机械转矩 T_e，电机转子角位移 θ_m。

图 7-5　电机测试信号分配器参数设置对话框及参数选择

具体要输出哪些信号，可根据实际问题，通过电机测试信号分配器模块的设置对话框来选择，需要输出哪个物理量只要在其前面的复选框内打个“√”。详细选择见图7-5所示的电机测试信号分配器参数设置对话框的参数选择。

异步电动机的参数可通过电动机模块的参数对话框来输入，如图7-6所示。仿真模型中设定的电动机参数是根据生产厂家提供和经过计算得到的电动机参数。有关参数设置如下：

绕组类型（Rotor type）列表框：分为绕线式（Wound）和笼型（Squirrel-cage）两种，此处选前者。

参考坐标系（Reference frame）列表框：有静止坐标系（Stationary）、转子坐标系（Rotor）和同步旋转坐标系（Synchronous），此处选同步旋转坐标系。

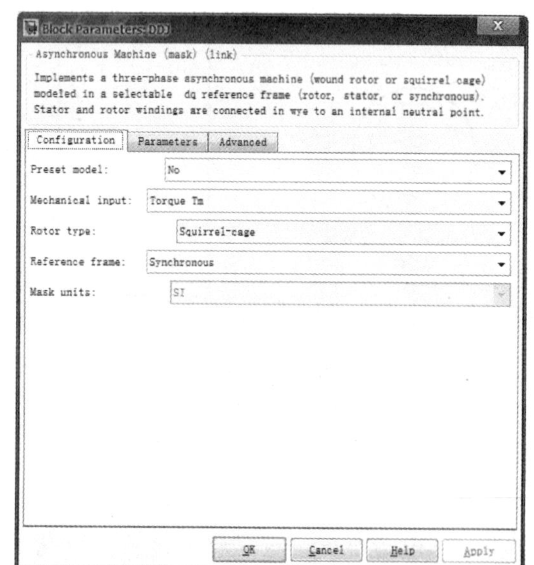

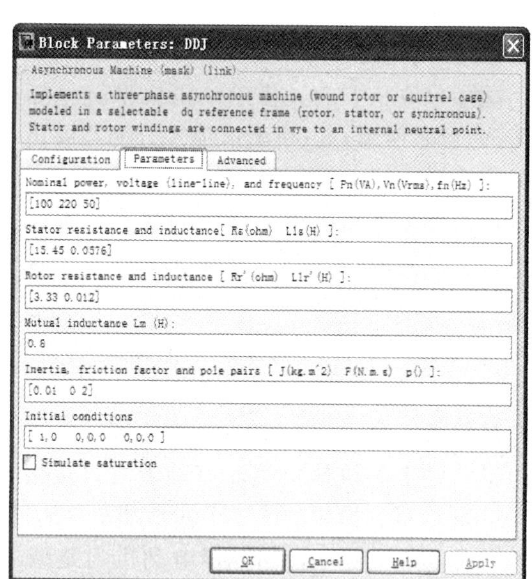

图7-6 异步电动机参数设置对话框及参数设置

相关参数：额定功率 P_n（单位：W），线电压 V_n（单位：V），频率 f_n（单位：Hz）；定子电阻 R_s（Stator）（单位：Ohms）和漏感（L_{1s}）（单位：H）；转子电阻 R_r（Rotor）（单位：Ohms）和漏感（L_{1r}）（单位：H）；互感（Mutual inductance）L_m（单位：H）；转动惯量（Inertia）J（单位：$kg \cdot m^2$）；极对数 P。

详细数据见图7-6的异步电动机的参数设置对话框的参数设置。

2. 绕线式电机转子外接电阻和负载

为了获得较好调速的性能，转子外接电阻12.5Ω；负载取2N·m，较大的负载将会导致降压调速时无法起动。其他的测试模块与直流调速系统相同，不再重复介绍。

（二）系统的仿真参数设置

仿真所选择的算法为ode23tb；仿真Start time设为0，Stop time设为2.5。

（三）系统的仿真、仿真结果的输出及结果分析

当建模和参数设置完成后，即可开始进行仿真。图7-7为交流输入电压220V，负载为2N·m时的电动机转速仿真结果。

不同输入电压时对应的电动机转速见表 7-2。

表 7-2　　不同输入电压时的电动机转速

输入交流电压（V）	220	200	180
电机转速（r/min）	1360	1323	1265

改变交流电源电压时，电动机工作在机械特性的下降段，机械特性比较硬，调速范围不大，转速仿真波形现状大致相同。从转速波形看电动机模型是有效的。由于转子外接了电阻，在 220V 输入电压时，转速低于额定转速。

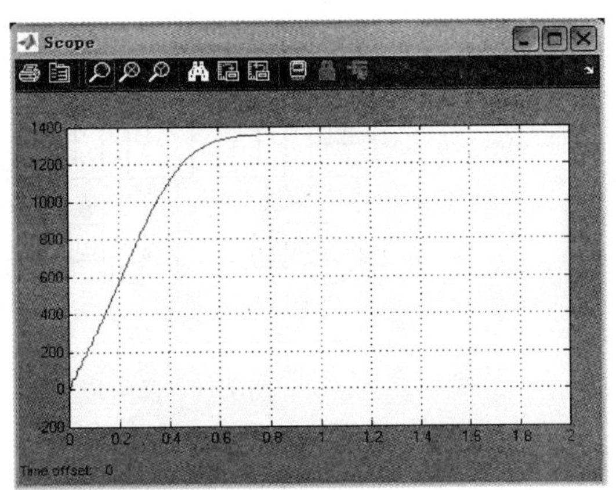

图 7-7　电动机转速仿真波形

二、开环交流调压调速系统的建模与仿真

图 7-8 为开环交流调压调速系统的仿真模型。下面介绍各部分的建模与参数设置过程。

（一）系统的建模和模型参数设置

由图 7-8 可见，主电路由三相对称交流电压源、晶闸管三相交流调压器、触发器、交流异步电动机、电机信号分配器等部分组成。

三相交流电源、交流异步电动机、电机信号分配器、转子外接电阻等模块的建模和参数设置在上节已经作过讨论，下面讨论晶闸管三相交流调压器的建模和参数设置问题。

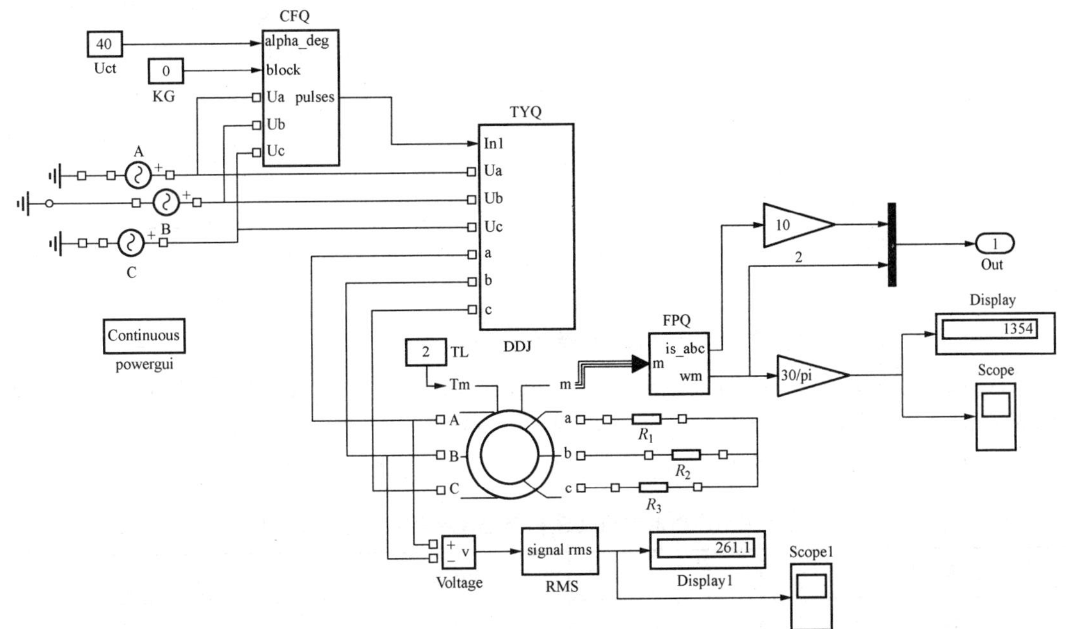

图 7-8　开环交流调压调速系统的仿真模型

晶闸管三相交流调压器通常采用三对反并联的晶闸管元件组成，单个晶闸管元件采用“相位控制”方式，利用电网自然换流。图 7 - 9 为晶闸管三相交流调压器的仿真模型。图 7 - 10为三相交流调压器中晶闸管元件的参数设置情况。

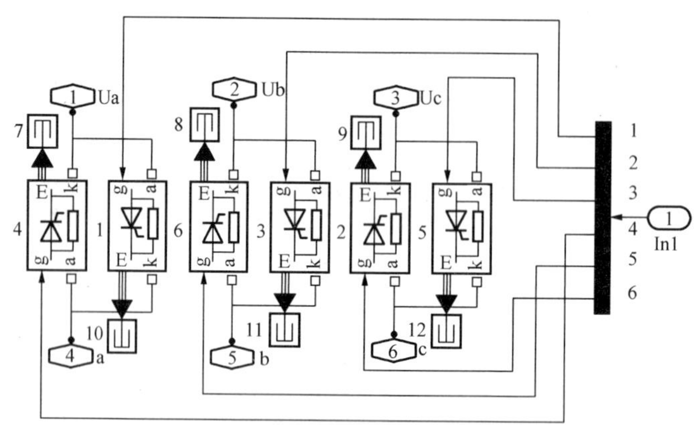

图 7 - 9　晶闸管三相交流调压器的仿真模型

Block Parameters: 2

Thyristor (mask) (link)

Thyristor in parallel with a series RC snubber circuit.
In on-state the Thyristor model has an internal resistance (Ron) and inductance (Lon).
For most applications the internal inductance should be set to zero.
In off-state the Thyristor as an infinite impedance.

Parameters

Resistance Ron (Ohms) :
1e-3
Inductance Lon (H) :
0
Forward voltage Vf (V) :
0.8
Initial current Ic (A) :
0
Snubber resistance Rs (Ohms) :
10
Snubber capacitance Cs (F) :
4.7e-6
Show measurement port

OK　Cancel　Help　Apply

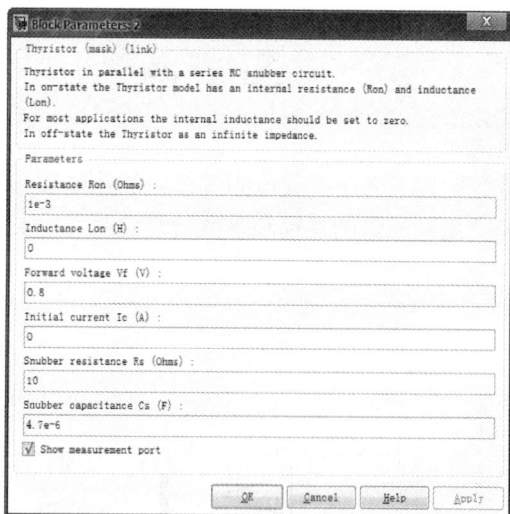

图 7 - 10　调压器中晶闸管元件的参数设置

图 7 - 9 为用单个晶闸管元件按三相交流调压器的接线要求搭建成的仿真模型，单个晶闸管元件的参数设置仍然遵循晶闸管整流桥的参数设置原则。

晶闸管三相交流调压器的触发器与整流器的触发器相同；测试模块大部分与直流调速系统相同，只是交流调压器的输出采用 RMS 模块测量交流电压有效值；为了看清定子电流，对其进行了放大。另外，转子外接电阻 12.5Ω，负载取 2N·m，与上例相同。

（二）系统的仿真参数设置

仿真所选择的算法为 ode23tb；仿真 Start time 设为 0，Stop time 设为 2。

（三）系统的仿真、仿真结果的输出及结果分析

当建模和参数设置完成后，即可开始进行仿真。图 7 - 11 为交流输入电压 220V，负载为 2N·m，$U_{ct}=40$ 时，开环交流调压调速系统的转速仿真波形。

不同移相输入电压时对应的电机转速和交流调压器输出电压有效值见表 7 - 3。

表 7 - 3　　不同移相电压时的电机转速和交流调压器输出电压有效值

移相输入电压（V）	30	40	50	60
电机转速（r/min）	1358	1354	1347	1333
输出电压有效值（V）	269.4	261.1	252.8	240.7

由表7-3的数据，根据 $K_s=\Delta U/\Delta U_{ct}$ 以及取 K_s 平均值的计算方法，可以求得 $K_s=0.95$。因为没有进行偏置调整，所以移相输入电压与输出电压是单调下降的，从 K_s 小于1可知，晶闸管交流调压器是降压调压器。

三、转速单闭环交流调压调速系统的建模与仿真

单闭环交流调压调速系统的电气原理结构图如图7-12所示。

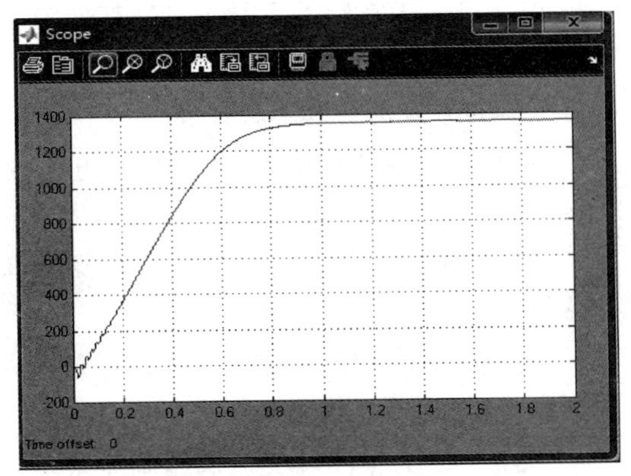

图7-11　开环交流调压调速系统电动机转速仿真波形

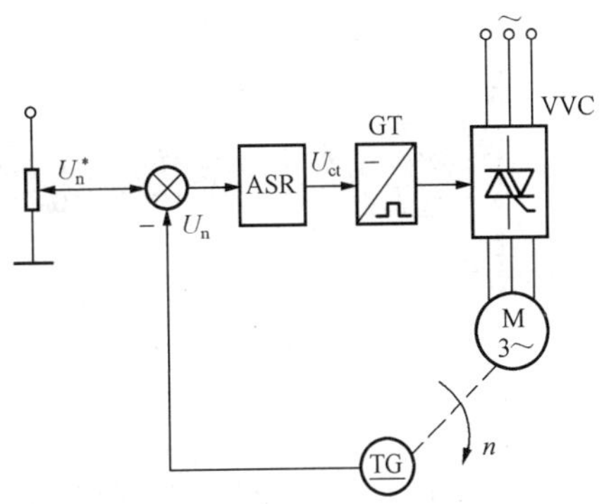

图7-12　单闭环交流调压调速系统的电气原理结构图

图7-13为采用面向电气原理结构图方法构作的单闭环交流调压调速系统仿真模型。

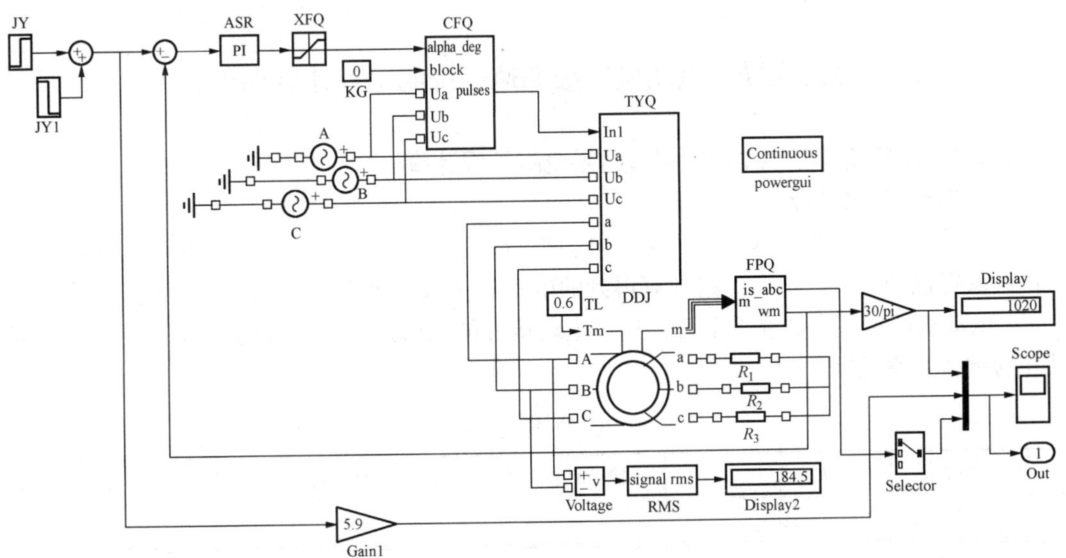

图7-13　单闭环交流调压调速系统的仿真模型

（一）系统的建模和模型参数设置

1. 主电路的建模和参数设置

主电路的建模和参数设置在前一节已经讨论。

2. 控制电路的建模和参数设置

交流调压调速系统的控制电路包括给定环节、转速调节器ASR、限幅器、转速反馈环

节等。它与单闭环直流调速系统没有什么区别，故不再讨论了。要说明的是，为了得到比较复杂的给定信号，这里仍采用了将简单信号源组合的方法。

控制电路的有关参数设置如下：调节器的参数设置用前面的计算值，ASR参数为 $K_n=-1.47$、$K_\tau=K_n/\tau_n=1.47/0.027=54.5$、上下限幅值为［180，－180］；限幅器限幅值［180，30］；转速反馈系数取1。其他没作说明的为系统默认参数。

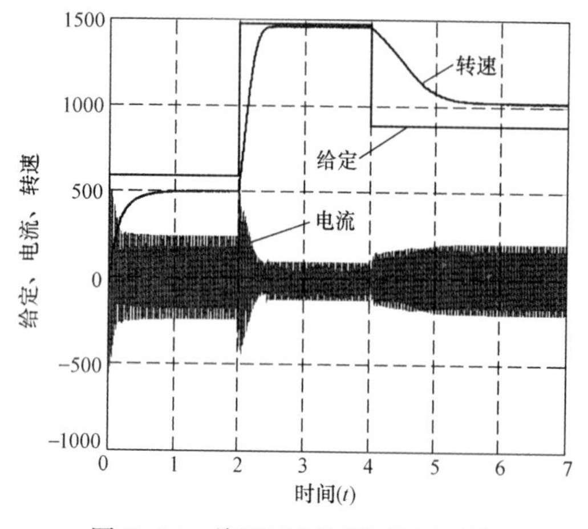

图7-14 单闭环交流调压调速系统的A相电流、给定转速和实际转速曲线

（二）系统的仿真参数设置

仿真所选择的算法为ode23tb；仿真Start time设为0，Stop time设为7。

（三）系统的仿真、仿真结果的输出及结果分析

当建模和参数设置完成后，即可开始进行仿真。

图7-14为单闭环交流调压调速系统的A相电流、给定转速和实际转速曲线。

从仿真结果可以看出，在稳态时，仿真系统的实际转速能实现对给定转速的良好跟踪；在过渡过程时，仿真系统的实际转速对阶跃给定信号的跟踪有一定的偏差。

7.2 绕线式异步电动机串级调速系统的工程计算和仿真实验

7.2.1 绕线式异步电动机串级调速系统的工程计算

一、电动机参数确定

实验装置上，串级调速系统所用的电动机与交流调压调速系统所用的电动机相同。根据生产厂家提供的参数，加上经过计算得到的电动机参数（见表7-4），参数设置对话框见图7-6。电动机的这些参数在上节已经通过电动机性能测试证明是有效的。为使用方便，在此补充后重新列举见表7-4。

表7-4 电动机参数

额定功率 P_n	额定电压 U_{1n}	转子额定电流 I_{2n}	额定转速 n_n	定子相电阻 R_s
100W	220V	0.55A	1420r/min	15.45Ω
短路阻抗 Z_k	短路电阻 R_k	短路漏抗 X_k	定子漏抗 X_s	转子电阻 R_r
47.84Ω	31.29Ω	36.2Ω	18.1Ω	3.33Ω
转子漏抗 X_r	转子电阻折算 R_r'	转子漏抗折算 X_r'	定子侧总漏抗 X	转子侧总漏抗 X'
3.81Ω	15.84Ω	18.1Ω	36.2Ω	7.62Ω
定子电感 L_s	转子电感 L_r	定转子互感 L_m	转动惯量 J	转子开路电压 E_{2n}
0.0576H	0.012H	0.8H	0.01N·m	96V

二、逆变变压器参数的计算

1. 逆变变压器二次侧电压 U_2 的确定

逆变变压器的一次侧接电网，二次侧接晶闸管逆变器。在实验装置中，逆变变压器有高、中、低三种电压规格的绕组，分别是 220/110/55V，这里逆变变压器二次侧电压选择 $U_2=110\text{V}$ 的中压绕组。

2. 逆变变压器其他参数计算

(1) 通过空载实验：测得变压器的空载功率 $P_0=2.15\text{kW}$，空载电流 $I_0=0.0317\text{A}$，空载电压 $U_0=55\text{V}$。其他参数计算如下：

励磁电阻 $R_m=\dfrac{P_0}{3I_0^2}=\dfrac{2.15}{3\times 0.0317^2}\approx 713.2\ (\Omega)$

励磁阻抗 $Z_m=\dfrac{U_0}{\sqrt{3}I_0}=\dfrac{55}{\sqrt{3}\times 0.0317}\approx 1002(\Omega)$

励磁电抗 $X_m=\sqrt{Z_m^2-R_m^2}=\sqrt{1002^2-713.2^2}\approx 704(\Omega)$

励磁电感值为 $L_m=\dfrac{X_m}{2\pi f}=\dfrac{704}{314}\approx 2.242(\Omega)$

下面是短路试验得到的数据，通过这些数据可以求出逆变变压器的有关参数。此外，下标 k 表示短路试验，下标 1、2、3 分别表示高压、中压、低压绕组。

(2) 通过变压器高压、中压绕组间的短路实验：测得变压器短路功率 $P_{k12}=12.625\text{W}$，短路电流 $I_{k12}=0.395\text{A}$，短路电压 $U_{k12}=21.83\text{V}$。其他参数计算如下：

$$Z_{k12}=\frac{U_{k12}}{\sqrt{3}I_{k12}}=\frac{21.83}{\sqrt{3}\times 0.395}\approx 31.91(\Omega)$$

$$R_{k12}=\frac{P_{k12}}{3\times I_{k12}^2}=\frac{12.625}{3\times 0.395^2}\approx 26.97(\Omega)$$

$$X_{k12}=\sqrt{Z_{k12}^2-R_{k12}^2}=\sqrt{31.91^2-26.97^2}\approx 17.05(\Omega)$$

(3) 通过变压器高压、低压绕组间的短路实验：测得变压器短路功率 $P_{k13}=11.75\text{W}$，短路电流 $I_{k13}=0.4\text{A}$，短路电压 $U_{k13}=26.08\text{V}$。其他参数计算如下：

$$Z_{k13}=\frac{26.08}{\sqrt{3}\times 0.4}\approx 37.64(\Omega),\quad R_{k13}=\frac{11.75}{3\times 0.4^2}\approx 24.48(\Omega),\quad X_{k13}=28.6\Omega$$

(4) 通过变压器中压、低压绕组间的短路实验：测得变压器短路功率 $P_{k23}=13.15\text{W}$，短路电流 $I_{k23}=0.8\text{A}$，短路电压 $U_{k23}=10.45\text{V}$。其他参数计算如下：

$$Z_{k23}=\frac{10.45}{\sqrt{3}\times 0.8}\approx 7.54(\Omega),\quad R_{k23}=\frac{13.15}{3\times 0.8^2}\approx 6.85(\Omega),\quad X_{k23}=3.15\Omega$$

(5) 绕组低压侧折算到中压侧的参数。

$$R'_{k23}=k_{23}^2R_{k23}=4\times 6.85=27.4(\Omega)$$

$$Z'_{k23}=k_{23}^2Z_{k23}=4\times 7.54=30.16(\Omega)$$

$$X'_{k23}=k_{23}^2X_{k23}=4\times 3.15=12.6(\Omega)$$

在三相变压器高、中、低压三个绕组中，仿真需要得到高压以及中压绕组的参数。

(6) 计算得到的高压绕组参数。

$$Z_1=\frac{1}{2}(Z_{k12}+Z_{k13}-Z'_{k23})=19.7(\Omega)$$

$$R_1=\frac{1}{2}(R_{k12}+R_{k13}-R'_{k23})=12.03(\Omega)$$

$$X_1=\frac{1}{2}(X_{k12}+X_{k13}-X'_{k23})=16.53(\Omega)$$

那么高压绕组的电感值为

$$L_1=\frac{X_1}{2\pi f_s}=\frac{16.53}{314}\approx 0.0526(\Omega)$$

（7）计算得到的中压绕组参数。

$$Z_2=\frac{1}{2}(Z_{k12}+Z'_{k23}-Z_{k13})=12.2(\Omega)$$

$$R_2=\frac{1}{2}(R_{k12}+R'_{k23}-R_{k13})=14.9(\Omega)$$

$$X_2=\frac{1}{2}(X_{k12}+X'_{k23}-X_{k13})=0.525(\Omega)$$

那么中压绕组的电感值为

$$L_2=\frac{X_2}{2\pi f_s}=\frac{0.525}{314}\approx 0.00167(\Omega)$$

（8）逆变变压器二次侧电流 I_{2T}。根据选用的逆变变压器二次侧电压的规格可知，$U_2=110\text{V}$ 时，$I_{2T}=0.788\text{A}$。

（9）变压器容量 S 为

$$S=\sqrt{3}U_2I_{2T}=\sqrt{3}\times 110\times 0.788=150(\text{V}\cdot\text{A})$$

（10）折算到直流侧等效电阻 R_t 为

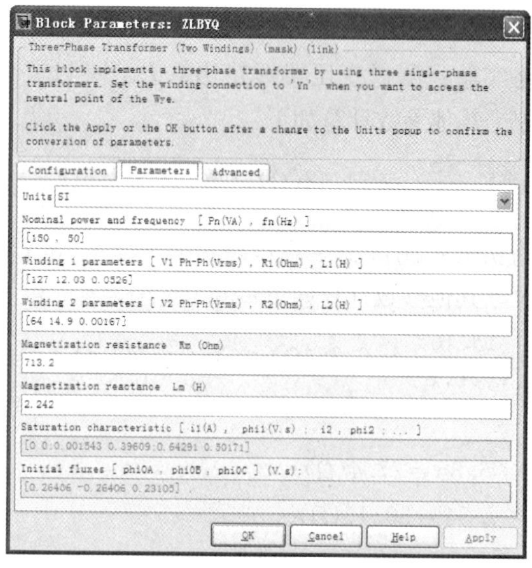

图 7-15　仿真模型中三相变压器参数设置对话框

$$R_t=2R_T=2\left(\frac{R_1}{2^2}+R_2\right)$$

$$=2\times\left(\frac{12.03}{2^2}+14.9\right)$$

$$\approx 35.8(\Omega)$$

（11）折算到直流侧漏抗 X_T 为

$$X_T=\frac{X_1}{2^2}+X_2$$

$$=\frac{16.53}{2^2}+0.525$$

$$=4.68(\Omega)$$

因为三相变压器采用的是 Y-Y 形接法，高、中压绕组变比 2∶1。当高压绕组电压规格为 127V 时，中压绕组的电压设置为 64V。仿真模型中三相变压器的参数设置对话框如图 7-15 所示。

三、直流回路平波电抗器的计算

在设计直流回路时，需要考虑直流回路电流是否连续，以及能否满足限制电流脉动的要求。一般来说，串入的电感值要大点，才能保证电流既能满足连续，也能满足限制其脉动的特点。

经过计算串入的平波电抗器电感值为 $L=719.7\text{mH}$，平波电抗器直流电阻 R_L 为 1.01Ω。这时，转子直流回路总电感为 $L_{\Sigma}=805\text{mH}$ 。

四、串级调速系统直流主回路的参数计算

1. 开路时转子的电动势 E_{d0} 为

$$E_{d0}=1.35E_{2n}=1.35\times 96=129.6(\text{V})$$

2. 电机的最低转速 n_{min}

考虑到串级调速系统的调速范围一般不大，大约为 $D=3$，所以

$$n_{min}=\frac{n_{max}}{D}=\frac{n_n}{3}=\frac{1420}{3}\approx 473(\text{r/min})$$

3. 电机的最大转差率 S_{max}

$$S_{max}=\frac{n_0-n_{min}}{n_0}=\frac{1500-473}{1500}\approx 0.685$$

在计算调节器参数时要用到 $S_{max}/2$。为此，求得 $S_{max}/2=0.34$。

4. 直流回路总等效电阻

$$\begin{aligned}R_{s\Sigma}&=\frac{3}{\pi}sX_{D0}+\frac{3}{\pi}X_T+2R_D+2R_T+R_L\\&=\frac{3}{\pi}\frac{s_{max}}{2}X_{D0}+\frac{3}{\pi}X_T+2\left(\frac{s_{max}}{2}\cdot\frac{R_s}{K_D^2}+R_r\right)+2\left(\frac{R_1}{K_T^2}+R_2\right)+R_L\\&=\frac{3}{\pi}\times 0.34\times 7.62+\frac{3}{\pi}\times 4.68+2\times\left(0.34\times\frac{15.45}{2.3^2}+3.33\right)\\&\quad+2\times\left(\frac{12.03}{2^2}+14.9\right)+1.01\\&=52.4(\Omega)\end{aligned}$$

5. 直流回路最大整流电流 I_{dm}

$$I_{dm}=1.05\lambda\frac{I_{2n}}{K_{1V}}=1.05\times 2\times\frac{0.55}{0.816}\approx 1.42(\text{A})$$

式中：λ 为电动机过载倍数，取 $\lambda=2$。

6. 电动势系数 C_e

$$C_e=\frac{E_{d0}-\frac{3}{\pi}X_{D0}I_d}{n_0}=\frac{E_{d0}-\frac{3}{\pi}X_{D0}I_{dm}/2}{n_0}=\frac{129.6-\frac{3}{\pi}\times 7.62\times 0.71}{1500}$$

$$\approx 0.083(\text{V}\cdot\text{min})/\text{r}$$

7. 接入串级调速装置后系统能够达到的最高转速 n_{max}

$$n_{XTmax}=\frac{E_{d0}-R_{s\Sigma}I_{dn}}{C_e}=\frac{129.6-52.4\times 0.71}{0.083}=1113(\text{r/min})$$

8. 转速降低系数 K_n

$$K_n = \frac{n_{XTmax}}{n_n} = \frac{1113}{1420} \approx 0.784$$

9. 直流回路电磁时间常数 T_{Ln}

$$T_{Ln} = \frac{L_\Sigma}{R_{s\Sigma}} = \frac{0.805}{52.4} \approx 0.0153(s)$$

10. 直流回路放大系数 K_{Ln}

$$K_{Ln} = \frac{1}{R_{s\Sigma}} = \frac{1}{52.4} \approx 0.019$$

11. 触发逆变装置的放大系数 K_s

它与直流系统中的晶闸管整流器相同，K_s 取 4.7。

7.2.2 电流环和转速环的设计

双闭环串级调速系统的动态结构图如图 7-16 所示。双闭环串级调速系统中除电动机外，其他环节的传递函数，与双闭环直流调速系统是一致的。

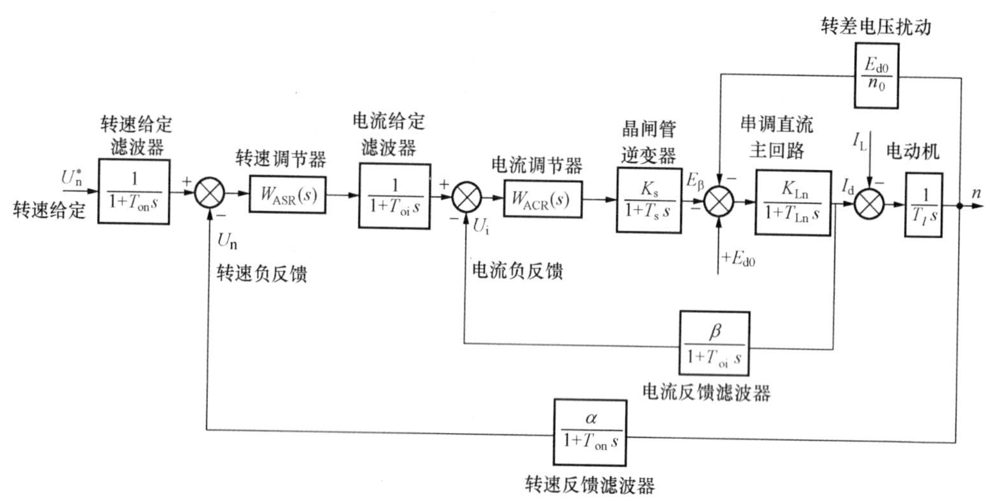

图 7-16 双闭环串级调速系统的动态结构图

双闭环串级调速系统的设计方法与双闭环直流调速系统基本相同，通常也采用工程设计方法。即先设计电流环，然后把设计好的电流环看作是转速环中的一个等效环节，再进行转速环的设计。

在应用工程设计方法进行动态设计时，电流环宜按典型Ⅰ型系统设计，转速环宜按典型Ⅱ型系统设计，但由于串级调速系统直流主回路中的放大系数 K_{Ln} 和时间常数 T_{Ln} 都是转速 n 的函数，不是常数，所以电流环是一个非定常系统。另外，绕线式异步电动机的系数 T_I 也不是常数，而是电流 I_d 的函数，这是和直流调速系统设计的不同之处。

目前，工程设计时常用的处理方法是把电流环当作定常系统，按 $S_{max}/2$ 时所确定的 K_{Ln} 和 T_{Ln} 值去计算电流调节器的参数。转速环一般按典型Ⅱ型系统设计，由于电动机环节的积分时间常数 T_I 非定常，所以在设计时，可以选用与实际运行工作点电流值 I_d 相对应的 T_l 值，然后按定常系统进行设计。

一、电流环的设计

1. 时间常数确定

(1) 电流滤波时间常数。通常取 $T_{oi}=0.002s$。实验证明，如果取值过小，它不能完全滤除掉谐波信号；如果取值太大，会影响系统的过渡过程。

(2) 整流装置滞后时间常数 T_s。实验装置采用的是三相桥式逆变电路，通常取 $T_s=0.0017s$。

(3) 电流环小时间常数 $T_{\Sigma i}$。通过电流环小惯性环节的近似处理求得

$$T_{\Sigma i}=T_s+T_{oi}=0.0017+0.002=0.0037(s)$$

2. 电流环的动态设计过程

电流环动态结构图及简化过程如图 7-17 所示。

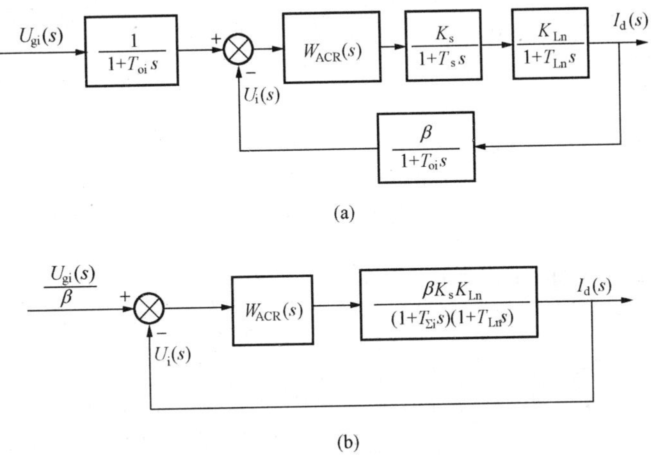

图 7-17　电流环动态结构图及简化过程

(a) 电流环动态结构图；(b) 化简后的电流环动态结构图

(1) 电流环按典型Ⅰ型系统设计。按照 $S=S_{max}/2$ 计算得到的 K_{Ln}、T_{Ln}去设计电流环，可以认为电流环是定常系统，设计方法与直流双闭环系统相同。

(2) 电流调节器的类型选择。电流环的开环传递函数为

$$W_{opi}(s)=W_{ACR}(s)\frac{\beta K_s K_{Ln}}{(T_{\Sigma i}s+1)(T_{Ln}s+1)}$$

电流调节器选用PI调节器，其传递函数为

$$W_{ACR}(s)=K_i\frac{\tau_i s+1}{\tau_i s}$$

(3) 电流调节器的参数选择。由于 $T_{Ln}>T_{\Sigma i}$，所以取 $\tau_i=T_{Ln}$。这样可消去大的惯性环节，提高系统的快速性。根据图 7-17 (b) 可得

$$\begin{aligned}W_{opi}(s)&=K_i\frac{\tau_i s+1}{\tau_i s}\frac{\beta K_s K_{Ln}}{(T_{\Sigma i}s+1)(T_{Ln}s+1)}\\&=\frac{K_i\beta K_s K_{Ln}}{T_{Ln}}\frac{1}{s(T_{\Sigma i}s+1)}=\frac{K_I}{s(Ts+1)}\end{aligned}$$

由此得到

$$K_i = \frac{K_I T_{Ln}}{\beta K_s K_{Ln}}, \quad \tau_i = T_{Ln}$$

电流环反馈系数

$$\beta = \frac{U_{gim}}{I_{dm}} = \frac{8}{1.42} \approx 5.6$$

按照典型I型最佳参数方法选择KT参数，则$K_I T = 0.5$，其中$T = T_{\Sigma i} = 0.0037s$，可求得

$$K_I = \frac{0.5}{T} = \frac{0.5}{T_{\Sigma i}} = \frac{0.5}{0.0037} \approx 135$$

从而得到

$$K_i = \frac{K_I T_{Ln}}{\beta K_s K_{Ln}} = \frac{135 \times 0.0153}{5.6 \times 4.7 \times 0.019} \approx 4.13, \quad \tau_i = T_{Ln} = 0.0153s$$

二、转速环的设计

1. 电流环的等效传递函数和转速环动态结构图

（1）电流环的等效传递函数为

$$W_{cli}(s) \approx \frac{1/\beta}{2T_{\Sigma i}s + 1}$$

（2）转速环动态结构图如图7-18所示。

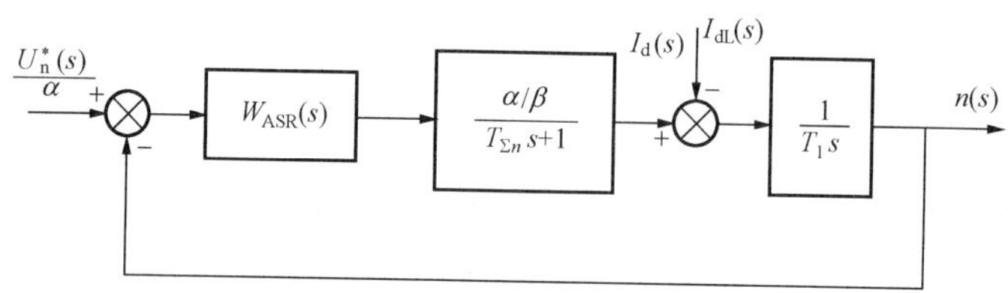

图7-18 转速环动态结构图

2. 转速环参数计算

（1）转速反馈滤波时间常数T_{on}。转速反馈滤波时间常数的数值是根据测速发电机的控制要求而定的，一般取$T_{on} = 0.01s$。

（2）转速环小时间常数

$$T_{\Sigma n} = 2T_{\Sigma i} + T_{on} = 2 \times 0.0037 + 0.01 = 0.0174(s)$$

电动机的同步转速$n_0 = 1500r/min$，那么电动机的同步角转速ω_s为

$$\omega_s = \frac{2\pi n_0}{60} = \frac{2 \times \pi \times 1500}{60} = 157(rad/s)$$

在额定电流I_{dn}作用时，串级调速系统下电动机运行的额定转矩系数C_m为

$$C_m = \frac{1}{\omega_s}\left(E_{d0} - \frac{3X_{D0}I_{dn}}{\pi}\right)$$
$$= \frac{1}{157} \times \left(129.6 - \frac{3 \times 7.62 \times 0.71}{\pi}\right) = 0.793(N \cdot m/A)$$

电动机的转动惯量$J = 0.01kg \cdot m^2$，则

$$GD^2 = 4gJ = 4 \times 9.8 \times 0.01 = 0.392(N \cdot m^2)$$

所以电动机的积分时间常数 T_I 为

$$T_I = \frac{GD^2}{375}\frac{1}{C_m} = \frac{0.392}{375} \times \frac{1}{0.793} \approx 0.0013(\text{s})$$

3. 转速调节器的类型选择

在转速电流双闭环控制的调速系统中，电流环通常设计成典型Ⅰ型，转速环设计成典型Ⅱ型。为此转速调节器应该选择 PI 调节器。其传递函数为

$$W_{ASR}(s) = K_n \frac{\tau_n s + 1}{\tau_n s}$$

4. 转速调节器的参数选择

转速环开环传递函数

$$W_{opn}(s) = \frac{K_n(\tau_n s + 1)}{\tau_n s} \frac{\alpha/\beta}{T_{\Sigma n}s + 1} \frac{1}{T_I s} = \frac{K_N(\tau s + 1)}{s^2(Ts + 1)}$$

比较等式两边系数，得到

$$K_N = \frac{K_n \alpha}{\beta \tau_n T_I},\quad T = T_{\Sigma n}，而$$

$$K_N = \frac{h+1}{2h^2 T_{\Sigma n}^2} = \frac{5+1}{2 \times 5^2 \times 0.0174^2} \approx 396$$

所以，ASR 调节器参数 $\tau_n = hT_{\Sigma n} = 5 \times 0.0174 = 0.087(\text{s})$，而 $K_n = K_N \dfrac{\beta \tau_n T_I}{\alpha}$， $T_I =$ 0.0013s， 则

$$K_n = \frac{K_N \beta \tau_n T_I}{\alpha} = \frac{396 \times 5.63 \times 0.087 \times 0.0013}{1} = 0.252$$

7.2.3 晶闸管双闭环串级调速系统的仿真实验

晶闸管串级调速系统的电气原理结构图如图 7-19 所示。下面介绍各部分的建模与参数设置过程。

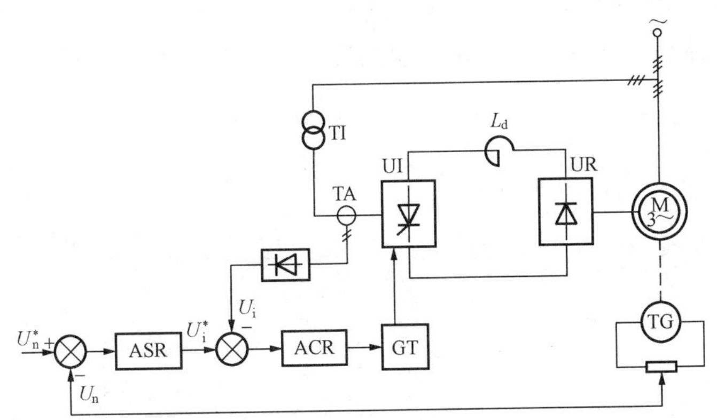

图 7-19 晶闸管串级调速系统的电气原理结构图

一、系统的建模和模型参数设置

1. 主电路的建模和参数设置

晶闸管串级调速系统的主电路由三相对称交流电压源、绕线式交流异步电动机、二极管转子整流器、平波电抗器、晶闸管逆变器、逆变变压器、电机测试信号分配器等部分组成。

图 7 - 20 为晶闸管串级调速系统除三相对称交流电压源、电机测试信号分配器之外的主电路子系统仿真模型，脉冲触发电路 CFQ 也归在主电路中。图 7 - 20 为串级调速系统主电路子系统接上三相对称交流电压源、电机测试信号分配器和其他测量装置等模块后的仿真模型。

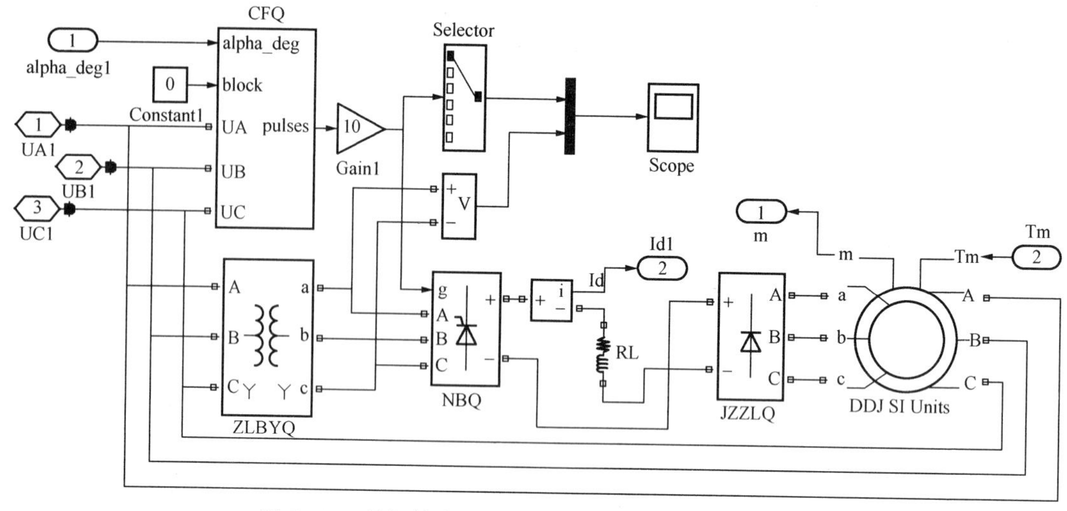

图 7 - 20　晶闸管串级调速系统主电路子系统仿真模型

在图 7 - 20 所示的仿真模型中，同步脉冲触发器、电机测试信号分配器、平波电抗器、交流异步电动机（此处选择绕线式）的建模和参数设置在前面已经做过讨论，此处主要讨论二极管转子整流器、晶闸管逆变器、逆变变压器的建模和参数设置问题。本模型三相电源的相序为 C—A—B。

（1）二极管转子整流器的建模和参数设置。按“SimPowerSystems/Power Electronics/Universal Bridge”路径，在电力电子模块组中找到通用变流器桥。电力电子元件类型选择二极管，其标签为“JZZLQ”。图 7 - 21 为转子整流器的参数设置情况。

（2）晶闸管逆变器的建模和参数设置。同样在电力电子模块组中找到通用变流器桥。电力电子元件类型选择晶闸管，其标签为“NBQ”。图 7 - 22 为晶闸管逆变器的参数设置情况。

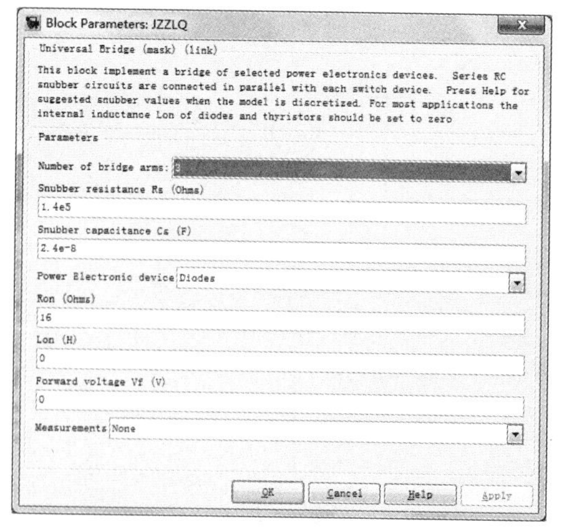

图 7 - 21　转子整流器的参数设置

Universal Bridge (mask) (link)
This block implement a bridge of selected power electronics devices. Series RC snubber circuits are connected in parallel with each switch device. Press Help for suggested snubber values when the model is discretized. For most applications the internal inductance Lon of diodes and thyristors should be set to zero
Parameters
Number of bridge arms: 3
Snubber resistance Rs (Ohms)
1.4e5
Snubber capacitance Cs (F)
2.4e-8
Power Electronic device Thyristors
Ron (Ohms)
16
Lon (H)
0
Forward voltage Vf (V)
0
Measurements None
OK Cancel Help Apply

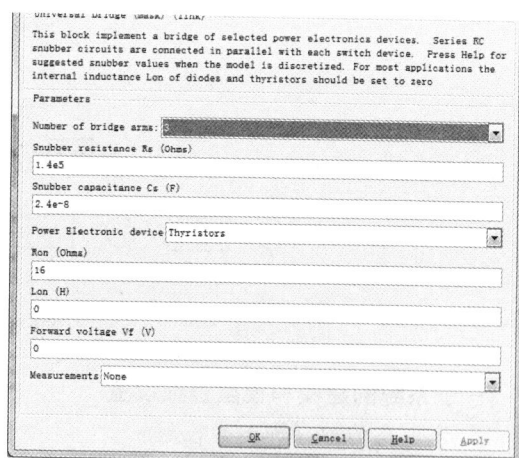

图 7 - 22　晶闸管逆变器的参数设置

(3) 逆变变压器的建模和参数设置。按“SimPowerSystems/Elements/Three - Phase Transformer (Two - Windings)”路径从元件模块组中选取“Three - Phase Transformer (Two - Windings)”模块，其标签为“ZLBYQ”。“逆变变压器”的参数设置见图 7 - 15。逆变变压器的参数设置是根据工程计算得到的。

将各模块按电气原理结构图所示的关系连接，就可得到上述仿真模型。根据图 7 - 19，采用面向电气原理结构图方法构作的晶闸管串级调速系统的仿真模型如图 7 - 23 所示。

2. 控制电路的建模和参数设置

从图 7 - 23 可见，晶闸管串级调速系统的控制电路包括给定环节、转速调节器 ASR、电流调节器 ACR、限幅器、转速和电流反馈环节等。这些与双闭环直流调速系统的控制电路仿真模型没有什么区别，同步脉冲触发器也一样，故不再讨论了。晶闸管串级调速系统比较复杂，为了得到较好的性能，在控制电路的参数设置时，需要进行参数优化。本模型的转速调节器、电流调节器的参数是根据计算得到的。

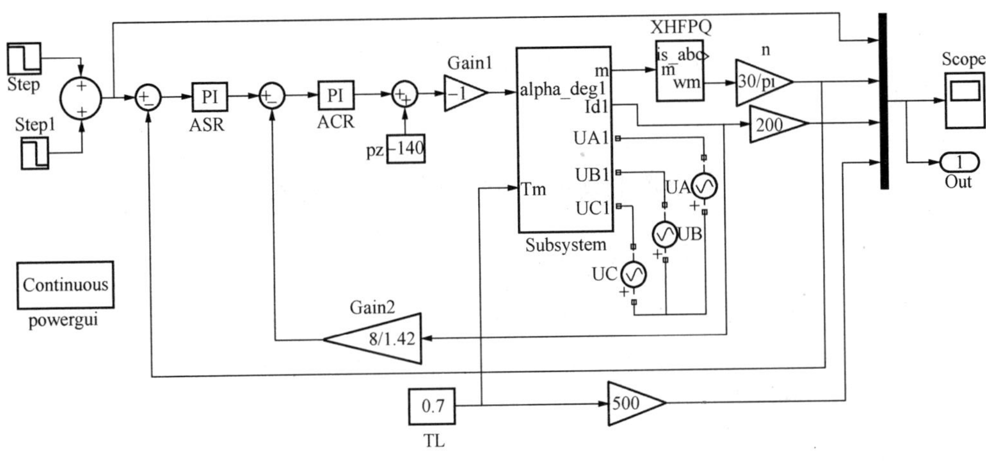

图 7 - 23　晶闸管串级调速系统的仿真模型

闭环系统有两个 PI 调节器，即 ACR 和 ASR。这两个调节器的参数设置对话框如图 7 - 24和图 7 - 25 所示。偏置为－140，给定信号由阶跃信号组合得到，详见图 7 - 26。其他没作详尽说明的参数和双闭环系统一样。

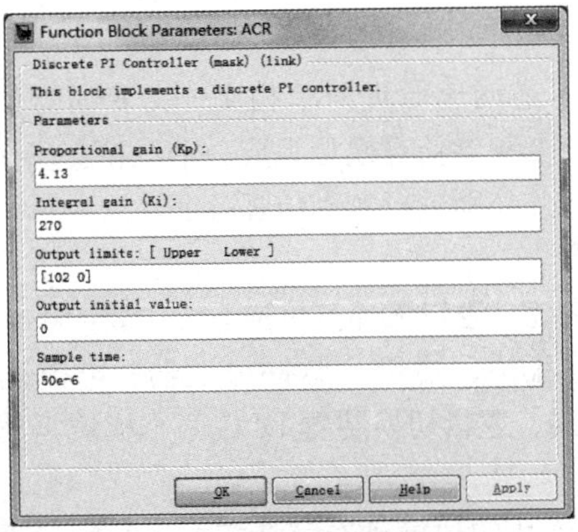

Function Block Parameters: ACR

Discrete PI Controller (mask) (link)

This block implements a discrete PI controller.

Parameters

Proportional gain (Kp):

4.13

Integral gain (Ki):

270

Output limits: [Upper Lower]

[102 0]

Output initial value:

0

Sample time:

50e-6

OK　Cancel　Help　Apply

图 7 - 24　ACR 参数设置对话框

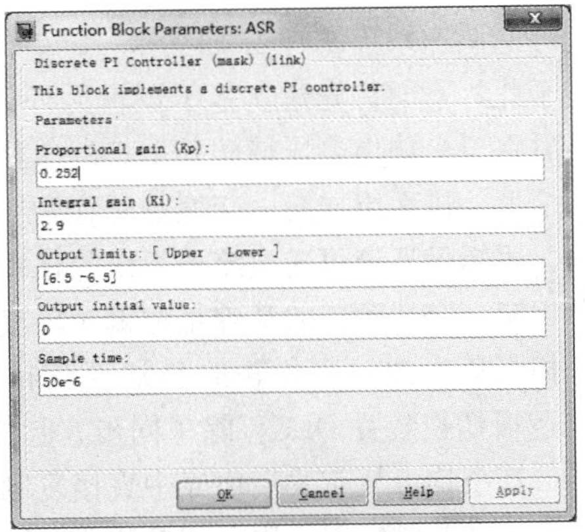
Function Block Parameters: ASR

Discrete PI Controller (mask) (link)

This block implements a discrete PI controller.

Parameters

Proportional gain (Kp):

0.252

Integral gain (Ki):

2.9

Output limits: [Upper Lower]

[6.5 -6.5]

Output initial value:

0

Sample time:

50e-6

OK　Cancel　Help　Apply

图 7 - 25　ASR 参数设置对话框

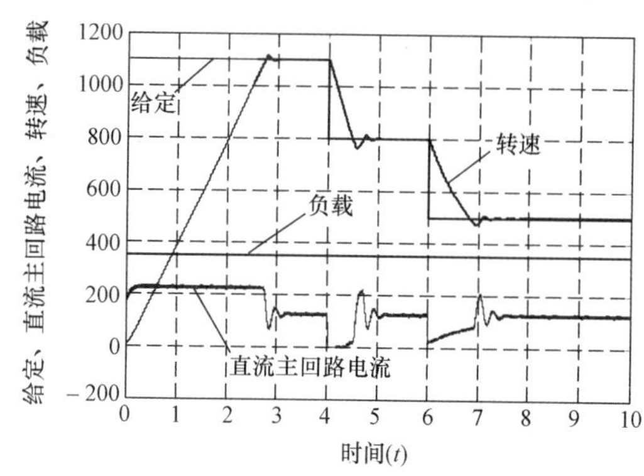

图 7-26 晶闸管串级调速系统的给定转速、实际转速和负载转矩和直流主回路电流曲线

二、系统的仿真参数设置

经仿真实验比较后，所选择的算法为 ode23t；仿真 Start time 设为 0，Stop time 设为 10。

三、系统的仿真、仿真结果的输出及结果分析

当建模和参数设置完成后，即可开始进行仿真。

图 7-26 是晶闸管串级调速系统的给定、实际转速、负载转矩和直流主回路电流曲线。

从仿真结果可以看出，在稳态时，仿真系统的实际转速能实现对给定转速的良好跟踪；在过渡过程中，仿真系统的实际转速对阶跃给定信号的跟踪有一定的偏差，对斜坡给定信号的跟踪应该是比较不错的。另外，当负载转矩变化时，转速稍微有点波动。但经过系统自身的调节，很快得到恢复，读者可以输入变化的负载观察对转速的影响。

7.3 交流异步电动机变频调速系统的建模与仿真

7.3.1 交—交变频调速系统的建模与仿真

方波型交—交变频器的一组晶闸管整流时，其控制角 α 是一个恒定值，该整流组的输出电压平均值也保持恒定。若使控制角 α 在某一组整流工作时，由大到小再变大，如从 $\pi/2\to 0\to\pi/2$，这样必然引起整流输出平均电压由低到高再到低的变化，输出按正弦规律变化的电压。

交—交变频基于可逆整流，单相输出的交—交变频器实质上是一套逻辑无环流三相桥式反并联可逆整流装置。装置中的晶闸管靠交流电源自然换流，当触发装置的移相控制信号是直流信号时，则变频器的输出电压是直流，可用于可逆直流调速；若移相控制信号是交流信号，变频器的输出电压也是交流，实现变频。与逻辑无环流直流可逆调速系统相比较，交—交变频器采用正弦交流信号作为移相信号，并且要求无环流死时小于 1ms，其余与逻辑无环流直流可逆调速系统没有多大区别。

鉴于此，下面首先建立基于逻辑无环流直流可逆调速原理的单相交—交变频器仿真模型，然后将三个输出电压彼此差 120°的单相交—交变频器仿真模型组成一个三相交—交变频器仿真模型，进而组成交—交变频开环调速系统，并分别进行实例仿真验证。

一、逻辑无环流可逆电流子系统的建模及仿真

单相交—交变频器的基础是逻辑无环流可逆系统，逻辑无环流可逆系统主要的子模块应包括三相交流电源、反并联的晶闸管三相全控整流桥、同步 6 脉冲触发器、电流调节器 ACR、逻辑切换装置 DLC。除了同步 6 脉冲触发器、逻辑切换装置 DLC 两个模块需要自己封装外，其余均可从有关模块库中直接复制。

同步 6 脉冲触发器、逻辑切换装置 DLC 两个模块的建模已在第 3 章中进行过讨论，此处不再重复。用于交—交变频器的逻辑无环流可逆系统除了要求无环流切换死时小于 1ms，以及采用正弦交流信号作为移相信号外，其他都与逻辑无环流直流可逆系统一样。

从 DLC 的工作原理可知，在逻辑无环流直流可逆系统中，任何时候只有一套触发电路在工作。所以，实际系统通常采用选触工作方式。按选触方式工作的、带电流负反馈的逻辑无环流可逆电流子系统的仿真模型如图 7-27（a）所示，封装后的子系统模块符号如图 7-27（b）所示。

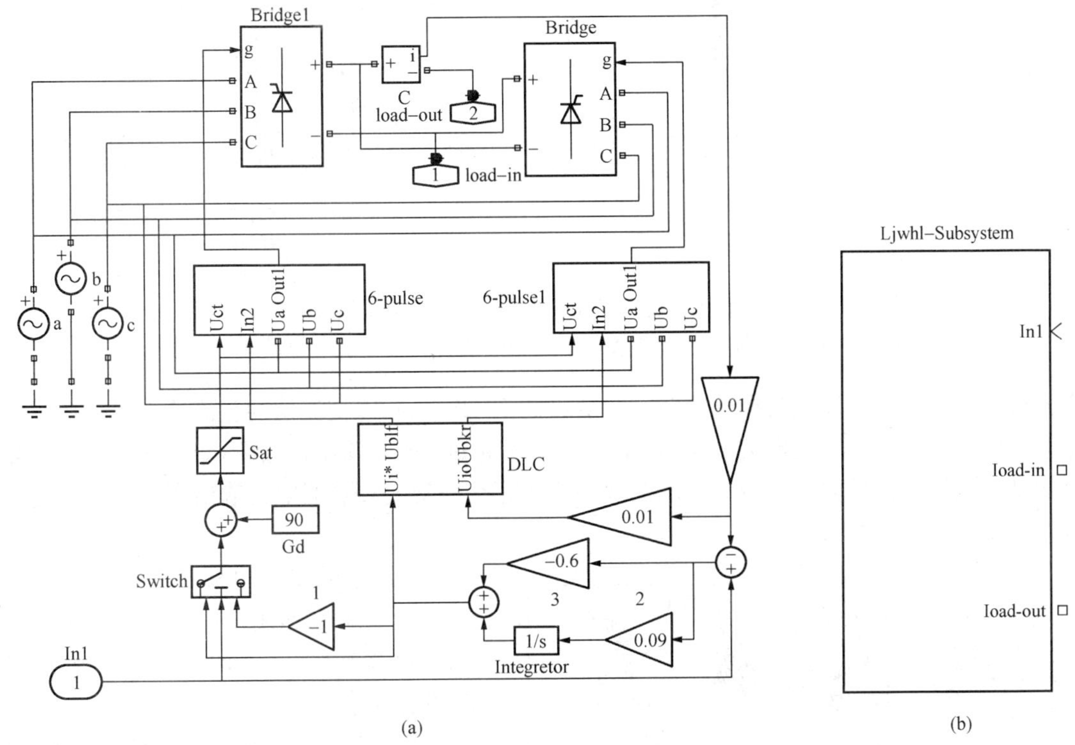

图 7-27　带电流负反馈的逻辑无环流可逆电流子系统仿真模型和子系统模块符号

（a）带电流负反馈的逻辑无环流可逆电流子系统；（b）子系统模块符号

二、逻辑无环流直流可逆变流器的建模及仿真

当逻辑无环流可逆电流子系统带上负载，并且采用恒定直流给定信号进行移相控制时，就构成了逻辑无环流直流可逆变流器，系统仿真模型如图 7-28（a）。为了验证系统的正确性，以 RL 负载为例进行仿真实验。

系统主要环节的参数如下：

交流电源：工频、幅值 133V。

晶闸管整流桥参数：缓冲（snubber）电阻 $R_s=500\Omega$、缓冲电容 $C_s=0.1$uf、通态内阻 $R_{on}=0.001\Omega$、管压降 0.8V。

负载参数：负载电阻 $R=7\Omega$、负载电感 $L=0.5$mH。

给定信号源由正弦信号源、符号函数、放大器共同组成，以获得正、负给定信号。

系统仿真结果如图 7-28（b）所示。从负载电流波形可见，当给定信号（图中方波）变极性时，输出电流（图中非光滑的那条曲线）也变极性，实现可逆变流。

三、逻辑无环流单相交—交变频器的建模与仿真

当逻辑无环流可逆变流器采用正弦信号作为移相控制信号时，则逻辑无环流可逆变流器

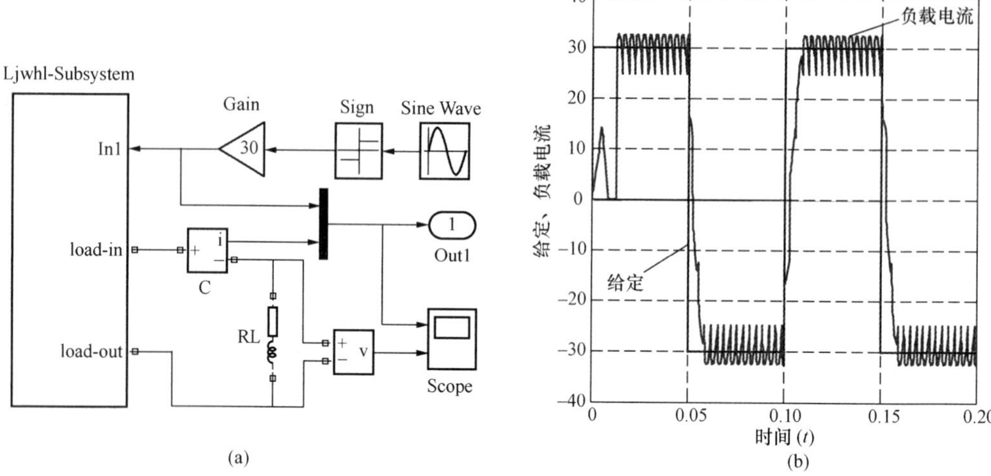

图 7－28　逻辑无环流直流可逆变流器仿真模型和负载电流波形

（a）逻辑无环流直流可逆变流器仿真模型；（b）可逆变流器的给定和负载电流波形

成为单相交—交变频器。具体建模时，只要将图 7－28（a）中变流器的直流给定信号换成正弦给定信号，并使逻辑切换装置 DLC 的总延时不超过 1ms，其他参数不变。图 7－29 中光滑的是正弦给定信号曲线，带锯齿的曲线即为单相交—交变频器的电流输出实际波形，它非常接近于参考信号曲线。

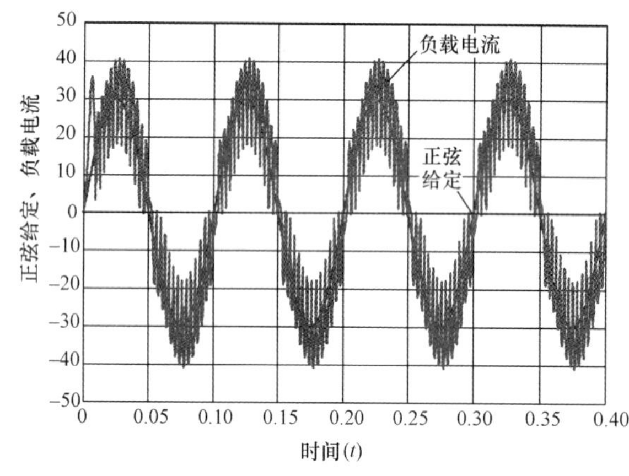

图 7－29　单相交—交变频器输出电流波形

系统中的交流电源、晶闸管整流桥参数与上个系统相同；负载电阻 $R=2\Omega$、负载电感 $L=4\text{mH}$；给定信号源是正弦信号源。

四、三相交—交变频器的建模与仿真

1. 三相交—交变频器的建模

大容量三相交—交变频器输出通常采用 Y 形连接方式，即将三个单相输出交—交变频器的一个输出端连在一起，另一输出端 Y 输出。三相交—交变频器仿真模型结构图如图 7－30（a）所示。本例负载为串联 RL 负载，负载采用 Y 连接，三根引出线与变频器的三根输出线对应相连，移相控制信号 sinA、sinB、sinC 为三个相位互差 120°的正弦调制信号，Dxjjbpq、Dxjjbpq1、Dxjjbpq2 为经过封装的单相交—交变频器。

2. 三相交—交变频器的仿真

三相交—交变频器的仿真参数：负载电阻 1Ω、负载电感 5e—3H；工频三相对称交流电源 A、B、C 相幅值为 133V；正弦调制波 sinA、sinB、sinC 幅值 30，频率 10Hz。

图 7－30（b）中光滑的波形为正弦调制波波形，非光滑的波形为三相交—交变频器输出波形。仿真结果表明：三相交—交变频器的输出波形接近于正弦调制波波形，改变正弦调制

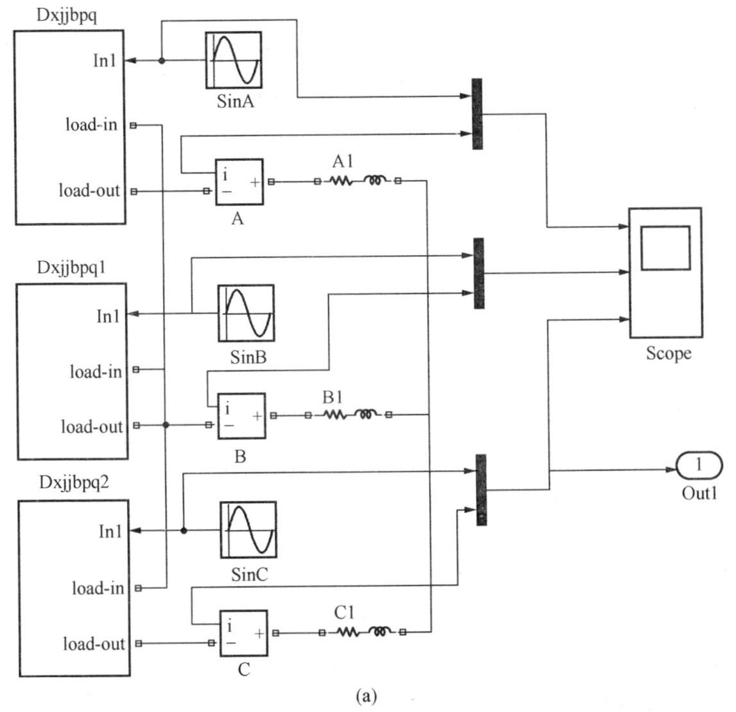

(a)

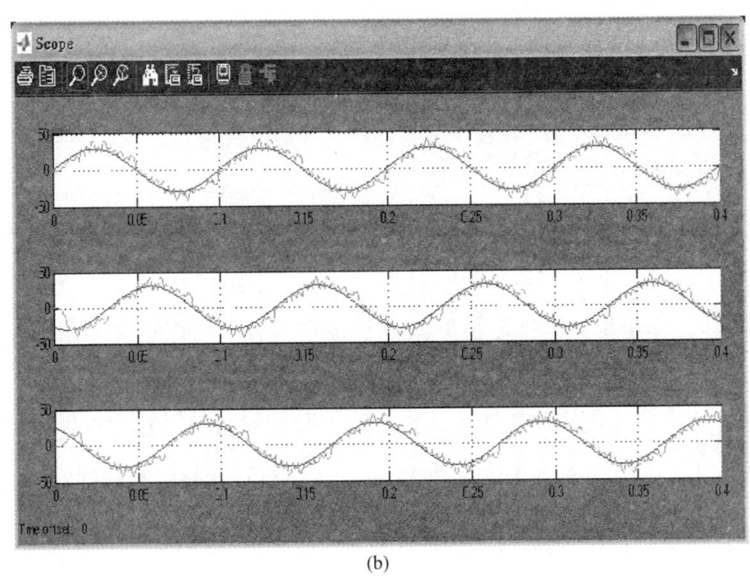

(b)

图 7-30　三相交—交变频器仿真模型结构图及电流输出波形

(a) 三相交—交变频器仿真模型图；(b) 负载电流输出波形

波频率时，三相交—交变频器的输出波形频率也改变，实现变频。

晶闸管交—交变频器在大功率场合有很高的实用价值，上述提出的三相交—交变频器建模方法不依赖于数学模型，所建立的三相交—交变频器模型为后面研究高性能的交—交变频器调速系统奠定了坚实的基础。

五、交一交变频异步电动机转速开环调速系统的建模与仿真

将构作好的三相交—交变频器和异步电动机组成一个最简单的转速开环交—交变频调速系统，以检验其变频效果。图7-31（a）为转速开环调速系统的仿真模型，它是将图7-30（a）中的RL负载换成异步电动机负载而得到的。图7-31（b）、图7-31（c）分别为三相交—交变频器输出频率为$f=5$、10Hz时，异步电动机定子三相电流中的A相电流、转速波形。有关仿真参数如下。

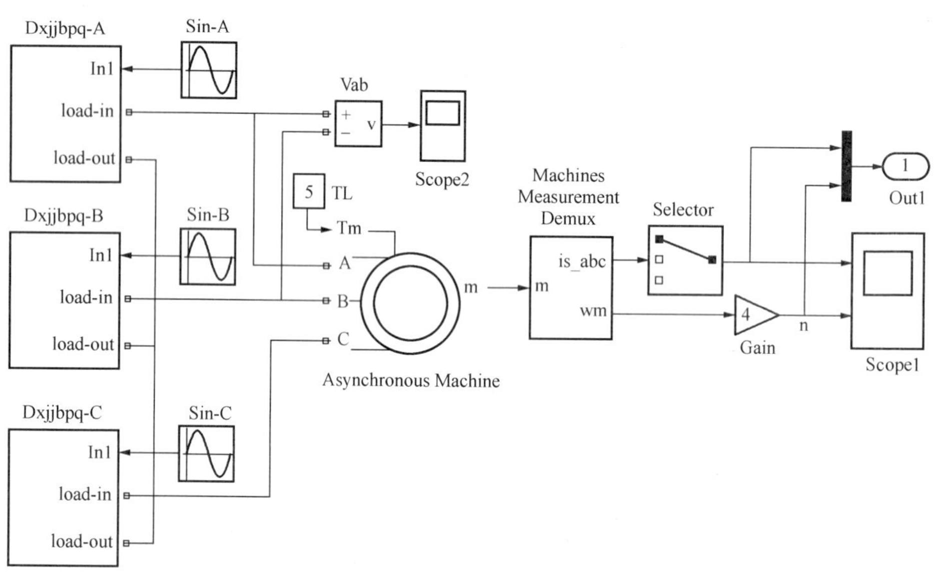

(a)

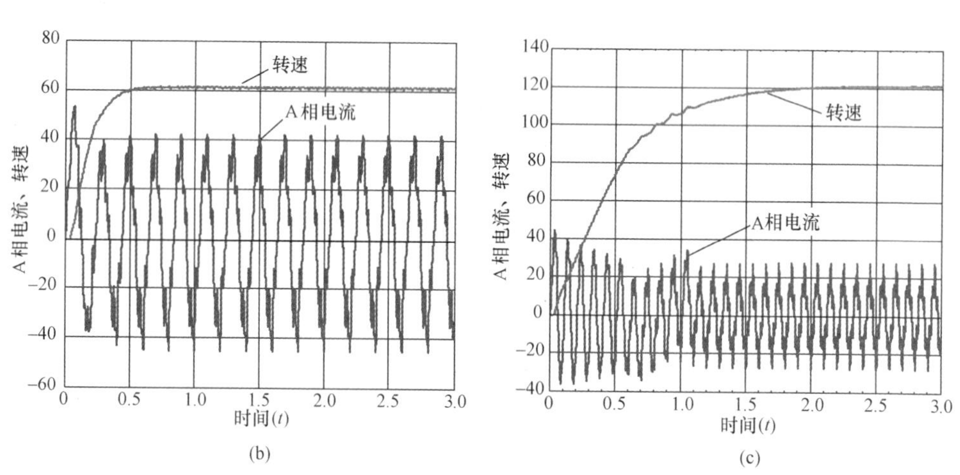

(b)　　(c)

图7-31　交—交变频开环调速系统仿真模型及电机定子A相输出电流和转速波形

（a）调速系统仿真模型；（b）$f=5$Hz时的定子A相电流和转速波形；

（c）$f=10$Hz时的定子A相电流和转速波形

三相正弦给定信号幅值30，频率为=5、10Hz；工频三相对称交流电源A、B、C相幅值为133V。异步电动机参数：$U_e=220$V，$P_n=2.2$kW，$f_n=50$Hz，$R_s=2\Omega$，$R_r=2\Omega$，$L_{l1}=L_{l2}=10$mH，$L_m=69.31$mH，转动惯量$J=2\text{kg}\cdot\text{m}^2$；极对数为2，采用同步旋转坐标系。

由于未采用高性能电机控制策略，调速系统性能还不够好，但已能看到交—交变频的变频调速效果。

7.3.2 交—直—交变频调速系统的建模与仿真

图 7-32 为一个交—直—交变频调速系统的仿真模型。下面介绍各部分的建模与参数设置过程。

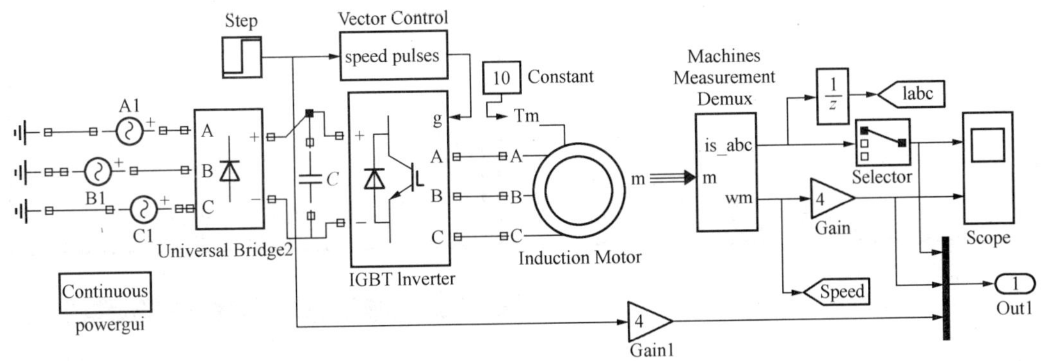

图 7-32 带有矢量控制的交—直—交异步电动机变频调速系统的仿真模型

一、系统的建模和模型参数设置

1. 主电路的建模和参数设置

由图 7-32 可见，异步电动机变频调速系统的主电路由交—直—交变频器、异步电动机、测量装置等部分组成。测量装置的建模在图中比较明确，此处只对交—直—交变频器和异步电动机的建模和参数设置问题作一简要说明。

（1）交—直—交变频器的建模和参数设置。交—直—交变频器由三相交流电源、二极管整流器、滤波电容器和 IGBT 逆变器组成。这是一个电压型的交—直—交变频器。三相交流电源的 A 相电源、二极管整流器、滤波电容器、IGBT 逆变器的参数设置对话框分别如图 7-33（a）～（d）所示。

（2）异步电动机的参数设置。异步电动机的参数设置如图 7-34 所示。测量装置中的 i_{abc} 和 Speed 端子的输出信号用于控制环节中的电流和转速反馈，负载转矩为 10。

2. 控制电路的建模和参数设置

异步电动机矢量控制变频调速系统的控制电路包括给定环节和矢量控制环节，其核心部分是矢量控制环节。矢量控制是高性能变频调速系统使用的典型控制策略，由于本模型主要是说明主电路中交—直—交变频器的建模和参数设置。所以这里不对矢量控制环节的建模和参数设置进行说明，有关矢量控制环节的建模和参数设置留待后面矢量控制的仿真进行说明。

控制电路的有关参数设置：给定输入为阶跃信号，在 2.5s 时刻，由 100 阶跃到 200。其他没作说明的为系统默认参数。

二、系统的仿真参数设置

仿真所选择的算法为 ode45；仿真 Start time 设为 0，Stop time 设为 6。

三、系统的仿真、仿真结果的输出及结果分析

当建模和参数设置完成后，即可开始进行仿真。图 7-35 为异步电动机矢量控制变频调

(a)

(b)

(c)

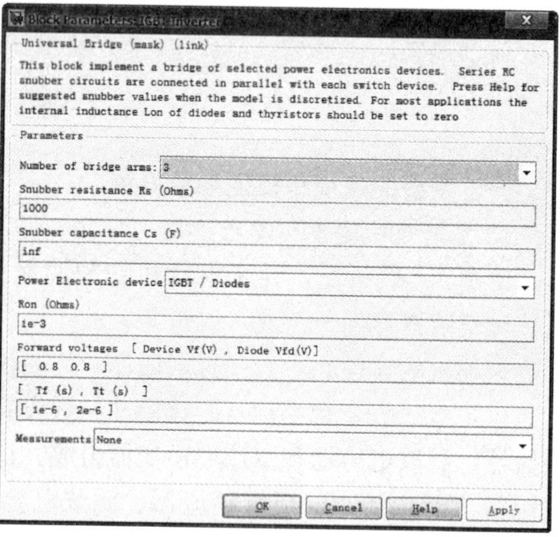

(d)

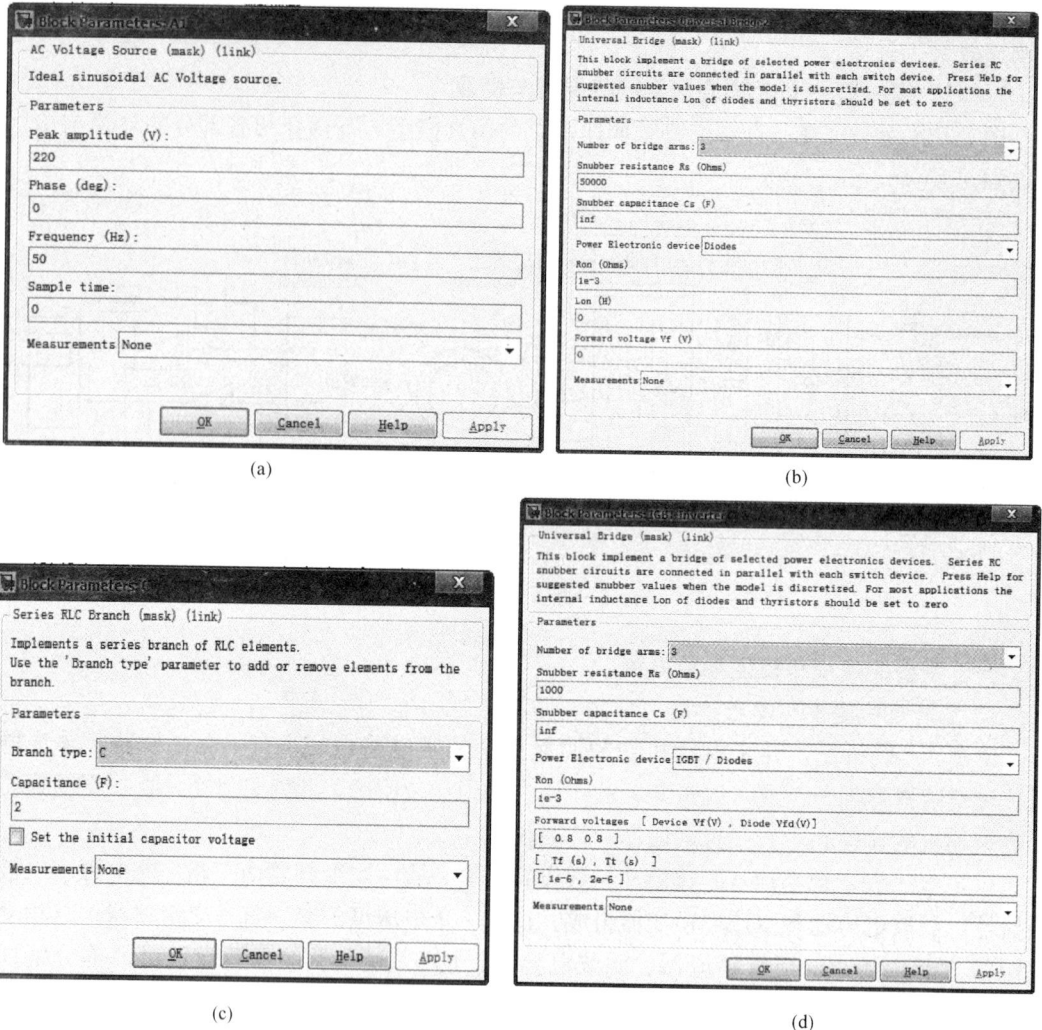

图 7-33　A 相交流电源、二极管整流器、滤波电容器、IGBT 逆变器的参数设置对话框
(a) A 相交流电源的参数设置对话框；(b) 二极管整流器的参数设置对话框；
(c) 滤波电容器的参数设置对话框；(d) IGBT 逆变器参数设置对话框

速系统的 A 相电流、转速曲线。

从仿真结果可以看出，系统的实际转速能实现对给定转速的良好跟踪，并且能实现调速。

7.3.3　SPWM 变频调速系统的建模与仿真

采用面向电气原理结构图方法构作的 SPWM 变频调速系统仿真模型如图 7-36 所示。这是一个转速开环的 SPWM 调速系统，系统由给定环节、SPWM 变频电源、交流电动机和测量装置等部分组成。

一、系统的建模和模型参数设置

1. 主电路的建模和参数设置

开环 SPWM 调速系统的主电路由 SPWM 变频电源、交流电动机和测量装置等部分组成。下面分别进行建模。

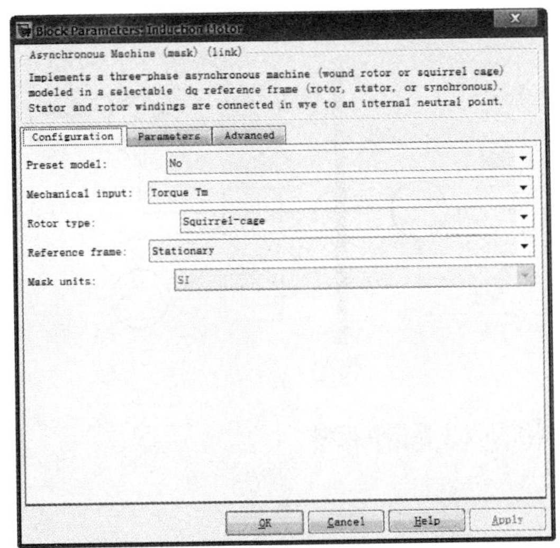

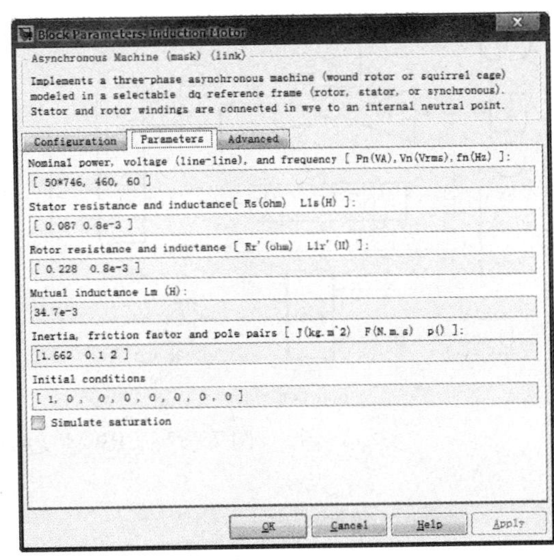

图 7-34　异步电动机的参数设置

(1) SPWM 变频控制信号发生器的建模和参数设置。SPWM 变频控制信号发生器仿真模型如图 7-37 所示。它由正弦波发生器、三角波发生器、SPWM 波形发生器等环节组成。

1) 正弦波发生器仿真模型如图 7-38 所示。正弦波形发生器仿真模型的频率输入信号 f 乘上 2π 后得到正弦波的角频率 ω，再与 clock 模块提供的时间变量 t 相乘，得到输入三相正弦波发生器（sin 运算模块）；正弦波初相位由一个 constant 模块提供，参数设置为：$2\pi/3 *$ [0　−1　1]，每相互差 120°。

2) 三角波频率通过 constant 模块进行设定，三角波的频率设为 1650，它由图 7-39 所示电路模型实现。

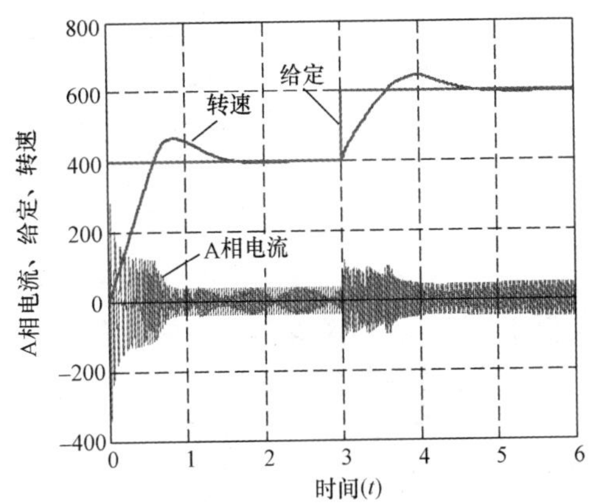

图 7-35　异步电动机矢量控制变频调速系统的 A 相电流和转速曲线

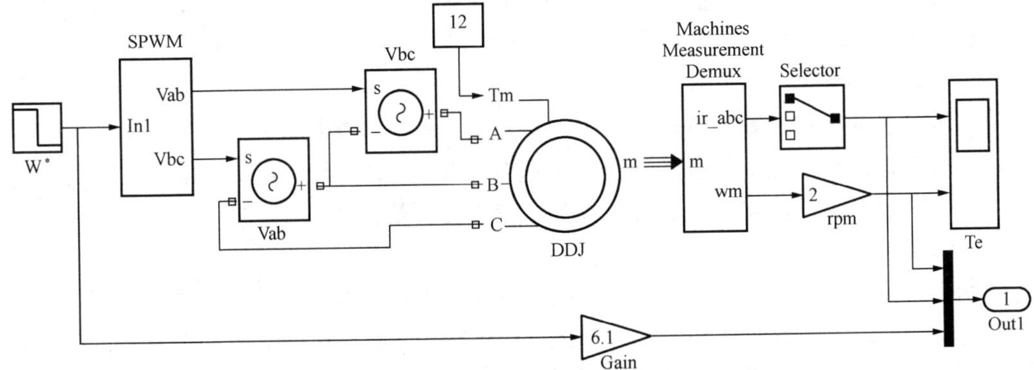

图 7-36　SPWM 变频调速系统仿真模型

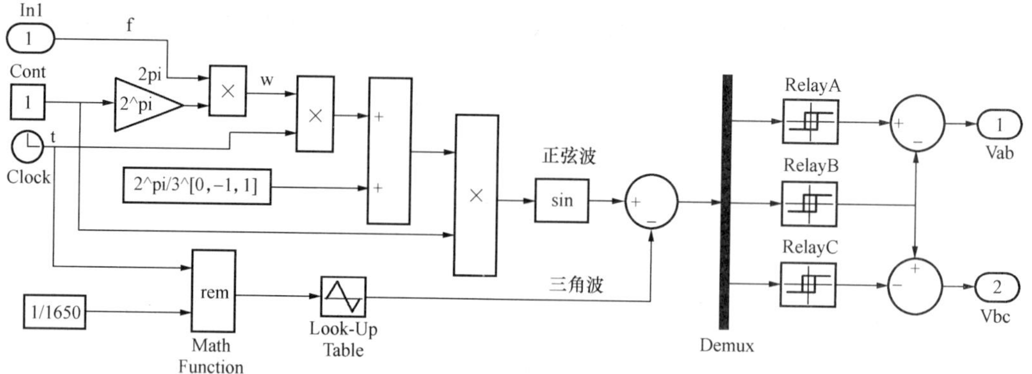

图 7 - 37　SPWM 变频控制信号发生器仿真模型

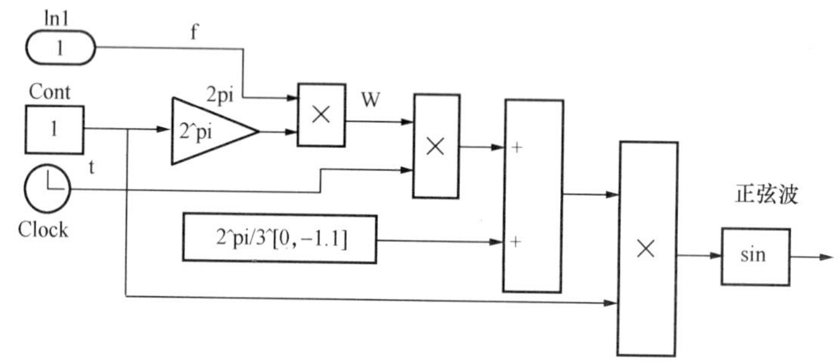

图 7 - 38　正弦波发生器仿真模型

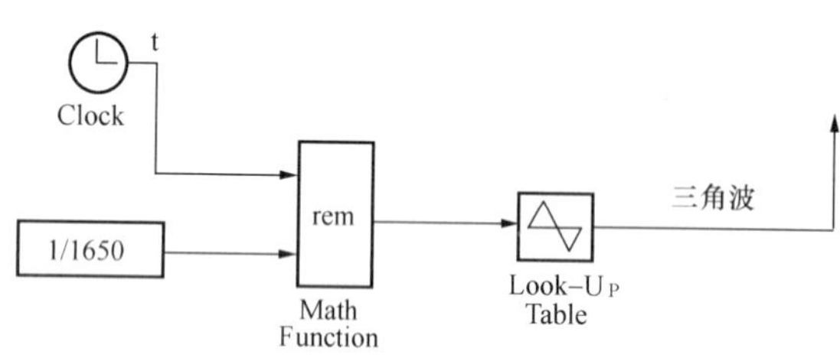

图 7 - 39　三角波发生器电路模型

3）SPWM 波形发生器。Sin 模块输出的正弦波和三角波发生器（Math Function 和 Look Up Table 的组合）输出的三角波比较后经 Relay 模块进行选择，得到系统所需要的 SPWM 波。

（2）SPWM 变频电源的建模和参数设置。SPWM 变频信号发生器的输出是 Simulink 控制信号，要去驱动电动机必须用电源模块组中的受控电压源模块（Controlled Voltage Source）获得三相交流电压来控制电动机的运行。SPWM 变频控制信号发生器和受控电压源模块经过图 7 - 36 所示的连接，就可得到驱动电动机的三相交流变频电压。受控电压源模块 2 的参数设置如图 7 - 40 所示。

（3）电动机的参数设置。电动机采用三相笼型异步机，参数设置如图 7 - 41 所示。

（4）电机输出信号测量装置的建模。本系统输出了 A 相电流和转速信号，此处转速信号增大了 2 倍只是为了使输出信号之间分开，便于看清楚。

2. 控制电路的建模和参数设置

控制电路只有一个变频给定环节，系统仿真模型中用阶跃输入信号模块来实现，其初始值为 50Hz，在 1.2s 时刻阶跃到 25Hz，通过改变正弦调制波的频率来实现系统的变频，进而实现调速。本系统采用异步调制，改变正弦调制波的频率时，三角载波的频率不变。

Block Parameters: Vab

Controlled Voltage Source (mask) (link)

Converts the Simulink input signal into an equivalent voltage source. The generated voltage is driven by the input signal of the block.

You can initialize your circuit with a specific AC or DC voltage. If you want to start the simulation in steady-state, the block input must be connected to a signal starting as a sinusoidal or DC waveform corresponding to the initial values.

Parameters

☑ Initialize

Source type: AC

Initial amplitude (V): 0

Initial phase (deg): 0

Initial frequency (Hz): 0

Measurements: None

OK Cancel Help Apply

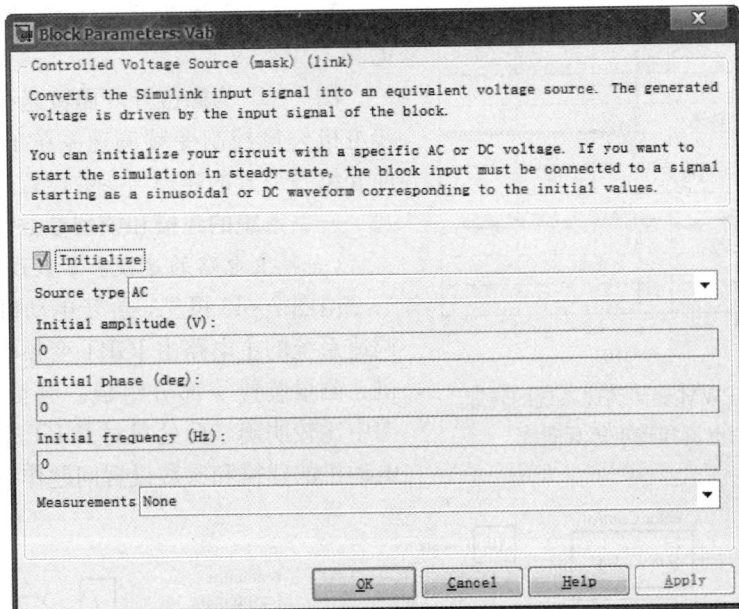

图 7-40 受控电压源模块 2 的参数设置

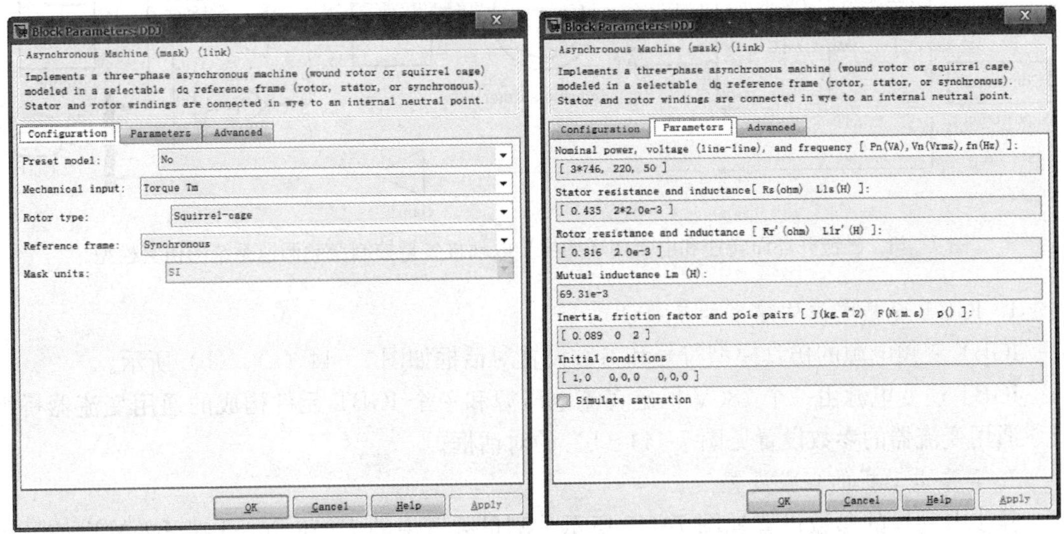

图 7-41 三相笼型异步电动机的参数设置

二、系统的参数设置及仿真结果分析

系统的仿真终止时间为 2.5s，仿真算法选择 ode23tb，相对允许误差和绝对允许误差均为 1e-3，变步长仿真。SPWM 变频调速系统的转速和 A 相电流仿真结果如图 7-42 所示。

由图 7-42 可以看出，电动机起动时电流很大，随着转速的升高，电流逐渐减小，在转速稳定时达到最小且基本稳定。这是因为在起动时，转差率很大，电动机的等效阻抗很小，所以起动时电流很大；而在电动机正常运行时，其转差率很小，电动机的等效阻抗很大，从而限制了转子电流。另外，由于电动机惯性的作用，转速波形没有出现脉动，因此转速波形是平滑的。

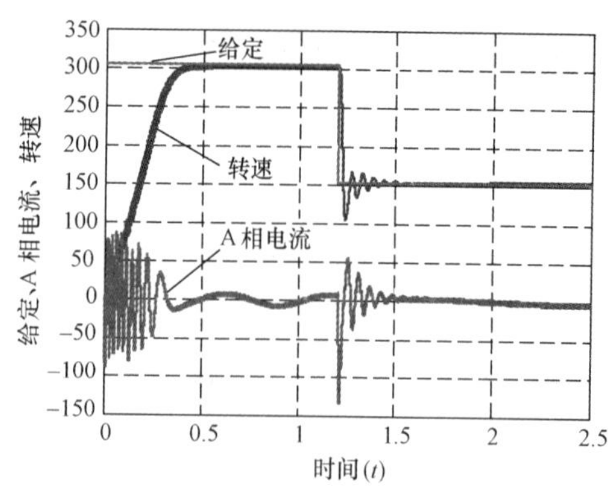

图 7-42　SPWM 变频调速系统的转速和 A 相电流和转矩仿真曲线

7.3.4　矢量控制变频调速系统的建模与仿真

图 7-43 为磁链开环而转速和电流闭环的异步电机矢量控制变频调速系统的仿真模型。下面介绍各部分的建模与参数设置过程。

一、系统的建模和模型参数设置

（一）主电路的建模和参数设置

由图 7-43 可见，异步电动机矢量控制变频调速系统的主电路由 IGBT 变频电源、异步电动机、测量装置等部分组成。测量装置的建模在图中比较明确，此处只对 IGBT 逆变电源和异步电动机的建模和参数设置问题作一简要说明。

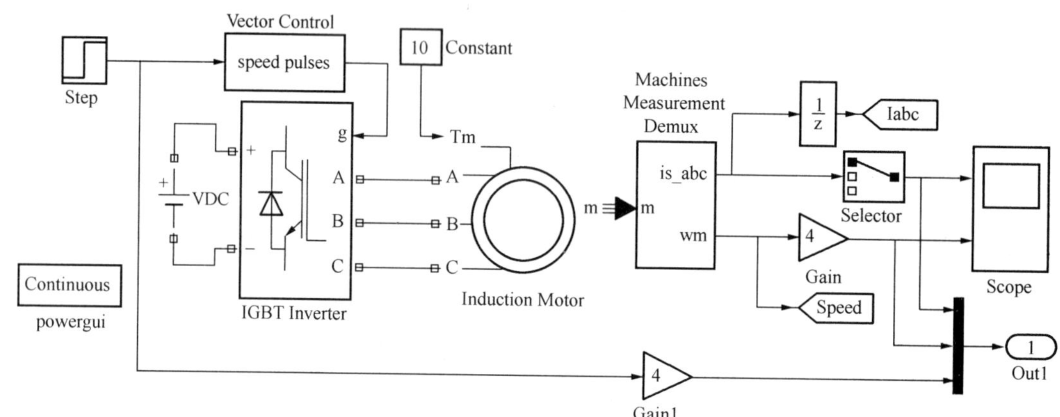

图 7-43　磁链开环而转速和电流闭环的异步电动机矢量控制变频调速系统的仿真模型

1. IGBT 变频电源的建模和参数设置

IGBT 变频电源的仿真模型符号和参数设置对话框如图 7-44（a）、（b）所示。

IGBT 逆变电源由一个 780V 恒定直流电压源和一个 IGBT 元件构成的通用变流器桥组成。通用变流器的参数设置见图 7-44（b）的对话框。

2. 异步电动机的参数设置

异步电动机的参数设置如图 7-45 所示。测量装置中的 i_{abc} 和 Speed 端子的输出信号用于矢量控制环节中的电流和转速反馈；负载转矩为 10N·m。

（二）控制电路的建模和参数设置

异步电动机矢量控制变频调速系统的控制电路包括给定环节和矢量控制环节，其核心部分是矢量控制环节，下面给予重点说明。

矢量控制环节的仿真模型及封装后的子系统符号如图 7-46（a）、（b）所示。

从图 7-46（a）的矢量控制环节的仿真模型可以看出，矢量控制环节是由转速控制器、定子电流励磁分量给定值“i_d^* 计算电路”、转矩分量给定值“i_q^* 计算电路”、dq→ABC 及 ABC→dq 变换电路、电流控制器、磁链位置角“θ 计算电路”、“磁通计算电路”等部分组成的。

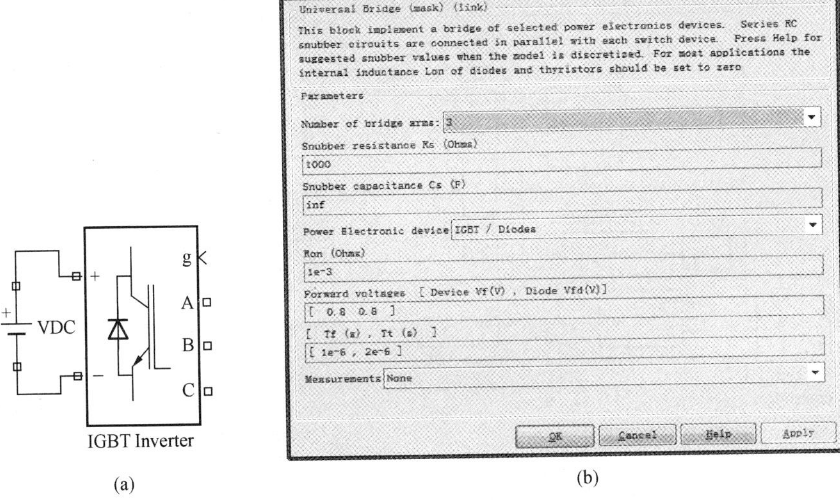

图 7-44 IGBT 逆变电源的仿真模型符号和参数设置对话框

(a) IGBT 变频电源仿真模型符号；(b) 参数设置对话框

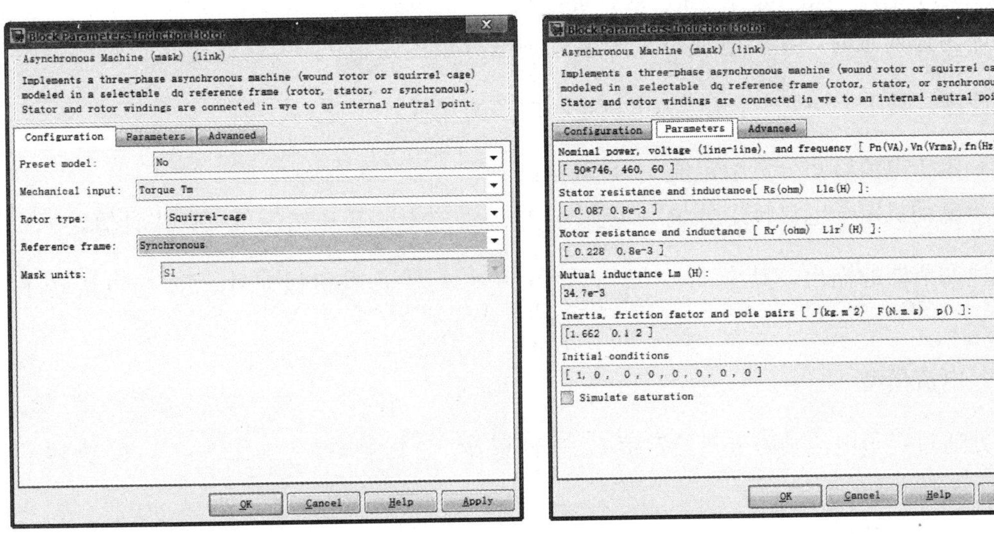

图 7-45 异步电动机的参数设置

在该环节中，磁链给定 Ψ_r^* （phir*）为固定值 0.96，经 i_d^* 计算电路（i_d^* Calculation）得到定子电流励磁分量给定值 i_d^*，定子电流转矩分量给定值 i_q^* 来自转速控制器和 i_q^* 计算电路（i_q^* Calculation）的输出，有了 i_d^* 和 i_q^* 后，经“同步旋转 dq 坐标系”到“静止 ABC 坐标系”的坐标变换（dq to ABC)，得到物理上存在的定子三相电流的给定值。系统中设置了以定子电流控制器为核心的电流控制系统，其给定值来自于 dq→ABC 变换电路，反馈输入为定子三相电流实际值，电流控制器的输出，作为 IGBT 逆变电源的触发控制信号 pulses。dq→ABC 的坐标变换所需要的“磁链位置角 θ（Teta）”是通过磁链位置角 θ 计算电路（Teta Calculation）得到的。

下面介绍系统中主要环节的数学模型。

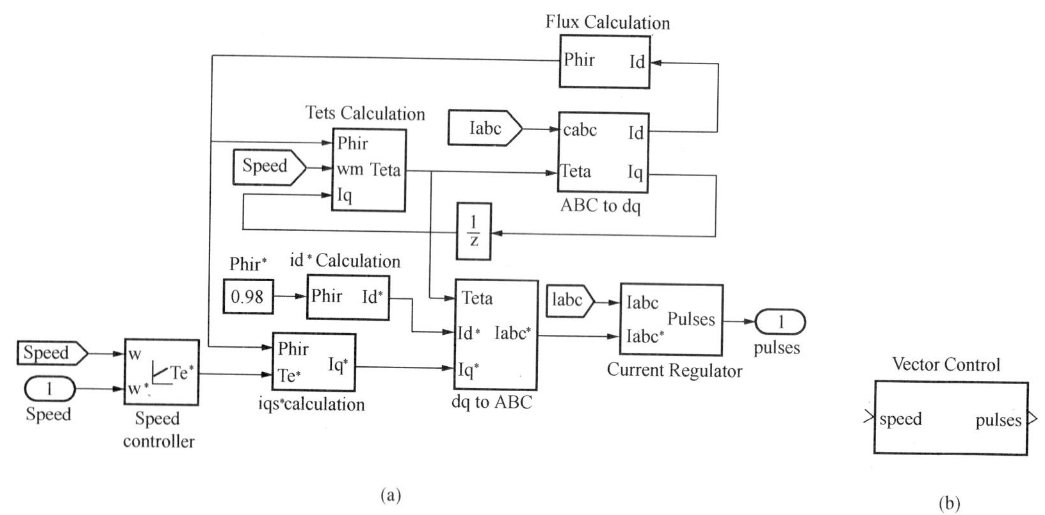

图 7-46 矢量控制环节仿真模型及子系统符号
(a) 矢量控制环节仿真模型；(b) 矢量控制环节子系统符号

(1) 定子电流励磁分量给定值 i_d^* 计算电路

在不考虑弱磁时，异步电动机定子电流励磁分量给定值 i_d^* 可以通过转子磁链给定值 Ψ_r^* 来计算，其中 $i_d^*=\dfrac{\Psi_r^*}{L_m}$，$L_m$ 为电机定、转子的互感。

(2) 定子电流转矩分量给定值 i_q^* 计算电路

异步电动机定子电流转矩分量给定值 i_q^* 可以通过电磁转矩给定值 T_e^* 来计算，T_e^* 来自于转速调节器的输出，其中 $i_q^*=\dfrac{2}{3}\dfrac{2}{p_m}\dfrac{L_r}{L_m}\dfrac{T_e^*}{\Psi_r^*}$，$p_m$ 为电机极对数，L_r 为电机转子的电感。

(3) 电流模型

此处通过定子电流励磁分量给定值 i_d^* 来计算 Ψ_r^*，其中 $\Psi_r^*=\dfrac{L_m}{1+T_rs}i_d^*$，$T_r$ 为转子时间常数。

(4) 转子磁链位置角 θ 计算电路

转子磁链位置角 $\theta=\int(\omega_r+\Delta\omega^*)\mathrm{d}t$，而转差频率 $\Delta\omega^*$ 可通过定子电流转矩分量给定值 i_q^* 及电机参数来计算，其中 $\Delta\omega^*=\dfrac{L_m}{\Psi_rT_r}i_q^*$。

其他如 dq→ABC 及 ABC→dq……在 SimPower System 工具箱中有现成的模块，可直接调用，不需自己建模，故此处不再讨论其数学模型。

系统中建模所需的电动机参数如下：定子电阻 $R_s=0.087\Omega$，漏感 $L_{1s}=0.8\text{mH}$；转子电阻 $R_r=0.228\Omega$，漏感 $L_{1r}=0.8\text{mH}$；互感（Mutual inductance）$L_m=34.7\text{mH}$；转动惯量（Inertia）$J=1.662\text{kg}\cdot\text{m}^2$；极对数 $P_m=2$。

系统中主要环节的建模过程如下。

1. 定子电流励磁分量给定值 i_d^* 计算电路的建模

图 7-47 给出的是本环节的数学模型、仿真模型及封装后的子系统符号。其他各环节类同。

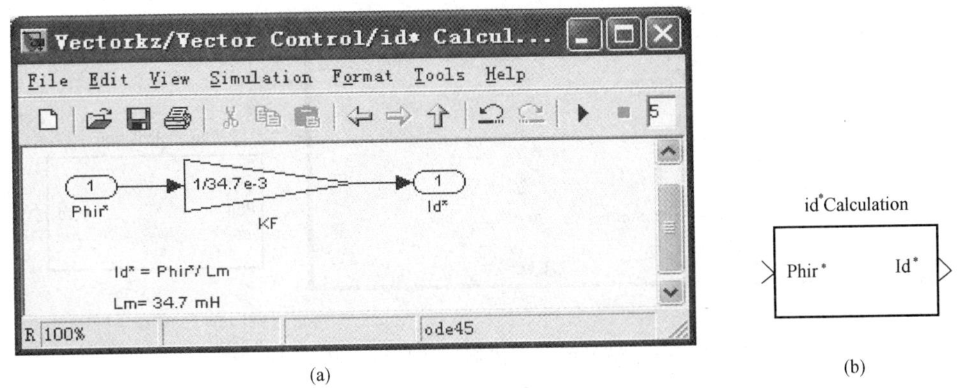

图 7-47 定子电流励磁分量给定值 i_d^* 计算电路的仿真模型及子系统符号

(a) 仿真模型；(b) 子系统符号

2. 定子电流转矩分量给定值 i_q^* 计算电路的建模

图 7-48 为定子电流转矩分量给定值 i_q^* 计算电路的仿真模型、数学模型及封装后的子系统符号。

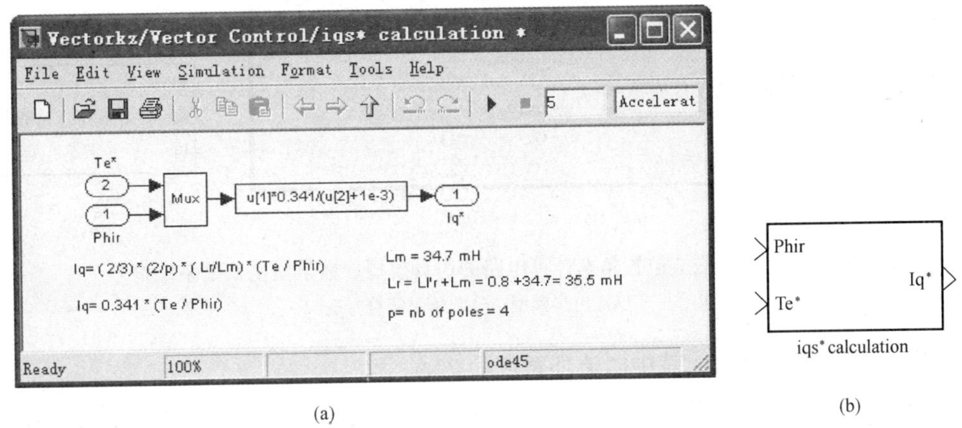

图 7-48 定子电流转矩分量给定值 i_q^* 计算电路的仿真模型、数学模型及子系统符号

(a) 仿真模型；(b) 子系统符号

3. 电流模型的建模

图 7-49 为电流模型的仿真模型、数学模型及封装后的子系统符号。

4. 转子磁链位置角 θ 计算电路的建模

图 7-50 为转子磁链位置角 θ 计算电路的仿真模型、数学模型及封装后的子系统符号。

5. 转速调节器 ASR 和电流调节器 ACR 的建模

转速调节器 ASR 是一个 PI 调节器，它的仿真模型、封装后的子系统符号以及参数设置对话框如图 7-51 所示。

电流调节器是一个带滞环控制的调节器，它的仿真模型、封装后的子系统符号以及参数

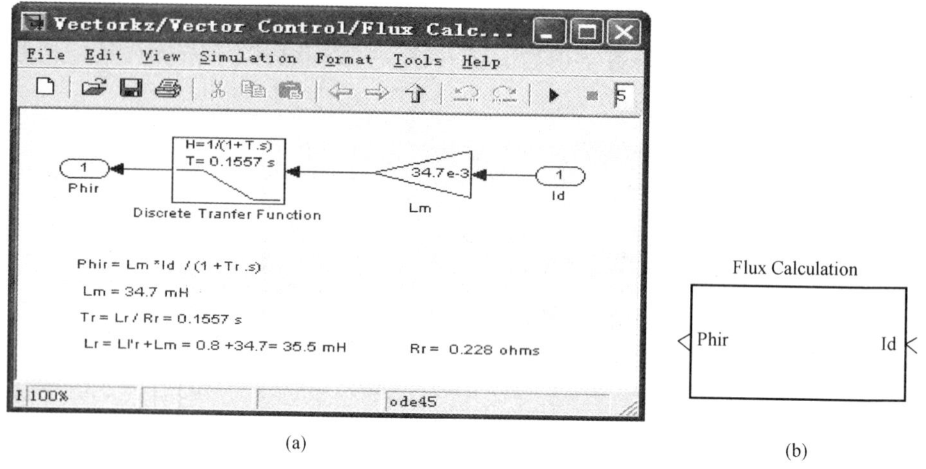

(a)　　(b)

图 7-49　电流模型的仿真模型、数学模型及子系统符号

（a）仿真模型；（b）子系统符号

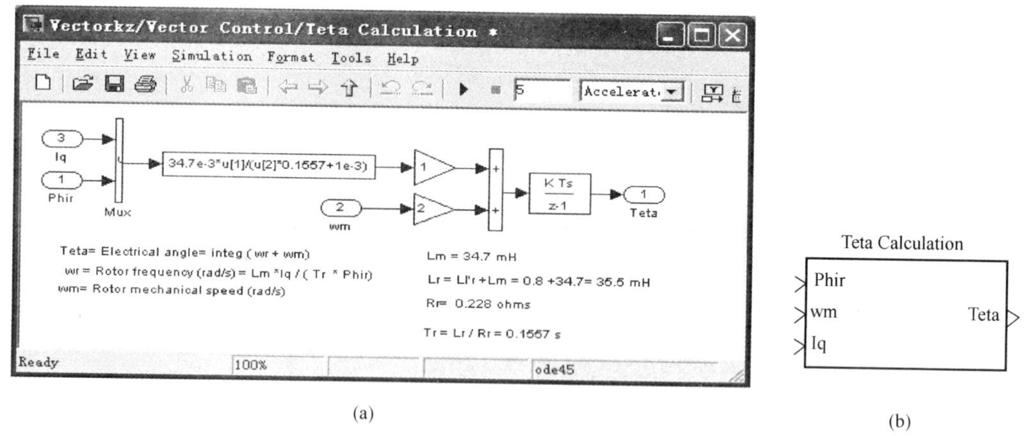

(a)　　(b)

图 7-50　转子磁链位置角 θ 计算电路的仿真模型、数学模型及子系统符号

（a）仿真模型；（b）子系统符号

设置对话框如图 7-52 所示。其中电流环宽度为 20A。

系统中还用到一些其他环节，如 dq→ABC 及 ABC→dq 变换等，这些模型在 SimPower System 工具箱已做成库元件，可直接调用，其模块符号如图 7-53 所示。

控制电路的有关参数设置：给定输入为阶跃信号，在 2.5s 时刻，由 100 阶跃到 200。其他没作说明的为系统默认参数。

二、系统的仿真参数设置

仿真所选择的算法为 ode45；仿真 Start time 设为 0，Stop time 设为 5。

三、系统的仿真、仿真结果的输出及结果分析

当建模和参数设置完成后，即可开始进行仿真。图 7-54 为异步电动机矢量控制变频调速系统的 A 相电流、给定和实际转速曲线。

从仿真结果可以看出，系统的实际转速能实现对给定转速的良好跟踪，并且能实现调速。

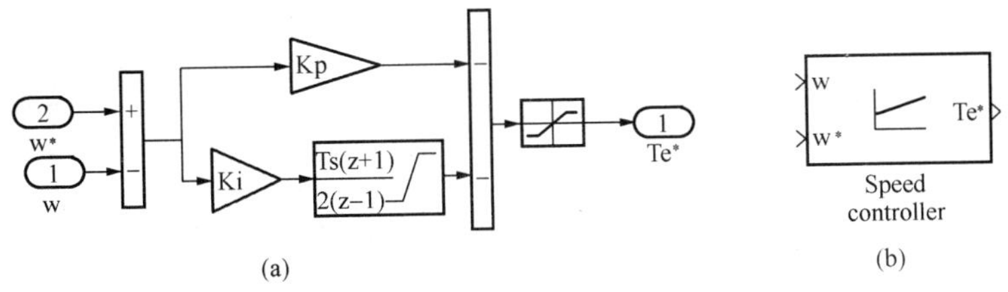

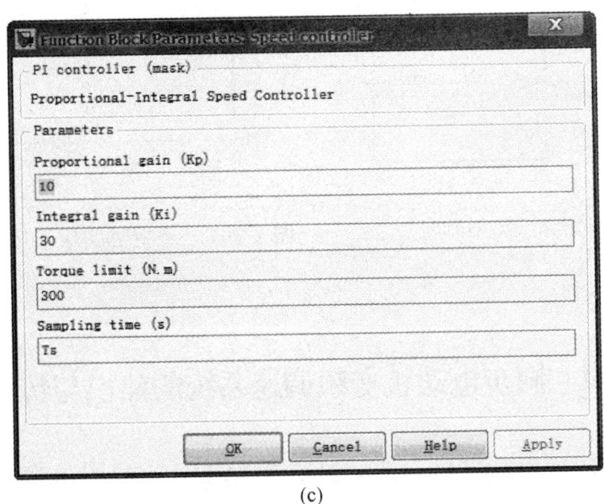

图 7-51 转速调节器的仿真模型、子系统符号和参数设置

（a）仿真模型；（b）子系统符号；（c）参数设置

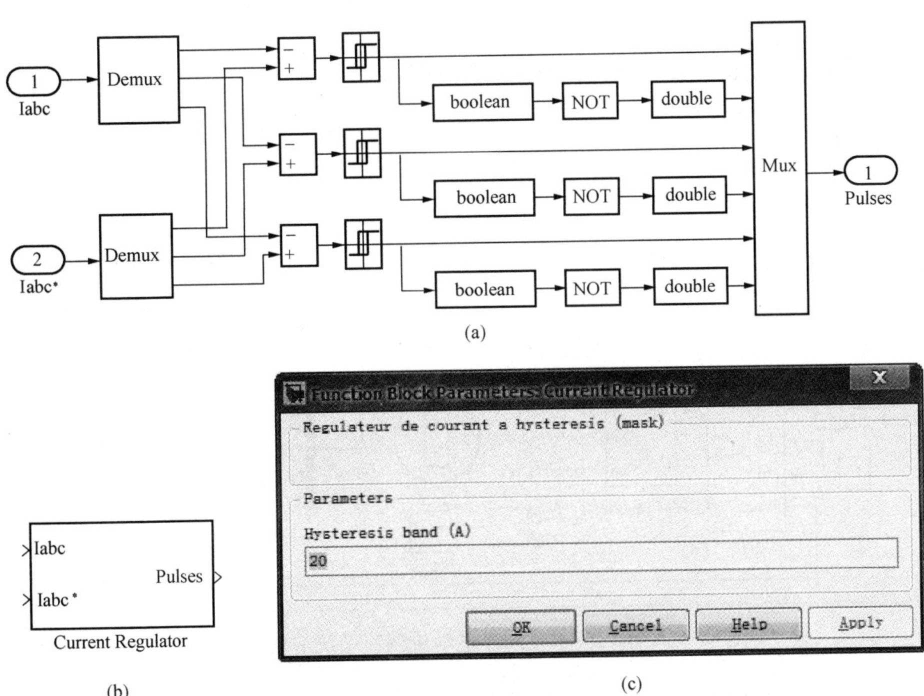

图 7-52 电流调节器的仿真模型、子系统符号和参数设置

（a）仿真模型；（b）子系统符号；（c）参数设置

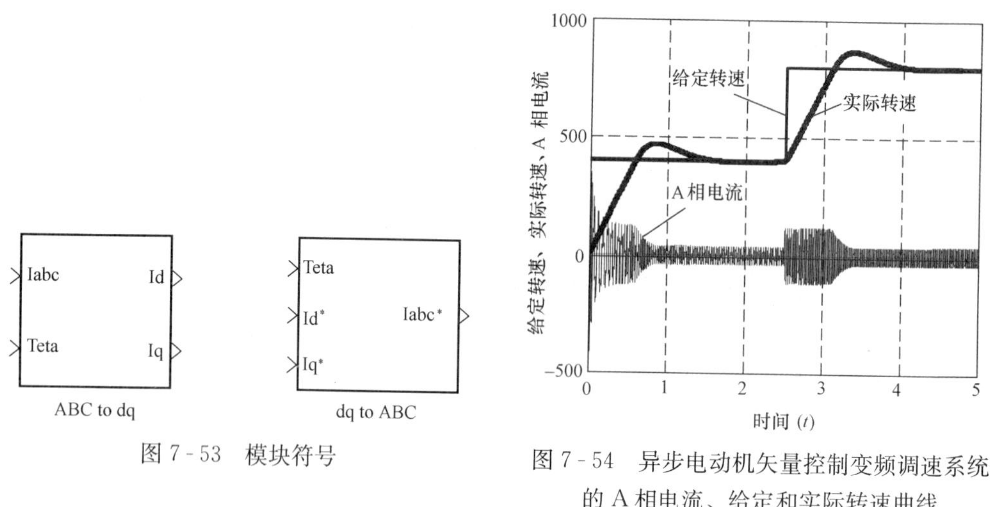

图 7-53　模块符号

图 7-54　异步电动机矢量控制变频调速系统的A相电流、给定和实际转速曲线

7.4　同步电动机变频调速系统的建模与仿真

前面采用面向电气原理结构图的仿真方法，对典型的直流电动机、交流异步电动机调速系统进行了仿真分析。本节将对同步电动机调速系统进行仿真。同步电动机种类多，此处选择正弦波永磁同步电动机和方波永磁同步电动机（直流无刷电动机）两种典型调速系统进行仿真。调速系统的控制电路采用转速单闭环控制方式，控制电路的建模与直流调速系统中的单闭环控制方式没有什么区别。

7.4.1　正弦波永磁同步电动机调速系统的建模与仿真

图 7-55 为采用面向电气原理结构图方法构作的正弦波永磁同步电动机调速系统的仿真模型。下面介绍各部分的建模与参数设置过程。

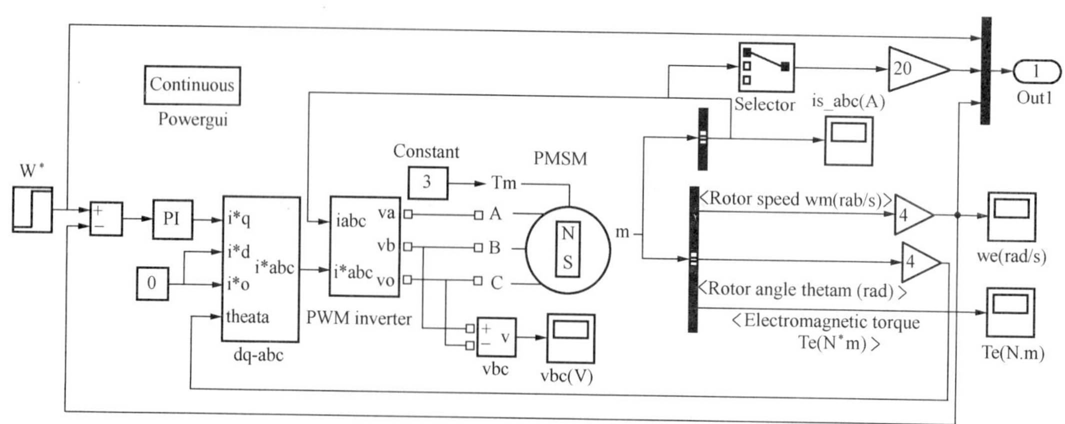

图 7-55　正弦波永磁同步电动机调速系统的仿真模型

一、系统的建模和模型参数设置

1. 主电路的建模和参数设置

由图 7-55 可见，主电路由 PWM 电源变换器、正弦波永磁同步电动机、测量装置等部

分组成。测量装置的建模在图中比较明确，此处着重讨论 PWM 电源变换器、正弦波永磁同步电动机的建模和参数设置问题。

（1）PWM 电源变换器的建模和参数设置。PWM 电源变换器的仿真模型和子系统符号如图 7 - 56（a）、（b）所示。

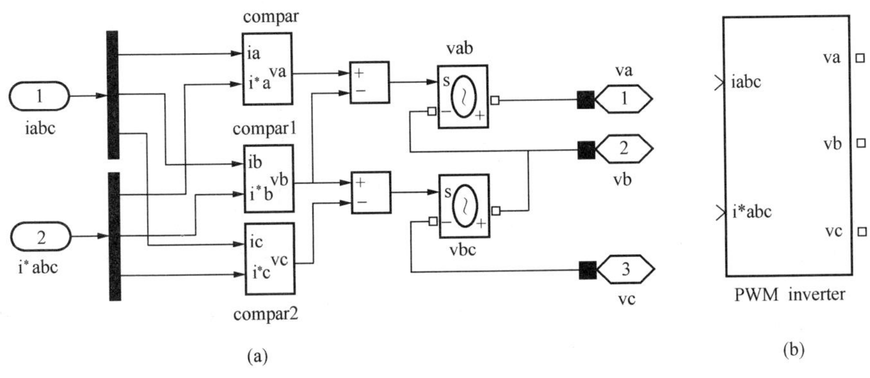

图 7 - 56　PWM 电源变换器的仿真模型

（a）仿真模型；（b）子系统符号

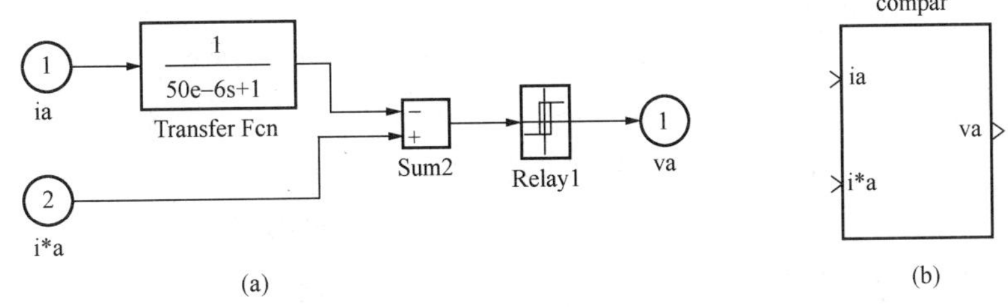

图 7 - 57　A 相电流比较器仿真模型和子系统符号

（a）仿真模型；（b）子系统符号

PWM 电源变换器由电流比较器和受控电压源等环节组成。图 7 - 57（a）、（b）是 A 相电流比较器的仿真模型和子系统符号，它由一个惯性滤波环节和一个具有继电器特性的比较器组成。比较器的参数设置如图 7 - 58 所示。

（2）正弦波永磁同步电动机的建模和参数设置。在 SimPower System 工具箱中的电机模块组中，有一个永磁同步电动机模型。其模型符号如图 7 - 59（a）所示，其参数设置如图 7 - 59（b）所示。

同步电动机的参数可通过电动机模块的参数对话框来输入。在 Flux Distribution 中选择 Sinusoidal，即为正弦波永磁同步电动机，其他参数设置见图 7 - 59（b）的参数对话框；负载转矩为 3。

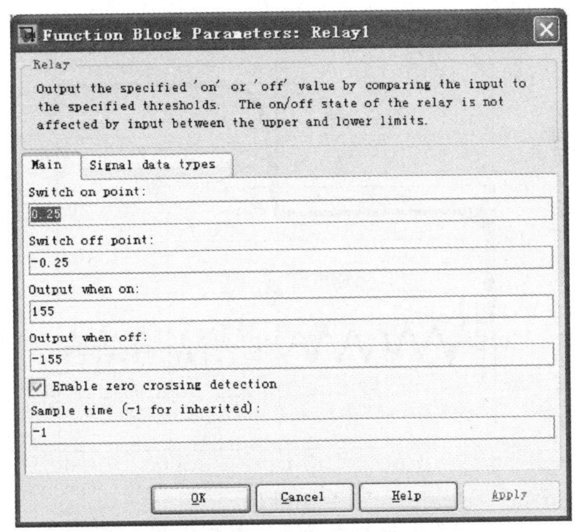
Function Block Parameters: Relay1

Relay

Output the specified 'on' or 'off' value by comparing the input to the specified thresholds. The on/off state of the relay is not affected by input between the upper and lower limits.

Main　Signal data types

Switch on point:
0.25

Switch off point:
-0.25

Output when on:
155

Output when off:
-155

☑ Enable zero crossing detection

Sample time (-1 for inherited):
-1

OK　Cancel　Help　Apply

图 7 - 58　比较器的参数设置

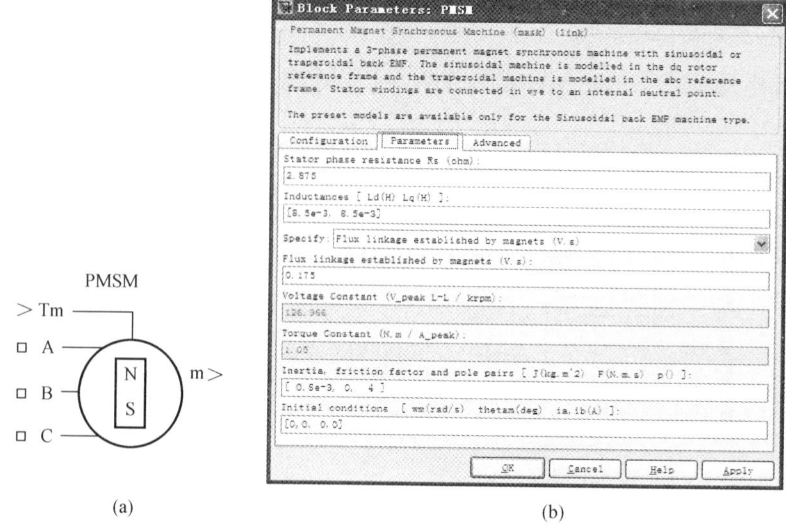

(a)　　　　(b)

图 7-59　永磁同步电动机仿真模型符号和参数设置

（a）模型符号；（b）参数设置

2. 控制电路的建模和参数设置

正弦波永磁同步电动机调速系统的控制电路包括给定环节、PI 转速调节器、转速反馈环节及其 dq—ABC 转换模块等。除 dq—ABC 转换模块外，其他与单闭环直流调速系统的控制环节没有什么区别，这里仅对 dq—ABC 转换模块作有关说明。dq—ABC 转换模块可从“SimPowerSystem/Extra Library/Measurements”子模块组中选取。

控制电路的有关参数设置如下：

（1）转速反馈系数设为 4。

（2）PI 调节器的参数设置分别是：ASR，$K_{pn}=2.6$，$\tau_n=50$；上下限幅值为［30，−30］。

（3）给定输入为阶跃信号，在 0.1s 时刻，由 500 阶跃到 1000。

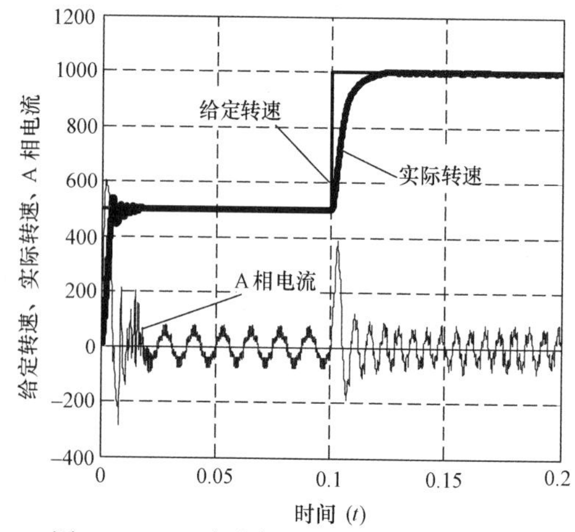

图 7-60　正弦波永磁同步电动机调速系统的 A 相电流、给定转速和实际转速曲线

（4）其他没作说明的为系统默认参数。

二、系统的仿真参数设置

仿真所选择的算法为 ode23tb；仿真 Start time 设为 0，Stop time 设为 0.2。

三、系统的仿真、仿真结果的输出及结果分析

当建模和参数设置完成后，即可开始进行仿真。图 7-60 为正弦波永磁同步电动机调速系统的 A 相电流、给定转速和实际转速曲线。

从仿真结果可以看出，在稳态时，仿真系统的实际转速能实现对给定转速的良好跟踪；在低速过渡过程时，仿真系统的实际转速对阶跃给定信号的跟踪有一定的振荡偏差。

7.4.2　方波永磁同步电动机调速系统的建模与仿真

方波永磁同步电动机（又称直流无刷电动机）的原理与有刷直流电动机相似，其感应电动势为梯形波，大小与转子磁通和转速成正比。每相电流为 120°导电型的交流方波，三相对称。方波永磁同步电动机三相电枢绕组的电流由逆变器提供。由于各相电流都是方形波，逆变器只需按直流 PWM 控制，比 SPWM 逆变器的控制简单。方波永磁同步电动机调速系统在准确度和调速性能上低于正弦波永磁同步电动机调速系统。

图 7-61 为采用面向电气原理结构图方法构作的方波永磁同步电动机调速系统的仿真模型。下面介绍各部分的建模与参数设置过程。

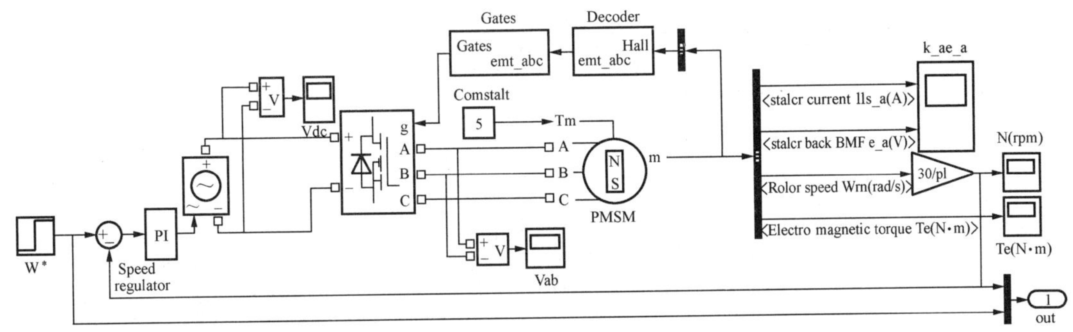

图 7-61　方波永磁同步电动机调速系统的仿真模型

一、系统的建模和模型参数设置

1. 主电路的建模和参数设置

由图 7-61 可见，主电路由 P-MOSFET 变流器桥、P-MOSFET 驱动器、直流受控源、方波永磁同步电动机、测量装置等部分组成。测量装置的建模在图中比较明确，此处着重讨

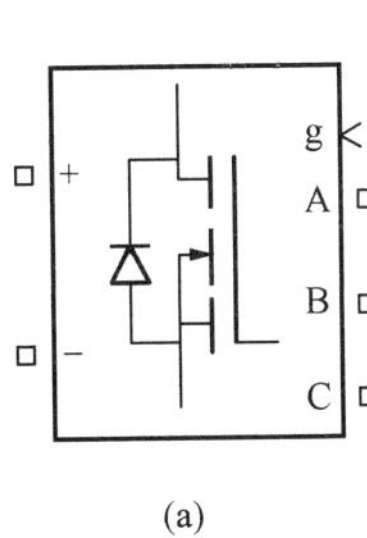

(a)

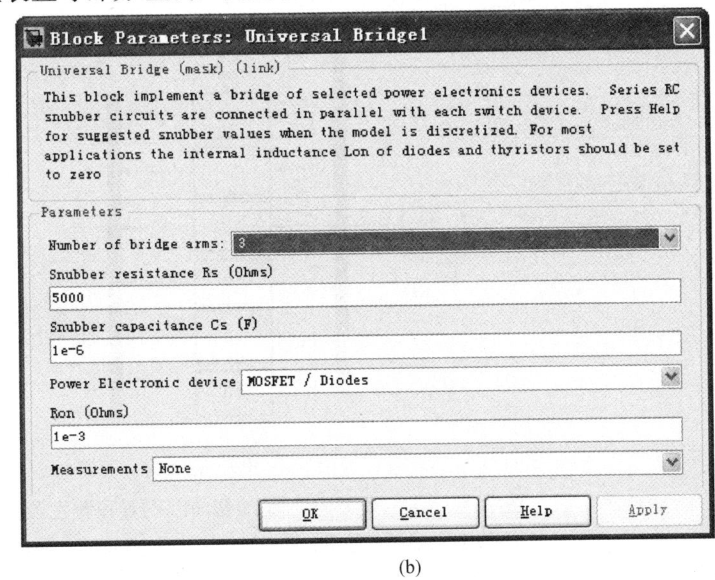

(b)

图 7-62　P-MOSFET 变流器桥的模块符号和参数设置

(a) P-MOSFET 变流器桥的模块符号；(b) P-MOSFET 变流器桥参数设置

论P-MOSFET变流器桥、P-MOSFET驱动器、直流受控源、方波永磁同步电动机的建模和参数设置问题。

（1）P-MOSFET变流器桥的建模和参数设置。P-MOSFET变流器桥的模块符号和参数设置如图7-62（a）、（b）所示。

直流受控源提供P-MOSFET变流器桥所需要的直流电压源。

（2）P-MOSFET驱动器的建模和参数设置。P-MOSFET驱动器包括编码器和触发器两部分，它们的仿真模型如图7-63（a）、（b）所示。

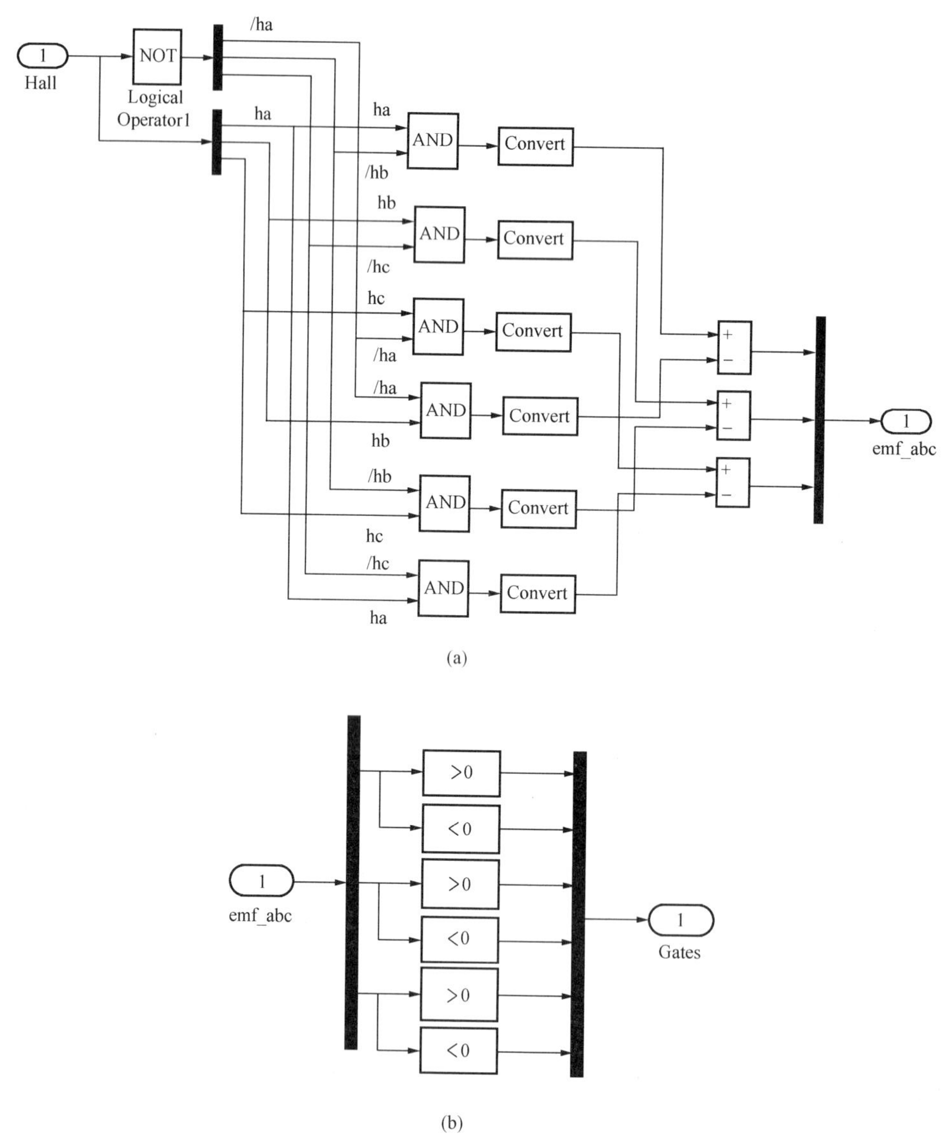

图7-63　P-MOSFET驱动器的编码器和触发器仿真模型

（a）P-MOSFET驱动器的编码器仿真模型；（b）P-MOSFET驱动器的触发器仿真模型

（3）方波永磁同步电动机的建模和参数设置。在SimPower System工具箱的电机模块组中，方波永磁同步电动机与正弦波永磁同步电动机是同一个模型。其模型符号如图7-64

(a) 所示，其参数设置如图 7-64 (b) 所示。

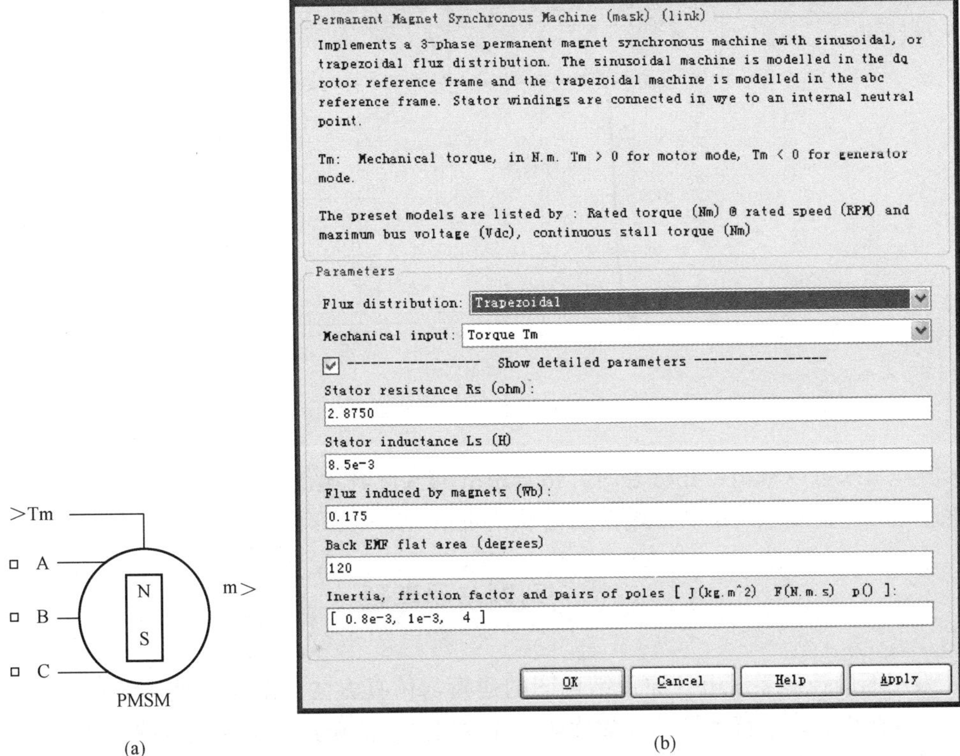

(a) (b)

图 7-64 永磁同步电动机仿真模型和参数设置

(a) 仿真模型；(b) 参数设置

同步电动机的参数可通过电动机模块的参数对话框来输入。在 Flux Distribution 中选择 Trapezoidal，即为方波永磁同步电动机，其他参数设置见图 7-64 (b) 的参数对话框；负载转矩为 3。

2. 控制电路的建模和参数设置

方波永磁同步电动机调速系统的控制电路包括给定环节、PI 转速调节器、转速反馈环节等模块。其与单闭环直流调速系统的控制环节基本相同。

控制电路的有关参数设置如下：

(1) 转速反馈系数设为 30/pi。

(2) PI 调节器的参数设置分别是：$K_{pn}=16.61$；$\tau_n=0.013$，上下限幅值为 [500，-500]。

(3) 给定输入为阶跃信号，在 0.1s 时刻，由 2000 阶跃到 2800。

(4) 其他没作说明的为系统默认参数。

二、系统的仿真参数设置

仿真所选择的算法为 ode23t；仿真 Start time 设为 0，Stop time 设为 0.2。

三、系统的仿真、仿真结果的输出及结果分析

当建模和参数设置完成后，即可开始进行仿真。图 7-65 为方波永磁同步电动机调速系统的给定转速和实际转速曲线。

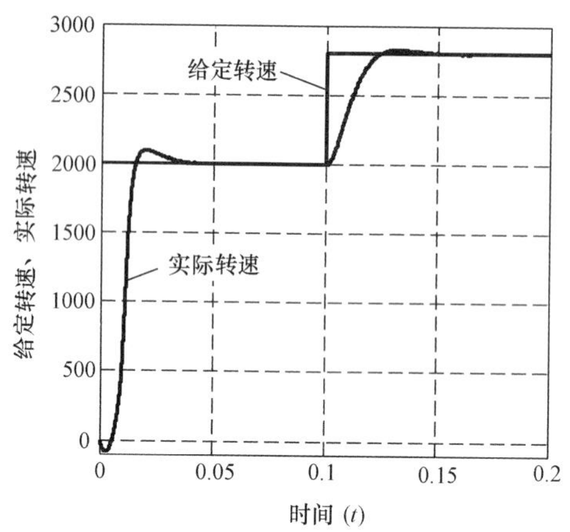

图 7-65　方波永磁同步电动机调速系统的给定转速和实际转速曲线

从仿真结果可以看出，在稳态时，仿真系统的实际转速能实现对给定转速的良好跟踪；在过渡过程时，仿真系统的实际转速对阶跃给定信号的跟踪有一定的偏差。

习题与思考题

1. 采用面向控制系统电气原理结构图的建模与仿真方法，对交流调压调速系统自行进行建模与仿真练习，进行系统的参数优化，并探讨系统的调速范围和抗负载扰动能力。

2. 采用面向控制系统电气原理结构图的建模与仿真方法，对次同步串级调速系统自行进行建模与仿真练习，并探索设置系统的有关参数，确定系统的调速范围，研究系统的抗负载扰动能力。

3. 试比较逻辑无环流直流可逆调速系统和交—交变频调速系统在建模方面的异同点，并探讨用第 3 章介绍的逻辑无环流直流可逆电路模型来搭建交—交变频器。

4. 采用面向控制系统电气原理结构图的建模与仿真方法，对本章所介绍的交—交变频调速系统自行进行建模与仿真练习，并探讨系统的抗负载扰动能力。

5. 试分析 SPWM 变频控制信号发生器的建模原理。

8 交直流调速系统实验与课程设计

8.1 交直流调速系统实验概述

交直流调速系统是一门实践性很强的课程，实验是该课程必不可少的重要环节，在学习了调速系统的理论知识后，必须通过一定数量的实验才能更清楚地掌握调速系统的组成和本质。

本章列出了 9 个交直流调速系统实验，可根据情况选做部分。有些综合性、设计性实验，建议安排在有关专业实习中进行。本实验指导书内容是以浙江大学某公司生产的 DKSZ-1 型变流技术及自控系统实验装置为基础编写的，所列实验均已进行过试做。

一、预习要求

（1）实验前应复习课程的有关章节，熟悉有关理论知识，阅读与实验相关的实验装置的介绍。

（2）认真了解实验目的、内容、要求、方法和系统的工作原理，明确实验过程中应注意的问题，有些内容可到实验室对照实物预习（如熟悉所用仪器设备，抄录被试机组的铭牌参数，选择设备、仪器、仪表），或者预先做一下仿真实验研究。

（3）画出实验线路图，明确接线方式，拟出实验步骤，列出实验时所需记录的各项数据表格，算出要求事先计算的数据。

（4）实验分组进行，每组 3～4 人，每个人都必须预习。实验前每人或每组写一份预习报告，各小组在实验前应认真讨论一次，确定组长，合理分工，预测实验结果及大致趋势，做到心中有数。

二、实验过程

每个人在实验过程中必须严肃认真，集中精力，按时完成实验。

（1）预习检查，严格把关。实验开始前，由指导教师检查预习质量（包括对本次实验的理解、认识、预习报告），必须确认已做好了实验前的准备工作方可开始实验。

（2）分工配合，协调工作。每次实验以小组为单位进行，组长负责实验的安排，可分工进行系统接线、起动操作、调节负载、测量转速及其他物理量、数据记录等工作。

（3）按图接线，力求简明。根据拟定的实验线路及选用的仪表、设备，按图接线，力求简单明了。接线原则是先串联后并联。首先由电源开始，先接主要的串联电路，例如单相或直流电路，从一极出发，经过主要线路的各仪表、设备，最后返回到另一极。串联电路接好后再把并联支路逐个并上。主回路与控制回路应分清，根据电流大小，主回路选用粗线连接，控制回路选用细线连接；导线的长短要合适，不宜过长或过短，每个接线柱上的接线尽量不超过 3 根。接线要牢，不能松动，这样可以减少实验时的故障。

（4）确保安全，检查无误。为了确保安全，线路接好后应互相校对或请指导教师检查，确认无误，征得实验指导教师同意后，方可合闸通电。

（5）按照计划，操作测试。按实验步骤由简到繁逐步进行操作测试。实验中要严格遵守操作规程和注意事项，仔细观察实验中的现象，认真做好数据测试工作，并将理论分析与预测结果相比较，以判断数据的合理性。

（6）认真负责，完成实验。实验完毕，应将记录数据交指导教师审阅，经指导教师认可后才允许拆线，整理现场，并将导线分类整理，仪表工具物归原处。

三、实验报告

实验报告是实验工作的总结及成果，实验报告必须独立书写，每人一份。实验报告应包括以下几方面内容：

（1）实验名称、专业班级、组别、姓名、同组同学姓名、实验日期；

（2）实验用机组，主要仪器、仪表设备的型号和规格；

（3）实验目的、要求；

（4）实验所用线路图；

（5）实验项目、调试步骤、调试结果；

（6）整理实验数据，注明试验条件；

（7）画出实验所得曲线或记录波形；

（8）分析实验中遇到的问题，总结实验心得体会。

本教材介绍过MATLAB的仿真实验，同学们可与本章的实物实验作一对比。

实验一　实验装置认识及其调试方法实验

一、实验内容和目的

（1）主控制屏DK01的调试。熟悉DKSZ-1型电机调速控制系统实验装置主控制屏DK01的结构及调试法。

（2）基本控制单元调试。了解开环、单闭环直流调速系统的原理、组成及主要单元部件的原理；掌握晶闸管—直流调速系统的一般调试过程。

（3）U_{ct}不变或U_d不变时的直流电动机开环特性的测定。了解电动机开环特性的测定方法。

（4）转速反馈或电流反馈的单闭环直流调速系统实验。认识闭环反馈控制系统的基本特性。

二、实验设备和器材

实验室可提供浙江大学某公司生产的DKSZ-1型电机调速控制系统实验装置和有关的常用仪器仪表、器材。例如，主控制屏DK01、直流电动机—直流发电机—测速发电机组、(DK02、DK03、DK15）组件挂箱、双臂滑线电阻器、双踪慢扫描示波器、万用表等。实验者可根据需要选用。

三、参考实验线路和组成部件

图8-1为单闭环直流调速系统实验线路和组成部件。在转速反馈的单闭环直流调速系统中，将测速发电机电压信号接至转速调节器的输入端，与负的给定电压相比较，转速调节器的输出用来控制整流桥的触发装置，从而构成转速反馈的单闭环直流调速系统。将电流互感器检测出的电压信号作为反馈信号构成电流反馈的单闭环直流调速系统。

参考实验线路构成部件如图8-1所示。

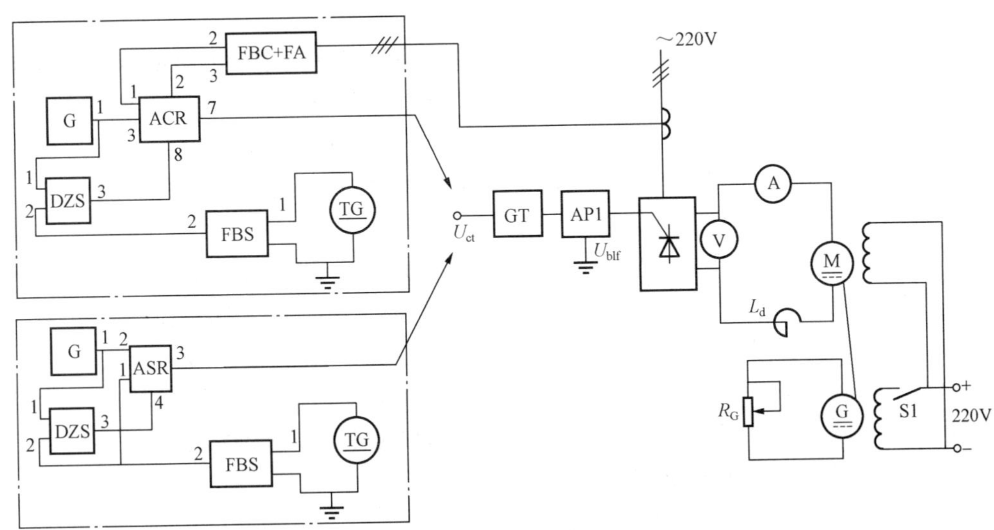

图 8-1　单闭环直流调速系统实验线路和组成部件

G—给定器；DZS—零速封锁器；ASR—转速调节器；ACR—电流调节器、GT—触发装置；FBS—转速变换器；FA—过流保护器；FBC—电流变换器；AP1—Ⅰ组脉冲放大器

四、预习要求

阅读教材中有关晶闸管—直流电动机调速系统、闭环反馈控制系统的内容；根据参考实验线路画出实验系统的详细接线图，并了解各控制单元在系统中的作用。

五、建议的实验方法和步骤

（一）主控制屏调试及开关设置

（1）打开电源总开关，观察各指示灯及电压表指示是否正常。

（2）将主控制屏电源板（右侧面板）上的“调速电源选择开关”拨至“直流调速”挡。“触发电路脉冲指示”应显示“窄”；“Ⅱ桥工作状态指示”应显示“其他”。如不满足这些要求，则可打开主控制屏的后盖，拨动触发装置板 GT 及Ⅱ组脉冲放大器板 AP2 上的钮子开关，使之符合上述要求。

（3）触发电路的调试方法可用示波器观察触发电路单脉冲、双脉冲是否正常，观察三相的锯齿波并调整 A、B、C 三相的锯齿波斜率调节电位器，使三相锯齿波斜率尽可能一致；观察 6 个触发脉冲，应使其间隔均匀，相互间隔 60°。

（4）将转速给定电位器的输出 U_g 直接接至触发电路控制电压 U_{ct} 处，调节偏移电压 U_b，使 $U_{ct}=0$ 时，$\alpha=90°$

（5）将面板上的 U_{blf} 端接地，将Ⅰ组触发脉冲的 6 个开关拨至“接通”，观察正桥 VT1～VT6，晶闸管的触发脉冲是否正常。

（二）基本单元部件调试

1. 移相控制电压 U_{ct} 的调节范围确定

直接将给定电压 U_g 接入移相控制电压 U_{ct} 的输入端，整流桥接电阻负载，用示波器观察 u_d 的波形。当 U_{ct} 由零调大时，u_d 随 U_{ct} 的增大而增大；当 U_{ct} 超过某一数值 U_{ct} 时，u_d 出现缺少波头的现象，这时 U_d 反而随 U_{ct} 的增大而减少。一般可确定移相控制电压的最大允许值 $U_{ct.max}=0.9U_{ct}$，即 U_{ct} 的允许调节范围为 0～$U_{ct.max}$。

2. 调节器的调整

（1）调节器的调零。将调节器输入端接地，将串联反馈网络中的电容短接，使调节器成为比例调节器。将零速封锁器（DZS）上的钮子开关拨向“解除”位置，把DZS的“3”端接至ACR的“8”端（或ASR的“4”端），使调节器封锁而正常工作，调节面板上的调零电位器RP4，用万用表的mV挡测量，使调节器的输出电压为零（出厂时已调整好，实验时不用再调。）

（2）正、负限幅值的调整。将调节器输入端的接地线和反馈电路短接线去掉，使调节器成为比例积分（PI）调节器，然后将转速给定电位器的输出“1”端接到调节器的输入端。当加正给定时，调整负限幅电位器RP2，使之输出电压为零（或调至最小）；当调节器输入端加负给定时，调整正限幅电位器RP1，使正限幅值符合实验要求（看脉冲，使$\alpha=0°$或趋近于0°并保证脉冲完整）。在本实验中，电流调节器和转速调节器的输出正限幅均为$U_{ct.max}$（本实验台约为9V），输出负限幅均调至零。

（三）U_{ct}不变时直流电机开环特性的测定

（1）控制电压U_{ct}由转速给定电位器的输出U_g直接接入，直流发电机接负载电阻R_G。

（2）逐渐增加给定电压U_g，使电动机起动、升速；调节U_g和R_G，使电动机电流$I_d=I_n$，转速$n=n_n$。

（3）改变负载电阻R_G，即可测出U_{ct}不变时的直流电动机开环外特性$n=f(I_d)$，记录于表8-1中。

表8-1　U_{ct}不变时的直流电动机开环机械特性$n=f(I_d)$

n（r/min）						
I_d（A）						

（四）U_d不变时的直流电机开环特性的测定

（1）控制电压U_{ct}由转速给定电位器的输出U_g直接接入，直流发电机接负载电阻R_G。

（2）逐渐增加给定电压U_g使电动机起动、升速；调节U_g和R_G，使电动机电流$I_d=I_n$，转速$n=n_n$。

（3）改变负载电阻R_G，同时保持U_d不变（可通过调节U_{ct}来实现），测出U_d不变时的直流电机开环外特性$n=f(I_d)$，记录于表8-2中。

表8-2　U_d不变时的直流电动机开环机械特性$n=f(I_d)$

n（r/min）							
I_d（A）							

（五）转速反馈的单闭环直流调速系统

按图8-1接线，在本实验中，给定电压U_g为负给定，转速反馈电压为正电压，转速调节器接成比例（P）调节器。起动前将转速变换器FBS上的RP1居中。

调节给定电压U_g和直流发电机负载电阻R_G，使直流电动机运行在额定点，固定U_g（=5V）由轻载至满载调节直流发电机的负载（注意不能过载），记录电动机的转速n和电枢电流I_d于表8-3中。

表 8-3 转速反馈时的直流电动机闭环机械特性 $n=f(I_d)$

n (r/min)						
I_d/A						

（六）电流反馈的单闭环直流调速系统

按图 8-1 接线，在本实验中，给定电压 U_g 为负给定，电流反馈电压为正电压，电流调节器接成比例（P）调节器。起动前将电流变换器 FBC 上的 RP1 顺时针到底。

调节给定电压 U_g 和直流发电机负载电阻 R_G，使直流电动机运行在额定点。固定 U_g，由轻载至满载调节直流发电机的负载，记录电动机的转速 n 和电枢电流 I_d 于表 8-4 中。

表 8-4 电流反馈时的直流电机闭环机械特性 $n=f(I_d)$

n (r/min)						
I_d (A)						

六、实验报告

(1) 根据实验数据，画出 U_{ct} 不变时的直流电动机开环机械特性。

(2) 根据实验数据，画出 U_d 不变时的直流电动机开环机械特性。

(3) 根据实验数据，画出转速反馈的单闭环直流调速系统的机械特性。

(4) 根据实验数据，画出电流反馈的单闭环直流调速系统的机械特性。

(5) 比较以上各种机械特性，并作出解释和实验结果分析。

七、注意事项

(1) 单元调试时，严禁合主电源，不让调的电位器不能随便调（如 FBC+FA 上的过流保护用电位器 RP2）。

(2) 双踪慢扫描示波器的两个探头的地线通过示波器外壳接地，故在使用时必须使两探头的地线同电位（只用一根地线即可），以免造成短路事故。

(3) 系统开环运行时，不能突加给定电压而起动电动机，应由零逐渐增加给定电压，避免电流冲击。

(4) 实验时，可先用电阻作为整流桥的负载，待电路正常后，再换接电动机负载；在调节滑线变阻器时，要两并联滑线变阻器要同步滑，以免烧坏。

(5) 在接反馈信号时，给定信号的极性必须与反馈信号的极性相反，以实现负反馈。

(6) 直流电动机的起动和停机顺序要正确。

(7) 实验过程中，一旦遇到异常情况应及时切断电源，停机检查，待故障排除后方可继续实验。

实验二 晶闸管直流调速系统参数和环节特性的测定实验

一、实验内容和目的

（一）实验内容

(1) 测定晶闸管直流调速系统主回路总电阻值 R。

(2) 测定晶闸管直流调速系统主回路总电感值 L。

（3）测定直流电动机—直流发电机—测速发电机组的飞轮惯量 GD^2。

（4）测定晶闸管直流调速系统主回路电磁时间常数 T_L。

（5）测定直流电动机电动势常数 C_e 和转矩常数 C_m。

（6）测定晶闸管直流调速系统机电时间常数 T_m。

（7）测定晶闸管触发及整流装置特性 $U_d=f(U_{ct})$。

（8）测定测速发电机特性 $U_{TG}=f(n)$。

（二）实验目的

掌握晶闸管直流调速系统有关部件参数的测定方法，并将实验测得的数据与第2章经验公式计算所得到的参数进行比较。

二、实验设备和器材

实验室可提供DKSZ-1型电机调速控制系统实验装置和有关的常用仪器仪表、器材，如主控制屏DK01、直流电动机—直流发电机—测速发电机组、DK02组件挂箱、双臂滑线电阻器、双踪慢扫描示波器或记忆示波器、直流电压表、直流电流表、万用表等，实验者可根据需要选用。

三、参考实验线路和组成部件

参考实验线路如图8-2所示。在本实验中，整流装置的主电路为三相桥式电路，控制电路可直接由给定电压 U_g 作为触发器的移相控制电压 U_{ct}，改变 U_g 的大小即可改变控制角 α，从而获得可调的直流电压和转速，以满足实验要求。实验系统由整流变压器、晶闸管整流调速装置、平波电抗器、电动机—发电机组等组成。

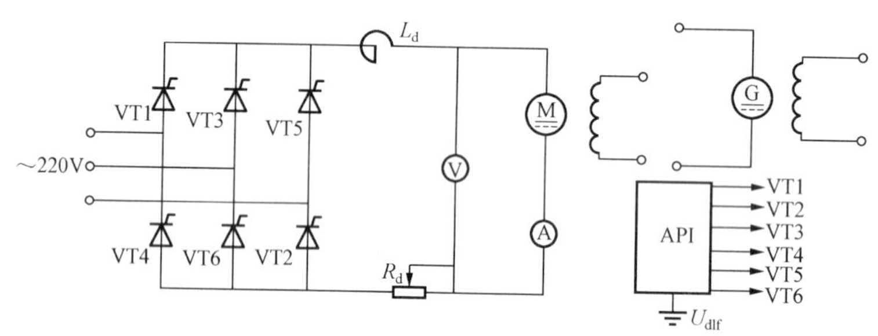

图8-2　参考实验线路

四、建议的实验方法和步骤

1. 电枢回路总电阻 R 的测定

电枢回路的总电阻 R 包括电机的电枢电阻 R_a、平波电抗器的直流电阻 R_L 及整流装置的内阻 R_n，即 $R=R_a+R_L+R_n$。

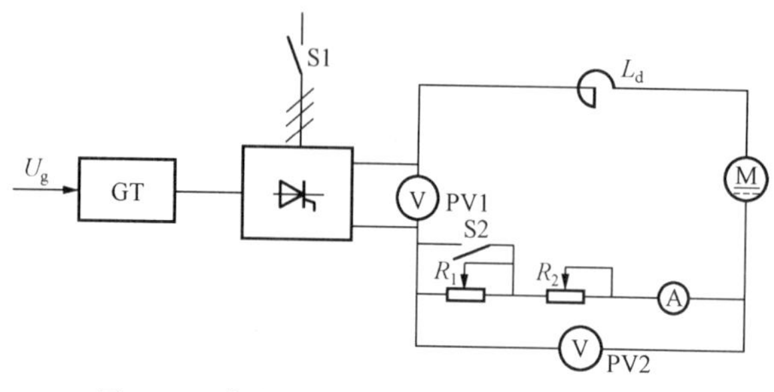

图8-3　伏安比较法测定电阻的实验线路图

为测出晶闸管整流装置的电源内阻，可采用伏安比较法来测定电阻，其实验线路如图8-3所示。

将变阻器 R_1、R_2 接入被测系统的主电路，测试时电动机不加励磁，并使电动机堵转。合上开关S1、S2，调节 U_g 使 U_d 在（30%～70%）U_n范围内，

然后调整 R_2 使电枢电流在（80%～90%）I_n范围内，读取电流表 A 和电压表 PV2 的数值为 I_1、U_1，则此时整流装置的理想空载电压为

$$U_{d0}=I_1R+U_1$$

调节 R_1 使之与 R_2 的电阻值相近，拉开开关 S2 在 $U_d=U_{d0}$的条件下读取电流表 A、电压表 PV2 的数值 I_2、U_2，则

$$U_{d0}=I_2R+U_2$$

求解上两式，可得电枢回路总电阻

$$R=\frac{U_2-U_1}{I_1-I_2}$$

如把电动机电枢两端短接，重复上述实验，可得

$$R_L+R_n=\frac{U_2'-U_1'}{I_1'-I_2'}$$

则电动机的电枢电阻为

$$R_a=R-(R_L+R_n)$$

同样，短接电抗器两端，也可测得电抗器直流电阻 R_L。

2. 电枢回路电感 L_s 的测定

电枢回路总电感包括电机的电枢电感 L_s、平波电抗器电感 L_d 和整流变压器漏感 L_T，由于 L_T 数值很小，可以忽略，故电枢回路的等效总电感为 $L=L_s+L_d$。

电感的数值可用交流伏安法测定。实验时应给电动机加额定励磁，并使电机堵转，实验线路如图 8-4 所示。

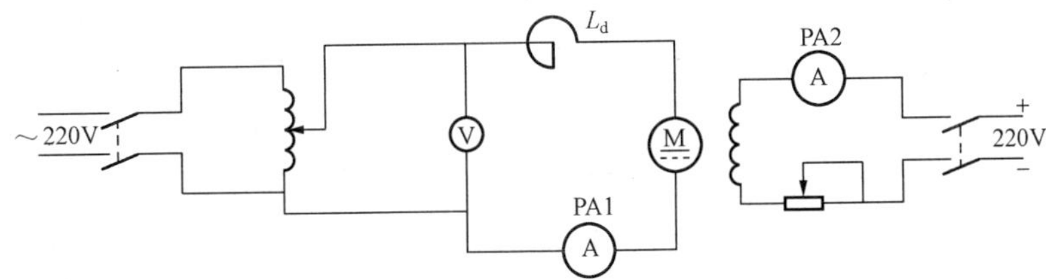

图 8-4　测量电枢回路电感的实验线路图

实验时交流电压的有效值应小于电机直流电压的额定值，用电压表和电流表分别测出通入交流电压后电枢两端和电抗器上的电压值 U_d 和 U_L 及电流 I，从而可得到交流阻抗 Z_a 和 Z_L，计算出电感值 L_s 和 L_d，计算公式为

$$Z_a=\frac{U_d}{I},\quad Z_L=\frac{U_L}{I},\quad L_s=\frac{\sqrt{Z_a^2-R_a^2}}{2\pi f_s},\quad L_d=\frac{\sqrt{Z_L^2-R_L^2}}{2\pi f_s}$$

3. 直流电动机—发电机—测速发电机组的飞轮惯量 GD^2 的测定

电力拖动系统的运动方程式为

$$T_e-T_L=\frac{GD^2}{375}\frac{\mathrm{d}n}{\mathrm{d}t}$$

电动机空载自由停车时，$T_e=0$，$T_L=T_0$，则运动方程式为 $T_0=-\dfrac{GD^2}{375}\dfrac{\mathrm{d}n}{\mathrm{d}t}$，从而有 $GD^2=375T_0\Big/\left|\dfrac{\mathrm{d}n}{\mathrm{d}t}\right|$，其中 GD^2 的单位为 N·m²。

T_0 可由空载功率 P_0（单位为 W）求出，即

$P_0=U_d I_0-I_0^2 R$，$T_0=9.55\dfrac{P_0}{n}$。$\dfrac{dn}{dt}$可以从自由停车时所得的曲线 $n=f(t)$ 求得，实验线路如图 8-5 所示。

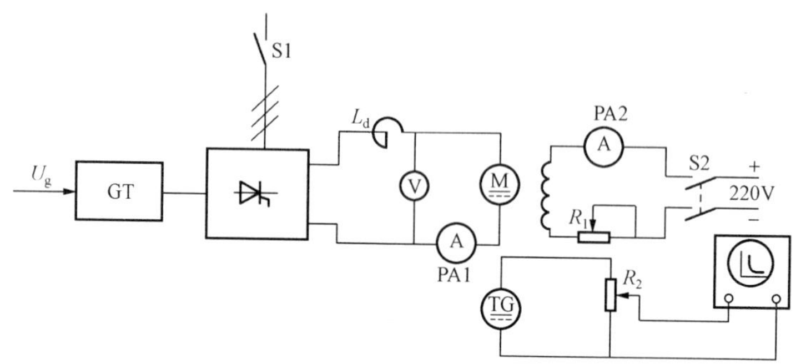

图 8-5　测定 GD^2 时的实验线路图

电动机 M 加额定励磁空载起动至稳定转速后，测取电枢电压 U_d 和电流 I_0，然后断开 U_g，用记忆示波器记录 $n=f(t)$ 曲线，即可求取某一转速时的 T_0 和 dn/dt，由于空载转矩不是常数，可以转速 n 为基准选择若干个点，测出相应的 T_0 和 dn/dt，以求得 GD^2 的平均值。由于本实验装置的电动机容量比较小，应用此法测 GD^2 时会有一定的误差。

4. 主电路电磁时间常数 T_L 的测定

采用电流波形法测定电枢回路电磁时间常数 T_L。

电枢回路突加给定电压时，电流 i_d 按指数规律上升 $i_d=I_d(1-e^{-t/T_L})$，其电流变化曲线如图 8-6 所示。当 $t=T_L$ 时，有 $i_d=I_d(1-e^{-1})=0.632I_d$。

实验线路如图 8-7 所示。电动机不加励磁，调节 U_g 使电动机电枢电流在（50%～90%）I_n范围内。然后保持 U_g 不变，突然合上主电路开关 S，用记忆示波器记录 $i=f(t)$ 的波形，在波形图上测量出当电流上升至稳定值的 63.2%时的时间，即为电枢回路的电磁时间常数 T_L。

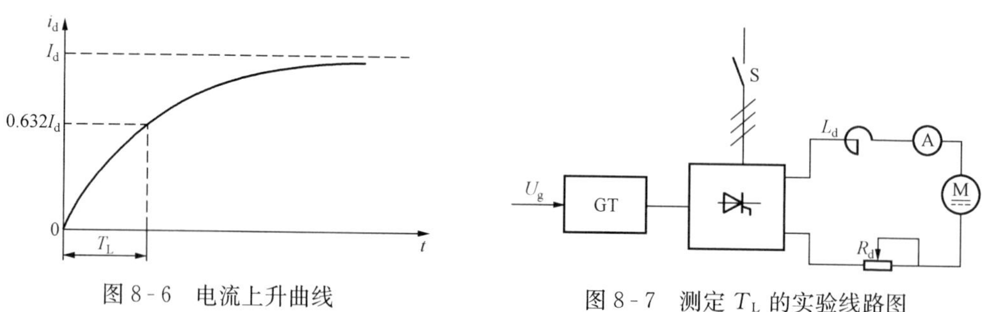

图 8-6　电流上升曲线

图 8-7　测定 T_L 的实验线路图

5. 电动机电动势常数 C_e 和转矩常数 C_m 的测定

将电动机加额定励磁，使其空载运行，改变电枢电压 U_d，测得相应的 n，即可算出

$$C_e=K_e\Phi=\frac{U_{d2}-U_{d1}}{n_1-n_2}\quad \mathrm{V/(r/min)}$$

转矩常数（额定磁通）C_m 的单位为 N·m/A。C_m 可由 C_e 求出，即 $C_m=9.55C_e$。

6. 系统机电时间常数 T_m 的测定

系统的机电时间常数

$$T_m=\frac{GD^2R}{375C_eC_m\Phi^2}$$

由于 $T_m \gg T_L$，也可以近似地把系统看成是一阶惯性环节，即 $n=\frac{KU_d}{1+T_m s}$。

当电枢突加给定电压时，转速 n 将按指数规律上升，当 n 到达稳态值的 63.2%时，所经过的时间即为拖动系统的机电时间常数。

测试时电枢回路中附加电阻应全部切除，突然给电枢加电压，用记忆示波器记录过渡过程曲线 $n=f(t)$，即可由此确定机电时间常数。

7. 晶闸管触发及整流装置特性 $U_d=f(U_g)$ 和测速发电机特性 $U_{TG}=f(n)$ 的测定

实验线路如图 8-7 所示，可不接示波器。电动机加额定励磁，逐渐增加触发电路的控制电压 U_g，分别读取对应的 U_g、U_{TG}、U_d、n 的数值若干组，即可描绘出特性曲线 $U_d=f(U_g)$ 特性和 $U_{TG}=f(n)$。

由 $U_d=f(U_g)$ 曲线可求得晶闸管整流装置的放大倍数曲线 $K_s=f(U_g)$。

五、实验报告

(1) 作出实验所得各种曲线，计算有关参数。

(2) 由 $K_s=f(U_g)$ 特性，分析晶闸管装置的非线性现象。

六、注意事项

(1) 由于实验装置处于开环状态，电流和电压可能有波动，可取平均读数。

(2) 为防止电枢过大电流冲击，每次增加 U_g 需缓慢，且每次起动电动机前给定电位器应调回零位，以防过流。

(3) 当电动机堵转时，大电流测量的时间要短，以防电动机过热。

实验三 双闭环晶闸管不可逆直流调速系统实验

一、实验内容和目的

(1) 各控制单元调试。了解双闭环直流调速系统的组成及各主要单元部件的原理。

(2) 测定电流反馈系数 β、转速反馈系数 α。掌握双闭环不可逆直流调速系统的调试步骤、方法及参数的整定。

(3) 测定开环机械特性及高、低速时完整的系统闭环稳态特性 $n=f(I_d)$。

(4) 闭环控制特性 $n=f(U_g)$ 的测定。

(5) 观察、记录、分析系统动态波形。研究调节器参数对系统动态特性的影响。

二、实验设备和器材

实验室可提供 DKSZ-1 型电机调速控制系统实验装置和有关的常用仪器仪表、器材，如主控制屏 DK01、直流电动机—直流发电机—测速发电机组、(DK02、DK03、DK15) 组件挂箱、双臂滑线电阻器、双踪慢扫描示波器或记忆示波器、万用表等。实验者可根据需要选用。

三、参考实验线路和组成部件

双闭环晶闸管不可逆直流调速系统由电流和转速两个调节器综合调节。由于调速系统的主要参量为转速，故转速环作为主环放在外面，电流环作为副环放在里面。实验系统线路和组成部件如图 8-8 所示。

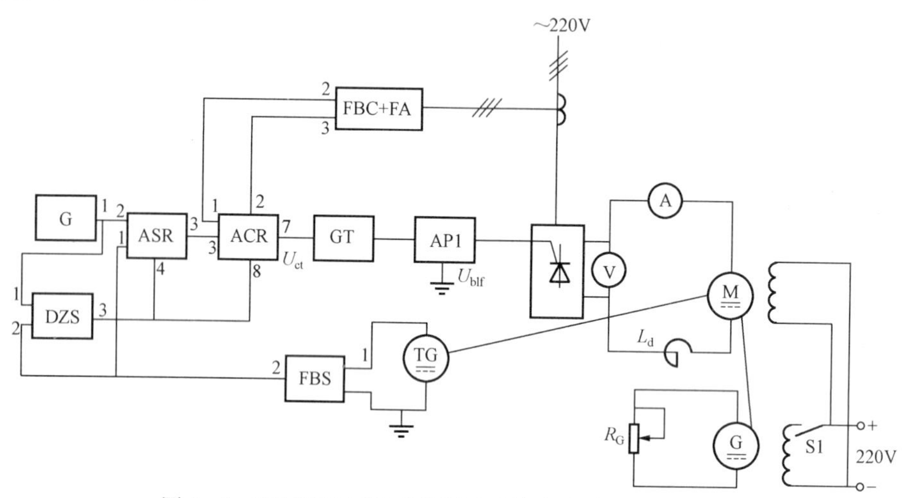

图 8-8 双闭环不可逆直流调速系统实验路线和组成部件

G—给定器；DZS—零速封锁器；ASR—转速调节器；ACR—电流调节器；GT—触发装置；FBS—转速变换器；FA—过流保护器；FBC—电流变换器；AP1—Ⅰ组脉冲放大器

系统工作时，先给电动机加励磁，改变给定电压 U_g 的大小即可方便地改变电机的转速。ASR、ACR 输出均设有限幅环节，ASR 的输出作为 ACR 的给定，利用 ASR 的输出限幅可达到限制起动电流的目的；ACR 的输出作为移相触发电路 GT 的控制电压，利用 ACR 的输出限幅可达到限制 α_{min}的目的。起动时，当加入给定电压 U_g 后，ASR 即饱和输出，使电动机以限定的最大起动电流加速起动，直到电动机转速达到给定转速（即转速反馈电压 U_{fn}等于给定电压 U_g），并在出现超调后，ASR 退出饱和，最后稳定运行在略低于给定转速的数值上。

四、预习要求

（1）阅读教材中有关双闭环直流调速系统的内容，掌握双闭环调速系统的工作原理。

（2）理解 PI 调节器在双闭环直流调速系统中的作用，掌握调节器参数的选择方法。

（3）了解调节器参数、反馈系数、滤波环节参数的变化对系统动、稳态特性的影响趋势。

五、建议的实验方法和步骤

1. 主控制屏调试及开关设置

与实验一中的方法相同。

2. 双闭环调速系统调试原则

（1）先单元、后系统，即先将单元的特性调好，然后才能组成系统。

（2）先开环、后闭环，即先使系统能正常开环运行，然后在确定电流和转速均为负反馈的情况下组成闭环系统。

（3）先内环、后外环，即先调试电流内环，然后调试转速外环。

（4）先调稳态准确度，后调动态指标。

3. 单元部件调试

(1) 调节器的调零。与实验一中的方法相同。

(2) 调节器正、负限幅值的调整。按实验一中的方法确定移相控制电压U_{ct}的允许调节范围为$0\sim U_{ct.max}$。

电流调节器和转速调节器的调整方法与实验一中的方法相同。在本实验中，电流调节器的负限幅为零，正限幅为$U_{ct.max}$；转速调节器的负限幅为-6.5V，正限幅为零。

或按以下方法整定负限幅值：按图8-9接线，当$U_g=+5$V时，调ASR上的RP2使ASR负限幅值为-6.5V，同时调ACR上的RP1，用示波器观察“锯齿波”和“移相脉冲”移相位置，使正限幅值满足移相控制角α接近于0°，记录下此时的电流调节器的正限幅值；当$U_g=-5$V时，调ASR上的RP1使ASR的正限幅值约为0V，同时调ACR上的RP2，使其负限幅值约为0V。

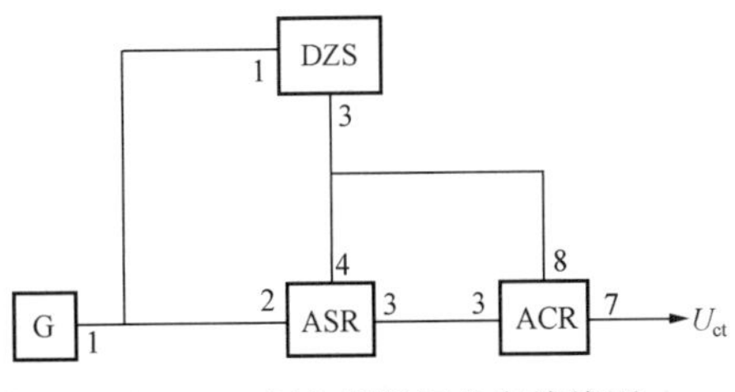

图8-9　调节器限幅整定接线图

(3) ASR和ACR上的RP3全逆时针调到底。

(4) 将FBC+FA上的RP1顺时针到底；将FBS上的RP1居中。

4. 系统特性测试

按图8-8接线，将ASR、ACR均接成P调节器后接入系统，形成双闭环不可逆系统；S1先断开，R_G置最大处，给定为零，打开励磁电源，合主电源，慢慢增加给定，使得系统能基本运行，确认整个系统的接线正确无误后将ASR、ACR均恢复成PI调节器，构成实验系统。

注意：若稍加一点给定，电动机就快速起动，且转速很高，说明转速反馈极性错了；停机后改变转速反馈极性；若系统起动后，电流表指针抖动很大，在ACR上并联一个1μF的电容器即可。

(1) 机械特性$n=f(I_d)$的测定。

1) 测试$n=1500$r/min时的稳态特性。

a. 发电机先空载，调节转速给定电压U_g至5V，调FBS上的RP1使电动机转速接近额定值$n=1500$r/min（即参数α已确定，以后不再调）。

b. 稍调FBC+FA上的RP1（逆时针）。

c. 然后合开关S1，接入发电机负载电阻R_G，逐渐改变负载电阻，调FBC+FA上的RP1，直至$I_d\leqslant I_n$、$n=1500$r/min（即参数β已确定，以后不再调），测出系统稳态特性曲线$n=f(I_d)$，并记录于表8-5中。

2) 降低U_g使$I_d=I_n$再测试$n=800$r/min时的稳态特性曲线并记录于表8-5中。

表8-5　不同转速时的机械特性$n=f(I_d)$

n (r/min)	1400						
I_d (A)							
n (r/min)	800						
I_d (A)							

（2）闭环控制系统 $n = f(U_g)$ 的测定。调节 U_g 及 R_G 使 $I_d=I_n$、$n=n_n$，逐渐降低 U_g，同时注意保持 $I_d=I_n$，记录 U_g 和 n，即可测出闭环控制特性 $n = f(U_g)$ 并记录于表8-6中。

表8-6　　闭环控制特性 $n = f(U_g)$

n（r/min）							
U_g（V）							

5. 系统动态特性的观察

在不同的系统参数下，用双踪慢扫描示波器观察动态波形。

（1）突加给定 U_g 起动时，电动机电枢电流 i_d（电流变换器“2”端）波形和转速 n（转速变换器“2”端）波形。

（2）突加额定负载（$20\%I_n$→$100\%I_n$）时电动机电枢电流波形和转速波形。

（3）突降负载（$100\%I_n$→$20\%I_n$）时电动机电枢电流波形和转速波形。

六、实验报告

（1）根据实验数据，画出闭环控制特性曲线 $n=f(U_g)$。

（2）根据实验数据，画出两种转速时的闭环机械特性 $n=f(I_d)$。

（3）根据实验数据，画出系统开环机械特性 $n=f(I_d)$，计算静差率，并与闭环机械特性进行比较。

（4）分析系统动态波形，讨论系统参数对系统动、稳态性能的影响趋势。

七、注意事项

（1）参照实验一的有关注意事项。

（2）记录动态波形时，可先用双踪慢扫描示波器观察波形，以便找出系统动态特性较为理想的调节器参数，再用光线示波器或记忆示波器记录动态波形。

实验四　逻辑无环流可逆直流调速系统实验

一、实验内容和目的

（1）控制单元调试。熟悉逻辑无环流可逆直流调速系统的原理和组成，掌握各控制单元的原理、作用及调试方法。

（2）系统调试。掌握逻辑无环流可逆直流调速系统的调试步骤和方法。

（3）正反转机械特性 $n=f(I_d)$ 的测定、正反转闭环控制特性 $n=f(U_g)$ 的测定、系统的动态特性的观察。了解逻辑无环流可逆直流调速系统的稳态特性和动态特性。

二、实验设备和器材

实验室可提供DKSZ-1型电机调速控制系统实验装置和有关的常用仪器仪表、器材，如主控制屏DK01、直流电动机—直流发电机—测速发电机组、（DK02、DK03、DK04、DK15）组件挂箱、双臂滑线电阻器、双踪慢扫描示波器或记忆示波器、万用表等。实验者可根据需要选用。

三、参考实验线路和组成部件

逻辑无环流的主回路由两组反并联的三相全控整流桥组成，省去了限制环流的均衡电抗器，电枢回路中仅串接一个 700mH 的平波电抗器。实验系统的线路组成部件如图 8 - 10 所示。

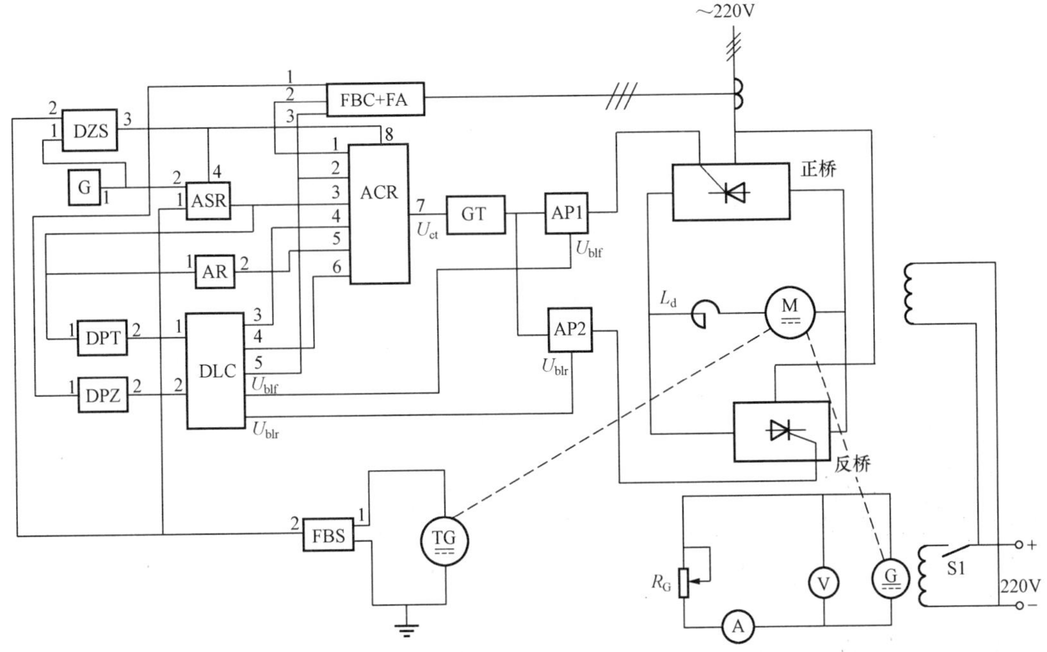

图 8 - 10 逻辑无环流可逆直流调速实验系统的实验线路和组成部件

G—给定器；DZS—零速封锁器；ASR—转速调节器；FA—过流保护器；AP1—正组脉冲放大器；AP2—反组脉冲放大器；ACR—电流调节器；AR—反号器；DPT—转矩极性鉴别器；DPZ—零电流检测器；DLC—逻辑控制器；GT—触发器；FBC—电流变换器；FBS—转速变换器

四、预习要求

(1) 阅读教材中有关逻辑无环流可逆调速系统的内容，熟悉系统原理图和逻辑无环流可逆调速系统的工作原理；

(2) 阅读教材中各控制单元的内容，掌握逻辑控制器的工作原理及其在系统中的作用。

五、建议的实验方法和步骤

(一) 主控制屏调试及开关设置

(1) 调试方法与实验一相同。

(2) 开关设置。调速电源选择开关："直流调速"；触发电路脉冲指示："窄"；Ⅱ桥工作状态指示："其他"。

(二) 控制单元调试

(1) 脉冲零位的调整。将给定器输出 U_g 直接接至触发电路控制电压 U_{ct} 处，调节偏移电压 U_b，使 $U_{ct}=0$ 时，$\alpha=150°$ ($\beta_{min}=30°$) 并保证脉冲完整。

(2) 调节器的调零。调零方法与实验一中的方法相同。

(3) 调节器正、负限幅值的整定。限幅值的整定方法与实验一中的方法一致，其中 ASR 的正幅值为+6.5V，负限幅值为−6.5V；而电流调节器的负限幅值为零，正限幅值可按实验一中的方法调整，调节器限幅整定接线图如图 8 - 11（a）所示。电流调节器的正限幅值可按以下方法调整：将电流调节器接成比例积分调节器，然后将给定器的输出“1”端接到调节器的输入端，当调节器的输入端加负给定时，调整正限幅电位器 RP1，用示波器观察“锯齿波”和“移相脉冲”移相位置，使正限幅值满足移相控制角 α 接近于 0，记录下此时的电流调节器的正限幅值。

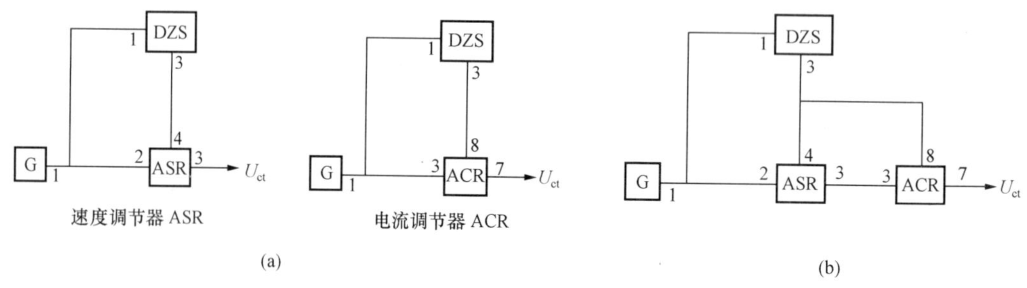

图 8 - 11 调节器限幅整定接线图

（a）方法一；（b）方法二

或按以下方法整定正负限幅值。按图 8 - 11（b）接线，当 $U_g=+5V$ 时，调 ASR 上的 RP2 使 ASR 负限幅值为 −6.5V，同时调 ACR 上的 RP1，用示波器观察“锯齿波”和“移相脉冲”移相位置，使正限幅值满足移相控制角 α 接近于 0°，记录下此时的电流调节器的正限幅值；当 $U_g=-5V$ 时，调 ASR 上的 RP1 使 ASR 的正限幅值约为 +6.5V，同时调 ACR 上的 RP2，使其负限幅值约为 0V。

（4）转矩极性鉴别器的调试 转矩极性鉴别器的输出应有下列要求。

电动机正转，输出 U_M 为“1”态；电机反转，输出 U_M 为“0”态。

将给定器输出端接至 DPT 的输入端，同时在输入端接上万用表以监视输入电压的大小，示波器探头接至 DPT 的输出端，观察其输出高、低电平的变化。DPT 的输入输出特性应满足图 8 - 12（a）所示的要求，其中 $U_{sr1}=-0.3V$，$U_{sr2}=+0.3V$。

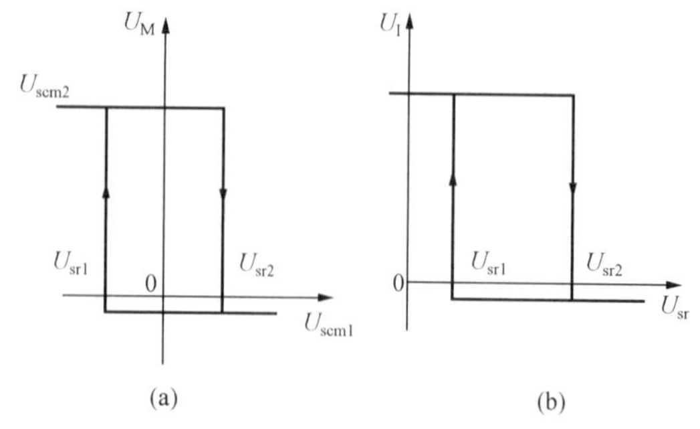

图 8 - 12 电平检测器输入输出特性

（a）转矩极性检测器 DPT；（b）零电流检测器 DPZ

（5）零电流检测器（DPZ）的调试。零电流检测器（DPZ）的输出应有下列要求：主回路电流接近零，输出 U_I 为“1”态；主回路有电流，输出 U_I 为“0”态。

其调整方法与 DPT 的调整方法相同，输入输出特性应满足图 8 - 12（b）所示，要求 $U_{sr1}=+0.3V$，$U_{sr2}=+0.9V$，可调节 RP1，使回环向纵坐标右侧偏离 0.3V 左右。

（6）反号器的调试。

1）调零。

2）测定输入输出的比例，调节 RP1 使 $U_{sc}=-U_{sr}$。

（7）逻辑控制器（DLC）的调试。

1）测试逻辑功能，列出真值表。真值表应符合表 8 - 7。

表 8-7 DLC 真 值 表

输入	U_M	1	1	0	0	0	1
	U_I	1	0	0	1	0	0
输出	U_Z（U_{blf}）	0	0	1	1	1	0
	U_F（U_{blr}）	1	1	0	0	0	1

2）调试时的阶跃信号可从给定器和低压直流电源输出端得到，按图 8-13 将“U_M”端直接接至给定器的输出端，利用给定器上的开关改变高、低电平的变化；将“低压电源输出”中的＋15V 电源经开关 S2 接至“U_I”端，利用 S2 来改变高、低电平的变化。

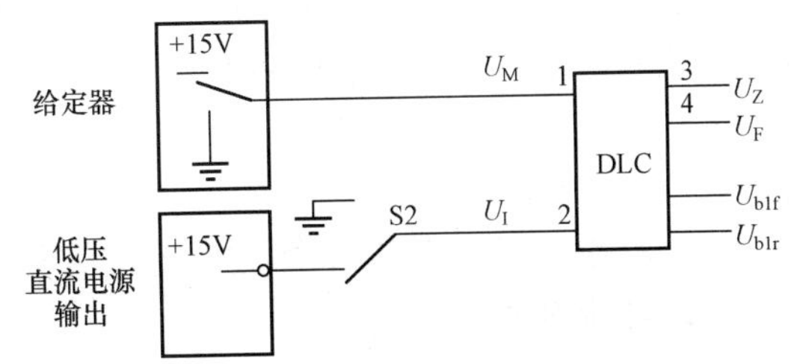

图 8-13 逻辑控制器调试连接图

（8）转速反馈系数 α 和电流反馈系数 β 的整定。按实验二中的方法进行整定。

（三）系统调试

根据图 8-10 接线，组成逻辑无环流可逆直流调速系统，调节 ASR、ACR 的串联积分电容（由 DK15 电容箱并联接入），按照实验二的系统调试方法，使系统正常、稳定运行。

（四）机械特性 $n=f(I_d)$ 的测定

测出 n 分别为 1500、800r/min 时的正、反转机械特性 $n=f(I_d)$，并记录在表 8-8 中，方法与实验二相同。实验时，发电机负载逐渐增加，使电动机负载从轻载增加到额定负载 $I_d=0.8A$。

表 8-8 不同转速时的机械特性 $n=f(I_d)$

电机正转	n（r/min）	1500					
	I_d（A）						
	n（r/min）	800					
	I_d（A）						
电机反转	n（r/min）	1500					
	I_d（A）						
	n（r/min）	800					
	I_d（A）						

（五）闭环控制特性 $n=f(U_g)$ 的测定

测出正反转时闭环控制特性 $n=f(U_g)$，并记录于表 8-9 中。

（六）系统动态波形的观察

用双踪慢扫描示波器观察电动机电枢电流 I_d 和转速 n 的波形。两根探头分别接至电流变换器的“2”端和转速变换器的“2”端。

表 8-9 闭环控制特性 $n=f(U_g)$

正转	n（r/min）							
	U_g（V）							
反转	n（r/min）							
	U_g（V）							

（1）观察给定值阶跃变化（正向起动→正向停车→反向起动→反向切换正向→正向切换反向→反向停车）时的 I_d、n 的动态波形。

（2）电动机稳定运行于额定转速，U_g 不变，观察突加、突减负载时的 I_d、n 的动态波形。

（3）改变ASR、ACR的参数，观察动态波形如何变化。

六、实验报告

（1）根据实验结果，画出正、反转闭环控制特性曲线 $n=f(I_d)$。

（2）根据实验结果，画出两种转速时的正、反转闭环机械特性 $n=f(I_d)$，并计算静差率。

（3）分析ASR、ACR参数变化对系统动态过程的影响。

（4）分析电动机从正转切换到反转过程中，电动机经历的工作状态，系统能量转换情况。

七、注意事项

（1）参照实验三的有关注意事项。

（2）实验时，应保证逻辑控制器（DLC）工作逻辑正确后，才能使系统正反向切换运行；

（3）为了防止意外，可在电枢回路串联一定的电阻，工作正常时，可随 U_g 的增大逐渐切除电阻。

实验五 直流脉宽调制PWM调速系统实验

一、实验内容和目的

（1）可逆直流脉宽调制PWM调速，包括单极式调制控制、受限单极式调制控制、双极式调制控制。达到加深理解直流脉宽调制的基本原理、熟悉不同调制控制规律的目的。

（2）改变脉宽调制信号占空比 D，调节直流电动机的转速、转向，记录不同占空比下电机电枢电压、电枢电流平均值，验证电压传输比 $\rho=U_0/U_s$ 与占空比 D 之间的对应关系。

（3）记录各种调制方式下，主回路各功率器件上的驱动信号波形，功率器件上的电压波形，直流电机电枢电压、电枢电流波形，分析它们之间的相互关系。了解直流电动机在直流脉宽调制方式下，直流电动机的工作过程及运行状态，电动机的电枢电压、电流波形情况。

（4）测试各类直流脉宽调制控制下，直流电动机在1400r/min下的机械特性 $n=f(I_d)$。

二、实验设备和器材

实验室可提供DKSZ-1型电机调速控制系统实验装置和有关的常用仪器仪表、器材，如主控制屏DK01、直流脉宽调制PWM调速挂箱DK20、直流电动机—直流发电机—测速发电机组、双臂滑线电阻器、双踪慢扫描示波器或记忆示波器、万用表、手持式闪光测速表、直流电压表（300V）、直流电流表（2A）等。实验者可根据需要选用。

三、参考实验线路和组成部件

直流脉宽调制 PWM 调速实验系统原理图（面板布置图）如图 8-14 所示，图中包括功率主回路及驱动电路、软起动电路、过流检测电路、PWM 调制及脉冲分配电路（控制电路）等部件。通过不同的接线连接，可以构成：①不可逆无制动功能直流脉宽调制 PWM 调速电路；②不可逆有制动功能直流脉宽调制 PWM 调速电路；③可逆单极式直流脉宽调制 PWM 调速电路；④可逆受限单极式直流脉宽调制 PWM 调速电路；⑤可逆双极式直流脉宽调制（PWM）调速电路。

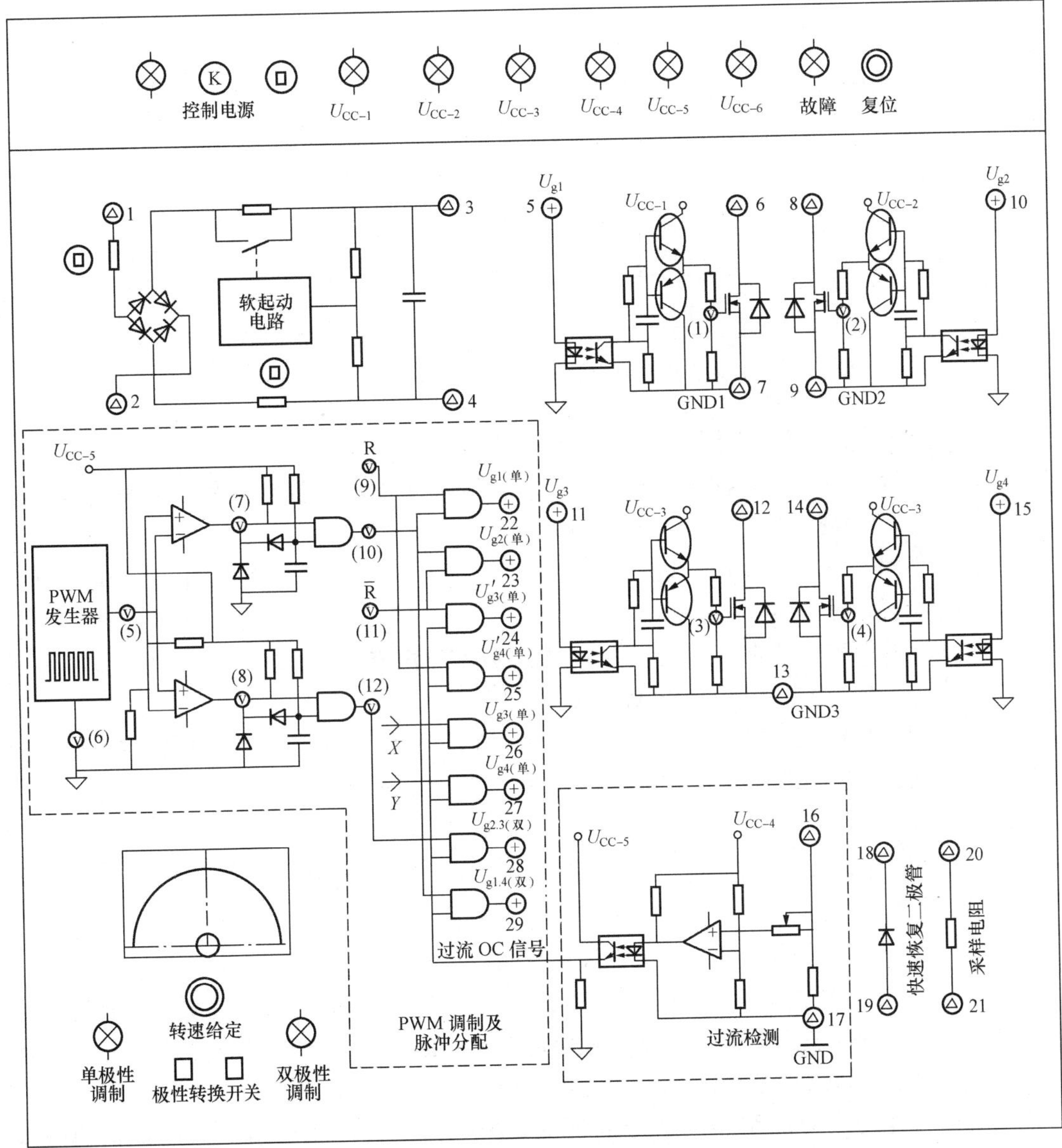

图 8-14 直流脉宽调制 PWM 调速实验系统原理图（面板布置图）

四、建议的实验方法和步骤

1. 可逆单极式直流脉宽调制 PWM 调速

（1）普通单极式直流脉宽调制 PWM 调速系统实验按图 8-15 接线。受限单极式直流脉宽调制 PWM 调速系统实验图与图 8-15 相似，只要将图 8-15 中的控制电路的“26”端改为“24”端，“27”端改为“25”端即可。本实验中直流电动机电枢两端不接反并联续流二极管。

（2）极性开关设置为单极性。普通单极性直流脉宽调制 PWM 时，分别采用 $U_{g1(单)}$、$U_{g2(单)}$、$U_{g3(单)}$、$U_{g4(单)}$ 作为功率开关器件 VT1～VT4 的驱动信号；受限单极式直流脉宽调制 PWM 调速时，分别采用 $U_{g1(单)}$、$U_{g2(单)}$、$U'_{g3(单)}$、$U'_{g4(单)}$ 作为功率开关器件 VT1～VT4 的驱动情号。

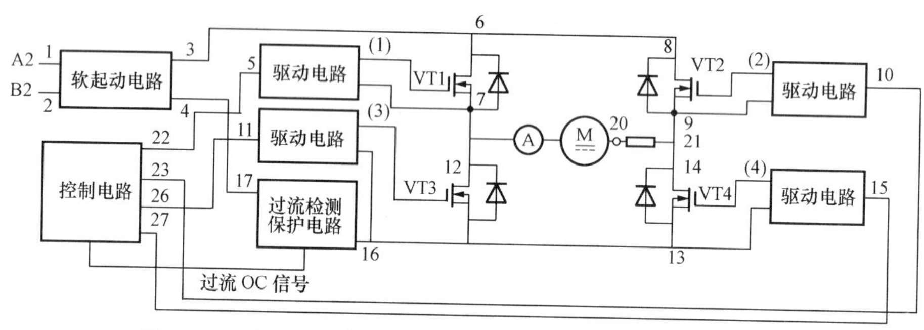

图 8-15 普通单极式直流脉宽调制 PWM 调速系统实验接线图

（3）下面按照相同操作步骤，进行调速运行实验。

1）改变转速给定极性，注意电机转向变化，同时观测转向控制信号 R（面板观察孔“9”）、$\bar{R}$（面板观察孔“11”）的极性变化。

2）记录不同转向下，功率开关器件 VT1～VT4 的驱动信号分配情况，区分不同单极式调制方式下驱动信号的差异。

3）完成实验内容和目的中（2）～（4）规定的实验内容。

2. 可逆双极性直流脉宽调制 PWM 调速

（1）本实验的接线图与图 8-15 相似，其中 VT1、VT4 的驱动电路均接控制电路中的“29”端，VT2、VT3 的驱动电路均接控制电路中的“28”端，且直流电动机两端不接反并联续流二极管。

（2）极性开关设置为双极性，分别采用 $U_{g1.4(双)}$、$U_{g2.3(双)}$ 作为功率开关 VT1、VT4 和 VT2、VT3 的驱动信号。

（3）下面按照相同操作步骤，进行调速运行实验。

1）改变转速给定极性，注意电动机转速的变化。当转速给定电压为零时，直流脉宽调制电路输出电压为零，电动机静止；当转速给定电压为正时，电动机正转；当转速给定电压为负时，电动机应反转。给定电压大小决定电动机转速高低。

2）观察转速为零时两组驱动情号的情况，测定占空比，注意感受电机转轴的微振现象。

3）完成实验内容和目的中（2）～（4）规定的实验内容。

五、实验报告

（1）整理、记录不同直流脉宽 PWM 调制方式下，各功率开关器件上的驱动信号波形，比较不同调制控制、不同转向下驱动信号的差异。

（2）整理、记录不同占空比 D 下各直流脉宽调制 PWM 电路输出电压传输比，验证电压传输比 $\rho=U_0/U_s$ 与占空比 D 之间的对应关系。

（3）画出不同直流脉宽调制 PWM 控制下，直流电动机在 1400r/min 下的机械特性 $n=f(I_d)$。

六、实验报告

（1）注意不同直流脉宽调制 PWM 控制时，各功率开关器件 VT1～VT4 的驱动信号输入端 $U_{g1}\sim U_{g4}$ 与脉冲分配电路输出端插孔 22～29 的正确选用、连接。

（2）进行直流脉宽调制 PWM 调速实验时，被测直流电动机及作为负载的同轴直流发电机的接线可参考晶闸管可控整流直流电动机有关实验。

实验六 双闭环三相异步电动机调压调速系统实验

一、实验内容和目的

（1）测定三相绕线式异步电动机转子串电阻时的人为机械特性。了解转子串电阻的绕线式异步电动机的机械特性。

（2）测定双闭环交流调压调速系统的稳态特性。了解调节定子电压调速时的机械特性。

（3）测定双闭环交流调压调速系统的动态特性。了解并熟悉双闭环三相异步电动机调压调速系统的原理及组成。通过测定系统的稳态特性和动态特性进一步理解交流调压系统中电流环和转速环的作用。

二、实验设备和器材

实验室可提供 DKSZ-1 型电机调速控制系统实验装置和有关的常用仪器仪表、器材，如主控制屏 DK01、三相绕线式异步电动机—直流发电机（用直流电动机代替）—测速发电机组、组件挂箱（DK02、DK03、DK15）、双臂滑线电阻器、双踪慢扫描示波器、记忆示波器、万用表等。实验者可根据需要选用。

三、参考实验线路和组成部件

1. 参考实验线路和原理

参考实验线路见图 8-16。整个系统采用了转速、电流两个反馈环，这里转速环的作用基本上与直流调速系统相同，而电流环的作用则有所不同。在稳定运行情况下，电流环对电网扰动仍有较大的抗扰作用，但在起动过程中电流环仅起限制最大电流的作用，不会出现最佳起动的恒流特性，也不可能是恒转矩起动。异步电动机调压调速系统在恒转矩负载下不能长时间低速运行，否则会使转子过热。

2. 参考实验线路构成部件

双闭环三相异步电动机调压调速系统的主电路由三相晶闸管交流调压器及三相绕线式异步电动机（转子回路串电阻从而使电动机成为高转差电动机）组成。控制系统由给定器、零速封锁器、转速调节器、电流调节器、触发装置、转速变换器、过流保护器、电流变换器、

Ⅰ组脉冲放大器等组成。

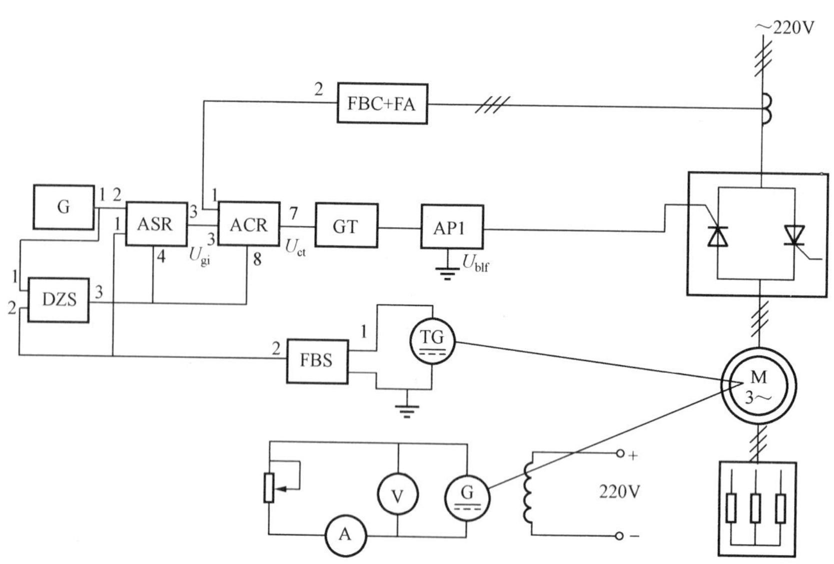

图 8-16　双闭环三相异步电动机调压调速系统实验线路

四、预习要求

（1）复习教材中有关三相晶闸管调压电路和异步电动机晶闸管调压调速系统的内容，掌握调压调速系统的工作原理。

（2）学习教材中有关三相晶闸管触发电路的内容，了解三相交流调压电路对触发电路的要求。

五、建议的实验方法和步骤

1. 主控制屏调试及开关设置

（1）开关设置。调速电源选择开关："交流调速"；触发电路脉冲指示："宽"；Ⅱ桥工作状态指示："任意"（U_{blr}悬空）。

（2）用示波器观察触发电路"双脉冲"观察孔的波形，此时的触发脉冲应是后沿固定，前沿可调的宽脉冲，如图 8-17 所示。

（3）将 G 的输出 U_g 直接接至 U_{ct}，调节偏移电压 U_b，使 $U_{ct}=0$ 时，α 接近 180°，如图 8-18 所示。

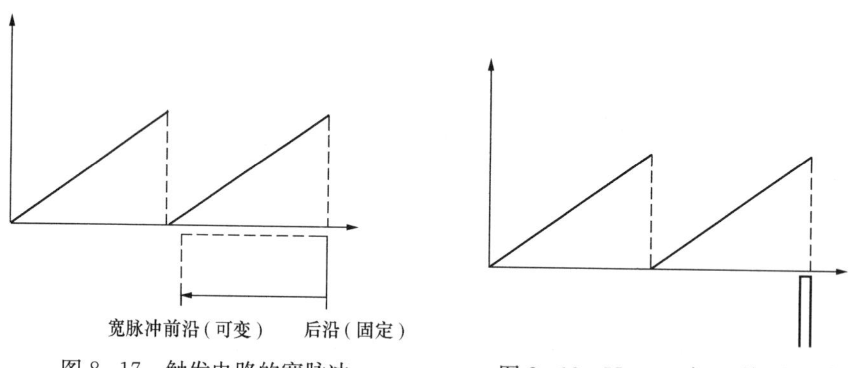

图 8-17　触发电路的宽脉冲

图 8-18　$U_{ct}=0$ 时，α 接近 180°

(4) 将面板上的 U_{blf} 端接地，将正组触发脉冲的 6 个开关拨至"接通"，观察正桥 VT1～VT6 晶闸管的触发脉冲是否正常。

2. 控制单元调试

调试方法与实验一相同，具体如下：

(1) 调节器的调整。电流调节器和转速调节器的调零和调节器正、负限幅值的调整与实验三中的方法、数值相同；

(2) 将系统接成双闭环调压调速系统，电动机转子回路每组串 3Ω 左右的电阻，逐渐加给定 U_g，观察电动机运行是否正常；

(3) 调节 ASR、ACR 的外接电容及放大倍数电位器，用双踪慢扫描示波器观察突加给定的动态波形，确定较佳的调节器参数。

3. 人为机械特性 $n=f(T_e)$ 测定

(1) 系统开环，将 G 的输出直接接至 U_{ct}，电动机转子回路接入每相为 3Ω 左右的电阻。

(2) 增大 U_g，使电动机端电压为额定电压 U_n，改变直流发电机的负载，测定机械特性 $n=f(T_e)$。转矩的计算式为

$$T_e=9.55(I_GU_G+I_G{}^2R_s+P_0)/n$$

式中：T_e 为三相异步电动机电磁转矩；I_G 为直流发电机电枢电流；U_G 为直流发电机电枢电压；R_s 为直流发电机电枢电阻；P_0 为机组空载损耗。

(3) 调节 U_g，降低电动机端电压，在 $1/3U_n$ 及 $2/3U_n$ 时重复上述实验，以取得一组人为机械特性。

表 8-10　改变电压的开环特性 $n=f(U_g)$

n (r/min)							
U_G (V)							
I_G (A)							
T_e (Nm)							

4. 系统调试

(1) 调压器输出接三相电阻负载，观察输出电压波形是否正常。

(2) 按实验二的调试方法确定 ASR、ACR 的限幅值和电流、转速反馈的极性及反馈系数。

注意：①起动时，先加正给定至 2～3V，再调 FBC 上的 RP1，使电机有一定的转速后，再调给定电压至 5V；②保证转速反馈的极性正确。

5. 系统闭环特性的测定

(1) 调节 U_g 使转速至 $n=1400$r/min、$I_G=0.55$A，从额定负载按一定间隔减少到轻载，测出闭环稳态特性 $n=f(T_e)$。

(2) 测出 $n=800$r/min 时的系统闭环稳态特性，T_e 可由式 $T_e=9.55(I_GU_G+I_G^2R_s+P_0)/n$ 计算出。(注意 800r/min 的测量时间不能太长)

表 8-11 改变电压的闭环特性 $n=f(U_g)$

n (r/min)	1400						
U_G (V)							
I_G (A)							
T_e (N·m)							
n (r/min)	800						
U_G (V)							
I_G (A)							
T_e (N·m)							

6. 系统动态特性的观察

用慢扫描示波器观察：

(1) 突加给定起动时电动机的转速 n（转速变换器“2”端）及电流 i（电流变换器“2”端）及 ASR 输出 u_{gi} 的动态波形；

(2) 电机稳态运行时，突加、突减负载（$20\%I_n \to 80\%I_n$）时的 n、i 动态波形。

六、实验报告

(1) 根据实验数据，画出开环时电机人为机械特性 $n=f(T_e)$。

(2) 根据实验数据画出闭环系统稳态特性 $n=f(T_e)$，并与开环机械特性进行比较。

(3) 根据记录下的动态波形分析系统的动态过程。

七、注意事项

(1) 在实验时，应保证触发器输出的是后沿固定、前沿可调的宽脉冲。

(2) 在进行低速实验时，时间应尽量短，以免电阻器过热引起串接电阻数值的变化。

(3) 转子串接电阻为 3Ω 左右，可根据需要进行调节，以使系统有较好的性能。

(4) 计算转矩 T_e 时用到的机组空载损耗值 P_0 由实验室提供。

实验七 双闭环三相异步电动机串级调速系统实验

一、实验内容和目的

(1) 控制单元及系统调试。熟悉双闭环三相异步电动机串级调速系统的组成及工作原理，掌握串级调速系统的调试步骤及方法。

(2) 测定开环串级调速系统的稳态特性和双闭环串级调速系统的静动态特性。了解串级调速系统的稳态与动态特性。

二、实验设备和器材

实验室可提供 DKSZ-1 型电机调速控制系统实验装置和有关的常用仪器仪表、器材，如主控制屏 DK01、绕线式异步电动机—直流发电机（用直流电动机代替）—测速发电机组、【DK02、DK03、DK15、DK14 三相组式变压器挂箱（用高—中压）】组件挂箱、双臂滑线电阻器、双踪慢扫描示波器、、光线示波器或记忆示波器、万用表等。实验者可根据需要选用。

三、参考实验线路和组成部件

系统参考实验线路和组成部件如图 8-19 所示。该系统为晶闸管次同步双闭环串级调速系统，采用二极管三相桥式整流器将转子三相电动势整流成直流电压，由晶闸管有源逆变电路代替附加电动势，从而方便地实现调速，并将能量回馈至电网。

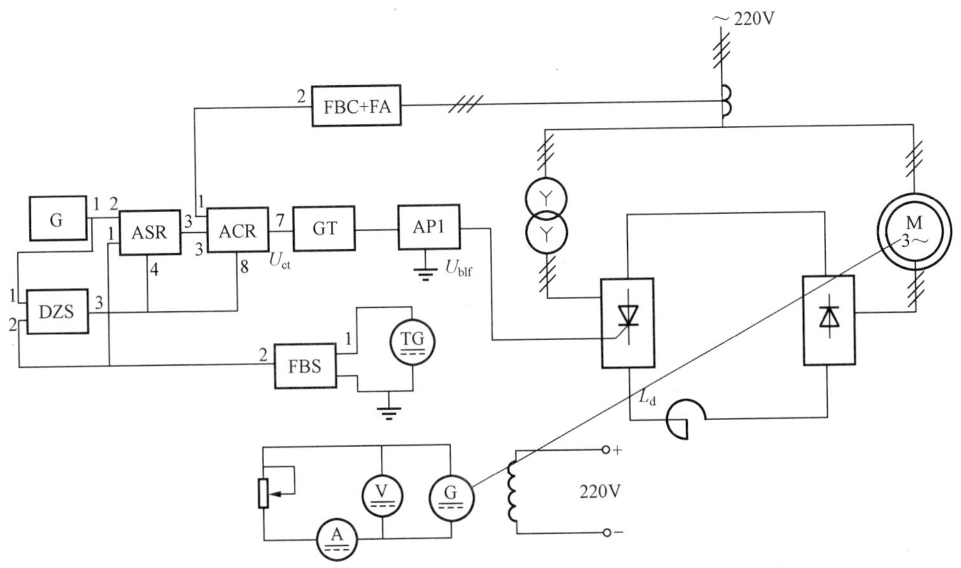

图 8 - 19　绕线式异步电机串级调速系统原理图

G—给定器；DZS—零速封锁器；ASR—转速调节器；ACR—电流调节器；GT—触发装置；FBS—转速变换器；FA—过流保护器；FBC—电流变换器；AP1—I 组脉冲放大器

四、预习要求

（1）复习教材中有关异步电动机晶闸管串级调速系统的内容，掌握串级调速系统的工作原理。

（2）掌握串级调速系统中逆变变压器二次绕组额定相电压的计算方法。

五、建议的实验方法和步骤

1. 主控制屏调试及开关设置

（1）开关设置。调速电源选择开关："交流调速"；触发电路脉冲指示："窄"；Ⅱ桥工作状态指示："任意"（U_{blr}悬空）。

（2）用示波器观察触发电路"双脉冲"观察孔的波形，此时的触发脉冲应为相隔 60°的双窄脉冲。

（3）将 G 输出 U_g 直接接至 U_{ct}，调节偏移电压 U_b 使 $U_{ct}=0$ 时，$\beta=30°$。

（4）将面板上的 U_{blf} 端接地，将正组触发脉冲的 6 个开关拨至"接通"，观察正桥 VT1～VT6 晶闸管的触发脉冲是否正常。

2. 控制单元调试

调节器正负限幅值的整定，按实验四的方法，加正给定＋5V 时，调节 ACR 正限幅电位器，使脉冲停在 $\beta=90°$的位置，转速调节器 ASR 负限幅值为 8.5～9V；加负给定－5V 时，调节 ACR 负限幅电位器，使 ACR 输出为 0V，调整 U_b 使 $\beta=30°$，转速调节器 ASR 正限幅值为零。

3. 开环稳态特性的测定

（1）将系统接成开环串级调速系统，直流回路电抗器 L_d 接 700mH、将二极管 VD1～

VD6 连成三相不控整流桥；逆变变压器采用 DK14 三相组式变压器，其二次侧电压 U_2 可选择为

$$U_2 = (S_{min}/\cos\beta_{min}) \times E_{r0}$$

式中：S_{min} 为调速系统要求的最低转速时的转差率；β_{min} 为逆变电路的最小逆变角，一般取 30°；E_{r0} 为异步电动机转子回路开路线电压的有效值。

（2）测定开环系统的稳态特性 $n = f(T_e)$，T_e 可按交流调压调速系统的同样方法来计算。

表 8-12　串级调速的开环稳态特性 $n = f(U_g)$

n（r/min）							
U_G（V）							
I_G（A）							
T_e（N·m）							

4. 系统调试

（1）按实验三的调试方式确定 ASR、ACR 的转速，电流反馈的极性及反馈系数。

（2）将系统接成双闭环串级调速系统，逐渐加正给定 $U_g = +5V$，观察电机运行是否正常，β 应在 30°～90°之间移相。

（3）调节 ASR、ACR 的外接电容及放大倍数电位器，用慢扫描示波器观察突加给定时的动态波形，确定较佳的调节器参数。

5. 双闭环串级调速系统稳态特性的测定

测定 n 分别为 1400、800r/min 时的系统稳态特性 $n = f(T_e)$。

表 8-13　串级调速的闭环特性 $n = f(U_g)$

n（r/min）	1400							
U_G（V）								
I_G（A）								
T_e（N·m）								
n（r/min）	800							
U_G（V）								
I_G（A）								
T_e（N·m）								

6. 系统动态特性的测定

用双踪慢扫描示波器观察：

（1）突加给定起动电动机时的转速 n（转速变换器“2”端）和电机定子电流 i（电流变换器“2”端）的动态波形；

（2）电动机稳定运行时，突加、突减负载（$20\%I_e \sim 100\%I_e$）时的 n、i 动态波形。

六、实验报告

（1）根据实验数据画出开环、闭环系统稳态特性 $n = f(T_e)$，并进行比较。

（2）根据动态波形，分析系统的动态过程。

七、注意事项

（1）在实验过程中应确保 β 在 30°～90°的范围变化，不得超过此范围。

（2）逆变变压器为三相组式变压器，其二次侧三相电压应对称。

（3）应保证有源逆变桥与不控整流桥间直流电压极性的正确性，严防顺串短路。

（4）绕线式异步电动机转子绕组接成星形。

实验八　串联二极管式电流型逆变器一异步电动机变频调速系统实验

一、实验内容和目的

（1）控制单元和系统调试，掌握串联二极管式电流型逆变器变频调速系统的原理及组成，掌握各控制单元的原理、作用和调试方法，掌握该系统的调试步骤及方法。

（2）电动机机械特性的测定。

（3）系统各主要参量的稳态、动态波形观察。

二、实验设备和器材

实验室可提供DKSZ-1型电机调速控制系统实验装置和有关的常用仪器仪表、器材，如：主控制屏DK01、三相异步电动机—直流发电机—测速发电机组（DK02、DK03、DK06、DK07、DK08、DK15）组件挂箱、双臂滑线电阻器、双踪慢扫描示波器、光线示波器或记忆示波器、万用表等。实验者可根据需要选用。

三、参考实验线路和组成部件

系统参考实验线路和组成部件如图8-20所示。串联二极管式电流型逆变器—异步电动机变频调速系统采用交—直—交变频器，来驱动三相异步电动机。逆变器为串联二极管式120°导电电流源型逆变器，其输出端加整流型阻容吸收回路以抑制换流尖峰电压。

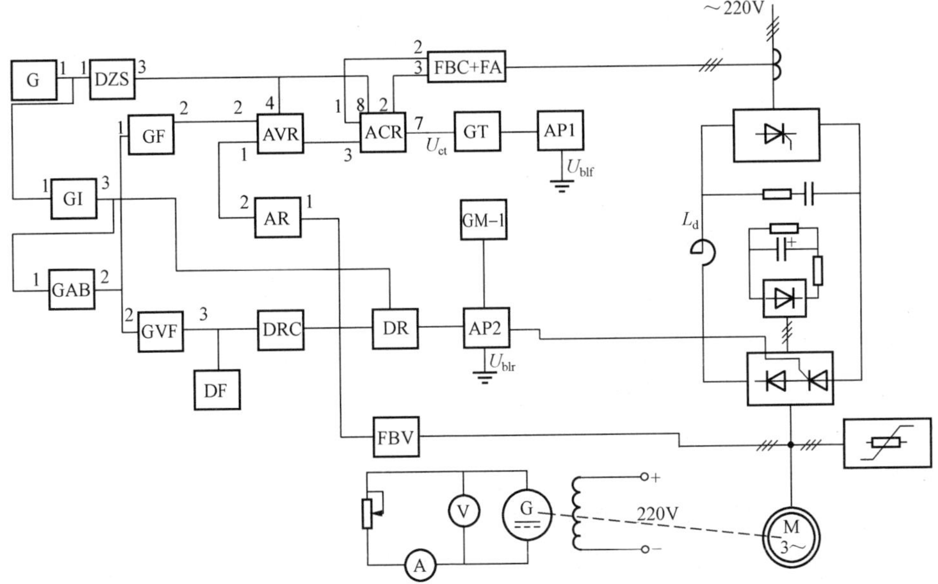

图8-20　串联二极管式电流型逆变器—异步电机变频调速系统原理图

G—给定器；DZS—零速封锁器；GI—给定积分器；GAB—绝对值放大器；GF—函数发生器；AVR—电压调节器；ACR—电流调节器；GT—触发装置；AP1—整流桥脉冲放大器；AR—反号器；AP2—逆变桥脉冲放大器；GM-1—调制波发生器；GVF—电压/频率变换；DRC—环形分配器；DR—转向控制显示器；DF—频率显示器；FBV—电压变换器；FA—过流保护器；FBC—电流变换器

当系统不稳定时，可选择使用微分调节器（ADR）来抑制振荡。频率显示器（DF）由8031单片机构成，频率显示直观、稳定、响应快。

此系统的主电路直流环节串入了大电感，使直流环节类似于高内阻性质的电流源。由G输出的给定信号经GI后分成两路，分别控制整流桥的输出电压和逆变桥的输出频率，以保证控制过程中U/f值不变。

整流桥侧的控制信号经GF后接到AVR的输入端，AVR输出接至ACR的输入端，使ACR输出控制整流桥的输出电压，以满足电压/频率比恒定关系的要求。逆变桥的信号经GVF变换器转换成频率信号，经DRC、DR及脉冲放大后接至逆变桥晶闸管，使逆变桥的输出频率能满足要求。

四、预习要求

（1）学习教材中有关串联二极管式电流型逆变器变频调速系统的内容，掌握其工作原理。

（2）阅读有关实验系统各控制单元的内容，了解其工作原理，熟悉实验系统的组成。

（3）熟悉串联二极管式电流型逆变器的主电路，画出逆变器主电路实验接线图。

五、实验方法

1. 主控制屏及开关设置

（1）开关设置。调速电源选择开关："交流调速"；触发电路脉冲指示："窄"；II桥工作状态指示："变频"。

（2）观察整流桥触发脉冲是否正常，并调节U_b使$U_{ct}=0$时，$\alpha=90°$，即整流桥输出电压为零。

2. 控制单元调试

（1）按实验一的同样方法调试AVR、ACR，其中AVR的正限幅为0，负限幅为−6V，ACR的负限幅为0，正限幅值应保证$\alpha_{min}=20°$。

（2）函数发生器的调试。将G的输出U_g接至GF的输入端，当$U_g=0$时，调节电位器RP1使GF输出为−2.5V左右；当$U_g=-5V$时，GF输出为5V左右，并调节电位器RP4，将GF输出限幅在5V。在系统调试时，可根据需要对GF再作调整。

（3）GVF变换器的调试。将G的负载给定电压直接送入GVF输入端，调节电位器RP1，使$U_g=-5V$时，频率显示器（DF）显示的频率约为50Hz。

3. 系统调试

（1）按实验三的实验方法确定ACR的反馈极性和反馈系数。ACR的输出限幅要考虑限制α_{min}，一般α_{min}取20°左右，应避免触发脉冲移出α区。

（2）AVR的整定方法与转速闭环系统中的ASR相似，应保证其反馈极性为负反馈，输出限幅应能限制过渡过程时的最大电流，并尽可能不影响系统的快速性。

（3）按图8-20连线，逆变桥输出可先接三相电阻负载，换流电容选取1μF左右。

（4）接通控制电源，渐增U_g，用示波器观察整流桥脉冲的移相，观察DF上的频率变化情况。接通主电路，观察逆变桥输出电压波形是否正常。

（5）等逆变桥工作正常后，可将负载换接成三相异步电动机。渐加给定，电动机应能在5Hz内起动；如不能起动，可微调GF中的电位器RP1。

（6）增加给定，使DF显示为50Hz，微调GF中的电位器RP3，使GF的输出正好限幅。调节电压变换器（FBV）的反馈强度电位器RP1，使此时异步电动机的端电压（线电压）约为230V，可配合微调电压/频率变换器（GVF）的输入衰减电位器RP1来满足要求。

（7）在整个调速范围内（5～50Hz），U/f 应成一定的比率关系（230V/50Hz），即满足电压/频率比恒定要求。在低频时稍有补偿（U/f 略大于230V/50Hz），频率大于50Hz时，输出电压应限幅于230V，可微调GF曲线及电压反馈强度来达到上述要求。

（8）将G从正给定拨至负给定，重复上述5～7的调试过程，使电动机能正常正、反转。

4. 机械特性 $n=f(T_e)$ 的测定

分别测定正、反转 $f=50$、30、10Hz时的调速系统机械特性 $n=f(T_e)$。T_e 的计算与实验四的方法相同。

5. 系统 $U=f(f)$ 特性的测定

电动机空载，渐加给定，使频率从5Hz增至60Hz。在此过程中，记录电动机端线电压 U 和频率 f 的数据多组，并记录于表8-15中。

表8-14　变频调速系统机械特性 $n=f(U_g)$

参量 / 转向	f（Hz）	I_G（A）	U_G（V）	n（r/min）	T_e（N·m）
正转	10				
	30				
	50				
反转	10				
	30				
	50				

表8-15　变频调速系统机械特性 $U=f(f)$

f（Hz）							
U（V）							

6. 系统稳态波形观察

用示波器观察不同频率时逆变器输出线电压波形、晶闸管两端电压波形、隔离二极管两端电压波形及换流电容两端电压波形。

7. 系统动态波形的观察

用双踪慢扫描示波器观察：

（1）突加给定起动时，转速 n（转速调节器“2”端）及电流 i（电流调节器“2”端）的动态波形；

（2）突加、突减负载时（$20\%I_n$～$100\%I_n$），转速 n 及电流 i 的动态波形。

六、实验报告

（1）根据实验数据分别画出正、反转 $f=50$、30、10Hz时的电动机机械特性。

（2）根据实验数据画出 $U=f(f)$ 特性曲线，并分析是否符合 U/f 为常数的要求。

（3）分析系统的动态过程。

七、注意事项

（1）接通主电路前，应确定逆变器的6个触发脉冲工作是否正常。

（2）换流电容的数值可根据需要选择。

（3）系统出现振荡时，可加微分调节器（ADR）来消除，也可通过调节ACR、AVR的参数及电流、电压反馈系数来消除振荡。

实验九 正弦脉宽调制（SPWM）变频调速系统实验

一、实验内容和目的

（1）用双踪慢扫描示波器观察、研究SPWM调制波的形成机理，加深理解自然采样法生成SPWM波的机理和过程。

（2）用SPWM变频器驱动三相异步电动机，在不同的调制方式下，观察变频器调制波形、不同负载时的电动机端部线电压、线电流波形，熟悉SPWM变频调速系统中直流回路、逆变桥功率器件和微机控制电路之间的连接。

（3）改变U/f曲线，观察变频器在不同低频补偿条件下的低速运行情况；改变变频器调速系统的加速时间，观察系统的加速过程了解SPWM变频器的运行参数和特性。

二、实验设备和器材

实验室采用浙江大学某公司生产的DKSZ-1型电机调速控制系统实验装置和有关的常用仪器仪表、器材，如主控制屏DK01、异步电动机—直流发电机组、SPWM变频调速系统实验组件挂箱（DK17）、双臂滑线电阻器、双踪慢扫描示波器或记忆示波器、万用表等。实验者可根据需要选用。

三、参考实验线路和组成部件

1. 参考实验线路和原理

SPWM变频器供电的异步电机变频调速系统的实验原理如图8-21所示。其中控制键盘与运行显示布置图见图8-22所示。

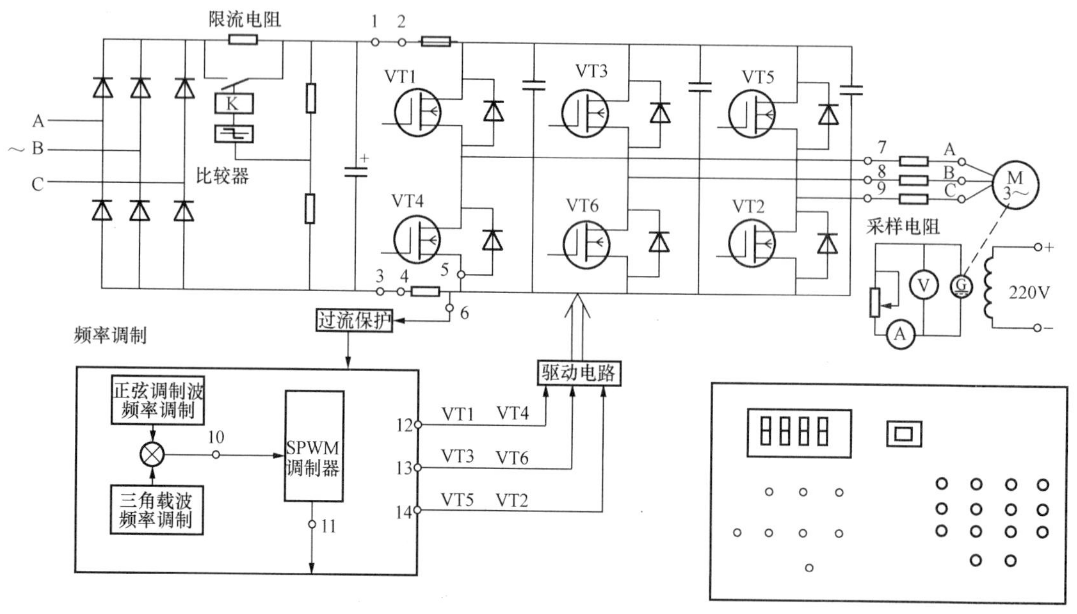

图8-21 SPWM变频调速系统原理图

SPWM 变频调速系统主要由不可控整流桥、电容滤波、直流环节电流采样（串采样电阻）、MOSFET 逆变桥、MOSFET 驱动电路、8031 单片微机数字控制器、控制键盘与运行显示等环节组成。整个系统可按图 8-21 所示的接线端编号一一对应接线。

本实验系统的性能指标如下：

（1）运行频率 f_s 可在 1～60Hz 范围内连续可调。

（2）调制方式。

1）同步调制。调制比 F_r 在 3～123 范围内变化，步增量为 3。

2）异步调制。载波频率 f_0 在 0.5～8kHz 范围内变化，步增量为 0.5kHz。

3）混合调制。系统自动确定各运行频率下的调制比。

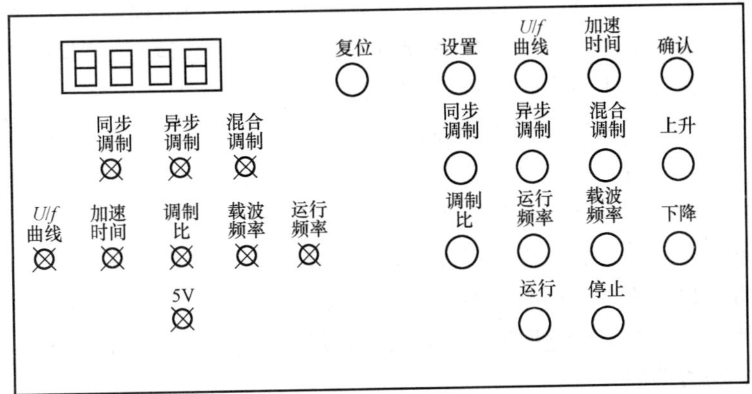

图 8-22 SPWM 变频器控制盘与运行显示面板图

2. U/f 曲线

有四条 U/f 曲线可供选择，以满足不同的低频电压补偿要求，如图 8-23 所示。

曲线 1：$f_s=1\sim50$Hz，$U_s/f_s=220/50=4.4$V/Hz，$f_s=51\sim60$Hz，$U_s=220$V。

曲线 2：$f_s=1\sim5$Hz，$U_s=21.5$V，$f_s=6\sim50$Hz，$U_s/f_s=220/50=4.4$V/Hz，$f_s=51\sim60$Hz，$U_s=220$V。

曲线 3：$f_s=1\sim8$Hz，$U_s=34.5$V，$f_s=9\sim50$V，$U_s/f_s=220/50=4.4$V/Hz，$f_s=51\sim60$Hz，$U_s=220$V。

曲线 4：$f_s=1\sim10$Hz，$U_s=43$V，$f_s=11\sim50$V，$U_s/f_s=220/50=4.4$V/Hz，$f_s=51\sim60$Hz，$U_s=220$V。

3. 加速时间

可在 1～10s 区间设定电机从静止加速到额定转速时所需时间，步增量为 1s。

四、预习要求

（1）复习电力电子技术教材中有关 MOSFET、SPWM 逆变器等内容，掌握其工作原理。

（2）根据实验装置的情况，拟定具体的实验操作步骤。

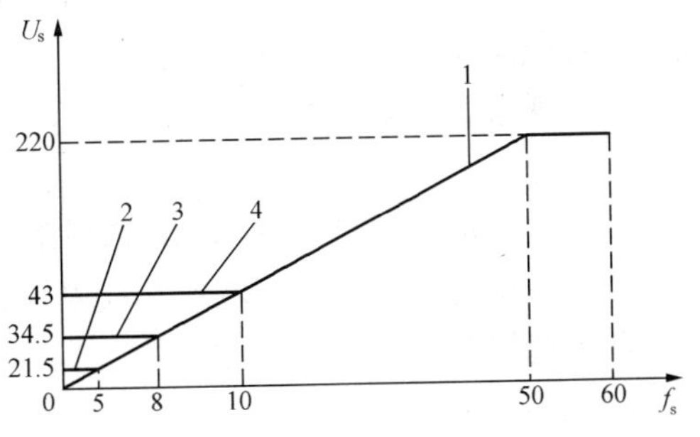

图 8-23 不同的 U/f 曲线

五、建议的实验方法和步骤

按图8-21连接好主电路，异步机用笼型异步机，并接成三角形接法；将该组件挂箱的控制电源接入220V交流电，闭合控制电源开关，电源指示灯亮，表示挂箱通电。此时控制键盘上的数码管显示“P”，表示微机系统处于等待接受指令的状态。“运行”、“停止”键用来起动、关闭变频器。

SPWM变频器运行参数的设定可通过图8-22所示的键盘显示部分来实现。发光管用来指示运行方式及数码管的显示内容。按“设置”键可进入设置状态，数码管闪烁显示。进入设置状态后，可按“加速时间”、“U/f 曲线”、“同步调制”、“异步调制”、“混合调制”、“调制比”、“载波频率”、“运行频率”等键选择各个参数，按“上升”、“下降”键可进行参数设置。设置完毕后按“确认”键以输入设定的参数，同时退出设置状态，数码管恢复正常显示，设置后需再按“运行”键才能使变频器以设定好的参数运行。“运行频率”也可在退出设置状态后，直接按“上升”、“下降”键进行设置。

设置时应注意各个参数之间的依赖性，如在混合调制方式时，不允许设置调制比和载波频率；在同步调制方式时，不允许设置载波频率；在异步调制方式时，不允许设置调制比。如没按允许进行设置时，系统不响应键盘操作。

调制方式重新设置后，相关参数将变成以下缺省值：同步调制 $F_r=12$，异步调制 $f_0=500Hz$，U/f 曲线和加速时间这两个参数不受影响。

退出设置状态后，按“加速时间”、“U/f 曲线”、“调制比”、“载波频率”、“运行频率”等键可查看相应的参数值。

实验中可通过观察孔来观察SPWM的形成过程、合成波形（10和11之间）、各功率器上的栅极驱动信号（建议观察下桥臂元件，即12、13、14和11之间）、开关元件上电压波形（7、8、9、与5之间）、直流母线电压（1和3之间）和电流波形（5和4）之间、输出线电压波形（A、B、C之间）、输出线电流波形（7、8、9和A、B、C之间）。

1. 同步调制实验

（1）分别设置调制比 F_r 为3和21，观察、记录、比较运行频率 f_s 分别为25、50Hz时的正弦波、三角载波和所形成的SPWM波形。

（2）观察这种设定条件下电动机空载及额定负载下，直流母线电流波形、电机线电压、线电流波形。

2. 异步调制实验

（1）分别设定载波频率 f_0 为500Hz和4kHz，观察、记录、比较 $f_s=50Hz$ 时的正弦波、三角载波及合成的SPWM波形。

（2）观察、记录这种设定条件下电动机空载及额定负载下的线电压、线电流波形及系统的运行情况。

（3）设置运行频率 $f_s=5Hz$，选择第2条 U/f 曲线，观察、记录在不同载波频率 $f_0=0.5\sim7.5kHz$ 时的电动机线电压、线电流波形及系统的运行情况，特别注意系统运行时的噪声和平稳情况。

3. 混合调制实验

（1）设置加速时间为10s，观察加速过程中SPWM波和电动机线电压、线电流波形的变化情况。

（2）观察不同加速时间设置参数下，电动机起动情况。

六、实验报告

（1）根据实验记录画出不同调制方式下正弦调制波、三角载波及形成的SPWM波形。

（2）根据实验记录画出不同调制方式下电动机空载、满载时，三相SPWM波形及相应的电机线电压、线电流波形。

（3）分析讨论不同U/f曲线对电机低频运行时的电压补偿情况及对系统运行性能的影响。

七、注意事项

（1）观察记录各处波形时注意观测点的参考地的选择，注意微机系统地（▽）和变频器主电路功率地（⊥）的区分。

（2）如运行中显示“OC”字样，表示变流器过流保护动作，一般按“复位”键可消除故障继续运行；如按“复位”键后运行又出现过流故障，则应关机检查。

（3）出现严重故障时应先按“复位”键，以取消功率开关器件上的触发信号并使开关器件关断，然后关功率电源，以确保故障不扩大。

（4）注意控制电源和功率电源的开关顺序，应先开控制电源（主控制屏上的），后开功率电源（挂箱上的）；先关功率电源，后关控制电源。

（5）注意功率电源的熔丝（挂箱内）电流值（1.5A）不可随意放大。

实验机组铭牌参数见表8-16。

表8-16　实验机组铭牌参数

名称	P_n（W）	U_n（V）	I_n（A）	n_n（r/min）
直流发电机	100	220	0.5	1600
直流电动机	185	220	1.16	1600
三相笼型异步电动机	100	220（△）	0.48	1420
三相绕线式电动机	100	220（Y）	0.5	1420

8.2　交直流调速系统课程设计

8.2.1　课程设计大纲

适用于电气工程及其自动化、自动化专业，总学时为2～3周。

一、课程设计的目的

课程设计是本课程教学中极为重要的实践性教学环节，它不但起着提高本课程教学质量、水平和检验学生对课程内容掌握程度的作用，而且还将起到从理论过渡到实践的桥梁作用。因此，必须认真组织，周密布置，积极实施，以期达到下述教学目的：

（1）通过课程设计，使学生进一步巩固、深化和扩充在交直流调速系统及相关课程方面的基本知识、基本理论和基本技能，达到培养学生独立思考、分析和解决实际问题的能力的目的。

（2）通过课程设计，让学生独立完成一项直流或交流调速系统课题的基本设计工作，达到培养学生综合应用所学知识和实际查阅相关设计资料能力的目的。

（3）通过课程设计，使学生熟悉设计过程，了解设计步骤，掌握设计内容，达到培养学生工程绘图和编写设计说明书能力的目的，为学生今后从事相关方面的实际工作打下良好基础。

二、课程设计的要求

（1）根据设计课题的技术指标和给定条件，在教师指导下，能够独立而正确地进行方案论证和设计计算，要求概念清楚、方案合理、方法正确、步骤完整。

（2）要求掌握交直流调速系统的设计内容、方法和步骤。

（3）要求会查阅有关参考资料和手册等。

（4）要求学会选择有关元件和参数。

（5）要求学会绘制有关电气系统图和编制元件明细表。

（6）要求学会编写设计说明书。

三、课程设计的程序和内容

（1）布置题目。下达课程设计任务书，原则上每人的设计参数不一样。

（2）熟悉题目、收集资料。设计开始，每个学生应按教师下达的具体题目，充分了解技术要求，明确设计任务，收集相关资料，包括参考书、手册和图表等，为设计工作做好准备。

（3）总体设计。正确选定系统方案，认真画出系统总体结构框图。

（4）主电路设计。按选定的系统方案，确定系统主电路形式，画出主电路及相关保护、操作电路原理草图，并完成主电路的元件计算和选择任务。

（5）控制电路设计。按规定的技术要求，确定系统闭环结构和调节器形式，画出系统控制电路原理草图，选定检测元件和反馈系数，计算调节器参数并选择相关元件。

（6）校核整个系统设计，编制元件明细表。

（7）绘制正规系统原理图，整理编写课程设计说明书。

四、课程设计说明书的内容

（1）题目及技术要求。

（2）系统方案选择和总体结构。

（3）系统工作原理简介。

（4）具体设计说明，包括主电路和控制电路等。

（5）元件明细表。

（6）系统原理图。

五、课程设计的成绩考核

教师通过课程设计答辩、审阅课程设计说明书，并综合学生平时课程设计的工作表现，评定每个学生的课程设计成绩，一般可分为优秀、良好、中等、及格和不及格五等，也可采用百分制相应记分。

8.2.2 课程设计任务书

为了便于教师组织课程设计，下面给出一个直流调速系统课程设计参考课题，各校也可根据实际情况自行选题。

一、设计题目和设计要求

（1）题目名称：双闭环晶闸管直流调速系统的设计。

（2）Z4 系列直流电动机技术参数（见表 8 - 17）。

表 8 - 17　　Z4 系列直流电动机技术参数

型号	序号	额定功率（kW）	额定转速（r/min）	电枢电流（A）	励磁功率（W）	电枢回路电阻 20℃（Ω）	电枢回路电感（mH）	磁场电感（H）	效率（%）	惯量矩（kg·m²）
Z4 - 160 - 11	1	33	2710	93.4	820	0.1835	3.15	10	87.4	0.64
	2	37	3000						88.5	
	3	19.5	1350	58.8		0.593	10.4	7.7	80.4	
	4	22	1500						82.6	
	5	40.5	2710	113	920	0.1426	2.7	10	88.2	0.76
	6	45	3000						89.1	
	7	16.5	900	50.5		0.862	17.7	6	77.9	0.76
	8	18.5	1000						79.4	
	9	49.5	2710	137	1050	0.097	2.07	11	89.1	0.88
	10	55	3010						90.2	
	11	27	1350	77.8		0.376	8.3	10	84.7	
	12	30	1500						85.7	
	13	19.5	900	59.1		0.675	15.2	6.3	79.1	
	14	22	1000						81.7	
Z4 - 180 - 11	15	33	1350	95.4	1200	0.29	5.8	7.1	84.7	1.52
	16	37	1500						86.5	
	17	16.5	670	51.4		0.947	17.6	5.6	75.5	
	18	18.5	750						78.1	
	19	13	540	42.4		1264	25	5.6	73	
	20	15	600						74.1	
Z4 - 180 - 21	21	67	2710	185	1400	0.0555	1.16	6.9	89.5	1.72
	22	75	3000						90.7	
	23	40.5	1350	115		0.2125	4.65	6.6	85.8	
	24	45	1500						87	
	25	27	900	78.7		0.419	9.3	7.3	82.2	
	26	30	1000						83.7	
	27	19.5	670	60.3		0.756	15.7	7.1	77.3	
	28	22	750						79.7	
	29	16.5	540	52		1.003	21.9	5	73.8	
	30	18.5	600						76.8	

续表

型号	序号	额定功率(kW)	额定转速(r/min)	电枢电流(A)	励磁功率(W)	电枢回路电阻20℃(Ω)	电枢回路电感(mH)	磁场电感(H)	效率(%)	惯量矩(kg·m²)
Z4-180-31	31	33	900	96.6	1500	0.332	7.7	6.6	82.8	1.92
	32	37	1000						83.6	
	33	19.5	540	61.8		0.801	19	6.6	74.8	
	34	22	600						76.6	
Z4-180-41	35	81	2710	221	1700	0.051	1.16	12	91	2.2
	36	90	3000						91.3	
	37	50	1350	139		0.1417	3.2	5.7	87.5	
	38	55	1500						87.7	
	39	27	670	79.5		0.459	10.4	6.3	80.4	
	40	30	750						81.1	
Z4-200-11	41	99	2710	271	1400	0.0373	0.83	7.62	90.2	3.68
	42	110	3000						91.6	
	43	40.5	900	118		0.2653	8.4	7.01	83.4	
	44	45	1000						85.5	
	45	33	670	99		0.369	10.6	7.77	80.2	
	46	37	750						82.9	
	47	19.5	450	63.5		0.93	21.9	7.3	72.2	
	48	22	500						77.4	
Z4-100-1	1	2.2	1490	17.9	315	1.19	11.2	22	67.8	0.044
	2	1.5	955	13.3		2.17	21.4	13	58.5	
	3	4	2630	12		2.82	26	18	78.9	
	4	4	2960	10.7					80.1	
	5	2	1310	6.6		9.12	86	18	68.4	
	6	2.2	1480	6.5					70.6	
	7	1.4	860	5.1		16.76	163	18	60.3	
	8	1.5	990	4.77					63.2	
Z4-112/2-1	9	3	1540	24	320	0.785	7.1	14	69.1	0.072
	10	2.2	975	19.6		1.498	14.1	13	62.1	
	11	5.5	2630	16.4		1.933	17.9	17	79.9	
	12	5.5	2940	14.7					81.1	
	13	2.8	1340	9.1		6	59	17	71.2	
	14	3	1500	8.6					72.8	
	15	1.9	855	6.9		11.67	110	13	61.1	
	16	2.2	965	7.1					63.5	

续表

型号	序号	额定功率（kW）	额定转速（r/min）	电枢电流（A）	励磁功率（W）	电枢回路电阻 20℃（Ω）	电枢回路电感（mH）	磁场电感（H）	效率（%）	惯量矩（kg·m²）
Z4-112/2-2	17	4	1450	31.3	350	0.567	6.2	14	72.6	0.088
	18	3	1070	24.8		0.934	10.3	14	66.8	
	19	7	2660	20.4		1.305	14	19	82.4	
	20	7.5	2980	19.7					83.5	
	21	3.7	1320	11.7		4.24	48.5	19	74.1	
	22	4	1500	11.2					76	
	23	2.6	895	9		7.62	83	14	65.1	
	24	3	1010	9.1					67.3	
Z4-112/4-1	25	5.5	1520	42.5	500	0.38	3.85	6.8	73	0.128
	26	4	990	33.7		0.741	7.7	6.7	64.9	
	27	10	2680	29		0.89	9	6.8	82.7	
	28	11	2950	28.8					83.3	
	29	5	1340	15.7		3.01	30.5	6.8	74.3	
	30	5.5	1480	15.4					75.7	
	31	3.7	855	13		5.78	60	6.7	65.2	
	32	4	980	12.2					68.7	
Z4-112/4-2	33	5.5	1090	43.5	570	0.441	5.1	7.8	69.5	0.156
	34	13	2740	37		0.574	6.4	5.8	84.4	
	35	15	3035	38.6					85.4	
	36	6.7	1330	20.6		2.12	24.1	7.8	76.8	
	37	7.5	1480	20.6					78.4	
	38	5	955	16.1		3.46	40.5	5.8	71.1	
	39	5.5	1025	15.7					71.9	
Z4-132-1	40	18.5	2610	52.2	650	0.386	5.3	6.5	85	0.32
	41	18.5	2850	47.1					85.9	
	42	10	1330	30.1		1.309	18.9	8.9	79.4	
	43	11	1480	29.6					80.9	

注　表中参数由江苏省扬州市某电机厂提供。

（3）技术数据。

1）电枢回路总电阻取 $R=2R_a$；总飞轮力矩 $GD^2=2.5GD_a^2$。

2）其他未尽参数可参阅教材中“双闭环调速系统调节器的工程设计举例”的有关数据。

3）要求调速范围 $D=10$，静差率 $s\leqslant5\%$；稳态无静差，电流超调量 $\sigma_i\%\leqslant5\%$，电流脉动系数 $s_i\leqslant10\%$；起动到额定转速时的转速退饱和超调量 $\sigma_n\%\leqslant10\%$。

4）要求系统具有过流、过压、过载和缺相保护。

5）要求触发脉冲有故障封锁能力。

6）要求对拖动系统设置给定积分器。

二、设计内容

1. 调速的方案选择

（1）直流电动机的选择（根据上表按学号顺序选择电动机型号，每人一个电动机参数）。

（2）电动机供电方案的选择（要求通过方案比较后，采用晶闸管三相全控桥变流器供电方案）。

（3）系统的结构选择（要求通过方案比较后，采用转速电流双闭环系统结构）。

（4）确定直流调速系统的总体结构框图。

2. 主电路的计算（可参考“电力电子技术”中有关主电路计算的章节或本章8.3的相关内容）

（1）整流变压器计算。二次侧电压计算，一、二次侧电流的计算，容量的计算。

（2）晶闸管元件的选择。晶闸管的额定电压、电流计算。

（3）晶闸管保护环节的计算。

1）交流侧过电压保护。

2）阻容保护、压敏电阻保护计算。

3）直流侧过电压保护。

4）晶闸管及整流二极管两端的过电压保护。

5）过电流保护。

交流侧快速熔断器的选择，与元件串联的快速熔断的选择，直流侧快速熔断器的选择。

（4）平波电抗器计算。

3. 触发电路的选择与校验（可参考“电力电子技术”中有关触发电路的内容）

触发电路的种类较多，可直接选用；触发电路中元件参数可参照有关电路进行选用，一般不用重新计算。最后只需要根据主电路选用的晶闸管对脉冲输出级进行校验，只要输出脉冲功率能满足要求即可。

4. 控制电路设计计算

主要包括：给定电源和给定环节的设计计算、转速检测环节和电流检测环节的设计与计算、调速系统的稳态参数计算（可参考本教材第一章有关内容）等。

5. 双闭环直流调速系统的动态设计

主要设计转速调节器和电流调节器，可参阅教材第二章中“双闭环调速系统调节器的工程设计举例”的有关内容。

三、系统的计算机仿真

用面向电气系统原理结构图的MATLAB仿真方法对所设计的系统进行计算机仿真实验。

四、设计提交的成果材料

（1）设计说明书。

（2）直流调速系统电气原理总图一份（用 AutoCAD 或 Visio 绘制）。

（3）仿真模型和仿真结果。

8.2.3 晶闸管整流电源的设计指导

晶闸管直流调速系统设计的重要内容是晶闸管整流电源的设计。晶闸管整流电源的设计包括确定主电路结构形式、整流变压器、晶闸管元件、电抗器、过电流、过电压保护装置、快速熔断器计算、触发器选择。

一、整流器主电路结构形式的确定

（一）晶闸管整流器主电路形式

整流器主电路结构形式多种多样，选择时应从电源相数及容量、传动装置的功率、允许电压和电流脉动率等方面考虑。常用的整流器主电路性能比较见表 8-18。

表 8-18　常用整流器主电路性能比较

特点＼型式	单相半控桥式	单相全控桥式	三相半波	三相全控桥式	双反星形带平衡电抗器	三相半控桥式	双三相桥式带平衡电抗器
变压器利用率	较好（0.9）	较好（0.9）	差（0.74）	好（0.95）	一般（0.79）	好（0.95）	好（0.97）
直流侧脉动情况	一般（$m=2$）	一般（$m=2$）	一般（$m=3$）	较小（$m=6$）	较小（$m=6$）	较小（$m=6$）	小（$m=12$）
元件利用率（导通角）	好（180°）	好（180°）	较好（120°）	较好（120°）	较好（120°）	较好（120°）	较好（120°）
直流磁化	无	无	有	无	无	无	无
波形畸变（畸变因数）	一般（0.9）	一般（0.9）	严重（0.827）	较小（0.955）	较小（0.955）	较小（0.955）	小（0.985）
应用场合	10kW 以下不可逆	10kW 以下可（不可）逆	50kW 以下及电动机励磁	10～200kW 可(不可)逆，应用范围广	低压大电流	10～200kW 不可逆	1000kW 以上可逆，四象限运行

（二）常用整流电路的计算系数

常用整流电路的计算系数见表 8-19。

表 8-19　常用整流电路的计算系数

电路型式	换相电抗压降系数	整流电压计算系数	晶闸管		整流变压器					
			电压计算系数	电流计算系数	二次相电流计算系数	一次相电流计算系数	视在功率计算系数	漏抗计算系数	漏抗折算系数	电阻折算系数
	K_X	K_{UV}	K_{UT}	K_{1T}	K_{1V}	K_{1L}	K_{SI}	K_{TL}	K_L	K_R
单相半控桥式	0.707	0.9	1.41	0.45	1	1	1.11	1	0	1
单相全控桥式	0.707	0.9	1.41	0.45	1	1	1.11	1	1	1
三相半波	0.866	1.17	2.45	0.367	0.577	0.472	1.35	2.12	1	1

续表

电路型式	换相电抗压降系数	整流电压计算系数	晶闸管		整流变压器					
			电压计算系数	电流计算系数	二次相电流计算系数	一次相电流计算系数	视在功率计算系数	漏抗计算系数	漏抗折算系数	电阻折算系数
	K_X	K_{UV}	K_{UT}	K_{1T}	K_{1V}	K_{1L}	K_{SI}	K_{TL}	K_L	K_R
三相半控桥式	0.5	2.34	2.45	0.367	0.816	0.816	1.05	1.22	0	2
三相全控桥式	0.5	2.34	2.45	0.367	0.816	0.816	1.05	1.22	2	2

二、整流变压器计算

整流变压器一次侧接交流电网，二次侧连接整流装置。整流变压器的计算内容主要有连接方式、额定电压、额定电流、容量的选择等。

（一）整流变压器的连接方式

晶闸管整流器所用变压器的连接方式如图 8-24 所示。

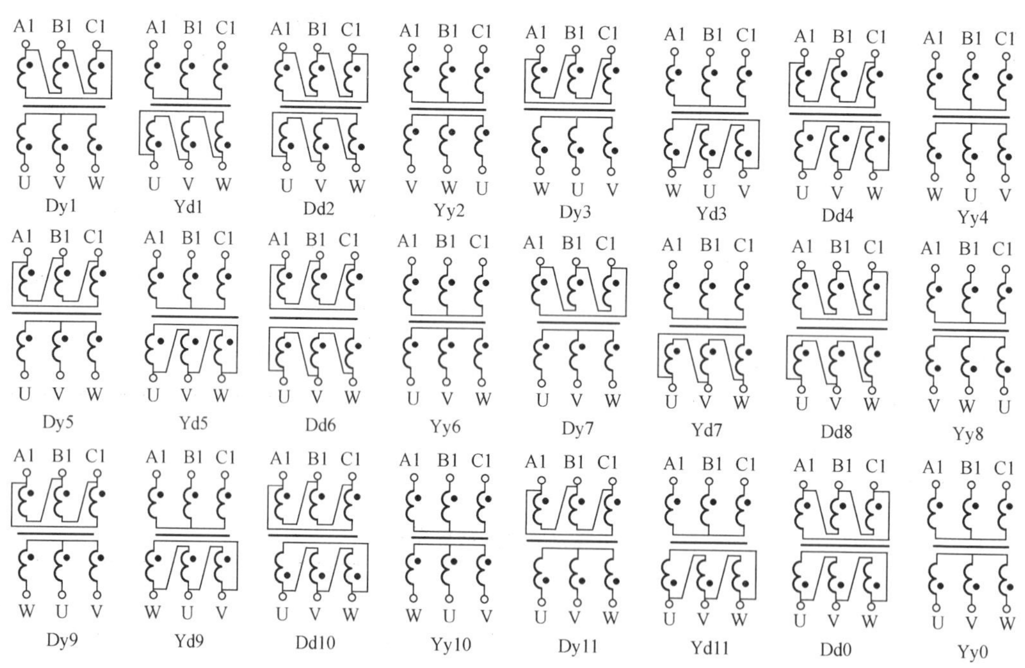

图 8-24　变压器常用连接方式及连接组标号

（二）整流变压器二次相电压的计算

1. 整流变压器的参数计算应考虑的因素

（1）最小触发延迟角 α_{min}。一般可逆系统的 α_{min} 取 30°～35°，不可逆系统的 α_{min} 取 10°～15°。

（2）电网电压波动。电网电压允许波动范围为＋5%～－10%，为在电网电压最低时仍能保证最大整流输出电压的要求，通常取电压波动系数 b＝0.9～1.05。

（3）漏抗产生的换相压降 ΔU_x。

（4）晶闸管或整流二极管的正向导通压降 $n\Delta U$。

2. 二次相电压 U_2 的计算

（1）对用于电枢电压反馈的调速系统的整流变压器，有

$$U_2=\frac{U_n}{K_{UV}\left(b\cos\alpha_{min}-K_xU_{dl}\frac{I_{Tmax}}{I_n}\right)} \tag{8-1}$$

式中：U_2 为变压器二次相电压，V；U_n 为电动机的额定电压，V；K_{UV} 为整流电压计算系数；b 为电网电压波动系数，一般取 $b=0.90\sim0.95$；α_{min} 为晶闸管的触发延迟角；K_X 为换相电感压降计算系数；U_{dl} 为变压器阻抗电压比，100kVA 以下取 0.05，容量越大，U_{dl} 也越大（最大为 0.1）；I_{Tmax} 为变压器的最大工作电流，它与电动机的最大电流 I_{dmax} 相等，A；I_n 为电动机（整流变压器二次侧）的额定电流，A。

（2）对用于转速反馈的调速系统的整流变压器

$$U_2=\frac{\left(\frac{I_{dmax}}{I_n}\right)I_nR_\alpha+U_n+\left(\frac{I_{Tmax}}{I_n}-1\right)I_nR_\alpha}{K_{UV}\left(b\cos\alpha_{min}-K_XU_{dl}\frac{I_{Tmax}}{I_n}\right)} \tag{8-2}$$

式中：R_α 为电动机的电枢电阻，Ω。

（3）在要求不高的场合，以上的几种情况可以采用简便计算，即

$$U_2=(1\sim1.2)\frac{U_n}{K_{UV}b} \tag{8-3}$$

（4）当调速系统采用三相桥式整流电路并带转速负反馈时，一般情况下变压器二次侧采用 Y 连接，也可按下式估算，即

对于不可逆系统　$$U_2=(0.95\sim1.0)U_n/\sqrt{3} \tag{8-4}$$

对于可逆系统　$$U_2=(1.05\sim1.1)U_n/\sqrt{3} \tag{8-5}$$

（三）整流变压器二次相电流的计算

1. 二次相电流 I_2 的计算

$$I_2=K_{IV}I_{dn} \tag{8-6}$$

式中：K_{IV} 为二次相电流计算系数；I_{dn} 为整流器额定直流电流，A。

当整流器用于电枢供电时，一般取 $I_{dn}=I_n$。在有环流系统中，变压器通常设有两个独立的二次绕组，其二次相电流为

$$I_2=K_{IV}\left(\frac{1}{\sqrt{2}}I_n+I_R\right) \tag{8-7}$$

式中：I_R 为平均环流，通常 $I_R=(0.05\sim0.1)I_n$。

2. 一次相电流 I_1 的计算

$$I_1=\frac{K_{IL}I_n}{K} \tag{8-8}$$

式中：K_{IL} 为一次相电流计算系数；K 为变压器的电压比。

考虑变压器自身的励磁电流时，I_1 应乘以 1.05 左右的系数。

（四）变压器的容量计算

一次容量
$$S_1 = m_1 \frac{K_{IL}}{K_{UV}} U_{d0} I_{dn} \tag{8-9}$$

二次容量
$$S_2 = m_2 \frac{K_{IV}}{K_{UV}} U_{d0} I_{dn} \tag{8-10}$$

平均总容量
$$S = \frac{1}{2}(S_1 + S_2) \tag{8-11}$$

式中：m_1、m_2 为变压器一、二次绕组相数，对于三相全控桥 $m_1 = m_2 = 3$；K_{IL} 为一次相电流计算系数；U_{d0} 为整流器空载电压；K_{IV} 为二次相电流计算系数；K_{UV} 为整流电压计算系数。

三、整流器件的计算

（一）晶闸管选择

晶闸管的选择主要包括计算晶闸管电压、电流值，选择晶闸管的型号规格。

1. 额定电压 U_{Tn} 选择

额定电压 U_{Tn} 选择应考虑下列因素：

（1）分析电路运行时晶闸管可能承受的最大电压值。

（2）考虑实际情况，元件应留有裕量。通常可按下式计算，即

$$U_{Tn} = (2 \sim 3) U_{TM} \tag{8-12}$$

式中：U_{TM} 为晶闸管可能承受的电压最大值，V。

当整流器的输入电压和整流器的连接方式确定后，常采用查计算系数表来选择计算，即

$$U_{Tn} = (2 \sim 3) K_{UT} U_2 \tag{8-13}$$

式中：K_{UT} 为晶闸管的电压计算系数；U_2 为整流变压器二次相电压。

（3）按计算值换算出晶闸管的标准电压等级值。

2. 额定电流 $I_{T(AV)}$ 选择

晶闸管选择额定电流时，通常考虑选择 1.5～2 倍的安全裕量。

（1）通用计算式为

$$I_{T(AV)} \geqslant (1.5 \sim 2) \frac{I_T}{1.57} \tag{8-14}$$

式中：I_T 为流过晶闸管的最大电流有效值，A。

（2）实际计算中，常常是负载的平均电流已知，整流器连接方式已经确定，即流经晶闸管的最大电流有效值和负载平均电流有固定系数关系。这样通过查对应系数可使计算过程简化。当整流电路电抗足够大且整流电流连续时，可用下述经验公式近似地估算晶闸管额定通态平均电流 $I_{T(AV)}$。

$$I_{T(AV)} \geqslant (1.5 \sim 2) K_{IT} I_{dmax} \tag{8-15}$$

式中：K_{IT} 为晶闸管电流计算系数；I_{dmax} 为整流器输出最大平均电流，A。

当采用晶闸管作为电枢供电时，取 I_{dmax} 为电动机工作电流的最大值。

整流二极管的计算与选择和晶闸管相同，故可参照相关方法进行。

（二）晶闸管串联、并联使用

1. 晶闸管的串联使用

（1）晶闸管器件串联时的分压不均匀，要采取均压措施。通常在串联元件上并联阻值相

等的电阻 R_j 实现均压，如图 8-25 所示。均压电阻 R_j 值为

$$R_j \geqslant (0.1 \sim 0.25) U_{Tn} / I_{DRM} \tag{8-16}$$

式中：U_{Tn}为晶闸管额定电压；I_{DRM}为断态重复值电流（漏电流峰值）。

均压电阻的功率为

$$P_{Rj} \geqslant K_{Rj} \left(\frac{U_{TM}}{n_s} \right)^2 \frac{1}{R_j} \tag{8-17}$$

式中：U_{TM}为作用于元件上的正反向峰值电压；n_s 为串联元件数；K_{Rj}为计算系数，单相为 0.25，三相为 0.45，直流为 1。

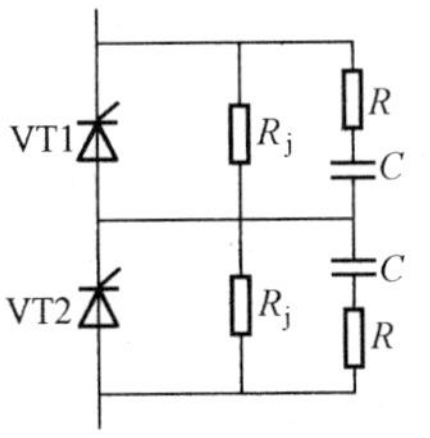

图 8-25　串联晶闸管的均压电路

（2）元件两端并联阻容吸收电路，在晶闸管串联时可以起到动态均压作用，R、C 的选择可以参考表 8-20 的经验数据。

表 8-20　　晶闸管串联时动态均压阻容元件经验数据

晶闸管额定电流（A）	1～5	10～20	50～100
C（μF）	0.01～0.05	0.1～0.25	0.25～0.5
R（Ω）	100	50	20

（3）串联晶闸管的额定电压计算，即

$$U_{Tn} = (2 \sim 3) \frac{K_{UT} U_2}{n_s K_U} \tag{8-18}$$

式中：K_{UT}为晶闸管的电压计算系数，见表 8-19；U_2 为整流变压器二次相电压，V；n_s 为每个桥臂上晶闸管的串联数；K_U 为均压系数，一般取 K_U=0.8～0.9。

串联数 n_s 越多，且触发器性能较差时 K_U 值应取小些。

（4）晶闸管串联后的额定电流选择可参照式（8-15）计算。

2. 晶闸管的并联使用

同型号的晶闸管并联使用时应采用均流措施。

（1）电阻均流法。图 8-26 为串联电阻均流电路。由于电阻功耗大，只适应小电流的整流电路。

（2）电抗均流法。图 8-27 所示为串联电抗均流电路，其均流原理是利用电抗器上感应电动势的作用，使晶闸管的电压分配发生变化，原来电流大的晶闸管管压降降下来，电流分配小的晶闸管管压降升上去。这样以迫使并联管中电流分配基本一致。

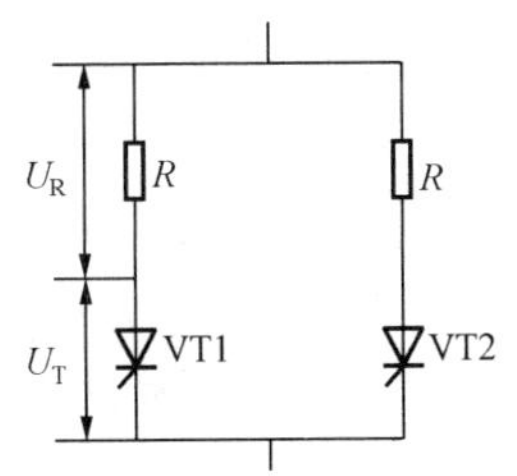

图 8-26　串联电阻均流电路

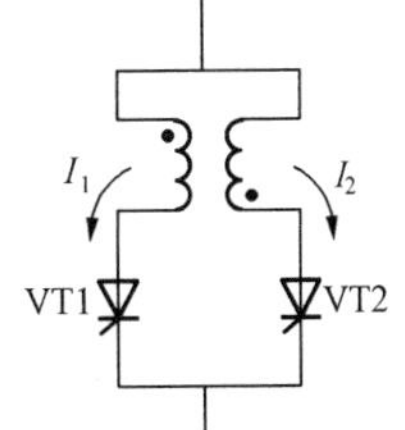

图 8-27　电抗均流电路

（3）并联晶闸管的额定电流计算式为

$$I_{T(AV)} \geqslant (1.5 \sim 2)\frac{K_{IT}U_{dmax}}{n_p K_I} \tag{8-19}$$

式中：K_{IT}为晶闸管电流计算系数；U_{dmax}为最大整流电流，A；n_p为每个桥臂上晶闸管的并联数；K_I为均流系数，一般取$K_I=0.8\sim0.9$。

根据上述计算可选择合适的整流器件。

四、平波和均衡电抗器选择

（一）平波和均衡电抗器在主回路中的作用及布置

为限制晶闸管整流电流的脉动、保持电流连续，常在整流器的直流输出侧接入平波电抗器。有环流可逆系统中，常在环流通路中串入均衡电抗器，将环流限制在一定的数值内。

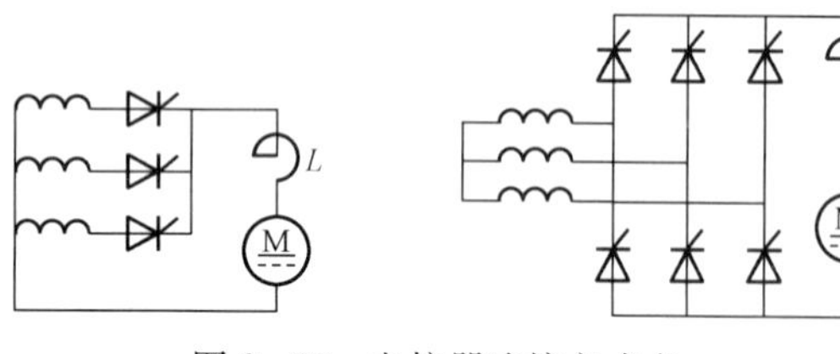

图8-28　电抗器连接方式之一

电抗器在回路中的位置不同，其作用不同。对于不可逆系统，在电动机电枢端串联一个平波电抗器，使得电动机负载得到平滑的直流电流，取合适的电感量，能使电动机在正常工作范围内不出现电流断续，还能抑制短路电流上升率，如图8-28所示。

对于有环流系统，一般有两种安排方式：

(1) 限制环流用的环流电抗器和平波电抗器合并在一起。这时只用两只电抗器，分别放在每组变流器的输出端，电抗器既起抑制环流作用，又起平波作用，如图8-29所示。

(2) 环流电抗器和平波电抗器分开设置。在电枢端专门设置一个平波电抗器，然后在两组变流器的环流电路中分别设置环流电抗器，如图8-30所示。

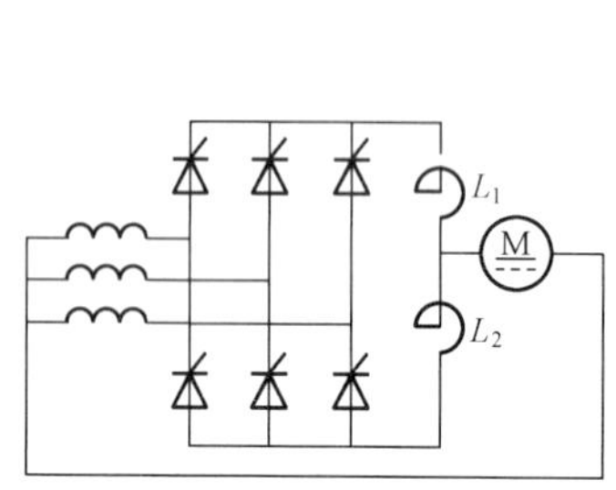

图8-29　电抗器连接方式之二

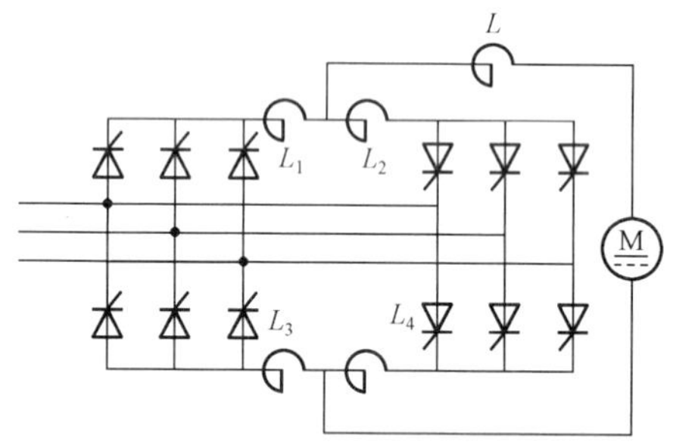

图8-30　电抗器连接方式之三

（二）平波和均衡电抗器选择

电抗器的主要参数有额定电抗、额定电流、额定电压降及结构形式等。

计算各种整流电路中平波电抗器和均衡电抗器电感值时，应根据电抗器在电路中的作用进行选择计算。例如：①从减小电流脉动出发选择电抗器；②从保持电流连续出发选择电抗器；③从限制环流出发选择电抗器。此外，还应考虑限制短路电流上升率等。

由于一个整流电路中，通常包含有电动机电枢电抗、变压器漏抗和外接电抗器的电抗三个部分，因此，首先应求出电动机电枢（或励磁绕组）及整流变压器的漏感，再求出需要外接电抗器的电感值。

1. 电动机的电感

电动机的电感 L_s(mH) 可按下式计算，即

$$L_s = K_D \frac{U_n}{2p_m n_n I_n} \times 10^3 \tag{8-20}$$

式中：U_n 为直流电动机的额定电压，V；I_n 为直流电动机额定电流，A；n_n 为直流电动机额定转速，r/min；p_m 为直流电动机磁极对数；K_D 为计算系数。一般无补偿电动机取 8～12，快速无补偿电动机取 6～8，有补偿电动机取 5～6。

2. 整流变压器的漏感

整流变压器折合到二次侧的每相漏感 L_T(mH) 可按下式计算，即

$$L_T = K_T U_{dl} \frac{U_2}{I_n} \tag{8-21}$$

式中：K_T 为计算系数，三相全桥取 3.9，三相半波取 6.75；U_{dl}为整流变压器短路电压百分比，一般取 0.05～1.0；U_2 为整流变压器二次相电压，V；I_n 为直流电动机额定电流，A。

3. 保证电流连续所需电抗器的电感值

使输出电流在最小负载电流时仍能连续所需的临界电感值 L_1 可用下式计算，即

$$L_1 = K_1 \frac{U_2}{I_{dmin}} \tag{8-22}$$

式中：K_1 为临界计算系数，单相全控桥 2.87，三相半波为 1.46，三相全控桥为 0.693；U_2 为整流变压器二次相电压，V；I_{dmin} 为电动机最小工作电流，一般取电动机额定电流的 5%～10%，A。

实际串联的电抗器的电感值 L_P 为

$$L_P = L_1 - (L_s + NL_T) \tag{8-23}$$

式中：N 为系数，在三相桥路中取 2，其余取 1。

4. 限制电流脉动所需电抗器的电感值

晶闸管整流装置的输出脉动电流可以看成是一个恒定直流分量和一个交流分量组成的。通常负载需要的是直流分量，因此，应在直流侧串联平波电抗器以限制输出电流的脉动量。将输出电流的脉动量限制在要求的范围内所需要的最小电感量 L_2（mH）可按下式计算，即

$$L_2 = K_2 \frac{U_2}{S_i I_{dmin}} \tag{8-24}$$

式中：K_2 为临界计算系数，单相全控桥 4.5，三相半波 2.25，三相全控桥 1.045；S_i 为电流最大允许脉动系数，通常单相电路 $S_i \leqslant 20\%$，三相电路 $S_i \leqslant (5\sim10)\%$；$U_2$ 为整流变压器二次侧相电压，V；I_{dmin}为电动机最小工作电流，取电动机额定电流的 5%～10%，A。

实际串接的电抗器 L'_P 的电感值为

$$L'_P = L_2 - (L_s + NL_T) \tag{8-25}$$

式中：L_S 为电动机的电感，mH；L_T 为整流变压器折合到二次侧的每相漏感，mH；N 为系数，在三相桥路中取 2，其余电路取 1。

5. 限制环流所需的电抗器的电感值

限制环流所需的电感值 L_R（mH）的计算式为

$$L_R = K_R \frac{U_2}{I_R} \tag{8-26}$$

式中：K_R 为计算系数，单相全控桥 2.87，三相半波 1.46，三相全控桥 0.693；I_R 为环流平均值，A；U_2 为整流变压器二次相电压，V。

实际所需的均衡电感量为

$$L_{RA} = L_R - L_T \tag{8-27}$$

式中：L_T 为整流变压器折合到二次侧的每相漏感，mH。

如果均衡电流经过变压器两相绕组，计算 L_{RA} 时，应代入 $2L_T$。

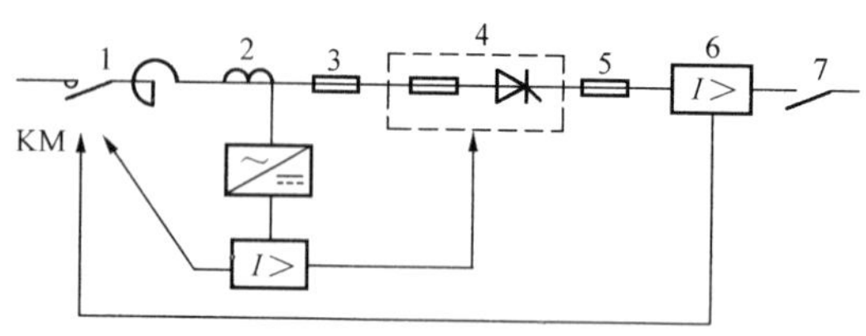

图 8-31　常见的过电流保护方案

1—交流接触器；2—过流检测互感器；3—快速熔断器；4—桥臂快速熔断器；5—直流侧快速熔断器；6—直流侧过电流保护；7—快速开关

五、晶闸管的保护

晶闸管是整流装置的核心器件，但其过载能力较差，所以对晶闸管必须进行保护。

（一）过电流保护

晶闸管承受过电流的能力比一般电器差得多，必须在极短的时间内把电源断开或把电流值降下来。常见的过电流保护方案如图 8-31 所示。这些方案都有过电流保护作用，具体应用时可以根据实际需要选用方案中的一种或多种。

1. 快速熔断器保护

快速熔断器有快速熔断的特性，熔断时间小于 20ms，能保证在晶闸管损坏之前自身熔断。快速熔断器可以安装在交流侧、直流侧或直接与晶闸管串联，如图 8-32 所示。图 8-32（a）的接法对交流、直流侧过电流均起作用；图 8-32（b）的接法只能在直流侧过载和短路时起作用；图 8-32（c）的接法对保护晶闸管最为有效。使用时可根据实际情况选用图 8-32（a）～（c）中的一种。

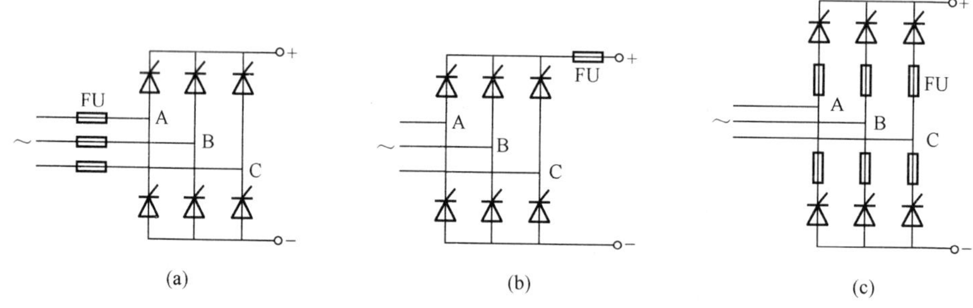

图 8-32　快速熔断器的安装方式

快速熔断器的选择主要考虑下述几个方面：

（1）快速熔断器的额定电压应大于线路正常工作电压的有效值，即

$$U_{FN} \geqslant \frac{K_{UT}}{\sqrt{2}} U_2 \tag{8-28}$$

（2）快速熔断器熔体的额定电流（有效值）I_{FN} 应大于等于被保护晶闸管额定电流。若熔断器与桥臂晶闸管串联时，熔体的额定电流 I_{FN} 可按下式计算，即

$$1.57I_{T(AV)} \geqslant I_{FN} \geqslant I_{TM} \tag{8-29}$$

式中：$I_{T(AV)}$ 为被保护晶闸管额定电流，A；I_{FN} 为快速熔断器熔体的额定电流，A；I_{TM} 为实际流过晶闸管的最大电流有效值，A。

由于晶闸管额定电流在选择时已考虑了安全裕量 1.5～2，因此，通常按下式选择，即 $I_{T(AV)}=I_{FN}$

由于快速熔断器价格较高，一般情况下总是先让其他过流保护措施动作，尽量避免直接使快速熔断器熔断。

2. 过电流继电器保护

过流继电器可以安装在交流侧或直流侧，检测主电路的电流。由于过流继电器和断路器或接触器动作需要几百毫秒，只能在机械过载引起的过电流或短路电流不大时保护晶闸管。

3. 直流快速开关

直流快速开关常用于大中容量的整流器的直流侧过载和短路保护。快速开关的动作时间为 2～3ms，分断时间不超过 25～30ms。选择快速开关时，其额定电压、额定电流应不小于变流装置的额定值。

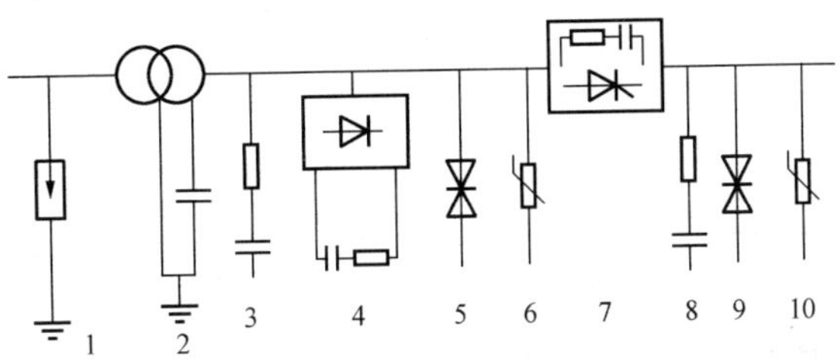

图 8-33 常用的过电压保护方案

1—进户避雷器；2～4—交流阻容吸收；5、9—硒堆、压敏保护；7—晶闸管阻容吸收；8—直流侧阻容保护；6、10—直流侧压敏保护

（二）过电压保护

针对形成过电压原因的不同，可采取不同的抑制方法。通常采用的过电压保护方案如图 8-33 所示。

1. 交流侧过电压保护措施

（1）阻容吸收保护。阻容吸收保护电路通常采用电阻 R 和电容 C 的串联支路，并联在变压器的二次侧进行保护，常见接法形式如图 8-34 所示。

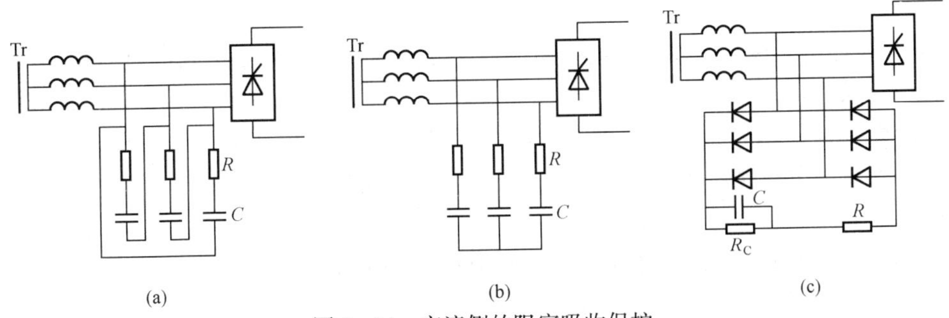

图 8-34 交流侧的阻容吸收保护

单相回路电容的估算式为

$$C \geqslant 6I_{em}\frac{S}{U_2^2}(\mu F) \tag{8-30}$$

电容的耐压$\geqslant 1.5U_m$。

电阻的估算式为

$$R \geqslant 2.3\frac{U_2^2}{S}\sqrt{\frac{U_{dL}}{I_{em}}}(\Omega) \tag{8-31}$$

电阻功率

$$P_R \geqslant (3 \sim 4) I_R^2 R \quad (W) \tag{8-32}$$

通过电阻的电流

$$I_R = 2\pi f C U_C^2 \times 10^{-6} \quad (A) \tag{8-33}$$

式中：S 为变压器容量，kVA；U_2 为变压器二次相电压有效值，V；I_{em} 为变压器励磁电流百分比，对于 10～100kVA 的变压器，一般为 10%～4%；U_{dL} 为变压器的短路比，对于 10～100kVA 的变压器，一般为 5%～10%；U_C 为阻容元件两端正常工作时交流电压峰值，V。

对于三相电路，R、C 的数值可按表 8-21 参数进行换算。

表 8-21　　R、C 的参数换算表

变压器接法	单相	三相二次 Y 接法		三相二次△连接	
RC 装置接法	与二次侧并联	Y	D	Y	D
C	C	C	$1/3C$	$3C$	C
R	R	R	$3R$	$1/3R$	R

对于大容量晶闸管装置，三相阻容保护器件功率比较大，可以采用图 8-34（c）所示的整流式接法。电容 C 的计算式同式（8-30），R_C、R、P_{RC}的计算式为

$$R_C = \frac{5U_{21}}{I_{21}} \tag{8-34}$$

$$R = \frac{5U_d}{I_d} \tag{8-35}$$

$$P_{RC} \geqslant (2 \sim 3) \frac{(\sqrt{2}U_{21})^2}{R_C} \tag{8-36}$$

式中：U_{21}、I_{21} 为变压器二次侧的线电压和线电流；U_d、I_d 为整流器输出电压和电流。

在电阻 R 中，过电压时只有瞬时电流，所以电阻 R 的功率不必专门考虑，一般可取 4～10W。

（2）非线性电阻保护方式。非线性电阻保护主要有硒堆和压敏电阻的过电压保护。压敏电阻的主要参数如下：

1）标称电压 U_{1mA}，指漏电流为 1mA 时，压敏电阻上的电压值。

2）通流量，指在规定冲击电流波形（前沿 8μs，波形宽 20μs）下，允许通过的浪涌峰值电流。

3）残压，指压敏电阻通过浪涌电流时在其两端的电压降。

压敏电阻标称电压 U_{1mA}的选择为

$$U_{1mA} = 1.3\sqrt{2}U \tag{8-37}$$

式中：U 为压敏电阻两端正常工作电压有效值，V。

通流量应按大于实际可能产生的浪涌电流选择，一般取 5kA 以上。

2. 直流侧过电压保护措施

直流侧过电压保护一般用压敏电阻作过电压保护。压敏电阻标称电压 U_{1mA} 按下式选择，即

$$U_{1mA} \geqslant (1.8 \sim 2) U_{DC} \tag{8-38}$$

式中：U_{DC}为正常工作时加在压敏电阻两端的直流电压，V。

流通量和残压的选择同交流侧方法。

3. 晶闸管换相过电压保护措施

为了抑制晶闸管的关断过电压，通常采用在晶闸管两端并联阻容保护电路的方法，如图 8-35 所示。阻容保护的元件参数可以根据表 8-20 列出的经验数据选定。

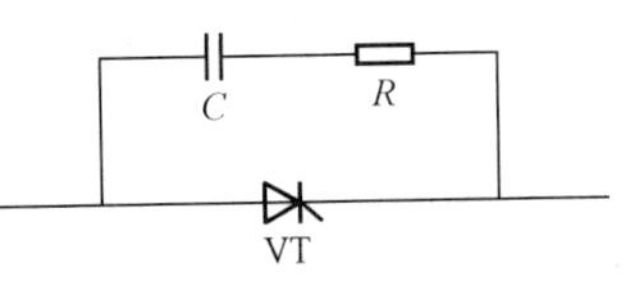

图 8-35　换相过电压保护

表 8-22　**阻容保护的元件参数**

晶闸管额定电流（A）	10	20	50	100	200	500	100
电容（μF）	0.1	0.15	0.2	0.25	0.5	1	2
电阻（Ω）	100	80	40	20	10	5	2

电容耐压值，通常按加在晶闸管两端工作电压峰值 U_m 的 1.1～1.5 倍计算。

电阻功率 P_R 为

$$P_R = fCU_m^2 \times 10^{-6} \quad (W) \tag{8-39}$$

式中：f 为电源频率，Hz；C 为电容值，μF；U_m 为晶闸管两端工作电压峰值（V）。

（三）电压上升率 du/dt 与电流上升率 di/dt 的限制

下面介绍限制电压上升率及电流上升率 di/dt 的方法。

（1）交流进线电抗器限制措施。交流进线电抗器电感量 L_B 的计算式为

$$L_B = \frac{0.04U_2}{2\pi f \times 0.816 I_{dn}} \tag{8-40}$$

式中：I_{dn}为变流器输出额定电流，V；f 为电源频率，Hz；U_2为变压器二次相电压，V。

（2）在桥臂上串联空心电感，电感值取 20～30μH 为宜。

（3）在功率较大或频率较高的逆变电路中，在桥臂导线上套铁淦氧磁环。

图 8-36 为带有多种保护功能的晶闸管—电动机系统主电路。

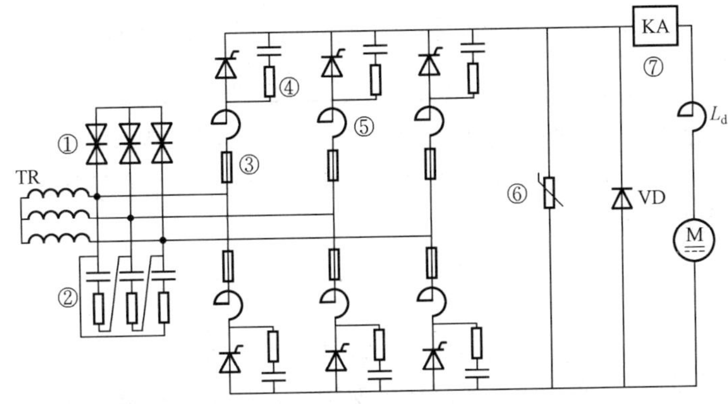

图 8-36　带有多种保护功能的晶闸管—电动机系统主电路

①—星形接法的硒堆过电压保护；②—三角形接法的阻容过电压保护；③—桥臂上的快速熔断器过电流保护；④—晶闸管的并联阻容过电压保护；⑤—桥臂上的晶闸管串电感抑制电流上升率保护；⑥—直流侧的压敏电阻过电压保护；⑦—直流回路上过电流快速开关保护；VD—电感性负载的续流二极管；L_d—电动机回路的平波电抗器；M—直流电动机

六、触发装置的选择

1. 移相触发器的主要技术指标

移相触发器的主要技术指标有同步信号类型（正弦波、方波和锯齿波）、同步信号幅值、移相范围、脉冲幅值、脉冲宽度等。

2. 常用触发电路的对比

触发电路的种类很多，表8-23列出了几种常用触发电路类型、优缺点和使用范围，以便选用。

表8-23　常用触发电路对比表

类型	优点	缺点	适应范围
单结晶体管触发电路	结构简单，成本低，触发脉冲前沿陡，工作可靠，抗干扰能力强，易于调试	脉冲宽度窄，输出功率小，控制线性度差，移相范围小于180°。电路参数差异大，在多相电路中使用不易一致	不附加放大环节，可触发50A以下的晶闸管，常用于要求不高的小功率单相或三相半波电路中，但在大电感负载中不宜采用
正弦波同步触发电路	电路简单，易于调整，能输出宽脉冲，输出电压U_d与控制电压U_{ct}为线性关系，能部分地补偿电网电压波动对输出电压U_d的影响。在引入正反馈时，脉冲前沿陡度可提高	受电网电压的波动及干扰影响大，实际移相范围只有150°左右	可用于功率较大的晶闸管装置中，电网波动较大的场所不适用
锯齿波同步触发电路	不受电网电压波动与波形畸变的影响，抗干扰能力强，移相范围宽。具有强触发、双脉冲和脉冲封锁等环节，可触发200A以上的晶闸管	输出电压U_d与控制电压U_{ct}近似线性关系，电路比较复杂	在大中容量晶闸管装置中得到广泛的应用
集成触发电路	体积小，功耗低，调试方便，性能稳定可靠	移相范围小于180°，为保证触发脉冲对称度，要求交流电网波形畸变率小于5%	广泛应用于各种晶闸管装置中
数字式触发电路	控制灵活，触发准确，准确度高	线路复杂，脉冲输出同其他电路	用于要求较高的场合，广泛使用

控制电路所包含的环节根据系统采用的是开环、单闭环还是多环控制而不同。开环控制电路最简单，随着闭环数的增加复杂度增加，但是给定控制环节是缺少不了的。

8.2.4　常用元器件资料

一、电阻

1. 电阻的分类

碳膜电阻：表面一般涂有绿色保护漆，温度系数小，价格低。

金属膜电阻：表面一般涂有红色或棕红色保护漆，稳定性和精密度高，温度系数小，体积小，耐热性好，价格比碳膜电阻稍贵。

金属氧化膜电阻：具有金属膜电阻的特性，成本低，耐热性更好，适用于高温。

线绕电阻：稳定性高，耐热性好，可以制成功率更大的电阻。

2. 电阻标称值与容许误差等级

电阻标称值与容许误差见表8-24。实际生产的电阻系列为表列值乘以10^n，n为整数。

表 8-24　　电阻标称值与容许误差

容许误差（等级）	系列代号	系列值
±5%（Ⅰ）	E24	1.0 1.1 1.2 1.3 1.5 1.6 1.8 2.0 2.2 2.4 2.7 3.0 3.3 3.6 3.9 4.3 4.7 5.1 5.6 6.2 6.8 7.5 8.2 9.1
±10%（Ⅱ）	E12	1.0 1.2 1.5 1.8 2.2 2.7 3.3 3.9 4.7 5.6 6.8 8.2
±20%（Ⅲ）	E6	1.0 1.5 2.2 3.3 4.7 6.8

3. 电阻的额定功率系列

电阻的额定功率有$\frac{1}{16}$、$\frac{1}{8}$、$\frac{1}{4}$、$\frac{1}{2}$、1、2、4、5、8、10、16、25、40、50、75、100、150……，单位为 W。

4. 电阻选用说明

一般低压控制电路可选用金属膜电阻，其额定功率应取为实耗功率的两倍以上；阻容过压保护电路应选线绕电阻，既便于安装，又能得到相应的大功率。

二、电容

1. 电容分类及标称容量系列（见表 8-25）

表 8-25　　电容类别及标称容量系列

电容器类别	允许误差	容量范围	标称容量系列
（金属化）纸介电容、纸膜复合介质电容、低频（有极性）有机薄膜介质电容	±5%	10pF～1μF	1.0 1.5 2.2 3.3 4.7 6.8
	±10% ±20%	1～100μF	1 2 4 6 8 10 15 20 30 50 60 80 100
高频（无极性）有机薄膜介质电容、瓷介质电容、玻璃轴电容、云母电容	±5%	1～10μF	1.0 1.1 1.2 1.3 1.5 1.6 1.8 2.0 2.2 2.4 2.7 3.0 3.3 3.6 3.9 4.3 4.7 5.1 5.6 6.2 6.8 7.5 8.2 9.1
	±10%	1～10μF	1.0 1.2 1.5 1.8 2.2 2.7 3.3 3.9 4.7 5.6 6.8 8.2
	±20%	1～10μF	1.0 1.5 2.2 3.3 4.7 6.8
铝、钽、铌、钛电解电容	±10% ±20% ±30% ±40%	1～10μF	1.0 1.5 2.2 3.3 4.7 6.8

2. 电容器的耐压

常用电容器的额定直流工作电压有 1.6、6.3、10、16、25、32、40、50、63、100、160、250、300、400、450、500、630、1000V 等。

3. 电容器的选用说明

直流电源滤波多用有极性电解电容；控制电路多用无极性电容；阻容保护电路多用金属化纸介电容。

三、二极管

二极管是单向导电的半导体器件，必须依据使用场合和性能要求来正确选用，且应注意其最大反向电压和正向电流不能超过额定值。在直流拖动系统中，通常需用下列几类二极管。

1. 整流二极管

一般用于直流电源或单向电路，可选用国产二极管2CZ52～2CZ57，或选用进口IN4001～IN4007，其主要电参数列于表8-26中。

表8-26　整流二极管的主要电参数

型　号	最高反压（V）	整流电流（A）
2CZ52（A、B、C）	25、50、100	0.10
2CZ53（A、B、C）	25、50、100	0.30
2CZ54（A、B、C）	25、50、100	0.50
2CZ55（A、B、C）	25、50、100	1.0
2CZ56（A、B、C）	25、50、100	3.0
2CZ57（A、B、C）	25、50、100	5.0
IN4001	50	1.0
IN4002	100	1.0
IN4003	200	1.0
IN4004	400	1.0
IN4005	600	1.0
IN4006	800	1.0
IN4007	1000	1.0

注　表中所有元件的正向压降均小于或等于0.5V。

2. 稳压二极管

用于需要稳压的电路中，可选用2CW50～2CW60、2CW100～2CW110或进口IN47××系列，其主要电参数列于表8-27中。

表8-27　稳压二极管的主要电参数

型　号	稳定电压（V）	最大工作电流（mA）	正向压降（V）	最大功耗（W）
2CW50（100）	1～2.8	83（330）	≤1.0	0.25（1.0）
2CW51（101）	2.5～3.5	71（280）	≤1.0	0.25（1.0）
2CW52（102）	3.2～4.5	55（220）	≤1.0	0.25（1.0）
2CW53（103）	4.0～5.8	41（165）	≤1.0	0.25（1.0）

续表

型　　号	稳定电压（V）	最大工作电流（mA）	正向压降（V）	最大功耗（W）
2CW54（104）	5.5～6.5	38（150）	≤1.0	0.25（1.0）
2CW55（105）	6.2～7.5	33（130）	≤1.0	0.25（1.0）
2CW56（106）	7.0～8.8	27（110）	≤1.0	0.25（1.0）
2CW57（107）	8.5～9.5	26（100）	≤1.0	0.25（1.0）
2CW58（108）	9.2～10.5	23（95）	≤1.0	0.25（1.0）
2CW59（109）	10～11.8	20（83）	≤1.0	0.25（1.0）
2CW60（110）	11.5～12.5	19（76）	≤1.0	0.25（1.0）

3．开关二极管（或快速二极管）

开关二极管一般用于脉冲电路和开关电路，可选用国产 2AK1～2AK20、2CK42～2CK86，或进口 FR103～FR107，其主要电参数列于表 8-28 中。

表 8-28　　开关二极管的主要电参数

型　　号	正向压降（V）	正向电流（mA）	最高反向电压（V）
2CK70（A、B、C、D、E）	≤0.8	≥10	20、30、40、50、60
2CK72（A、B、C、D、E）	≤0.8	≥30	20、30、40、50、60
2CK73（A、B、C、D）	≤1.0	≥50	20、30、40、50
2CK74（A、B、C、D）	≤1.0	≥100	20、30、40、50
2CK75（A、B、C、D、E）	≤1.0	≥150	20、30、40、50
2CK78（A、B、C、D、E）	≤1.0	≥270	20、30、40、50
IN4148	≤1.0	≥10	20
FR103～FR107	≤1.0	1000	200、400、600、800、1000

四、三极管

普通三极管是一种电流控制的半导体器件，依其用途可分为放大管和开关管；依其频率可分为低频管和高频管；依其结构和导电极性可分为 NPN 型管和 PNP 型管。三极管的主要参数包括电流放大倍数 h_{Fe} 和三个极限参数（即集电极最大允许电流 I_{cm}、集电极一发射极击穿电压 BV_{CEO}、集电极最大允许耗散功率 P_{CM}）等。选用时必须注意用途、频率和管型适当，并要保证放大倍数足够大且极限参数不被超出。

在直流调速系统中，主要用到中、低频放大管和开关管。若干常用三极管的主要电参数列于表 8-29 中供参考。

表 8-29　　三极管的主要电参数

型　　号	极限电流 I_{CM}（mA）	击穿电压 BV_{CEO}（V）	最大功耗 P_{CM}（mW）	放大倍数 h_{Fe}	管 型	用　　途
3DG101、102、6	20	>20	100	25～270	NPN	触发电路前级
3CG112、131、21	50	>20	300	25～270	PNP	触发电路恒流源

续表

型　　号	极限电流 I_{CM}（mA）	击穿电压 BV_{CEO}（V）	最大功耗 P_{CM}（mW）	放大倍数 h_{Fe}	管 型	用　　途
3DK4（A～C）	800	＞20	700	20～150	NPN	触发电路末级和电子保护（BU406 管用于大容量系统）
3DK9（A～J）	800	＞25	700	20～300	NPN	
3DK104（A～D）	400	＞45	700	25～180	NPN	
2SC1008	800	＞70	700	＞150	NPN	
BU406	7000	＞400	60W	＞20	NPN	

五、场效应管

场效应管是一种电压控制的三极半导体器件，其主要参数包括夹断电压 U_p（耗尽型管）或开启电压 U_T（增强型管）、饱和漏电流 I_{DSS}、跨导 g_m 和漏源击穿电压 BV_{DS}等。选用时应注意管子的额定参数不要超过，使用过程中栅源间电压极性不能接反。在直流调速系统中，使用场效应管是为了实现调节器的输出锁零。常用场效应管的主要电参数列于表 8-30 中。

表 8-30　　场效应管的主要电参数

型　　号	最大功耗 P_{DM}（mW）	夹断电压 U_p（V）	跨导 g_m（mA·V^{-1}）	饱和漏电流 I_{DSS}（mA）	击穿电压 BV_{DS}/（V）
3DJ6（G、H）	100	＜|−9|	＞1000	15	20
3DJ7（I、J）	100	＜|−9|	＞3000	10	20

六、晶闸管

普通晶闸管是广泛用于中、大功率调速系统的可控整流半导体器件，它具有功率大、导电角度可控的特殊优点，也有过流过压容易损坏、性能比较脆弱的明显缺陷。因此，选用时必须对参数留有足够裕量，并在使用过程中加以充分保护。现将本课程设计可能用到的晶闸管元件的电参数列于表 8-31 中以供参考。

表 8-31　　晶闸管元件的主要电参数

型　　号	额定电流 I_T（A）	额定电压（V）	触发电流（mA）	触发电压（V）	峰值功耗（W）
KP（3CT）10，20	10，20	50～2000	5～100	3.5	5
KP（3CT）30，50	30，50	50～2000	8～150	3.0～3.5	5
KP（3CT）100	100	50～3000	8～250	3～3.5	5～10
KP（3CT）200，300	200，300	50～3000	10～250	4	5～10
KP（3CT）400，500	400，500	50～3000	10～350	4	5～10
KP（3CT）600，800，1000	600，800，1000	100～3000	30～450	4～5	15～20

七、压敏电阻

压敏电阻是一种过压保护元件，它有体积小、质量轻、安装简便和可恢复等优点，因此得到了广泛应用。其主要参数和选用方法已如前述，这里仅将几种常用国产压敏电阻主要电参数列于表 8-32 中以供参考。

表 8-32 常用国产压敏电阻的主要电参数

型　号	标称电压（V）	通流容量（kA）	残压比	漏电流（μA）
MYL1-1	47～1000	1	<3	<80
MYL1-2	47～1000	2	<3	<80
MYL1-3	47～1000	3	<3	<80
MYL1-5	47～1000	5	<3	<80
MYL1-10	56～820	10	<4	<10
MYL1-15	100～680	15	<4	<10
MYL1-20	330～660	20	<4	<10
MY21	100～820	0.5～10	<1.9	<30
MY23	100～1000	0.5～20	<1.9	<30

八、运算放大器

运算放大器是调速系统中构成调节器的常用线性集成电路，其性能的好坏对调速系统的控制性能有着相当程度的影响。对高准确度系统，必须选用高准确度运算放大器。选择运算放大器时，首先必须考虑输入失调电压 V_{io} 和输入失调电流 I_{io} 要尽可能小，以提高系统的调节准确度；其次，运放的输入电压峰—峰值 V_{ipp} 和输出电压峰—峰值 V_{opp} 范围必须满足控制电压的幅度要求；再次，运放的开环放大系数 A_0 与共模抑制比 K_{CMP} 要足够大，以提高灵敏度和抗扰能力；运放的输入电阻 R_i 要大，输出电阻 R_0 要小，以消除负载效应；此外，尽量选用无需外部补偿、接线简单的运放来构成调节器为好。总之，要根据系统的具体要求来选用合适的运算放大器。下面仅将几种常用运算放大器主要电参数列于表 8-33 中以供设计参考。

表 8-33 几种常用运算放大器的主要电参数

型　号	V_{io}（mV）	I_{io}（nA）	V_{ipp}（V）	V_{opp}（V）	A_0	K_{CMR}（dB）	R_i（MΩ）	R_0（Ω）
F741	1	7	±13	±13	25×10^3	90	2	75
F007	2	0.3	±12	±12	94dB	80	1	200
FC72	1	5	±12	±12	120dB	120	1.5	150
F747（双）	1	20	±13	±13	25×10^3	90	6	75
OP07	250μV	8	±13	±13	4×10^5	120	33	60
LM324（四）	2	5	±13	±13	100dB	100	2	100
F148（四）	1	7	±13	±13	25×10^3	90	2	75

参 考 文 献

[1] 史国生. 交直流调速系统. 2版. 北京：化学工业出版社，2006.
[2] 周渊深. 交直流调速系统与MATLAB仿真. 北京：中国电力出版社，2007.
[3] 洪乃刚. 电力电子、电机控制系统的建模和仿真. 北京：机械工业出版社，2010.
[4] 陈伯时. 电力拖动自动控制系统. 第二版. 北京：机械工业出版社，1997.
[5] 汤天浩. 电力传动控制系统——运动控制系统. 北京：机械工业出版社，2010.
[6] 丁学文. 电力拖动运动控制系统. 北京：机械工业出版社，2007.
[7] 潘再平. 电力电子技术与电机控制实验教程. 杭州：浙江大学出版社，2000.
[8] 周渊深. 异步电动机交/交变频调速系统的建模与仿真. 微特电机，2002 (5).
[9] 周渊深、宋永英. 电力电子技术. 2版. 北京：机械工业出版社，2010.
[10] 李华德等. 电力拖动自动控制系统. 北京：机械工业出版社，2009.
[11] 厉无咎. 可控硅串级调速系统及其应用. 上海：上海交通大学出版社，1985.
[12] 周德泽. 电气传动控制系统的设计. 北京：机械工业出版社，1985.
[13] 陈坚. 交流电机数学模型及调速系统. 北京：国防工业出版社，1988.
[14] 郭庆鼎. 异步电动机的矢量变换控制原理及应用. 辽宁民族出版社，1988.
[15] 周渊深. 感应电动机交—交变频调速系统的内模控制技术. 北京：电子工业出版社，2005.
[16] 宋书中. 交流调速系统. 北京：机械工业出版社，1999.
[17] 廖晓钟. 电气传动与调速系统. 北京：中国电力出版社，1998.
[18] 陈振翼. 电气传动控制系统. 北京：中国纺织出版社，1998.
[19] 易继锴. 电气传动自动控制原理与设计. 北京：北京工业大学出版社，1997.
[20] 黄忠霖. 控制系统MATLAB计算及仿真. 北京：国防工业出版社，2001.